Springer-Lehrbuch

Hannu Karttunen Pekka Kröger
Heikki Oja Markku Poutanen
Karl Johan Donner (Hrsg.)

ASTRONOMIE

Eine Einführung

Übersetzt von Siegfried A. Marx
und Holger H. Lehmann

Mit 360 Abbildungen und 45 Tabellen

Springer-Verlag
Berlin Heidelberg New York
London Paris Tokyo
Hong Kong Barcelona

Drs. *Hannu Karttunen · Pekka Kröger*
Drs. *Heikki Oja · Markku Poutanen · Karl Johan Donner*
University of Helsinki, Observatory and Astrophysics Laboratory, Tähtitorninmäki
SF-00130 Helsinki 13, Finland

Übersetzer:
Professor Dr. *Siegfried A. Marx* · Dr. *Holger H. Lehmann*
Karl-Schwarzschild-Observatorium, DDR-6901 Tautenburg

Frontispiz: Der η-Carinae-Nebel NGC 3372 ist ein sehr großes HII-Gebiet im Carina-Spiralarm unserer Galaxis. Er befindet sich in einer Entfernung von 8000 Lichtjahren (Fotografie: Europäische Südsternwarte)

Titel der finnischen Originalausgabe: *Tähtitieteen perusteet* (Ursan julkaisuja 21)
© Tähtitieteellinen yhdistys Ursa, Helsinki 1984

Quellenverweise für die Illustrationen sind in den Bildunterschriften angegeben, in vollständiger Form im Schlußteil des Buches. Quelle für die meisten dort nicht aufgeführten Illustrationen ist
© Ursa Astronomical Association, Laivanvarustajank 3, SF-00140 Helsinki, Finland

Aktualisierte Übersetzung der erweiterten englischen Fassung anhand der finnischen Originalausgabe:
Fundamental Astronomy
© Springer-Verlag Berlin Heidelberg 1987

ISBN 3-540-52339-1 Springer-Verlag Berlin Heidelberg New York
ISBN 0-387-52339-1 Springer-Verlag New York Berlin Heidelberg

CIP-Titelaufnahme der Deutschen Bibliothek
Astronomie : eine Einführung / H. Karttunen ... (Hrsg.).
Übers. von S. A. Marx u. H. H. Lehmann. – Aktualisierte Übers. d. erw. engl. Fassung. –
Berlin ; Heidelberg ; New York ; London ; Paris ; Tokyo ; Hong Kong ; Barcelona : Springer, 1990
  (Springer-Lehrbuch)
  Einheitssacht.: Tähtitieteen perusteet <dt.>
  ISBN 3-540-52339-1 (Berlin ...)
  ISBN 0-387-52339-1 (New York ...)
NE: Karttunen, Hannu [Hrsg.]; EST

Dieses Werk ist urheberrechtlich geschützt. Die dadurch begründeten Rechte, insbesondere die der Übersetzung, des Nachdrucks, des Vortrags, der Entnahme von Abbildungen und Tabellen, der Funksendung, der Mikroverfilmung oder der Vervielfältigung auf anderen Wegen und der Speicherung in Datenverarbeitungsanlagen, bleiben, auch bei nur auszugsweiser Verwertung, vorbehalten. Eine Vervielfältigung dieses Werkes oder von Teilen dieses Werkes ist auch im Einzelfall nur in den Grenzen der gesetzlichen Bestimmungen des Urheberrechtsgesetzes der Bundesrepublik Deutschland vom 9. September 1965 in der jeweils geltenden Fassung zulässig. Sie ist grundsätzlich vergütungspflichtig. Zuwiderhandlungen unterliegen den Strafbestimmungen des Urheberrechtsgesetzes.

© Springer-Verlag Berlin Heidelberg 1990
Printed in Germany

Die Wiedergabe von Gebrauchsnamen, Handelsnamen, Warenbezeichnungen usw. in diesem Werk berechtigt auch ohne besondere Kennzeichnung nicht zu der Annahme, daß solche Namen im Sinne der Warenzeichen- und Markenschutz-Gesetzgebung als frei zu betrachten wären und daher von jedermann benutzt werden dürften.

Einbandgestaltung: W. Eisenschink, 6805 Heddesheim
Satz: K + V Fotosatz, 6124 Beerfelden
Druck: Druckhaus Beltz, 6944 Hemsbach/Bergstr.; Einband: J. Schäffer GmbH & Co. KG, 6718 Grünstadt
2156/3150-543210 – Gedruckt auf säurefreiem Papier

Vorwort

Dieses Buch ist vor allem als Lehrbuch für die Einführungsvorlesung in Astronomie gedacht. Wir glauben aber, daß zu den Lesern auch viele ernsthafte Amateure, denen die populäre Literatur oft zu anspruchslos ist, gehören werden. Das Fehlen eines guten Handbuches für die Amateurastronomen wurde spätestens dann ein Problem, als mehr und mehr von ihnen Personalcomputer erwarben und exakte, aber gut zusammengefaßte mathematische Formalismen für ihre Programme benötigten.

Der Leser braucht nur das übliche Gymnasialwissen in Mathematik und Physik, alles weitere wird Schritt für Schritt aus einfachen Grundlagen hergeleitet. Der nötige mathematische Hintergrund umfaßt die ebene Trigonometrie, Grundlagen der Differential- und Integralrechnung und (nur im Abschnitt über Himmelsmechanik) etwas Vektorrechnung. Einige mathematische Darstellungen, die dem Leser nicht ohne weiteres verständlich sind, werden im Anhang kurz erklärt oder durch die Beschäftigung mit den numerischen Aufgaben und Beispielen deutlich. Das Buch kann aber zum größten Teil mit geringen mathematischen Kenntnissen gelesen werden, und wenn der Leser die wenigen, mathematisch komplizierteren Abschnitte überspringt, erhält er trotzdem einen guten Überblick über die Astronomie im ganzen.

Das Buch entstand im Verlaufe vieler Jahre und aus der Arbeit mehrerer Autoren und Herausgeber. Die erste Version bestand aus den Vorlesungsnotizen eines der Herausgeber (Oja). Diese wurden später durch die anderen Autoren und Herausgeber modifiziert und erweitert. Hannu Karttunen schrieb das Kapitel über sphärische Trigonometrie und Himmelsmechanik; Vilppu Piirola fügte zum Kapitel über Beobachtungsinstrumente Teile hinzu und Göran Sandell schrieb den Abschnitt über Radioastronomie. Das Kapitel über Helligkeiten, Strahlungsmechanismen und Temperatur wurde von den Herausgebern neu geschrieben; Markku Poutanen erarbeitete den Abschnitt über das Sonnensystem; Juhani Kyröläinen erweiterte das Kapitel über Sternspektren; Timo Rahunen schrieb den größten Teil des Abschnitts Sternaufbau und -entwicklung neu; Ilkka Rahunen überarbeitete das Kapitel über die Sonne; Kalevi Mattila schrieb den Teil über die interstellare Materie, Tapio Markkanen über die Sternhaufen und das Milchstraßensystem, Karl Johan Donner den größten Teil über die Galaxien; Mauri Valtonen erarbeitete Teile des Kapitels über die Galaxis und in Zusammenarbeit mit Pekka Teerikorpi das Kapitel Kosmologie. Schließlich wurde das gesamte, zum Teil etwas inhomogene Material von den Herausgebern konsistent gemacht.

Der deutschsprachigen Ausgabe liegen der original-finnische Text und die erweiterte und modernisierte englische Fassung zugrunde. Wir danken Siegfried Marx und Holger Lehmann vom Karl-Schwarzschild-Observatorium der Akademie der Wissenschaft der DDR in Tautenburg für die Anfertigung der Übersetzung aus dem Englischen. Abschnitte, die im Kleindruck wiedergegeben sind, sind weniger wichtig, für den Leser aber vielleicht doch von Interesse.

Für die Abbildungen erhielten wir Hilfe von Veikko Sinkkonen, Mira Vurvori und einigen Observatorien und Personen, die in den Abbildungsunterschriften erwähnt sind.

In der praktischen Arbeit wurden wir von Arjy Kyröläinen und Merja Karsma unterstützt, wir möchten allen unseren wärmsten Dank aussprechen.

Finanzielle Unterstützung gaben das finnische Ministerium für Erziehung und die Suomalaisen kirjallisuuden edistämisvarojen valtuus kunta (eine Stiftung zur Förderung finnischer Literatur). Wir möchten auch dafür herzlich danken.

Helsinki, Juni 1990　　　　　　　　　　　　　　　　　　　　　　*Die Herausgeber*

Inhaltsverzeichnis

1. **Einführung** 1
   1.1 Die Bedeutung der Astronomie 1
   1.2 Objekte der astronomischen Forschung 2
   1.3 Die Größenskala des Universums 7

2. **Sphärische Astronomie** 9
   2.1 Sphärische Trigonometrie 9
   2.2 Die Erde 14
   2.3 Die Himmelskugel 16
   2.4 Das Horizontsystem 16
   2.5 Das Äquatorsystem 17
   2.6 Das Ekliptiksystem 23
   2.7 Die galaktischen Koordinaten 24
   2.8 Veränderungen der Koordinaten 24
   2.9 Sternbilder 29
   2.10 Sternkataloge und -karten 30
   2.11 Positionsastronomie 34
   2.12 Zeitrechnung 37
   2.13 Astronomische Zeitsysteme 41
   2.14 Kalender 42
   2.15 Übungen 44

3. **Beobachtungen und Instrumente** 51
   3.1 Beobachtungen durch die Atmosphäre 51
   3.2 Optische Teleskope 54
   3.3 Detektoren 70
   3.4 Radioteleskope 75
   3.5 Andere Wellenlängenbereiche 83
   3.6 Instrumente der Zukunft 88
   3.7 Andere Energieformen 91
   3.8 Übungen 93

4. **Photometrie und Helligkeiten** 95
   4.1 Intensität, Flußdichte und Leuchtkraft 95
   4.2 Scheinbare Helligkeiten 99
   4.3 Helligkeitssysteme 100
   4.4 Absolute Helligkeiten 102
   4.5 Extinktion und optische Dichte 104
   4.6 Übungen 107

5. Strahlungsmechanismen ... 113
5.1 Die Strahlung der Atome und Moleküle ... 113
5.2 Das Wasserstoffatom ... 115
5.3 Quantenzahlen, Auswahlregeln, Besetzungszahlen ... 119
5.4 Molekülspektren ... 120
5.5 Kontinuierliche Spektren ... 120
5.6 Die Strahlung des Schwarzen Körpers ... 121
5.7 Andere Strahlungsmechanismen ... 125
5.8 Strahlungstransport ... 126
5.9 Übungen ... 128

6. Temperaturen ... 129
6.1 Übungen ... 132

7. Himmelsmechanik ... 133
7.1 Die Bewegungsgleichungen ... 133
7.2 Die Lösung der Bewegungsgleichung ... 135
7.3 Die Bahngleichung und das erste Keplersche Gesetz ... 138
7.4 Die Bahnelemente ... 139
7.5 Das zweite und das dritte Keplersche Gesetz ... 142
7.6 Die Bahnbestimmung ... 145
7.7 Die Position in der Bahn ... 145
7.8 Die Entweichgeschwindigkeit ... 147
7.9 Das Virialtheorem ... 149
7.10 Die Jeans-Grenze ... 151
7.11 Übungen ... 153

8. Das Sonnensystem ... 159
8.1 Überblick ... 159
8.2 Planetenkonstellationen ... 160
8.3 Die Erdbahn ... 163
8.4 Die Mondbahn ... 164
8.5 Finsternisse und Bedeckungen ... 166
8.6 Die Albedo ... 169
8.7 Planetare Photometrie, Polarimetrie und Spektroskopie ... 171
8.8 Die Wärmestrahlung der Planeten ... 175
8.9 Innerer Aufbau der Planeten ... 177
8.10 Planetenoberflächen ... 180
8.11 Atmosphären und Magnetosphären ... 181
8.12 Merkur ... 186
8.13 Venus ... 188
8.14 Erde und Mond ... 191
8.15 Mars ... 197
8.16 Planetoiden ... 201
8.17 Jupiter ... 204
8.18 Saturn ... 209
8.19 Uranus, Neptun und Pluto ... 213
8.20 Kleinkörper des Sonnensystems ... 219
8.21 Kosmogonie des Sonnensystems ... 222

	8.22 Andere Planetensysteme	227
	8.23 Übungen	228

9. Sternspektren ... 233
    9.1 Aufnahme und Auswertung von Spektren ... 233
    9.2 Die Harvard-Spektralklassifikation ... 236
    9.3 Die Yerkes-Spektralklassifikation ... 239
    9.4 Pekuliare Spektren ... 241
    9.5 Das Hertzsprung-Russell-Diagramm ... 243
    9.6 Modellatmosphären ... 245
    9.7 Was liefert uns die Beobachtung? ... 246

10. Doppelsterne und Sternmassen ... 251
    10.1 Visuelle Doppelsterne ... 252
    10.2 Astrometrische Doppelsterne ... 253
    10.3 Spektroskopische Doppelsterne ... 254
    10.4 Photometrische Doppelsterne ... 255
    10.5 Übungen ... 258

11. Innerer Aufbau der Sterne ... 261
    11.1 Bedingungen des inneren Gleichgewichts ... 261
    11.2 Der physikalische Zustand des Gases ... 265
    11.3 Stellare Energiequellen ... 269
    11.4 Sternmodelle ... 275
    11.5 Übungen ... 276

12. Sternentwicklung ... 281
    12.1 Entwicklungszeitskalen ... 281
    12.2 Die Kontraktion von Sternen im Vorhauptreihenstadium ... 282
    12.3 Das Hauptreihenstadium ... 285
    12.4 Das Riesenstadium ... 287
    12.5 Endstadien der Sternentwicklung ... 290
    12.6 Die Entwicklung enger Doppelsterne ... 291
    12.7 Vergleich mit den Beobachtungen ... 294
    12.8 Die Entstehung der Elemente ... 297

13. Die Sonne ... 301
    13.1 Innerer Aufbau ... 301
    13.2 Die Atmosphäre ... 303
    13.3 Die Sonnenaktivität ... 308

14. Veränderliche Sterne ... 315
    14.1 Klassifikation ... 316
    14.2 Pulsationsveränderliche ... 317
    14.3 Eruptionsveränderliche ... 321
    14.4 Übung ... 328

15. Kompakte Sterne ... 329
    15.1 Weiße Zwerge ... 329

15.2 Neutronensterne 330
15.3 Schwarze Löcher 337

16. Das Interstellare Medium 341
16.1 Interstellarer Staub 341
16.2 Interstellares Gas 354
16.3 Interstellare Moleküle 363
16.4 Die Bildung von Protosternen 367
16.5 Planetarische Nebel 368
16.6 Supernovaüberreste 369
16.7 Die heiße Korona des Milchstraßensystems 372
16.8 Kosmische Strahlung und das interstellare Magnetfeld 373

17. Sternhaufen und Assoziationen 377
17.1 Assoziationen 378
17.2 Offene Sternhaufen 380
17.3 Kugelsternhaufen 383

18. Das Milchstraßensystem 385
18.1 Methoden der Entfernungsbestimmung 387
18.2 Stellarstatistik 390
18.3 Die Rotation des Milchstraßensystems 396
18.4 Struktur und Entwicklung des Milchstraßensystems 403
18.5 Übungen 407

19. Galaxien 409
19.1 Die Klassifikation der Galaxien 409
19.2 Elliptische Galaxien 415
19.3 Spiralgalaxien 419
19.4 Linsenförmige Galaxien 423
19.5 Die Leuchtkraft der Galaxien 423
19.6 Die Massen der Galaxien 424
19.7 Systeme von Galaxien 426
19.8 Entfernungen von Galaxien 429
19.9 Aktive Galaxien und Quasare 430
19.10 Der Ursprung und die Entwicklung von Galaxien 435

20. Kosmologie 437
20.1 Kosmologische Beobachtungen 437
20.2 Das kosmologische Prinzip 445
20.3 Homogenität und Isotropie des Universums 447
20.4 Friedmann-Modelle 449
20.5 Kosmologische Tests 454
20.6 Die Geschichte des Universums 457
20.7 Die Zukunft des Universums 460

Anhang 463
A. Mathematik 463
   A.1 Geometrie 463

		A.2	Taylor-Reihen	463

    A.2 Taylor-Reihen 463
    A.3 Vektorrechnung 465
    A.4 Kegelschnitte 467
    A.5 Mehrfachintegrale 468
    A.6 Numerische Lösung von Gleichungen 469
B. Quantenmechanik 471
    B.1 Quantenmechanisches Modell des Atoms. Quantenzahlen 471
    B.2 Auswahlregeln und Übergangswahrscheinlichkeiten 472
    B.3 Die Heisenbergsche Unschärferelation 472
    B.4 Das Ausschließungsprinzip 473
C. Relativitätstheorie 473
    C.1 Grundkonzeptionen 473
    C.2 Lorentztransformation. Minkowskiraum 475
    C.3 Allgemeine Relativitätstheorie 476
    C.4 Tests der Allgemeinen Relativitätstheorie 477
D. Grundlagen der Radioastronomie 478
    D.1 Antennenparameter 478
    D.2 Antennentemperatur und Flußdichte 480
E. Tabellen 482

Weiterführende Literatur 499

Fotografische Quellen 503

Sachverzeichnis 505

Der Virgo-Galaxienhaufen. Jede Galaxie enthält hunderte Milliarden Sterne
(Foto National Optical Astronomy Observatories)

Kapitel 1   Einführung

1.1 Die Bedeutung der Astronomie

In einer dunklen, wolkenlosen Nacht kann der Sternenhimmel von einem Ort, der weit entfernt ist von hellem Stadtlicht, in seiner ganzen Pracht beobachtet werden (Abb. 1.1). Es ist leicht zu verstehen, daß die Menschen zu allen Zeiten Gefallen an den tausenden Lichtern am Himmel gefunden haben. Nach der Sonne, die für das gesamte Leben auf der Erde notwendig ist, ist der Mond, der den Nachthimmel beherrscht und regelmäßig seine Phasen verändert, das auffälligste Objekt am Himmel. Die Sterne scheinen fest zu einander zu stehen. Nur einige, relativ helle Objekte, die Planeten, bewegen sich in Bezug auf die Sterne.

Die Erscheinungen am Himmel erregten schon vor langer Zeit das menschliche Interesse. Die Cro Magnon-Menschen machten vor 30 000 Jahren Gravierungen in Kno-

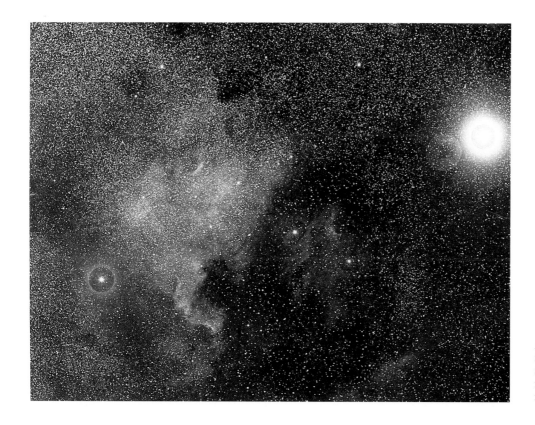

Abb. 1.1. Nordamerika-Nebel im Sternbild Cygnus. Der hellste Stern am rechten Rand ist α Cygni oder Deneb. (Foto M. Poutanen u. H. Virtanen)

chen, die die Phasen des Mondes darstellen könnten. Diese Aufzeichnungen sind die ältesten astronomischen Dokumente, 25 000 Jahre älter als die geschriebenen.

Die Landwirtschaft benötigte gute Kenntnisse des Verlaufs der Jahreszeiten; religiöse Rituale und Voraussagen beruhten auf bestimmten Positionen von Himmelskörpern. So wurde die Zeitrechnung immer genauer, und die Menschen lernten, die Bewegung der Himmelskörper auch im voraus zu berechnen. Als die Menschen im Zusammenhang mit der schnellen Entwicklung der Seefahrt ihre Reisen ausdehnten und sich immer weiter von ihren Heimathäfen entfernten, ergab sich bei der Ortsbestimmung ein Problem, für das die Astronomie eine praktische Lösung anbot. Die Beschäftigung mit den Navigationsproblemen war die wichtigste Aufgabe der Astronomie im 17. und 18. Jahrhundert, als die ersten präzisen Tabellen über die Bewegung der Planeten und anderer Phänomene am Himmel veröffentlicht wurden. Grundlage für diese Entwicklung waren die Entdeckungen von Kopernikus, Tycho Brahe, Kepler, Galilei und Newton. Sie fanden die Gesetze, die die Planetenbewegungen beschreiben.

Die astronomischen Forschungsergebnisse haben die geozentrische, auf den Menschen orientierte Sicht, verändert zu der modernen Vorstellung vom unendlichen Universum, in dem Mensch und Erde eine unwesentliche Rolle spielen. Die Astronomie erst hat uns die wirkliche Größenskala der Natur, die uns umgibt, gelehrt.

Die moderne Astronomie ist Grundlagenforschung, hauptsächlich begründet in der Neugier des Menschen und seinem Wunsch, immer mehr über die Natur und das Universum zu erfahren. Die Astronomie hat zentrale Bedeutung für die Herausbildung einer wissenschaftlichen Betrachtung der Welt. „Eine wissenschaftliche Betrachtung der Welt" erstellt ein Modell, das auf Beobachtungen basiert und Theorien und logische Urteile gründlich testet. Beobachtungen sind immer der endgültige Test für ein Modell: wenn das Modell die Beobachtungen nicht wiedergibt, muß es geändert werden. Dieser Prozeß darf weder durch philosophische und politische noch durch religiöse oder Glaubenskonzeptionen eingeschränkt werden.

1.2 Objekte der astronomischen Forschung

Die moderne Astronomie untersucht das gesamte Universum und seine unterschiedlichen Materie- und Energieformen. Die Astronomen erforschen die Bestandteile des Kosmos von den Elementarteilchen und Molekülen (mit Massen von 10^{-30} kg) bis zu den größten Superhaufen von Galaxien (mit Massen von 10^{50} kg).

Die Astronomie kann man auf unterschiedliche Art und Weise in verschiedene Zweige einteilen. Die Unterteilung kann entweder nach den *Methoden* oder den *Objekten der Erforschung* vorgenommen werden.

Die *Erde* (Abb. 1.2) ist aus verschiedenen Gründen für die Astronomie von Interesse. Nahezu alle Beobachtungen werden durch die *Atmosphäre* gemacht, und die Phänomene der oberen Atmosphäre und Magnetosphäre reflektieren den Zustand des interplanetaren Raumes. Die Erde ist außerdem das wichtigste Vergleichsobjekt für die Planetologen.

Der *Mond* wird noch immer mit astronomischen Methoden untersucht, obwohl Sonden und Astronauten seine Oberfläche besucht und Proben mit zur Erde gebracht haben. Für die Amateurastronomen ist der Mond ein interessantes und leicht zu beobachtendes Objekt.

Abb. 1.2. Die Erde gesehen vom Mond. Das Bild wurde während des letzten Apollo-Fluges im Dezember 1972 aufgenommen. (Foto NASA)

Für das Studium der *Planeten* des Sonnensystems war in den achtziger Jahren die Situation die gleiche wie bei der Mondforschung 20 Jahre früher: die Oberflächen der Planeten und ihrer Satelliten wurden durch vorbeifliegende Sonden oder Flugkörper in Umlaufbahnen kartiert. Auf den Planeten Mars und Venus kam es zu weichen Landungen von Sonden. Diese Forschungsmethoden haben unsere Kenntnisse über die Bedingungen auf den Planeten ungeheuer erweitert. Eine kontinuierliche Überwachung der Planeten ist aber nur von der Erde aus möglich, und viele Körper des Sonnensystems sind noch von keiner Raumsonde besucht worden.

Das Sonnensystem wird von der *Sonne* beherrscht, die in ihrem Zentrum Energie durch Kernfusion freisetzt. Die Sonne ist der nächste *Stern*, und ihre Untersuchung gibt auch Einblicke in die Bedingungen auf anderen Sternen.

Einige tausend Sterne können mit dem bloßen Auge beobachtet werden, aber schon mit einem kleinen Teleskop werden Millionen sichtbar. Die Sterne werden nach ihren beobachtbaren Eigenschaften klassifiziert. Die Mehrheit ist unserer Sonne ähnlich, wir nennen sie die *Hauptreihensterne*. Einige sind jedoch viel größer, es sind die *Riesen* und *Überriesen*, andere, die *Weißen Zwerge*, sind wesentlich kleiner. Die unterschiedlichen Sterntypen repräsentieren verschiedene Entwicklungszustände. Die meisten Sterne sind Mitglieder von *Doppelstern-* und *Mehrfachsystemen*, viele sind *veränderliche Sterne*, ihre Helligkeit ist nicht konstant.

Zu den neusten Sternen, die die Astronomen untersuchen, gehören die *kompakten Sterne*: *Neutronensterne* und *Schwarze Löcher*. In ihnen ist die Materie so hoch verdichtet und das Gravitationsfeld so stark, daß die Einsteinsche Relativitätstheorie zur Beschreibung der Materie und des Raumes benutzt werden muß.

Sterne sind Lichtpunkte in einem sonst scheinbar leeren Raum. Der *interstellare Raum* ist aber nicht leer, sondern enthält große Wolken von *Atomen, Molekülen, Elementarteilchen* und *Staub*. Einerseits wird durch stellare Eruptionen und explodierende Sterne Materie in den interstellaren Raum geblasen, andererseits bilden sich neue Sterne durch Kontraktion interstellarer Wolken.

Die Sterne sind nicht gleichmäßig im Raum verteilt, sondern bilden sog. *Sternhaufen*. Diese bestehen aus Sternen, die nahezu gleichzeitig entstanden sind und in einigen Fällen für Milliarden Jahre zusammenbleiben.

Die größte Ansammlung von Sternen am Himmel ist die *Milchstraße*, ein massereiches Sternsystem oder *Galaxie* aus mehr als 200 Milliarden Sterne. Alle Sterne, die mit dem bloßen Auge sichtbar sind, gehören zum Milchstraßensystem. Das Licht benötigt zum Durchqueren unserer Galaxis 100 000 Jahre.

Das Milchstraßensystem ist nicht die einzige *Galaxie*, sondern eine von unzähligen weiteren. Galaxien bilden oft *Haufen von Galaxien*, und die Haufen können wieder in *Superhaufen* zusammenstehen. Galaxien werden in allen Entfernungen, soweit unsere Beobachtungsmöglichkeiten reichen, gefunden. Die entferntesten Objekte, die wir sehen, sind die *Quasare*. Das Licht der entferntesten Quasare, das wir jetzt sehen, wurde emittiert, als das Universum ein Zehntel seines gegenwärtigen Alters hatte.

Das größte Objekt, das die Astronomen untersuchen, ist das ganze *Universum*. Die *Kosmologie*, einst Domäne der Theologen und Philosophen, wurde Objekt der physikalischen Theorie und der konkreten astronomischen Beobachtung.

Unter den verschiedenen Forschungsgebieten beschäftigt sich die *sphärische* oder *Positionsastronomie* mit den Koordinatensystemen an der Himmelskugel und deren Änderungen sowie den scheinbaren Örtern der Himmelskörper. Die *Himmelsmechanik* untersucht die Bewegungen der Körper im Sonnensystem, in den Sternsystemen und zwischen den Galaxien und Galaxienhaufen. Die *Astrophysik* erforscht die Himmelskörper mit den Methoden der modernen Physik. Sie hat eine zentrale Stellung unter allen Forschungsrichtungen der Astronomie (Tabelle 1.1).

Die Astronomie kann nach den *Wellenlängenbereichen*, die für die Beobachtung genutzt werden, in unterschiedliche Gebiete unterteilt werden. Wir sprechen von der *Radio-, Infrarot-, optischen, Ultraviolett-, Röntgen-* oder *Gammaastronomie*. In Zukunft werden auch *Neutrinos* und *Gravitationswellen* beobachtet werden.

Tabelle 1.1. Anteile der verschiedenen Forschungsgebiete der Astronomie für das 1. Halbjahr 1985 nach den *Astronomy and Astrophysics Abstracts*. Dieser Literaturdienst enthält kurze Zusammenfassungen aller astronomischen Artikel, die in dem Zeitraum, für die die Veröffentlichung gilt, erschienen sind

Forschungsgebiet	Anzahl der Seiten	Relativer Anteil in %
Astronomische Instrumente und Techniken	50	6
Positionsastronomie, Himmelsmechanik	28	4
Raumfahrt	16	2
Theoretische Astrophysik	92	11
Sonne	84	11
Erde	28	4
Planetensystem	88	11
Sterne	151	19
Interstellare Materie, Nebel	49	6
Radioquellen, Röntgenquellen, kosmische Strahlung	56	7
Sternsysteme, Galaxis, extragalaktische Objekte, Kosmologie	158	20

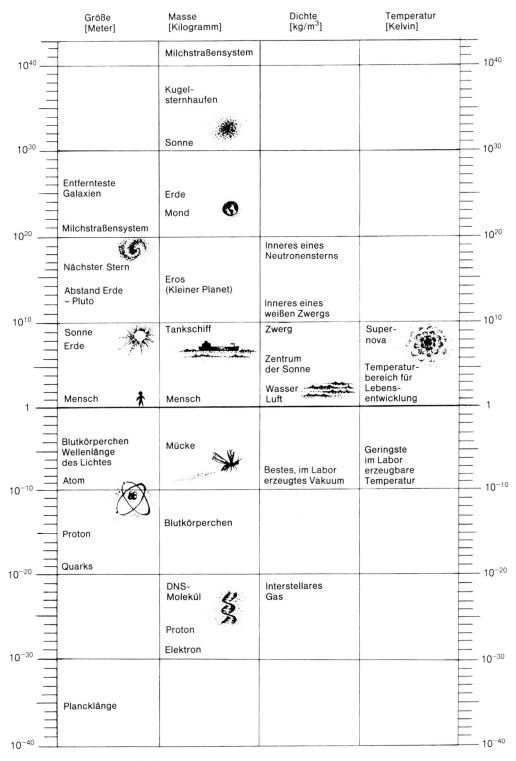

Abb. 1.3. Größenordnungen im Universum

Abb. 1.4. Kugelsternhaufen M 13. Dieser Haufen enthält mehr als 1 Million Sterne. (Foto Palomar Observatory)

Abb. 1.5. Große Magellansche Wolke, die nächste Galaxie in unserer Nachbarschaft. (Foto National Optical Astronomical Observatories, Cerro Tololo Inter-American Observatory)

1.3 Die Größenskala des Universums

Die Massen und Ausdehnungen der astronomischen Objekte sind gewöhnlich enorm groß. Um ihre Eigenschaften aber zu verstehen, müssen die kleinsten Teile der Materie, Moleküle, Atome und Elementarteilchen erforscht werden. Die Dichten, Temperaturen und Magnetfelder variieren im Universum in viel weiteren Bereichen, als sie im irdischen Laboratorium dargestellt werden können.

Die größte natürliche Dichte, die wir auf der Erde antreffen, beträgt 22 500 kg/m^3 (Osmium), während in einem Neutronenstern Dichten von 10^{18} kg/m^3 möglich sind. Die Dichte im besten Vakuum, das auf der Erde erzeugt werden kann, ist 10^{-9} kg/m^3, aber im interstellaren Raum beträgt die Gasdichte 10^{-21} kg/m^3 oder noch weniger. Moderne Beschleuniger verleihen Partikeln Energien in der Größenordnung von 10^{11} Elektronenvolt (eV). Die kosmische Strahlung, die vom Himmel kommt, hat teilweise Energien von mehr als 1020 eV.

Es hat den Menschen viel Zeit gekostet, um die gewaltigen Dimensionen des Raumes zu erfassen. Die Größenverhältnisse im Sonnensystem waren im 17. Jahrhundert relativ gut bekannt. Die erste Entfernungsmessung für einen Stern gelang 1838, und die Entfernungsbestimmung der Galaxien wurde erst in den zwanziger Jahren dieses Jahrhunderts möglich.

Von den Entfernungen können wir einige Vorstellungen erhalten, wenn wir die Zeit betrachten (Abb. 1.3), die das Licht von der Quelle bis in das Auge benötigt. Von der Sonne bis zu uns braucht das Licht 8 Minuten, $5\frac{1}{2}$ Stunden von Pluto und 4 Jahre vom nächsten Stern. Das Zentrum des Milchstraßensystems können wir nicht sehen, aber die vielen Kugelsternhaufen haben ungefähr die gleiche Entfernung. Von dem Kugelsternhaufen der Abb. 1.4 erreicht das Licht die Erde nach ungefähr 20 000 Jahren, von der nächsten Galaxie, der Magellanschen Wolke (Abb. 1.5), die am Südhimmel sichtbar ist, nach 150 000 Jahren. Die Photonen, die wir jetzt sehen, begannen ihre Reise, als der Neandertalmensch auf der Erde lebte. Das Licht, das von der Andromeda-Galaxie am Nordhimmel kommt, entstand vor 2 Millionen Jahren. Ungefähr zu dieser Zeit traten die ersten Menschen, die Werkzeuge benutzten, der Homo habilis, auf.

Die Strahlung, die jetzt die Erde von den entferntesten bekannten Objekten, den Quasaren, erreicht, wurde emittiert, lange bevor die Sonne und die Erde entstanden sind.

Kapitel 2 Sphärische Astronomie

Die sphärische Astronomie ist eine Wissenschaft, die sich mit astronomischen Koordinatensystemen beschäftigt, Richtungen zu den Himmelskörpern und ihre scheinbaren Bewegungen untersucht, Positionen auf der Basis astronomischer Beobachtungen bestimmt, Beobachtungsfehler erforscht usw. Wir wollen uns hauptsächlich auf astronomische Koordinaten, die scheinbare Bewegung der Sterne und die Zeitrechung konzentrieren. Auch auf einige der wichtigsten Sternkataloge wird eingegangen werden.

Zur Vereinfachung setzen wir voraus, daß sich der Beobachter immer auf der nördlichen Halbkugel befindet. Obwohl alle Definitionen und Gleichungen leicht für beide Hemisphären verallgemeinert werden können, kann das zu unnötigen Verwechslungen führen. In der sphärischen Astronomie werden gewöhnlich alle Winkel in Grad ausgedrückt. Wir wollen auch Grad benutzen, wenn es nicht ausdrücklich anders angegeben ist.

2.1 Sphärische Trigonometrie

Für Koordinatentransformationen in der Sphärischen Astronomie benötigen wir einige mathematische Hilfsmittel, die nun vorgestellt werden sollen.

Wenn eine Ebene eine Kugel durch deren Mittelpunkt schneidet, teilt sie die Kugel in zwei identische Hemisphären entlang eines Kreises, der als *Großkreis* bezeichnet wird (Abb. 2.1). Eine Linie, die senkrecht zu dieser Ebene und durch den Mittelpunkt verläuft, durchstößt die Kugeloberfläche an den *Polen P* und *P'*. Wenn eine Ebene eine Kugel schneidet und nicht durch deren Mittelpunkt geht, ist die Schnittlinie auf der Kugeloberfläche ein *Kleinkreis*. Es gibt genau einen Großkreis, der durch zwei auf der Kugeloberfläche gegebene Punkte *Q* und *Q'* geht. (Nur wenn diese Punkte einander genau gegenüberliegen, sind alle Kreise, die durch die Punkte verlaufen, Großkreise.) Der Bo-

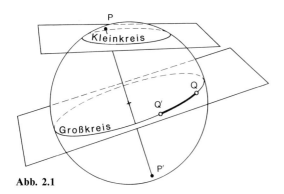

Abb. 2.1

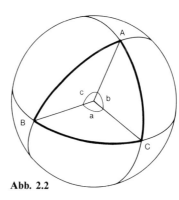

Abb. 2.2

Abb. 2.1. Ein Großkreis ist die Schnittlinie einer Kugeloberfläche mit einer Ebene, die durch den Mittelpunkt der Kugel geht. *P* und *P'* sind die Pole des Großkreises. Die kürzeste Verbindung von *Q* und *Q'* verläuft auf dem Großkreis

Abb. 2.2. Ein sphärisches Dreieck besteht aus drei Bogenstücken von Großkreisen, *AB, BC, CA*. Die entsprechenden Zentralwinkel sind *c, a* und *b*

gen QQ' auf dem Großkreis ist die kürzeste Verbindung zwischen diesen beiden Punkten auf der Kugeloberfläche.

Ein *sphärisches Dreieck* ist nicht irgendeine dreieckige Figur auf der Kugeloberfläche, sondern seine Seiten müssen Bogenstücke von Großkreisen sein. Das sphärische Dreieck in Abb. 2.2 hat die Bogen AB, BC und AC als Seiten. Wenn der Radius der Kugel r ist, beträgt die Länge des Bogens AB

$$|AB| = rc, \quad [c] = \text{rad} \ .$$

c ist der Winkel, der durch den Bogen AB, vom Mittelpunkt der Kugel gesehen, entsteht. Dieser Winkel ist der sog. *Zentralwinkel* der Seite AB. Da die Länge der Seite und der Zentralwinkel sich in eindeutiger Weise entsprechen, ist es üblich, den Zentralwinkel an Stelle der Seite zu nutzen. Dadurch geht der Radius der Kugel nicht in die Gleichungen der sphärischen Trigonometrie ein. Ein Winkel in einem sphärischen Dreieck kann definiert werden als der Winkel zwischen den Tangenten der zwei Seiten, die sich im Eckpunkt treffen, oder als der V-förmige Winkel zwischen den Ebenen, die die Kugel entlang dieser Seiten schneiden. Wir bezeichnen die Winkel eines sphärischen Dreiecks mit Großbuchstaben (A, B, C) und die gegenüberliegenden Seiten oder, korrekter, die entsprechenden Zentralwinkel mit Kleinbuchstaben (a, b, c).

Die Summe der 3 Winkel in einem sphärischen Dreieck ist immer größer als 180 Grad. Dieser Exzeß

$$E = A + B + C - 180° \tag{2.1}$$

ist der sog. *sphärische Exzeß*. Er ist nicht konstant, sondern hängt von der Dreiecksform ab. Im Gegensatz zur ebenen Geometrie ist es nicht ausreichend, zwei Winkel zu kennen, um den dritten zu bestimmen. Die Fläche eines sphärischen Dreiecks steht in sehr einfacher Weise mit dem sphärischen Exzeß in Zusammenhang:

$$\text{Fläche} = Er^2, \quad [E] = \text{rad} \ . \tag{2.2}$$

Dies zeigt, daß der sphärische Exzeß dem Raumwinkel in Steradian (s. Anhang A.1) gleicht, den das Dreieck vom Mittelpunkt der Kugel gesehen einschließt.

Um (2.2) zu prüfen, erweitern wir die Seiten des Dreiecks $\triangle$ zu Großkreisen. Diese Großkreise bilden ein weiteres Dreieck $\triangle'$, das $\triangle$ gegenüberliegt. Die Fläche der Zone $S(A)$, die von den beiden Seiten des Winkels A begrenzt wird (gestrichelte Fläche in Abb. 2.3) ist unverkennbar das $2A/2\pi$-fache der Kugelfäche: $S(A) = 2A/2\pi \times 4\pi = 4A$. Analog überdecken die Zonen $S(B)$ und $S(C)$ die Flächen $S(B) = 4B$ und $S(C) = 4C$. Zusammen überdecken die drei Zonen die gesamte Kugeloberfläche, die beiden gleichen Dreiecke $\triangle$ und $\triangle'$ gehören zu jeder Zone und jeder Punkt außerhalb der beiden Dreiecke gehört genau zu einer Zone. So entspricht die Fläche $S(A) + S(B) + S(C)$ der Fläche der Kugel plus viermal der Fläche von $\triangle$;

$$S(A) + S(B) + S(C) = 4A + 4B + 4C = 4\pi + 4\triangle \ ,$$

wonach folgt

$$\triangle = A + B + C - \pi = E \ .$$

Wie im Fall des ebenen Dreiecks können wir Beziehungen zwischen den Seiten und Winkeln des sphärischen Dreiecks ableiten. Der einfachste Weg, dies zu tun, ist die Untersu-

2.1 Sphärische Trigonometrie

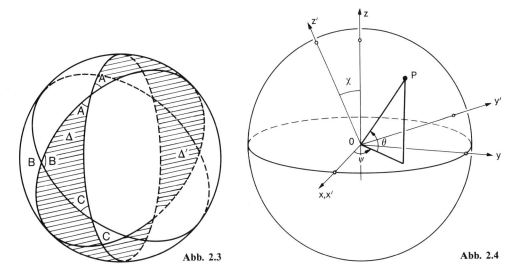

Abb. 2.3. Wenn man die Seiten eines sphärischen Dreiecks um die gesamte Kugel verlängert, bilden sie ein zweites Dreieck △', antipodisch und identisch zum ersten Dreieck △. Schattiert ist der Ausschnitt $S(A)$

Abb. 2.4. Die Position eines Punktes P auf der Einheitskugel kann durch die rechtwinkligen Koordinaten xyz oder durch die zwei Winkel θ und ψ definiert werden. Das $x'y'z'$-System entsteht durch Drehung des xyz-Systems um die x-Achse um den Winkel χ

chung verschiedener Koordinatentransformationen. Wir nehmen dazu zwei rechtwinklige Koordinatensysteme $Oxyz$ und $Ox'y'z'$ an (Abb. 2.4). Das $x'y'z'$-System soll aus dem xyz-System durch Drehung um die x-Achse um den Winkel χ erhalten werden.

Die Position eines Punktes P auf der Einheitskugel ist durch die Angabe zweier Winkel eindeutig bestimmt. Der Winkel ψ wird von der positiven x-Achse in der xy-Ebene entgegen dem Uhrzeigersinn gemessen. Der Winkel θ gibt den Winkelabstand von der xy-Ebene an. Ganz analog können wir die Winkel ψ' und θ' definieren, die die Position des Punktes P im $x'y'z'$-System geben. Die rechtwinkligen Koordinaten des Punktes P als Funktion dieser Winkel sind

$$
\begin{aligned}
x &= \cos\psi \cos\theta & x' &= \cos\psi' \cos\theta' \;, \\
y &= \sin\psi \cos\theta & y' &= \sin\psi' \cos\theta' \;, \\
z' &= \sin\theta & z &= \sin\theta' \;.
\end{aligned}
\qquad (2.3)
$$

Wir wissen auch, daß die gestrichenen Koordinaten durch eine Drehung in der yz-Ebene aus den ungestrichenen hervorgehen (Abb. 2.5):

$$
\begin{aligned}
x' &= x \\
y' &= y\cos\chi + z\sin\chi \\
z' &= -y\sin\chi + z\cos\chi \;.
\end{aligned}
\qquad (2.4)
$$

Durch Substitution der Beziehungen für x, y und z aus (2.3) in (2.4) erhalten wir

$$
\begin{aligned}
\cos\psi' \cos\theta' &= \cos\psi \cos\theta \\
\sin\psi' \cos\theta' &= \sin\psi \cos\theta \cos\chi + \sin\theta \sin\chi \\
\sin\theta' &= \sin\psi \cos\theta \sin\chi + \sin\theta \cos\chi \;.
\end{aligned}
\qquad (2.5)
$$

Tatsächlich sind diese Gleichungen für alle Koordinatentransformationen, die uns begegnen, ausreichend. Wir wollen aber auch die für sphärische Dreiecke üblichen Glei-

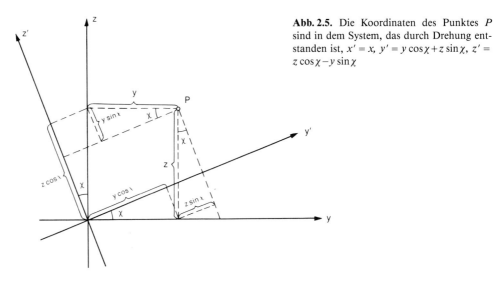

Abb. 2.5. Die Koordinaten des Punktes P sind in dem System, das durch Drehung entstanden ist, $x' = x$, $y' = y\cos\chi + z\sin\chi$, $z' = z\cos\chi - y\sin\chi$

chungen ableiten. Um dies zu tun, stellen wir die Koordinatensysteme in geeigneter Weise dar (Abb. 2.6). Die z-Achse ist auf den Scheitelpunkt A, die z'-Achse auf den Punkt B gerichtet. Der Schnittpunkt C entspricht nun dem Punkt P in Abb. 2.4. Die Winkel ψ, θ, ψ', θ' und χ können jetzt mit Hilfe der Seiten und Winkel des sphärischen Dreiecks dargestellt werden:

$$\begin{aligned}
\psi &= A - 90°, \\
\theta &= 90° - b, \\
\psi' &= 90° - B \\
\theta' &= 90° - a, \\
\chi &= c.
\end{aligned} \qquad (2.6)$$

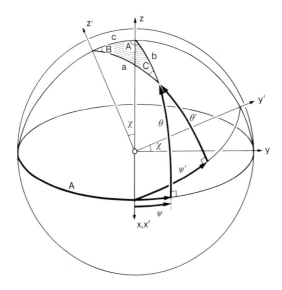

Abb. 2.6. Zur Ableitung der Formeln für das sphärische Dreieck ABC werden die sphärischen Koordinaten ψ, θ, ψ' und θ' des Scheitelpunktes C durch die Seiten und Winkel des Dreiecks ausgedrückt

Durch Substitution in (2.5) ergibt das

$$\cos(90°-B)\cos(90°-a) = \cos(A-90°)\cos(90°-b) ,$$
$$\sin(90°-B)\cos(90°-a) = \sin(A-90°)\cos(90°-b)\cos c + \sin(90°-b)\sin c ,$$
$$\sin(90°-a) = -\sin(A-90°)\cos(90°-b)\sin c + \sin(90°-b)\cos c ,$$

oder

$$\sin B \sin a = \sin A \sin b ,$$
$$\cos B \sin a = -\cos A \sin b \cos c + \cos b \sin c , \qquad (2.7)$$
$$\cos a = \cos A \sin b \sin c + \cos b \cos c .$$

Die Gleichungen für die anderen Seiten und Winkel werden durch zyklisches Vertauschen der Seiten a, b, c und Winkel A, B, C erhalten. Die erste Gleichung erhält z. B. die Formen

$$\sin C \sin b = \sin B \sin c , \qquad \sin A \sin c = \sin C \sin a .$$

Die verschiedenen Variationen des *Sinussatzes* können in der leicht zu merkenden Form

$$\frac{\sin a}{\sin A} = \frac{\sin b}{\sin B} = \frac{\sin c}{\sin C} \qquad (2.8)$$

geschrieben werden.

Wenn wir einen Grenzübergang machen und a, b, und c gegen Null geht, wird aus dem sphärischen Dreieck ein ebenes Dreieck. Wenn alle Winkel in Bogenmaß ausgedrückt werden, haben wir näherungsweise

$$\sin a \approx a , \qquad \cos a \approx 1 - \tfrac{1}{2}a^2 .$$

Wenn wir diese Näherungswerte in die Sinusformeln (2.8) einsetzen, erhalten wir die Sinusformeln für die ebene Geometrie:

$$\frac{a}{\sin A} = \frac{b}{\sin B} = \frac{c}{\sin C} .$$

Die zweite Gleichung in (2.7) ist der *Sinus-Cosinus-Satz*, und die entsprechende Formel für den ebenen Fall lautet

$$c = b \cos A + a \cos B .$$

Dies erhält man durch die Substitution der Näherungen für sin und cos in den Sinus-Cosinus-Satz und Vernachlässigung aller quadratischen und höheren Glieder. In der gleichen Art und Weise können wir die dritte Gleichung, den *Cosinus-Satz* in (2.7), nutzen und für den ebenen Fall ableiten:

$$a^2 = b^2 + c^2 - 2bc \cos A .$$

2.2 Die Erde

Eine Position auf der Erde ist im allgemeinen durch zwei sphärische Koordinaten gegeben. Wenn es notwendig ist, wird der Abstand vom Zentrum noch als dritte Koordinate genutzt. Die Bezugsebene ist die *Äquatorebene*. Sie verläuft senkrecht zur Rotationsachse und schneidet die Erdoberfläche entlang des *Äquators*. Kleinkreise, die parallel zum Äquator verlaufen, sind sog. *Breitenkreise*, Halbkreise von Pol zu Pol sind die *Meridiane*. Die *geographische Länge* ist der Winkel zwischen dem Meridian und dem Nullpunkts-Meridian durch das Greenwich-Observatorium. Wir wollen positive Werte für Längen westlich von Greenwich und negative östlich von Greenwich annehmen. Die Konventionen für die Bezeichnungen der Länge sind allerdings unterschiedlich. Deshalb ist es allgemein besser, direkt zu sagen, ob es sich um eine Länge östlich oder westlich von Greenwich handelt. Manchmal wird die Länge durch die Zeitdifferenz zwischen der Ortszeit und der Greenwich-Zeit angegeben (Zeitsysteme werden im Abschn. 2.12 behandelt). Eine vollständige Erdumdrehung entspricht 24 Stunden, folglich ist eine Stunde gleich 15 Grad.

Die *Breite* wird üblicherweise als *geographische Breite* bezeichnet. Sie ist der Winkel zwischen der Lotrichtung und der Äquatorebene. Die Breite ist positiv auf der nördlichen Hemisphäre und negativ auf der südlichen. Die geographische Breite kann leicht durch astronomische Beobachtungen bestimmt werden (Abb. 2.7): die Höhe des Himmelspoles über dem Horizont ist gleich der geographischen Breite. (Der Himmelspol ist der Schnittpunkt der Rotationsachse der Erde mit der unendlich weit entfernten Himmelskugel. Auf dieses Konzept werden wir später noch einmal zurückkommen).

Da die Erde rotiert, ist sie leicht abgeplattet. Die Form, die durch die Oberflächen der Ozeane definiert wird, ist das sog. *Geoid*, das einem abgeplatteten Sphäroid, dessen kleine Achse mit der Rotationsachse übereinstimmt, sehr ähnlich ist. 1979 legte die Internationale Astronomische Union für die meridionale Ellipse folgende Maße fest:

Äquatorradius $a = 6378{,}140$ km ,
Polradius $b = 6356{,}755$ km ,
Abplattung $f = (a-b)/a = 1/298{,}253$.

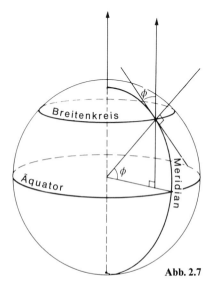

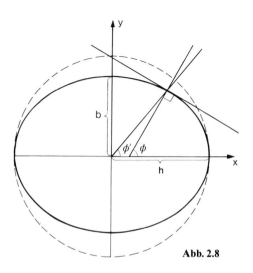

Abb. 2.7. Die geographische Breite ϕ wird durch die Messung der Höhe des Himmelspoles erhalten. Den Himmelspol kann man sich als den unendlich entfernten Punkt in Richtung der Rotationsachse der Erde vorstellen

Abb. 2.8. Durch die Abplattung der Erde unterscheiden sich die geographische Breite ϕ und die geozentrische Breite ϕ'

2.2 Die Erde

Der Winkel zwischen dem Äquator und der Normalen zum Ellipsoid, das in guter Näherung die tatsächliche Gestalt der Erde wiedergibt, wird als *geodätische Breite* bezeichnet. Da die Oberfläche einer Flüssigkeit (wie z. B. die des Ozeans) mit der Lotrichtung einen rechten Winkel bildet, sind die geodätische und die geographische Breite praktisch gleich.

Wegen der Abplattung der Erde sind die Lote auf die Oberfläche nicht zum Mittelpunkt der Erde gerichtet, ausgenommen die Lote auf die Pole und den Äquator. Der Winkel, der der üblichen sphärischen Koordinate entspricht (Winkel zwischen den Linien vom Zentrum zum Äquator und zum Punkt auf der Oberfläche), ist die *geozentrische Breite*. Sie ist etwas kleiner als die geographische Breite (Abb. 2.8).

Wir wollen nun eine Beziehung zwischen der geographischen Breite ϕ und der geozentrischen Breite ϕ' ableiten. Vorausgesetzt wird, daß die Erde ein abgeplattetes Sphäroid ist und die geographische und geodätische Breite übereinstimmen. Die Gleichung für die meridionale Ellipse ist

$$\frac{x^2}{a^2}+\frac{y^2}{b^2}=1 \ .$$

Die Richtung der Normalen auf die Ellipse im Punkt (x, y) ist gegeben durch

$$\tan\phi = -\frac{dx}{dy} = \frac{a^2}{b^2}\frac{y}{x} \ .$$

Die geozentrische Breite wird erhalten durch

$$\tan\phi' = y/x \ .$$

Damit wird

$$\tan\phi' = \frac{b^2}{a^2}\tan\phi = (1-e^2)\tan\phi \quad \text{mit}$$

$$e = \sqrt{1-b^2/a^2} \ .$$

e ist die Exzentrizität der Ellipse. Die Differenz $\Delta\phi = \phi - \phi'$ beträgt maximal 11,5' bei der Breite von 45°.

Da die Koordinaten der Himmelskörper in astronomischen Jahrbüchern in bezug auf den Mittelpunkt der Erde gegeben sind, müssen die Koordinaten naher Objekte für unterschiedliche Positionen der Beobachter korrigiert werden, wenn hohe Genauigkeit erreicht werden soll. Die einfachste Möglichkeit, dies zu tun, besteht darin, für den Beobachtungsort geozentrische Koordinaten zu benutzen.

Wenn eine bestimmte Längendifferenz auf dem Äquator der Entfernung l_0 entspricht, hat der Bogen der gleichen Längendifferenz auf einem Breitenkreis ϕ die Länge $l = l_0 \cos\phi' \approx l_0 \cos\phi$. Eine Bogenminute auf dem Meridian wird als *nautische Meile* bezeichnet. Da der Krümmungsradius mit der Breite variiert, hängt die Länge der nautischen Meile auch von der Breite ab. Darum wurde als nautische Meile die Länge einer Bogenminute bei $\phi = 45°$ definiert, d. h. eine nautische Meile = 1852 m.

2.3 Die Himmelskugel

Im Altertum wurde angenommen, daß das Universum durch eine endliche kugelförmige Hülle begrenzt sei. Die Sterne waren demnach an dieser Hülle befestigt und befanden sich alle in der gleichen Entfernung von der Erde, die das Zentrum des sphärischen Universums war. Dieses einfache Modell ist in vieler Hinsicht immer noch so brauchbar, wie es das im Altertum war: es hilft uns, die tägliche und jährliche Bewegung der Sterne leicht zu verstehen und – noch wichtiger – diese Bewegungen auf einfache Weise vorauszusagen. Deshalb wollen wir vorerst einmal voraussetzen, daß die Sterne sich an der Oberfläche einer ungeheuer großen Kugel befinden und wir in deren Mittelpunkt sind. Da der Radius dieser Himmelskugel praktisch unendlich sein soll, können wir Effekte, die sich aus der Rotation der Erde und ihrer Bahnbewegung ergeben, vernachlässigen. Diese Effekte werden in den Abschn. 2.8 und 2.11 betrachtet.

Da die Entfernungen der Sterne nicht beachtet werden, benötigen wir nur zwei Koordinaten, um ihre Richtungen festzulegen. Jedes Koordinatensystem hat eine festgelegte Bezugsebene, die durch den Mittelpunkt der Himmelskugel geht und die Kugel in zwei Hemisphären entlang eines Großkreises teilt. Eine der Koordinaten stellt den Winkelabstand von der Bezugsebene dar. Es gibt genau einen Großkreis, der durch das Objekt geht und diese Ebene senkrecht schneidet. Die zweite Koordinate gibt den Winkel zwischen diesem Schnittpunkt und der festgelegten Richtung.

2.4 Das Horizontsystem

Das natürlichste Koordinatensystem vom Standpunkt des Beobachters aus ist das *Horizontsystem* (Abb. 2.9). Seine Bezugsebene ist die Tangentialebene an die Erde im Beobachtungsort. Diese Horizontebene schneidet die Himmelskugel entlang des *Horizontes*. Der Punkt senkrecht über dem Beobachter ist der *Zenit*, der entgegengesetzte Antipoden-Punkt unter dem Beobachter der *Nadir*. (Diese beiden Punkte sind die Pole bezüglich der Horizontebene). Großkreise durch den Zenit werden als *Vertikale* bezeichnet. Alle Vertikale schneiden den Horizont senkrecht.

Durch die Beobachtung der Bewegung eines Sternes während einer Nacht erkennt man, daß die Sterne Wege zurücklegen, wie sie in Abb. 2.9 dargestellt sind. Die Sterne gehen im Osten auf, erreichen den höchsten Punkt ihrer Bahn, die *Kulmination*, im Vertikal NZS und gehen im Westen unter. Der Vertikal NZS heißt *Meridian*. Die Nord- und Südrichtung ist definiert durch die Schnittpunkte des Meridians mit dem Horizont.

Eine der Horizontalkoordinaten ist die *Höhe h*. Sie wird vom Horizont entlang des Vertikals gemessen, der durch das Objekt verläuft. Die Höhe liegt im Intervall $-90°$, $+90°$. Sie ist positiv für Objekte über dem Horizont und negativ für Objekte unter dem Horizont. Die *Zenitdistanz z* ist der Winkel zwischen dem Objekt und dem Zenit

$$z = 90° - h . \tag{2.9}$$

Die zweite Koordinate ist das *Azimut A*. Es ist der Winkelabstand des Vertikals des Objektes von einer bestimmten vorgegebenen Richtung. Unglücklicherweise werden nebeneinander verschiedene Bezugsrichtungen benutzt. Deshalb wird empfohlen, immer zu prüfen, welche Definition gebraucht wird. Gewöhnlich wird das Azimut von der Nord-

2.5 Das Äquatorsystem

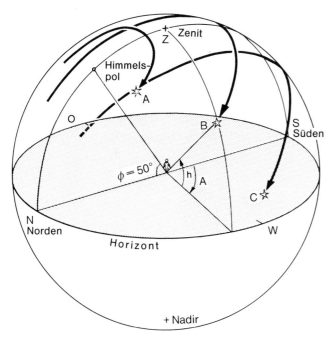

Abb. 2.9. Scheinbare Bewegung der Sterne, wie sie während der Nacht von der geographischen Breite $\phi = 50°$ gesehen wird

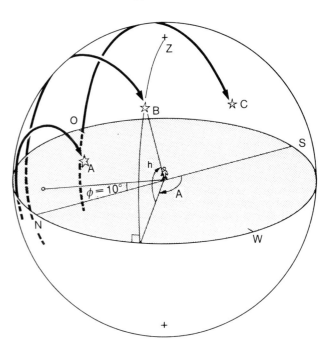

Abb. 2.10. Beobachtung der gleichen Sterne wie in Abb. 2.9, aber von der Breite $\phi = 10°$

oder Südrichtung im Uhrzeigersinn gemessen, gelegentlich werden aber auch Messungen entgegen der Uhrzeigerrichtung gemacht. In diesem Buch halten wir uns an die ganz allgemeine astronomische Konvention, das Azimut vom *Süden* in *Uhrzeigersinn* zu messen. Seine Werte verlaufen dann von 0° bis 360°.

In Abb. 2.9 können wir die Höhe und das Azimut eines Sterns B zu einem bestimmten Zeitpunkt unmittelbar sehen. Wenn sich der Stern auf seiner täglichen Bahn bewegt, ändern sich seine beiden Koordinaten. Eine andere Schwierigkeit dieses Koordinatensystems ergibt sich aus seinem lokalen Charakter. In Abb. 2.10 ist der gleiche Stern wie in Abb. 2.9 dargestellt, aber der Beobachter befindet sich weiter südlich. Wir können sehen, daß die Koordinaten für den gleichen Stern zum gleichen Zeitpunkt für Beobachter an verschiedenen Orten unterschiedlich sind. Da die Horizontalkoordinaten zeit- und ortsabhängig sind, können sie z. B. nicht für Sternkataloge benutzt werden.

2.5 Das Äquatorsystem

Die Richtung der Rotationsachse der Erde bleibt ebenso fast konstant wie die senkrecht zu dieser Achse verlaufende Äquatorebene. Deshalb ist die Äquatorebene eine geeignete Bezugsebene für ein Koordinatensystem, das unabhängig von der Zeit und vom Ort des Beobachters sein soll.

Die Schnittlinie zwischen Himmelskugel und Äquatorebene ist ein Großkreis, der als Äquator der Himmelskugel oder *Himmelsäquator* bezeichnet wird. Der *Nordpol* der Himmelskugel ist ein Pol in bezug auf diesen Großkreis. Es ist auch der Punkt am

Nordhimmel, in dem die Verlängerung der Erdachse die Himmelskugel trifft. Der Himmelsnordpol befindet sich in einer Entfernung von ungefähr einem Grad (das entspricht zwei Vollmonddurchmessern) von dem mäßig hellen Stern Polaris. Der Meridian verläuft immer durch den Nordpol und ist durch den Pol in einen nördlichen und südlichen Meridian geteilt.

Der Winkelabstand eines Sternes von der Äquatorebene wird nicht durch die Rotation der Erde beeinflußt. Dieser Winkel wird als *Deklination* δ bezeichnet. Die Sterne scheinen einmal täglich um den Pol zu rotieren (Abb. 2.11). Um die zweite Koordinate zu definieren, müssen wir wieder eine Richtung festlegen, die nicht durch die Erdrotation beeinflußt wird. Vom mathematischen Standpunkt kommt es nicht darauf an, welcher Punkt auf dem Äquator ausgewählt wird. Für spätere Zwecke ist es jedoch ratsam, einen Punkt mit besonderen Eigenschaften, die im nächsten Abschnitt erklärt werden, auszuwählen. Dieser Punkt ist das sog. *Frühlingsäquinoktium*. Da er sich früher im Sternbild Aries (Widder) befand, wird er auch als Widderpunkt bezeichnet und mit dem Zeichen des Aries ♈ gekennzeichnet. Nun können wir als zweite Koordinate den Winkelabstand zum Frühlingspunkt, der auf dem Äquator gemessen wird, definieren. Dieser Winkel ist die *Rektaszension* α (oder R.A.) des Objektes; sie wird entgegen dem Uhrzeigersinn vom Frühlingspunkt aus gemessen.

Da Deklination und Rektaszension unabhängig vom Ort des Beobachters und der Rotation der Erde sind, können sie für Sternverzeichnisse und -kataloge benutzt werden.

Wie später erklärt werden wird, wird eine Drehachse eines Teleskops (seine Stundenachse) normalerweise parallel zur Rotationsachse der Erde ausgerichtet. Die andere Achse (Deklinationsachse) liegt senkrecht zur Stundenachse. Die Deklinationen kann man unmittelbar an der Deklinationsskala des Teleskops ablesen. Der Nullpunkt der Rektaszension scheint sich am Himmel auf Grund der täglichen Rotation der Erde zu

Abb. 2.11. Im Verlaufe der Nacht scheinen sich die Sterne um den Himmelspol zu drehen. Die Höhe des Poles über dem Horizont entspricht der geographischen Breite des Beobachtungsortes (Foto Lick Observatory)

2.5 Das Äquatorsystem

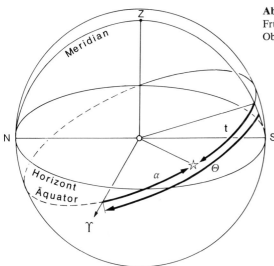

Abb. 2.12. Die Sternzeit Θ (der Stundenwinkel des Frühlingspunktes) ist der Stundenwinkel irgendeines Objektes plus dessen Rektaszension

bewegen. Deshalb können wir die Rektaszension nur zum Auffinden eines Objektes nutzen, wenn die Richtung zum Frühlingspunkt bekannt ist. Da der Südmeridian eine gut definierte Linie am Himmel ist, benutzen wir diesen, um eine lokale Koordinate einzuführen, die der Rektaszension entspricht, nämlich den *Stundenwinkel*; er wird vom Meridian aus im Uhrzeigersinn gemessen. Der Stundenwinkel eines Objektes ist nicht konstant, sondern wächst durch die Rotation der Erde stetig. Der Stundenwinkel des Frühlingspunktes wird als *Sternzeit* Θ bezeichnet. Die Abb. 2.12 zeigt, daß für ein beliebiges Objekt gilt:

$$\Theta = t + \alpha \ , \tag{2.10}$$

t ist der Stundenwinkel des Objektes und α seine Rektaszension.

Da sich Stundenwinkel und Sternzeit mit der Zeit um konstante Beträge ändern, ist es praktisch, sie in Zeiteinheiten auszudrücken. Auch die fest mit beiden Größen korrelierte Rektaszension wird vielfach in Zeiteinheiten gegeben. Dabei sind 24 Stunden gleich 360 Grad, 1 Stunde = 15 Grad, 1 Zeitminute = 15 Bogenminuten usw. Diese Angaben gelten alle im Intervall [0 h, 24 h].

In der Praxis kann die Sternzeit direkt bestimmt werden durch Ausrichtung des Teleskops auf einen leicht zu identifizierenden Stern und Ablesung des Stundenwinkels an der Stundenwinkelskala des Teleskops. Die Rektaszension, die für den Stern aus einem Katalog entnommen werden kann, wird dem Stundenwinkel hinzugefügt. Das ergibt die Sternzeit für den Augenblick der Beobachtung. Für irgendeinen anderen Zeitpunkt kann die Sternzeit dann durch die Addition der Zeitdifferenz, die seit der Beobachtung vergangen ist, abgeschätzt werden. Wenn wir genau sein wollen, müssen wir für die Messung der Zeitdifferenz eine Sternzeituhr benutzen. Eine Sternzeituhr geht pro Tag um 3 min 56,56 s schneller als eine normale Sonnenzeituhr:

$$24 \text{ h Sonnenzeit} = 23 \text{ h } 3 \text{ min } 56{,}56 \text{ s Sternzeit} \ . \tag{2.11}$$

Der Grund dafür ist die Bahnbewegung der Erde um die Sonne: die Sterne scheinen sich schneller über den Himmel zu bewegen als die Sonne, die Sternzeituhr läuft schneller. (Dies wird ausführlich in Abschn. 2.12 diskutiert.)

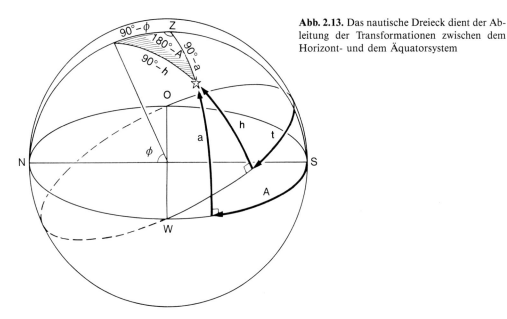

Abb. 2.13. Das nautische Dreieck dient der Ableitung der Transformationen zwischen dem Horizont- und dem Äquatorsystem

Transformationengleichungen zwischen Horizontsystem und Äquatorsystem werden mit Hilfe der sphärischen Trigonometrie gewonnen. Wenn wir die Abb. 2.6 und 2.13 vergleichen, finden wir, daß in (2.5) folgende Substitutionen gemacht werden müssen:

$$
\begin{aligned}
\psi &= 90° - A \ , \\
\theta &= h \ , \\
\psi' &= 90° - t \ , \\
\theta' &= \delta \ , \\
\chi &= 90° - \phi \ .
\end{aligned}
\tag{2.12}
$$

Der Winkel ϕ in der letzten Gleichung ist die Höhe des Himmelspoles oder die Breite des Beobachtungsortes. Wenn diese Substitutionen gemacht werden, erhalten wir

$$
\begin{aligned}
\sin t \cos \delta &= \sin A \cos h \ , \\
\cos t \cos \delta &= \cos A \cos h \cos \phi + \sin h \cos \phi \ , \\
\sin \delta &= -\cos A \cos h \cos \phi + \sin h \sin \phi \ .
\end{aligned}
\tag{2.13}
$$

Die inverse Transformation erhält man durch die Substitutionen

$$
\begin{aligned}
\psi &= 90° - t \ , \\
\theta &= \delta \ , \\
\psi' &= 90° - A \ , \\
\theta' &= h \ , \\
\chi &= -(90° - \phi) \ .
\end{aligned}
\tag{2.14}
$$

2.5 Das Äquatorsystem

Damit ergibt sich

$$\sin A \cos h = \sin t \cos \delta \ ,$$
$$\cos A \cos h = \cos t \cos \delta \sin \phi - \sin \delta \cos \phi \ , \qquad (2.15)$$
$$\sin h = \cos t \cos \delta \cos \phi + \sin \delta \sin \phi \ .$$

Da die Höhe und die Deklination im Bereich von $-90°$ bis $90°$ liegen, genügt es, den Sinus des jeweiligen Winkels zu kennen, um den Winkel selbst eindeutig zu bestimmen. Azimut und Rektaszension können Werte zwischen $0°$ und $360°$ [0 h bis 24 h] annehmen. Um jetzt eine eindeutige Lösung zu bekommen, müssen wir zur Wahl des richtigen Quadranten den Sinus und den Cosinus kennen.

Die Höhe eines Objektes ist dann am größten, wenn es den Südmeridian erreicht (den Großkreisbogen zwischen den Himmelspolen, der den Zenit enthält). In diesem Moment (der sog. *oberen Kulmination* oder dem Durchgang) ist der Stundenwinkel 0 h. In der *unteren Kulmination* ist der Stundenwinkel $t = 12$ h. Wenn $t = 0$ h ist, erhalten wir aus der letzten Gleichung des Systems (2.15)

$$\sin h = \cos \delta \cos \phi + \sin \delta \sin \phi = \cos(\phi - \delta) = \sin(90° - \phi + \delta) \ .$$

Die Höhe der oberen Kulmination ist

$$h_{\max} = \begin{cases} 90° - \phi - \delta \ , & \text{wenn das Objekt südlich des Zenits kulminiert,} \\ 90° + \phi + \delta \ , & \text{wenn das Objekt nördlich des Zenits kulminiert.} \end{cases} \qquad (2.16)$$

Die Höhe ist positiv für Objekte mit $\delta > \phi - 90°$. Objekte, deren Deklinationen kleiner als $\phi - 90°$ sind, können an Orten der geographischen Breite ϕ niemals gesehen werden. Wenn andererseits $t = 12$ h ist, erhalten wir

$$\sin h = -\cos \delta \cos \phi + \sin \delta \sin \phi = -\cos(\delta + \phi) = \sin(\delta + \phi - 90°) \ ,$$

und die Höhe der unteren Kulmination ist

$$h_{\min} = \delta + \phi - 90° \ . \qquad (2.17)$$

Sterne mit $\delta > 90° - \phi$ gehen niemals unter. Z. B. sind in Helsinki ($\phi = 60°$) alle Sterne mit Deklinationen größer als $30°$ solche *Zirkumpolarsterne*, und Sterne mit Deklinationen kleiner als $-30°$ werden dort niemals sichtbar.

Wir wollen nun kurz untersuchen, wie das (α, δ)-System durch Beobachtungen festgelegt werden kann. Nehmen wir an, daß wir einen Stern in der oberen und unteren Kulmination beobachten (Abb. 2.14). Im oberen Durchgang ist seine Höhe $h_{\max} = 90° - \phi + \delta$ und im unteren Durchgang $h_{\min} = \delta + \phi - 90°$. Wenn wir die Breite eliminieren, erhalten wir

$$\delta = \tfrac{1}{2}(h_{\min} + h_{\max}) \ .$$

Dadurch ist die Deklination unabhängig vom Ort der Beobachtung, und wir können sie als eine der absoluten Koordinaten benutzen. Mit den gleichen Beobachtungen läßt sich sowohl die Richtung zum Himmelspol als auch die Breite des Beobachtungsortes bestimmen. Nach diesen Vorbereitungen kann man die Deklination jeden Objektes durch die Messung seiner Winkeldistanz vom Himmelspol finden.

Abb. 2.14. Höhe des Zirkumpolarsternes in der oberen und unteren Kulmination

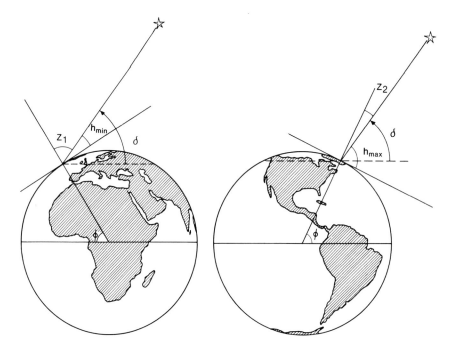

Der Äquator kann jetzt als der Großkreis definiert werden, für den alle Punkte einen Abstand von 90 Grad vom Himmelspol haben. Der Nullpunkt der zweiten Koordinate (Rektaszension) wird nun festgelegt als der Punkt auf dem Äquator, in dem die Sonne den Äquator auf ihrer scheinbaren Jahresbahn von Süd nach Nord kreuzt. Nach der letzten Gleichung im System (2.15) finden wir den Stundenwinkel t eines Objektes für den Augenblick, in dem es die Höhe h hat, zu

$$\cos t = -\tan\delta\,\tan\phi + \frac{\sin h}{\cos\delta\,\cos\phi}\;. \tag{2.19}$$

Diese Gleichung kann für die Berechnung der Auf- und Untergangszeiten benutzt werden. Für $h = 0$ erhält man den Stundenwinkel für den Auf- und Untergang

$$\cos t = -\tan\delta\,\tan\phi\;. \tag{2.20}$$

Wenn die Rektaszension α bekannt ist, können wir mit Hilfe von (2.10) die Sternzeit Θ berechnen. (In Abschn. 2.12 wird die Umrechnung von Sternzeit in normale Zeit, Sonnenzeit, betrachtet.)

Wenn höhere Genauigkeit notwendig ist, müssen wir die Koordinaten wegen der Brechung der Strahlen, die von der Erdatmosphäre verursacht wird, korrigieren (s. Abschn. 2.8). In diesem Fall muß ein etwas geringerer Wert für h in (2.19) benutzt werden. Am Horizont beträgt die Refraktion (*Horizontrefraktion*) ungefähr $-35'$. Um dann die genaue Auf- und Untergangszeit für den oberen Sonnenrand zu finden, müssen wir $h = -51'$ setzen ($h = -35' - 16'$).

2.6 Das Ekliptiksystem

Die Bahnebene der Erde, die *Ekliptik*, ist die Bezugsebene eines anderen wichtigen Koordinatensystems. Die Ekliptik kann auch als ein Großkreis am Himmel definiert werden, der durch die Bewegung der Sonne innerhalb eines Jahres beschrieben wird. Dieses System wird hauptsächlich für die Planeten und die anderen Körper des Sonnensystems benutzt. Die Orientierung der Äquatorebene der Erde ist unveränderlich, sie wird nicht durch die jährliche Bewegung beeinflußt. Zu Frühlingsbeginn bewegt die Sonne sich scheinbar von der südlichen zur nördlichen Hemisphäre (Abb. 2.15). Der Zeitpunkt dieses bemerkenswerten Ereignisses wird als Frühlingsäquinoktium bezeichnet, die Richtung zur Sonne in diesem Augenblick als *Frühlingspunkt*. Im Frühlingspunkt sind die Rektaszension und die Deklination der Sonne gleich null. Die Äquator- und die Ekliptikebene schneiden sich entlang einer Linie, die zum Frühlingspunkt gerichtet ist. Diese Richtung können wir als Nullpunkt für das Äquatorial- und Ekliptiksystem nutzen. Der Punkt, der dem Frühlingspunkt gegenüberliegt, ist der *Herbstpunkt*; es ist der Punkt, in dem die Sonne den Äquator von Nord nach Süd überquert.

Die *ekliptikale Breite* β ist der Winkelabstand von der Ekliptik. Sie liegt im Bereich $-90°$ bis $+90°$. Die andere Koordinate ist die *ekliptikale Länge* λ. Sie wird entgegen dem Uhrzeigersinn vom Frühlingspunkt aus gemessen.

Die Transformationsgleichungen zwischen Äquator- und Ekliptiksystem können analog zu (2.13) und (2.15) abgeleitet werden:

$$\sin\lambda\cos\beta = \sin\delta\sin\varepsilon + \cos\delta\cos\varepsilon\sin\alpha ,$$
$$\cos\lambda\cos\beta = \cos\delta\cos\alpha , \qquad (2.21)$$
$$\sin\beta = \sin\delta\cos\varepsilon - \cos\delta\sin\varepsilon\sin\alpha .$$

$$\sin\alpha\cos\delta = -\sin\beta\sin\varepsilon + \cos\beta\cos\varepsilon\sin\lambda ,$$
$$\cos\alpha\cos\delta = \cos\beta\cos\lambda , \qquad (2.22)$$
$$\sin\delta = \sin\beta\cos\varepsilon + \cos\beta\sin\varepsilon\sin\lambda .$$

Der Winkel ε, der in diesen Gleichungen auftritt, ist die *Schiefe der Ekliptik*, oder der Winkel zwischen der Äquator- und der Ekliptikebene. Er beträgt etwa $23°26'$ (s. dazu auch Abschn. 8.3).

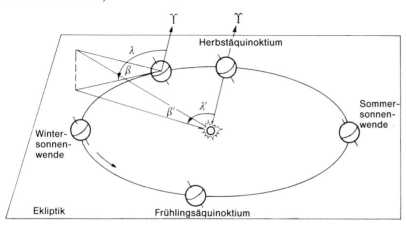

Abb. 2.15. Die ekliptikalen geozentrischen (λ, β) und heliozentrischen (λ', β') Koordinaten stimmen nur für sehr weit entfernte Objekte überein. Die geozentrischen Koordinaten hängen auch von der Position der Erde auf ihrer Bahn ab

In Abhängigkeit von dem Problem, das zu lösen ist, wählen wir heliozentrische Koordinaten (Ursprung in der Sonne), geozentrische (Ursprung im Zentrum der Erde) oder topozentrische (Ursprung im Ort des Beobachters). Für sehr entfernte Objekte ist es gleichgültig, welches System man wählt, für Körper des Sonnensystems aber nicht. Für die Transformation von heliozentrischen Koordinaten in geozentrische oder umgekehrt müssen wir auch die Entfernung des Objektes kennen. Diese Transformation kann am besten durchgeführt werden durch Berechnung der rechtwinkligen Koordinaten des Objektes und des neuen Ursprungs, dann Veränderung des Ursprungs und schließlich Berechnung der neuen Breite und Länge aus den rechtwinkligen Koordinaten.

2.7 Die galaktischen Koordinaten (Abb. 2.16)

Für die Untersuchung des Milchstraßensystems (Galaxis) ist die Milchstraßenebene die natürliche Bezugsebene. Da die Sonne sehr dicht bei dieser Ebene liegt, können wir die Sonne als Ursprung annehmen. Die *galaktische Länge l* wird entgegen dem Uhrzeigersinn (wie die Rektaszension) ausgehend von der Richtung zum Zentrum der Galaxis im Sternbild Sagittarius ($\alpha = 17$ h 42.4 min, $\delta = -28°55'$) gemessen. Die *galaktische Breite b* wird von der galaktischen Ebene aus gemessen, positiv nach Norden und negativ nach Süden. Diese Definition wurde erst 1959 offiziell festgelegt, als die Position des galaktischen Zentrums mit Hilfe radioastronomischer Beobachtungen mit genügender Genauigkeit bestimmt werden konnte. Für die alten galaktischen Koordinaten l^I und b^I galt der Schnittpunkt von Äquatorebene und galaktischer Ebene als Nullpunkt.

2.8 Veränderungen der Koordinaten

Auch wenn ein Stern bezüglich der Sonne feststeht, ändern sich seine Koordinaten durch verschiedene Effekte. Es ist ganz natürlich, daß sich seine Höhe und sein Azimut stetig durch die Rotation der Erde ändern, aber auch seine Rektaszension und seine Deklination sind nicht frei von Störungen.

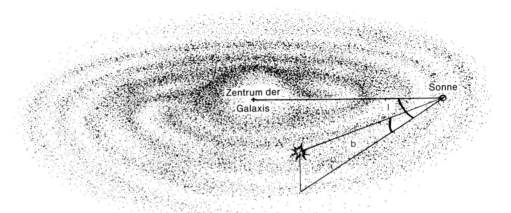

Abb. 2.16. Die galaktischen Koordinaten *l* und *b*

2.8 Veränderungen der Koordinaten

Präzession. Da die meisten Mitglieder des Sonnensystems Bahnen haben, die sehr nahe zur Ekliptik verlaufen, versuchen sie, den Äquatorwulst der Erde in die Ekliptikebene zu ziehen. Das größte „Abplattungs"-Drehmoment geht vom Mond und von der Sonne aus. Da die Erde aber rotiert, kann das Drehmoment die Neigung der Äquatorebene relativ zur Ekliptik nicht verändern. Statt dessen weicht die Rotationsachse der Erde senkrecht zu der Achse und dem Drehmoment aus und beschreibt dabei einen Kegel, den sie etwa alle 26000 Jahre umläuft. Diese langsame Drehung der Erdachse wird als *Präzession* bezeichnet. Durch die Präzession bewegt sich der Frühlingspunkt entlang der Ekliptik im Uhrzeigersinn um etwa 50 Bogensekunden pro Jahr weiter. Dadurch nehmen die ekliptischen Längen aller Objekte um den gleichen Betrag zu. Zur Zeit zeigt die Rotationsachse der Erde auf einen Punkt, der ca. ein Grad von Polaris entfernt ist. In 12000 Jahren wird der Himmelspol in der Nähe von Wega liegen. Die Änderung der ekliptikalen Länge beeinflußt natürlich die Rektaszension und die Deklination. Deshalb müssen wir den Zeitpunkt oder die *Epoche* kennen, für die die Koordinaten gegeben sind.

Es sollen nun die mathematischen Formeln für die Änderungen in Rektaszension und Deklination abgeleitet werden. Dazu wird von der letzten Transformationsgleichung in (2.22) ausgegangen,

$$\sin\delta = \cos\varepsilon \sin\beta + \sin\varepsilon \cos\beta \sin\lambda \ .$$

Durch Differenzieren dieser Gleichung erhalten wir

$$\cos\delta \ d\delta = \sin\varepsilon \cos\beta \cos\lambda \ d\lambda \ .$$

Die zweite Gleichung aus (2.21) kann für die rechte Seite der obigen Gleichung genutzt werden. Damit ergibt sich für die Änderung der Deklination

$$d\delta = d\lambda \ \sin\varepsilon \cos\alpha \ . \tag{2.23}$$

Durch Differenzieren der Gleichung

$$\cos\alpha \cos\delta = \cos\beta \cos\lambda$$

erhalten wir

$$-\sin\alpha \cos\delta \ d\alpha - \cos\alpha \sin\delta \ d\delta = -\cos\beta \sin\lambda \ d\lambda \ .$$

Substitution des für $d\delta$ erhaltenen Ausdrucks ergibt mit Hilfe der ersten Gleichung aus (2.21)

$$\sin\alpha \cos\delta \ d\alpha = d\lambda(\cos\beta \sin\lambda - \sin\varepsilon \cos^2\alpha \sin\delta) \ ,$$
$$= d\lambda(\sin\delta \sin\varepsilon + \cos\delta \cos\varepsilon \sin\alpha - \sin\varepsilon \cos^2\alpha \sin\delta) \ .$$

Das kann vereinfacht werden zu

$$d\alpha = d\lambda(\sin\alpha \sin\varepsilon \tan\delta + \cos\varepsilon) \ . \tag{2.24}$$

Wenn $d\lambda$ der jährliche Zuwachs der ekliptikalen Länge (etwa $50''$) ist, ergeben sich die Änderungen der Rektaszension und Deklination durch die Präzession pro Jahr zu

$$d\delta = d\lambda \sin\varepsilon \cos\alpha \;,$$
$$d\alpha = d\lambda (\sin\varepsilon \sin\alpha \tan\delta + \cos\varepsilon) \;. \qquad (2.25)$$

Diese Gleichungen werden vielfach in der Form

$$d\delta = n\cos\alpha \;, \quad d\alpha = m + n\sin\alpha \tan\delta \;, \qquad (2.26)$$

geschrieben mit

$$m = d\lambda \cos\varepsilon \quad \text{und} \quad n = d\lambda \sin\varepsilon \;. \qquad (2.27)$$

m und n sind die sog. *Präzessionskonstanten*. Da die Schiefe der Ekliptik nicht konstant ist, sondern sich auch mit der Zeit ändert, hängen m und n geringfügig von der Zeit ab. Diese Veränderungen sind aber sehr klein, und wenn das Zeitintervall nicht groß ist, können wir m und n konstant annehmen. In Tabelle 2.1 sind die Werte von m und n für einige Epochen gegeben.

Tabelle 2.1. Präzessionskonstanten m und n. „a" ist der Wert für das tropische Jahr

Epoche	m	n	
1800	3.07048 s/a	1.33703 s/a	= 20.0554″/a
1850	3.07141	1.33674	20.0511
1900	3.07234	1.33646	20.0468
1950	3.07327	1.33617	20.0426
2000	3.07419	1.33589	20.0383

Nutation. Die Bahnebene des Mondes ist gegen die Ekliptik geneigt. Das führt zu einer Präzessionsbewegung der Mondbahnebene mit einer Periode von 18,6 Jahren. Dies wiederum hat eine Schwankung der Präzession der Erde mit der gleichen Periode zur Folge. Dieser Effekt, die *Nutation*, ändert sowohl die ekliptikale Länge als auch die Neigung der Ekliptik (Abb. 2.17). Die Berechnungen der Koordinaten werden dadurch viel komplizierter. Glücklicherweise sind diese Schwankungen aber relativ gering und betragen weniger als eine Bogenminute.

Parallaxe. Wenn wir ein Objekt von verschiedenen Orten aus beobachten, sehen wir es in unterschiedlichen Richtungen. Der Unterschied der Beobachtungsrichtungen wird als *Parallaxe* bezeichnet. Da der Betrag der Parallaxe vom Abstand des Objektes vom Beobachter abhängt, können wir die Parallaxe zur Messung der Entfernung benutzen. (Das stereoskopische Sehen des Menschen beruht teilweise auf diesem Effekt.) Für astronomische Zwecke benötigen wir viel größere Basislängen als den Abstand zwischen unseren Augen (etwa 7 cm). Geeignete, große Basislinien sind der Durchmesser der Erde und der Erdbahndurchmesser.

Die Entfernungen zu den nächsten Sternen können durch die *jährliche Parallaxe* bestimmt werden. Dies ist der Winkel, unter dem der Erdbahnradius (die sog. *Astronomische Einheit*, AE) von dem Stern aus gesehen wird. (Wir werden dieses Problem genauer in Abschn. 2.11 diskutieren.)

Unter der *täglichen Parallaxe* verstehen wir die Richtungsänderung, die durch Rotation der Erde hervorgerufen wird. Die tägliche Parallaxe hängt nicht nur von der

Abb. 2.17. Der Effekt von Präzession und Nutation auf die Richtung der Rotationsachse der Erde

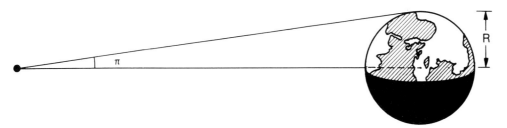

Abb. 2.18. Die Horizontalparallaxe π ist der Winkel, unter dem der Äquatorradius der Erde von einem Objekt aus gesehen wird

Entfernung des Objektes, sondern auch von der geographischen Breite des Beobachtungsortes ab. Wenn wir von der Parallaxe eines Körpers im Sonnensystem sprechen, verstehen wir darunter immer den Winkel, unter dem der Äquatorradius der Erde (6378 km) von diesem Körper aus erscheint (Abb. 2.18). Dieser Winkel entspricht einer scheinbaren Bewegung des Objektes vor dem Hintergrund der Sterne, die ein Beobachter am Äquator wahrnimmt, wenn er das Objekt vom Aufgang bis zum Zenit verfolgt. Die Parallaxe des Mondes ist zum Beispiel etwa 57′, die der Sonne 8,79″.

Aberration. Wegen der endlichen Geschwindigkeit des Lichtes sieht ein Beobachter, der sich in Bewegung befindet, ein beobachtetes Objekt in Richtung seiner Bewegung verschoben (Abb. 2.19). Die Änderung der scheinbaren Richtung heißt *Aberration*. Der Betrag der Aberration ist

$$a = \frac{v}{c} \sin\theta \ . \tag{2.28}$$

In (2.28) ist v die Geschwindigkeit des Beobachters, c die Lichtgeschwindigkeit und θ der Winkel zwischen der tatsächlichen Richtung zum Objekt und dem Geschwindigkeitsvektor des Beobachters. Der größte mögliche Wert der Aberration, der durch die Bahnbewegung der Erde hervorgerufen wird, beträgt 21″, die sog. *Aberrationskonstante*. Die maximale Verschiebung durch die Rotation der Erde, die tägliche Aberrationskonstante, ist viel kleiner. Sie beträgt nur 0,3″ (Abb. 2.20).

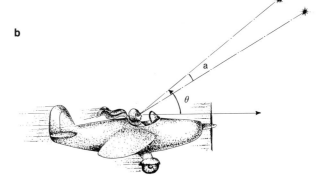

Abb. 2.19a,b. Der Effekt der Aberration auf die scheinbare Richtung eines Objekts, wie er von einem Beobachter in Ruhe (**a**) und in Bewegung (**b**) gesehen wird

Refraktion. Da die Lichtstrahlen in der Atmosphäre gebrochen werden, unterscheidet sich die beobachtete Richtung zum Objekt von der tatsächlichen um einen Betrag, der von den atmosphärischen Bedingungen entlang der Sichtlinie abhängt. Die Brechung variiert mit dem atmosphärischen Druck und der Temperatur. Deshalb ist es sehr schwierig, sie genau vorherzusagen. Eine Näherung, die für die meisten praktischen Zwecke ausreichend ist, kann aber leicht hergeleitet werden. Wenn das Objekt nicht zu weit vom Zenit entfernt steht, kann die Atmosphäre zwischen dem Objekt und dem Beobachter als eine Anzahl planparalleler Schichten betrachtet werden. Jede Schicht hat einen bestimmten Brechungsindex n_i (Abb. 2.21). Außerhalb der Atmosphäre ist $n = 1$.

Die wahre Zenitdistanz soll z sein und die scheinbare ζ. Wenn wir die Bezeichnungen aus Abb. 2.21 benutzen, erhalten wir die folgenden Gleichungen für die aufeinanderfolgenden Schichten:

$$\sin z = n_k \sin z_k ,$$
$$n_2 \sin z_2 = n_1 \sin z_1 , \tag{2.29}$$
$$n_1 \sin z_1 = n_0 \sin \zeta , \quad \text{oder}$$

$$\sin z = n_0 \sin \zeta . \tag{2.30}$$

Wenn der *Refraktionswinkel* $R = z - \zeta$ klein ist, ergibt sich im Bogenmaß $n_0 \sin \zeta = n_0 \sin z = \sin(R + \zeta) = \sin R \cos \zeta + \cos R = \sin \zeta$. Damit erhalten wir

$$R = (n_0 - 1) \tan \zeta , \quad [R] = \text{rad} .$$

Aus der Beobachtung folgt für den Refraktionswinkel ein Mittelwert von

$$R = 58{,}2'' \tan \zeta . \tag{2.31}$$

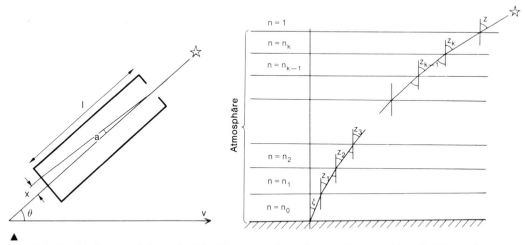

Abb. 2.20. Ein Teleskop ist auf die tatsächliche Richtung zu einem Stern gerichtet. $t = l/c$ ist die Zeit, die das Licht benötigt, um das Fernrohr zu durchlaufen. Das Teleskop bewegt sich mit der Geschwindigkeit v. Die Geschwindigkeitskomponente senkrecht zur Richtung des einfallenden Lichtes ist $v \sin \theta$. Der Lichtstrahl erreicht den Boden des Teleskops in einem Punkt, der von der optischen Achse um den Betrag $x = tv \sin \theta = l(v/c) \sin \theta$ abweicht. Diese Abweichung entspricht dem Winkel $a = x/l = (v/c) \sin \theta$

Abb. 2.21. Brechung eines Lichtstrahles beim Durchgang durch die Erdatmosphäre

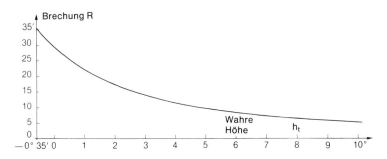

Abb. 2.22. Darstellung der Brechung für verschiedene Höhen. Der Refraktionswinkel R zeigt, um wieviel höher ein Objekt im Vergleich zur tatsächlichen Höhe h erscheint

Strahlung, die aus der Zenitrichtung kommt, wird nicht gebrochen, wenn die Grenzen zwischen den verschiedenen Schichten alle waagerecht liegen. Unter bestimmten klimatischen Bedingungen können die Grenzen geneigt sein (z. B. zwischen kalten und warmen Schichten). In diesem Fall gibt es eine geringe Zenitrefraktion von einigen Bogensekunden.

Wenn das Objekt weiter vom Zenit entfernt ist, kann die Krümmung der Erdatmosphäre nicht länger ignoriert werden und die Formel (2.31) kann nicht mehr angewendet werden. Die Kurve in Abb. 2.22 gibt die Refraktion als Funktion der tatsächlichen Höhe. Die Höhe wird durch die Refraktion immer vergrößert. Am Horizont beträgt die Änderung durch die Refraktion etwa 35'. Das ist wenig mehr als der Durchmesser der Sonne. Wenn der untere Rand der Sonne den Horizont berührt, ist die Sonne tatsächlich schon untergegangen.

Sternkataloge geben *mittlere Örter*, d. h. Effekte der Parallaxe, Aberration und Nutation sind nicht berücksichtigt. Deshalb unterscheidet sich der mittlere Ort vom beobachteten oder *scheinbaren Ort*. Es gibt aber Kataloge, die jährlich veröffentlicht werden und die scheinbaren Örter für bestimmte Referenzsterne im Abstand von einigen Tagen angeben. Die Positionen in diesen Katalogen sind korrigiert bezüglich Präzession, Nutation, Parallaxe und jährlicher Aberration. Die Effekte der täglichen Aberration und Refraktion sind nicht einbezogen, da sie vom Ort des Beobachters abhängen.

2.9 Sternbilder

Bei klarem Wetter sind 1000 bis 1500 Sterne am Himmel über dem Horizont sichtbar. Unter ganz idealen Bedingungen kann die Zahl der mit dem bloßen Auge sichtbaren Sterne an einer Hemisphäre bis zu 5000 betragen, d. h. am gesamten Himmel bis zu 10000. Einige Sterne scheinen Figuren zu bilden, die bestimmten Dingen ähnlich sehen und verschiedenen mythologischen Figuren oder Tieren zugeschrieben werden. Diese Einteilung der Sterne in Sternbilder ist das Ergebnis menschlicher, schöpferischer Phantasie ohne jede physikalische Basis. Verschiedene Kulturkreise haben unterschiedliche Sternbilder in Abhängigkeit von ihrer Mythologie, Geschichte und Entwicklung zusammengestellt.

Die Formen und Namen der Sternbilder gehen zurück bis in das frühe Altertum Griechenlands. Aber die Begrenzungen und Namen waren bis ins späte 19. Jahrhundert bei weitem nicht eindeutig. Deshalb legte die Internationale Astronomische Union (IAU) auf ihrer Generalversammlung 1928 einheitliche und eindeutige Grenzen fest.

Die offiziellen Grenzen der Sternbilder wurden entlang von Linien konstanter Rektaszension und Deklination für die Epoche 1875 festgelegt. Während der einhundert Jahre, die seitdem vergangen sind, wurde das Äquatorsystem durch die Präzession gedreht. Die Grenzen wurden jedoch in bezug auf die Sterne beibehalten, so daß die Sterne für immer zu den Sternbildern gehören, zu denen sie 1875 gehörten (es sei, ein Stern hat auf Grund seiner Eigenbewegung die Grenze gekreuzt).

Die Namen der 88 Sternbilder, die von der IAU festgelegt worden sind, sind in Tabelle E. 21 am Ende des Buches aufgeführt. Die Tabelle enthält auch den lateinischen Namen, dessen Genitiv (der für die Sternnamen benötigt wird) und den deutschen Namen. Der hellste Stern in einem Sternbild ist mit α (Alpha) gekennzeichnet, z. B. Deneb im Sternbild Cygnus ist α Cygni, abgekürzt α Cyg. Der zweithellste Stern hat die Bezeichnung β (Beta), der nächste γ (Gamma) usw. Nachdem das griechische Alphabet erschöpft ist, werden Zahlen verwendet. So ist 30 Tau ein heller Doppelstern im Sternbild Taurus. Tatsächlich gibt es einige Ausnahmen von dieser Regel. Unter den hellsten Sternen (die mit α bezeichnet sein müßten) finden wir z. B. β Orionis, ε Sagittarii, γ Sagittae und sogar 46 Leonis Minoris!

Mit der Entwicklung der Teleskope wurden mehr und mehr Sterne sichtbar und katalogisiert, die genannte Bezeichnungsmethode deshalb unpraktisch. Die meisten Sterne sind daher nur durch ihren Katalogindex bekannt. Es gibt Sterne mit mehreren Bezeichnungen, z. B. trägt der helle Stern Capella (α Aur) die Nummern BD+45 1077 in der Bonner Durchmusterung und HD 34029 im Henry Draper Katalog.

2.10 Sternkataloge und -karten (Abb. 2.23)

Der erste Sternkatalog wurde im zweiten Jahrhundert nach Beginn der Zeitrechnung von *Ptolemäus* veröffentlicht. Er ist in einem Buch, das heute unter dem Namen „Almagest" bekannt ist, enthalten (Almagest ist aus dem arabischen „Al-mijisti" in das Lateinische übertragen). Es enthält 1025 Eintragungen, wobei die Positionen dieser Sterne bereits von *Hipparch* 250 Jahre zuvor vermessen worden waren. Der Katalog von Ptolemäus wurde noch bis in das 17. Jahrhundert vielfach benutzt.

Ein Katalog, der noch jetzt von den Astronomen benutzt wird, wurde unter der Leitung von *Friedrich Wilhelm August Argelander* (1799 – 1885) zusammengestellt. Argelander war als Professor der Astronomie in Turku und später in Helsinki tätig, seine wichtigsten Resultate erzielte er aber in Bonn. Mit einem 72 mm-Teleskop hat er die Positionen von 320000 Sternen gemessen und Helligkeiten bestimmt. Dieser Katalog ist als *Bonner Durchmusterung* bekannt. Er enthält fast alle Sterne heller als 9,5 Größenklassen zwischen dem Nordpol und $-2°$ Deklination. (Der Begriff Größenklasse wird in Kap. 4 erläutert.) Argelander's Werk war später die Grundlage zweier anderer großer Kataloge, die den ganzen Himmel überdecken. Die Gesamtzahl der Sterne, die in Katalogen erfaßt sind, beträgt fast eine Million.

Ziel dieser Durchmusterungen oder Generalkataloge war es, systematische Zusammenstellungen einer großen Anzahl von Sternen zu schaffen. Bei den sogenannten Zonenkatalogen bestand der Hauptzweck darin, die Positionen der Sterne so genau wie möglich zu geben. Ein typischer Zonenkatalog ist der deutsche *Katalog der Astronomischen Gesellschaft* (AGK). Zwölf Observatorien arbeiteten an diesem Katalog, jedes hat die Positionen der Sterne in bestimmten Regionen des Himmels gemessen. Die Arbeit wurde um 1870 begonnen und um die Jahrhundertwende beendet.

2.10 Sternkataloge und -karten

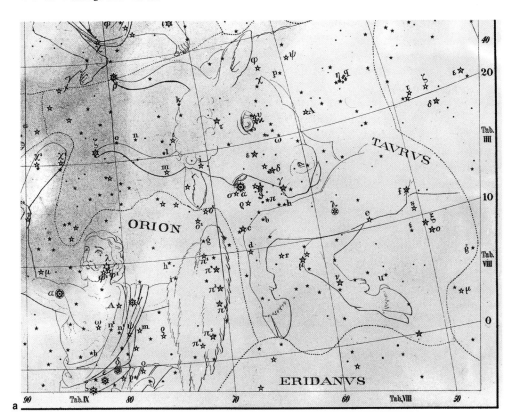
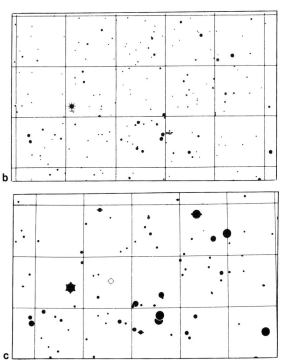
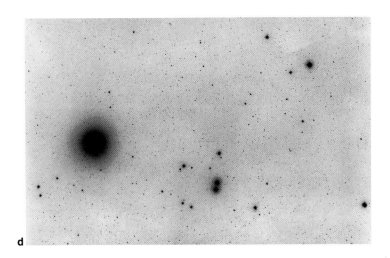

Abb. 2.23 a–d. Darstellungen des Hyaden-Haufens im Sternbild Taurus in vier verschiedenen Sternatlanten. (**a**) Heis: Atlas Coelestis, veröffentlicht 1872. (**b**) Bonner Durchmusterung. (**c**) SAO. (**d**) Palomar Sky Atlas, Rotaufnahme. Der große Fleck ist der hellste Stern im Taurus, α Tauri alias Aldebaran

Die Grundlage für allgemeine und Zonenkataloge sind visuelle Fernrohrbeobachtungen. Die Entwicklung der Fotografie machte diese Arbeitsmethode gegen Ende des 19. Jahrhunderts unnötig. Fotografische Platten konnten für die zukünftige Bearbeitung aufbewahrt werden. Die Positionsmessungen der Sterne wurden einfacher und waren schneller durchzuführen, und es konnten viel mehr Sterne vermessen werden.

Ein großartiges internationales Programm zur fotografischen Erfassung des gesamten Himmels wurde gegen Ende des 19. Jahrhunderts gestartet. Achtzehn Observatorien beteiligten sich an diesem *Carte du Ciel*-Projekt. Die Observatorien arbeiteten mit ähnlichen Instrumenten und Fotoplatten. Zuerst wurden die Positionen der Sterne relativ zu einem rechtwinkligen Koordinatensystem in bezug auf die Fotoplatten gemessen (Abb. 2.24). Diese Koordinaten konnten dann in Deklination und Rektaszension umgerechnet werden.

Die Positionen der Sterne in den Katalogen werden in bezug auf bestimmte Vergleichssterne, deren Koordinaten mit sehr hoher Genauigkeit bekannt sind, vermessen. Die Koordinaten dieser Referenzsterne sind in den Fundamentalkatalogen veröffentlicht.

Der erste *Fundamentalkatalog* (FK 1) wurde 1879 in Deutschland veröffentlicht. Er enthielt die Positionen von etwas mehr als 500 Sternen und wurde für den AGK-Katalog benötigt.

Die Fundamentalkataloge werden regelmäßig nach jeweils einigen Jahrzehnten korrigiert. Die neuste Ausgabe, der FK 5, ist 1984 erschienen. Zur gleichen Zeit wurde ein neues System astronomischer Konstanten eingeführt. Die scheinbaren Örter der Sterne der FK-Kataloge werden in 10-Tagesintervallen jährlich in den *Apparent Places of Fundamental Stars* veröffentlicht.

In Ergänzung zu den FK-Katalogen gibt es andere Fundamentalkataloge, z. B. den *Benjamin Boss General Catalogue of 33 342 Stars*. Einer der am häufigsten benutzten Kataloge ist der SAO-Katalog, der in den sechziger Jahren vom Smithsonian Astrophysical Observatory veröffentlicht wurde. Er enthält die exakten Positionen, Helligkeiten, Eigenbewegungen, Spektralklassen usw. von 258 997 Sternen heller als 9. Größenklasse. Dieser Katalog liegt auch auf Magnetband vor.

Sternkarten gibt es seit dem Altertum. Die frühesten Karten lagen als Kugeln vor, die die Himmelskugel zeigen, wie sie „von außerhalb" gesehen wird. Zu Beginn des 17. Jahrhunderts publizierte der Deutsche *Johannes Bayer* die erste Karte, die die Himmelskugel darstellt, wie wir sie „von innen" sehen. Die Sternbilder wurden vielfach mit Zeichnungen mythologischer Figuren ausgeschmückt.

Der oben erwähnte SAO-Katalog wird durch Sternkarten ergänzt, die alle Sterne des Katalogs enthalten. Die bedeutendste Sternkarte ist ein fotografischer Atlas, der unter dem vollständigen Namen *The National Geographic Society-Palomar Observatory Sky Survey* bekannt ist. Die Aufnahmen für diesen Atlas wurden mit dem 1,2 m-Schmidt-Teleskop auf dem Mount Palomar gewonnen. Der Palomar-Himmelsatlas wurde in den fünfziger Jahren fertiggestellt. Er besteht aus 935 Aufnahmepaaren: jedes Feld wurde im blauen und roten Wellenlängenbereich aufgenommen. Die Größe einer Platte ist 35 cm × 35 cm, sie überdeckt 6,6° × 6,6°. Die Abzüge sind Negative (schwarze Sterne auf hellem Hintergrund), wodurch schwächere Objekte sichtbar sind. Die Grenzreichweite beträgt im blauen Wellenlängenbereich 19. Größenklasse und im roten 20. Größenklasse.

Der Palomar-Atlas überdeckt den Himmel bis zur Deklination $-20°$. Diese Arbeit wurde später durch das Siding Spring Observatory in Australien und das European Southern Observatory (ESO) in Chile fortgesetzt. Die Instrumente und der Maßstab der

2.10 Sternkataloge und -karten

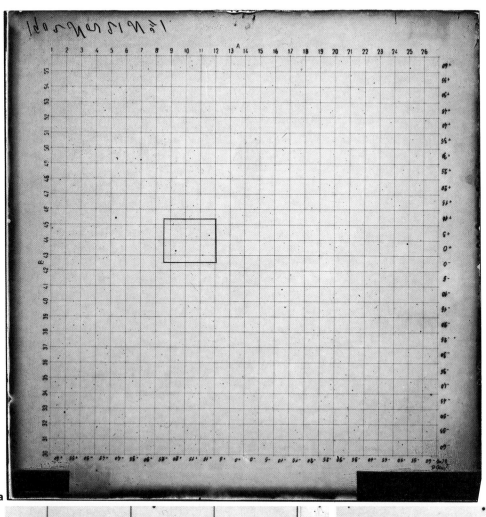
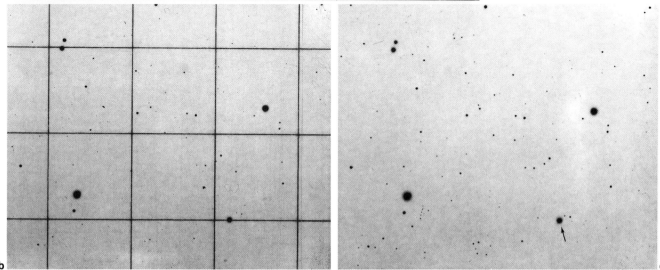

Abb. 2.24. (a) Fotografische Aufnahme, die am 21. November 1902 in Helsinki für das Projekt Carte du Ciel gewonnen wurde. Die Koordinaten des Feldzentrums sind $\alpha = 18\,\text{h}\ 40\,\text{min}$, $\delta = 46°$, die Feldgröße beträgt $2° \times 2°$. Der Abstand der Koordinatenlinien, die getrennt aufbelichtet wurden, beträgt 5 Bogenminuten. (b) Gebiet, das in (a) besonders markiert wurde. (c) Gleiche Region wie (b), aber am 7. November 1948 aufgenommen. Der helle Stern (SAO 47747) in der rechten unteren Ecke hat sich um 12 Bogensekunden bewegt. Der helle, leicht tropfenförmige Stern (SAO 47767) am linken Rand ist ein Doppelstern. Der Abstand zwischen beiden Komponenten beträgt 8″

Platten waren denen des Palomar-Atlas sehr ähnlich. Der Atlas des Südhimmels wurde aber auf Film kopiert anstatt auf Papier.

Die nächste Etappe bei der Kartierung des Himmels begann mit den 90er Jahren. Am Palomar Observatory wird mit moderner fotografischer Technik ein neuer fotografischer Atlas des Nordhimmels hergestellt; dabei hat die ESO die Herstellung der Kopien von den Platten übernommen.

Ende 1989 begann der erste astrometrische Satellit Hipparcos mit der Beobachtung der Sterne. Obwohl Hipparcos die geplante geosynchrone Bahn nicht erreichte, wird er von mehreren hunderttausend Sternen exakte Positionen bestimmen.

2.11 Positionsastronomie

Die Position eines Sternes kann entweder in bezug auf Referenzsterne gemessen werden oder in einem festen Koordinatensystem. Absolute Koordinaten werden im allgemeinen mit einem *Meridiankreis* bestimmt, einem Teleskoptyp (Abb. 2.25), der nur in der Meridianebene gedreht werden kann. Er hat nur eine Achse, die exakt in der Ost-West-Richtung liegt. Da alle Sterne im Verlauf eines Tages den Meridian kreuzen, kommen sie alle einmal in das Gesichtsfeld des Meridiankreises. Wenn ein Stern kulminiert, werden seine Höhe und seine Durchgangszeit registriert. Wird die Zeit mit einer Sternzeituhr bestimmt, dann gibt sie unmittelbar die Rektaszension des Sternes, da der Stundenwinkel $t = 0\,\text{h}$ ist. Die andere Koordinate, die Deklination, erhält man aus der Höhe:

$$\delta = h - (90° - \phi) \; .$$

Abb. 2.25. Astronomen diskutieren Beobachtungsergebnisse am Transitkreis der Sternwarte Helsinki (1904)

2.11 Positionsastronomie

In dieser Gleichung sind h die Höhe des Sternes und ϕ die geografische Breite des Beobachtungsortes.

Relative Koordinaten können auf fotografischen Aufnahmen gemessen werden, wenn auf den Platten einige bekannte Referenzsterne vorhanden sind. Der Aufnahmemaßstab und die Orientierung des Koordinatensystems können ebenfalls mit den Referenzsternen bestimmt werden. Danach können Rektaszension und Deklination für jedes beliebige Objekt auf der Platte berechnet werden, wenn seine rechtwinkligen Koordinaten auf der Aufnahme gemessen sind.

Die Veränderung der Blickrichtung zum Stern gegenüber dem Himmelshintergrund, die durch die jährliche Bewegung der Erde hervorgerufen wird, ist die sog. *trigonometrische Parallaxe*. Sie gibt die Entfernung des Sternes: je kleiner die Parallaxe ist, um so weiter ist der Stern entfernt. Die trigonometrische Parallaxe ist tatsächlich die einzige direkte Methode, mit der wir die Sternentfernung ohne besondere Voraussetzungen messen können. Später werden wir einige weitere, indirekte Methoden kennenlernen, die immer bestimmte Voraussetzungen über die Bewegung oder Struktur des Sternes erfordern.

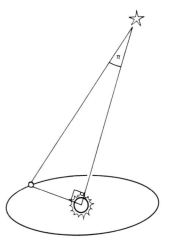

Abb. 2.26. Die trigonometrische Parallaxe π ist der Winkel, unter dem der Radius der Erdbahn, bzw. eine Astronomische Einheit von einem Stern gesehen wird

Für die Messung der Entfernung irdischer Objekte wird auch die Triangulation angewendet. Um die Entfernung der Sterne zu bestimmen, müssen wir die längste Basislinie nutzen, die uns zur Verfügung steht. Das ist der Erdbahndurchmesser. Während eines Jahres scheint ein Stern einen Kreis zu beschreiben, wenn er sich am Himmelspol befindet, ein Geradenstück, wenn er sich in der Ekliptik aufhält, und sonst eine Ellipse. Die große Halbachse der Ellipse ist die *Parallaxe* und wird mit π bezeichnet. Der Winkel π entspricht dem Erdbahnradius aus der Sicht des Sterns (Abb. 2.26). Die Entfernungseinheit, die in der Astronomie genutzt wird, ist ein *Parsec* (pc). Aus der Entfernung von einem Parsec erscheint die große Halbachse der Erdbahn (eine Astronomische Einheit) unter dem Winkel von einer Bogensekunde. Da ein Radian 260265″ sind, entspricht 1 pc 206265 AE bzw. $3{,}086 \times 10^{16}$ m, wenn eine AE $1{,}496 \times 10^{11}$ m beträgt. Wenn die Parallaxe in Bogensekunden gegeben ist, gilt der einfache Zusammenhang

$$r = 1/\pi \; , \quad [r] = \text{pc} \; , \quad [\pi] = \text{Bogensekunde} \tag{2.32}$$

zwischen Entfernung und Parallaxe. In populären astronomischen Schriften wird die Entfernung oft in Lichtjahren gegeben. Ein Lichtjahr ist die Distanz, die das Licht in einem Jahr zurücklegt, das sind $9{,}5 \times 10^{15}$ m, d. h. ein Parsec sind 3,26 Lichtjahre.

Die erste Parallaxenmessung gelang 1838 *Friedrich Wilhelm Bessel* (1784–1846). Er fand für den Stern 61 Cygni eine Parallaxe von 0,3″. Der nächste Stern, Proxima Centauri, hat eine Parallaxe von 0,762″ und somit eine Entfernung von 1,31 pc.

Zusätzlich zur jährlichen parallaktischen Bewegung bewegen sich viele Sterne geringfügig in eine Richtung, die sich nicht mit der Zeit ändert. Dieser Effekt wird durch die Relativbewegung der Sonne und der Sterne hervorgerufen und als *Eigenbewegung* bezeichnet. Die Formen der Sternbilder erscheinen am Himmel unveränderlich, ändern sich aber durch die Eigenbewegung der Sterne extrem langsam. Die Geschwindigkeit der Sterne in bezug auf die Sonne kann in zwei Komponenten aufgeteilt werden (Abb. 2.27). Die eine Komponente liegt in Richtung der Sichtlinie (radiale Komponente oder *Radialgeschwindigkeit*), die andere Komponente senkrecht dazu (tangentiale Komponente). Die tangentiale Komponente ergibt die Eigenbewegung. Sie kann durch Messungen auf Fotoplatten, die im Abstand von einigen Jahren oder Jahrzehnten gewonnen wurden, erhalten werden. Die Eigenbewegung μ kann auch in zwei Komponenten zerlegt werden. Die eine gibt die Änderung in Deklination μ_δ, die andere in Rektaszension $\mu_\alpha \cos\delta$.

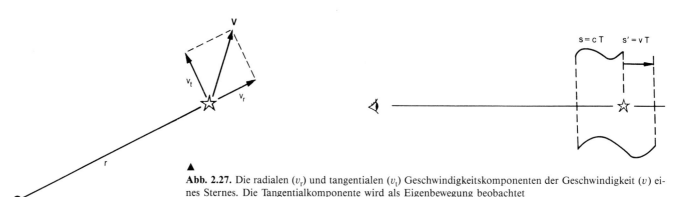

Abb. 2.27. Die radialen (v_r) und tangentialen (v_t) Geschwindigkeitskomponenten der Geschwindigkeit (v) eines Sternes. Die Tangentialkomponente wird als Eigenbewegung beobachtet

Abb. 2.28. Die Wellenlänge der Strahlung nimmt zu, wenn sich die Strahlungsquelle vom Beobachter entfernt

Der Koeffizient $\cos\delta$ wird benötigt, um die Skala der Rektaszension zu korrigieren: die Stundenkreise (Großkreise mit α = konstant) nähern sich zu den Polen hin einander an, so daß die Koordinatendifferenz mit $\cos\delta$ multipliziert werden muß, um den wahren Winkelabstand zu erhalten. Die Gesamteigenbewegung ist

$$\mu = \sqrt{\mu_\alpha^2 \cos^2\delta + \mu_\delta^2} \ . \tag{2.33}$$

Die größte bekannte Eigenbewegung hat Barnards Stern. Er bewegt sich mit der enormen Geschwindigkeit von 10,3 Bogensekunden pro Jahr über den Himmel. Er benötigt weniger als 200 Jahre, um die Strecke des Vollmonddurchmessers zurückzulegen.

Um Eigenbewegungen zu messen, müssen wir Sterne über Jahrzehnte beobachten. Die Radialgeschwindigkeit kann dagegen durch den *Doppler-Effekt* mit einer einzigen Beobachtung gewonnen werden. Unter Doppler-Effekt verstehen wir die Änderung der Frequenz und der Wellenlänge der Strahlung durch die Radialgeschwindigkeit der Strahlungsquelle. Der gleiche Effekt kann z. B. beim Signalton eines Rettungswagens beobachtet werden: Die Tonhöhe nimmt zu, wenn der Ambulanzwagen sich nähert, und nimmt mit zunehmender Entfernung des Fahrzeuges ab.

Für kleine Geschwindigkeiten kann die Formel für den Doppler-Effekt aus Abb. 2.28 abgeleitet werden. Eine Strahlungsquelle soll Strahlung emittieren, deren Schwingungsperiode T ist. In der Zeit T erreicht die Strahlung den Beobachter in der Entfernung $s = cT$. c ist die Ausbreitungsgeschwindigkeit der Welle. In der gleichen Zeit bewegt sich die Strahlungsquelle in bezug auf den Beobachter um die Strecke $s' = vT$. v, die Geschwindigkeit der Quelle, ist positiv, wenn sich die Quelle vom Beobachter entfernt, und negativ für die Annäherung der Quelle. Wir finden, daß die Länge einer Schwingung, die Wellenlänge

$$\lambda = s + s'$$

ist. Wenn die Quelle sich in Ruhe befindet, ist die Wellenlänge der Strahlung $\lambda_0 = cT$. Die Bewegung der Quelle ändert die Wellenlänge der Strahlung um den Betrag

$$\Delta\lambda = \lambda - \lambda_0 = cT + vT - cT = vT \ .$$

Die relative Änderung der Wellenlänge ist

$$\frac{\Delta\lambda}{\lambda_0} = \frac{v}{c} \ . \tag{2.34}$$

Diese Formel gilt nur für $v \ll c$. Für sehr hohe Geschwindigkeiten müssen wir die relativistische Formel

$$\frac{\Delta\lambda}{\lambda_0} = \sqrt{\frac{1+v/c}{1-v/c}} - 1 \tag{2.35}$$

anwenden.

In der Astronomie kann der Doppler-Effekt in den Sternspektren beobachtet werden. Die Spektrallinien sind häufig zum blauen (kürzere Wellenlängen) oder roten (längere Wellenlängen) Ende des Spektrums verschoben. *Blauverschiebung* bedeutet, daß sich der Stern dem Beobachter nähert, *Rotverschiebung*, daß er sich entfernt.

Die Linienverschiebungen durch den Doppler-Effekt sind im allgemeinen sehr klein. Um sie messen zu können, wird auf die Fotoplatten nahe dem Sternspektrum ein bekanntes Vergleichsspektrum aufbelichtet. Die Linien des Vergleichsspektrums werden von einer Lichtquelle im Labor hervorgerufen, die sich in Ruhe befindet. Wenn das Vergleichsspektrum einige Linien enthält, die auch im Sternspektrum gefunden wurden, kann die Verschiebung gemessen werden.

Die Verschiebung der Spektrallinien gibt die Radialgeschwindigkeit v_r des Sternes, seine Eigenbewegung μ kann auf fotografischen Direktaufnahmen gemessen werden. Um daraus die tangentiale Geschwindigkeit v_t zu erhalten, müssen wir die Entfernung r z. B. aus Parallaxenmessungen kennen. Tangentialgeschwindigkeit und Eigenbewegung sind verbunden durch

$$v_t = \mu r \ . \tag{2.36}$$

Die Gesamtgeschwindigkeit des Sternes ergibt sich dann zu

$$v = \sqrt{v_r^2 + v_t^2} \ .$$

Wenn μ in Bogensekunden pro Jahr und r in pc gegeben sind, müssen wir folgende Einheitentransformation durchführen, um v_t in km/s zu erhalten:

1 rad = 206 265″ ,
1 Jahr = $3{,}156 \times 10^7$ s ,
1 pc   = $3{,}086 \times 10^{13}$ km .

Daraus folgt

$$v_t = 4{,}74 \, \mu r \ . \tag{2.37}$$

2.12 Zeitrechnung

Die Zeitbestimmung war einst eine der wichtigsten Aufgaben der Astronomie. Die Winkelgeschwindigkeit der Erdrotation um ihre Achse ist relativ konstant, weshalb ein *Tag* oft als Basiseinheit für die Zeitmessung genommen wurde. Die Bahnbewegung der Erde um die Sonne hat ebenfalls eine sehr genaue Periode. Eine andere geeignete Basiseinheit ist deshalb das *Jahr*. Neuerdings benutzt man verschiedene technische Einrichtungen (z. B. Atomuhren), die auf physikalischen Phänomenen beruhen. Dadurch kann die Zeit mit höherer Genauigkeit gemessen werden, als es mit irgendwelchen astronomischen Mitteln möglich ist. Deshalb wird die *Sekunde* heute als Basiseinheit genutzt.

Eine ziemlich gleichmäßig verlaufende astronomische Zeit ist die Sternzeit. Sie ist durch den Stundenwinkel des Frühlingspunktes definiert. Eine gute Basiseinheit ist der *Sterntag*, das Zeitintervall zwischen zwei aufeinander folgenden oberen Kulminationen des Frühlingspunktes. Nach Ablauf eines Sterntages hat die gesamte Himmelskugel mit allen Sternen in bezug auf den Beobachter wieder die ursprüngliche Stellung erreicht. Der Verlauf der Sternzeit ist so konstant wie die Rotation der Erde. Erst in den letzten Jahrzehnten war es möglich, geringe Irregularitäten der Erdrotation zu messen.

Abbildung 2.29 zeigt die Sonne und die Erde zu Frühlingsanfang. Wenn die Erde im Punkt *A* ist, kulminiert die Sonne, und in diesem Augenblick beginnt ein neuer Sterntag in der Stadt, auf deren zentralem Platz der große schwarze Pfeil steht. Nach einem Sterntag hat sich die Erde auf ihrer Bahn um etwa ein Winkelgrad weiterbewegt zum Punkt *B*. Nun muß sich die Erde noch etwa ein Grad weiter um ihre Achse drehen, damit die Sonne wieder kulminiert. Der *Sonnentag* oder *synodische Tag* ist deshalb 3 Minuten 56,56 Sekunden (Sternzeit) länger als der Sterntag. Das bedeutet, daß der Anfang des Sterntages im Verlaufe eines Jahres einmal durch die Tageszeit wandert. Nach einem Jahr sind Sternzeit und Sonnenzeit wieder in Phase, aber die Zahl der Sterntage ist nach einem Jahr um eins größer als die Zahl der Sonnentage.

Wenn von der Rotationsperiode der Planeten gesprochen wird, handelt es sich normalerweise um die siderische, d. h. auf die Sterne bezogene Periode. Unter der Länge eines Tages verstehen wir andererseits die Rotationsperiode der Erde in bezug auf die Sonne. Die Umlaufzeit um die Sonne sei P, die siderische Rotationsperiode τ_* und der synodische Tag τ. Wir wissen, daß die Anzahl der Sterntage P/τ_* innerhalb der Umlaufzeit P um eins größer ist als die Anzahl der synodischen Tage P/τ:

$$\frac{P}{\tau_*} - \frac{P}{\tau} = 1 \quad \text{oder} \quad \frac{1}{\tau} = \frac{1}{\tau_*} - \frac{1}{P}. \tag{2.38}$$

Diese Bezeichnung gilt für Planeten, deren Rotation in Richtung der Bahnbewegung verläuft (gegen den Uhrzeigersinn). Wenn die Rotation entgegengesetzt ist, d. h. *retro-*

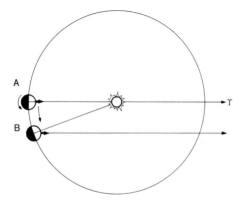

Abb. 2.29. Ein Sterntag ist die Zeitdifferenz zwischen zwei aufeinanderfolgenden oberen Kulminationen des Frühlingspunktes. Während dieser Zeit hat sich die Erde auf ihrer Bahn von *A* nach *B* bewegt, ein Sterntag ist vergangen

2.12 Zeitrechnung

grad, ist die Zahl der Sterntage in einer Umlaufperiode um die Sonne um eins kleiner als die Zahl der synodischen Tage, und die Gleichung lautet

$$\frac{1}{\tau} = \frac{1}{\tau_*} + \frac{1}{P} \ . \tag{2.39}$$

Für die Erde haben wir $P = 365{,}2564$ d und $\tau = 1$ d. Das ergibt $\tau_* = 0{,}99727$ d $= 23$ h 56 min 4 s Sonnenzeit.

Da unser tägliches Leben durch die Änderung von Tag und Nacht bestimmt wird, ist es bequemer, unseren Zeitablauf durch die Bewegung der Sonne und nicht durch die der Sterne festzulegen. Unglücklicherweise ist der Verlauf der Sonnenzeit nicht gleichförmig. Dafür gibt es zwei Gründe. Erstens ist die Erdbahn kein exakter Kreis, sondern eine Ellipse, und die Geschwindigkeit der Erde auf ihrer Bahn ist nicht konstant. Zweitens bewegt sich die Sonne entlang der Ekliptik und nicht entlang des Äquators. Dadurch wächst die Rektaszension nicht in konstanten Beträgen. Die Änderungsgeschwindigkeit ist Ende Dezember am größten (4 min 27 s pro Tag) und Mitte September am geringsten (3 min 35 s pro Tag). Als Konsequenz davon wächst der Stundenwinkel der Sonne, der die Sonnenzeit bestimmt, ebenfalls mit unterschiedlicher Geschwindigkeit.

Um eine gleichmäßig verlaufende Sonnenzeit zu erhalten, wird eine fiktive *mittlere Sonne* definiert. Diese bewegt sich auf dem Himmelsäquator und hat während des gesamtes jährlichen Umlaufs konstante Winkelgeschwindigkeit. Das ergibt das tropische Jahr, das vom Durchgang der Sonne durch den Frühlingspunkt bis zum nächsten Erreichen dieses Punktes dauert. Die Länge des tropischen Jahres beträgt 365 d 5 h 48 min 46 s $= 365{,}2422$ d. Da sich die Richtung zum Frühlingspunkt durch die Präzession verändert, unterscheidet sich das tropische Jahr vom Sternjahr, in dem die Sonne einen Umlauf vor dem Hintergrund der Sterne macht. Die Länge des Sternjahres beträgt 365,2564 d.

Mit unserer fiktiven mittleren Sonne können wir nun eine gleichmäßig verlaufende Sonnenzeit, die *mittlere Sonnenzeit* T_M definieren. T_M ist der Stundenwinkel t_M des Zentrums der mittleren Sonne plus 12 Stunden (dadurch beginnt jeder Tag zum Ärger der Astronomen um Mitternacht):

$$T_M = t_M + 12 \ . \tag{2.40}$$

Die mittlere Sonnenzeit ist der Zeitablauf unseres Lebens und alle Uhren sind darauf eingestellt.

Die Zeitdifferenz zwischen der wahren (T) und der mittleren Sonnenzeit (T_M) ist die sog. *Zeitgleichung*:

$$\text{Zgl.} = T - T_M \ . \tag{2.41}$$

Der größte positive Wert der Zeitgleichung beträgt 16 Minuten, der größte negative -14 Minuten (s. Abb. 2.30). Dies ist auch die Differenz zwischen dem wahren Mittag (Meridiandurchgang der Sonne) und dem mittleren Mittag.

Sowohl die wahre als auch die mittlere Sonnenzeit sind *Ortszeiten*, die vom Stundenwinkel der tatsächlichen und der „künstlichen" Sonne abhängen. Wenn man die wahre Sonnenzeit durch direkte Messungen bestimmt und daraus nach (2.41) die mittlere Sonnenzeit berechnet, wird eine normale Uhr mit beiden kaum übereinstimmen. Der Grund dafür ist, daß wir in unserem täglichen Leben keine Ortszeit benutzen, sondern die sog. *Zonenzeit* der uns nächsten *Zeitzone*.

Abb. 2.30. Die Zeitgleichung. Eine Sonnenuhr zeigt immer (wenn sie korrekt gebaut wurde) die wahre Sonnenortszeit. Um die mittlere Ortszeit zu erhalten, muß die Zeitgleichung von der wahren Ortszeit abgezogen werden

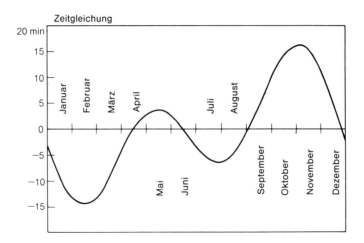

In der Vergangenheit hatte jede große Stadt ihre eigene Ortszeit. Als die Verbindungen zwischen den Städten kürzer und das Reisen populärer wurden, wurde die große Vielfalt der Ortszeiten unbequem. Aber erst Ende des 19. Jahrhunderts wurde die Erde in 24 Zeitzonen eingeteilt. Die Zeit jeder Zone unterscheidet sich von der benachbarten um eine Stunde. Auf der Erdoberfläche entspricht eine Zeitstunde 15 Längengraden. Die Zeit jeder Zone wird durch die mittlere Ortszeit der geographischen Länge 0°, 15°, 30° ... 345° bestimmt.

Die Zeitzone des Nullmeridian, der durch Greenwich verläuft, ist die Weltzeit, auf die international Bezug genommen wird. Die meisten Länder Europas haben eine Zeit, die gegenüber der Weltzeit einen Vorlauf von einer Stunde hat.

Viele Länder gehen im Sommerhalbjahr zur *Sommerzeit* über, stellen ihre Uhren also eine Stunde vor. Dadurch soll erreicht werden, daß die Zeit, in der die Menschen tätig sind, besser mit der Tageszeit übereinstimmt und z. B. insbesondere in den Abendstunden

Abb. 2.31. Die Zeitzonen. Die Darstellung gibt die Zeitdifferenz der lokalen Zeitzonen zur mittleren Weltzeit (UT) in Greenwich. Während der Sommerzeit muß eine Stunde zu den Angaben in der Abbildung addiert werden. Wenn man die Datumsgrenze westwärts kreuzt, muß das Datum um einen Tag weitergestellt, bei Kreuzung in östlicher Richtung um einen Tag zurückgestellt werden. Wenn z. B. ein Reisender von Honolulu nach Tokio fliegt und am Montag früh startet, kommt er am Dienstag an, hat aber auf seinem Flug keine einzige Nacht erlebt

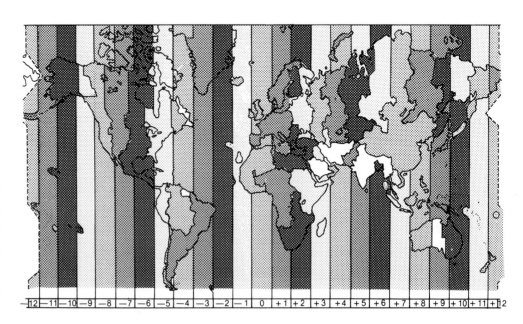

Strom eingespart wird, da die Menschen „eine Stunde früher" schlafen gehen. Während der Sommerzeit kann die Differenz zwischen der wahren Sonnenzeit und der offiziell geltenden Zeit noch größer werden (Abb. 2.31).

2.13 Astronomische Zeitsysteme

Die Grundlage astronomischer Zeitsysteme ist die *mittlere Sonnenzeit in Greenwich*, die mit UT (Universal Time) oder manchmal GMT abgekürzt wird. Die aus direkten Beobachtungen erhaltene Weltzeit wird mit UT0 bezeichnet. Korrekturen, die die Änderungen des Meridians infolge der Bewegung der Erdachse berücksichtigen (Präzession, Nutation, Bewegung der Pole), ergeben die UT1. Für moderne Zeitmessungen reicht diese Genauigkeit noch nicht aus; UT1 verändert sich durch sehr geringe Irregularitäten der Erdrotation. Diese Variationen haben wenigstens zwei Perioden, ein Jahr und ein halbes Jahr. Bei Berücksichtigung dieser Effekte erhalten wir dann UT2 mit einem relativen Fehler von 10^{-7}.

UT2 unterliegt noch Störungen durch Langzeitänderung der Erdrotation, nämlich eine geringe Verlangsamung durch Gezeitenreibung. Deshalb möchten die Astronomen die Zeitbestimmung nicht mehr auf der Basis der Erdrotation durchführen.

Die *dynamische Zeit* wird heutzutage für das Zusammenstellen von Ephemeriden genutzt. Für geozentrische Phänomene wird die *terrestische dynamische Zeit* (TDT) angewendet. Nach der Relativitätstheorie hat jeder Beobachter seine eigene Zeit. TDT entspricht nach Berücksichtigung der Rotationseffekte dieser Eigenzeit auf der Erde. Die *baryzentrische dynamische Zeit* (TDB) wird für Ephemeriden benutzt, die auf den Schwerpunkt des Sonnensystems bezogen sind. Die dynamischen Zeitskalen sind so festgelegt, daß diese Differenz nicht systematisch wächst, sondern nur periodische Änderungen auftreten.

Neuerdings ist es möglich, physikalische Prozesse zu nutzen, um die Zeit mit höherer Genauigkeit zu messen, als es astronomische Methoden erlauben. 1967 wurde die Sekunde als das 9 192 631 770fache der Wellenlänge der Strahlung definiert, die vom Caesiumisotop 133 im Grundzustand beim Übergang vom Hyperfeinniveau $F = 4$ zu $F = 3$ ausgestrahlt wird. Später wurde diese Definition noch durch die Berücksichtigung relativistischer Effekte des Gravitationsfeldes korrigiert. Die Genauigkeit dieser Atomzeit beträgt etwa 10^{-12}.

Gegenwärtig wird die *internationale Atomzeit* TAI genutzt. Sie ist das Mittel der Zeiten von mehreren genauen Atomuhren. Der relative Fehler der TAI beträgt etwa 4×10^{-13}. Atomzeit und dynamische Zeit sind näherungsweise korreliert durch

$$\text{TDT} \approx \text{TAI} + 32{,}184 \text{ s} . \tag{2.42}$$

Diese äußerst genauen Zeitmessungsmethoden haben es möglich gemacht, die Uhrzeit, die auf der Rotation der Erde beruht, mit hoher Genauigkeit zu kontrollieren. Eine *koordinierte Universalzeit* UTC wurde 1972 eingeführt, und gegenwärtig werden alle Zeitsignale mit der UTC synchronisiert. UTC ist die Zeit, die unsere Uhren unter Berücksichtigung der Zeitzonendifferenz anzeigen müssen, wenn sie korrekt gehen. Als neues Merkmal wurde für die UTC die *Schaltsekunde* geschaffen, um Variationen der Erdrotation zu korrigieren. UTC folgt UT1 in der Weise, daß ihre Differenz niemals 0,9 Sekunden übersteigt. Sollte die Differenz größer werden, wird Ende Juni oder Ende Dezember eine Schaltsekunde hinzugefügt (oder abgezogen). Die Erdrotation hat sich seit 1972 geringfügig verlangsamt. Deshalb wurde jedes Jahr eine Schaltsekunde hinzugefügt.

2.14 Kalender

Unser Kalender ist das Ergebnis einer sehr langen Entwicklung. Das Hauptproblem ist die komplizierte Vergleichbarkeit der Basiseinheiten Tag, Monat und Jahr: die Zahl der Tage und Monate pro Jahr ist nicht ganzzahlig. Das macht es kompliziert, einen Kalender zu entwickeln, der die Veränderungen der Jahreszeiten, von Tag und Nacht und nach Möglichkeit auch der Mondphasen korrekt berücksichtigt.

Unser Kalender hat seinen Ursprung im römischen Kalender, der in seiner frühesten Form vom Phasenwechsel des Mondes ausging. Ungefähr ab 700 v. Chr. folgte die Jahreslänge der scheinbaren Bewegung der Sonne. Damit entstand die Einteilung des Jahres in zwölf Monate. Die Dauer eines Monats war jedoch weiterhin einem Phasenzyklus des Mondes gleich, und ein Jahr hatte deshalb nur 354 Tage. Um das Jahr mit dem Jahreszeitenablauf in Übereinstimmung zu bringen, mußte in bestimmten Abständen ein Schaltmonat eingefügt werden.

Am Ende geriet der römische Kalender völlig durcheinander. Die Verwirrung war erst beseitigt, als auf Veranlassung von Julius Caesar etwa 46 v. Chr. der *Julianische Kalender* entwickelt wurde. Danach hatte das Jahr 365 Tage und alle vier Jahre wurde ein Schalttag hinzugefügt.

Im Julianischen Kalender hat das Jahr eine mittlere Länge von 365 d 6 h, aber das tropische Jahr ist um 11 min 14 s kürzer. Nach 128 Jahren beginnt das Julianische Jahr deshalb einen Tag zu spät. 1582 betrug die Differenz schon 10 Tage und führte zu einer neuen Kalenderreform durch Papst Gregorius XIII. Im *Gregorianischen Kalender* hat jedes vierte Jahr einen Schalttag, ausgenommen die Jahre, die durch 100 teilbar sind; aber bei Teilbarkeit durch 400 bleibt der Schalttag erhalten. 1900 war kein Schaltjahr, aber 2000 wird eines sein. Die Einführung des Gregorianischen Kalenders dauerte sehr lange, und er wurde in den verschiedenen Ländern zu unterschiedlichen Zeiten angenommen. Der Übergang war erst im 20. Jahrhundert abgeschlossen.

Aber auch der Gregorianische Kalender ist noch nicht perfekt, die Differenz zum tropischen Jahr wird sich in 3300 Jahren zu einem Tag addieren.

Da die unterschiedlichen Längen der Jahre und der Monate es erschweren, Zeitdifferenzen zu berechnen, geben speziell die Astronomen nach unterschiedlichen Methoden den Tagen eine laufende Nummer. Am häufigsten wird das sog. Julianische Datum genutzt. Trotz der Namensgleichheit hat es keinen Bezug zum Julianischen Kalender. Der einzige Zusammenhang ist die Länge eines *Julianischen Jahrhunderts* mit 36 525 Tagen, einer Größe, die in vielen Formeln im Zusammenhang mit dem Julianischen Datum erscheint. Der Julianische Tag null liegt im Jahr 4700 v. Chr. Bei der Julianischen Tageszählung beginnt der neue Tag immer um 12.00 UT.

*Julianisches Datum und Sternzeit

Es gibt verschiedene Methoden, das Julianische Datum zu finden. Die folgende, die von Meeus ausgearbeitet wurde, ist sehr gut für Taschenrechner geeignet. Die Funktion INT(x) und FRAC(x) stellen den ganzzahligen Teil und die Zehntel von x dar, d. h. INT(4,7) = 4, FRAC(4,7) = 0,7.

2.14 Kalender

Das Jahr ist y mit allen vier Ziffern, der Monat m und der Tag d. Ferner soll gelten:

$$f = \begin{cases} y, & \text{für } m \geqq 3 \\ y-1, & \text{für } m = 1 \text{ oder } 2 \end{cases}$$

$$g = \begin{cases} m, & \text{für } m \geqq 3 \\ m+12, & \text{für } m = 1 \text{ oder } 2 \end{cases}$$

$$A = 2 - \text{INT}(f/100) + \text{INT}(f/400) .$$

Das Julianische Datum JD um 0 Uhr UT ist dann

$$\text{JD} = \text{INT}(365{,}25f) + \text{INT}(30{,}6001(g+1)) + d + A + 1\,720\,994{,}5 .$$

Beispiel: Suche JD für den 15. April 1982, 0 h UT.

Da $m = 4$ ist, gilt $f = 1982$ und $g = 4$. Damit wird

$$A = 2 - \text{INT}(1982/100) + \text{INT}(1982/400) = 2 - 19 + 4 = -13$$

und

$$\text{JD} = \text{INT}(365{,}25 \times 1982) + \text{INT}(30{,}6001 \times 5) + 15 - 13 + 1\,720\,994{,}5 = 2\,445\,074{,}5 .$$

Der umgekehrte Weg ist etwas komplizierter. Die folgende Methode kann für alle positiven JD angewendet werden. Es gilt $I = \text{INT}(\text{JD}+0{,}5)$ und $F = \text{FRAC}(\text{JD}+0{,}5)$. Wenn nun $I < 2\,299\,161$ (Julianischer Kalender) ist, ist $A = I$; andererseits (Gregorianischer Kalender) wird A folgendermaßen berechnet:

$$x = \text{INT}\left(\frac{I - 1\,867\,216{,}25}{36\,524{,}25}\right), \quad A = I + 1 + x - \text{INT}(x/4) .$$

Dann berechnet man die folgenden Werte:

$$B = A + 1524, \quad C = \text{INT}\left(\frac{B - 122{,}1}{365{,}25}\right), \quad D = \text{Int}(365{,}25\,C), \quad E = \text{INT}\left(\frac{B - D}{30{,}6001}\right) .$$

Nun können die Kalenderdaten aus folgenden Beziehungen erhalten werden:

$$\text{Tag} = B - D - \text{INT}(30{,}6001\,E) + F ,$$

$$\text{Monat} = \begin{cases} E - 1 & \text{für } E < 13{,}5 \\ E - 13 & \text{für } E > 13{,}5 \end{cases}$$

$$\text{Jahr} = \begin{cases} C - 4716 & \text{für Monat} > 2{,}5 \\ C - 4715 & \text{für Monat} < 2{,}5 . \end{cases}$$

Beispiel: Welches Datum hat der 1000. Tag nach dem 15. April 1982?

Das Julianische Datum für den 15. April 1982 war $2\,445\,074{,}5$; 1000 Tage später gilt JD $= 2\,446\,074{,}5$.

$$I = \text{INT}(2\,446\,074{,}5 + 0{,}5) = 2\,446\,075 ,$$

$$F = 0$$

$$x = \text{INT}\left(\frac{2\,446\,075 - 1\,867\,216{,}25}{36\,524{,}25}\right) = \text{INT}(15{,}848) = 15 ,$$

$A = 2\,446\,075 + 1 + 15 - \text{INT}(15/4) = 2\,446\,088$,
$B = 2\,447\,612$,
$C = 6\,700$,
$D = 2\,447\,175$,
$E = 14$,
Tag $= 2\,447\,612 - 2\,447\,175 - 428 + 0 = 9$
Monat $= 14 - 13 = 1$
Jahr $= 6\,700 - 4\,715 = 1985$.

Das gesuchte Datum ist der 9. Januar 1985.

Die Sternzeit kann mit folgender Formel genauer berechnet werden als nach Übung 2.15.9:

$$\Theta = 24\,\text{h} \times \text{FRAC}(0{,}276\,919\,398 + 100{,}002\,193\,59\,T + 0{,}000\,001\,075\,T^2)\ .$$

Darin ist T die Zahl der Julianischen Jahrhunderte seit 1900:

$$T = \frac{\text{JD (um 0 UT)} - 2\,415\,020}{36\,525}\ .$$

Damit erhält man die Sternzeit in Greenwich um 0 UT.

Beispiel: Berechnung der Sternzeit in Greenwich für 20.00 UT am 15. April 1982.

Als erstes erhalten wir die Sternzeit um 0 UT:

$\text{JD} = 2\,445\,074{,}5$,

$T = \dfrac{2\,445\,074{,}5 - 2\,415\,020}{36\,525} = 0{,}822\,847\,365$,

$\Theta = 24\,\text{h} \times \text{FRAC}(0{,}276\,919\,398 + 82{,}286\,494 + 7{,}279 \times 10^{-7})$
$= 24\,\text{h} \times 0{,}563\,414 = 13{,}5219\,\text{h} = 13\,\text{h}\,31\,\text{min}\,19\,\text{s}$.

Da die Sternzeit pro Tag um 3 min 57 s schneller verläuft als die normale Sonnenzeit, ist die Differenz in 20 Stunden angewachsen auf

$\dfrac{20}{24} \times 3\,\text{min}\,57\,\text{s} = 3\,\text{min}\,17\,\text{s}$.

Damit ergibt sich in Greenwich für 20.00 UT eine Sternzeit von 13 h 31 min 19 s + 20 h + 3 min 17 s = 33 h 34 min 36 s = 9 h 34 min 36 s. Da Berlin eine geographische Länge von 13,3° = 53 min 12 s hat und östlich von Greenwich liegt, ist die Sternzeit im gleichen Augenblick 9 h 34 min 36 s + 53 min 12 s = 10 h 27 min 48 s. Die normale Zeit ist in Berlin zu diesem Zeitpunkt 21.00 oder 22.00 Uhr bei Sommerzeit.

2.15 Übungen

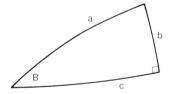

2.15.1 *Trigonometrische Funktionen in einem rechtwinkligen sphärischen Dreieck*

In der Abbildung soll A der rechte Winkel sein. Im Falle des ebenen Dreiecks sind die trigonometrischen Funktionen des Winkels B:

$\sin B = b/a$, $\cos B = c/a$, $\tan B = b/c$.

Für den Fall des sphärischen Dreiecks müssen die Gleichungen (2.7) genutzt werden, die sich aber vereinfachen zu

$$\sin B \sin a = \sin b ,$$
$$\cos B \sin a = \cos b \sin c ,$$
$$\cos a = \cos b \cos c .$$

Die erste Gleichung ergibt den Sinus für den Winkel B:

$$\sin B = \frac{\sin b}{\sin a} .$$

Aus der Division der zweiten Gleichung durch die dritte Gleichung erhalten wir den Cosinus für B:

$$\cos B = \frac{\tan c}{\tan a} .$$

Der Tangens für B folgt aus der Division der ersten Gleichung durch die zweite:

$$\tan B = \frac{\tan b}{\sin c} .$$

Die dritte Gleichung ist das Äquivalent des Satzes von Pythagoras für rechtwinklige Dreiecke.

2.15.2 *Die Koordinaten von New York City*

Die geographischen Koordinaten sind 41° Nord und 74° westlich von Greenwich oder $\phi = +41°$, $\lambda = +74°$. In Zeitmaß ergibt sich für die Länge 74/15 h = 4 h 56 min westlich von Greenwich. Die geozentrische Breite ergibt sich aus

$$\tan \phi' = \frac{b^2}{a^2} \tan \phi = \left(\frac{6356{,}755}{6378{,}140}\right)^2 \tan 41° = 0{,}863\,47 \Rightarrow \phi' = 40°48'34'' .$$

Die geozentrische Breite ist $11'26''$ kleiner als die geographische.

2.15.3 Der Winkelabstand zweier Objekte am Himmel unterscheidet sich von deren Koordinatendifferenz.

Der Stern A habe die Koordinaten $\alpha_1 = 10$ h, $\delta_1 = 70°$, ein anderer Stern B hat die Koordinaten $\alpha_2 = 11$ h, $\delta_2 = 80°$. Mit dem Satz von Pythagoras aus der ebenen Trigonometrie erhalten wir für den Abstand

$$d = \sqrt{(15°)^2 + (10°)^2} = 18° .$$

Wenn wir aber die dritte Gleichung aus (2.7) benutzen, erhalten wir

$$\cos d = \cos(\alpha_1 - \alpha_2) \sin(90° - \delta_1) \sin(90° - \delta_2) + \cos(90° - \delta_1) \cos(90° - \delta_2)$$
$$= \cos(\alpha_1 - \alpha_2) \cos \delta_1 \cos \delta_2 + \sin \delta_1 \sin \delta_2$$

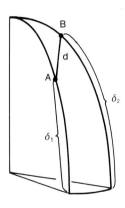

$$= \cos 15° \cos 70° \cos 80° + \sin 70° \sin 80°$$
$$= 0{,}983 ,$$

also $d = 10{,}6°$. Die Skizze macht deutlich, warum das Resultat nach dem Satz von Pythagoras so weit von dem korrekten Resultat entfernt ist: die Stundenkreise (Kreise mit $\alpha =$ konstant) nähern sich einander zum Pol hin an und ihr Winkelabstand wird kleiner, obwohl die Koordinatendifferenz die gleiche bleibt.

2.15.4 Zu berechnen sind die Höhe und das Azimut für ein Objekt mit der Rektaszension $\alpha = 10$ h und der Deklination $\delta = 70°$ für die Sternzeit $\Theta = 18$ h und die Breite $\phi = 60°$.

Der Stundenwinkel beträgt $t = \Theta - \alpha = 8$ h $= 120°$. Nun wenden wir (2.15) an:

$$\sin A \cos h = \sin 120° \cos 70° ,$$
$$\cos A \cos h = \cos 120° \cos 70° \sin 60° - \sin 70° \cos 60° ,$$
$$\sin h = \cos 120° \cos 70° \cos 60° + \sin 70° \sin 60° .$$

Daraus folgt $\sin h = 0{,}728$, und die Höhe ist $h = 47°$. Um das Azimut zu finden, müssen der Sinus und der Cosinus berechnet werden:

$$\sin A = 0{,}432 , \quad \cos A = -0{,}902 .$$

Danach beträgt das Azimut $A = 154°$. Das Objekt befindet sich im Nordwesten 47° über dem Horizont.

2.15.5 Die Koordinaten von Arktur sind $\alpha = 14$ h 15,7 min, $\delta = 19° 11'$. Zu bestimmen ist die Sternzeit für den Augenblick des Auf- und Untergangs in Boston ($\phi = 42° 19'$).

Bei Vernachlässigung der Refraktion erhalten wir

$$\cos t = -\tan 19° 11' \tan 42° 19' = -0{,}348 \times 0{,}910 = -0{,}317 .$$

Der Stundenwinkel ist $t = \pm 108{,}47° = 7$ h 14 min.

Das genauere Resultat ist

$$\cos t = -\tan 19° 11' \tan 42° 19' - \frac{\sin 35'}{\cos 19° 11' \cos 42° 19'} = -0{,}331 ,$$

und $t = \pm 109{,}35° = 7$ h 17 min. Das Plus- und Minuszeichen gilt dem Auf- bzw. Untergang. Für den Aufgang von Arktur ist die Sternzeit

$$\Theta = \alpha + t = 14 \text{ h } 16 \text{ min} - 7 \text{ h } 17 \text{ min} = 6 \text{ h } 59 \text{ min} ,$$

und für den Untergang

$$\Theta = \alpha + t = 14 \text{ h } 16 \text{ min} + 7 \text{ h } 17 \text{ min} = 21 \text{ h } 33 \text{ min} .$$

Dabei ist zu beachten, daß die Zeitpunkte unabhängig vom Datum sind: Die Auf- und Untergangszeit eines Sternes in Sternzeit sind täglich die gleichen.

2.15.6 Die Eigenbewegung von Aldebaran beträgt $\mu = 0,20''/a$, seine Parallaxe ist $\pi = 0,048''$. Die Spektrallinie des Eisens bei $\lambda = 440,5$ nm ist um 0,079 nm zum Roten verschoben. Wie groß sind die radiale, die tangentiale und die Gesamtgeschwindigkeit?

Die Radialgeschwindigkeit wird berechnet nach

$$\frac{\Delta\lambda}{\lambda} = \frac{v_r}{c} \Rightarrow v_r = \frac{0,079}{440,5} 3 \times 10^8 \text{ m/s} = 5,4 \times 10^4 \text{ m/s} = 54 \text{ km/s} .$$

Die Tangentialgeschwindigkeit ergibt sich nach (2.37), da μ und π bereits in den richtigen Einheiten vorliegen:

$$v_t = 4,74 \,\mu r = 4,74 \,\mu/\pi = \frac{4,74 \times 0,20}{0,048} = 20 \text{ km/s} .$$

Die Gesamtgeschwindigkeit beträgt dann

$$v = \sqrt{v_r^2 + v_t^2} = \sqrt{54^2 + 20^2} = 58 \text{ km/s} .$$

2.15.7 Zu berechnen ist die Ortszeit für Paris (geographische Länge $\lambda = -2°$) für 12.00 Uhr.

Die Ortszeit muß mit der Zonenzeit für den Meridian 15° östlich von Greenwich verglichen werden. Die Längendifferenz ist $15° - 2° = 13°$, das entspricht im Zeitmaß $(13°/15°) \times 60$ min $= 52$ Minuten. Die Ortszeit ist gegenüber der offiziellen Zeit um 52 Minuten zurück, d. h. 11.08 Uhr. Das ist mittlere Sonnenzeit. Um die wahre Sonnenzeit zu finden, müssen wir die Zeitgleichung (Zgl.) addieren. Anfang Februar beträgt die Zgl. $= -14$ min. Damit ist die wahre Sonnenzeit $11.08 - 14$ min $= 10.54$ Uhr. Anfang November beträgt die Zgl. $= +16$ min. Die wahre Sonnenzeit ergibt sich damit zu 11.24 Uhr. -14 min und $+16$ min sind die Extremwerte der Zeitgleichung. Die wahre Sonnenzeit schwankt also für die offizielle Zeit 12.00 Uhr zwischen 10.54 Uhr und 11.24 Uhr. Der genaue Zeitwert hängt vom Tag des Jahres ab. Während der Sommerzeit muß noch eine Stunde von diesen Zeiten abgezogen werden.

2.15.8 *Abschätzung der Sternzeit*

Da die Sternzeit der Stundenwinkel des Frühlingspunktes ♈ ist, ist 0 h Sternzeit, wenn ♈ kulminiert bzw. den Südmeridian kreuzt. Wenn die Sonne im Frühlingspunkt steht, kulminieren die Sonne und der Frühlingspunkt gleichzeitig, d. h. es ist 12.00 Uhr Ortssonnenzeit und 0 Uhr Sternzeit. Zum Frühlingsäquinoktium gilt deshalb

$$\Theta = T + 12 \text{ h} .$$

T ist die Ortssonnenzeit. Die Genauigkeit liegt bei einigen Minuten. Da die Sternzeit täglich etwa 4 Minuten schneller läuft, ist die Sternzeit n Tage nach dem Frühlingsäquinoktium

$$\Theta \approx T + 12 \text{ h} + n \times 4 \text{ min} .$$

Zum Herbstäquinoktium kulminiert ♈ um 0.00 Uhr Ortszeit. Sternzeit und Ortszeit stimmen also überein.

Wir wollen die Sternzeit für Paris am 15. April um 22.00 Uhr mitteleuropäischer Zeit (= 23.00 Uhr Sommerzeit) berechnen. Das Frühlingsäquinoktium ist im Mittel am 21. März. Die Zeit, die seit dem Frühlingsäquinoktium vergangen ist, beträgt also 10+15 = 25 Tage. Bei Vernachlässigung der Zeitgleichung ist die Ortszeit T 52 Minuten hinter der Zonenzeit zurück.

$$\Theta = T + 12\,\text{h} + n \times 4\,\text{min} = 21\,\text{h}\,8\,\text{min} + 12\,\text{h} + 25 \times 4\,\text{min} = 34\,\text{h}\,48\,\text{min}$$
$$= 10\,\text{h}\,48\,\text{min}\,.$$

Der Zeitpunkt des Frühlingsäquinoktiums kann um zwei Tage in beiden Richtungen variieren. Der Fehler des Resultats liegt deshalb bei maximal 10 Minuten.

2.15.9 *Eine genauere Näherung für die Sternzeit*

Wie im obigen Beispiel beginnen wir mit der Gleichung

$$\Theta = T + 12\,\text{h}\,.$$

Die Gleichung gilt exakt nur im Augenblick des Frühlingsäquinoktiums. Die Ortszeit ist nach (2.41)

$$T = T_\text{M} + \text{Zgl.}$$

Zum Zeitpunkt des Frühlingsäquinoktiums beträgt Zgl. = −7 min. Die Sternzeit ist damit

$$\Theta = T_\text{M} + 11\,\text{h}\,53\,\text{min}\,.$$

Die mittlere Zeit T_M hat einen gleichmäßigen Verlauf und die Sternzeit Θ läuft pro Tag 3 min 57 s schneller. n Tage nach dem Frühlingsäquinoktium haben wir

$$\Theta = T_\text{M} + 11\,\text{h}\,53\,\text{min} + n \times 3\,\text{min}\,57\,\text{s}\,.$$

Wir wollen nun die Sternzeit in Paris am 15. April 1982 um 22 Uhr mitteleuropäischer Zeit berechnen. 1982 war das Frühlingsäquinoktium am 20. März um 23 Uhr UT, bzw. am 24. März um 0 Uhr MEZ. So wird

$$n = 25 + 22/24 = 25{,}9167\,.$$

Die mittlere Ortszeit war $T_\text{M} = 21\,\text{h}\,8\,\text{min}$, damit wird die Sternzeit

$$\Theta = 21\,\text{h}\,8\,\text{min} + 11\,\text{h}\,53\,\text{min} + 25{,}9167 \times (3\,\text{min}\,57\,\text{s}) = 34\,\text{h}\,43\,\text{min} = 10\,\text{h}\,43\,\text{min}\,.$$

2.15.10 Berechnung der Aufgangszeit von Arktur in Boston am 10. Januar.

In Übung 2.15.5 wurde für dieses Ereignis die Sternzeit $\Theta = 6\,\text{h}\,59\,\text{min}$ gefunden. Da wir das Jahr nicht kennen, benutzen wir die Näherungsmethode aus Aufgabe 2.15.8. Die Zeit zwischen 10. Januar und dem Frühlingsäquinoktium (21. März) beträgt rund 70 Tage. Damit ist die Sternzeit am 10. Januar

$$\Theta = T + 12\,\text{h} - 70 \times 4\,\text{min} = T + 7\,\text{h}\,20\,\text{min}\,.$$

Daraus folgt für T

$T = \Theta - 7\,\text{h}\,20\,\text{min} = 6\,\text{h}\,59\,\text{min} - 7\,\text{h}\,20\,\text{min} = 30\,\text{h}\,59\,\text{min} - 7\,\text{h}\,20\,\text{min}$
$= 23\,\text{h}\,39\,\text{min}$.

Die geographische Länge von Boston ist 71° West und die dortige Zonenzeit $(4°/15°) \times 60\,\text{min} = 16\,\text{min}$ früher, oder 23.23 Uhr.

Kapitel 3 Beobachtungen und Instrumente

Bis zum Ende des Mittelalters war das menschliche Auge das wichtigste „Instrument" für astronomische Beobachtungen, wobei verschiedene mechanische Vorrichtungen es bei der Messung der Positionen der Himmeskörper unterstützten. Zu Beginn des 17. Jahrhunderts wurde in Holland das Fernrohr erfunden; die ersten astronomischen Beobachtungen mit diesem neuen Instrument machte Galileo Galilei im Jahre 1609. Ende des 19. Jahrhunderts wurde dann die Fotografie als astronomische Beobachtungsmethode eingeführt. Während der vergangenen Jahrzehnte fanden viele elektronische Empfänger Anwendung beim Studium der elektromagnetischen Strahlung aus dem Weltraum. Heute wird das elektromagnetische Spektrum von den kürzesten Gammastrahlen bis zu den langen Radiowellen für astronomische Beobachtungen genutzt.

3.1 Beobachtungen durch die Atmosphäre

Mit Satelliten und Raumflugkörpern können astronomische Beobachtungen außerhalb der Atmosphäre durchgeführt werden, aber die Mehrheit der Beobachtungen wird noch von der Erdoberfläche ausgeführt. Im vorhergehenden Kapitel haben wir die Refraktion diskutiert, die die Höhe der Objekte verändert. Die Atmosphäre beeinflußt die Beobachtungen aber noch in anderer Art und Weise. Die Luft befindet sich niemals in vollkommener Ruhe, und es gibt Schichten mit unterschiedlichen Temperaturen und Dichten. Das hat Konvektion und Turbulenz zur Folge. Wenn das Licht von einem Stern durch die unregelmäßige Atmosphäre hindurchgeht, verändert die Refraktion die Richtung sehr schnell, d.h. die Menge Licht, die einen Empfänger, z.B. das menschliche Au-

Abb. 3.1. Ein heller Stern (Spica) wurde mit einem Teleskop in sehr geringer Höhe über dem Horizont fotografiert. Bei fest stehendem Teleskop bewegte sich der Stern infolge der Drehung der Erde durch das Gesichtsfeld des Fernrohres. Die Szintillation bewirkte eine zufällige Auf- und Abbewegung sowie Helligkeitsänderung des Sterns. (Foto von B. Okkola)

ge, erreicht, verändert sich ständig; man sagt, der Stern *szintilliert* (Abb. 3.1). Da Planeten keine Punktquellen wie die Sterne sind, haben sie ein regelmäßiges Leuchten.

Ein Teleskop sammelt Licht über größere Flächen, wodurch die schnellen Änderungen ausgeglichen und die Szintillationseffekte vermindert werden. Statt dessen verschmieren Unterschiede der Refraktion für verschiedene Wege des Lichtes durch die Atmosphäre das Bild, und Punktquellen erscheinen im Teleskop als vibrierende Flecken (speckles). Dieses Phänomen wird als *Seeing* bezeichnet. Die Größe des sogenannten Seeing-Scheibchens variiert im Durchmesser von weniger als einer Bogensekunde bis zu mehr als zehn Bogensekunden. Wenn der Durchmesser des Seeing-Scheibchens klein ist, sprechen wir von einem guten Seeing. Seeing und Szintillation verwischen kleine Details, wenn man z. B. einen Planeten durch ein Fernrohr beobachtet.

Einige Wellenlängenbereiche des elektromagnetischen Spektrums werden durch die Atmosphäre stark absorbiert. Ein sehr wichtiges, durchlässiges Intervall ist das sogenannte *optische Fenster* von 300 bis 800 nm. Dieses Intervall stimmt mit dem Empfindlichkeitsbereich des menschlichen Auges (400 bis 700 nm) überein.

Die Strahlung mit Wellenlängen unter 300 nm wird durch das atmosphärische Ozon, das diese Strahlung absorbiert, am Erreichen der Erdoberfläche gehindert. Das Ozon ist in einer dünnen Schicht zwischen 20 und 30 km Höhe konzentriert, die die Erde gegen die schädliche ultraviolette Strahlung schützt. Bei noch kürzeren Wellenlängen sind O_2, N_2 und freie Atome die wichtigsten Absorber. Nahezu die gesamte Strahlung unter 300 nm wird in den höheren Schichten der Atmosphäre absorbiert.

Für größere Wellenlängen als jene des sichtbaren Lichtes, im nahen Infrarot, ist die Atmosphäre einigermaßen durchsichtig bis 1,3 µm. In diesem Bereich gibt es einige Absorptionsbarrieren, die durch Wasser und molekularen Sauerstoff hervorgerufen werden. Über 1,3 µm wird die Atmosphäre mehr und mehr undurchsichtig, in diesem Bereich kommt nur in sehr schmalen Fenstern Strahlung in die unteren Atmosphärenschichten. Im Intervall zwischen 20 µm und 1 mm herrscht dann Totalabsorption. Für Wellenlängen von 1 mm bis 20 m gibt es das sogenannte *Radiofenster*. Für noch größere Wellenlängen absorbiert die Ionosphäre in den hohen Atmosphärenschichten die gesamte Strahlung (Abb. 3.2). Die exakte untere Grenze des Radiofensters hängt von der Stärke der Ionosphäre ab, die während des Tages variiert. (Die Struktur der Atmosphäre ist in Kap. 8 beschrieben.)

Im optischen Wellenlängenintervall (300 bis 800 nm) wird das Licht durch Moleküle und Staubteilchen gestreut. Dadurch wird die Strahlungsintensität reduziert. Die gemeinsame Wirkung von Streuung und Absorption wird als *Extinktion* bezeichnet. Die

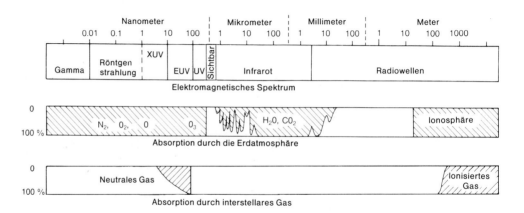

Abb. 3.2. Durchlässigkeit der Erdatmosphäre für verschiedene Wellenlängen. Die Strahlung der weißen Intervalle erreicht die Erdoberfläche, in den gestrichelten Regionen tritt Absorption auf. Die Strahlung wird auch durch das interstellare Gas absorbiert, wie die unterste Darstellung zeigt. (Modifiziert übernommen aus Sky and Telescope, Juni 1975)

Extinktion muß bei der Messung der Helligkeit der Himmelskörper stets berücksichtigt werden (Kap. 4).

Im 19. Jahrhundert gelang Lord Rayleigh die Erklärung, warum der Himmel blau erscheint. Die Streuung durch die Moleküle in der Atmosphäre ist der vierten Potenz der Wellenlänge umgekehrt proportional, d. h. das blaue Licht wird stärker gestreut als das rote. Das blaue Licht, das wir beobachten, ist das über den gesamten Himmel gestreute Sonnenlicht. Bei der untergehenden und aufgehenden Sonne tritt dasselbe Farbphänomen auf. Aufgrund des langen Lichtweges durch die Erdatmosphäre wird das gesamte blaue Licht gestreut und die Sonne erscheint rot.

In der Astronomie geht es häufig um die Beobachtung sehr schwacher Objekte. Dafür ist es günstig, wenn der Himmelshintergrund sehr dunkel und die Atmosphäre möglichst durchsichtig ist. Deshalb werden die großen Observatorien auf hohen Bergen, weit entfernt von großen Städten errichtet. Die Luft über einer Sternwarte muß sehr trocken sein, die Zahl der bewölkten Nächte gering und das Seeing gut.

Die Astronomen haben auf der ganzen Erde nach Plätzen mit optimalen Bedingungen gesucht und dabei einige ausgezeichnete Orte gefunden. In den Jahren um 1970 wurden in diesen Regionen große Observatorien errichtet. Zu den besten Plätzen auf der Erde gehören der Vulkan Mauna Kea auf Hawaii, der mehr als 4000 m hoch ist, die sehr trockenen Berge im Norden Chiles, die Sonora-Wüste in den USA nahe der mexikanischen Grenze und die Berge auf La Palma, die zu den Kanarischen Inseln gehören. Viele ältere Sternwarten werden durch das Licht großer Städte gestört. Das war einer der Gründe, warum das 2,5 m-Telekop auf dem Mt. Wilson (Abb. 3.3) 1985 außer Dienst gestellt wurde.

Abb. 3.3. Ein nächtlicher Blick von der Spitze des Mount Wilson. Die Lichter von Los Angeles, Pasadena, Hollywood und mehr als 40 weiteren Städten werden in der Atmosphäre reflektiert und stören die astronomischen Beobachtungen beträchtlich

In der Radioastronomie sind die atmosphärischen Bedingungen nicht so kritisch, außer wenn bei den kürzesten Wellenlängen beobachtet wird. Die Konstrukteure von Radioteleskopen haben mehr Möglichkeiten bei der Standortwahl als die optisch arbeitenden Astronomen. Trotzdem werden auch Radioteleskope meistens in unbewohnten Gebieten aufgebaut, um sie von Störungen durch Rundfunk- und Fernsehsender zu isolieren.

3.2 Optische Teleskope

Die Teleskope erfüllen in der Hauptsache folgende astronomische Beobachtungsaufgaben:

1) Sie sammeln das Licht von Objekten und machen dadurch die Untersuchung sehr schwacher Strahlungsquellen möglich.
2) Sie verbessern die Auflösung und erlauben die Trennung enger Objekte.
3) Sie ermöglichen die genaue Messung der Positionen von Himmelskörpern.

Die lichtsammelnde Oberfläche eines Teleskops ist entweder eine Linse oder ein Spiegel. Danach werden optische Fernrohre in zwei Typen unterteilt, Linsenfernrohre oder *Refraktoren* und Spiegelteleskope oder *Reflektoren* (Abb. 3.4).

Geometrische Optik. Refraktoren bestehen aus zwei Linsen; das *Objektiv* sammelt das ankommende Licht und erzeugt ein Bild in der Fokalebene, das *Okular* ist ein kleines Vergrößerungsglas zur Betrachtung des Bildes (Abb. 3.5). Die Linsen befinden sich an den entgegengesetzten Enden eines Tubus, der auf jeden gewünschten Punkt gerichtet werden kann. Der Abstand zwischen Okular und Fokalebene kann verändert werden, um das Bild in den Fokus zu bekommen. Das Bild, das durch das Objekt erzeugt wird, kann auch festgehalten werden, z. B. auf einer fotografischen Platte wie bei einer ganz normalen Kamera.

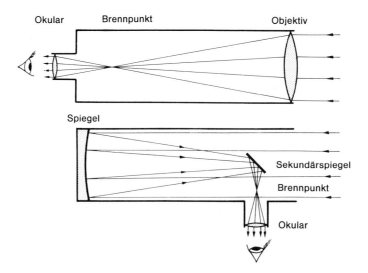

Abb. 3.4. Strahlengang in einem Linsenfernrohr oder Refraktor und einem Spiegelteleskop oder Reflektor

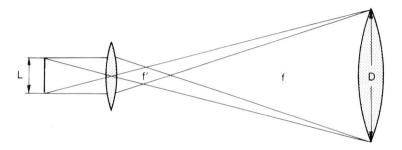

Abb. 3.5. Die Austrittpupille ist das vom Okular erzeugte Bild des Objektivs

Der Durchmesser des Objektivs, D, wird als *Apertur* oder *Öffnung* des Teleskops bezeichnet. Das Verhältnis von Öffnung D zur Brennweite f, $F = D/f$, ist das *Öffnungsverhältnis*. Dieser Wert charakterisiert die Lichtstärke des Fernrohres. Wenn das Öffnungsverhältnis groß ist, nahe eins, hat man ein lichtstarkes, „schnelles" Teleskop, d.h. man kann von hellen Objekten fotografische Aufnahmen mit kurzen Belichtungszeiten gewinnen. Wenn das Öffnungsverhältnis klein ist (die Brennweite muß viel größer als die Öffnung sein), ergibt das ein „langsames" Teleskop.

In der Astronomie und in der Fotografie wird oft f/n als Öffnungsverhältnis definiert. n ist der Wert der Brennweite dividiert durch den Öffnungsdurchmesser. Für schnelle Teleskope ist das Verhältnis $f/1\ldots f/3$, aber gewöhnlich ist bei Fernrohren das Verhältnis kleiner und nur $f/8\ldots f/15$.

Die *Skala* des Bildes, das in der Fokalebene eines Refraktors entsteht, kann geometrisch nach Abb. 3.6 bestimmt werden. Wenn das Objekt unter dem Winkel u gesehen wird, entsteht ein Bild der Höhe s:

$$s = f \tan u = f u , \tag{3.1}$$

wenn u ein kleiner Winkel ist. Wenn ein Teleskop z.B. eine Brennweite von 343 cm hat, entspricht eine Bogenminute

$$s = 343 \text{ cm} \times 1'$$
$$= 343 \text{ cm} \times /1/60) \times (\pi/180)$$
$$= 1 \text{ mm} .$$

Die *Vergrößerung* ist nach Abb. 3.6

$$\omega = u'/u = f/f' .$$

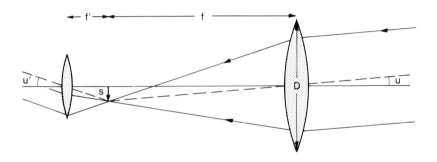

Abb. 3.6. Abbildungsmaßstab und Vergrößerung für einen Refraktor (*siehe Text*)

Dabei wurde von der Gleichung $s = fu$ ausgegangen. f ist die Brennweite des Objektivs, f' die des Okulars. Wenn $f = 100$ cm ist und wir ein Okular mit einer Brennweite von 2 cm benutzen, erhalten wir eine 50fache Vergrößerung. Die Vergrößerung ist keine entscheidende Eigenschaft eines Teleskops, da man sie durch den Wechsel des Okulars sehr leicht verändern kann.

Eine wichtige Eigenschaft, die von der Öffnung des Teleskops abhängt, ist das *Auflösungsvermögen*. Das Auflösungsvermögen gibt z. B. den geringsten Winkelabstand, den die beiden Komponenten in einem Doppelsternsystem noch haben können, um als zwei getrennte Sterne gesehen zu werden. Die theoretische Grenze für das Auflösungsvermögen folgt aus der Beugungstheorie: Im Teleskop entsteht von einem Stern kein punktförmiges Bild, sondern ein kleines Scheibchen, da das Licht an Kanten und Rändern des Teleskops „gebeugt" wird (Abb. 3.7).

Das theoretische Auflösungsvermögen von Teleskopen wird oft durch eine Formel, die Rayleigh eingeführt hat, angegeben. (*Beugung an einer kreisförmigen Öffnung, S. 69):

$$\sin \theta \approx \theta = 1{,}22\, \lambda/D\ .$$

Als praktische Regel kann man sagen, daß zwei Objekte getrennt gesehen werden, wenn ihr Winkelabstand

$$\theta \gtrsim \lambda/D \quad [\theta] = \text{rad}$$

ist. Diese Beziehung gilt sowohl für optische als auch für Radioteleskope. Wenn man z. B. bei der typischen Wellenlänge für gelbes Licht ($\lambda = 550$ nm) mit einem Teleskop von 1 m Öffnung beobachtet, beträgt das theoretische Auflösungsvermögen 0,2", das Seeing vergrößert den Bilddurchmesser aber meistens auf 1 Bogensekunde. Dadurch kann die theoretische Auflösungsgrenze bei Beobachtungen von der Erdoberfläche nicht erreicht werden.

Bei fotografischen Beobachtungen wird das Bild des Sternes in der Emulsion ausgedehnt und das Auflösungsvermögen ist geringer im Vergleich zu visuellen Beobachtungen. Die Korngröße in der fotografischen Schicht beträgt etwa 0,01 bis 0,03 mm. Das ist auch die geringste Ausdehnung für ein Bild. Bei einer Brennweite von 1 m ergibt sich die Skala zu 1 mm = 206". Danach entspricht 0,01 mm ungefähr 2 Bogensekunden. Das ist etwa das theoretische Auflösungsvermögen eines Fernrohres von 7 cm Öffnung für visuelle Beobachtungen.

In der Praxis wird das Auflösungsvermögen bei visuellen Beobachtungen durch die Fähigkeit des Auges, Details zu sehen, bestimmt. In der Nacht, wenn das Auge vollkommen dunkeladaptiert ist, hat das menschliche Auge ein Auflösungsvermögen von ungefähr 2'.

Die maximale Vergrößerung $\omega_{\max}$ ist die größte Vergrößerung, die bei teleskopischer Beobachtung genutzt werden kann. Sie ergibt sich aus dem Verhältnis des Auflösungsvermögens des Auges, $c \approx 2' = 5{,}8 \times 10^{-4}$ rad, zum Auflösungsvermögen θ des Fernrohres

$$\omega_{\max} = \frac{c}{\theta} \approx \frac{cD}{\lambda} = \frac{5{,}8 \times 10^{-4} D}{5{,}5 \times 10^{-4}\, \text{m}} \approx \frac{D}{1\, \text{mm}}\ .$$

Wenn z. B. ein Objektiv mit einem Durchmesser von 100 mm benutzt wird, ist die maximale Vergrößerung etwa 100. Eine noch höhere Vergrößerung kann das Auge nicht nutzen.

3.2 Optische Teleskope

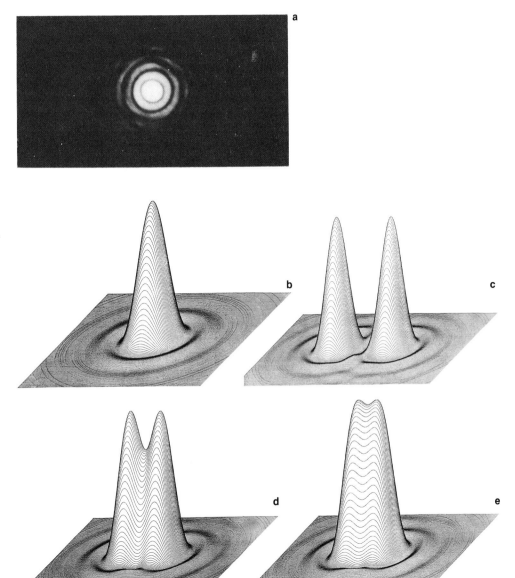

Abb. 3.7a–e. Beugung und Auflösung. Das Bild eines Einzelsterns (**a**) besteht aus konzentrischen Beugungsringen, die als Gebirgsdiagramm (**b**) dargestellt werden können. Weite Sternpaare können leicht getrennt werden (**c**). Für die Auflösung enger Doppelsterne gibt es unterschiedliche Kriterien. Ein Kriterium ist die Rayleigh-Grenze 1,22 λ/D (**d**). In der Praxis kann die Auflösung als λ/D geschrieben werden. Dies ist nahe der *Dawes-Grenze* (**e**). (Foto Sky and Telescope, Zeichnungen D.E. Stoltzmann)

Die minimale Vergrößerung ω_{min} ist die kleinste Vergrößerung, die für visuelle Beobachtungen sinnvoll ist. Ihr Betrag ergibt sich aus der Bedingung, daß die sogenannte Austrittspupille L des Fernrohres kleiner oder höchstens gleich der Augenpupille sein soll.

Die Austrittspupille ist das Bild des Objektivs, das das Okular, durch das Licht vom Objektiv hindurchgeht, erzeugt und das hinter dem Okular entsteht. Nach Abb. 3.7 erhalten wir

$$L = \frac{f'}{f} D = \frac{D}{\omega} \ .$$

Aus der Bedingung $L \leq d$ folgt $\omega \geq D/d$. In der Nacht beträgt der Durchmesser der Augenpupille des Menschen etwa 6 mm. Daraus ergibt sich die minimale Vergrößerung für ein Teleskop mit 100 mm Objektivdurchmesser zu etwa 17.

Refraktoren. Bei den ersten Refraktoren, die mit einfachen Linsen ausgerüstet waren, wurden die Beobachtungen durch die sogenannte *chromatische Aberration* behindert. Da Glas Strahlung unterschiedlicher Farbe unterschiedlich stark bricht, haben nicht alle Farben den gleichen Brennpunkt (Abb. 3.8), die Brennweite nimmt mit zunehmender Wellenlänge zu. Um die Wirkung der chromatischen Aberration zu vermindern, wurden im 18. Jahrhundert die *achromatischen Linsen*, die aus zwei Teilen unterschiedlichen Glases bestehen, eingeführt. Die Farbabhängigkeit der Brennweite ist viel geringer als bei einer Einzellinse und hat bei einer bestimmten Wellenlänge λ_0 einen Extremwert (gewöhnlich ein Minimum). In der Nähe dieser Wellenlänge ist die Änderung der Brennweite sehr gering (Abb. 3.9). Wenn das Teleskop für visuelle Beobachtungen benutzt werden soll, wird dafür die Wellenlänge $\lambda_0 = 550$ nm, die der maximalen Empfindlichkeit des Auges entspricht, gewählt. Objektive für fotografische Refraktoren sind gewöhnlich für $\lambda_0 = 425$ nm hergestellt, da normale Fotoplatten im blauen Bereich des Spektrums die höchste Empfindlichkeit haben.

Durch die Kombination von drei und mehr Linsen in einem Objektiv, kann die chromatische Aberration noch besser korrigiert werden (wie in apochromatischen Objektiven). Es wurden auch spezielle Gläser entwickelt, bei denen die Wellenlängenabhängig-

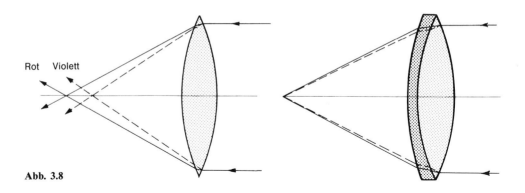

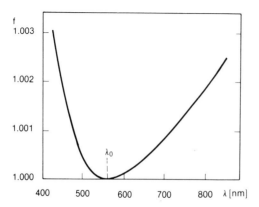

Abb. 3.8. Chromatische Aberration. Licht verschiedener Farbe wird zu unterschiedlichen Brennpunkten gebrochen (*links*). Die chromatische Aberration kann durch eine achromatische Linse aus unterschiedlichen Gläsern korrigiert werden (*rechts*)

Abb. 3.9. Wellenlängenabhängigkeit der Brennweite eines typischen achromatischen Objektivs für visuelle Beobachtungen. Die Brennweite hat nahe 550 nm ein Minimum. Bei dieser Wellenlänge hat das Auge seine höchste Empfindlichkeit. Für blaues Licht ($\lambda \approx 450$ nm) und für rotes Licht ($\lambda \approx 800$ nm) wächst die Brennweite etwa um den Faktor 1,002

3.2 Optische Teleskope

Abb. 3.10. Der größte Refraktor der Welt befindet sich im Yerkes-Observatorium der Universität von Chicago. Sein Objektiv hat einen Durchmesser von 102 cm. (Foto Yerkes Observatory)

keit des Brechungsindex sehr gering ist, so daß bereits zwei Linsen eine sehr gute Korrektion der chromatischen Aberration ergeben. In der Astronomie werden sie jedoch kaum benutzt.

Die größten Refraktoren auf der Erde haben Öffnungen von etwa einem Meter [102 cm-Refraktor des Yerkes Observatory (Abb. 3.10), der 1897 fertiggestellt wurde; 91 cm-Refraktor des Lick Observatory (1888)]. Die typischen Öffnungsverhältnisse liegen zwischen $f/10$ und $f/20$.

Der Gebrauch der Refraktoren wird durch ihr kleines Gesichtsfeld und ihre unpraktisch große Baulänge eingeschränkt. Refraktoren werden z. B. für visuelle Beobachtungen von Doppelsternen und in verschiedenen Meridianteleskopen zur Positionsmessung der Sterne, etwa für Parallaxenbestimmungen, eingesetzt.

Ein größeres Gesichtsfeld wird durch die Nutzung komplexer Linsensysteme erreicht. Diese Fernrohre werden als *Astrographen* bezeichnet. Astrographen haben Objektive aus 3 bis 5 Linsen und Öffnungen bis zu 60 cm. Die Öffnungsverhältnisse liegen zwischen $f/5$ und $f/7$, die Gesichtsfelder haben Durchmesser von 5°. Astrographen werden benutzt für die fotografische Beobachtung großer Felder, z. B. für die Bestimmung der Eigenbewegung und für statistische Untersuchungen der Helligkeiten von Sternen.

Reflektoren. Der häufigste Teleskoptyp für astrophysikalische Forschungen ist das Spiegelteleskop oder Reflektor. Die lichtsammelnde Fläche ist ein Spiegel, der mit einer dünnen Aluminiumschicht belegt ist und im allgemeinen parabolische Form hat. Ein parabolischer Spiegel reflektiert alle Lichtstrahlen, die parallel zur optischen Achse des Spiegels einfallen, in den gleichen Brennpunkt. Das Bild, das in diesem Punkt entsteht, wird durch ein Okular betrachtet oder auf einer Fotoplatte registriert. Ein Vorteil der Reflektoren ist das Fehlen der chromatischen Aberration, d.h. Strahlen aller Wellenlängen werden im gleichen Punkt gesammelt. Die größten Teleskope sind das sowjetische 6 m-Teleskop im Kaukasus (fertiggestellt 1975) und das amerikanische 5 m-Hale-Teleskop auf dem Mt. Palomar (1947).

In diesen sehr großen Teleskopen sitzt der Beobachter in einer speziellen Kabine im *Primärfokus* (Abb. 3.11), ohne daß zuviel einfallendes Licht abgedeckt wird. Bei kleineren Teleskopen ist das nicht möglich, und der Fokus muß sich zur Untersuchung der Strahlung außerhalb des Fernrohres befinden.

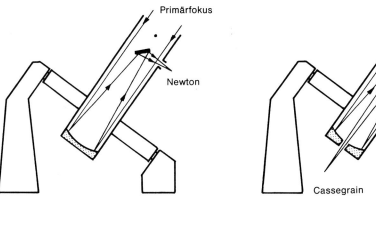

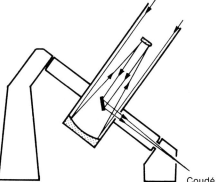

Abb. 3.11. Unterschiedliche Positionen der Brennpunkte bei Reflektoren: Primärfokus, Newtonfokus, Cassegrainfokus und Coudéfokus. Das Coudé-System, wie es in dieser Abbildung dargestellt ist, kann für Beobachtungen in Zenitnähe nicht benutzt werden. Es gibt auch kompliziertere Coudé-Systeme mit drei Planspiegeln nach dem Primär- und Sekundärspiegel

3.2 Optische Teleskope

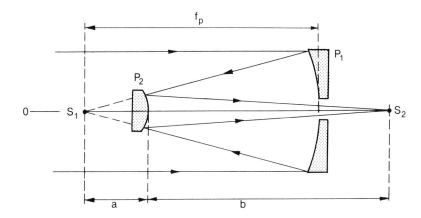

Abb. 3.12. Prinzip des Cassegrain-Reflektors. Ein konkaver (parabolischer) Primärspiegel P_1 reflektiert die Lichtstrahlen parallel zur Hauptachse in den primären Brennpunkt S_1. Ein konvexer (hyperbolischer) Sekundärspiegel P_2 reflektiert die Strahlen zurück durch ein kleines Loch im Zentrum des Hauptspiegels zum Sekundärfokus S_2 außerhalb des Teleskops

Isaac Newton, der den Reflektor erfunden hat, lenkte das Licht mit einem kleinen Planspiegel senkrecht zur optischen Achse aus dem Teleskop hinaus. Der Brennpunkt des Bildes eines solchen Systems wird als *Newtonfokus* bezeichnet. Typische Öffnungsverhältnisse von Newton-Teleskopen liegen zwischen $f/3$ und $f/10$. Eine andere Möglichkeit ist, ein Loch in den Hauptspiegel zu bohren und die Strahlung mit einem kleinen hyperbolischen Sekundärspiegel, der sich vor dem Hauptspiegel befindet, aus dem Fernrohr hinauszureflektieren. Man sagt, die Strahlen träfen sich im *Cassegrainfokus*. Cassegrain-Systeme haben Öffnungsverhältnisse von $f/8$ bis $f/15$.

Die effektive Brennweite (f_e) eines Cassegrain-Teleskops wird durch den Abstand des Sekundärspiegels vom Hauptspiegel und der konvexen Krümmung des Sekundärspiegels bestimmt. Mit den Bezeichnungen der Abb. 3.12 erhalten wir

$$f_e = \frac{b}{a} f_p \; .$$

Wenn wir $a \ll b$ wählen, ergibt sich $f_e \gg f_p$. Dadurch kann man ein kurzes Teleskop mit einer sehr langen Brennweite konstruieren. Cassegrain-Systeme sind gut geeignet für fotometrische und spektroskopische Beobachtungen, bzw. für alle Beobachtungen, bei denen Zusatzgeräte leicht zugänglich für den Beobachter im Cassegrainfokus montiert werden können.

Bei komplizierten Aufbauten werden mehrere Spiegel verwendet, um das Licht durch die Stundenachse des Teleskops zu einem festen *Coudéfokus* (nach dem französischen Wort couder: biegen) zu führen. Dieser kann sich in einem getrennten Raum in der Nähe des Teleskops befinden (Abb. 3.13). Die Brennweiten von Coudé-Systemen sind sehr groß, und es ergeben sich Öffnungsverhältnisse von $f/30$ bis $f/40$. Der Coudéfokus wird in der Hauptsache für exakte spektroskopische Untersuchungen benutzt, da große Spektrographen ortsfest und bei konstanten Temperaturbedingungen aufgestellt werden können. Ein aluminisierter Spiegel reflektiert etwa vier Fünftel des Lichtes, das auf ihn fällt. Bei einem Coudé-System, das aus fünf Spiegeln (einschließlich Haupt- und Sekundärspiegel) besteht, erreichen nur noch $0{,}8^5 \approx 30\%$ des Lichtes den Detektor.

Ein Reflektor hat seine eigene Aberration, die *Koma*. Sie beinflußt Bilder mit Abstand von der optischen Achse. Die Lichtstrahlen treffen nicht in einem Punkt zusammen, sondern auf einer Fläche, die einem Kometen ähnelt. Durch die Koma hat ein klas-

Abb. 3.13. Coudé-System des 2,1 m-Kitt Peak-Reflektors. (Zeichnung National Optical Astronomical Observatories, Kitt Peak Observatory)

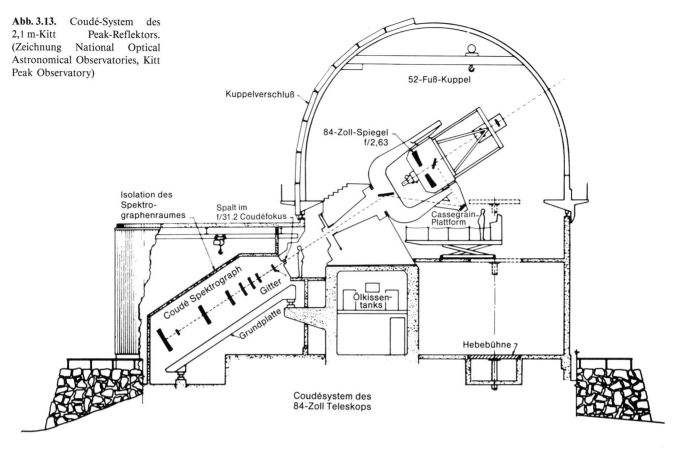

sischer Reflektor mit einem parabolischen Hauptspiegel ein sehr kleines aberrationsarmes Gesichtsfeld. Die Koma begrenzt das brauchbare Gesichtsfeld in Abhängigkeit vom Öffnungsverhältnis auf 2 bis 20 Bogenminuten. Das 5 m-Palomar-Teleskop hat z. B. ein brauchbares Gesichtsfeld von 4', das ist ungefähr ein Achtel des Monddurchmessers. In der Praxis kann das Gesichtsfeld durch zusätzliche Korrektionslinsen auf ungefähr 1° vergrößert werden, was beim 5 m-Teleskop einer Fotoplattengröße von 25 cm×25 cm entspricht.

Wenn der Hauptspiegel sphärisch wäre, gäbe es keine Koma. Aber ein solcher Spiegel hat ebenfalls einen eigenen Fehler, die *sphärische Aberration*: die von den Zentral- und Randgebieten des Spiegels reflektierten Strahlen konvergieren in unterschiedlichen Punkten. Um die sphärische Aberration zu beseitigen, entwickelte der estnische Optiker *Bernhard Schmidt* eine dünne Korrektionslinse, die in den Weg der ankommenden Strahlung gesetzt wurde. Schmidt-Kameras (Abb. 3.14) haben ein sehr großes (etwa 7° Durchmesser), nahezu fehlerfreies Gesichtsfeld. Die Korrektionslinse ist sehr dünn und absorbiert nur wenig Licht, die Bilder der Sterne sind sehr scharf.

Bei Schmidt-Teleskopen (Abb. 3.15) befindet sich die Öffnungsblende mit der Korrektionslinse im Zentrum des Krümmungsradius des Spiegels (dieser Radius ist das Doppelte der Brennweite). Um auch das Licht vom Rande des Gesichtsfeldes zu sammeln, muß der Durchmesser des Spiegels größer als der der Korrektionslinse sein. Die Palomar-Schmidt-Kamera hat z. B. eine Öffnung von 122 cm (Korrektionslinsendurchmesser), 183 cm Spiegeldurchmesser, und 300 cm Brennweite. Das größte Schmidt-Tele-

3.2 Optische Teleskope

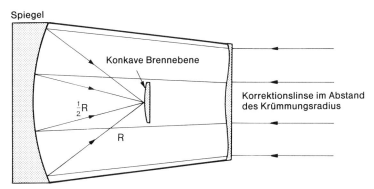

Abb. 3.14. Prinzip der Schmidt-Kamera. Eine Korrektionslinse im Krümmungszentrum des konkaven sphärischen Spiegels verändert den Verlauf der parallelen Lichtstrahlen und kompensiert die sphärische Aberration des Kugelspiegels. (In der Abbildung sind die Formen der Korrektionslinse und die Abweichung der Lichtstrahlen von der Parallelität stark übertrieben.) Da die Korrektionslinse sich im Krümmungsmittelpunkt des Kugelspiegels befindet, sind die Bilder praktisch unabhängig vom Einfallswinkel der Lichtstrahlen. Damit gibt es keine Koma oder Astigmatismus, und die Sternbilder sind punktförmig. Sie entstehen auf einer sphärischen Fläche im Abstand $1/2\,R$ vom Hauptspiegel (R ist der Krümmungsradius des Kugelspiegels). Für fotografische Aufnahmen muß die Platte auf die Form der sphärischen Fokalfläche gebogen werden

skop auf der Erde befindet sich in Tautenburg (DDR), und seine entsprechenden Werte sind 134/200/400 cm.

Der Nachteil des Schmidt-Teleskops ist die sphärisch gekrümmte Fokalfläche. Wenn das Teleskop für fotografische Aufnahmen genutzt wird, müssen die Fotoplatten auf die gekrümmte Fokalfläche durchgebogen werden. Eine andere Möglichkeit ist, das gekrümmte Gesichtsfeld durch eine spezielle Korrekturlinse unmittelbar vor der Fokalfläche zu ebnen. Schmidt-Kameras wurden sehr effektiv bei der Kartierung des Himmels eingesetzt, so z. B. für den Palomar Sky Atlas, der im vorhergehenden Kapitel erwähnt wurde, und seine Fortsetzung im ESO/SRC Southern Sky Atlas.

Ein anderer Weg, die Koma des klassischen Reflektors zu reduzieren, ist die Verwendung von komplizierteren Spiegeloberflächen. Das *Ritchey-Chrétien*-System hat einen hyperbolischen Haupt- und Sekundärspiegel, woduch ein ziemlich großes brauchbares Gesichtsfeld erzeugt wird. Ritchey-Chrétien-Optiken werden in vielen großen Teleskopen benutzt.

Teleskopmontierungen. Ein Teleskop muß eine stabile Halterung haben, um Erschütterungen und Verbiegungen zu vermeiden, ferner muß es während der Beobachtung sehr gleichmäßig bewegt werden. Dafür gibt es zwei grundlegende Montierungstypen, die *äquatoriale* und die *azimutale* (Abb. 3.16).

Bei der äquatorialen Montierung ist eine Achse direkt zum Himmelspol gerichtet. Diese wird als *Polar-* oder *Stundenachse* bezeichnet. Die andere, die *Deklinationsachse* liegt senkrecht dazu. Da die Stundenachse parallel zur Erdachse liegt, kann die scheinbare Drehung des Himmels durch die Drehung des Teleskops um diese Achse mit konstanter Geschwindigkeit kompensiert werden.

Bei der azimutalen Montierung liegt eine Achse senkrecht, die andere waagerecht zum Horizont. Diese Montierung ist leichter zu konstruieren als die äquatoriale und für sehr große Teleskope stabiler. Um der täglichen Rotation des Himmels zu folgen, muß das Teleskop um beide Achsen mit veränderlicher Geschwindigkeit bewegt werden, au-

Abb. 3.15. Das große Schmidt-Teleskop der Europäischen Südsternwarte. Der Durchmesser des Spiegels beträgt 1,62 m, das Teleskop hat eine freie Öffnung von 1 m. (Foto ESO)

ßerdem rotiert das Gesichtsfeld. Diese Drehung muß kompensiert werden, wenn das Teleskop für fotografische Beobachtungen benutzt wird.

Bis zur Entwicklung von Computern, die die komplizierten Bewegungen bei der azimutalen Montierung kontrollieren konnten, waren die großen Teleskope auf der Erde äquatorial montiert. Einige der neuen großen Teleskope, wie z. B. das sowjetische 6 m-Teleskop, sind bereits azimutal montiert. Azimutal montierte Teleskope haben zwei wei-

3.2 Optische Teleskope

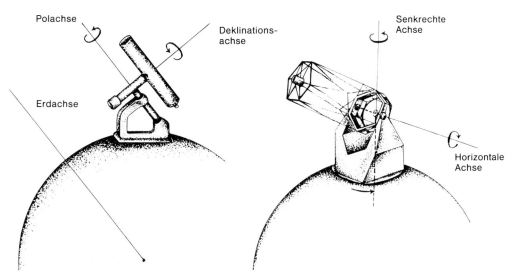

Abb. 3.16. Die äquatoriale (*links*) und azimutale (*rechts*) Teleskopmontierung

tere günstige Fokusorte, die *Nasmyth-Brennpunkte* an den beiden Enden der horizontalen Achse.

Ein anderer Montierungstyp ist der *Coelostat*. Dabei lenken rotierende Spiegel das Licht in ein feststehendes Fernrohr. Dieses System wird speziell für Sonnenteleskope genutzt.

Für die Messung absoluter Sternpositionen und genauer Zeitbestimmungen werden Teleskope eingesetzt, die nur in der Nord-Süd-Richtung, d. h. nur um eine in Ost-West-Richtung liegende Achse bewegt werden können. *Meridiankreise* und *Transitinstrumente* wurden für verschiedene Beobachtungen im 19. Jahrhundert vielfach mit diesem Montierungstyp konstruiert.

Die größten Teleskope. In den vergangenen zwei Jahrzehnten sind viele neue Observatorien entstanden. Viele von ihnen entstanden auf der Südhalbkugel der Erde, wo früher große Teleskope vollkommen fehlten. Derzeit gibt es etwa ein Dutzend Teleskope auf der Erde mit Spiegeln von mehr als 3 m Durchmesser. Einige von ihnen zeigen die Abb. 3.17 und 3.18.

66 3. Beobachtungen und Instrumente

Abb. 3.17a. Legende s. gegenüberliegende Seite

3.2 Optische Teleskope

Abb. 3.17a–c. Die größten Teleskope der Welt. **(a)** Das größte, azimutal montierte Teleskop befindet sich im Kaukasus, im Süden der Sowjetunion. Sein Spiegel hat einen Durchmesser von 6 m. Es arbeitet seit 1975. **(b)** Fast 30 Jahre lang war das 5,1 m-Hale-Teleskop auf dem Mt. Palomar, Kalifornien, das größte Teleskop auf der Erde. **(c)** Das Multi-Mirror Telescope auf dem Mt. Hopkins, Arizona, besteht aus sechs Spiegeln von 1,8 m Durchmesser. Die gesamte lichtsammelnde Fläche entspricht einem 4,5 m Teleskop. Die ersten Beobachtungen mit dem Teleskop wurden 1979 gemacht. (Fotos Astrophysikalisches Spezialobservatorium, Palomar Observatory, Multi Mirror Telescope Observatory)

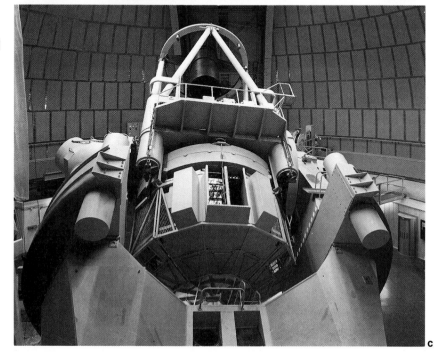

Abb. 3.18a–c. Einige neue Großteleskope auf der Südhalbkugel. **(a)** Das 4 m-Teleskop des Interamerikanischen Observatoriums auf dem Cerro Tololo arbeitet seit 1976. Es ist dem 3,9 m-Mayall-Teleskop des Kitt Peak-Observatoriums sehr ähnlich. **(b)** Das erste Großteleskop auf der Südhalbkugel, das Anglo-Australische Teleskop, ging 1974 in Betrieb. **(c)** Das Europäische Südobservatorium wurde 1962 durch Belgien, die Bundesrepublik Deutschland, Frankreich, die Niederlande und Schweden gegründet. Dänemark schloß sich 5 Jahre später an. Das 3,6 m-Teleskop der ESO wurde 1976 auf dem La Silla im Norden Chiles aufgestellt. (Fotos Cerro Tololo Inter-American Observatory, Anglo-Australian Observatory, Europäische Südsternwarte)

3.2 Optische Teleskope

* Beugung an kreisförmigen Öffnungen

Gegeben ist ein kreisförmiges Loch mit dem Radius R in der xy-Ebene. Kohärentes Licht soll in das Loch aus der negativen z-Richtung eintreten (s. Abb.). Wir betrachten Lichtstrahlen, die das Loch parallel zur xy-Ebene verlassen unter einem Winkel θ zur x-Achse. Die Lichtwellen interferieren auf einem weitentfernten Schirm. Die Phasendifferenz zwischen einer Welle von einem Punkt (x, y) und einer Welle durch das Zentrum des Lochs kann aus den unterschiedlichen Weglängen $s = x \sin \theta$ berechnet werden:

$$\delta = \frac{s}{\lambda} 2\pi = \frac{2\pi \sin \theta}{\lambda} x = kx .$$

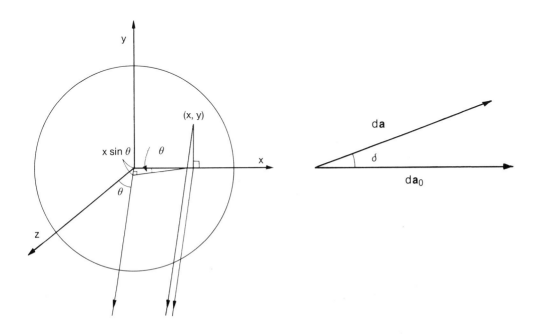

Die Phasendifferenz δ hängt nur von der x-Koordinate ab. Die Summe der Amplituden der Wellen von einem kleinen Oberflächenelement ist proportional zum Flächenelement $dx\,dy$. Die Amplitude der Welle durch das Zentrum des Lochs sei $d\mathbf{a}_0 = dx\,dy\,\hat{i}'$. Die Amplitude einer Welle vom Punkt (x, y) ist dann

$$d\mathbf{a} = dx\,dy\,(\cos \delta\,\hat{i}' + \sin \delta\,\hat{j}') .$$

Nun summieren wir die Amplituden der Wellen, die von den unterschiedlichen Punktes des Loches kommen:

$$\mathbf{a} = \int_{\text{Öffnung}} d\mathbf{a} = \int_{x=-R}^{R} \int_{y=-\sqrt{R^2-x^2}}^{\sqrt{R^2-x^2}} (\cos kx\,\hat{i}' + \sin kx\,\hat{j}')\,dx\,dy$$

$$= 2 \int_{-R}^{R} \sqrt{R^2-x^2}\,(\cos kx\,\hat{i}' + \sin kx\,\hat{j}')\,dx .$$

Da der Sinus eine ungerade Funktion ist, $\sin(-kx) = -\sin(kx)$, erhalten wir null, wenn wir den zweiten Term integrieren. Der Kosinus ist eine gerade Funktion, und so ergibt sich

$$a \sim \int_{0}^{R} \sqrt{R-x^2}\,\cos kx\,dx .$$

Wir substituieren $x = Rt$ und definieren $p = R = (2R \sin \theta)/\lambda$ und erhalten

$$a \sim \int_0^1 \sqrt{1-t^2} \cos pt \, dt .$$

Die Nullpunkte der Intensität, die auf dem Schirm beobachtet werden, werden von den Nullpunkten der Amplitude erhalten

$$J(p) = \int_0^1 \sqrt{1-t^2} \cos pt \, dt = 0 .$$

Aus der Betrachtung der Funktion $J(p)$ sehen wir, daß sich der erste Nullpunkt für $p = 3,8317$ ergibt, oder

$$\frac{2\pi R \sin \theta}{\lambda} = 3,8317 .$$

Der Radius des Beugungsscheibchens in Winkelmaß kann aus der Bedingung

$$\sin \theta = \frac{3,8317}{2\pi R} \lambda = 1,22 \frac{\lambda}{D}$$

bestimmt werden. $D = 2R$ ist der Durchmesser des Lochs.

3.3 Detektoren

Bei visuellen Beobachtungen mit dem Teleskop kann nur eine begrenzte Menge an Informationen gewonnen werden. Bis zum Ende des 19. Jahrhunderts war das die einzige Beobachtungsmöglichkeit. Die Einführung der Fotografie in der Mitte des vorigen Jahrhunderts bedeutete eine Revolution in der beobachtenden Astronomie. Ein weiterer Schritt vorwärts in der optischen Astronomie war dann die Entwicklung der fotoelektrischen Fotometrie in den vierziger und fünfziger Jahren dieses Jahrhunderts. Eine neue Revolution, vergleichbar mit der Einführung der Fotografie in die Astronomie, stellt das Aufkommen von Halbleiterdetektoren seit 1975 dar. Die Empfindlichkeit der Detektoren ist so stark gewachsen, daß heute ein 60 cm-Teleskop mit modernen Empfängern ähnliche Beobachtungen machen kann wie das 5 m-Teleskop zur Zeit seiner Fertigstellung.

Die fotografische Platte. Die *Fotografie* war und ist noch heute eine sehr weit verbreitete astronomische Beobachtungsmethode. In der Astronomie werden Glasplatten lieber verwendet als Film, da sie formstabiler sind. Die lichtempfindliche Schicht auf den Platten besteht aus Silberhalogenen, gewöhnlich Silberbromid, $AgBr$. Ein Photon, das von einem Halogen absorbiert wird, löst ein Elektron ab, das sich von einem Atom zu einem anderen bewegen kann. Ein Silberion, Ag^+, kann das Elektron einfangen und zu neutralem Silber werden. Wenn sich in einem Gebiet auf einer Platte eine ausreichende Menge Silberatome gebildet hat, entsteht ein latentes Bild. Nach der Belichtung kann dann durch die Behandlung mit verschiedenen Chemikalien aus dem latenten Bild ein permanentes Negativbild erzeugt werden. Dabei werden die Silberbromidkristalle, die das latente Bild enthalten, in Silber umgeformt („Entwicklung") und die nichtbelichteten Kristalle entfernt („Fixierung").

Die fotografische Platte hat gegenüber dem menschlichen Auge viele Vorteile. Sie kann gleichzeitig bis zu einer Million Sterne (Bildelemente) registrieren, das menschliche Auge meist nur ein oder zwei Objekte. Das Bild auf der Fotoplatte ist ständig vorhanden und kann jederzeit wieder untersucht werden. Im Vergleich zu anderen Detektoren ist die Fotoplatte billig und einfach im Gebrauch. Die wichtigste Eigenschaft der Fotoplatte ist ihre Fähigkeit, Licht über eine lange Zeit zu sammeln: Je länger die Belichtung dauert, um so mehr Silberatome werden gebildet (die Platte wird geschwärzt), durch Verlängerung der Belichtungszeit können also schwächere Objekte erfaßt werden. Das Auge hat diese Fähigkeit nicht: Wenn ein schwaches Objekt mit einem Teleskop nicht gesehen werden kann, wird es auch durch längeres Hinsehen nicht sichtbar. Ein Nachteil der fotografischen Platte ist ihre geringe Empfindlichkeit. Nur eines von 1000 Photonen ruft eine Reaktion hervor, die die Bildung eines Silberkorns zur Folge hat. Durch verschiedene chemische Behandlungen kann die Empfindlichkeit der Platte vor der Belichtung erhöht werden. Dadurch kann die Quantenausbeute auf einige Prozent angehoben werden. Ein weiterer Nachteil der Fotoplatte ist, daß die Silberbromidkristalle nach einer bestimmten Belichtungszeit nichts mehr registrieren, d. h. ein Sättigungspunkt erreicht wird. Andererseits ist eine bestimmte Mindestmenge von Photonen notwendig, um überhaupt ein Bild zu erzeugen, und eine Verdopplung der Photonenzahl hat nicht unbedingt eine Verdopplung der Dichte („Schwärzung" des Bildes) zur Folge: der Zusammenhang zwischen der Dichte und der Menge der ankommenden Photonen ist nicht linear. Die Empfindlichkeit der Fotoplatte hängt außerdem stark von der Wellenlänge des Lichtes ab. Auf Grund der genannten Ursachen beträgt der Fehler, mit dem die Helligkeit eines Sternes auf der Fotoplatte gemessen werden kann, etwa 5%. Die Fotoplatte ist also ein schlechtes Fotometer, sie kann aber mit ausgezeichnetem Erfolg für die Messung von Sternörtern (Positionsastronomie) und die Kartierung des Himmels genutzt werden.

Spektrografen. Der einfachste Spektrograf ist ein Prisma, das vor das Objektiv eines Teleskops gesetzt wird. In diesem Fall spricht man von einem *Objektivprismenspektrograf*. Das Prisma spreizt die Wellenlängen des Lichtes zu einem Spektrum auf, das z. B. auf einer fotografischen Platte registriert werden kann. Während der Belichtung wird das Teleskop gewöhnlich geringfügig senkrecht zum Spektrum bewegt, um die Spektrenbreite etwas zu vergrößern. Mit einem Objektivprismenspektrograf kann eine große Anzahl von Spektren gleichzeitig z. B. zur Spektralklassifikation fotografiert werden.

Für genauere Informationen ist ein *Spaltspektrograf* notwendig (Abb. 3.19). Sein schmaler Spalt befindet sich in der Fokalebene des Teleskops. Nachdem das Licht durch den Spalt gegangen ist, trifft es auf den Kollimator, der das Licht reflektiert oder bricht und dadurch ein paralleles Strahlenbündel erzeugt. Dieses trifft auf ein Prisma, das die Strahlung zu einem Spektrum auffächert. Dieses Spektrum wird dann durch eine Kamera auf einer Fotoplatte registriert. Neben dem Sternspektrum wird auch ein bekanntes Vergleichsspektrum fotografiert, um eine genaue Wellenlängenskala zu haben. Große Spaltspektrographen sind oft in einem gesonderten Raum fest stationiert und nutzen den Coudé-Fokus des Teleskops.

An Stelle eines Prismas kann auch ein *Beugungsgitter* zur Erzeugung eines Spektrums verwendet werden. Ein Gitter hat sehr schmale, eng beieinanderliegende Furchen, oft mehrere hundert pro Millimeter. Wenn das Licht durch die Kanten der Furchen reflektiert wird, interferieren benachbarte Strahlen miteinander und es entstehen Spektren unterschiedlicher Ordnung. Es gibt zwei Arten von Gittern: *Transmissions-* und *Reflexionsgitter*. Bei einem Reflexionsgitter wird keine Strahlung absorbiert, wie das bei

Abb. 3.19. Prinzip eines Spaltspektrographen. Die Lichtstrahlen, die durch den Spalt in den Spektrographen eintreten, werden durch den Kollimator gesammelt und zu einem parallelen Strahlenbündel gemacht. Die Aufspreizung zu einem Spektrum geschieht durch ein Prisma. Das Spektrum wird auf eine fotografische Platte projiziert

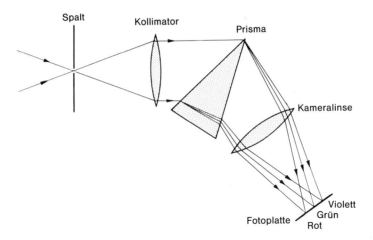

Transmissionsgitter und Prisma der Fall ist. Ein Gitter hat gewöhnlich eine höhere Dispersion, d. h. Fähigkeit, die Strahlung zu einem Spektrum aufzuspreizen, als ein Prisma. Die Dispersion wächst mit zunehmender Anzahl von Furchen pro Millimeter. In Spaltspektrographen werden in der Hauptsache Reflexionsgitter benutzt.

Photokathoden, Photomultiplier. Eine *Photokathode* ist ein effektiverer Detektor als die Fotoplatte; ihre Funktion basiert auf dem photoelektrischen Effekt. Ein Energiequant oder Photon trifft auf die Photokathode und setzt ein Elektron frei. Das Elektron bewegt sich zur positiven Elektrode oder Anode und erzeugt einen elektrischen Strom, der gemessen werden kann. Die Quantenausbeute einer Photokathode ist 10 bis 20mal größer als die der fotografischen Platte und erreicht maximal 30%. Die Photokathode ist ein linearer Detektor: wenn die Zahl der ankommenden Photonen um den Faktor 2 ansteigt, steigt auch der gemessene Strom auf das Doppelte.

Der *Photomultiplier* ist eine der wichtigsten Anwendungen der Photokathode. Hier fließen die Elektronen, die die Kathode verlassen, zu einer Dynode; jedes Elektron, das auf die Dynode trifft, erzeugt dort einige neue Elektronen. Wenn nun mehrere Dynoden vorhanden sind, kann dadurch ein anfänglich schwacher Strom millionenfach verstärkt werden. Der Photomultiplier mißt das Licht, das einfällt, erzeugt aber kein Bild des Objektes. Photomultiplier werden vor allem für die Photometrie verwendet, ihre Meßgenauigkeit liegt bei 0,1 bis 1%.

Photometer, Polarimeter. Detektoren zur Messung der Helligkeit der Himmelskörper, Photometer, werden normalerweise hinter dem Teleskop im Cassegrain-Fokus eingesetzt (Abb. 3.20). In der Fokalebene befindet sich ein kleines Loch, die *Blende*, das das Licht des Objektes, das beobachtet wird, hindurchläßt. Dadurch wird das Licht anderer Sterne, die sich noch im Gesichtsfeld des Teleskops befinden, daran gehindert, das Photometer zu erreichen. Eine *Feldlinse*, die sich hinter der Blende befindet, fokussiert die Strahlung auf die Kathode. Der entstehende Strom wird nun noch verstärkt. Photomultiplier benötigen eine Spannung von 1000 bis 1500 Volt. Die Stromversorgung, der Hauptverstärker und die Apparatur zum Registrieren sind meistens nicht unmittelbar am Teleskop. In heutigen modernen Geräten werden die Meßwerte auf Disketten oder Magnetbändern digital aufgezeichnet.

In den meisten Fällen werden die Beobachtungen nur in bestimmten Wellenlängenintervallen durchgeführt, und es wird nicht die gesamte, vom Stern kommende Strah-

3.3 Detektoren

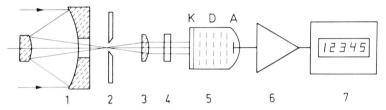

Abb. 3.20. Prinzip eines fotoelektrischen Photometers. Ein Teleskop (*1*) sammelt das Licht des zu untersuchenden Objektes. Das Licht kommt durch eine kleine Öffnung (die Blende) (*2*) in der Fokalebene in das eigentliche Photometer. Eine Feldlinse (*3*) führt das Licht durch ein Filter (*4*) zur Kathode (*K*) des Photomultipliers (*5*). Die Lichtquanten, die Photonen, setzen in der Kathode Elektronen frei. Diese werden durch die Dynoden (D) mit einer Spannung von 1500 V beschleunigt. Die Elektronen schlagen aus den Dynoden weitere Elektronen heraus, und der Strom wird enorm verstärkt. Jedes Elektron von der Kathode ergibt Impulse von etwa 10^8 Elektronen an der Anode (A). Die Pulse werden verstärkt (*6*) und durch einen Pulszähler (*7*) registriert. So werden praktisch die Photonen, die vom Stern kommen, gezählt

lung vom Detektor erfaßt. Durch geeignete *Filter* werden die Wellenlängen, die den Photomultiplier nicht erreichen sollen, daran gehindert.

In einem *Photopolarimeter* wird ein *Polarisationsfilter* entweder allein oder in Kombination mit anderen Filtern eingesetzt. Grad und Richtung der Polarisation werden durch die Messung der Strahlungsintensität bei verschiedenen Orientierungen des Polarisators gefunden.

In der Praxis kommt durch die Blende eines Photometers auch immer ein Teil Strahlung vom Himmelshintergrund. Die gemessene Helligkeit ist deshalb tatsächlich eine Kombination aus den Helligkeiten von Objekt und Himmel. Um die Helligkeit des Ob-

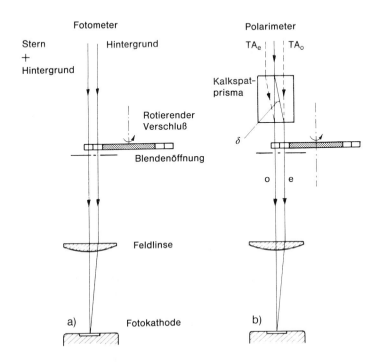

Abb. 3.21a, b. Prinzip eines Photometer-Polarimeters, das simultane Messungen von Objekt und Hintergrund macht. (**a**) Es gibt zwei Blenden, eine für das Objekt (+Hintergrund) und eine für den Hintergrund. Vor den Blenden befindet sich ein schnell rotierender Verschluß mit zwei Öffnungen. Dadurch geht das Licht abwechselnd durch die eine oder die andere Blende. (**b**) Wenn sich vor dem Verschluß ein Kalkspatprisma befindet, wird aus dem Photometer ein Polarimeter. Das Prisma erzeugt zwei Bilder von dem Objekt, deren Licht senkrecht zueinander polarisiert ist. Die außerordentliche Komponente des Himmelshintergrundes (TA_e) wird auf die ordentliche Komponente von Stern+Hintergrund gebrochen und entsprechend die ordentliche (TA_o) auf die außerordentliche. Dadurch kommen beide Komponenten des Hintergrundes durch beide Blenden und der Effekt der Hintergrundpolarisation wird eliminiert. Ein solches Gerät kann benutzt werden, um die Polarisation einer Punktquelle von einer Flächenpolarisation zu trennen. (Zeichnung von Vilppu Piirola, Sternwarte Helsinki)

jektes zu erhalten, muß die Himmelshelligkeit getrennt gemessen und von der kombinierten Helligkeit subtrahiert werden. Die Genauigkeit der Messungen nimmt ab, wenn die Beobachtungszeit lang ist und schnelle Änderungen der Hintergrundhelligkeit auftreten. Das Problem kann durch simultane Beobachtungen von Objekt und Hintergrund mit einem Photometer-Polarimeter wie in Abb. 3.21 gelöst werden.

Andere Detektoren. Unterschiedliche *Bildverstärker*, die auf dem Prinzip der Photokathode basieren, sind seit 1960 in Gebrauch. Bei einem Bildverstärker wird der Ausgangspunkt eines Elektrons auf der Photokathode festgehalten, das verstärkte Bild entsteht auf einem Fluoreszenzschirm. Es kann dann z. B. fotografisch registriert werden. Ein wesentlicher Vorteil der Bildverstärker ist, daß Bilder von schwachen Objekten mit relativ kurzen Belichtungszeiten gewonnen werden können. Außerdem können Beobachtungen in Wellenlängenbereichen gemacht werden, in denen die normale Fotoplatte nicht empfindlich ist. Auf Spezialfilm können Bilder auch mit Elektronen „belichtet" werden.

Andere Detektortypen bauen auf dem Prinzip der Fernsehkamera (*Vidicon-Kamera*) auf. Die Elektronen werden nach Verlassen der Photokathode und bevor sie auf die Elektrode treffen, mit Spannungen von einigen Kilovolt beschleunigt. Auf der Elektrode entsteht ein Bild in Form elektrischer Ladungsverteilungen. Nach der Belichtung wird die Ladung an den verschiedenen Punkten der Elektrode durch Abtasten der Oberfläche mit einem Elektronenstrahl Zeile für Zeile gelesen. Dadurch wird ein Videosignal produziert, das in einer Fernsehbildröhre in ein sichtbares Bild umgeformt werden kann. Die Informationen können aber auch in digitaler Form gespeichert werden. In den ausgereifteren Systemen können Szintillationen, die ein einziges Elektron auf dem Leuchtschirm hervorruft, registriert und in einem Computer gespeichert werden. Für jeden Punkt des Bildes gibt es einen Speicherplatz, der als Bildelement oder *Pixel* bezeichnet wird.

Seit Mitte der siebziger Jahre werden in wachsender Zahl Halbleiterdetektoren benutzt, mit denen Quantenausbeuten von 70 bis 80% erreicht werden können, so daß die Empfindlichkeit nicht viel weiter gesteigert werden kann. Die Wellenlängenbereiche, in denen diese neuen Detektoren genutzt werden können, sind viel breiter als im Falle der fotografischen Platte, außerdem arbeiten sie linear. Die Daten, die in digitaler Form vorliegen, werden mit Computern gesammelt, gespeichert und analysiert.

Einer der wichtigsten neuen Detektoren ist die *CCD-Kamera* (Charge Coupled Device – ladungsgekoppelte Elemente). Die Oberfläche des Detektors wird von lichtempfindlichen Silizium-Dioden, z. B. 400×400 Pixeln, gebildet. Die Photonen lösen Elektronen aus, und nach der „Belichtung" kann die Ladung Zeile für Zeile ausgelesen werden. Die Information kann auf einem Fernsehschirm dargestellt bzw. gespeichert werden. Die CCD-Kamera ist den meisten Detektoren überlegen, aber relativ teuer.

Interferometer. Die Auflösung großer Teleskope wird in der Praxis durch das Seeing begrenzt, d. h. eine Vergrößerung der Öffnung ist nicht zwangsläufig mit einer Verbesserung der Auflösung verbunden; Um der theoretischen, beugungsbegrenzten Auflösung näher zu kommen [(s. (3.2)], werden verschiedene Interferometer benutzt.

Es gibt zwei Typen optischer Interferometer. Bei der einen Anordnung wird ein großes Teleskop benutzt, bei der anderen ein System von zwei oder mehr Teleskopen. In beiden Fällen werden Lichtstrahlen zur Interferenz gebracht. Durch die Analyse der Interferenzstrukturen können enge Doppelsternpaare untersucht, die Winkeldurchmesser von Sternen gemessen werden usw.

Eines der ersten Interferometer war das *Michelson-Interferometer*, das kurz vor 1920 für das damals größte Teleskop gebaut wurde. Vor dem Teleskop wurden an den Enden eines 6 m langen Trägers Planspiegel befestigt, die das Licht in das Fernrohr reflektierten. Die Form der Interferenzstrukturen variiert, wenn der Abstand der Spiegel verändert wird. In der Praxis werden die Interferenzstrukturen durch das Seeing gestört, und mit diesem Instrument wurden nur wenige positive Resultate gewonnen.

Mit einem *Intensitätsinterferometer* wurden die Durchmesser von mehr als 30 der hellsten Sterne gemessen. Dieses Interferometer aus zwei getrennten Teleskopen, deren Abstand voneinander veränderlich ist, kann aber nur bei den hellsten Objekten angewendet werden.

Um 1970 führte der Franzose *Antoine Labeyrie* die *Speckle-Interferometrie* ein. Bei der traditionellen Bildentstehung wird das Bild während einer langen Belichtung aus vielen Momentaufnahmen, den sog. „speckles", aufgebaut, die das Seeing-Scheibchen bilden. Bei der Speckle-Interferometrie wird mit sehr kurzer Belichtungszeit und hoher Vergrößerung gearbeitet und Hunderte von Bildern werden gewonnen. Wenn diese Bilder kombiniert und analysiert werden (gewöhnlich in digitaler Form), kann das tatsächliche Auflösungsvermögen der Teleskope nahezu erreicht werden.

3.4 Radioteleskope

Die Radioastronomie ist ein relativ neuer Zweig der Astronomie. Durch sie wird ein Frequenzbereich von einigen Megahertz (100 m Wellenlänge) bis etwa 30 Gigahertz (1 mm Wellenlänge) überdeckt und damit das beobachtbare elektromagnetische Spektrum um viele Größenordnungen erweitert. Bei niederen Frequenzen wird der Radiobereich durch die Opazität der Ionosphäre begrenzt, bei hohen Frequenzen durch die starke Absorption von Sauerstoff und Wasserdampf in der unteren Atmosphäre. Keine dieser Grenzen ist sehr scharf definiert. Unter optimalen Bedingungen können die Radioastronomen noch im Submillimeterbereich arbeiten oder während Sonnenfleckenminima durch ionosphärische Löcher beobachten.

Zu Beginn des 20. Jahrhunderts wurden Versuche gemacht, Radiostrahlung von der Sonne zu beobachten. Diese Experimente waren jedoch erfolglos, da einerseits die Empfindlichkeit der Antennen-Empfänger-Systeme sehr gering war, andererseits wegen der schlechten Durchlässigkeit der Ionosphäre für die niedrigen Frequenzen, bei denen gearbeitet wurde. Die ersten Beobachtungen kosmischer Radiostrahlung gelangen 1932 dem amerikanischen Ingenieur Karl G. Jansky. Er untersuchte Radiostörungen durch Gewitter bei 20,5 MHz (14,6 m), wobei er Radiostrahlung unbekannter Herkunft entdeckte, die sich mit einer Periode von 24 Stunden änderte. Später konnte er feststellen, daß die Strahlungsquelle sich in Richtung zum Zentrum unserer Galaxis befindet.

Die tatsächliche Geburtsstunde der Radioastronomie ist das Ende der dreißiger Jahre, als Grote Reber mit einer selbstgebauten parabolischen 9,5 m-Antenne begann, systematische Beobachtungen durchzuführen. Danach begann sich die Radioastronomie sehr stürmisch zu entwickeln und hat unsere Erkenntnisse über das Universum entscheidend erweitert. Es werden sowohl radioastronomische Kontinuumsbeobachtungen (Breitbandbeobachtungen) als auch Spektrallinienbeobachtungen (Radiospektroskopie) gemacht. Das meiste Wissen über die Struktur unseres Milchstraßensystems haben wir durch Beobachtungen der 21-cm-Linie des neutralen Wasserstoffs und, in neuer Zeit, der 2,6 mm-Linie des Kohlenstoffmonoxidmoleküls gewonnen. Der Radioastronomie verdanken wir viele wichtige Entdeckungen: z. B. wurden sowohl Quasare als auch Pulsare radioastronomisch gefunden. Die große Bedeutung dieses Gebietes ist auch daran zu erkennen, daß zweimal Nobel-Preise für Physik an Radioastronomen vergeben wurden.

Bei einem Radioteleskop wird die Strahlung durch eine Antenne gesammelt und durch einen Empfänger, ein sog. Radiometer, in elektrische Signale transformiert. Die Signale werden verstärkt und summiert und dann z. B. auf einem Schreiber oder bei modernen Radioteleskopen auf Magnetband oder Disketten registriert. Da die Signale sehr schwach sind, werden sehr empfindliche Empfänger benötigt. Diese müssen oft gekühlt werden, um das Rauschen, das das Signal überdecken könnte, zu verringern. Radiowellen sind elektromagnetische Strahlen und werden wie gewöhnliche Lichtwellen reflektiert und gebrochen. In der Radioastronomie werden aber in der Hauptsache Reflektoren genutzt.

Für niedrige Frequenzen sind allerdings gewöhnliche Dipolantennen (ähnlich den normalen Radio- und Fernsehantennen) in Anwendung. Um die sammelnde Fläche zu vergrößern und die Auflösung zu verbessern, werden viele Dipole zu Dipolfeldern oder Dipolarrays zusammengesetzt, in denen alle Elemente miteinander verbunden sind (Abb. 3.22).

Der häufigste Antennentyp ist aber der parabolische Reflektor, der genauso wie ein optisches Spiegelteleskop arbeitet. Für große Wellenlängen braucht man keine geschlossene Reflektorfläche. Die Langwellenphotonen können Löcher im Reflektor nicht „se-

Abb. 3.22. Das Clarke Lake Radioteleskop der Universität von Maryland befindet sich in der Nähe von Borrego Springs, Kalifornien. Diese Antenne ist ein beweglisches Array von 3000 m Öffnung. Sie ist durchstimmbar von 15 bis 125 MHz. (Foto Universität von Maryland)

3.4 Radioteleskope

hen", so daß ein Metallmaschen-Netz ausreichend ist. Bei hohen Frequenzen muß die Oberfläche sehr glatt sein, und im Submillimeterbereich benutzen die Radioastronomen sogar große optische Teleskope, die sie mit ihren Radiometern ausrüsten. Um eine kohärente Verstärkung des Signals zu garantieren, müssen die Abweichungen der Oberfläche von der Idealfläche immer kleiner als ein Zehntel der Wellenlänge sein.

Der hauptsächliche Unterschied zwischen optischen und Radioteleskopen besteht in der Aufzeichnung der Signale. Radioteleskope sind keine bildererzeugenden Teleskope (ausgenommen Synthese-Teleskope, die später beschrieben werden), sondern eine Hornantenne im Brennpunkt des Spiegels überführt das Signal zu einem Empfänger. Wellenlänge und Phase bleiben dabei erhalten.

Die Auflösung eines Radioteleskops kann nach der gleichen Formel (3.3) berechnet werden, wie für ein optisches Teleskop, d. h. λ/D. λ ist die Wellenlänge und D der Durchmesser des Teleskops. Da das Wellenlängenverhältnis zwischen der Radiostrahlung und der optischen Strahlung von der Größenordnung 10 000 ist, müssen Radioteleskope Durchmesser von einigen Kilometern haben, um das gleiche Auflösungsvermögen wie optische Teleskope zu erreichen. Zu Beginn der Radioastronomie war das geringe Auflösungsvermögen der größte Mangel für ihre Entwicklung und den Gewinn neuer Erkenntnisse durch die Radioastronomie. Die Antenne, die Jansky benutzte, hatte im günstigsten Fall ein Auflösungsvermögen von 30°. Aus diesem Grunde konnten radioastronomische Beobachtungen nicht mit optischen verglichen werden, insbesondere war es nicht möglich, Radioquellen mit optischen Gegenstücken zu identifizieren.

Das größte Radioteleskop ist die Arecibo-Antenne in Puerto Rico. Der Hauptreflektor hat einen Durchmesser von 305 m und besteht aus einem Metallmaschen-Netz, mit dem ein natürliches Tal ausgelegt ist. In den späten siebziger Jahren wurden die Antennenoberfläche und die Empfänger rekonstruiert und modernisiert, so daß mit dem Teleskop Beobachtungen bis herunter zu 5 cm Wellenlänge möglich wurden. Der Spiegel des Arecibo-Teleskops ist nicht parabolisch, sondern sphärisch. Die Antenne ist mit einem beweglichen Dipol ausgerüstet, wodurch Beobachtungen bis zu 20° Abstand vom Zenit möglich sind.

Das größte, vollkommen bewegliche Radioteleskop befindet sich auf dem Effelsberg bei Bonn (Abb. 3.23). Der parabolische Hauptreflektor dieser Antenne hat einen Durchmesser von 100 m, die inneren 80 m der Antennenschüssel bestehen aus Aluminiumplatten, die äußere Zone hat eine Metallmaschenstruktur. Wenn nur die innere 80 m-Zone genutzt wird, sind Beobachtungen bis herunter zu 4 mm Wellenlänge möglich. Das älteste und wahrscheinlich am besten bekannte große Radioteleskop ist die 76 m-Antenne in Jodrell Bank in Großbritannien, die Ende der fünfziger Jahre fertiggestellt wurde.

Die größten Teleskope können im allgemeinen nicht für Beobachtungen bei Wellenlängen unter 1 cm genutzt werden, da ihre Oberflächen nicht mit der notwendigen Genauigkeit hergestellt werden können. Demgegenüber hat der Millimeterbereich aber mehr und mehr an Bedeutung gewonnen, in dem es viele Übergänge interstellarer Moleküle gibt. Bei diesen kurzen Wellenlängen kann man auch mit einem Einzelteleskop hohe Winkelauflösung erreichen. Zur Zeit werden Teleskope mit 10 m Durchmesser bevorzugt für Beobachtungen im Millimeterbereich genutzt. Das bekannteste Teleskop dafür ist das 11 m-Kitt Peak-Teleskop in Arizona, USA (Abb. 3.24). Sein Hauptspiegel wurde 1982 durch einen noch genaueren 12 m-Reflektor ersetzt. Die Oberfläche ist jetzt so genau, daß bei sehr guten Wetterbedingungen Beobachtungen unter 1 mm möglich sind. Die Entwicklung auf diesem Gebiet verläuft aber sehr schnell, und gegenwärtig beginnen einige große Millimeterteleskope (Tabelle E.24) zu arbeiten, u. a. das 40 m-Nobeyama-Teleskop in Japan, mit dem bis zu einer Wellenlänge von 3 mm beobachtet werden

Abb. 3.23. Das größte vollkommen bewegliche Radioteleskop befindet sich auf dem Effelsberg bei Bonn. Sein Durchmesser beträgt 100 m. (Foto G. Hutschenreiter, Max-Planck-Institut für Radioastronomie)

kann; das 30 m-IRAM-Teleskop in Spanien, das bis zu 1 mm genutzt werden kann und das 15 m-Submillimeter-Gemeinschaftsteleskop Schwedens und der ESO auf La Silla in Chile, das sogar bis 0,6 mm arbeitsfähig ist.

Wie bereits erwähnt, ist das Auflösungsvermögen von Radioteleskopen wesentlich geringer als das von optischen Teleskopen. Das zur Zeit größte Radioteleskop (Abb. 3.25) erreicht eine Auflösung von 5 Bogensekunden, aber nur bei sehr hohen Frequenzen. Das Auflösungsvermögen durch eine Vergrößerung der Teleskopdurchmesser zu erreichen, ist sehr schwierig, da sich die größten Teleskope bereits an der Grenze der praktischen Realisierungsmöglichkeit befinden. Durch die Kombination von Radioteleskopen und den Aufbau von Interferometeranordnungen können Auflösungsvermögen, die besser als die optischer Teleskope sind, realisiert werden.

Michelson benutzte bereits 1891 Interferometer für astronomische Zwecke. Interferometeranordnungen werden allerdings vorrangig im Radiobereich angewendet, da ihre Realisierung im optischen Wellenlängenintervall sehr schwierig ist. Für ein Interferometer werden mindestens zwei Antennen benötigt. Der Abstand, B, zwischen beiden An-

Abb. 3.24. Eines der produktivsten Radioteleskope für den Millimeterbereich ist die 12 m-Antenne auf dem Kitt Peak in Arizona, USA. Mit diesem Teleskop kann bis zu 0,5 mm Wellenlänge beobachtet werden. (Foto M. A. Gordon, National Radio Astronomy Observatory)

tennen wird *Basislinie* genannt; zuerst soll vorausgesetzt werden, daß die Basislinie senkrecht zur Sichtlinie ist (Abb. 3.26). Dann erreicht die Strahlung beide Antennen in der gleichen Phase und das summierte Signal ist ein Maximum. Durch die Rotation der Erde ändert sich aber die Lage der Basislinie zur Sichtlinie, woraus sich eine Phasendifferenz zwischen den beiden Signalen ergibt. Im Ergebnis entsteht eine sinusförmige Interferenzstruktur, die ihre Minima bei einer Phasendifferenz von 180 Grad hat. Der Abstand zwischen den Extremwerten ist gegeben durch

$$\theta B = \lambda \ .$$

θ ist der Winkel zwischen der Basislinie und der Richtung zur Quelle und λ die Wellenlänge des empfangenen Signals. Die Auflösung eines Interferometers ist genauso groß

Abb. 3.25. Das größte Radioteleskop auf der Erde ist die Arecibo-Schüssel in Puerto Rico. Es wurde in ein natürliches Tal von 300 m Durchmesser gebaut. (Foto Arecibo-Observatory)

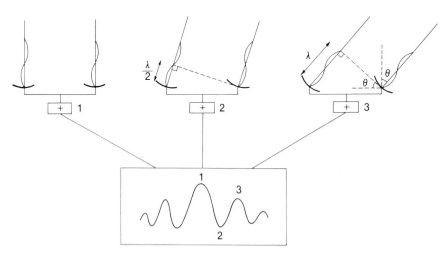

Abb. 3.26. Prinzip eines Interferometers. Wenn die Radiostrahlung die Teleskope in der gleichen Phase erreicht, verstärken sich die Wellen gegenseitig und die kombinierte Strahlung ist ein Maximum (*Fall 1* und *3*). Wenn die ankommenden Wellen entgegengesetzte Phase haben, löschen sie sich gegenseitig aus (*Fall 2*)

wie eine Antenne mit dem linearen Durchmesser B. Wenn die Quelle keine Punktquelle ist, hat die Strahlung, die von verschiedenen Punkten der ausgedehnten Quelle kommt, beim Eintritt in die Antenne Phasendifferenzen. In diesem Fall sind die Minima der Interferenzstrukturen größer null und haben den positiven Wert P_{Min}. Wenn P_{Max} der Maximalwert ist, ist das Verhältnis

$$\frac{P_{\text{Max}} - P_{\text{Min}}}{P_{\text{Max}} + P_{\text{Min}}}$$

ein Maß für die Ausdehnung der Quelle.

Genauere Informationen kann man über die Struktur der Quelle erhalten, wenn die Beobachtungen mit unterschiedlichen Abständen der Antennen durchgeführt, d. h. die Antennen in bezug zueinander bewegt werden können. Man spricht dann von der sogenannten *Apertursynthese*.

Die Theorie und Technik der Apertursynthese wurde von dem britischen Astronomen Sir Martin Ryle entwickelt. In Abb. 3.27 ist das Prinzip der Apertursynthese dargestellt. Wenn die Verbindungslinie der Teleskope genau in Ost-West-Richtung liegt, beschreibt der auf den Himmel projizierte Abstand der Teleskope in Abhängigkeit von der

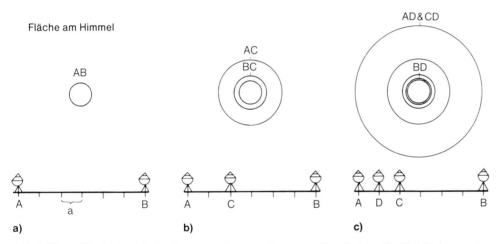

Abb. 3.27a–c. Um das Prinzip der Apertursynthese zu erläutern, wollen wir ein in Ost-West-Richtung orientiertes Interferometer betrachten, das zum Norden des Himmels gerichtet ist. Die Antennen sind vollkommen identisch, sie haben den Durchmesser D und arbeiten bei der Wellenlänge λ. Der minimale Abstand zwischen den Antennen ist a, der maximale Abstand kann $6a$ erreichen. Im Fall (**a**) gibt es nur zwei Antennen, A und B, im maximalen Abstand $6a$. Durch die Rotation der Erde beschreiben die Antennen A und B an der Himmelsfläche innerhalb von 12 h einen Kreis mit dem Durchmesser $\lambda/6a$. Damit wird die maximale Auflösung mit dieser Antennenkombination erreicht. Im Fall (**b**) gibt es eine dritte Antenne und damit zwei zusätzliche Basislinien. Diese erzeugen Kreise mit den Durchmessern $\lambda/2a$ und $\lambda/4a$. Im Fall (**c**) gibt es im Interferometer noch eine weitere Antenne D. In diesem Fall sind zwei Basislängen gleich groß, AD und DC. Deshalb werden mit der zusätzlichen Antenne nur zwei neue Kreise am Himmel überdeckt. Durch das Hinzufügen weiterer Interferometerelemente kann man die fehlenden Teile innerhalb des Strahlenbündels noch ausfüllen, d. h. das Strahlenbündel einer Einzelantenne. Damit erhält man ein vollkommen überdecktes Bündel. Aus dem Bild (**c**) geht auch hervor, daß nicht alle Antennenpositionen besetzt sein müssen. Gleiche Antennenabstände im Interferometer geben keine zusätzlichen neuen Informationen.

Wenn alle Abstände besetzt sind, wird eine vollständige Apertursynthese mit einem Ost-West-Interferometer in 12 Stunden erhalten. Gewöhnlich sind einige Antennenelemente beweglich. Dadurch kann eine vollständige Apertursynthese in einem kurzen Zeitraum erreicht werden

Position der Quelle Kreise oder Ellipsen. Durch die Veränderung der Distanz zwischen den Teleskopen erhält man innerhalb von 12-Stunden-Intervallen eine ganze Serie von Kreisen oder Ellipsen am Himmel. Wie aus Abb. 3.27 zu erkennen ist, braucht nicht der gesamte Raum zwischen den Teleskopen bedeckt zu sein, da jede Antennenkombination mit der gleichen relativen Distanz dieselben Wege am Himmel beschreibt. Durch diese Methode kann man die volle Öffnung einer Antenne simulieren, die den gleichen Durchmesser des maximalen Abstandes zwischen den Telekopen hätte. Interferometer, die nach diesem Prinzip arbeiten, werden *Apertursynthese-Teleskope* genannt. Wenn man alle Abstände innerhalb der Basislinie einschließlich ihrer Enden mit Einzelteleskopen besetzt, wird das Ergebnis eine genaue Karte der Quelle sein. Apertursyntheseteleskope erzeugen also Bilder des Himmels, d. h. „Radiofotografien".

Typische Apertursyntheseteleskope bestehen aus einem feststehenden Teleskop und einer Anzahl von beweglichen Teleskopen. Gewöhnlich sind sie auf einer Ost-West-Linie angeordnet. Es sind aber auch *T*- oder *Y*-Anordnungen bekannt. Die Anzahl der Teleskope bestimmt, wie schnell eine große Fläche synthetisiert und ausgefüllt werden kann, da die Anzahl der möglichen Teleskopkombinationen mit $n(n-1)$ zunimmt. n ist die Zahl der Teleskope. Es ist auch möglich, ein großes Teleskop zu erzeugen mit einer festen und nur einer beweglichen Antenne und den Abstand zwischen beiden jeweils nach 12 Stunden zu verändern. Eine vollkommene Apertursynthese kann dann aber einige Monate Beobachtungszeit erfordern. Mit dieser Technik kann man nur konstante Quellen untersuchen, d. h. die Strahlungsleistung darf sich innerhalb der Beobachtungsperiode nicht ändern.

Das effektivste Apertursyntheseteleskop ist das VLA (Very Large Array) in New Mexico, USA. Es besteht aus 27 Parabolantennen mit einem Durchmesser von je 25 m. Die 27 Teleskope bilden ein *Y*, weil damit eine vollständige Apertursynthese in 8 Stunden möglich ist. Jede Antenne kann auf einem Spezialwagen bewegt werden. Die Positionen werden so gewählt, daß optimale Abstände für die Gesamtanlage möglich sind. In der maximalen Ausdehnung hat jeder Arm eine Länge von 21 km, d. h. die Anlage entspricht dann einer Antenne mit einem effektiven Durchmesser von 35 km. Wenn das VLA mit seiner größten Ausdehnung und bei der höchsten Frequenz von 23 GHz (1,3 cm) arbeitet, wird eine Auflösung von 0,1 Bogensekunde erreicht, die deutlich das Auflösungsvermögen existierender optischer Teleskope übertrifft. Eine ähnliche Auflösung ist mit dem britischen MERLIN-Teleskop möglich. Diese Anlage entstand durch die Radiokopplung schon vorhandener Teleskope. Andere gut bekannte Syntheseteleskope sind das Cambridge 5 km-Array in Großbritannien und das Westerbork-Array in den Niederlanden, beide in Ost-West-Richtung aufgebaut.

Noch höhere Auflösung kann mit der Erweiterung der Apertursynthesetechnik, dem sogenannten VLBI (Very Long Baseline Interferometry), erreicht werden. Bei der VLBI Technik wird der Abstand zwischen Einzelteleskopen durch die Größe der Erde begrenzt. VLBI benutzt vorhandene Antennen (oft auf verschiedenen Kontinenten), die alle gleichzeitig auf die gleiche Radioquelle ausgerichtet werden. Die Signale werden auf Magnetbänder aufgezeichnet, und die Zeitgleichheit der Beobachtungen durch sehr genaue Atomuhren garantiert. Die Magnetbänder werden dann in einem speziellen Rechenzentrum miteinander korreliert, wodurch Radiokarten ähnlich denen entstehen, die man mit normalen Apertursyntheseteleskopen erhält. Mit VLBI können Auflösungen von 0,0001″ erreicht werden. Die interferometrische Beobachtungsmethode ist sehr empfindlich für die Genauigkeit der Kenntnis des Abstandes der Einzelteleskope. Die VLBI-Technik hat deshalb auch sehr genaue Entfernungsbestimmungsmethoden auf der Erde hervorgebracht, und kann heute die Basislinien über Kontinente mit einer Genauigkeit von einigen Zentimetern bestimmen. Dies wurde auch für geodätische VLBI-Experimente zur Untersuchung der Kontinentaldrift und der zeitabhängigen Polbewegung ausgenutzt.

3.5 Andere Wellenlängenbereiche

Alle Wellenlängen des elektromagnetischen Spektrums aus dem Weltall kommen bis zur Erde, aber nicht alle Strahlungsanteile erreichen die Erdoberfläche, wie in Abschn. 3.1 gezeigt wurde. Die Wellenlängenintervalle, die durch die Erdatmosphäre absorbiert werden, wurden besonders intensiv seit den siebziger Jahren mit Hilfe von Erdsatelliten untersucht. Neben dem optischen und dem Radiobereich gibt es nur einige schmale Intervalle im Infraroten, die von hohen Bergen für die Beobachtung genutzt werden können.

Die ersten Beobachtungen in den neuen Wellenlängenbereichen wurden mit Hilfe von Ballons durchgeführt, aber erst mit dem Einsatz von Raketen konnte tatsächlich außerhalb der Atmosphäre beobachtet werden. So wurde z. B. die erste Röntgenquelle im Juni 1962 nachgewiesen, als sich ein Röntgendetektor 6 Minuten außerhalb der Atmosphäre befand. Satelliten ermöglichen es dann, den Himmel in Wellenlängenbereichen zu kartieren, die von der Erdoberfläche unsichtbar sind.

Gamma-Strahlung. Die Gamma-Astronomie studiert Quanten mit Energien von 10^5 bis 10^{14} eV. Die Grenze zwischen der Gamma- und der Röntgenastronomie, 10^5 eV, entspricht einer Wellenlänge von 10^{-11} m. Die Grenze zwischen Gamma- und Röntgenstrahlung ist nicht ganz eindeutig, die Bereiche harter (hochenergetischer) Röntgenstrahlung und weicher Gammastrahlung überlappen.

Ultraviolett-, sichtbare und Infrarotstrahlung entstehen durch Änderungen der Energiezustände in den Elektronenhüllen der Atome, Gamma- und harte Röntgenstrahlung dagegen durch Übergänge in den Atomkernen oder gegenseitige Wechselwirkung von Elementarteilchen. Damit ergeben Beobachtungen bei den kürzesten Wellenlängen Informationen über Prozesse, die sich von denen, über die größere Wellenlängen „berichten", unterscheiden.

Die ersten Beobachtungen von Gammaquellen wurden Ende der sechziger Jahre gemacht. Ein Empfänger auf dem OSO 3-Satelliten (Orbiting Solar Observatory) entdeckte Gammastrahlung von der Milchstraße. Später wurden einige Satelliten ganz speziell für die Gammaastronomie ausgerüstet: SAS 2, COS B sowie HEAO 1 und 3.

Die Quanten der Gammastrahlung haben die millionenfache Energie der Quanten des sichtbaren Lichtes, sie können demzufolge nicht mit Detektoren für optische Strahlung beobachtet werden. Gammastrahlungsbeobachtungen werden mit *Szintillations-Detektoren* gemacht. Diese bestehen aus mehreren Schichten von Detektorplatten, in denen durch den photoelektrischen Effekt Gammastrahlung in sichtbares Licht umgewandelt wird, das dann durch Photomultiplier nachgewiesen werden kann.

Die Energie der Gammaquanten kann aus der Tiefe, in die sie in den Detektor eindringen, bestimmt werden. Eine Analyse der Spuren, die die Gammaquanten hinterlassen, bringt Information über die ungefähre Richtung, aus der sie kommen, wobei das Gesichtsfeld durch ein Gitter begrenzt wird. Die Richtungsgenauigkeit ist gering, und in der Gammaastronomie liegt ihre Auflösung weit unter der in anderen Wellenlängenbereichen.

Röntgenstrahlung. Die beobachtete Röntgenstrahlung umfaßt Energien von 10^2 bis 10^5 eV, das entspricht Wellenlängen zwischen 10 und 0,01 nm. Das Intervall von 10 bis 0,1 nm wird als *weiche* und von 0,1 bis 0,01 nm als *harte Röntgenstrahlung* bezeichnet. Die Röntgenstrahlung wurde Ende des 19. Jahrhunderts entdeckt, systematische Studien des Himmels im Röntgenbereich wurden aber erst in den siebziger Jahren durch die Nutzung der Satellitentechnologie möglich.

Die erste Kartierung des gesamten Himmels entstand in den frühen siebziger Jahren mit SAS 1 (Small Astronomical Satellit), auch bekannt unter der Bezeichnung Uhuru. Ende dieses Jahrzehnts wurde durch die beiden astronomischen Hochenergieobservatorien HEAO 1 und 2 (letzteres auch unter dem Namen „Einstein" bekannt) die Kartierung mit höherer Empfindlichkeit wiederholt.

Das Einstein-Observatorium konnte im Vergleich zu früheren Röntgensatelliten Quellen entdecken, die um den Faktor 1000 schwächer waren. In der optischen Astronomie entspricht das einem Sprung von einem 15 cm-Fernrohr zum 5 m-Teleskop. Die Röntgenastronomie entwickelte sich in 20 Jahren so stark wie die optische Astronomie in 300 Jahren.

Neben der Kartierung des gesamten Himmels haben einige Satelliten speziell die Röntgenstrahlung der Sonne beobachtet. Die diesbezüglich bisher effektivsten Teleskope waren auf der Skylab-Station installiert und haben die Sonne 1973/74 untersucht.

Die ersten Röntgenteleskope benutzten Detektoren ähnlich denen für die Gamma-Astronomie. Ihre Positionsgenauigkeit war nicht besser als einige Bogenminuten. Die modernen Röntgenteleskope arbeiten nach dem Prinzip des streifenden Einfalls (Abb. 3.28). Röntgenstrahlung, die senkrecht auf eine Oberfläche trifft, wird nicht reflektiert, sondern absorbiert. Wenn die Röntgenstrahlung jedoch nahezu parallel zur Spiegeloberfläche, d. h. streifend, auftrifft, kann eine Fläche hoher Qualität die Strahlung reflektieren.

Der Spiegel eines Röntgenstrahlungsteleskops ist die innere Oberfläche eines allmählich enger werdenden Konus. Der äußere Teil der reflektierenden Fläche ist parabolisch, der innere Teil hyperbolisch. Die Strahlung wird von beiden Flächen reflektiert und

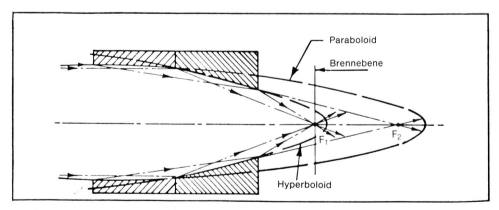

Abb. 3.28. Röntgenstrahlen werden von normalen Spiegeln nicht reflektiert. Das Sammeln von Röntgenstrahlen ist aber durch streifende (Total-)Reflektion möglich. Die Strahlen treffen unter einem sehr kleinen Winkel auf einen parabolischen Spiegel, werden auf einen hyperbolischen Spiegel reflektiert und von dort in den Brennpunkt. In der Praxis werden mehrere reflektierende Paraboloid-Hyperboloid-Flächen ineinander angeordnet, die die Röntgenstrahlen in einem gemeinsamen Brennpunkt sammeln. (Zeichnung H. Wolter)

trifft sich in der Fokalebene. In der Praxis werden mehrere Tuben ineinander installiert. Z. B. haben die vier Konusse des ROSAT-Observatoriums Oberflächen mit einer Restrauhigkeit von 4×10^{-10} m. Das Auflösungsvermögen von Röntgenteleskopen beträgt einige Bogenminuten, ihr Gesichtsfeld etwa 1°.

Die Empfänger in der Röntgenastronomie sind sogenannte *Geiger-Müller-Zähler*, *Proportional-Zähler* oder Szintillations-Detektoren. Geiger-Müller- und Proportional-Zähler sind gasgefüllte Gefäße, die Wände bilden die Kathode und ein Anodendraht befindet sich in der Mitte des Gefäßes. Wenn Röntgenquanten in das Gefäß kommen, ionisieren sie das Gas und auf Grund der Potentialdifferenz zwischen der Anode und der Kathode gibt es Ströme von Elektronen und positiven Ionen.

Ultraviolett-Strahlung. Zwischen dem Röntgenstrahlungsbereich und der optischen Strahlung befindet sich die Ultraviolettstrahlung mit Wellenlängen von 10 bis 400 nm. Die meisten Ultraviolettbeobachtungen wurden im Intervall des sogenannten *weichen Ultraviolettbereiches* durchgeführt, also bei Wellenlängen nahe denen des optischen Lichtes, weil der größte Anteil der UV-Strahlung in der Erdatmosphäre absorbiert wird. Wellenlängen unter 300 nm kommen gar nicht durch die Atmosphäre hindurch. Das Intervall von 10 bis 91,2 nm, der Ionisationswellenlängen des Wasserstoffatoms, ist das sogenannte *extreme Ultraviolett* (EUV, XUV).

Das extreme Ultraviolett ist einer der letzten Bereiche des elektromagnetischen Spektrums, der noch nicht systematisch beobachtet wird. Der Grund dafür ist, daß der interstellare Wasserstoff Strahlung dieser Wellenlänge absorbiert und den Himmel in diesem Intervall praktisch dunkel macht. Die Beobachtungsmöglichkeiten im EUV sind beschränkt auf einige hundert Lichtjahre in der Sonnenumgebung. Mit dem EUV-Teleskop auf dem Apollo-Sojus-Satelliten wurden 1975 einige der nächsten Sterne beobachtet. Im EUV werden Totalreflexionsteleskope ähnlich denen der Röntgenastronomie eingesetzt.

Für fast alle Gebiete der Astronomie ergaben sich durch Ultraviolett-Beobachtungen wichtige Informationen. Viele Emissionslinien aus den Chromosphären der Sterne oder deren Koronen, die Lyman-Linien des atomaren Wasserstoffs und ein Großteil der Strahlung heißer Sterne befinden sich im Ultraviolettbereich. Im *nahen Ultraviolett* kann man Teleskope ähnlich denen für das optische Licht benutzen und mit Photometern und Spektrographen ausgerüstet auf Satelliten installieren.

Die effektivsten UV-Satelliten waren oder sind der Europäische TD-1, die amerikanischen Satelliten OAO-2 und 3 (Copernicus), der International Ultraviolet Explorer IUE und der sowjetische Astron-Satellit. Auf dem TD-1 Satelliten befand sich sowohl ein Photometer als auch ein Spektrometer. Der Satellit hat die Helligkeit von mehr als 30 000 Sternen in vier verschiedenen Spektralbereichen zwischen 135 und 274 nm gemessen und von mehr als 1000 Sternen UV-Spektren registriert. Mit den OAO-Satelliten wurden ebenfalls Helligkeiten und Spektren gewonnen, wobei OAO-3 acht Jahre arbeitete. Der IUE-Satellit (Abb. 3.29) wurde 1978 gestartet und ist einer der erfolgreichsten astronomischen Satelliten. Er hat ein 45 cm-Ritchey-Chrétien-Teleskop mit einem Öffnungsverhältnis von $f/15$ und einem Gesichtsfeld von 16 Bogenminuten. Der Satellit hat zwei Spektrographen, um Spektren hoher und geringer Auflösung in den Wellenlängenintervallen 115 bis 220 nm und 190 bis 320 nm zu messen. Für die Registrierung der Spektren wird eine Vidicon-Kamera benutzt, und die Bilder werden zur Erde gesendet. Im Gegensatz zu früheren Satelliten kann der IUE-Satellit wie ein erdgebundenes Teleskop benutzt werden. Ein Beobachter kontrolliert den Arbeitsablauf ständig und kann – wenn notwendig – die Beobachtungsprogramme ändern. Der sowjetische Astron-

Abb. 3.29. Einer der effektivsten Satelliten für die Ultraviolettastronomie war der International Ultraviolet Explorer, IUE. Er wurde 1978 gestartet. (Foto NASA)

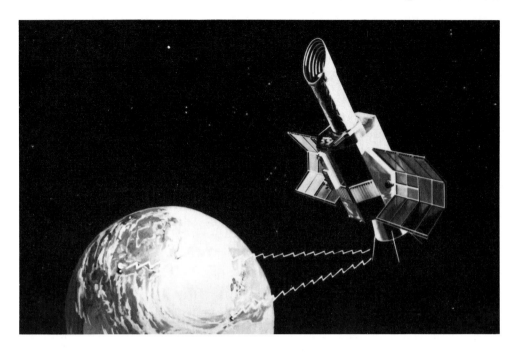

Satellit wurde 1983 gestartet. Er ist mit einem französischen Spektrometer ausgerüstet. Die Öffnung des Astron-Teleskops beträgt 80 cm, ähnlich wie beim OAO-3-Teleskop.

Infrarotstrahlung. Strahlung, deren Wellenlänge größer als die des sichtbaren Lichtes ist, wird als Infrarotstrahlung bezeichnet. Dieses Intervall erstreckt sich von 1 Mikrometer bis 1 Millimeter, wo der Radiofrequenzbereich beginnt. Manchmal werden das *nahe Infrarot* bis 5 µm und der *Submillimeterbereich* von 0,1 – 1 mm als getrennte Bereiche betrachtet.

Bei Infrarotbeobachtungen wird die Strahlung mit Teleskopen wie in der optischen Astronomie gesammelt. Die registrierte Strahlung stammt vom beobachteten Objekt, vom Hintergrund und vom Teleskop selbst. Sowohl die Strahlung des Objektes als auch die vom Hintergrund müssen kontinuierlich beobachtet werden. Aus der Differenz der beiden ergibt sich die Objekthelligkeit. Die Hintergrundmessungen werden meistens mit einem oszillierenden Cassegrain-Sekundärspiegel gewonnen, der mit einer Frequenz von typisch 100 Hz immer abwechselnd die Hintergrund- und Objektstrahlung auf den Hauptspiegel lenkt. Dadurch kann der Einfluß des schwankenden Hintergrundes eliminiert werden. Zur Registrierung der Strahlung werden Halbleiterdetektoren benutzt, die ständig gekühlt werden, um ihre eigene thermische Strahlung zu reduzieren. Manchmal wird das gesamte Teleskop gekühlt.

Infrarotobservatorien werden im Hochgebirge gebaut, damit sich der Großteil des atmosphärischen Wasserdampfes unterhalb des Observatoriums befindet. Einige herausragende Beobachtungsplätze sind Mauna Kea auf Hawaii, Mt. Lemon in Arizona und Pico del Teide auf Teneriffa. Für Beobachtungen im fernen Infrarot sind diese Berge noch nicht hoch genug. Es werden deshalb Beobachtungen mit Hilfe von Flugzeugen durchgeführt. Eines der am besten ausgerüsteten Flugzeuge ist das Kuiper Airborne Observatory, benannt nach Gerald Kuiper, der sich besonders mit der Erforschung des Planetensystems beschäftigt hat.

3.5 Andere Wellenlängenbereiche

Abb. 3.30(a). Der produktivste Infrarotsatellit war bisher IRAS (Infrared Astronomical Satellite), ein niederländisch-amerikanisches Unternehmen. Bei einer Kartierung des gesamten Himmels wurdens 1983 200 000 neue Infrarotobjekte gefunden. (Foto Fokker)

Abb. 3.30 (b). Refraktoren sind für Infrarotbeobachtungen nicht geeignet, da Glas für Infrarotstrahlung undurchdringlich ist. Ein Cassegrain-Teleskop, das für Infrarotbeobachtungen eingesetzt werden soll, benötigt eine Sekundärspiegel, der sehr schnell zwischen dem Himmelshintergrund und dem Objekt hin und her schaltet. Durch Abziehen der Hintergrundstrahlung von der Objektmessung kann der Einfluß des Hintergrundes auf die Objekthelligkeit eliminiert werden

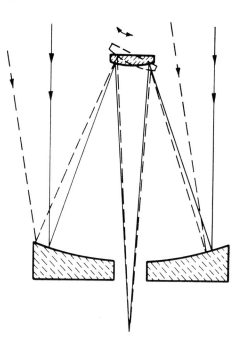

Ballons und Satelliten werden auch für Infrarotbeobachtungen eingesetzt. Das erfolgreichste Infrarotobservatorium war der InfraRed Astronomy Satellite (IRAS), ein Gemeinschaftsunternehmen der USA und der Niederlande (Abb. 3.30). Sein Start war 1983; er hat acht Monate gearbeitet, kartierte den gesamten Himmel bei vier Wellenlängen (12, 25, 60 und 100 µm) und entdeckte mehr als 200000 neue Infrarotobjekte.

3.6 Instrumente der Zukunft

Eines der wichtigsten – wahrscheinlich das bedeutendste – Instrument der neunziger Jahre wird das *Hubble Space Telescope* (Abb. 3.31) werden. Es hat einen Spiegel von 2,5 m Durchmesser. Sein Auflösungsvermögen liegt nahe der theoretischen Beugungsgrenze, da keine Atmosphäre stört. Sein Start war 1990.

Das Hubble-Raumteleskop zeigt einen Trend der modernen beobachtenden Astronomie: es wird das erste große Teleskop in Erdumlaufbahn sein. In Zukunft werden Satelliten vorrangig für Strahlung solcher Wellenlängenintervalle genutzt werden, die die Erdatmosphäre nicht durchdringt. Aus ökonomischen Gründen muß die Mehrheit astronomischer Beobachtungen auch weiterhin von der Erde ausgeführt und der Entwicklung erdgebundener Observatorien und Detektoren große Aufmerksamkeit gewidmet werden.

Wie in Abschn. 3.3 dargestellt wurde, ist die Quantenausbeute durch die Halbleitertechnik auf mehr als 70% gesteigert worden, so daß durch die Steigerung der Empfindlichkeit der Detektoren kein großer Gewinn mehr erzielt werden kann. Durch die Senkung des Hintergrundrauschens in den Detektoren können schwächere Objekte beobachtet werden. Aber nach diesen Verbesserungen ist die Vergrößerung der Teleskope der einzige Wege zur Steigerung der Effektivität. Für Einzelspiegel wurde das Maximum er-

3.6 Instrumente der Zukunft

Abb. 3.31. Das Hubble-Raumteleskop sollte 1988 starten. Da es oberhalb der atmosphärischen Störungen arbeiten soll, würde es das effektivste Teleskop der Welt werden. (Zeichnung Marshell Raumflugzentrum)

reicht. Um große Teleskope zu konstruieren, müssen neue technologische Lösungen gefunden werden.

Ein Zwischenschritt zu größeren Teleskopen kann das vom McDonald Observatory der Universität von Texas geplante 7 m-Teleskop sein. Es soll eine azimutale Montierung haben und ein Öffnungsverhältnis von nur $f/2$. Deshalb wird es sehr kurz sein und kann in einem relativ kleinen Gebäude Platz finden. Ein neues Element ist die aktive Optik. Sie wurde z. B. im 3,5 m-New Technology Telescope der ESO auf La Silla in Chile eingesetzt. Der sehr dünne Spiegel wird durch computergesteuerte Sensoren, die sich an der Rückseite des Spiegels befinden, immer in der optimalen Form gehalten. Die Masse dieses Spiegels ist viel geringer als die konventioneller Spiegel.

Ein anderer Prototyp für Teleskope der Zukunft arbeitet seit 1979 auf dem Mt. Hopkins, Arizona. Es ist das *Multi-Mirror Telescope* (MMT) aus sechs 1,8 m-Spiegeln. Die Gesamtempfängerfläche entspricht einem Einzelspiegel von 4,5 m Durchmesser. Beim MMT können die sechs Spiegel getrennt als Einzelspiegel genutzt werden, die Bilder der sechs Spiegel können aber auch in einen Fokus zu einem gemeinsamen Bild zusammengeführt werden.

Im europäischen Südobservatorium wird ein eigenes Multi-Mirror Telescope gebaut, das Very Large Telescope, bei dem vier Teleskope in Reihe stehen sollen (Abb. 3.32). Jedes Teleskop hat einen Spiegel von 8 m Durchmesser, so daß die gesamte Empfängerfläche einem 16 m-Teleskop entspricht. Die Auflösung des Teleskops ist aber besser als die eines 16 m-Teleskops, da die „Öffnung" der Anlage, d. h. der größte Abstand der Teleskope in der Reihe fast 100 m beträgt.

Abb. 3.32. Ein Modell des Very Large Telescope der ESO, das aus vier 8 m-Teleskopen besteht. Jedes Teleskop kann getrennt von den anderen benutzt werden. Das erste der vier Teleskope soll 1993 fertig sein. (Foto ESO)

Die Spiegel für große Teleskope müssen nicht unbedingt monolithisch sein, sondern können aus kleinen Stücken, z. B. Sechsecken, zusammengesetzt werden. Diese *Mosaikspiegel* sind sehr leicht und ermöglichen den Bau von Teleskopen mit einigen zehn Meter Durchmesser. Nach dem Prinzip der aktiven Optik können die Sechsecke exakt fokussiert werden. Als ersten Schritt hat das California Institute of Technology mit der Konstruktion des William M. Keck-Teleskops begonnen, das einen 10 m-Mosaikspiegel haben soll. Dieses Teleskop soll auf dem Mauna Kea aufgestellt werden und 1992 sein erstes Licht empfangen.

Auch in der Radioastronomie ist das Maximum im Bau von Einzelteleskopen erreicht. Der Trend ist, Synthese-Antennen wie das VLA in New Mexico zu bauen. Die Vereinigten Staaten von Amerika stellen derzeit eine Kette von Antennen auf, die den gesamten Kontinent überziehen soll. In Australien wird eine ähnliche Antennenanlage über den ganzen Kontinent entstehen, allerdings in Nord-Süd-Richtung. Mit VLBI-Anlagen, die Antennen verschiedener Kontinente einbeziehen, sind Auflösungsvermögen von 0,00001 Bogensekunden zu erreichen.

Mehr und mehr Beobachtungen werden im Submillimeterbereich gemacht. Da die atmosphärischen Störungen durch den Wasserdampf mit abnehmender Wellenlänge immer wesentlicher werden, müssen Submillimeterteleskope wie optische Fernrohre im Hochgebirge aufgestellt werden. Alle Teile der Spiegel werden wie bei den geplanten neuen optischen Teleskopen aktive kontrolliert, um eine exakte Reflektorfläche zu garantieren. Einige neue Submillimeterteleskope werden zur Zeit bereits konstruiert.

3.7 Andere Energieformen

Neben der elektromagnetischen Strahlung erreicht uns aus dem Kosmos auch Energie in anderer Form: Partikel (*kosmische Strahlung, Neutrinos*) und *Gravitationsstrahlung*.

Kosmische Strahlung. Kosmische Strahlung, die aus Elektronen und vollständig ionisierten Atomkernen besteht, kommt in unterschiedlicher Stärke aus allen Richtungen. Ihre Ankunftsrichtung enthüllt nicht ihren Ursprung. Da die kosmische Strahlung aus elektrisch geladenen Teilchen besteht, wird ihr Weg beim Durchgang durch Magnetfelder im Milchstraßensystem ständig verändert. Die hohe Energie der kosmischen Strahlung zwingt zu der Annahme, daß sie durch sehr energiereiche Phänomene, wie z. B. Supernovaexplosionen, entsteht. Die kosmische Strahlung besteht in der Hauptsache aus Protonen (fast 90%), Heliumkernen (10%) und einigen schweren Kernen. Ihre Energie liegt zwischen 10^8 und 10^{20} eV.

Die energiereichste kosmische Strahlung erzeugt durch Stoß mit Molekülen in der Atmosphäre eine *Sekundärstrahlung*. Die Sekundärstrahlung kann von der Erdoberfläche, die primäre kosmische Strahlung nur außerhalb der Atmosphäre beobachtet werden. Die Detektoren zum Nachweis der kosmischen Strahlung entsprechen denen, die in der Teilchenphysik benutzt werden. Da mit Beschleunigern auf der Erde nur Energien von 10^{12} eV erreicht werden, stellt die kosmische Strahlung ein ausgezeichnetes „natürliches" Laboratorium für die Teilchenphysik dar. Viele Satelliten und Raumsonden besitzen daher Detektoren für die Untersuchung der kosmischen Strahlung.

Neutrinos. Neutrinos sind Elementarteilchen ohne elektrische Ladung. Sie haben keine Masse, bzw. ist ihre Masse geringer als 1/10000 der Elektronenmasse. Die meisten Neutrinos entstehen bei Kernreaktionen im Sterninneren. Da ihre Wechselwirkung mit der Materie äußerst schwach ist, können sie das Sterninnere direkt verlassen.

Neutrinos sind sehr schwer zu beobachten. Die beste Nachweismöglichkeiten sind radiochemische Methoden. Als Reaktionsmittel kann z. B. Tetrachlorethan (C_2Cl_4) benutzt werden. Durch den Stoß eines Neutrinos mit einem Chloratom wird dieses in Argon verwandelt und ein Elektron freigesetzt:

$$^{37}Cl + \nu \rightarrow {}^{37}Ar + e^- \; .$$

Das Argonatom ist radioaktiv und kann beobachtet werden. Anstelle von Chlor könnte auch Lithium oder Gallium zum Neutrinonachweis benutzt werden. Neutrinodetektoren müssen tief unter der Erdoberfläche, z. B. in alten Bergwerken, stationiert werden, um sie gegen die Sekundärstrahlung, die die kosmische Strahlung herruft, abzuschirmen. Gegenwärtig arbeiten einige-Chlor-Detektoren und der erste Gallium-Detektor ist im Bau. Mit diesen Detektoren wurden Neutrinos von der Sonne und von der Supernova 1987A, die im Februar 1987 in der Großen Magellanschen Wolke aufleuchtete, beobachtet.

Gravitationsstrahlung. Die Gravitationsastronomie ist so jung wie die Neutrinoastronomie. Die ersten Versuche, Gravitationswellen zu messen, wurden in den sechziger Jahren gemacht. Gravitationsstrahlung wird von beschleunigten Massen ausgesendet, analog zur Emission elektromagnetischer Strahlung durch elektrische Ladungen in beschleunigter Bewegung. Der Nachweis von Gravitationswellen ist sehr schwierig und bisher ist noch keine direkte Beobachtung gelungen.

Abb. 3.33. Blick auf einen Arm eines 3 m-Michelson-Laserinterferometers. Geräte diesen Typs mit kilometerlangen Armen sind geplant mit dem Ziel, Gravitationswellen nachzuweisen. (Foto Max-Planck-Institut für Quantenoptik)

Der erste Typ einer Gravitationswellenantenne war der *Weber-Zylinder*, ein Aluminiumzylinder, der durch den Stoß von Gravitationsimpulsen bei der Eigenfrequenz zu vibrieren beginnt. Der Abstand zwischen den Enden des Zylinders ändert sich um etwa 10^{-17} m. Die Längenänderung wird mit empfindlichen Drucksensoren studiert, die auf die Seiten des Zylinders geschweißt sind.

Ein anderer Typ eines modernen Gravitationsstrahlungsdetektors mißt „räumliche Dehnungen" und besteht aus zwei Reihen von Spiegeln, die senkrecht zueinander angeordnet sind (Michelson-Interferometer, Abb. 3.33), oder einer Reihe von parallelen Spiegeln (Fabry-Perot-Interferometer). Die relative Distanz zwischen den Spiegeln wird durch ein Laser-Interferometer kontrolliert. Wenn ein Gravitationsimpuls den Detektor trifft, ändern sich die Abstände und diese Änderung wird dann gemessen. Die längsten Basislinien zwischen den Spiegeln betragen heute einige zehn Meter, es sind aber Interferometer mit kilometerlangen Basisstrecken geplant. Das größte Gerät gibt es seit 1986 im Max-Planck-Institut für Quantenoptik in Garching. Die Armlänge beträgt 30 m und bei 110 Durchläufen ergibt sich ein Lichtweg von 3,3 km.

3.8 Übungen

3.8.1 Der Abstand zwischen den Komponenten des Doppelsternpaares ζ Herkulis beträgt 1,38″. Wie groß muß die Öffnung eines Teleskops sein, um das Doppelsternpaar aufzulösen? Die Brennweite des Objektivs sei 80 cm. Wie groß muß die Brennweite des Okulars zur Auflösung der Komponenten sein? Es wird ein Auflösungsvermögen des Auges von 2′ vorausgesetzt.

Für die optische Strahlung kann eine Wellenlänge von 550 nm angenommen werden. Der Objektivdurchmesser wird nach (3.3) für das Auflösungsvermögen berechnet,

$$D = \frac{\lambda}{\theta} = \frac{550 \times 10^{-9}}{\frac{1,38}{3600} \times \frac{\pi}{180}} \text{ m} = 0,08 \text{ m} = 8 \text{ cm} .$$

Die notwendige Vergrößerung ist

$$\omega = \frac{2'}{1,38''} = 87 .$$

Die Vergrößerung ergibt sich nach

$$\omega = \frac{f}{f'} .$$

Daraus erhält man die Brennweite des Okulars zu

$$f' = \frac{f}{\omega} = \frac{80}{87} \approx 0,9 \text{ cm} .$$

Kapitel 4 Photometrie und Helligkeiten

Die meisten astronomischen Beobachtungen nutzen in der einen oder anderen Art und Weise die elektromagnetische Strahlung. Aus dem Studium der Energieverteilung der Strahlung können wir Informationen über die physikalische Natur der Strahlungsquelle gewinnen. Deshalb sollen als nächstes einige grundlegende Eigenschaften der elektromagnetischen Strahlung erläutert werden.

4.1 Intensität, Flußdichte und Leuchtkraft

Es wird angenommen, daß durch ein Flächenelement der Größe dA Strahlung hindurchgeht und ein Teil der Strahlung das Flächenelement in dem Raumwinkel $d\omega$ verläßt (Abb. 4.1). Der Winkel zwischen der $d\omega$-Richtung und der Senkrechten auf das Flächenelement sei θ. Der Energiebetrag, der in der Zeit dt im Frequenzintervall $[v, v+dv]$ in den Raumwinkel $d\omega$ fließt, ist gegeben durch

$$dE_v = I_v \cos\theta \, dA \, dv \, d\omega \, dt . \tag{4.1}$$

I_v ist die *spezifische Intensität* der Strahlung der Frequenz in Richtung des Raumwinkels $d\omega$. Ihre Dimension ist $W\,m^{-2}\,Hz^{-1}\,sr^{-1}$. $dA_n = dA \cos\theta$ ist die Projektion des Flächenelementes dA aus der Richtung θ; dadurch wird der Faktor $\cos\theta$ erklärt. Wenn die Intensität nicht von der Richtung abhängt, dann ist die Energie dE_v dem Flächenelement senkrecht zur Richtung der Strahlung direkt proportional.

Die Intensität, die alle Frequenzen umfaßt, wird als *Gesamtintensität I* bezeichnet. Sie ergibt sich durch die Integration von I_v über alle Frequenzen:

$$I = \int_0^\infty I_v \, dv .$$

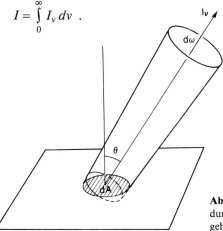

Abb. 4.1. Die Intensität bezieht sich auf die Energie, die durch die Fläche dA in Richtung θ in den Raumwinkel $d\omega$ geht

Aus der Sicht der Beobachtung sind der *Energiefluß* $[L_\nu, L]$, oder kurz der *Fluß*, und die *Flußdichte* (F_ν, F) die wichtigeren Größen. Die Flußdichte gibt die Strahlungsleistung pro Flächeneinheit, ihre Dimension ist W m^{-2} Hz^{-1} für die Flußdichte bei einer bestimmten Frequenz oder W m^{-2} für die Gesamtflußdichte.

Die beobachteten Flußdichten sind im allgemeinen sehr klein, und Wm^{-2} ist dafür eine ungünstige Einheit. Aus diesem Grunde wird speziell in der Radioastronomie der Fluß meistens in *Jansky* ausgedrückt. Ein Jansky (Jy) entspricht 10^{-26} W m^{-2} Hz^{-1}.

Wenn wir eine Strahlungsquelle beobachten, messen wir tatsächlich die Energie, die von dem Detektor in einer Zeitperiode aufgesammelt wird. Die Energie entspricht der über der strahlungsammelnden Fläche des Instruments und das Zeitintervall integrierten Flußdichte.

Der Zusammenhang von Flußdichte F_ν bei einer bestimmten Frequenz ν und Energie ist dann

$$F_\nu = \frac{1}{dA \, d\nu \, dt} \int_s dE_\nu = \int_s I_\nu \cos\theta \, d\nu \ . \tag{4.2}$$

Die Integration muß über alle möglichen Richtungen erfolgen. Analog ergibt sich die Gesamtflußdichte

$$F = \int_s I \cos\theta \, d\omega \ .$$

Wenn I unabhängig von der Richtung, die Strahlung also *isotrop* ist, erhalten wir

$$F = \int_s I \cos\theta \, d\omega = I \int_s \cos\theta \, d\omega \ . \tag{4.3}$$

Das Raumwinkelelement $d\omega$ entspricht einem Oberflächenelement auf der Einheitskugel. In sphärischen Koordinaten (Abb. 4.2, vgl. auch Anhang A.5) lautet es

$$d\omega = \sin\theta \, d\theta \, d\phi \ .$$

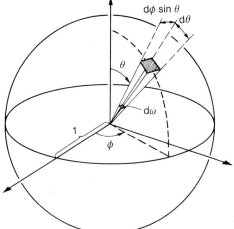

Abb. 4.2. Der infinitesimale Raumwinkel $d\omega$ entspricht dem zugehörigen Flächenelement an der Einheitskugel

Die Substitution dieses Zusammenhanges in (4.3) ergibt

$$F = I \int_{\theta=0}^{\pi} \int_{\phi=0}^{2\pi} \cos\theta \sin\theta \, d\theta \, d\phi = 0 \, ,$$

es ist also kein Nettofluß vorhanden, sondern es trifft der gleiche Betrag auf die Fläche auf, der auch austritt. Die Strahlungsmenge, die durch die Fläche hindurchfließt, erhält man durch Messung der Strahlung, die aus der Fläche austritt. Für isotrope Strahlung ergibt sich

$$F = I \int_{\theta=0}^{\pi/2} \int_{\phi=0}^{2\pi} \cos\theta \sin\theta \, d\theta \, d\phi = \pi I \, . \tag{4.4}$$

In der astronomischen Literatur werden Termini wie Intensität und Helligkeit unterschiedlich benutzt. Für Flußdichte findet man nicht immer diesen Begriff, sondern auch Intensität oder (mit Glück) Fluß. Der Leser sollte deshalb immer exakt prüfen, was mit den Begriffen gemeint ist.

Fluß ist die Leistung in Watt, die durch eine Fläche hindurchgeht. Der Fluß, der von einem Stern in einem Raumwinkel ω emittiert wird, ist $L = \omega r^2 F$, wobei F die Flußdichte ist, die in der Entfernung r beobachtet wird. Der *Gesamtfluß* ist der Fluß, der durch eine geschlossene, die Quelle umgebende Oberfläche hindurchgeht. Gewöhnlich bezeichnen die Astronomen den Gesamtfluß als *Leuchtkraft L*. Man kann auch die Leuchtkraft bei einer bestimmten Frequenz ν bestimmen ($[L_\nu] = $ W Hz^{-1}).

Wenn die Quelle (wie z. B. ein typischer Stern) isotrop strahlt, verteilt sich seine Strahlung in der Entfernung r gleichmäßig auf eine sphärische Oberfläche, die gegeben ist durch $4\pi r^2$ (Abb. 4.3). Die Flußdichte, die durch diese Fläche hindurchgeht, ist F und der Gesamtfluß

$$L = 4\pi r^2 F \, . \tag{4.5}$$

Wenn wir uns außerhalb der Quelle befinden, wo Strahlung weder entsteht noch vernichtet wird, ist die Leuchtkraft unabhängig von der Entfernung. Die Flußdichte sinkt dagegen mit $1/r^2$.

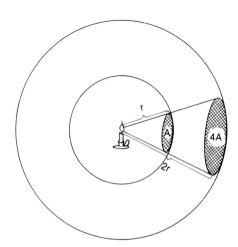

Abb. 4.3. Der Energiefluß, der in der Entfernung r von der Punktquelle die Fläche A ausleuchtet, ist in der Entfernung $2r$ auf die Fläche $4A$ verteilt. Die Flußdichte verringert sich also umgekehrt proportional zum Quadrat der Entfernung

Abb. 4.4. Ein Beobachter sieht Strahlung, die aus einem festen Raumwinkel ω kommt. Die Fläche, von der die Strahlung in den gegebenen Raumwinkel ausgeht, wächst mit zunehmendem Abstand der Quelle ($A \sim r^2$). Aus diesem Grunde bleibt die Oberflächenhelligkeit oder die Flußdichte pro Raumwinkeleinheit konstant

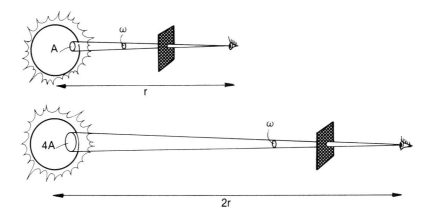

Für ausgedehnte Objekte (im Gegensatz zu den Sternen, die nur als punktförmige Objekte sichtbar sind) können wir eine *Oberflächenhelligkeit* als Flußdichte pro Raumwinkel definieren (Abb. 4.4). Der Beobachter befindet sich im Scheitelpunkt des Winkels. Die Oberflächenhelligkeit ist, wie folgende Erklärung zeigt, unabhängig von der Entfernung. Die Flußdichte, die von der Fläche A empfangen wird, ist umgekehrt proportional zur Entfernung $F \sim 1/r^2$. Die Fläche, die der feste Raumwinkel repräsentiert, wächst mit r^2 ($A \sim r^2$). Damit ist die Flächenhelligkeit $B \sim FA =$ konstant.

Die Energiedichte der Strahlung ist der Energiebetrag pro Volumeneinheit (Jm^{-3}). Wir nehmen nun an, daß Strahlung der Intensität I aus dem Raumwinkel $d\omega$ senkrecht auf die Fläche dA trifft (Abb. 4.5). In der Zeit dt legt die Strahlung die Strecke $c\,dt$ zurück und füllt das Volumen $dV = c\,dt\,dA$. Die Energie in dem Volumen dV (mit $\cos\theta = 1$) ist

$$dE = I\,dA\,d\omega\,dt = \frac{1}{c}I\,d\omega\,dV\;.$$

Folglich ist die Energiedichte du der Strahlung, die aus dem vorgegebenen Raumwinkel $d\omega$ kommt,

$$du = \frac{dE}{dV} = \frac{1}{c}I\,d\omega\;.$$

Die Gesamtenergie wird durch Integration über alle Richtungen erhalten:

$$u = \frac{1}{c}\int_s I\,d\omega\;. \tag{4.6}$$

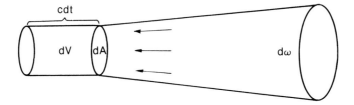

Abb. 4.5. In der Zeit dt füllt die Strahlung das Volumen $dV = c\,dt\,dA$. dA ist das Flächenelement senkrecht zur Ausbreitungsrichtung der Strahlung

Für isotrope Strahlung ergibt das

$$u = \frac{4\pi}{c} I \ . \tag{4.7}$$

4.2 Scheinbare Helligkeiten

Im zweiten Jahrhundert vor der Zeitrechnung teilte Hipparch die sichtbaren Sterne nach ihren scheinbaren Helligkeiten in sechs Klassen ein. Die erste Klasse enthielt die hellsten Sterne, die sechste die schwächsten, die gerade noch mit dem bloßen Auge zu beobachten sind.

Das menschliche Auge reagiert auf die Helligkeit des Lichtes nicht linear. Wenn die Flußdichte von drei Sternen sich wie $1:10:100$ verhalten, scheint die Helligkeitsdifferenz vom ersten und zweiten Stern gleich der vom zweiten und dritten zu sein. Gleiche Helligkeitsverhältnisse entsprechen gleichen scheinbaren Helligkeitsdifferenzen: die menschliche Wahrnehmung der Helligkeit ist logarithmisch.

Die frühe, ungenaue Klassifikation von Hipparch wurde 1856 durch Norman R. Pogson so überarbeitet, daß die neue, exaktere Klassifikation mit der früheren so eng wie möglich in Übereinstimmung kam. Da Sterne der ersten Größenklasse hundertmal heller sind als Sterne der sechsten Größenklasse, definierte Pogson das Verhältnis der Helligkeiten der Klasse n zur Klasse $n+1$ zu $\sqrt[5]{100} \approx 2{,}512$.

Die Helligkeits- oder *Größenklasse* kann exakt durch die beobachtete Flußdichte F ($[F] = \text{W m}^{-2}$) definiert werden. Der gewählten Flußdichte F_0 entspricht die Größenklasse 0. Alle weiteren Größenklassen sind dann durch die Gleichung

$$m = -2{,}5 \lg \frac{F}{F_0} \tag{4.8}$$

definiert. Man beachte, daß der Koeffizient genau 2,5 ist und nicht 2,512! Größenklassen sind dimensionslose Werte. Um aber deutlich zu machen, daß ein bestimmter Wert eine Größenklassenangabe ist, können wir z. B. schreiben 5^m oder 5 mag (magnitudo = Größe).

Es ist leicht zu sehen, daß die Beziehung (4.8) der Definition von Pogson entspricht. Die Helligkeiten zweier Sterne seien m und $(m+1)$, ihre Flußdichten F_m und F_{m+1}; dann gilt

$$m - (m+1) = -2{,}5 \lg \frac{F_m}{F_0} + 2{,}5 \log \frac{F_{m+1}}{F_0}$$
$$= -2{,}5 \lg \frac{F_m}{F_{m+1}} \ ,$$

mit

$$\frac{F_m}{F_{m+1}} = \sqrt[5]{100} \ .$$

In gleicher Weise kann man zeigen, daß die Helligkeiten m_1 und m_2 zweier Sterne und ihre entsprechenden Flußdichten F_1 und F_2 miteinander in Beziehung stehen durch

$$m_1 - m_2 = -2{,}5 \log \frac{F_1}{F_2} \ . \tag{4.9}$$

Die Helligkeitsskala wurde in beide Richtungen über die ursprünglichen sechs Klassen hinaus ausgedehnt. Die Größenklasse des hellsten Sternes, Sirius, ist negativ, $-1{,}5$ mag. Die Helligkeit der Sonne beträgt $-26{,}8$ mag, die des Vollmondes $-12{,}5$ mag. Die schwächsten beobachtbaren Objekte haben etwa 25 mag.

4.3 Helligkeitssysteme

Die *scheinbare Helligkeit m*, die wir gerade definiert haben, hängt von dem Instrument ab, mit dem sie gemessen wird, da z. B. die Empfindlichkeit der Detektoren von der Wellenlänge abhängt. Das bedeutet, daß der gemessene Fluß nicht mit dem Gesamtfluß identisch ist, sondern nur einen Teil dessen wiedergibt.

In Abhängigkeit von der Beobachtungsmethode können wir verschiedene Helligkeitssysteme definieren. Unterschiedliche Helligkeiten haben unterschiedliche Nullpunkte, d.h. sie haben verschiedene Flußdichten F_0, die der nullten Größenklasse entsprechen. Der Nullpunkt wird im allgemeinen durch einige ausgewählte Sterne definiert.

Bei Tageslicht hat das menschliche Auge die höchste Empfindlichkeit für Strahlung von 550 nm Wellenlänge, die Empfindlichkeit nimmt zum roten (größere Wellenlängen) und violetten (kürzere Wellenlängen) Spektralbereich hin ab. Die Helligkeit, die der Empfindlichkeit des Auges entspricht, wird *visuelle Helligkeit m_v* genannt.

Fotografische Platten haben gewöhnlich im blauen und violetten Wellenlängenbereich ihre höchste Empfindlichkeit. Sie sind auch in der Lage, Strahlung zur registrieren, die für das menschliche Auge unsichtbar ist. Dadurch unterscheidet sich die *fotografische Helligkeit m_{pg}* von der visuellen. Der Empfindlichkeitsbereich des Auges kann simuliert werden durch die Kombination eines Gelbfilters mit Fotoplatten, die für gelbes und grünes Licht sensibilisiert sind. Helligkeiten, die auf diese Art und Weise bestimmt werden, sind sogenannte *fotovisuelle Helligkeiten m_{pv}*.

Wenn es im Idealfall möglich wäre, die Strahlung bei allen Wellenlängen zu messen, würden wir die *bolometrische Helligkeit m_{bol}* erhalten. In der Praxis ist dies unmöglich. Ein Teil der Strahlung wird in der Erdatmosphäre absorbiert und für verschiedene Wellenlängenintervalle werden unterschiedliche Detektoren benötigt. (Es gibt zwar das sogenannte Bolometer, das aber keineswegs die bolometrische Helligkeit mißt, sondern ein Infrarotdetektor ist.) Die bolometrische Helligkeit kann aus der visuellen berechnet werden, wenn die bolometrische Korrektur BC bekannt ist:

$$m_{bol} = m_v - \text{BC} \ . \tag{4.10}$$

Als Nullpunkt der bolometrischen Korrektur ist die Strahlung sonnenähnlicher Sterne (ganz exakt Sterne der Spektralklasse F5) definiert. Obwohl die visuelle und die bolometrische Helligkeit gleich sein können, muß die Flußdichte, die der bolometrischen Helligkeit entspricht, immer größer sein. Die Ursache für diesen scheinbaren Widerspruch liegt in den unterschiedlichen Werten für F_0.

Je mehr sich die Energieverteilung der Strahlung von der der Sonne unterscheidet, um so größer ist die bolometrische Korrektur. Die Korrektur ist sowohl für kühlere als auch für heißere Sterne als die Sonne positiv. Manchmal wird die Korrektur auch defi-

4.3 Helligkeitssysteme

Tabelle 4.1 Wellenlängenintervalle der UBVRI- und uvby-Systeme und deren effektive (≈ mittlere) Wellenlängen

Helligkeit		Wellenlängenintervall [nm]	Effektive Wellenlänge [nm]
U	ultraviolett	300 – 400	360
B	blau	360 – 550	440
V	sichtbar	480 – 680	550
R	rot	530 – 950	700
I	infrarot	700 – 1200	880
		Bandbreite [nm]	
u	ultraviolett	30	350
v	violett	19	411
b	blau	18	467
y	gelb	23	547

niert durch $m_{bol} = m_v + BC$. Dann ist in jedem Fall Fall $BC \leq 0$. Die Wahrscheinlichkeit, einen Fehler zu machen, ist jedoch sehr gering, wenn man beachtet, daß immer $m_{bol} \leq m_v$ sein muß.

Die genauesten Helligkeitsmessungen können mit photoelektrischen Photometern gemacht werden. Um nur Strahlung bestimmter Wellenlängenintervalle den Detektor erreichen zu lassen, werden Filter benutzt. Ein in der photoelektrischen Photometrie häufig angewendetes Mehrfarbenhelligkeitssystem ist das UBV-System, das in den frühen 50er Jahren Harold J. Johnson und William W. Morgan entwickelt haben. Die Helligkeiten werden dabei durch drei verschiedene Filter gemessen: U = Ultraviolett, B = Blau, V = Visuell. Tabelle 4.1 und Abb. 4.6 geben die Wellenlängenbereiche der Filter an. Die so beobachteten Helligkeiten werden als U-, B- und V-Helligkeiten bezeichnet.

Das UBV-System ist später durch Hinzufügen weiterer Wellenlängenbereiche ausgebaut worden, z. B. zu dem allgemein benutzten UBVRI-System. Darin bedeuten R = Rot- und I = Infrarotfilter.

Neben dem UBV-System gibt es noch weitere Breitbandsysteme. Diese sind jedoch nicht so umfangreich standardisiert wie das UBV-System, das durch eine große Anzahl

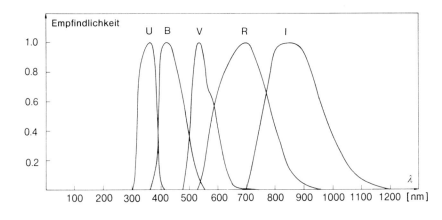

Abb. 4.6. Relative Durchlässigkeiten der Filter für das UBVRI-Helligkeitssystem. Die Maxima der einzelnen Helligkeitsintervalle sind auf 1 normiert

über den ganzen Himmel verteilter Standardsterne gut definiert ist. Die Helligkeit eines Objektes wird durch Vergleich mit den Helligkeiten der Standardsterne erhalten.

In Strömgren's Vierfarben- oder uvby-System sind die Durchlaßbereiche der Filter viel schmaler als im UBV-System. Das uvby-System ist auch gut standardisiert, aber nicht ganz so verbreitet wie das UBV-System. Schließlich existieren noch weitere Schmalbandsysteme, denn durch Hinzufügen weiterer Filter kann man mehr Informationen über die Strahlungsverteilung erhalten.

In jedem Mehrfarbensystem können wir *Farbenindices* definieren. Ein Farbenindex ist die Differenz zwischen zwei Helligkeiten. Durch Subtraktion der B-Helligkeit von der U-Helligkeit erhält man den Farbenindex U-B, usw. Wenn mit dem UBV-System gearbeitet wird, werden von einem Stern gewöhnlich nur die V-Helligkeit und die Farbenindices U-B und B-V gegeben.

Die Konstante F_0 in (4.8) ist für die U-, B- und V-Helligkeiten so gewählt, daß für Sterne des Spektraltyps A0 (der Spektraltyp wird in Kap. 9 behandelt) U-B und B-V null sind. Die Oberflächentemperatur eines A0-Sternes beträgt etwa 10000 K. Für Vega (α Lyr, Spektralklasse A0 V) gilt z. B. V = 0,03; U-B = B-V = 0,00. Die entsprechenden Werte der Sonne sind V = $-$26,8; U-B = 0,10; B-V = 0,66.

Bevor das UBV-System entwickelt wurde, war

$$\text{F. I.} = m_{\text{pg}} - m_{\text{v}}$$

als Farbenindex definiert. Da m_{pg} eine Blauhelligkeit und m_{v} die visuelle Helligkeit ist, entspricht dieser Farbenindex etwa B-V; genau gilt

$$\text{F. I.} = (\text{B-V}) - 0,11 \ .$$

4.4 Absolute Helligkeiten

Bisher wurden nur scheinbare Helligkeiten behandelt. Da die scheinbare Helligkeit von der Entfernung abhängt, gehen aus ihr keine unmittelbaren Informationen über die tatsächliche Helligkeit der Sterne hervor. Eine quantitative Messung der wahren Helligkeit

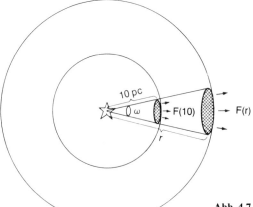

Abb. 4.7. In der Entfernung von 10 pc vom Stern definiert die Flußdichte die absolute Helligkeit

4.4 Absolute Helligkeiten

eines Sternes ergibt die *absolute Helligkeit*. Sie ist definiert als die scheinbare Helligkeit eines Sternes in 10 Parsec Entfernung (Abb. 4.7).

Wir werden nun eine Gleichung, die einen Zusammenhang zwischen der scheinbaren Helligkeit m, der absoluten Helligkeit M und der Entfernung r herstellt, ableiten. Da der Fluß, der von einem Stern in einen bestimmten Raumwinkel ω geht, in der Entfernung r die Fläche ωr^2 bestrahlt, ist die Flußdichte umgekehrt proportional zum Quadrat der Entfernung. Deshalb verhält sich die Flußdichte in der Entfernung r ($F(r)$) zur Flußdichte in der Entfernung 10 pc ($F(10)$) wie

$$\frac{F(r)}{F(10)} = \left(\frac{10\,\mathrm{pc}}{r}\right)^2 . \tag{4.11}$$

Daraus ergibt sich die Differenz der Helligkeiten im Abstand r und im Abstand 10 pc, der sogenannte *Entfernungsmodul* $m-M$ zu

$$m-M = 2{,}5 \log \frac{F(r)}{F(10)} = -2{,}5 \lg \left(\frac{10\,\mathrm{pc}}{r}\right)^2 , \quad \text{oder}$$

$$m-M = 5 \lg \frac{r}{10} . \tag{4.12}$$

Aus historischen Gründen wird diese Gleichung meistens in der Form

$$m-M = 5 \lg r - 5 \tag{4.13}$$

geschrieben. Sie gilt *nur*, wenn die Entfernung in Parsec gegeben ist. (Der Logarithmus einer dimensionierten Größe ist physikalisch absurd.) Manchmal wird die Entfernung in Kiloparsec oder Megaparsec ausgedrückt. Dann sind in (4.13) die Konstanten anders. Um Konfusion zu vermeiden, empfehlen wir die Form (4.12).

Absolute Helligkeiten werden gewöhnlich mit großen Buchstaben bezeichnet. Beachtet werden muß aber, daß die U-, B- und V-Helligkeiten scheinbare Helligkeiten sind. Die entsprechenden absoluten Helligkeiten sind M_U, M_B, M_V.

Die absolute bolometrische Helligkeit kann man auch durch die Leuchtkraft ausdrücken. In der Entfernung von 10 pc sei die Flußdichte F, $F_\odot$ der äquivalente Wert für die Sonne. Da die Leuchtkraft durch $L = 4\pi r^2 F$ gegeben ist, erhalten wir

$$M_{\mathrm{bol}} - M_{\mathrm{bol},\odot} = -2{,}5 \log \frac{F}{F_\odot} = -2{,}5 \log \frac{L/4\pi r^2}{L_\odot/4\pi r^2} , \quad \text{oder}$$

$$M_{\mathrm{bol}} - M_{\mathrm{bol},\odot} = -2{,}5 \lg \frac{L}{L_\odot} .$$

Die absolute bolometrische Helligkeit $M_{\mathrm{bol}} = 0$ entspricht der Leuchtkraft

$$L_0 = 3 \times 10^{28}\,\mathrm{W} . \tag{4.14}$$

4.5 Extinktion und optische Dichte

Gleichung (4.12) zeigt, wie der Wert für die Größenklasse wächst (und die Helligkeit abnimmt) mit zunehmender Entfernung. Wenn der Raum zwischen Strahlungsquelle und Beobachter nicht vollkommen leer ist, sondern interstellare Materie enthält, gilt (4.12) nicht mehr, da ein Teil der Strahlung durch Materie absorbiert wird (normalerweise wird die Strahlung wieder reemittiert, allerdings bei einer anderen Wellenlänge außerhalb des Intervalls, das das Helligkeitsintervall definiert). Außerdem kann ein Teil der Strahlung aus der Sichtlinie hinausgestreut werden. Die Gesamtheit dieser Strahlungsverluste wird als *Extinktion* bezeichnet.

Nun wollen wir herausfinden, wie die Extinktion von der Entfernung abhängt. Wir setzen voraus, daß ein Stern in einem Wellenlängenintervall den Fluß L in einem bestimmten Raumwinkel ω strahlt. Da das interstellare Medium die Strahlung absorbiert und streut, wird der Fluß mit zunehmender Entfernung geringer werden (Abb. 4.8). In dem kurzen Entfernungsintervall [r bis $r+dr$] ist die Extinktion dL dem Fluß L und dem im Medium durchlaufenen Abstand dr proportional:

$$dL = -\alpha L \, dr \; . \tag{4.15}$$

Der Faktor α macht eine Aussage über die Effektivität, mit der das Medium die Strahlung schwächt; er wird als *Opazität* bezeichnet. Aus (4.15) ist zu erkennen, daß die Dimension von $\alpha =$ m^{-1} ist. Im vollkommenen Vakuum ist $\alpha = 0$ und erreicht unendlich, wenn die Substanz total undurchsichtig wird. Wir können nun als dimensionslose Größe die *optische Dicke* τ definieren:

$$d\tau = \alpha \, dr \; . \tag{4.16}$$

Wenn wir dies in (4.15) einsetzen, ergibt sich

$$dL = -L \, d\tau \; .$$

Als nächstes integrieren wir nun von der Quelle (wo $L = L_0$ und $\tau = 0$ ist) bis zum Beobachter:

$$\int_0^L \frac{dL}{L} = -\int_0^\tau d\tau \; .$$

Damit erhält man

$$L = L_0 \, e^{-\tau} \; . \tag{4.17}$$

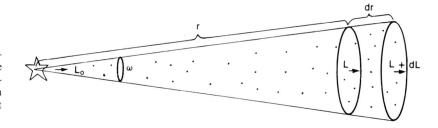

Abb. 4.8. Das interstellare Medium absorbiert und streut die Strahlung. Dadurch wird üblicherweise der Energiefluß L in den Raumwinkel ω reduziert ($dL \leq 0$)

4.5 Extinktion und optische Dichte

Darin ist τ die optische Dicke des Materials zwischen der Quelle und dem Beobachter und L der beobachtete Fluß, der exponentiell mit wachsender optischer Dicke abnimmt. Der leere Raum ist vollkommen durchsichtig, d. h. seine Opazität α is 0. Damit wächst im leeren Raum die optische Dicke nicht, und der Fluß bleibt konstant.

F_0 ist die Flußdichte an der Sternoberfläche und $F(r)$ die Flußdichte in der Entfernung r. Die unterschiedlichen Flüsse lassen sich dann durch

$$L = \omega r^2 F(r) \quad \text{und} \quad L_0 = \omega R^2 F_0$$

darstellen, wo R der Radius des Sternes ist. Wenn diese Beziehungen in (4.17) eingesetzt werden, ergibt sich

$$F(r) = F_0 \frac{R^2}{r^2} e^{-\tau} \ .$$

Für die absolute Helligkeit benötigen wir die Flußdichte in der Entfernung von 10 Parsec, $F(10)$, und zwar ohne Extinktion:

$$F(10) = F_0 \frac{R^2}{(10 \text{ pc})^2} \ .$$

Der Entfernungsmodul $m - M$ ist dann

$$m - M = -2{,}5 \lg \frac{F(r)}{F(10)} = 5 \lg \frac{r}{10 \text{ pc}} - 2{,}5 \lg e^{-\tau}$$

$$= 5 \lg \frac{r}{10 \text{ pc}} + (2{,}5 \lg e)\tau \quad \text{oder}$$

$$m - M = 5 \lg \frac{r}{10 \text{ pc}} + A \ . \tag{4.18}$$

A ist die Extinktion in Größenklassen, die von dem Medium zwischen dem Stern und dem Beobachter hervorgerufen wird. Wenn die Opazität entlang der Sichtlinie konstant ist, gilt

$$\tau = \alpha \int_0^r dr = \alpha r \ ,$$

und aus (4.18) wird

$$m - M = 5 \lg \frac{r}{10 \text{ pc}} + ar \ . \tag{4.19}$$

Die Konstante $a = 2{,}5 \alpha \lg e$ ist die Extinktion in Größenklassen pro Entfernungseinheit.

Farbexzeß. Ein anderer Effekt, der durch das interstellare Medium hervorgerufen wird, ist die Verrötung des Lichtes: blaues Licht wird stärker gestreut und absorbiert als rotes. Deshalb wächst der Farbindex (B-V). Die visuelle Helligkeit eines Sternes ist nach (4.18)

$$V = M_V + 2{,}5 \lg \frac{r}{10\,\text{pc}} + A_V \; . \tag{4.20}$$

M_V ist die absolute visuelle Helligkeit und A_V die Extinktion im Visuellen. Analog erhält man die Blauhelligkeit

$$B = M_B + 2{,}5 \lg \frac{r}{10\,\text{pc}} + A_B \; .$$

Der beobachtete Farbindex ist dann

$$\begin{aligned} B\text{-}V &= M_B - M_V + A_B - A_V \quad \text{oder} \\ B\text{-}V &= (B\text{-}V)_0 + E_{B\text{-}V} \; . \end{aligned} \tag{4.21}$$

$(B\text{-}V)_0 = M_B - M_V$ ist die *Normalfarbe* des Sternes und $E_{B\text{-}V} = (B\text{-}V) - (B\text{-}V)_0$ sein *Farbexzeß*. Untersuchungen des interstellaren Mediums zeigten, daß das Verhältnis von visueller Extinktion A_V zum Farbexzeß $E_{B\text{-}V}$ im allgemeinen für alle Sterne konstant ist:

$$R = \frac{A_V}{E_{B\text{-}V}} = 3{,}0 \; .$$

Damit erhält man die visuelle Extinktion, wenn der Farbexzeß bekannt ist:

$$A_V = 3{,}0 \, E_{B\text{-}V} \; . \tag{4.22}$$

Mit bekanntem A_V kann dann mit (4.20) die Entfernung direkt berechnet werden.

Im Abschn. 16.1 („Interstellarer Staub") wird die interstellare Extinktion detaillierter behandelt.

Atmosphärische Extinktion. Wie in Abschn. 3.1 ausgeführt wurde, ruft auch die Erdatmosphäre eine Extinktion hervor. Die beobachtete Helligkeit hängt von Beobachtungsort und Zenitdistanz des Objektes ab, da diese Faktoren die Länge des Lichtweges durch die Atmosphäre bestimmen. Um Beobachtungen miteinander vergleichen zu können, müssen zuerst die atmosphärischen Effekte „beseitigt" werden. Die dann erhaltene Helligkeit m_0 kann mit anderen Beobachtungen verglichen werden.

Bei geringer Zenitdistanz kann die Erdatmosphäre als planparallele Schicht mit konstanter Dicke betrachtet werden (Abb. 4.9). Wenn die Dicke der Atmosphäre als Einheit benutzt wird, legt das Licht in der Atmosphäre die Strecke

$$X = 1/\cos z = \sec z$$

zurück. Der Wert X ist die *Luftmasse*. Nach (4.19) wächst der Helligkeitswert linear mit dem Abstand X:

$$m = m_0 + kX \; . \tag{4.23}$$

k ist der *Extinktionskoeffizient*.

Der Extinktionskoeffizient kann durch mehrfaches Beobachten des gleichen Sternes in einem großen Bereich unterschiedlicher Zenitdistanzen während einer Nacht bestimmt werden. Die beobachteten Helligkeiten werden in einem Diagramm in Abhängig-

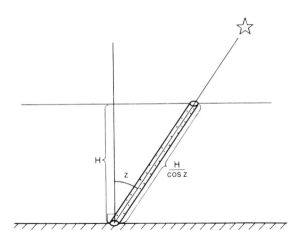

Abb. 4.9. Wenn ein Stern die Zenitdistanz z hat, legt das Licht durch die Atmosphäre den Weg $H/\cos z$ zurück. H ist die Höhe der Atmosphäre

keit von der Luftmasse X aufgetragen. Die Punkte liegen auf einer Geraden, deren Steigung den Extinktionskoeffizienten gibt. Die Fortsetzung der Geraden bis $X = 0$ ergibt den Wert m_0, die scheinbare Helligkeit außerhalb der Atmosphäre.

In der Praxis werden Beobachtungen in Zenitdistanzen größer als 70° (oder Höhen unter 20°) nicht benutzt für die Bestimmung von k und m_0. In diesem Bereich hat die Krümmung der Atmosphäre entscheidenden Einfluß. Der Wert des Extinktionskoeffizienten hängt vom Beobachtungsort, der Beobachtungszeit und der Wellenlänge ab, da die Extinktion mit abnehmender Wellenlänge stark wächst.

4.6 Übungen

4.6.1 Es ist zu zeigen, daß die Intensität unabhängig von der Entfernung ist.

Wir nehmen an, daß Strahlung das Oberflächenelement dA in Richtung θ verläßt. Die Energie, die in der Zeit dt in den Raumwinkel $d\omega$ eintritt, ist

$$dE = I \cos \theta \, dA \, d\omega \, dt \, .$$

I ist die Intensität. Wenn sich ein anderes Flächenelement dA' in einer Entfernung r befindet, das diese Strahlung aus der Richtung θ' empfängt, haben wir

$$d\omega = dA' \cos \theta'/r^2 \, .$$

Die Definition der Intensität ergibt

$$dE = I' \cos \theta' \, dA' \, d\omega' \, dt \, ,$$

wobei I' die Intensität bei dA' ist; außerdem gilt:

$$d\omega' = dA \cos \theta/r^2 \, .$$

In die Beziehung für dE werden nun $d\omega$ und $d\omega'$ eingesetzt:

$$I\cos\theta\, dA\, \frac{dA'\cos\theta'}{r^2}\, dt = I'\cos\theta'\, dA'\, \frac{dA\cos\theta}{r^2}\, dt\;.$$

Daraus folgt

$$I = I'\;,$$

d. h. die Intensität bleibt im leeren Raum konstant.

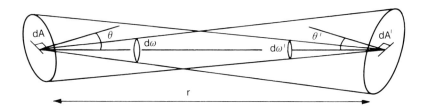

4.6.2 Die Oberflächenhelligkeit der Sonne

Es wird vorausgesetzt, daß die Sonne isotrop strahlt. R sei der Radius der Sonne, $F_\odot$ die Flußdichte an der Sonnenoberfläche und F die Flußdichte in der Entfernung r. Da die Leuchtkraft

$$L = 4\pi R^2 F_\odot = 4\pi r^2 F$$

konstant ist, gilt für die Flußdichte

$$F = F_\odot \frac{R^2}{r^2}\;.$$

Aus der Entfernung $r \gg R$ erscheint die Sonne unter dem Raumwinkel

$$\omega = \frac{A}{r^2} = \frac{\pi R^2}{r^2}\;.$$

$A = \pi R^2$ ist der Querschnitt der Sonne. Die Oberflächenhelligkeit B ist

$$B = \frac{F}{\omega} = \frac{F_\odot}{\pi}\;.$$

Unter Verwendung von (4.4) erhalten wir

$$B = I_\odot\;.$$

Die Flächenhelligkeit ist also unabhängig von der Entferung und gleich der Intensität. Wir haben damit eine einfache Interpretation des etwas abstrakten Konzepts der Intensität gefunden.

Die Flußdichte der Sonne auf der Erde, die *Solarkonstante*, ist $S_\odot = 1390\,\text{W}\,\text{m}^{-2}$, der Winkeldurchmesser der Sonne beträgt $\alpha = 32'$, woraus folgt:

$$\frac{R}{r} = \frac{\alpha}{2} = \frac{1}{2} \times \frac{32}{60} \times \frac{\pi}{180} = 0{,}00465 \text{ rad} .$$

Der Raumwinkel, der durch die Sonne ausgefüllt wird, ist $\omega = \pi (R/r)^2 = \pi \times 0{,}00465^2 = 6{,}81 \times 10^{-5}$ sterad. Damit ergibt sich die Oberflächenhelligkeit zu

$$B = \frac{S_\odot}{\omega} = 2{,}04 \times 10^7 \text{ W m}^{-2} \text{ sterad}^{-1} .$$

4.6.3 *Helligkeit von Doppelsternen*

Da die Helligkeit eine logarithmische Größe ist, kann sie für einige Zwecke unpraktisch sein. Zum Beispiel können wir Helligkeiten nicht wie Flußdichten addieren. Wenn die Helligkeiten der Komponenten eines Doppelsternes 1 und 2 sind, ist die Gesamthelligkeit sicher nicht 3. Um die Gesamthelligkeit zu finden, muß man von den Flußdichten ausgehen:

$$1 = -2{,}5 \lg \frac{F_1}{F_0} , \quad 2 = -2{,}5 \lg \frac{F_2}{F_0} .$$

Die Flußdichten betragen

$$F_1 = F_0 \times 10^{-0{,}4} , \quad F_2 = F_0 \times 10^{-0{,}8} .$$

Daraus ergibt sich die Gesamtflußdichte zu

$$F = F_1 + F_2 = F_0 \, (10^{-0{,}4} + 10^{-0{,}8})$$

und die Gesamthelligkeit wird

$$m = -2{,}5 \lg \frac{F_0 \, (10^{-0{,}4} + 10^{-0{,}8})}{F_0} = -2{,}5 \lg 0{,}55 = 0{,}64 .$$

4.6.4 Die Entfernung eines Sternes beträgt 100 pc, seine scheinbare Helligkeit $m = 6$. Wie groß ist seine absolute Helligkeit?

Unter Verwendung von (4.12) ergibt sich

$$m - M = 5 \lg \frac{r}{10 \text{ pc}} , \quad M = 6 - 5 \lg \frac{100}{10} = 1 .$$

4.6.5 Die absolute Helligkeit eines Sternes ist $M = -2$, seine scheinbare Helligkeit $m = 8$. Wie groß ist seine Entfernung?

Zur Lösung wird wieder (4.12) benutzt:

$$r = 10 \text{ pc} \times 10^{(m-M)/5} = 10 \times 10^{10/5} \text{ pc} = 1000 \text{ pc} = 1 \text{ kpc} .$$

4.6.6 Obwohl der Betrag der interstellaren Extinktion sehr stark von Ort zu Ort variiert, können wir in der Nähe der galaktischen Ebene als Mittelwert 2 mag/kpc benutzen. Nun soll die Entfernung eines Sternes mit Werten aus Übung 4.6.5 unter Berücksichtigung der Extinktion berechnet werden.

Für die Entfernungsberechnung muß jetzt (4.19) benutzt werden:

$$8 - (-2) = 5 \lg \frac{r}{10} + 0{,}002\, r \ .$$

r ist die Entfernung in Parsec. Diese Gleichung kann nicht analytisch gelöst werden, man muß eine numerische Methode wählen. Wir benutzen ein einfaches Iterationsverfahren (Anhang A.6). Zuerst wird die Gleichung umgeschrieben zu

$$r = 10 \times 10^{2 - 0{,}0004\, r} \ .$$

Der Wert $r = 1000$ pc, der in Übung 4.6.5 gefunden wurde, ist ein guter Anfangswert:

$$\begin{aligned} r_0 &= 1000 \ , \\ r_1 &= 10 \times 10^{2 - 0{,}0004 \times 1000} = 398 \ , \\ r_2 &= 693 \ , \\ &\ldots \\ r_{11} &= 584 \ , \\ r_{12} &= 584 \ . \end{aligned}$$

Die Entfernung beträgt etwa 580 pc. Sie ist viel geringer als der frühere Wert von 1000 pc. Das ist vollkommen klar, da die Strahlung durch die Extinktion stark reduziert wird.

4.6.7 Wie groß ist die optische Dicke einer Nebelschicht, wenn die Sonne durch diesen Nebel nur mit der Helligkeit des Vollmonds in einer wolkenlosen Nacht gesehen wird?

Die scheinbaren Helligkeiten der Sonne und des Vollmondes sind $-26{,}8$ mag und $-12{,}5$ mag. Daraus ergibt sich die Gesamtextinktion des Nebels zu $A = 14{,}3$ mag. Da

$$A = (2{,}5 \lg e)\, \tau$$

ist, erhalten wir

$$\tau = A/(2{,}5 \lg e) = 14{,}3/1{,}08 = 13{,}2 \ .$$

Die optische Dicke des Nebels ist 13,2. Tatsächlich wird ein Teil des Lichtes gestreut und ein Teil der gestreuten Photonen verläßt die Wolke in Richtung der Sichtlinie. Dadurch wird die Wirkung der Gesamtextinktion etwas reduziert, und die optische Dicke muß etwas größer sein als der berechnete Wert.

4.6.8 *Reduktion von Beobachtungen*

Während einer Nacht werden mehrmals die Höhe und die Helligkeit eines Sternes gemessen. Die Resultate sind in der folgenden Tabelle gegeben.

Höhe	Luftmasse	Helligkeit
50°	1,31	0,90 mag
35°	1,74	0,98 mag
25°	2,37	1,07 mag
20°	2,92	1,17 mag

Durch die Darstellung der Beobachtungen in der folgenden Abbildung können wir den Extinktionskoeffizienten k und die Helligkeit m_0 außerhalb der Atmosphäre bestimmen.

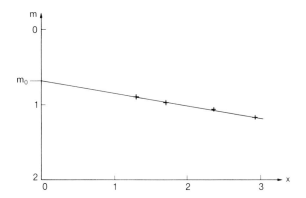

Die Extrapolation auf die Luftmasse $X = 0$ ergibt $m_0 = 0{,}68$. Aus der Steigung der Geraden folgt $k = 0{,}17$.

Kapitel 5 **Strahlungsmechanismen**

In den vorangehenden Kapiteln haben wir die physikalischen Eigenschaften und den Nachweis elektromagnetischer Strahlung besprochen. Als nächstes wollen wir kurz einige Vorstellungen über die Emission und Absorption von Strahlung diskutieren. Da wir hier nur eine Zusammenfassung der wesentlichsten Ergebnisse geben können, ohne uns in quantenmechanische Erklärungen zu vertiefen, wird dem an Details interessierten Leser empfohlen, ein gutes physikalisches Lehrbuch zu konsultieren.

5.1 Die Strahlung der Atome und Moleküle

Elektromagnetische Strahlung wird emittiert oder absorbiert, wenn ein Atom oder ein Molekül von einem Energieniveau in ein anderes übergeht. Nimmt die Energie eines Atoms um den Betrag ΔE ab, so sendet das Atom ein elektromagnetisches Strahlungsquant (*Photon*) aus, dessen Frequenz v durch die Gleichung

$$\Delta E = hv \quad (h = \text{Plancksches Wirkungsquantum}) \tag{5.1}$$

gegeben wird. Analog hierzu wächst die Energie eines Atoms um $\Delta E = hv$, wenn das Atom ein Photon der Frequenz v empfängt bzw. absorbiert.

Das klassische Modell beschreibt das Atom als einen Kern, der von einem Schwarm von Elektronen umgeben ist. Der Kern besteht aus Z Protonen, von denen jedes die Ladung $+e$ trägt und N elektrisch neutralen Neutronen. Z ist die Kernladungszahl und $A = Z+N$ ist die Massenzahl. Ein neutrales Atom hat ebenso viele Elektronen (Ladung $-e$) wie Protonen.

Die Energieniveaus des Atoms beziehen sich üblicherweise auf die Energieniveaus seiner Elektronen. Die Energie E eines Elektrons kann nicht beliebige Werte annehmen, nur bestimmte Energien sind erlaubt: Die Energieniveaus sind quantisiert. Ein Atom kann Strahlung nur bei diskreten Frequenzen v_{ae} emittieren oder absorbieren, entsprechend den Energiedifferenzen zwischen bestimmten Ausgangs- und Endzuständen a und e: $|E_a - E_e| = hv_{ae}$. Auf diese Weise entsteht das für jedes chemische Element charakteristische *Linienspektrum* (Abb. 5.1). Ein heißes Gas produziert bei niedrigem Druck ein *Emissionsspektrum*, das aus solchen diskreten Linien besteht. Wird das Gas abgekühlt und gegen eine Quelle weißen Lichts (dieses hat ein kontinuierliches Spektrum) beobachtet, sind die gleichen Linien als dunkle *Absorptionslinien* zu sehen.

Bei niedrigen Temperaturen befinden sich die meisten Atome in ihrem niedrigsten Energiezustand, dem *Grundzustand*. Höhere Energieniveaus sind *angeregte Zustände*, der Übergang von einem niedrigeren in einen höheren Zustand wird *Anregung* genannt. Normalerweise kehrt das angeregte Atom sehr schnell in den Grundzustand zurück, indem es ein Photon aussendet (*spontane Emission*). Die typische Lebenszeit eines ange-

Abb. 5.1a, b. Die Entstehung der Linienspektren. **(a)** Emissionsspektren. Die Atome eines glühenden Gases kehren von angeregten Zuständen zu niedrigeren Zuständen zurück und emittieren Photonen mit Frequenzen, die den Energiedifferenzen der Zustände entsprechen. Jedes chemische Element emittiert seine eigenen charakteristischen Wellenlängen. Diese können mit Hilfe eines Prismas oder eines Beugungsgitters durch Zerlegung des Lichtes in sein Spektrum gemessen werden. **(b)** Absorptionsspektren. Wenn weißes, alle Wellenlängen enthaltendes Licht ein Gas durchläuft, werden die für das Gas charakteristischen Wellenlängen absorbiert

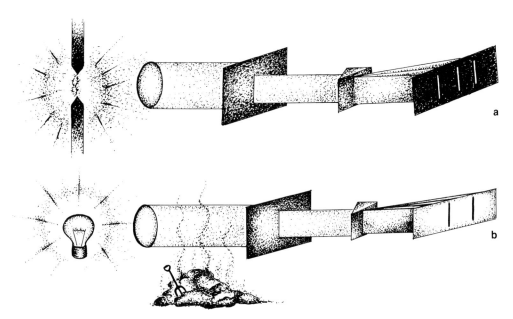

regten Zustandes beträgt etwa 10^{-8} Sekunden. Die Frequenz des emittierten Photons wird durch (5.1) gegeben. Das Atom kann direkt in den Grundzustand zurückkehren oder über einige Zwischenzustände, wobei es bei jedem Übergang ein Photon aussendet.

Übergänge nach unten können auch durch Strahlung induziert werden. Nehmen wir an, unser Atom habe ein Photon verschluckt und sei angeregt. Ein anderes Photon, dessen Frequenz v irgendeinem möglichen, nach unten gerichteten Übergang aus dem angeregten Zustand entspricht, kann jetzt das Atom dazu veranlassen, in einen niedrigeren Zustand zu springen und dabei ein Photon mit der gleichen Frequenz zu emittieren. Diesen Vorgang nennt man *induzierte* oder *stimulierte Emission*. Spontan emittierte Photonen verlassen das Atom zufällig in alle Richtungen und mit zufällig verteilten Phasen: Die Strahlung ist isotrop und inkohärent. Die induzierte Strahlung hingegen ist kohärent; sie breitet sich in der gleichen Richtung und in Phase mit der induzierenden Strahlung aus.

Das Nullniveau der Energiezustände wird im allgemeinen so gewählt, daß ein gebundenes Elektron eine negative Energie besitzt und ein freies Elektron eine positive Energie (vgl. das Energieintegral der Planetenbahnen in Kap. 7). Bekommt ein Elektron mit der Energie $E < 0$ mehr Energie als $|E|$ zugeführt, so wird es das Atom verlassen; letzteres wird zum Ion. In der Astrophysik spricht man bei der Ionisation oft von einem *gebunden-freien* Übergang (Abb. 5.2). Im Unterschied zur Anregung sind jetzt alle Energiewerte ($E > 0$) möglich. Der überschüssige Teil der absorbierten Energie verwandelt sich in die kinetische Energie des befreiten Elektrons. Der umgekehrte Prozeß, bei dem ein Atom ein freies Elektron einfängt, ist die *Rekombination* oder der *frei-gebundene* Übergang.

Wird ein Elektron an einem Kern oder an einem Ion gestreut, ohne eingefangen zu werden, so kann die elektromagnetische Wechselwirkung die kinetische Energie des Elektrons ändern und *frei-freie* Strahlung erzeugen. Ein Beispiel dafür ist die *Bremsstrahlung* von abgebremsten Elektronen (wie etwa beim Auftreffen auf die Anode einer Röntgenröhre).

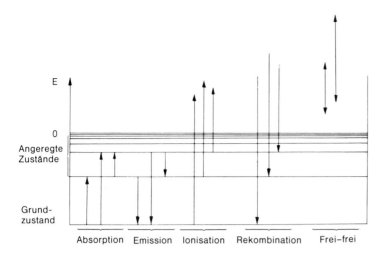

Abb. 5.2. Verschiedene Arten des Übergangs zwischen den Energieniveaus. Absorption und Emission laufen zwischen zwei gebundenen Zuständen ab, während Ionisation und Rekombination zwischen einem gebundenen und einem freien Zustand ablaufen. Die Wechselwirkung eines Atoms mit einem freien Elektron kann zu einem frei-freien Übergang führen

Elektromagnetische Strahlung ist eine transversale Wellenbewegung; elektrisches und magnetisches Feld schwingen senkrecht zueinander und ebenso senkrecht zur Ausbreitungsrichtung. Das Licht einer gewöhnlichen Glühlampe besitzt eine zufällige Verteilung der elektrischen Felder, welche in allen Richtungen schwingen. Sind die Richtungen der elektrischen Felder in der Ebene senkrecht zur Ausbreitungsrichtung nicht gleichverteilt, so ist das Licht *polarisiert* (Abb. 5.3). Die Polarisationsrichtung des *linear polarisierten* Lichtes bezeichnet die Richtung der Ebene, die durch den elektrischen Vektor und die Richtung des Lichtstrahls aufgespannt wird. Beschreibt der elektrische Vektor einen Kreis, so ist die Strahlung *zirkular polarisiert*. Wenn gleichzeitig auch die Amplitude des elektrischen Feldes variiert, spricht man von *elliptischer Polarisation*.

Streuung ist eine Absorption, gefolgt von einer sofortigen Emission bei gleicher Wellenlänge, aber gewöhnlich in eine neue Richtung. Auf makroskopischer Skala scheint die Strahlung an dem Medium reflektiert zu werden. Das vom Tageshimmel kommende Licht ist an den Molekülen der Atmosphäre gestreutes Sonnenlicht. Gestreutes Licht ist stets polarisiert, der Polarisationsgrad ist am größten in der Richtung senkrecht zur ursprünglichen Strahlung.

5.2 Das Wasserstoffatom

Das Wasserstoffatom ist das einfachste Atom, bestehend aus einem Proton und einem Elektron. Nach dem Bohrschen Atommodell umrundet das Elektron das Proton auf ei-

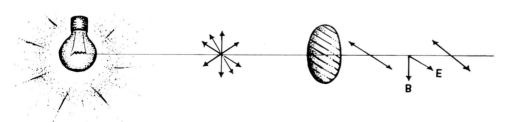

Abb. 5.3. Die Polarisation des Lichtes. Das Licht einer Glühlampe enthält alle möglichen Schwingungsrichtungen und ist deshalb unpolarisiert. Einige Kristalle z. B. lassen nur elektrische Felder hindurch, die in einer bestimmten Richtung schwingen; der durchgelassene Teil des Lichtes ist dann linear polarisiert. *E*, elektrisches Feld; *B*, magnetisches Feld

ner Kreisbahn. (Obwohl dieses Modell weit von der Realität entfernt ist, kann es erfolgreich angewandt werden, um einige Eigenschaften des Wasserstoffatoms vorherzusagen.) Bohrs erstes Postulat besagt, daß der Drehimpuls des Elektrons ein Vielfaches von $\hbar$ sein muß:

$$mvr = n\hbar \,, \quad \text{mit} \tag{5.2}$$

$\hbar = h/2\pi \,,$
$m = $ Masse des Elektrons ,
$v = $ Bahngeschwindigkeit des Elektrons ,
$r = $ Bahnradius ,
$n = $ Hauptquantenzahl, $n = 1, 2, 3, \ldots$.

Die quantenmechanische Interpretation von Bohrs erstem Postulat ist offenbar die folgende: Das Elektron wird als stehende Welle beschrieben, deren „Wellenlänge" ein Vielfaches der de Broglie-Wellenlänge sein muß, $\lambda = h/p = h/mv$.

Ein geladenes Teilchen auf einer Kreisbahn (dieses vollführt eine beschleunigte Bewegung) sollte nach der Regeln der klassischen Elektrodynamik elektromagnetische Strahlung emittieren und dabei Energie verlieren. Deshalb müßte unser Elektron spiralförmig auf den Kern herabfallen. Aber offenbar befolgt die Natur diesen Weg nicht; wir haben deshalb Bohrs zweites Postulat zu berücksichtigen, das besagt, daß ein Elektron, das sich auf einer erlaubten Bahn um den Kern bewegt, nicht strahlt. Strahlung wird nur dann emittiert, wenn das Elektron von einem höheren Energiezustand in einen niedrigeren springt. Das abgestrahlte Quant hat eine Energie $h\nu$, die gleich der Energiedifferenz dieser Zustände ist:

$$h\nu = E_{n_2} - E_{n_1} \,. \tag{5.3}$$

Wir werden jetzt versuchen, die Energie eines Elektrons im Zustand E_n zu finden. Das Coulombsche Gesetz gibt die Kraft an, mit der das Elektron vom Proton angezogen wird:

$$F = \frac{1}{4\pi\varepsilon_0} \frac{e^2}{r_n^2} \quad \text{mit} \tag{5.4}$$

$\varepsilon_0 = $ Vakuumpermeabilität $= 8{,}85 \times 10^{-12}$ N^{-1}m^{-2}C^2 ,
$e = $ Ladung des Elektrons $= 1{,}6 \times 10^{-19}$ C ,
$r_n = $ Abstand zwischen Elektron und Proton .

Die Beschleunigung eines sich auf einer Kreisbahn vom Radius r_n bewegenden Teilchens ist

$$a = \frac{v_n^2}{r_n} \,,$$

und nach Anwendung des zweiten Newtonschen Gesetzes ($F = ma$) erhalten wir

$$\frac{mv_n^2}{r_n} = \frac{1}{4\pi\varepsilon_0} \frac{e^2}{r_n^2} \,. \tag{5.5}$$

5.2 Das Wasserstoffatom

Aus (5.2) und (5.5) folgt

$$v_n = \frac{e^2}{4\pi\varepsilon_0 \hbar} \frac{1}{n} \; , \quad r_n = \frac{4\pi\varepsilon_0 \hbar}{me^2} n^2 \; .$$

Die Gesamtenergie eines Elektrons auf der Bahn n ist nun

$$E_n = T + U = \frac{1}{2} m v_n^2 - \frac{1}{4\pi\varepsilon_0} \frac{e^2}{r_n}$$

$$= -\frac{me^4}{32\pi^2 \varepsilon_0^2 \hbar^2} \frac{1}{n^2} = -C \frac{1}{n^2} \; , \tag{5.6}$$

wobei C eine Konstante ist. Für den Grundzustand ($n = 1$) erhalten wir aus (5.6)

$$E_1 = -2{,}18 \times 10^{-18} \, \text{J} = -13{,}6 \, \text{eV} \; .$$

Aus (5.3) und (5.6) folgt die Energie des beim Übergang $E_{n_2} \to E_{n_1}$ emittierten Quants:

$$h\nu = E_{n_2} - E_{n_1} = C \left(\frac{1}{n_1^2} - \frac{1}{n_2^2} \right) \; . \tag{5.7}$$

Dies kann in Einheiten der Wellenlänge λ ausgedrückt werden als

$$\frac{1}{\lambda} = \frac{\nu}{c} = \frac{C}{hc} \left(\frac{1}{n_1^2} - \frac{1}{n_2^2} \right) = R \left(\frac{1}{n_1^2} - \frac{1}{n_2^2} \right) \; , \tag{5.8}$$

wobei R die *Rydberg-Konstante* ist: $R = 1{,}097 \times 10^7 \, \text{m}^{-1}$.

Gleichung (5.8) wurde für $n_1 = 2$ bereits 1885 von Jakob Balmer experimentell abgeleitet. Deshalb nennen wir den Satz von Linien, die durch Übergänge $E_n \to E_2$ entstehen, die *Balmerserie* (Tabelle 5.1). Diese Linien liegen im sichtbaren Bereich des Spektrums. Wenn das Elektron in seinen Grundzustand zurückkehrt ($E_n \to E_1$), erhalten wir die *Lymanserie*, die im Ultravioletten liegt. Andere Serien mit speziellen Namen sind die *Paschenserie* ($n_1 = 3$), die *Brackettserie* ($n_1 = 4$) und die *Pfundserie* ($n_1 = 5$) (siehe Abb. 5.4).

Tabelle 5.1. Die Wellenlängen der Wasserstofflinien (in nm). Aus historischen Gründen werden die Balmerlinien mit H_α, H_β, H_γ usw. bezeichnet

n_2	n_1	Lyman 1	Balmer 2	Paschen 3	Brackett 4	Pfund 5
2		121,6	–	–	–	–
3		102,6	656,3	–	–	–
4		97,2	486,1	1875	–	–
5		95,0	434,1	1282	4050	–
6		93,8	410,2	1094	2630	7460
⋮		⋮	⋮	⋮	⋮	⋮
∞		91,2	364,7	821	1460	2280

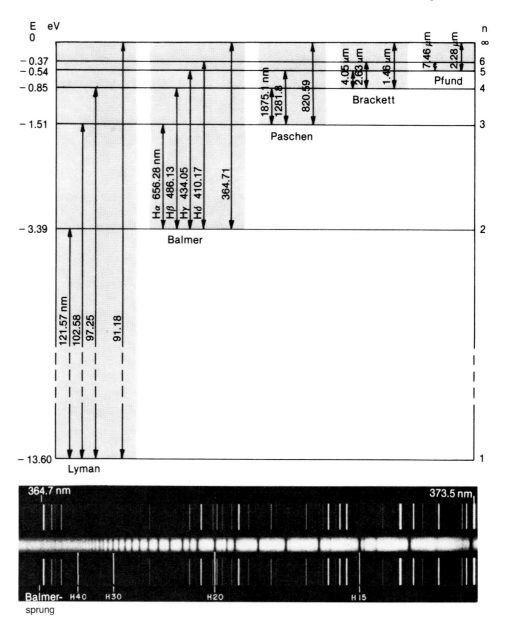

Abb. 5.4. Die Übergänge des Wasserstoffatoms. Das untere Bild zeigt einen Teil des Spektrums des Sterns HD 193182. Auf beiden Seiten des Sternspektrums sehen wir ein Emissionsspektrum des Eisens. Die Wellenlängen dieser Orientierungslinien sind bekannt und können genutzt werden, um die Wellenlängen im beobachteten Sternspektrum zu bestimmen. Die Balmerlinien des Wasserstoffs sind als dunkle Absorptionslinien zu erkennen, die am linken Ende gegen die Balmer-Ionisationsgrenze (auch Balmersprung genannt) bei $\lambda = 364{,}7$ nm konvergieren. Die Zahlen (15, ..., 40) bezeichnen die Quantenzahl n höherer Energieniveaus. (Foto Mt. Wilson Observatory)

5.3 Quantenzahlen, Auswahlregeln, Besetzungszahlen

Quantenzahlen (Abb. 5.5). Das Bohrsche Atommodell benötigt nur eine Quantenzahl n, um alle Energieniveaus des Elektrons zu beschreiben, und kann nur ein grobes Bild eines Atoms mit einem einzelnen Elektron vermitteln. Die quantenmechanische Beschreibung beinhaltet vier Quantenzahlen. Eine davon ist unser n, die *Hauptquantenzahl*. Die anderen drei sind die *Quantenzahl des Bahndrehimpulses l*, die *magnetische Quantenzahl m_l* (sie beschreibt die Richtung des Drehimpulses) und die *Spinquantenzahl m_s* (sie gibt die Richtung des Spins des Elektrons an; das klassische Analogon zum Spin ist die Rotation des Elektrons). Um die Feinstruktur des Spektrums eines Atoms zu verstehen, müssen wir noch den Spin des Kerns berücksichtigen. Quantenmechanisch ist es außerdem möglich, Atome mit mehreren Elektronen zu beschreiben, auch wenn die Berechnungen dann sehr verwickelt werden.

Auswahlregeln. Der Zustand eines Elektrons kann sich nicht willkürlich ändern. Die Übergänge werden durch Auswahlregeln beschränkt, welche aus bestimmten Erhaltungssätzen folgen. Die Auswahlregeln drücken aus, wie sich die Quantenzahlen bei einem Übergang ändern müssen. Am wahrscheinlichsten sind die elektrischen Dipolübergänge, bei denen sich das Atom wie ein oszillierender Dipol verhält. Die Wahrscheinlichkeiten aller anderen Übergänge sind wesentlich geringer, sie werden *verbotene Übergänge* genannt. Beispiele sind die magnetischen Dipolübergänge und alle Quadrupol- und höheren Multipolübergänge. Spektrallinien, die ihren Ursprung in verbotenen Übergängen haben, heißen *verbotene Linien*. Die Wahrscheinlichkeit eines solchen Übergangs ist so gering, daß unter normalen Bedingungen der Übergang nicht stattfinden kann, bevor nicht Zusammenstöße den Zustand des Elektrons bereits wieder verändert haben. Verbotene Linien sind nur dann möglich, wenn das Gas extrem verdünnt ist (wie bei den Polarlichtern oder in Planetarischen Nebeln).

Die Spins von Elektron und Kern eines Wasserstoffatoms können entweder parallel oder antiparallel zueinander sein, wobei die Energie des ersteren Zustands 0,0000059 eV höher ist. Jedoch machen die Auswahlregeln einen elektrischen Dipolübergang zwi-

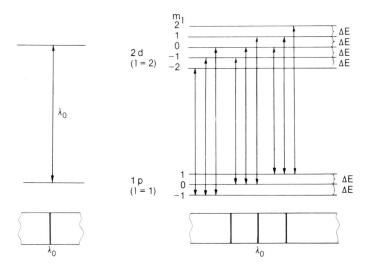

Abb. 5.5. Der Zeeman-Effekt. In starken Magnetfeldern spaltet jedes Energieniveau eines Wasserstoffatoms in $2l+1$ einzelne Niveaus auf, welche den verschiedenen Werten der magnetischen Quantenzahl $m_l = l, l-1, \ldots, -l$ entsprechen. ΔE ist die konstante Energiedifferenz zwischen benachbarten Niveaus. Zum Beispiel spalten der *p*-Zustand ($l = 1$) in drei und der *d*-Zustand ($l = 2$) in fünf Unterniveaus auf. Die Auswahlregeln fordern für einen elektrischen Dipolübergang $\Delta m_l = 0, \pm 1$, deshalb sind zwischen dem *p*- und dem *d*-Zustand nur neun verschiedene Übergänge erlaubt. Außerdem besitzen alle Übergänge mit gleichem Δm_l die gleichen Energiedifferenzen. So enthält das Spektrum nur drei separate Linien

schen diesen Zuständen unmöglich. Der magnetische Dipolübergang hat die sehr geringe Wahrscheinlichkeit von $A = 2{,}8 \times 10^{-15}\,\text{s}^{-1}$. Das heißt, daß die mittlere Lebenszeit des höheren Zustandes $T = 1/A = 11 \times 10^6$ Jahre beträgt. Normalerweise ändern Zusammenstöße den Zustand des Elektrons weit vor Ablauf dieser Zeitspanne. Im interstellaren Raum jedoch ist die Dichte des Wasserstoffs so gering und die Gesamtmenge an Wasserstoff so groß, daß eine beträchtliche Anzahl solcher Übergänge stattfinden kann. Die Wellenlänge der bei diesem Übergang emittierten Strahlung beträgt 21 cm, liegt also im Radioband des Spektrums. Die Extinktion ist bei Radiowellen sehr gering, wir können somit weiter entfernte Objekte beobachten als bei optischen Wellenlängen. Die 21-cm-Strahlung war deshalb von entscheidender Bedeutung bei Durchmusterungen nach interstellarem Wasserstoff.

Besetzungszahlen. Die Besetzungszahl n_i eines Energiezustandes i gibt die Zahl der Atome in diesem Zustand pro Volumeneinheit an. Im thermischen Gleichgewicht unterliegen die Besetzungszahlen der *Boltzmann-Verteilung*:

$$\frac{n_i}{n_0} = \frac{g_i}{g_0}\,e^{-\Delta E/kT} \;. \tag{5.9}$$

T ist die Temperatur, $\Delta E = E_i - E_0 = h\nu$ die Energiedifferenz zwischen angeregtem und Grundzustand und g_i das statistische Gewicht des Niveaus i (gleichbedeutend mit der Zahl der verschiedenen Zustände mit der gleichen Energie E_i). Der Index 0 verweist stets auf den Grundzustand. Oft weichen die Besetzungszahlen von den durch (5.9) gegebenen Werten ab. Jedoch können wir stets eine *Anregungstemperatur* T_a in einer solchen Weise definieren, daß (5.9) die korrekten Besetzungszahlen angibt, wenn T durch T_a ersetzt wird. Die Anregungstemperaturen können sich für verschiedene Energieniveaus unterscheiden.

5.4 Molekülspektren

Die Energieniveaus eines Atoms werden durch seine Elektronen bestimmt. Für ein Molekül gibt es wesentlich mehr Möglichkeiten: Seine Atome können um ihren Gleichgewichtszustand schwingen, und das gesamte Molekül kann um eine beliebige Achse rotieren. Sowohl Schwingungs- als auch Rotationszustände sind quantisiert. Übergänge zwischen benachbarten Schwingungszuständen senden meist Photonen im infraroten Spektralgebiet aus, während Übergänge zwischen Rotationszuständen Photonen im Bereich der Mikrowellen emittieren. Diese Übergänge, kombiniert mit den Übergängen der Elektronen, ergeben das charakteristische Bandenspektrum der Moleküle. Das Spektrum besitzt mehrere schmale Banden, die aus einer großen Zahl von Linien aufgebaut sind.

5.5 Kontinuierliche Spektren

Nach dem Heisenbergschen Unbestimmtheitsprinzip hat jede Spektrallinie eine natürliche Breite. Die Atome vollführen außerdem eine thermische Bewegung, und die Dopp-

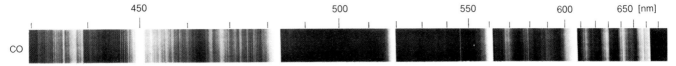

Abb. 5.6. Das Spektrum von Kohlenmonoxid von 430 nm bis 670 nm. Die zahlreichen Banden entsprechen verschiedenen Schwingungsübergängen, jede Bande besteht aus einer Vielzahl von Rotationslinien. Nahe des rechten Endes jeder Bande sind die Linien so dicht, daß sie sich überlappen und das Spektrum bei der gegebenen Auflösung wie kontinuierlich wirkt. [R. W. B. Pearse, A. G. Gaydon: The Identification of Molecular Spectra (Chapman & Hall Ltd., London 1976), S. 394]

lerverschiebungen, die durch diese zufälligen Bewegungen hervorgerufen werden, verbreitern die Linienprofile.

Jedes Photon hat eine definierte Wellenlänge und so besteht im Grunde jedes Spektrum aus separaten Linien. Manchmal jedoch liegen die Linien so dicht und sind so breit, daß das Spektrum wie kontinuierlich wirkt (Abb. 5.6). Wir haben bereits einige Prozesse genannt, die kontinuierliche Spektren erzeugen, z. B. die Rekombinationen und frei-freien Übergänge. Bei der Rekombination fängt ein Atom ein freies Elektron ein, dessen Energie nicht quantisiert ist. Bei den frei-freien Übergängen sind sowohl Ausgangs- wie Endzustand unquantisiert. So kann die Emissionslinie jede beliebige Frequenz haben. Analog hierzu können Ionisationen und frei-freie Übergänge ein kontinuierliches Absorptionsspektrum hervorbringen.

Wird der Druck eines heißen Gases erhöht, beginnen sich die Spektrallinien zu verbreitern. Bei hohem Druck treffen die Atome häufiger aufeinander, und die enge Nachbarschaft stört die Energieniveaus. Ist der Druck hoch genug, beginnen sich die Linien zu überlappen. Deshalb ist das Spektrum eines heißen Gases unter hohem Druck kontinuierlich. Elektrische Felder verbreitern die Spektrallinien ebenfalls (*Stark-Effekt*).

In Flüssigkeiten und Festkörpern sind die Atome dichter gepackt als in gasförmigen Substanzen. Ihre gegenseitigen Störungen verbreitern die Energieniveaus, so daß wiederum ein kontinuierliches Spektrum entsteht.

5.6 Die Strahlung des Schwarzen Körpers

Ein *Schwarzer Körper* ist definiert als ein Objekt, das keinerlei auf es einfallende Strahlung reflektiert oder streut, sondern diese Strahlung vollständig absorbiert und reemittiert. Ein Schwarzer Körper ist eine Art idealer Strahler, der in der Realität nicht existieren kann, jedoch verhalten sich viele Objekte näherungsweise wie Schwarze Strahler.

Die Strahlung eines Schwarzen Körpers hängt nur von seiner Temperatur ab und ist völlig unabhängig von seiner Form, seinem Material oder inneren Aufbau. Die Wellenlängenverteilung der Strahlung folgt dem Planckschen Strahlungsgesetz, also einer reinen Temperaturfunktion. Die Intensität der Strahlung eines Schwarzen Körpers bei der Frequenz v und der Temperatur T ist

$$B_v(T) = \frac{2hv^3}{c^2} \frac{1}{\exp(hv/kT) - 1}, \qquad (5.10)$$

h = Plancksches Wirkungsquantum = $6{,}63 \times 10^{-34}$ J s ,
c = Lichtgeschwindigkeit = 3×10^8 m s^{-1} ,
k = Boltzmann-Konstante = $1{,}38 \times 10^{-23}$ J K^{-1} .

Die Maßeinheit der Intensität B_ν der Strahlung eines Schwarzen Körpers ist entsprechend der Intensitätsdefinition W m^{-2} Hz^{-1} sr^{-1}.

Die Strahlung eines Schwarzen Körpers kann in einem geschlossenen Hohlraum erzeugt werden, dessen Wände die gesamte aus dem Inneren des Hohlraums auf sie einfallende Strahlung absorbieren. Die Wände und die Strahlung im Hohlraum sind im Gleichgewicht; beide besitzen die gleiche Temperatur, und die Wände emittieren die gesamte Energie, die sie erhalten. Da die Strahlungsenergie beständig in thermische Energie der Wandatome und zurück in Strahlung transformiert wird, nennt man die Strahlung des Schwarzen Körpers auch *thermische Strahlung*.

Das durch das Plancksche Strahlungsgesetz (5.10) gegebene Spektrum eines Schwarzen Körpers ist kontinuierlich. Dies trifft zu, solange die Abmessungen des Strahlers sehr groß im Vergleich zur dominierenden Wellenlänge sind. Im Fall des Hohlraums kann man das verstehen, indem man die Strahlung als im Hohlraum gefangene stehende Wellen betrachtet. Die Anzahl der verschiedenen Wellenlängen ist um so größer, je kürzer die Wellenlängen verglichen mit der Größe des Hohlraums sind. Wir haben bereits erwähnt, daß die Spektren von Festkörpern kontinuierlich sind; sehr oft können solche Spektren recht gut durch das Plancksche Strahlungsgesetz angenähert werden.

Wir können das Plancksche Strahlungsgesetz auch als Funktion der Wellenlänge schreiben. Wir fordern, daß $B_\nu d\nu = -B_\lambda d\lambda$ gilt. Die Wellenlänge wird mit wachsender Frequenz kürzer, deshalb das negative Vorzeichen. Wegen $\nu = c/\lambda$ folgt

$$\frac{d\nu}{d\lambda} = -\frac{c}{\lambda^2} , \quad \text{woraus wir} \tag{5.11}$$

$$B_\lambda = -B_\nu \frac{d\nu}{d\lambda} = B_\nu \frac{c}{\lambda^2} \quad \text{oder} \tag{5.12}$$

$$B_\lambda(T) = \frac{2hc^2}{\lambda^5} \frac{1}{\exp(hc/\lambda kT)-1} , \quad [B_\lambda] = \text{W m}^{-2}\text{m}^{-1}\text{sr}^{-1} \tag{5.13}$$

erhalten. Die Funktionen B_ν und B_λ sind so definiert, daß die Gesamtintensität leicht aus beiden berechnet werden kann:

$$B(T) = \int_0^\infty B_\nu d\nu = \int_0^\infty B_\lambda d\lambda .$$

Wir wollen jetzt versuchen, die Gesamtintensität durch Berechnung des ersten Integrals zu finden:

$$B(T) = \int_0^\infty B_\nu d\nu = \frac{2h}{c^2} \int_0^\infty \frac{\nu^3 d\nu}{\exp(h\nu/kT)-1} .$$

Wir ersetzen die Integrationsvariable durch $x = h\nu/kT$, $d\nu = (kT/h)dx$:

$$B(T) = \frac{2h}{c^2} \frac{k^4}{h^4} T^4 \int_0^\infty \frac{x^3 dx}{e^x-1} .$$

5.6 Die Strahlung des Schwarzen Körpers

Das bestimmte Integral in diesem Ausdruck ergibt eine reelle Zahl[1], die unabhängig von der Temperatur ist. So erhalten wir

$$B(T) = A T^4 \,, \tag{5.14}$$

wobei die Konstante A den Wert

$$A = \frac{2k^4}{c^2 h^3} \frac{\pi^4}{15}$$

besitzt. Die Flußdichte F einer isotropen Strahlung der Intensität B beträgt (Abschn. 4.1)

$$F = \pi B \quad \text{oder}$$

$$F = \sigma T^4 \,. \tag{5.15}$$

Dies ist das *Stefan-Boltzmann-Gesetz* und die Konstante $\sigma = \pi A$ ist die *Stefan-Boltzmann-Konstante*:

$$\sigma = 5{,}67 \times 10^{-8} \, \text{W m}^{-2} \, \text{K}^{-4} \,.$$

Aus dem Stefan-Boltzmann-Gesetz erhalten wir eine Beziehung zwischen der Leuchtkraft und der Temperatur eines Sterns. Der Radius des Sterns sei R, seine Oberfläche $4\pi R^2$ und die Flußdichte auf der Oberfläche sei F. Wir erhalten

$$L = 4\pi R^2 F \,.$$

Falls der Stern wie ein Schwarzer Körper strahlt, gilt $F = \sigma T^4$, und es ergibt sich

$$L = 4\pi \sigma R^2 T^4 \,. \tag{5.16}$$

In der Tat definiert dies die *effektive Temperatur* eines Sterns, welche detaillierter im nächsten Kapitel diskutiert wird.

Wie wir aus (5.16) ersehen können, sind Leuchtkraft, Radius und Temperatur eines Sterns zusammenhängende Größen. Auch stehen sie mit der absoluten bolometrischen Helligkeit des Sterns in Beziehung. Gleichung (4.14) gibt die Differenz der absoluten bolometrischen Helligkeiten eines Sterns und der Sonne:

$$M_{\text{bol}} - M_{\text{bol},\odot} = -2{,}5 \lg \frac{L}{L_\odot} \,. \tag{5.17}$$

Jetzt können wir (5.16) verwenden, um die Leuchtkraft als Funktion von Radius und Temperatur darzustellen:

$$M_{\text{bol}} - M_{\text{bol},\odot} = -5 \lg \frac{R}{R_\odot} - 10 \lg \frac{T}{T_\odot} \,. \tag{5.18}$$

---

[1] Das Integral ist nicht elementar lösbar. Jenen, die mit den bei den theoretischen Physikern so beliebten exotischen Funktionen vertraut sind, können wir sagen, daß das Integral vereinfacht dargestellt werden kann als $\Gamma(4)\zeta(4)$, wobei ζ die Riemannsche Zetafunktion und Γ die Gammafunktion sind. Für ganzzahlige Argumente ist $\Gamma(n)$ einfach die Fakultät $(n-1)!$. Schwieriger ist es zu zeigen, daß $\zeta(4) = \pi^4/90$ gilt. Es gelingt, indem man $x^4 - 2\pi^2 x^2$ bei $x = \pi$ in eine Fourierreihe entwickelt.

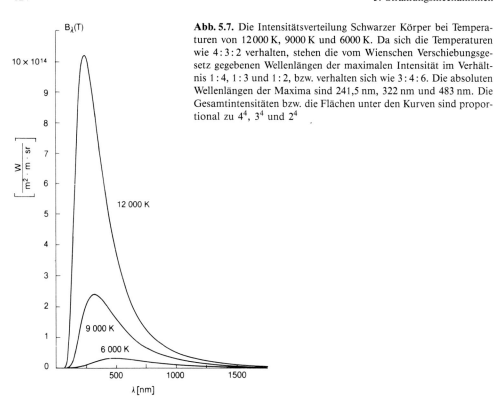

Abb. 5.7. Die Intensitätsverteilung Schwarzer Körper bei Temperaturen von 12 000 K, 9000 K und 6000 K. Da sich die Temperaturen wie 4:3:2 verhalten, stehen die vom Wienschen Verschiebungsgesetz gegebenen Wellenlängen der maximalen Intensität im Verhältnis 1:4, 1:3 und 1:2, bzw. verhalten sich wie 3:4:6. Die absoluten Wellenlängen der Maxima sind 241,5 nm, 322 nm und 483 nm. Die Gesamtintensitäten bzw. die Flächen unter den Kurven sind proportional zu 4^4, 3^4 und 2^4.

Wie Abb. 5.7 zeigt, nimmt die Wellenlänge der maximalen Intensität mit wachsender Gesamtintensität (diese ist gleich der Fläche unter der Kurve) ab. Wir können die Wellenlänge λ_{max}, die der maximalen Intensität entspricht, finden, indem wir die Planck-Funktion $B_\lambda(T)$ nach λ differenzieren und die Nullstellen der Ableitung bestimmen. Das Ergebnis ist das *Wiensche Verschiebungsgesetz:*

$$\lambda_{max} T = b = \text{const} , \tag{5.19}$$

die *Wiensche Verschiebungskonstante* beträgt

$$b = 0{,}0028978 \text{ K m} .$$

Wir können ebenso verfahren, um das Maximum von B_ν zu finden. Jedoch unterscheidet sich die so erhaltene Frequenz ν_{max} von $\nu_{max} = c/\lambda_{max}$, wobei λ_{max} durch (5.19) bestimmt wird. Der Grund dafür ist die Tatsache, daß die Intensität zum einen pro Frequenz- und zum anderen pro Wellenlängeneinheit gegeben wird und die Abhängigkeit der Frequenz von der Wellenlänge nicht linear ist.

Falls die Wellenlänge wesentlich kürzer oder länger als λ_{max} ist, kann die Planck-Funktion durch einfachere Ausdrücke approximiert werden. Für $\lambda \ll \lambda_{max}$ (oder $hc/\lambda kT \gg 1$) erhalten wir

$$e^{hc/\lambda kT} \gg 1 .$$

In diesem Fall ergibt sich die *Wiensche Näherung*

$$B_\lambda(T) \approx \frac{2hc^2}{\lambda^5}\, e^{-hc/\lambda kT} \,. \tag{5.20}$$

Für $\lambda \gg \lambda_{\max}$ ($hc/\lambda kT \ll 1$) folgt

$$e^{hc/\lambda kT} \approx 1 + hc/\lambda kT \,,$$

und wir erhalten die *Rayleigh-Jeans-Näherung*

$$B_\lambda(T) = \frac{2hc^2}{\lambda^5}\, \frac{\lambda kT}{hc} = \frac{2ckT}{\lambda^4} \,. \tag{5.21}$$

Diese Näherung ist besonders nützlich in der Radioastronomie.

Die klassische Physik sagte nur die Rayleigh-Jeans-Näherung vorher. Würde (5.21) für alle Wellenlängen gelten, so würde die Intensität über alle Grenzen wachsen, wenn die Wellenlänge gegen Null geht, im Widerspruch zur Beobachtung. Dieses Verhalten war als die Ultraviolettkatastrophe bekannt.

5.7 Andere Strahlungsmechanismen

Maser und Laser (Abb. 5.8). Die Boltzmann-Verteilung (5.9) zeigt, daß sich meist weniger Atome in angeregten Zuständen als im Grundzustand befinden. Es gibt jedoch die Möglichkeit, eine *Besetzungsinversion* zu erzeugen, bei welcher der angeregte Zustand mehr Atome enthält als der Grundzustand. Diese Inversion bildet die Grundlage sowohl für den Maser als auch für den Laser (*engl.* Microwave/Light Amplification by Stimu-

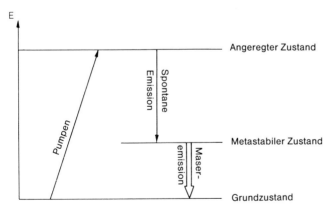

Abb. 5.8. Das Wirkungsprinzip von Maser und Laser. In einem metastabilen Zustand (einem Zustand mit relativ langer mittlerer Lebensdauer) werden Atome angesammelt; es gibt mehr Atome im metastabilen Zustand als im Grundzustand. Diese Besetzungsinversion wird aufrechterhalten, indem man Atome durch Strahlung auf einen höheren Anregungszustand bringt („Pumpen"), von dem sie spontan in das metastabile Niveau übergehen. Wenn die Atome mit Photonen bestrahlt werden, deren Energie gleich der Anregungsenergie des metastabilen Zustands ist, induzieren diese Photonen weitere Strahlung der gleichen Wellenlänge; durch diese induzierte Emission wird die Intensität der kohärenten Strahlung verstärkt

lated Emission of Radiation = Mikrowellen- bzw. Lichtverstärkung durch stimulierte Strahlungsemission). Wenn jetzt die angeregten Atome mit Photonen bestrahlt werden, die die gleiche Energie besitzen wie der Anregungszustand, so induziert die Strahlung abwärts gerichtete Übergänge. Die Zahl der emittierten Photonen übersteigt bei weitem die Zahl der absorbierten Photonen, was zu einer Strahlungsverstärkung führt. Der angeregte Zustand ist meist ein *metastabiler Zustand*, d. h. ein Zustand mit einer sehr langen mittleren Lebensdauer, wodurch der Anteil der spontanen Emission vernachlässigbar wird. Deshalb ist die resultierende Strahlung kohärent und monochromatisch. Zahlreiche Maserquellen wurden in interstellaren Molekülwolken und in den Staubhüllen von Sternen gefunden.

Synchrotronstrahlung. Eine freie Ladung emittiert bei beschleunigter Bewegung elektromagnetische Strahlung. Geladene Teilchen, die sich in einem Magnetfeld bewegen, folgen Schraubenlinien um die magnetischen Feldlinien. Vom Standpunkt des Feldes aus betrachtet ist die Bewegung kreisförmig und damit beschleunigt, die bewegte Ladung strahlt in Richtung ihres Geschwindigkeitsvektors. Diese Strahlung nennt man *Synchrotronstrahlung*. Sie wird in Kap. 16 „Das interstellare Medium" näher untersucht.

Maser und Synchrotronstrahlung sind Beispiele für nicht-thermische Strahlung, die in keinerlei Beziehung zur Wärmebewegung der Atome steht. Die Bremsstrahlung ist ebenfalls nicht-thermisch.

5.8 Strahlungstransport

Die Ausbreitung der Strahlung in einem Medium, auch Strahlungstransport genannt, ist eines der Grundprobleme der Astrophysik. Der Gegenstand ist zu kompliziert, um hier in Einzelheiten zu gehen, die Grundgleichung des Strahlungstransports kann allerdings leicht abgeleitet werden.

Angenommen, wir haben einen kleinen Zylinder der Grundfläche dA und der Länge dr. I_ν sei die Strahlungsintensität senkrecht zur Grundfläche, sie breite sich in einen Raumwinkel $d\omega$ aus ($[I] = \text{W m}^{-2}\,\text{Hz}^{-1}\,\text{sr}^{-1}$). Wenn sich die Intensität auf einer Strecke dr um den Betrag dI_ν ändert, so ändert sich die Energie innerhalb des Zylinders in der Zeit dt um

$$dE = dI\,dA\,d\nu\,d\omega\,dt \ .$$

dE resultiert aus der Bilanz von Emission und Absorption im Zylinder. Die absorbierte Energie beträgt [vgl. (4.15)]

$$dE_{\text{abs}} = \alpha_\nu I_\nu\,dr\,dA\,d\nu\,d\omega\,dt \ , \tag{5.22}$$

α_ν ist die Opazität des Mediums bei der Frequenz ν. Die Energiemenge, die bei der Frequenz ν im Raumwinkel $d\omega$ je Volumen- und Zeiteinheit abgestrahlt wird, sei j_ν ($[j] = \text{W m}^{-3}\,\text{Hz}^{-1}\,\text{sr}^{-1}$). j_ν wird als der *Emissionskoeffizient* des Mediums bezeichnet. Die Energie, die vom Zylinder in den Raumwinkel $d\omega$ emittiert wird, ist dann

$$dE_{\text{em}} = j_\nu\,dr\,dA\,d\nu\,d\omega\,dt \ . \tag{5.23}$$

5.8 Strahlungstransport

Aus
$$dE = -dE_{\text{abs}} + dE_{\text{em}}$$
folgt
$$dI_\nu = -\alpha_\nu I_\nu dr + j_\nu dr \quad \text{oder}$$

$$\frac{dI_\nu}{\alpha_\nu dr} = -I_\nu + \frac{j_\nu}{\alpha_\nu} \ . \tag{5.24}$$

Das Verhältnis von Emissionskoeffizient j_ν zu Absorptionskoeffizient oder Opazität α_ν bezeichnen wir mit S_ν:

$$S_\nu = j_\nu/\alpha_\nu \ . \tag{5.25}$$

S_ν wird die *Ergiebigkeit* genannt. Wegen $\alpha_\nu dr = d\tau_\nu$, wobei τ_ν die optische Tiefe bei der Frequenz ν ist, kann man statt (5.24) auch schreiben

$$\frac{dI_\nu}{d\tau_\nu} = -I_\nu + S_\nu \ . \tag{5.26}$$

Gleichung (5.26) ist die Grundgleichung des Strahlungstransports. Ohne die Gleichung zu lösen, sehen wir, daß für $I_\nu < S_\nu$ gilt $dI_\nu/d\tau_\omega > 0$ und sich die Intensität in Ausbreitungsrichtung erhöht. Für $I_\nu > S_\nu$ und $dI_\nu/d\tau_\nu < 0$ hingegen wird sich I_ν verringern. Im Gleichgewicht sind emittierte und absorbierte Energie gleich, und wir erhalten aus (5.22) und (5.23)

$$I_\nu = j_\nu/\alpha_\nu = S_\nu \ .$$

Setzen wir dies in (5.26) ein, so folgt $dI_\nu/d\tau_\nu = 0$. Im thermodynamischen Gleichgewicht ist die Strahlung des Mediums die eines Schwarzen Körpers, und die Ergiebigkeit wird durch das Plancksche Strahlungsgesetz gegeben:

$$S_\nu = B_\nu(T) = \frac{2h\nu^3}{c^2} \frac{1}{\exp(h\nu/kT) - 1} \ . \tag{5.27}$$

Auch wenn sich das System nicht im thermodynamischen Gleichgewicht befindet, kann es möglich sein, eine Anregungstemperatur T_a zu finden, so daß $B_\nu(T_a) = S_\nu$ gilt. Diese Temperatur kann dann frequenzabhängig sein.

Eine formale Lösung von (5.26) ist

$$I_\nu(\tau_\nu) = I_\nu(0) e^{-\tau_\nu} + \int_0^{\tau_\nu} e^{-(\tau_\nu - t)} S_\nu(t) dt \ . \tag{5.28}$$

Hier ist $I_\nu(0)$ die Intensität der Hintergrundstrahlung, die das Medium (z. B. eine interstellare Wolke) durchläuft und dabei exponentiell abklingt. Der zweite Term gibt die Emission im Medium an. Die Lösung ist nur formal, denn die Ergiebigkeit S_ν ist in der Regel unbekannt und muß simultan mit der Intensität gefunden werden. Wenn $S_\nu(\tau_\nu)$ innerhalb der Wolke konstant ist und wir die Hintergrundstrahlung vernachlässigen, erhalten wir

$$I_\nu(\tau_\nu) = S_\nu \int_0^{\tau_\nu} e^{-(\tau_\nu - t)} dt = S_\nu(1 - e^{-\tau_\nu}) \ . \tag{5.29}$$

Ist die Wolke optisch dick ($\tau_\nu \gg 1$), so gilt

$$I_\nu = S_\nu \ , \tag{5.30}$$

d. h. die Intensität ist gleich der Ergiebigkeit und Emissions- und Absorptionsprozesse sind im Gleichgewicht.

*Die Strahlungstransportgleichung innerhalb einer Atmosphäre

Eine bedeutsame Anwendung findet die Theorie des Strahlungstransports bei der Untersuchung der Atmosphären von Planeten und Sternen. In diesem Fall ändern sich die Eigenschaften des Mediums in guter Näherung nur in einer Richtung, sagen wir entlang der z-Achse. Die Intensität ist dann nur eine Funktion von z und θ, wobei θ der Winkel zwischen der z-Achse und der Ausbreitungsrichtung der Strahlung ist.

Bei der Anwendung auf Atmosphären ist es üblich, die optische Tiefe in vertikaler Richtung als

$$d\tau_\nu = -\alpha_\nu dz$$

zu definieren. (Normalerweise wächst z in aufsteigender Richtung und die optische Tiefe in absteigender Richtung innerhalb der Atmosphäre.) Das vertikale Linienelement dz hängt mit dem Linienelement entlang des Lichtstrahls dr entsprechend

$$dz = dr \cos\theta$$

zusammen. In dieser Schreibweise ergeben jetzt (5.24) und (5.26)

$$\cos\theta \, \frac{dI_\nu(z,\theta)}{d\tau_\nu} = I_\nu - S_\nu \ . \tag{1}$$

Das ist die Form der Strahlungstransportgleichung, wie sie uns bei der Untersuchung von Stern- oder Planetenatmosphären begegnet.

Ein zu (5.28) analoger formaler Ausdruck für die aus einer Atmosphäre austretende Intensität kann durch Integration von (1) von $\tau = \infty$ (wir nehmen an, daß der Boden der Atmosphäre bei unendlich großer optischer Tiefe liegt) bis $\tau = 0$ (entsprechend der Obergrenze der Atmosphäre) gewonnen werden. Man erhält

$$I_\nu(0,\theta) = \int_0^\infty S_\nu \exp(-\tau_\nu \sec\theta) \sec\theta \, d\tau_\nu \ . \tag{2}$$

Dieser Ausdruck wird in Abschn. 9.6 bei der Interpretation der Sternspektren Verwendung finden.

5.9 Übungen

5.9.1 Finde die Wellenlänge eines Photons, das beim Übergang eines Wasserstoffatoms von $n_2 = 110$ nach $n_1 = 109$, sogenannten Rydbergzuständen, emittiert wird.

Gleichung (5.8) ergibt

$$\frac{1}{\lambda} = 1{,}097 \times 10^7 \, \text{m}^{-1} \left(\frac{1}{109^2} - \frac{1}{110^2} \right) = 16{,}71 \, \text{m}^{-1} \ .$$

Daraus folgt $\lambda = 0{,}060$ m. Derartige Strahlung wurde erstmals 1965 mit einem NRAO-Radioteleskop beobachtet.

Kapitel 6 **Temperaturen**

Die Temperaturen astronomischer Objekte reichen nahezu vom absoluten Nullpunkt bis zu Millionen von Grad. Die Temperatur kann auf verschiedene Weise definiert werden; ihr Zahlenwert hängt von der speziell verwendeten Definition ab. Die Temperatur ist nur im Zustand des thermodynamischen Gleichgewichts eine eindeutige Größe. Da sich die meisten astrophysikalischen Objekte nicht im Gleichgewicht befinden, kann man ihnen keine einheitliche Temperatur zuordnen. Für viele Zwecke ist es jedoch nützlich, einzelne Erscheinungen durch eine Temperaturangabe zu beschreiben, deren Wert dann davon abhängt, wie sich vereinbart wurde.

Oft wird die Temperatur durch einen Vergleich des Objekts, zum Beispiel eines Sterns, mit einem Schwarzen Körper bestimmt. Obwohl reale Sterne nicht exakt wie Schwarze Körper strahlen, kann ihr Spektrum gewöhnlich durch das Spektrum eines Schwarzen Körpers angenähert werden, nachdem der Einfluß der Spektrallinien eliminiert wurde. Die resultierende Temperatur hängt dann von den speziellen Kriterien ab, nach denen die Planck-Funktion an die Beobachtungen angepaßt wurde.

Die wichtigste Größe für die Beschreibung der Oberflächentemperatur eines Sterns ist die *effektive Temperatur* T_e. Sie wird definiert als die Temperatur eines Schwarzen Körpers, der mit der gleichen Gesamtstrahlungsflußdichte strahlt wie der Stern. Da die effektive Temperatur nur von der gesamten Strahlungsleistung (integriert über alle Frequenzen) abhängt, ist sie für alle Energieverteilungen eindeutig definiert, auch wenn diese stark vom Planckschen Strahlungsgesetz abweichen.

Im vorangehenden Abschnitt haben wir das Stefan-Boltzmann-Gesetz abgeleitet, das die Gesamtstrahlungsflußdichte als Funktion der Temperatur angibt. Wenn wir jetzt einen Temperaturwert T_e finden, für den das Stefan-Boltzmann-Gesetz die richtige Flußdichte F auf der Sternoberfläche liefert, so haben wir die effektive Temperatur gefunden. Die Flußdichte auf der Oberfläche beträgt

$$F = \sigma T_e^4 \ . \tag{6.1}$$

Der gesamte Fluß ist $L = 4\pi R^2 F$, wobei R der Radius des Sterns ist und die Flußdichte in der Entfernung r durch

$$F' = \frac{L}{4\pi r^2} = \frac{R^2}{r^2} F = \left(\frac{\alpha}{2}\right)^2 \sigma T_e^4 \tag{6.2}$$

gegeben wird. $\alpha = 2R/r$ ist der beobachtete Winkeldurchmesser des Sterns. Für eine direkte Bestimmung der effektiven Temperatur müssen wir die Gesamtflußdichte und den Winkeldurchmesser des Sterns messen. Das ist nur in den wenigen Fällen möglich, bei denen der Durchmesser durch interferometrische Messungen gefunden wurde.

Ordnen wir die Flußdichte F_λ auf der Sternoberfläche dem Planckschen Strahlungsgesetz bei der Wellenlänge λ zu, so erhalten wir die *Strahlungstemperatur* T_s

(genaugenommen die monochromatische Schwarze Temperatur). Im isotropen Fall haben wir $F_\lambda = \pi B_\lambda(T_s)$. Wenn der Sternradius R und die Entfernung von der Erde r sind, dann ist die beobachtete Flußdichte

$$F'_\lambda = \frac{R^2}{r^2} F_\lambda .$$

F'_λ kann wiederum nur dann bestimmt werden, wenn der Winkeldurchmesser α bekannt ist. Die Strahlungstemperatur erhält man aus

$$F'_\lambda = \left(\frac{\alpha}{2}\right)^2 \pi B_\lambda(T_s) . \tag{6.3}$$

Da der Stern nicht wie ein Schwarzer Körper strahlt, hängt die Strahlungstemperatur von der in (6.3) eingehenden Wellenlänge ab.

In der Radioastronomie wird die Strahlungstemperatur verwendet, um die Intensität (oder Flächenhelligkeit) der Quelle auszudrücken. Ist I_ν die Intensität bei der Frequenz ν, so erhält man die Strahlungstemperatur aus

$$I_\nu = B_\nu(T_s) .$$

T_s ist die Temperatur eines Schwarzen Körpers mit der gleichen Flächenhelligkeit wie die beobachtete Quelle.

Da Radiowellenlängen sehr groß sind, wird die Bedingung $h\nu \ll kT$ der Rayleigh-Jeans-Näherung meist erfüllt (außer für die Millimeter- und Submillimeter-Bänder), und wir können das Plancksche Strahlungsgesetz schreiben als

$$B_\nu(T_s) = \frac{2h\nu^3}{c^2} \frac{1}{\exp(h\nu/kT_s)-1} = \frac{2h\nu^3}{c^2} \frac{1}{1+(h\nu/kT_s)+\ldots-1} \approx \frac{2k\nu^2}{c^2} T_s . \tag{6.4}$$

So erhalten wir den folgenden Ausdruck für die radioastronomische Strahlungstemperatur:

$$T_s = \frac{c^2}{2k\nu^2} I_\nu = \frac{\lambda^2}{2k} I_\nu . \tag{6.5}$$

Ein Maß für das von einem Radioteleskop registrierte Signal ist die *Antennentemperatur* T_A. Nach Messung der Antennentemperatur bekommen wir die Strahlungstemperatur aus

$$T_A = \eta T_s ; \tag{6.6}$$

η ist der *Wirkungsgrad* der Antenne (typische Werte $0,4 < \eta < 0,8$). Gleichung (6.6) gilt, solange die Quelle groß genug ist, um das gesamte Strahlenbündel bzw. den Raumwinkel Ω_A, aus dem die Antenne Strahlung erhält, auszufüllen. Wenn der von der Quelle aufgespannte Raumwinkel Ω_s kleiner ist als Ω_A, so ist die beobachtete Antennentemperatur

$$T_A = \eta \frac{\Omega_s}{\Omega_A} T_s , \quad (\Omega_s < \Omega_A) . \tag{6.7}$$

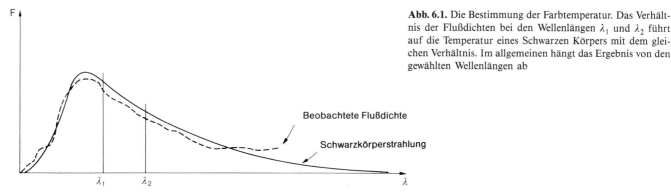

Abb. 6.1. Die Bestimmung der Farbtemperatur. Das Verhältnis der Flußdichten bei den Wellenlängen λ_1 und λ_2 führt auf die Temperatur eines Schwarzen Körpers mit dem gleichen Verhältnis. Im allgemeinen hängt das Ergebnis von den gewählten Wellenlängen ab

Die *Farbtemperatur* T_F ist eine Temperatur, die auch dann bestimmt werden kann, wenn der Winkeldurchmesser der Quelle unbekannt ist (Abb. 6.1). Wir müssen nur die relative Energieverteilung in einem bestimmten Wellenlängenbereich $[\lambda_1, \lambda_2]$ kennen, der Absolutwert des Strahlungsflusses wird nicht benötigt. Die beobachtete Flußdichte als Funktion der Wellenlänge wird mit der Planck-Funktion bei verschiedenen Temperaturen verglichen. Die den Verlauf am besten annähernde Temperatur ist die Farbtemperatur im Intervall $[\lambda_1, \lambda_2]$. Im allgemeinen unterscheiden sich die Farbtemperaturen für verschiedene Wellenlängenintervalle, da sich die Form der beobachteten Energieverteilung deutlich vom Spektrum des Schwarzen Körpers unterscheiden kann.

Eine einfache Methode zum Auffinden der Farbtemperatur ist die folgende. Wir messen die Flußdichte F'_λ bei zwei Wellenlängen λ_1 und λ_2. Wenn wir annehmen, daß die Energieverteilung dem Planckschen Strahlungsgesetz folgt, muß das Verhältnis dieser Flußdichten das gleiche sein wie das aus dem Planck-Gesetz folgende:

$$\frac{F'_{\lambda_1}}{F'_{\lambda_2}} = \frac{B_{\lambda_1}(T)}{B_{\lambda_2}(T)} = \frac{\lambda_2^5}{\lambda_1^5} \frac{\exp(hc/\lambda_2 kT) - 1}{\exp(hc/\lambda_1 kT) - 1} \;. \tag{6.8}$$

Die sich aus dieser Gleichung ergebende Temperatur T ist die Farbtemperatur.

Die beobachteten Flußdichten entsprechen bestimmten Helligkeiten m_{λ_1} und m_{λ_2}. Aus der Definition der scheinbaren Helligkeit folgt

$$m_{\lambda_1} - m_{\lambda_2} = -2{,}5 \lg \frac{F'_{\lambda_1}}{F'_{\lambda_2}} + \text{const} \;.$$

Der konstante Anteil ist eine Folge der unterschiedlichen Nullpunkte der Helligkeitsskalen. Wenn die Temperatur nicht zu hoch ist, können wir die Wiensche Näherung auf den optischen Bereich des Spektrums anwenden:

$$m_{\lambda_1} - m_{\lambda_2} = -2{,}5 \lg \frac{B_{\lambda_1}}{B_{\lambda_2}} = -2{,}5 \lg \left(\frac{\lambda_2}{\lambda_1}\right)^5 + 2{,}5 \frac{hc}{kT} \left(\frac{1}{\lambda_1} - \frac{1}{\lambda_2}\right) \lg e + \text{const} \;.$$

Oder wir schreiben

$$m_{\lambda_1} - m_{\lambda_2} = a + b/T_F \;, \tag{6.9}$$

wobei a und b Konstanten sind. Man sieht, daß es einen einfachen Zusammenhang zwischen der Differenz zweier Helligkeiten und der Farbtemperatur gibt.

Genaugenommen sind die Helligkeiten in (6.9) monochromatisch, die gleiche Beziehung kann aber auch für Breitbandhelligkeiten wie B oder V verwendet werden. In diesem Fall sind die zwei Wellenlängen vom Wesen her die effektiven Wellenlängen des B- oder V-Bandes. Die Konstante wird so gewählt, daß für Sterne des Spektraltyps AO gilt B-V = 0 (siehe Kap. 9). Auf diese Weise gibt der Farbenindex B-V auch die Farbtemperatur an.

Die *kinetische Temperatur* T_k bezieht sich auf die mittlere Geschwindigkeit der Gasmoleküle. Die kinetische Energie eines Moleküls eines idealen Gases als Funktion der Temperatur folgt aus der kinetischen Gastheorie:

$$\text{Kinetische Energie} = \tfrac{1}{2} m v^2 = \tfrac{3}{2} k T_k \,.$$

Durch Umstellen erhalten wir

$$T_k = \frac{m v^2}{3k} \,, \tag{6.10}$$

wobei m die Masse des Moleküls, v seine mittlere Geschwindigkeit (oder besser die Wurzel aus dem mittleren Abweichungsquadrat der Geschwindigkeit) und k die Boltzmann-Konstante sind. Für ideale Gase ist der Druck der kinetischen Temperatur direkt proportional (vgl. *Gasdruck und Strahlungsdruck, S. 267):

$$P = n k T_k \,, \tag{6.11}$$

n ist die Anzahldichte der Moleküle (Moleküle pro Volumeneinheit).

Wir haben bereits die Anregungstemperatur T_α als eine Temperatur definiert, die, eingesetzt in die Boltzmann-Verteilung (5.9), die beobachteten Besetzungszahlen festlegt. Wenn die Verteilung der Atome auf die verschiedenen Niveaus nur das Ergebnis gegenseitiger Stöße dieser Atome ist, so ist die Anregungstemperatur gleich der kinetischen Temperatur, $T_\alpha = T_k$. Die Ionisationstemperatur T_i erhält man durch Vergleich der Anzahl der Atome in den verschiedenen Ionisationsstufen. Da Sterne keine Schwarzen Körper sind, variiert die Größe von Anregungs- und Ionisationstemperatur in Abhängigkeit von dem Element, dessen Spektrallinien für die Temperaturbestimmung benutzt werden.

Im thermodynamischen Gleichgewicht sind alle diese Temperaturen gleich.

6.1. Übungen

6.6.1 *Bestimmung der effektiven Temperatur*

Die beobachtete Flußdichte des Sterns Arktur beträgt

$$F' = 4{,}5 \times 10^{-8} \, \text{W m}^{-2} \,.$$

Interferometermessungen ergeben einen Winkeldurchmesser von $\alpha = 0{,}020''$ bzw. $\alpha/2 = 4{,}85 \times 10^{-8}$ rad. Aus (6.2) erhalten wir

$$T_e = \left(\frac{4{,}5 \times 10^{-8}}{(4{,}85 \times 10^{-8})^2 \times 5{,}669 \times 10^{-8}} \right)^{1/4} \text{K} = 4300 \, \text{K} \,.$$

Kapitel 7 **Himmelsmechanik**

Die Himmelsmechanik, das Studium der Bewegung der Himmelskörper, war bis zum Ende des 19. Jahrhunderts, als sich die Astrophysik rasch zu entwickeln begann, zusammen mit der sphärischen Astronomie das Hauptgebiet der Astronomie. Die erste Aufgabe der klassischen Himmelsmechanik war die Erklärung und Vorhersage der Bewegung der Planeten und ihrer Satelliten. Verschiedene empirische Hilfsmittel wie die Epizyklen oder die Keplerschen Gesetze wurden angewandt, um diese Bewegungen zu beschreiben. Aber keines der Modelle erklärte, warum sich die Planeten in der beobachteten Weise bewegen. Erst in den achtziger Jahren des 16. Jahrhunderts wurde eine einfache Erklärung für all diese Bewegungen gefunden – das Newtonsche Gravitationsgesetz. In diesem Kapitel werden wir einige Eigenschaften der Bahnbewegung ableiten. Die hierfür benötigte Physik ist in der Tat einfach, es sind nur die Newtonschen Gesetze. (Für einen Überblick siehe *Die Newtonschen Gesetze, S. 153.)

Das Kapitel ist mathematisch etwas verwickelter als der Rest des Buches. Wir werden einiges an Vektorrechnung benötigen, um unsere Ergebnisse herzuleiten, dies kann jedoch leicht mit Hilfe elementarer Mathematik verstanden werden. Eine Zusammenfassung der Grundlagen der Vektorrechnung wird in Anhang A.3 gegeben.

7.1 Die Bewegungsgleichungen

Wir werden uns auf Zweikörpersysteme beschränken, dem tatsächlich kompliziertesten Fall, der noch eine saubere analytische Lösung zuläßt. Der Einfachheit halber wollen wir die Körper die Sonne und den Planeten nennen, obwohl es sich ebensogut um einen Planeten und seinen Mond oder um die zwei Komponenten eines Doppelsternsystems handeln könnte.

Die Massen der zwei Körper seien m_1 und m_2 und die Radiusvektoren in irgendeinem festen Bezugssystem seien r_1 und r_2 (Abb. 7.1). Die Stellung des Planeten relativ

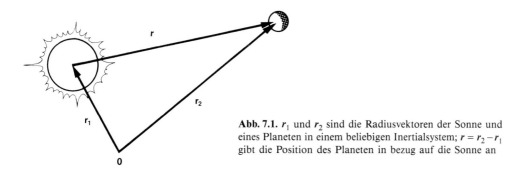

Abb. 7.1. r_1 und r_2 sind die Radiusvektoren der Sonne und eines Planeten in einem beliebigen Inertialsystem; $r = r_2 - r_1$ gibt die Position des Planeten in bezug auf die Sonne an

zur Sonne wird durch $r = r_2 - r_1$ bezeichnet. Entsprechend dem Newtonschen Gravitationsgesetz verspürt der Planet eine Anziehungskraft, die proportional zu den Massen m_1 und m_2 und umgekehrt proportional zum Quadrat des Abstandes r ist. Da die Kraft auf die Sonne gerichtet ist, kann sie dargestellt werden als

$$F = -Gm_1m_2\frac{r}{r^3}, \tag{7.1}$$

wobei G die *Gravitationskonstante* ist. (Mehr darüber in Abschn. 7.5.)

Das zweite Newtonsche Gesetz besagt, daß die Beschleunigung $\ddot{r}_2$ des Planeten proportional der auf ihn wirkenden Kraft ist:

$$F = m_2\ddot{r}_2. \tag{7.2}$$

Durch Kombination von (7.1) und (7.2) erhalten wir die *Bewegungsgleichung* des Planeten:

$$m_2\ddot{r}_2 = -Gm_1m_2\frac{r}{r^3}. \tag{7.3}$$

Da die Sonne die gleiche Anziehungskraft erfährt, jedoch in entgegengesetzter Richtung, können wir auch sofort die Bewegungsgleichung für die Sonne aufschreiben:

$$m_1\ddot{r}_1 = Gm_1m_2\frac{r}{r^3}. \tag{7.4}$$

Wir sind hauptsächlich an der relativen Bewegung des Planeten in bezug auf die Sonne interessiert. Um die Gleichung für die relative Bahn zu finden, kürzen wir die auf beiden Seiten von (7.3) und (7.4) erscheinenden Massen und subtrahieren (7.4) von (7.3). Wir erhalten

$$\ddot{r} = -\mu\frac{r}{r^3}, \quad \text{wobei wir} \tag{7.5}$$

$$\mu = G(m_1 + m_2) \tag{7.6}$$

vereinbart haben. Die Lösung von (7.5) gibt uns jetzt die relative Bahnbewegung des Planeten. Die Gleichung enthält den Radiusvektor und seine zweite zeitliche Ableitung. Im Prinzip sollte uns die Lösung den Radiusvektor als eine Funktion der Zeit liefern, $r = r(t)$. Leider sind die Dinge in der Praxis nicht ganz so einfach; es gibt tatsächlich keine Möglichkeit, den Radiusvektor in geschlossener Form (d. h. als einen endlichen Ausdruck bekannter elementarer Funktionen) als Funktion der Zeit darzustellen. Zwar gibt es mehrere Wege, um die Bewegungsgleichung zu lösen, stets jedoch müssen wir zu einigen mathematischen Manipulationen in dieser oder jener Form Zuflucht nehmen, um die wesentlichen Eigenschaften der Bahnbewegung herauszuarbeiten. Als nächstes wollen wir eine dieser Methoden untersuchen.

7.2 Die Lösung der Bewegungsgleichung

Die Bewegungsgleichung (7.5) ist eine Vektordifferentialgleichung zweiter Ordnung (d. h. sie enthält als höchste die zweite Ableitung). Für die vollständige Lösung benötigen wir deshalb sechs Integrationskonstanten oder *Integrale*. Die Lösung selbst ist eine unendliche Schar von Bahnen verschiedener Größe, Form und Orientierung. Eine spezielle Lösung (z. B. die Jupiterbahn) wird durch das Festlegen der Werte der sechs Integrale ausgewählt. Das Schicksal eines Planeten ist durch seine Position und Geschwindigkeit zu irgendeinem beliebigen Zeitpunkt eindeutig bestimmt, wir können also die Position und den Geschwindigkeitsvektor zu einem bestimmten Zeitpunkt als unsere Integrale verwenden. Obwohl diese uns nichts über die Geometrie der Bahn aussagen, können sie als Anfangswerte für eine numerische Integration durch einen Computer genutzt werden. Ein weiterer Satz an Integralen, die *Bahnelemente*, enthält geometrische Größen, welche die Bahn in sehr klarer und konkreter Form beschreiben; wir kommen später darauf zurück. Ein dritter möglicher Satz enthält verschiedene physikalische Größen. Ihn werden wir als nächstes herleiten.

Wir beginnen damit, zu zeigen, daß der Drehimpuls konstant ist. Der Drehimpuls eines Planeten im heliozentrischen Koordinatensystem ist

$$L = m_2 r \times \dot{r} \;.$$

Die Himmelsmechaniker bevorzugen die Verwendung des Drehimpulses dividiert durch die Planetenmasse:

$$k = r \times \dot{r} \;.$$

Die zeitliche Ableitung davon ist

$$\dot{k} = r \times \ddot{r} + \dot{r} \times \dot{r} \;. \tag{7.7}$$

Als Vektorprodukt zweier paralleler Vektoren verschwindet der zweite Term. Der erste Term enthält $\ddot{r}$, das durch die Bewegungsgleichungen gegeben ist:

$$\dot{k} = r \times (-\mu r/r^3) = -(\mu/r^3) r \times r = 0 \;.$$

k ist also ein konstanter, zeitunabhängiger Vektor (wie natürlich auch L).

Da der Drehimpulsvektor stets senkrecht zur Bewegung steht [dies folgt aus der zeitlichen Ableitung (7.7) von k], bleibt die Bewegung zu allen Zeiten auf die feste Ebene senkrecht zu k beschränkt.

Um einen weiteren konstanten Vektor zu finden, berechnen wir das Vektorprodukt $k \times \ddot{r}$:

$$k \times \ddot{r} = (r \times \dot{r}) \times (-\mu r/r^3) = -\frac{\mu}{r^3}(r \cdot r)\dot{r} - (r \cdot \dot{r})r \;.$$

Die Zeitableitung des Abstandes r ist gleich der Projektion von $\dot{r}$ auf die Richtung von r (Abb. 7.2). So erhalten wir unter Beachtung der Eigenschaften des Skalarproduktes $\dot{r} = r \cdot \dot{r}/r$ und es ergibt sich

$$r \cdot \dot{r} = r\dot{r} \;. \tag{7.8}$$

Abb. 7.2. Die Radialgeschwindigkeit $\dot{r}$ ist die Projektion des Geschwindigkeitsvektors $\dot{\boldsymbol{r}}$ auf die Richtung des Radiusvektors $\boldsymbol{r}$

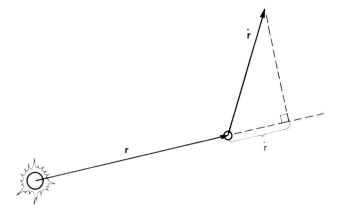

Weiter folgt

$$\boldsymbol{k} \times \ddot{\boldsymbol{r}} = -\mu \left[\frac{\dot{\boldsymbol{r}}}{r} - \frac{\boldsymbol{r}\dot{r}}{r^2} \right] = \frac{d}{dt}\left(-\mu \frac{\boldsymbol{r}}{r} \right) .$$

$\boldsymbol{k}$ ist ein konstanter Vektor, und somit kann das Vektorprodukt auch ausgedrückt werden als

$$\boldsymbol{k} \times \ddot{\boldsymbol{r}} = \frac{d}{dt}(\boldsymbol{k} \times \dot{\boldsymbol{r}}) .$$

Indem wir dies mit der vorigen Gleichung kombinieren, erhalten wir

$$\frac{d}{dt}\left(\boldsymbol{k} \times \dot{\boldsymbol{r}} + \frac{\mu \boldsymbol{r}}{r} \right) = 0 \quad \text{sowie}$$

$$\boldsymbol{k} \times \dot{\boldsymbol{r}} + \frac{\mu \boldsymbol{r}}{r} = \text{const} = -\mu \boldsymbol{e} . \tag{7.9}$$

Weil $\boldsymbol{k}$ senkrecht auf der Bahn steht, muß $\boldsymbol{k} \times \dot{\boldsymbol{r}}$ in der Bahnebene liegen. $\boldsymbol{e}$ ist eine Linearkombination zweier Vektoren in der Bahnebene, $\boldsymbol{e}$ selbst liegt also ebenfalls in der Bahnebene (Abb. 7.3). Später werden wir sehen, daß $\boldsymbol{e}$ in diejenige Richtung zeigt, in

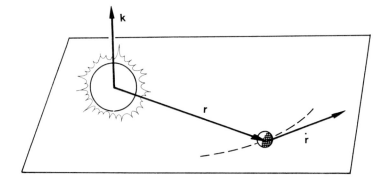

Abb. 7.3. Der Drehimpulsvektor $\boldsymbol{k}$ steht senkrecht auf dem Radius- und dem Geschwindigkeitsvektor des Planeten. Da $\boldsymbol{k}$ ein konstanter Vektor ist, bleibt die Bewegung des Planeten auf die Ebene senkrecht zu $\boldsymbol{k}$ beschränkt

7.2 Die Lösung der Bewegungsgleichung

der der Planet in seiner Bahn der Sonne am nächsten kommt. Dieser Punkt wird *Perihel* genannt.

Eine weitere Konstante finden wir durch die Berechnung von $\dot{r}\cdot\ddot{r}$:

$$\dot{r}\cdot\ddot{r} = -\mu\dot{r}\cdot r/r^3 = -\mu r\dot{r}/r^3 = -\mu\dot{r}/r^2 = \frac{d}{dt}\left(\frac{\mu}{r}\right) .$$

Da außerdem gilt

$$\dot{r}\cdot\ddot{r} = \frac{d}{dt}\left(\frac{1}{2}\dot{r}\cdot\dot{r}\right) ,$$

erhalten wir

$$\frac{d}{dt}\left(\frac{1}{2}\dot{r}\cdot\dot{r} - \frac{\mu}{r}\right) = 0 \quad \text{oder}$$

$$\frac{1}{2}v^2 - \frac{\mu}{r} = \text{const} = h . \tag{7.10}$$

Hier ist v die Geschwindigkeit des Planeten relativ zur Sonne. Die Konstante h wird das *Energieintegral* genannt; die Gesamtenergie des Planeten ist $m_2 h$. Wir dürfen nicht vergessen, daß Energie und Drehimpuls vom gewählten Koordinatensystem abhängen. Hier verwendeten wir das heliozentrische Koordinatensystem, das sich in Wirklichkeit in beschleunigter Bewegung befindet.

Bis jetzt haben wir zwei konstante Vektoren und eine skalare Größe gefunden. Es sieht so aus, als hätten wir bereits sieben Integrale, also ein Integral zuviel. Es sind jedoch nicht alle diese Konstanten voneinander unabhängig; insbesondere gelten die folgenden zwei Beziehungen:

$$\mathbf{k}\cdot\mathbf{e} = 0 , \tag{7.11}$$

$$\mu^2(e^2 - 1) = 2hk^2 , \tag{7.12}$$

wobei e und k die Beträge von $\mathbf{e}$ und $\mathbf{k}$ sind. Die erste Gleichung folgt unmittelbar aus der Definition von $\mathbf{e}$ und $\mathbf{k}$. Zum Beweis von (7.12) quadrieren wir beide Seiten von (7.9) und bekommen

$$\mu^2 e^2 = (\mathbf{k}\times\dot{\mathbf{r}})(\mathbf{k}\times\dot{\mathbf{r}}) + \mu^2\frac{\mathbf{r}\cdot\mathbf{r}}{r^2} + 2(\mathbf{k}\times\dot{\mathbf{r}})\cdot\frac{\mu\mathbf{r}}{r} .$$

Da $\mathbf{k}$ senkrecht auf $\dot{\mathbf{r}}$ steht, ist der Betrag von $\mathbf{k}\times\dot{\mathbf{r}}$ gleich $|\mathbf{k}||\dot{\mathbf{r}}|$ und $(\mathbf{k}\times\dot{\mathbf{r}})(\mathbf{k}\times\dot{\mathbf{r}}) = k^2 v^2$. So erhalten wir

$$\mu^2 e^2 = k^2 v^2 + \mu^2 + \frac{2\mu}{r}(\mathbf{k}\times\dot{\mathbf{r}}\cdot\mathbf{r}) .$$

Innerhalb der Klammern haben wir ein skalares Dreifachprodukt. Dieses können wir umformen zu $\mathbf{k}\cdot\dot{\mathbf{r}}\times\mathbf{r}$. Als nächstes vertauschen wir die Reihenfolge von $\dot{\mathbf{r}}$ und $\mathbf{r}$. Das

Vektorprodukt ist antikommutativ, wir müssen deshalb das Vorzeichen des Produktes ändern:

$$\mu^2(e^2-1) = k^2 v^2 - \frac{2\mu}{r}(k \cdot r \times \dot{r}) = k^2 v^2 - \frac{2\mu}{r} k^2 = 2k^2\left(\frac{1}{2}v^2 - \frac{\mu}{r}\right) = 2k^2 h \ .$$

Das ist der vollständige Beweis von (7.12).

Die Beziehungen (7.11) und (7.12) reduzieren die Zahl der unabhängigen Integrale um zwei, wir benötigen also noch ein weiteres Integral. Die bereits bekannten Konstanten beschreiben vollständig Größe, Form und Orientierung der Bahn, aber wir wissen immer noch nicht, wo sich der Planet befindet! Um seine Position innerhalb der Bahn zu bestimmen, müssen wir wissen, wo der Planet zur Zeit $t = t_0$ ist, oder umgekehrt, zu welcher Zeit er in einer bestimmten Richtung steht. Wir verwenden die zweite Variante, indem wir die Zeit der Perihelpassage, die *Perihelzeit* τ, festlegen.

7.3 Die Bahngleichung und das erste Keplersche Gesetz (Abb. 7.4)

Um die geometrische Form der Bahn zu finden, leiten wir jetzt die Bahngleichung ab. Da *e* ein konstanter, in der Bahnebene liegender Vektor ist, nutzen wir ihn als Bezugsrichtung. Den Winkel zwischen Radiusvektor *r* und *e* nennen wir *f*. Der Winkel *f* wird als *wahre Anomalie*[1] bezeichnet. Unter Verwendung der Eigenschaften des Skalarproduktes erhalten wir

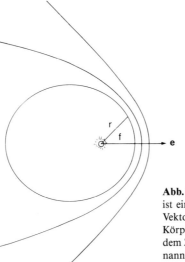

Abb. 7.4. Die Bahn eines Körpers im Schwerefeld eines anderen Körpers ist ein Kegelschnitt: eine Ellipse, eine Parabel oder eine Hyperbel. Der Vektor *e* zeigt in Richtung des Perizentrums, wo der sich bewegende Körper dem Zentralkörper am nächsten kommt. Handelt es sich bei dem Zentralkörper um die Sonne, so wird diese Richtung des Perihel genannt, ist er irgendein anderer Stern, das Periastron, für die Erde das Perigäum usw. Die wahre Anomalie *f* wird vom Perizentrum aus gemessen

---

[1] Es ist nichts falsch oder anomal an dieser oder an anderen Anomalien, welche uns später noch begegnen werden. Die vom Perihel aus gemessenen Winkel werden Anomalien genannt, um sie von den Längen zu unterscheiden, die von irgendeinem anderen Bezugspunkt aus (meist vom Frühlingspunkt aus) gemessen werden.

7.4 Die Bahnelemente

$$r \cdot e = re \cos f \; .$$

Das Produkt $r \cdot e$ kann ebenfalls anhand der Definition von e ausgewertet werden:

$$r \cdot e = -\frac{1}{\mu}(r \cdot k \times \dot{r} + \mu r \cdot r/r) = -\frac{1}{\mu}(k \cdot \dot{r} \times r + \mu r) = -\frac{1}{\mu}(-k^2 + \mu r) = k^2/\mu - r \; .$$

Es ergibt sich

$$r = \frac{k^2/\mu}{1 + e \cos f} \; . \tag{7.13}$$

Dies ist die allgemeine Gleichung der Kegelschnitte in Polarkoordinaten (eine kurze Zusammenfassung zu den Kegelschnitten findet sich in Anhang A.4). Der Betrag von e ist die Exzentrizität des Kegelschnittes; man erhält folgende Bahnformen:

$e = 0$ Kreisbahn , $e = 1$ Parabel ,

$0 < e < 1$ Ellipse , $e > 1$ Hyperbel .

Untersuchen wir (7.13), so finden wir, daß r für $f = 0$ (d. h. in Richtung des Vektors e) ein Minimum einnimmt. e zeigt in der Tat in Richtung des Perihels.

Ausgehend von den Newtonschen Gesetzen haben wir es jetzt geschafft, das erste Keplersche Gesetz zu beweisen:

*Die Bahn eines Planeten ist eine Ellipse,
in deren einem Brennpunkt die Sonne steht.*

Ohne jeden weiteren Aufwand haben wir gleichzeitig gezeigt, daß andere Kegelschnitte wie die Parabel oder die Hyperbel ebenfalls mögliche Bahnformen sind.

7.4 Die Bahnelemente (Abb. 7.5)

Wir haben einen für die Untersuchung der Dynamik der Bahnbewegung brauchbaren Satz an Integralen gefunden. Jetzt kommen wir zu einem anderen Satz an Integralen, die eher dafür geeignet sind, die Geometrie der Bahn zu beschreiben. Die folgenden sechs Größen werden die *Bahnelemente* genannt:

- große Halbachse a ;
- Exzentrizität e ;
- Bahnneigung (Inklination) ι ;
- Länge des aufsteigenden Knotens Ω ;
- Abstand des Perihels vom aufsteigenden Knoten ω ;
- Perihelzeit τ .

Die Exzentrität ist einfach der Betrag des Vektors e. Anhand der Bahngleichung (7.13) sehen wir, daß der *Parameter* der Bahn $p = k^2/\mu$ ist. Der Parameter eines Kegelschnittes ist stets $a|1 - e^2|$, woraus man bei bekanntem e und k die große Halbachse erhält:

Abb. 7.5a–c. Für die Beschreibung einer Planetenbahn werden sechs Integrationskonstanten benötigt. Diese Konstanten kann man auf verschiedene Weise wählen. (**a**) Wird die Bahn numerisch berechnet, wählt man am einfachsten die Anfangswerte von Radiusvektor und Geschwindigkeitsvektor. (**b**) Eine andere Möglichkeit besteht darin, den Drehimpuls k, die Richtung des Perihels e (deren Betrag die Exzentrizität ergibt) und die Perihelzeit τ zu verwenden. (**c**) Die dritte Methode beschreibt am besten die Geometrie der Bahn. Die Konstanten sind die Länge des aufsteigenden Knotens Ω, die Länge des Perihels ω, die Bahnneigung ι, die große Halbachse a, die Exzentrizität e und die Perihelzeit τ

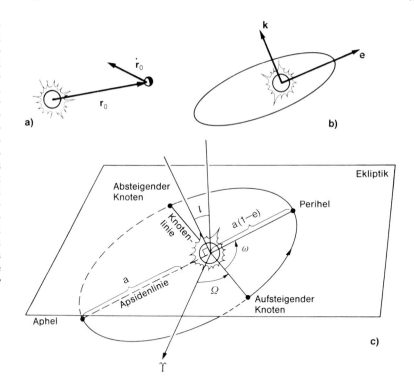

$$a = \frac{k^2/\mu}{|1-e^2|} \,. \tag{7.14}$$

Durch Anwendung von (7.12) bekommen wir eine wichtige Beziehung zwischen der Größe der Bahn und dem Energieintegral h:

$$a = \begin{cases} -\mu/2h \,, & \text{falls die Bahn eine Ellipse ist} \\ +\mu/2h \,, & \text{falls die Bahn eine Hyperbel ist} \,. \end{cases} \tag{7.15}$$

Für ein gebundenes System (eine elliptische Bahn) sind Gesamtenergie und Energieintegral negativ. Für eine hyperbolische Bahn ist h positiv; die kinetische Energie ist so groß, daß das Teilchen das System verlassen (oder, korrekter gesagt, ins Unendliche entweichen) kann. Die Parabel ist mit $h = 0$ der Grenzfall zwischen elliptischer und hyperbolischer Bahn. In der Realität existieren keine parabolischen Bahnen; kein Gegenstand kann ein Energieintegral von exakt Null haben. Wenn jedoch die Exzentrizität sehr nahe bei Eins liegt (wie es bei vielen Kometenbahnen der Fall ist), wird die Bahn gewöhnlich als parabolisch betrachtet und die Berechnungen auf diese Weise vereinfacht.

Die Orientierung der Bahn wird durch die Richtungen der beiden Vektoren k (senkrecht zur Bahnebene) und e (auf das Perihel zeigend) bestimmt. Die drei Winkel ι, Ω und ω enthalten die gleiche Information.

Die Inklination ι gibt die Neigung der Bahn zu einer festen Bezugsebene an. Für Körper des Sonnensystems ist dies gewöhnlich die Ekliptik. Für Körper, die sich in der üblichen Richtung, d. h. entgegen dem Uhrzeigersinn, bewegen, liegt die Inklination im Intervall $[0°, 90°]$; für retrograde Bahnen (Bewegung im Uhrzeigersinn) liegt sie im Be-

7.4 Die Bahnelemente

reich [90°, 180°]. Zum Beispiel beträgt die Bahnneigung des Kometen Halley 162°. Das bedeutet, daß seine Bewegung retrograd ist und der Winkel zwischen seiner Bahnebene und der Ekliptik 180°−162° = 18° beträgt.

Die Länge des aufsteigenden Knotens Ω gibt an, wo der Körper die Ekliptik von Süden nach Norden überquert. Sie wird ausgehend vom Frühlingspunkt entgegen dem Uhrzeigersinn gezählt. Die Bahnelemente ι und Ω zusammen bestimmen die Orientierung der Bahnebene; sie stehen in engem Zusammenhang mit der Richtung von **k**.

Der Abstand des Perihels ω gibt die Richtung des Perihels, gemessen vom aufsteigenden Knoten in Bewegungsrichtung, an. Die gleiche Information enthält die Richtung von **e**. Sehr häufig wird ein anderer Winkel, die Länge des Perihels $\tilde{\omega}$ (auch mit Pi bezeichnet) anstelle von ω verwendet, die definiert wird als

$$\tilde{\omega} = \Omega + \omega . \tag{7.16}$$

Es ist ein recht eigenartiger Winkel, wird er doch teils entlang der Ekliptik, teils entlang der Bahnebene gemessen.

Bis zu diesem Punkt haben wir angenommen, daß jeder Planet mit der Sonne ein separates Zweikörpersystem bildet. In Wirklichkeit beeinflussen sich die Planeten wechselseitig, indem sie gegenseitig Bahnstörungen ausüben. Jedoch weichen ihre Bewegungen nur gering von der Form der Kegelschnitte ab, und wir können die Bahnelemente zur Beschreibung ihrer Bahnen verwenden. Nur sind die Elemente nicht länger konstant, sie variieren langsam mit der Zeit. Außerdem ist ihre geometrische Interpretation nicht mehr ganz so offenkundig wie bisher. Aber darüber brauchen wir uns nicht weiter zu beunruhigen; die veröffentlichten Elemente sind in einer Weise berechnet, daß wir sie zum Auffinden der Positionen der Planeten genauso verwenden können, als wenn die Elemente konstant wären. Der einzige Unterschied ist der, daß wir zu jedem Zeitpunkt andere Elemente verwenden müssen.

Tabelle E.9 (am Ende des Buches) gibt die Bahnelemente der neun Planeten für das Ende des Jahres 1987. Wenn keine höhere Genauigkeit gefordert wird, können diese Elemente auch für andere Zeiten benutzt werden. Tabelle E.10 gibt die Elemente in Form von Polynomen, in denen die Variable T die Anzahl Julianischer Jahrhunderte ist, die seit 1900 vergangen sind. Da ein Julianisches Jahrhundert aus exakt 36 525 Tagen besteht, erhält man diese Variable einfach aus dem Julianischen Datum JD:

$$T = \frac{JD - 2\,415\,020}{36\,525} . \tag{7.17}$$

Auch diese Elemente enthalten keine periodischen Variationen, welche die Ausdrücke wesentlich komplizierter machen würden. Anstelle der Perihelzeit gibt Tabelle E.10 die mittlere Länge $L = M + \omega + \Omega$ an, die direkt auf die mittlere Anomalie M (diese wird in Abschn. 7.7 definiert) führt.

7.5 Das zweite und das dritte Keplersche Gesetz

Der Radiusvektor eines Planeten in Polarkoordinaten ist einfach

$$\boldsymbol{r} = r\hat{\boldsymbol{e}}_r \, , \tag{7.18}$$

wobei $\hat{\boldsymbol{e}}_r$ ein zu $\boldsymbol{r}$ paralleler Einheitsvektor ist (Abb. 7.6). Wenn sich der Planet mit der Winkelgeschwindigkeit $\dot{f}$ bewegt, ändert sich die Richtung dieses Einheitsvektors mit gleicher Geschwindigkeit

$$\dot{\hat{\boldsymbol{e}}}_r = \dot{f}\hat{\boldsymbol{e}}_f \, , \tag{7.19}$$

$\hat{\boldsymbol{e}}_f$ ist ein zu $\hat{\boldsymbol{e}}_r$ senkrechter Einheitsvektor. Die Geschwindigkeit des Planeten findet man durch Bildung der Zeitableitung von (7.18):

$$\dot{\boldsymbol{r}} = \dot{r}\hat{\boldsymbol{e}}_r + r\dot{\hat{\boldsymbol{e}}}_r = \dot{r}\hat{\boldsymbol{e}}_r + r\dot{f}\hat{\boldsymbol{e}}_f \, . \tag{7.20}$$

Der Drehimpuls $\boldsymbol{k}$ kann jetzt unter Verwendung von (7.18) und (7.20) dargestellt werden:

$$\boldsymbol{k} = \boldsymbol{r} \times \dot{\boldsymbol{r}} = r^2 \dot{f} \hat{\boldsymbol{e}}_z \, .$$

Dabei ist $\hat{\boldsymbol{e}}_z$ ein senkrecht auf der Bahn stehender Einheitsvektor. Der Betrag von $\boldsymbol{k}$ ist

$$k = r^2 \dot{f} \, . \tag{7.21}$$

Die Flächengeschwindigkeit eines Planeten bezieht sich auf die Fläche, die der Radiusvektor pro Zeiteinheit überstreicht. Sie ist offenbar die Zeitableitung einer Fläche, wir wollen sie deshalb $\dot{A}$ nennen. In Einheiten der Entfernung r und der wahren Anomalie f lautet die Flächengeschwindigkeit

$$\dot{A} = \tfrac{1}{2} r^2 \dot{f} \, .$$

Vergleichen wir dies mit dem Betrag von $\boldsymbol{k}$ (7.21), so finden wir

$$\dot{A} = \tfrac{1}{2} k \, . \tag{7.22}$$

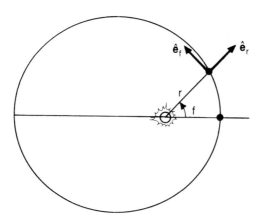

Abb. 7.6. Die Einheitsvektoren des Polarkoordinatensystems $\boldsymbol{e}_r$ und $\boldsymbol{e}_f$. Die Richtung dieser Vektoren ändert sich, während sich der Planet entlang seiner Bahn bewegt

7.5 Das zweite und das dritte Keplersche Gesetz

k ist konstant, und somit ist es auch die Flächengeschwindigkeit. Wir erhalten das zweite Keplersche Gesetz:

Der Leitstrahl zwischen Sonne und Planet überstreicht in gleichen Zeiten gleiche Flächen. (Siehe Abb. 7.7)

Da sich der Abstand Sonne–Planet ändert, muß sich die Bahngeschwindigkeit ebenfalls ändern. Aus dem zweiten Keplerschen Gesetz folgt, daß sich ein Planet dann am schnellsten bewegen muß, wenn er der Sonne am nächsten ist (in der Nähe des Perihels), und am langsamsten, wenn sich der Planet am weitesten von der Sonne entfernt hat, im *Aphel*.

Wir können (7.22) auch schreiben als

$$dA = \tfrac{1}{2} k\, dt$$

und über eine volle Periode integrieren:

$$\int_{\text{Bahnumlauf}} dA = \tfrac{1}{2} k \int_0^P dt \;,$$

wobei P die Umlaufperiode ist. Die Fläche einer Ellipse beträgt

$$\pi a b = \pi a^2 \sqrt{1-e^2} \;.$$

a und b sind die große und die kleine Halbachse und e die Exzentrizität. Wir erhalten

$$\pi a^2 \sqrt{1-e^2} = \tfrac{1}{2} k P \;. \tag{7.23}$$

Um den Betrag von k zu finden, setzen wir das Energieintegral h als Funktion der großen Halbachse (7.15) in (7.12) ein und bekommen

$$k = \sqrt{G(m_1+m_2)a(1-e^2)} \;. \tag{7.24}$$

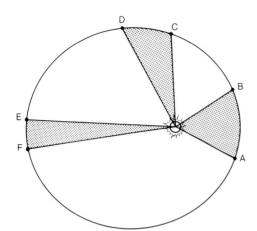

Abb. 7.7. Die Flächen der gepunkteten Sektoren der Ellipse sind gleich. Entsprechend dem zweiten Keplerschen Gesetz werden gleiche Zeiten benötigt, um die Strecken AB, CD, oder EF zurückzulegen

Eingesetzt in (7.23) ergibt dies

$$P^2 = \frac{4\pi^2}{G(m_1+m_2)} a^3 \ . \tag{7.25}$$

Das ist die exakte Formulierung des dritten Keplerschen Gesetzes, abgeleitet aus den Newtonschen Gesetzen. Die Originalversion lautet

Das Verhältnis der dritten Potenzen der großen Halbachsen zweier Planeten ist gleich dem Verhältnis der Quadrate ihrer Umlaufzeiten.

In dieser Form ist das Gesetz nicht exakt gültig, auch nicht für die Planeten des Sonnensystems, da ihre Eigenmassen die Perioden beeinflussen. Die durch Vernachlässigen dieses Effektes verursachten Fehler sind jedoch sehr klein.

Das dritte Keplersche Gesetz wird bemerkenswert einfach, wenn wir die Entfernungen in astronomischen Einheiten (AE), die Zeiten in siderischen Jahren (die Abkürzung ist leider a, nicht zu verwechseln mit der großen Halbachse a) und die Massen in Sonnenmassen ($m_\odot$) ausdrücken. Dann ist $G = 4\pi^2$ und

$$a^3 = (m_1 + m_2) P^2 \ . \tag{7.26}$$

Die Massen der die Sonne umkreisenden Körper können ruhig vernachlässigt werden (mit Ausnahme der größten Planeten) und wir erhalten die Originalform $P^2 = a^3$. Diese ist sehr nützlich, um die Entfernungen der verschiedensten Objekte zu bestimmen, deren Umlaufzeiten beobachtet wurden. Um die absoluten Entfernungen zu erhalten, haben wir letztlich nur noch die Entfernung Erde–Sonne zu messen, um die Länge einer AE in Metern zu erhalten. Früher wurde die Triangulation benutzt, um die Parallaxen der Sonne oder eines kleinen Planeten wie Eros, der der Erde sehr nahe kommt, zu messen. Heutzutage werden für sehr genaue Messungen (z. B. zur Entfernungsbestimmung der Venus) Radioteleskope und Radar verwendet. Da Änderungen des Wertes einer AE auch alle anderen Entfernungen verändern, hat die Internationale Astronomische Union 1968 den Wert

$$1\,\text{AE} = 1{,}496\,000 \times 10^{11}\,\text{m} \tag{7.27a}$$

festgelegt. Die große Halbachse der Erdbahn beträgt dann etwas mehr als 1 AE. Aber selbst Konstanten tendieren dazu, sich zu ändern, und so bekam die astronomische Einheit 1984 den neuen Wert

$$1\,\text{AE} = 1{,}495\,978\,70 \times 10^{11}\,\text{m} \ . \tag{7.27b}$$

Eine weitere wichtige Anwendung des dritten Keplerschen Gesetzes ist die Massenbestimmung. Aus der Beobachtung der Umlaufzeit eines natürlichen oder künstlichen Satelliten kann die Masse des Zentralkörpers unmittelbar abgeleitet werden. Die gleiche Methode wird angewandt, um die Massen von Doppelsternen zu bestimmen (mehr über diesen Gegenstand in Kap. 10).

Obwohl die Größe der AE und des Jahres in SI-Einheiten sehr genau bekannt sind, kennt man die Gravitationskonstante nur näherungsweise. Astronomische Beobachtungen liefern das Produkt $G(m_1 + m_2)$. Es gibt jedoch keine Möglichkeit, zwischen dem Beitrag der Gravitationskonstanten und dem der Massen zu unterscheiden. Die Gravitationskonstante muß im Labor gemessen werden, und dies ist wegen der Schwäche der Gravitation extrem schwierig. Deshalb können die SI-Einheiten nicht verwendet werden, wenn eine Genauigkeit von mehr als 2–3 signifikanten Dezimalstellen gefordert wird. Statt dessen müssen wir als Masseeinheit die Sonnenmasse verwenden (oder z. B. die Erdmasse, seitdem $Gm_\oplus$ aus Satellitenbeobachtungen bestimmt wurde).

7.6 Die Bahnbestimmung

Die Himmelsmechanik hat zwei praktische Aufgaben: Die Bahnelemente aus den Beobachtungen abzuleiten und die Positionen von Himmelskörpern mit bekannten Elementen vorherzusagen. Die Planetenbahnen sind bereits sehr genau bekannt. Jedoch werden häufig neue Kometen und Kleine Planeten gefunden, was Bahnbestimmungen erforderlich macht.

Die ersten praktischen Verfahren zur Bahnbestimmung wurden von Johann Karl Friedrich Gauss (1777–1855) zu Beginn des 19. Jahrhunderts entwickelt. Zu dieser Zeit entdeckte man die ersten Kleinplaneten, und dank der Bahnbestimmung durch Gauss konnten sie jederzeit aufgefunden und beobachtet werden.

Mindestens drei Beobachtungen werden für die Berechnung der Bahnelemente benötigt. Die relativen Positionen werden gewöhnlich auf Platten gemessen, deren Aufnahme einige Nächte auseinander liegt. Durch Verwendung dieser Positionen ist es möglich, die zugehörigen absoluten Positionen (die orthogonalen Komponenten des Radiusvektors) zu finden. Dazu müssen wir einige zusätzliche Einschränkungen bezüglich der Bahn machen; wir müssen annehmen, daß sich der Körper entlang eines Kegelschnittes bewegt, der in einer durch die Sonne gehenden Ebene liegt. Wenn die drei Radiusvektoren bekannt sind, können wir die Ellipse (oder einen anderen Kegelschnitt) finden, die durch diese drei Punkte verläuft. In der Praxis sind mehr Beobachtungen erforderlich. Die abgeleiteten Elemente werden um so genauer sein, je mehr Beobachtungen wir haben und je vollständiger sie die Bahn überdecken.

Obwohl die Berechnungen zur Bahnbestimmung mathematisch nicht allzu anspruchsvoll sind, sind sie relativ langwierig und mühsam, deshalb werden wir hier auf Details verzichten. Unsere nächste Aufgabe ist es, die Richtung eines Objektes, gegeben durch seine Bahnelemente, zu finden.

7.7 Die Position in der Bahn

Obwohl wir bereits alles über die Geometrie der Bahn wissen, können wir den Planeten noch nicht zu einer vorgegebenen Zeit auffinden, da wir den Radiusvektor r als Funktion der Zeit noch nicht kennen. Die variable Größe in der Bahngleichung ist ein Winkel, die wahre Anomalie f, welche vom Perihel aus gemessen wird. Aus dem zweiten Keplerschen Gesetz folgt, daß f keine linear mit der Zeit wachsende Funktion sein kann. Wir benötigen deshalb einige Vorbereitungen, ehe wir den Radiusvektor als Funktion der Zeit finden können.

Der Radiusvektor kann dargestellt werden als

$$r = a(\cos E - e)\hat{i} + b \sin E \hat{j}, \tag{7.28}$$

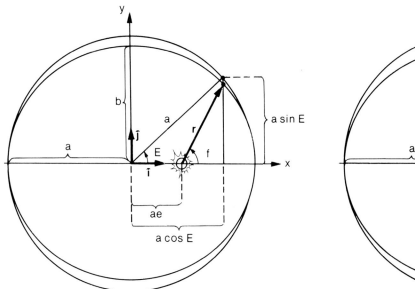

Abb. 7.8. Die Definition der exzentrischen Anomalie E. r ist der Radiusvektor des Planeten

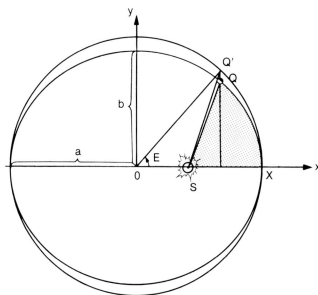

Abb. 7.9. Die Fläche des gepunkteten Sektors ist gleich dem b/a-fachen der Fläche $SQ'X$. S = Sonne, Q = Planet, X = Perihel

wobei *i* und *j* zur großen bzw. kleinen Achse parallele Einheitsvektoren sind. Der Winkel E ist die *exzentrische Anomalie*; seine etwas exzentrische Definition wird in Abb. 7.8 erläutert. Viele Formeln für die elliptische Bewegung werden sehr einfach, wenn entweder die Zeit oder die wahre Anomalie durch die exzentrische Anomalie ersetzt werden. Als Beispiel nehmen wir das Quadrat von (7.28), um die Entfernung von der Sonne zu bestimmen:

$$r = a(1 - e \cos E) \ . \tag{7.29}$$

Unser nächstes Problem ist es herauszufinden, wie E für einen bestimmten Zeitpunkt berechnet wird. Entsprechend dem zweiten Keplerschen Gesetz ist die Flächengeschwindigkeit konstant. Die Fläche des in Abb. 7.9 gepunktet dargestellten Sektors beträgt

$$A = \pi a b \frac{t - \tau}{P} \ ,$$

$t - \tau$ ist die seit dem Periheldurchgang verstrichene Zeit und P die Umlaufzeit. Die Fläche eines Sektors einer Ellipse kann man auch dadurch erhalten, daß man die Fläche des entsprechenden Teils des Umkreises um das Achsenverhältnis b/a reduziert. (Wie die Mathematiker sagen, ist die Ellipse eine affine Transformation des Kreises.) Die Fläche von SQX ist daher

$$A = \frac{b}{a} \times (\text{Fläche von } SQ'X)$$

$$A = \frac{b}{a} \times (\text{Fläche des Sektors } OQ'X - \text{Fläche des Dreiecks } OQ'S)$$

$$A = \frac{b}{a}\left(\frac{1}{2} a \cdot aE - \frac{1}{2} ae \cdot a \sin E\right) = \frac{1}{2} ab\,(E - e \sin E) \,.$$

Setzen wir die letzten beiden Ausdrücke gleich, so erhalten wir die berühmte *Keplersche Gleichung*

$$E - e \sin E = M \,, \quad \text{wobei} \tag{7.30}$$

$$M = \frac{2\pi}{P}(t - \tau) \tag{7.31}$$

die *mittlere Anomalie* des Planeten zur Zeit t ist. Die mittlere Anomalie wächst linear mit der Zeit. Sie legt fest, wo sich der Planet befände, wenn er sich auf einer Kreisbahn mit dem Radius a bewegen würde. Für Kreisbahnen sind alle drei Anomalien f, E und M stets gleich.

Wenn wir die Umlaufzeit und die seit dem Periheldurchgang verstrichene Zeit kennen, können wir (7.31) verwenden, um die mittlere Anomalie zu finden. Als nächstes müssen wir die exzentrische Anomalie mit Hilfe der Keplerschen Gleichung (7.30) berechnen. Der Radiusvektor wird dann letztlich durch (7.28) gegeben. Da die Komponenten von r (ausgedrückt über die wahre Anomalie f) $r\cos f$ und $r\sin f$ sind, finden wir

$$\cos f = \frac{a(\cos E - e)}{r} = \frac{\cos E - e}{1 - e\cos E} \,, \quad \sin f = \frac{b \sin E}{r} = \frac{\sin E}{1 - e \cos E}\sqrt{1 - e^2} \,. \tag{7.32}$$

Sollte es von Interesse sein, erhält man daraus die wahre Anomalie.

Jetzt kennen wir die Position in der Bahnebene, die Ergebnisse müssen aber noch in ein vorher ausgewähltes Bezugssystem transformiert werden. Zum Beispiel könnte uns die ekliptikale Länge und Breite interessieren, um damit später Rektaszension und Deklination zu finden. Diese Transformationen gehören zum Gebiet der sphärischen Astronomie und werden in den Übungen 7.11.5 – 7.11.7 kurz diskutiert.

7.8 Die Entweichgeschwindigkeit (Abb. 7.10)

Wenn sich ein Objekt schnell genug bewegt, kann es aus dem Schwerefeld des Zentralkörpers entweichen. (Um präzise zu sein: Das Feld erstreckt sich bis ins Unendliche, so daß das Objekt niemals wirklich entweicht: aber es kann sich unbegrenzt entfernen). Hat das Objekt die für das Entweichen minimal notwendige Geschwindigkeit, so wird es im Unendlichen gerade seine gesamte Geschwindigkeit verloren haben. Dort ist dann wegen $v = 0$ seine kinetische Energie null, und die potentielle Energie verschwindet ebenfalls, da die Entfernung r unendlich ist. Bei unendlicher Entfernung sind sowohl die Gesamtenergie als auch das Energieintegral null. Dann ergibt das Gesetz von der Erhaltung der Energie

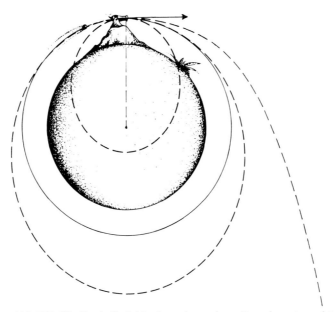

Abb. 7.10. Ein Geschoß wird horizontal von einem Berg eines atmosphärelosen Planeten aus abgefeuert. Ist die Anfangsgeschwindigkeit klein, so ist die Bahn eine Ellipse, deren Perizentrum innerhalb des Planeten liegt, und das Geschoß wird auf der Oberfläche des Planeten auftreffen. Wird die Geschwindigkeit erhöht, verlagert sich das Perizentrum aus dem Planeten heraus. Beträgt die Geschwindigkeit v_k, so ist die Bahn kreisförmig. Wird die Geschwindigkeit weiter erhöht, so wächst die Exzentrizität der Bahn, und das Perizentrum befindet sich in Höhe der Kanone. Das Apozentrum entfernt sich weiter, bis die Bahn bei der Anfangsgeschwindigkeit v_e parabolisch wird. Bei noch höheren Geschwindigkeiten wird die Bahn hyperbolisch

$$\frac{1}{2} v^2 - \frac{\mu}{R} = 0 \ .$$

R ist die Ausgangsentfernung, bei der sich das Objekt mit der Geschwindigkeit v bewegt. Daraus erhalten wir die *Entweichgeschwindigkeit:*

$$v_e = \sqrt{\frac{2 G (m_1 + m_2)}{R}} \ . \tag{7.33}$$

Zum Beispiel beträgt v_e auf der Erdoberfläche ungefähr 11 km/s (falls $m_2 \ll m_\oplus$).

Die Entweichgeschwindigkeit kann auch über die Bahngeschwindigkeit auf einer Kreisbahn ausgedrückt werden. Die Umlaufzeit P als Funktion des Bahnradius R und der Bahngeschwindigkeit v_k ist

$$P = \frac{2 \pi R}{v_k} \ .$$

Einsetzen in das dritte Keplersche Gesetz ergibt

$$\frac{4 \pi^2 R^2}{v_k^2} = \frac{4 \pi^2 R^3}{G (m_1 + m_2)} \ .$$

Daraus erhalten wir die Geschwindigkeit v_k auf einer Kreisbahn vom Radius R:

$$v_k = \sqrt{\frac{G(m_1+m_2)}{R}} \ . \tag{7.34}$$

Wenn wir dies mit dem Ausdruck für die Entweichgeschwindigkeit vergleichen, sehen wir, daß gilt

$$v_e = \sqrt{2}\, v_k \ . \tag{7.35}$$

Die Erdbahn ist annähernd kreisförmig, die Bahngeschwindigkeit beträgt $v_k \approx 30$ km/s. Deshalb benötigt ein aus der Erdbahn heraus gestartetes Raumschiff zum Entweichen aus dem Bereich der Anziehungskraft der Sonne eine Geschwindigkeit $v_e \approx 42$ km/s. Wenn das Raumschiff ursprünglich noch die Erde umrundete, haben wir außerdem die Entweichgeschwindigkeit von der Erde zu addieren.

7.9 Das Virialtheorem

Besteht ein System aus mehr als aus zwei Körpern, so können die Bewegungsgleichungen im allgemeinen nicht analytisch gelöst werden (Abb. 7.11). Sind irgendwelche Anfangswerte gegeben, kann man die Bahnen natürlich durch numerische Integration finden, jedoch sagt uns dies nichts über die generellen Eigenschaften aller möglichen Bahnen. Die einzigen Integrationskonstanten, die für ein beliebiges System verfügbar sind, sind der Gesamtimpuls, der Drehimpuls und die Energie. Zusätzlich dazu ist es möglich, verschiedene statistische Aussagen abzuleiten wie etwa das Virialtheorem. Letzteres bezieht sich nur auf zeitlich gemittelte Größen, sagt jedoch nichts über den momentanen Zustand des Systems aus.

Nehmen wir an, wir hätten ein System von n Punktmassen m_i mit den Radiusvektoren r_i und den Geschwindigkeiten $\dot{r}_i$. Wir definieren eine Größe A (das „Virial" des Systems) wie folgt:

$$A = \sum_{i=1}^{n} m_i \dot{r}_i \cdot r_i \ .$$

Die Zeitableitung davon ist

$$\dot{A} = \sum_{i=1}^{n} (m_i \dot{r}_i \cdot \dot{r}_i + m_i \ddot{r}_i \cdot r_i) \ .$$

Der erste Term ist gleich der doppelten kinetischen Energie des i-ten Teilchens und der zweite Term enthält einen Faktor $m_i \ddot{r}_i$, der entsprechend den Newtonschen Gesetzen gleich der auf das i-te Teilchen ausgeübten Kraft ist. Wir haben also

$$\dot{A} = 2T + \sum_{i=1}^{n} F_i \cdot r_i \ ,$$

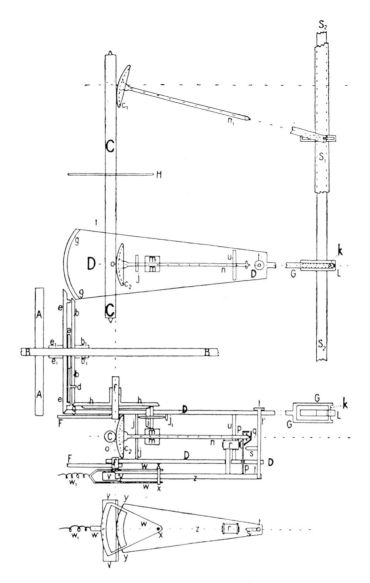

Abb. 7.11. Besteht ein System aus mehr als zwei Körpern, so können die Bewegungsgleichungen nicht mehr analytisch gelöst werden. Im Sonnensystem ist die gegenseitige Beeinflussung der Planeten gering und kann deshalb als kleine Störung in den Bahnelementen betrachtet werden. K.F. Sundmann (1873–1949) entwarf eine Maschine, um die ermüdende Integration der Störungsgleichungen auszuführen. Diese Maschine, Perturbograph genannt, war einer der ersten Analogrechner; leider wurde sie niemals gebaut. Die Abbildung zeigt den Entwurf für eine Komponente, die eines der verschiedenen, in den Gleichungen auftauchenden Integrale ausführt. Sundmann fand für das Dreikörperproblem eine halbanalytische Lösung. Die Lösung ist eine sehr langsam konvergierende Reihe und kann für keinerlei praktische Berechnung verwendet werden. Vom rein mathematischen Standpunkt aus ist das Ergebnis jedoch bemerkenswert. (Die Zeichnung erschien in K.F. Sundmanns Artikel in *Festkrift tillegnad Anders Donner* im Jahre 1915.)

wobei T die kinetische Gesamtenergie des Systems ist. Wenn $\langle x \rangle$ das zeitliche Mittel von x im Zeitintervall $[0, \tau]$ ist, so gilt

$$\langle \dot{A} \rangle = \frac{1}{2} \int_0^\tau \dot{A}\, dt = \langle 2T \rangle + \left\langle \sum_{i=1}^n F_i \cdot r_i \right\rangle \ .$$

Ist das System geschlossen, d. h. keines der Teilchen entweicht, so bleiben sowohl alle r_i als auch alle Geschwindigkeiten begrenzt. In solch einem Fall wächst A nicht unbegrenzt, und das Integral in der letzten Gleichung bleibt endlich. Wird das Zeitintervall größer ($\tau \to \infty$), so geht $\langle \dot{A} \rangle$ gegen Null und wir bekommen

$$\langle 2T \rangle + \left\langle \sum_{i=1}^{n} F_i \cdot r_i \right\rangle = 0 \ . \tag{7.36}$$

Das ist das Virialtheorem in allgemeiner Form. Werden die Kräfte nur durch die Gravitation verursacht, so haben sie die Form

$$F_i = -Gm_i \sum_{j=1, j \neq i}^{n} m_j \frac{r_i - r_j}{r_{ij}^3} \quad \text{mit} \quad r_{ij} = |r_i - r_j| \ .$$

Der zweite Term im Virialtheorem ist jetzt

$$\left\langle \sum_{i=1}^{n} F_i \cdot r_i \right\rangle = -G \sum_{i=1}^{n} \sum_{j=1, j \neq i}^{n} m_i m_j \frac{r_i - r_j}{r_{ij}^3} \cdot r_i = -G \sum_{i=1}^{n} \sum_{j=i+1}^{n} m_i m_j \frac{r_i - r_j}{r_{ij}^3} (r_i - r_j) \ ,$$

wobei die zweite Form durch Umordnung der Doppelsumme und Kombination der Terme

$$m_i m_j \frac{r_i - r_j}{r_{ij}^3} r_i \quad \text{und} \quad m_j m_i \frac{r_j - r_i}{r_{ij}^3} r_j = m_i m_j \frac{r_i - r_j}{r_{ij}^3} (-r_j)$$

erhalten wurde. Wegen $(r_i - r_j)(r_i - r_j) = r_{ij}^2$ reduziert sich die Summe auf

$$-G \sum_{i=1}^{n} \sum_{j=i+1}^{n} \frac{m_i m_j}{r_{ij}} = U \ ,$$

wobei U die potentielle Energie des Systems ist. Jetzt lautet das Virialtheorem einfach

$$\langle T \rangle = -\tfrac{1}{2} \langle U \rangle \ . \tag{7.37}$$

7.10 Die Jeans-Grenze

Später werden wir die Geburt der Sterne und Galaxien studieren. Der Ausgangspunkt ist, einfach gesagt, eine Gaswolke, die beginnt, unter ihrer eigenen Schwerkraft in sich zusammenzufallen. Ist die Masse der Wolke groß genug, so übersteigt ihre potentielle Energie die kinetische Energie und die Wolke kollabiert. Aus dem Virialtheorem können wir folgern, daß die potentielle Energie mindestens das Zweifache der kinetischen Energie betragen muß. Dies liefert ein Kriterium für die für das Zusammenfallen der Wolke notwendige kritische Masse. Das Kriterium wurde zuerst von Sir James Jeans im Jahre 1902 angeführt.

Die kritische Masse hängt offensichtlich vom Druck P und der Dichte ϱ ab. Da die verdichtende Kraft die Gravitation ist, wird eventuell auch die Gravitationskonstante in unseren Ausdruck eingehen. Die kritische Masse hat also die Form

$$M = C P^a G^b \varrho^c \ .$$

C ist eine dimensionslose Konstante und die Konstanten a, b und c werden so bestimmt, daß die rechte Seite der Gleichung die Dimension einer Masse annimmt. Die Maßeinheit des Druckes ist $\text{kg m}^{-1}\text{s}^{-2}$, die der Gravitationskonstanten $\text{kg}^{-1}\text{m}^3\text{s}^{-2}$ und die der Dichte kg m^{-3}. Die Dimension der rechten Seite ist somit

$$\text{kg}^{(a-b+c)} \text{m}^{(-a+3b-3c)} \text{s}^{(-2a-2b)} .$$

Dies muß laut Forderung kg ergeben und wir bekommen das folgende Gleichungssystem:

$$a-b+c = 1 , \quad -a+3b-3c = 0 , \quad -2a-2b = 0 .$$

Die Lösung des Systems ist $a = 3/2$, $b = -3/2$, $c = -2$. Die kritische Masse ergibt sich zu

$$M_\mathrm{J} = C \frac{P^{3/2}}{G^{3/2}\varrho^2} . \tag{7.38}$$

Sie wird die *Jeans-Masse* genannt. Um die Konstante C zu bestimmen, müssen wir natürlich sowohl die kinetische als auch die potentielle Energie berechnen. Eine andere Methode, die auf der Wellenausbreitung basiert, bestimmt den Durchmesser der Wolke, die *Jeans-Länge* λ_J, indem sie fordert, daß eine Störung der Größe λ_J unbegrenzt wachsen kann. Der Wert der Konstanten C hängt von der genauen Form der Störung ab, typische Werte liegen im Bereich $[1/\pi, 2\pi]$. Wir können ebensogut $C = 1$ annehmen, in diesem Fall gibt (7.38) noch die richtige Größenordnung der kritischen Masse an. Ist die Masse der Wolke wesentlich größer als M_J, so wird sie unter ihrer eigenen Schwerkraft zusammenfallen.

Der Druck in (7.38) kann durch die kinetische Temperatur des Gases (Definition s. Kap. 6) ersetzt werden. Entsprechend der kinetischen Gastheorie ist der Druck

$$P = nkT_k ,$$

wobei n die Anzahldichte (Teilchen je Volumeneinheit) und k die Boltzmann-Konstante sind. Die Anzahldichte erhält man durch die Division der Gasdichte ϱ durch das mittlere Molekulargewicht μ:

$$n = \varrho/\mu , \quad \text{und somit} \quad P = \varrho k T_k/\mu .$$

Setzen wir dies in (7.38) ein, erhalten wir

$$M_\mathrm{J} = C \left(\frac{kT_k}{\mu G}\right)^{3/2} \frac{1}{\sqrt{\varrho}} . \tag{7.39}$$

*Die Newtonschen Gesetze

1) In Abwesenheit einer äußeren Kraft verbleibt ein Teilchen in Ruhe oder bewegt sich geradlinig mit konstanter Geschwindigkeit.

2) Die Änderung des Impulses eines Teilchens ist gleich der auf das Teilchen wirkenden Kraft F:[2]

$$\dot{p} = \frac{d}{dt}(mv) = F \; .$$

3) Übt das Teilchen A auf ein anderes Teilchen B eine Kraft F aus, so wird B eine gleich große, aber entgegengesetzt gerichtete Kraft $-F$ auf A ausüben.

Wirken auf ein Teilchen mehrere Kräfte $F_1, F_2, \ldots$, so verursachen diese die gleiche Wirkung wie eine Kraft F, welche die Vektorsumme der Einzelkräfte ist ($F = F_1 + F_2 + \ldots$).

Gravitationsgesetz: Haben zwei Teilchen A und B die Massen m_A und m_B und einen gegenseitigen Abstand r, so zeigt die von B auf A ausgeübte Kraft die Richtung von B und hat den Betrag $Gm_A m_B/r^2$, wobei G eine von den gewählten Maßeinheiten abhängige Konstante ist.

7.11 Übungen

7.11.1 Finde die Bahnelemente des Jupiter für den 1. September 1981.

Das Julianische Datum ist 2 444 849, aus (7.17) folgt also $T = 0,8167$. Setzen wir dies in die Ausdrücke in Tabelle E.10 ein, erhalten wir

$$L = 238°2'57,32'' + 10\,930\,687,148''\,T + 1,20486''\,T^2 - 0,0059367''\,T^3$$

$$= 197,7166°$$

$$\tilde{\omega} = 14,0340° \; , \quad \Omega = 100,2689° \; , \quad e = 0,0485 \; ,$$

$$\iota = 1,3041° \; , \quad a = 5,202561 \, \text{AE} \; .$$

Daraus können wir den Abstand des Perihels von der Knotenlinie und die mittlere Anomalie berechnen:

$$\omega = \tilde{\omega} - \Omega = 273,7675° \; , \quad M = L - \tilde{\omega} = 183,6802° \; .$$

7.11.2 *Die Bahngeschwindigkeit*

Komet Austin (1982 g) bewegt sich auf einer parabolischen Bahn. Finde seine Geschwindigkeit für den 8. Oktober 1982, als seine Entfernung von der Sonne 1,10 AE betrug.

---

[2] Newton notierte die Ableitung einer Funktion f mit $\dot{f}$ und ihre Integralfunktion mit f'. Bei Leibniz entsprachen dieser Notation df/dt und $\int f\,dx$. Von Newtons Schreibweise wird jetzt nur noch der Punkt (˙) verwendet, der stets eine Zeitableitung bedeutet: $\dot{f} = df/dt$. So ist z. B. die Geschwindigkeit $\dot{r}$ die zeitliche Ableitung von r, die Beschleunigung $\ddot{r}$ die zweite Ableitung usw.

Das Energieintegral für eine Parabel ist $h = 0$. Aus (7.10) folgt die Geschwindigkeit v:

$$v = \sqrt{\frac{2\mu}{r}} = \sqrt{\frac{2Gm_\odot}{r}}$$

$$= \sqrt{\frac{2 \times 4\pi^2 \times 1}{1 \times 10}} = 8{,}47722 \text{ AE/a}$$

$$= \frac{8{,}47722 \times 1{,}496 \times 10^{11} \text{ m}}{365{,}2564 \times 24 \times 3600 \text{ s}} = 40{,}162 \text{ m s}^{-1} \approx 40 \text{ km s}^{-1} \;.$$

Die große Halbachse des Kleinplaneten 1982 RA ist 1,568 AE, und seine Entfernung von der Sonne betrug am 8. Oktober 1982 1,17 AE. Finde die zugehörige Geschwindigkeit.

Das Energieintegral (7.15) lautet jetzt

$$h = -\mu/2a \;.$$

Daraus folgt

$$h = \frac{1}{2}v^2 - \frac{\mu}{r} = \frac{\mu}{2a}$$

$$\Rightarrow v = \sqrt{\mu\left(\frac{2}{r} - \frac{1}{a}\right)}$$

$$= \sqrt{4\pi^2\left(\frac{2}{1{,}17} - \frac{1}{1{,}568}\right)} = 6{,}5044 \text{ AE/a} = 30{,}834 \text{ m s}^{-1} \approx 31 \text{ km s}^{-1} \;.$$

7.11.3 In einem ansonsten leeren Universum umkreisen zwei Gesteinsbrocken von je 5 kg Masse einander in einem Abstand von 1 m. Wie groß ist ihre Umlaufzeit?

Die Periode erhält man aus dem dritten Keplerschen Gesetz:

$$P^2 = \frac{4\pi^2 a^3}{G(m_1 + m_2)} = \frac{4\pi^2 \times 1}{6{,}67 \times 10^{-11}(5+5)} s^2 = 5{,}9 \times 10^{10} \text{ s}^2$$

$$\Rightarrow P \approx 243\,000 \text{ s} \approx 2{,}8 \text{ d} \;.$$

7.11.4 Die Umlaufzeit des Marsmondes Phobos beträgt 0,3189 d und sein Bahnradius 9370 km. Wie groß ist die Masse des Mars?

Als erstes gehen wir zu vorteilhafteren Maßeinheiten über:

$P = 0{,}3189 \text{ d} = 0{,}0008731$ siderische Jahre

$a = 9370 \text{ km} = 6{,}2634 \times 10^{-5} \text{ AE} \;.$

Gleichung (7.26) ergibt (mit $m_{\text{Phobos}} \ll m_{\text{Mars}}$):

$$m_{\text{Mars}} = a^3/P^2 = 0{,}000000322 \, m_\odot \, (\approx 0{,}107 \, m_\oplus) \,.$$

7.11.5 Leite die Gleichungen für die heliozentrische Länge und Breite eines Planeten ab, wenn die Bahnelemente und die wahre Anomalie gegeben sind.

Wir wenden die Sinusformel auf das in der Abbildung gezeigte sphärische Dreieck an:

$$\frac{\sin \beta}{\sin \iota} = \frac{\sin(\omega+f)}{\sin(\pi/2)} \quad \text{oder} \quad \sin \beta = \sin \iota \sin(\omega+f) \,.$$

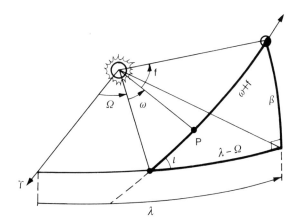

Die Kosinusformel ergibt

$$\cos\left(\tfrac{\pi}{2}\right) = -\cos \iota \sin(\omega+f) \cos(\lambda-\Omega) + \cos(\omega+f) \sin(\lambda-\Omega) \,,$$

woraus folgt

$$\tan(\lambda-\Omega) = \cos \iota \tan(\omega+f) \,.$$

7.11.6 Finde den Radiusvektor sowie heliozentrische Länge und Breite des Jupiter für den 1. September 1981.

Die Bahnelemente wurden in Übung 7.11.1 berechnet:

$$a = 5{,}202561 \text{ AE} \,, \quad \Omega = 100{,}2689° \,,$$
$$e = 0{,}0485 \,, \quad \omega = 273{,}7675° \,,$$
$$\iota = 1{,}3041° \,, \quad M = 183{,}6802° \,.$$

Da wir die mittlere Anomalie auf direktem Wege erhalten haben, brauchen wir die seit dem Periheldurchgang verstrichene Zeit nicht zu berechnen.

Jetzt haben wir die Keplersche Gleichung zu lösen. Das kann nicht analytisch geschehen; wir sind genötigt, mit roher Gewalt (auch numerische Mathematik genannt) in Form einer Iteration vorzugehen. Für die Iteration schreiben wir die Gleichung als

$$E_{n+1} = M + e \sin E_n ,$$

wobei E_n der bei der n-ten Iteration gefundene Wert ist. Die mittlere Anomalie ist ein vernünftiger Startwert, wir bezeichnen ihn mit E_0. (Beachte: Alle Winkel müssen im Bogenmaß angegeben werden, sonst gibt es unsinnige Resultate!) Die Iteration läuft wie folgt ab:

$E_0 = M = 3{,}205824 ,$ $\qquad E_3 = M + e \sin E_2 = 3{,}202854 ,$

$E_1 = M + e \sin E_0 = 3{,}202711 ,$ $\qquad E_4 = M + e \sin E_3 = 3{,}202855 ,$

$E_2 = M + e \sin E_1 = 3{,}202862 ,$ $\qquad E_5 = M + e \sin E_4 = 3{,}202855 .$

Danach ändern sich die Ergebnisse aufeinanderfolgender Approximationen nicht länger. Die auf sechs Dezimalstellen genaue Lösung lautet somit

$$E = 3{,}202855 = 183{,}5101° .$$

Der Radiusvektor ist

$$\mathbf{r} = a(\cos E - e)\hat{\imath} + a\sqrt{1-e^2} \sin E \hat{\jmath} = -5{,}4451 \hat{\imath} - 0{,}3181 \hat{\jmath}$$

und der Abstand zur Sonne beträgt

$$r = a(1 - e \cos E) = 5{,}4544 \text{ AE} .$$

Da beide Komponenten von $\mathbf{r}$ negativ sind, befindet sich der Planet im dritten Quadranten. Die wahre Anomalie ist

$$f = \arctan \frac{-0{,}3181}{-5{,}4451} = 183{,}3438° .$$

Unter Verwendung der Ergebnisse der vorigen Übung finden wir Länge und Breite:

$$\sin \beta = \sin \iota \sin(\omega + f) = \sin 1{,}3041° \sin(273{,}7675° + 183{,}3438°) = 0{,}02258$$

$$\Rightarrow \beta = 1{,}2941° \approx 1{,}3° .$$

$$\tan(\lambda - \Omega) = \cos \iota \tan(\omega + f) = \cos 1{,}3041° \tan(273{,}7675° + 183{,}3438°) = -8{,}0135$$

$$\Rightarrow \lambda = \Omega + 97{,}1131° = 100{,}2689° + 97{,}1131° = 197{,}3820° \approx 197{,}4° .$$

(Hier müssen wir achtgeben; die Gleichung für $\tan(\lambda - \Omega)$ erlaubt zwei Lösungen. Falls notwendig, kann man sich mit einer Handskizze behelfen, um zu entscheiden, welches die richtige Lösung ist.)

7.11.6 Finde Jupiters Rektaszension und Deklination für den 1. September 1981.

In Übung 7.11.7 fanden wir Länge und Breite zu $\lambda = 197{,}4°$, $\beta = 1{,}3°$. Die entsprechenden rechtwinkligen (heliozentrischen) Koordinaten sind

$$x = r \cos \lambda \cos \beta = -5{,}2040 \text{ AE} ,$$

$$y = r \sin \lambda \cos \beta = -1{,}6290 \text{ AE} ,$$

$$z = r \sin \beta = 0{,}1232 \text{ AE} .$$

Um die Richtung in bezug auf die Erde zu finden, müssen wir erst feststellen, wo sich die Erde befindet. Im Prinzip könnten wir die gesamte Prozedur mit den Bahnelementen der Erde wiederholen. Oder (wenn wir dazu zu bequem sind) wir schlagen das nächstliegende Astronomische Jahrbuch auf, welches die äquatorialen Koordinaten der Erde enthält:

$$X_\oplus = 0{,}9442 \text{ AE} , \quad Y_\oplus = -0{,}3422 \text{ AE} , \quad Z_\oplus = -0{,}1487 \text{ AE} .$$

Die ekliptikalen Koordinaten des Jupiter werden durch Drehung um einen Winkel ε [die Schiefe der Ekliptik, (8.2)] um die x-Achse in äquatoriale Koordinaten überführt:

$$X_J = x = -5{,}2040 \text{ AE} ,$$

$$Y_J = y \cos \varepsilon - z \sin \varepsilon = -1{,}5436 \text{ AE} ,$$

$$Z_J = y \sin \varepsilon + z \cos \varepsilon = -0{,}5350 \text{ AE} .$$

Die Position in bezug auf die Erde ist

$$X_0 = X_J - X_\oplus = -6{,}1482 \text{ AE} ,$$

$$Y_0 = Y_J - Y_\oplus = -1{,}2014 \text{ AE} ,$$

$$Z_0 = Z_J - Z_\oplus = -0{,}3863 \text{ AE} .$$

Letztlich erhalten wir Rektaszension und Deklination zu

$$\alpha = \arctan (Y_0/X_0) = 191{,}0567° = 12 \text{ h } 44 \text{ min } 14 \text{ s} ,$$

$$\delta = \arctan \frac{Z_0}{\sqrt{X_0^2 + Y_0^2}} = -3{,}5286° \approx -3°32' .$$

Ein Vergleich mit dem Astronomischen Jahrbuch zeigt, daß unsere Deklination auf 2 Bogenminuten und die Rektaszension auf 7 Bogenminuten genau ist. Das ist genau genug, haben wir doch alle kurzperiodischen Störungen in den Bahnelementen von Jupiter vernachlässigt.

7.11.8 Eine interstellare Wasserstoffwolke enthält 10 Atome pro cm³. Wie groß muß die Wolke sein, um unter ihrer eigenen Schwerkraft zu kollabieren? Die Temperatur der Wolke liegt bei 100 K.

Die Masse eines Wasserstoffatoms beträgt $1{,}67 \times 10^{-27}$ kg, was eine Dichte von

$$\varrho = n\mu = 10^7 \text{ m}^{-3} \times 1{,}67 \times 10^{-27} \text{ kg} = 1{,}67 \times 10^{-20} \text{ kg/m}^3$$

ergibt. Die kritische Masse liegt bei

$$M_{\rm J} = \left(\frac{1{,}38\times 10^{-23}\,{\rm J\,K^{-1}}\times 100\,{\rm K}}{1{,}67\times 10^{-27}\,{\rm kg}\times 6{,}67\times 10^{-11}\,{\rm N\,m^2\,kg^{-2}}}\right)^{3/2}\frac{1}{\sqrt{1{,}67\times 10^{-20}\,{\rm kg/m^3}}}$$

$$\approx 10^{34}\,{\rm kg} \approx 5000\,{\rm m}_\odot\;.$$

Der Radius der Wolke ist

$$R = \sqrt[3]{\frac{3}{4\pi}\frac{M}{\varrho}} \approx 5\times 10^{17}\,{\rm m} \approx 20\,{\rm pc}\;.$$

Kapitel 8 Das Sonnensystem

Unser Sonnensystem besteht aus einem Zentralstern, der Sonne, sowie neun Planeten, Dutzenden von Monden, Tausenden von Kleinplaneten und Myriaden von Kometen und Meteoriten. Die Planeten in der Reihenfolge ihres Abstands von der Sonne sind *Merkur, Venus, Erde, Mars, Jupiter, Saturn, Uranus, Neptun* und *Pluto*.

8.1 Überblick

Die Gravitation bestimmt alle Bewegungen der Körper des Sonnensystems. Die Bahnen der Planeten um die Sonne (Abb. 8.1) sind stets koplanare Ellipsen, die nur geringfügig von Kreisbahnen abweichen. Der innerste und äußerste Planet, Merkur und Pluto, haben die größten Abweichungen. Die *Planetoiden* oder *Kleinen Planeten* umkreisen die Sonne hauptsächlich zwischen der Mars- und der Jupiterbahn, und ihre Bahnebenen sind oft stärker geneigt als die der Planetenbahnen. Alle Kleinplaneten haben den gleichen Umlaufsinn wie die großen Planeten, Kometen können sich auch in der entgegengesetzten Richtung bewegen. Die Kometenbahnen sind sehr langgestreckt, fast hyperbolisch. Die meisten der Monde umkreisen ihren Mutterplaneten in der gleichen Richtung, in der der Planet selbst die Sonne umläuft.

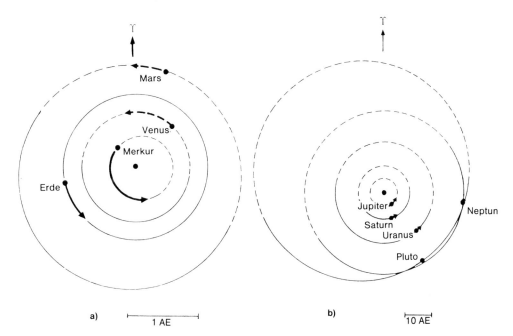

Abb. 8.1. (a) Die Planetenbahnen von Merkur bis Mars. Die gestrichelte Linie stellt den Teil der Bahn unterhalb der Ekliptik dar, die Pfeile zeigen die durch die Planeten innerhalb eines Monats zurückgelegte Wegstrecke. (b) Die Planeten von Jupiter bis Pluto. Die Pfeile kennzeichnen die von den Planeten während eines Jahres durchlaufenen Entfernungen

Die Planeten können in zwei physikalisch unterschiedliche Gruppen unterteilt werden. Merkur, Venus, Erde und Mars werden *terrestrische (erdähnliche) Planeten* genannt. Sie haben eine feste Oberfläche, in etwa gleicher Größe (Durchmesser von 5000 km bis 12000 km) und besitzen alle eine hohe mittlere Dichte (4000 – 5000 kg m^{-3}; die Dichte von Wasser beträgt zum Vergleich 1000 kg m^{-3}). Die Planeten von Jupiter bis Neptun bezeichnet man als *Riesenplaneten* oder *jupiterähnliche Planeten*. Die Dichte der jupiterähnlichen Planeten liegt bei etwa 1000 – 2000 kg m^{-3}, und der größte Teil ihres Volumens ist flüssig. Pluto ist ein Fall für sich, er paßt nicht in diese Klassifikation.

Seit den sechziger Jahren werden die Planeten mit Hilfe von Raumsonden untersucht. Der Beginn dieser Ära bedeutete eine Revolution innerhalb der Planetologie, die im gleichzeitigen extensiven Wachstum anderer Bereiche der Astronomie fast gänzlich untergegangen ist. Die meisten der uns heute bekannten Daten wurden von Raumsonden gesammelt. Neptun ist der äußerste Planet, der auf diese Weise untersucht wurde während des Vorbeiflugs von Voyager 2 im Jahre 1989.

8.2 Planetenkonstellationen

Die scheinbaren Bewegungen der Planeten sind recht kompliziert. Dies ist zum Teil darauf zurückzuführen, daß sich in ihnen die Bewegung der Erde um die Sonne widerspiegelt (Abb. 8.2, 8.3). Normalerweise bewegen sich die Planeten in bezug auf die Sterne in östlicher Richtung (*rechtläufige* Bewegung, von der nördlichen Hemisphäre aus gesehen entgegengesetzt dem Uhrzeigersinn). Manchmal kehrt sich die Bewegung in die entgegengesetzte Richtung um; sie wird *rückläufig* oder *retrograd*. Nach einigen Wochen retrograder Bewegung wird die Richtung wieder geändert, und der Planet bewegt sich im ursprünglichen Sinn. Es ist leicht einzusehen, daß die Astronomen vergangener Zeiten große Schwierigkeiten hatten, derart komplizierte Wenden und Schleifen zu erklären und zu modellieren.

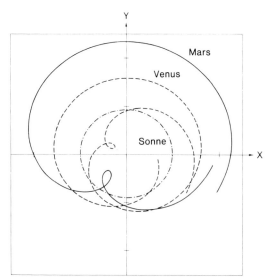

Abb. 8.2. Von der Erde aus betrachtet sind die Planetenbewegungen sehr komplex. Hier sind die Bahnen der Sonne, der Venus und des Mars in einem in der Erde fest verankerten Koordinatensystem dargestellt, wie sie vom Himmelsnordpol aus gesehen werden

8.2 Planetenkonstellationen

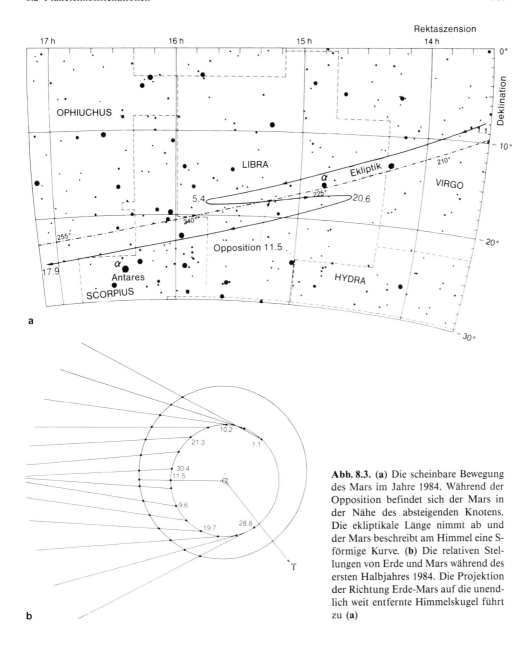

Abb. 8.3. (a) Die scheinbare Bewegung des Mars im Jahre 1984. Während der Opposition befindet sich der Mars in der Nähe des absteigenden Knotens. Die ekliptikale Länge nimmt ab und der Mars beschreibt am Himmel eine S-förmige Kurve. (b) Die relativen Stellungen von Erde und Mars während des ersten Halbjahres 1984. Die Projektion der Richtung Erde-Mars auf die unendlich weit entfernte Himmelskugel führt zu (a)

Abbildung 8.4 erklärt einige grundlegende Planetenkonstellationen. Ein *äußerer Planet* (ein Planet außerhalb der Erdbahn) befindet sich in *Opposition*, wenn er genau in Gegenrichtung zur Sonne steht, d. h. wenn sich die Erde zwischen Sonne und Planet befindet. Steht der Planet hinter der Sonne, so ist er in *Konjunktion*. In der Praxis wird der Planet weder genau entgegengesetzt zur Sonne noch genau hinter der Sonne stehen, denn die Bahnen der Planeten und der Erde liegen nicht in der gleichen Ebene. In astronomischen Jahrbüchern werden die Oppositionen und Konjunktionen in Form von Längen angegeben. Die Längen eines Körpers und der Sonne unterscheiden sich im Mo-

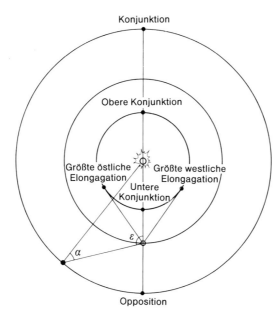

Abb. 8.4. Planetenkonstellationen. Der Winkel α (Sonne-Objekt-Erde) ist der Phasenwinkel und ε (Sonne-Erde-Objekt) die Elongation

ment der Opposition um 180°, während sie in der Konjunktion gleich sind. Ist der andere Körper nicht die Sonne, wird hingegen die Rektaszension verwendet. Jene Punkte, in denen sich die Bewegung eines Planeten in die entgegengesetzte Richtung umkehrt, werden *stationäre* Punkte genannt. Die Opposition tritt in der Mitte einer retrograden Schleife ein.

Die *inneren Planeten* (Merkur und Venus) sind nie in Opposition. Die Konstellation, bei der sich einer der beiden Planeten zwischen Erde und Sonne befindet, wird *untere Konjunktion* genannt, die derjenigen eines äußeren Planeten entsprechende Konjunktion heißt *obere Konjunktion*. Die größte (östliche und westliche) *Elongation*, d. h. Winkeldistanz des Planeten von der Sonne, beträgt 28° für den Merkur und 47° für die Venus. Die Elongationen werden in östliche und westliche unterschieden, je nachdem auf welcher Seite der Sonne der Planet zu sehen ist. Befindet sich der Planet in östlicher Elongation, so ist er ein „Abendstern" und geht nach der Sonne unter, befindet er sich in westlicher Elongation, kann man ihn am Morgenhimmel als „Morgenstern" sehen.

Die *synodische Umlaufzeit* ist die Zeitspanne zwischen zwei aufeinanderfolgenden gleichen Ereignissen (z. B. zwischen zwei Oppositionen). Die von uns in den vorangehenden Kapiteln verwendete Periode ist die *siderische Umlaufzeit*, die jedem Objekt eigene wahre Zeit des Umlaufs um die Sonne. Die synodische Umlaufzeit hängt von der Differenz der siderischen Perioden zweier Körper ab.

Die siderischen Umlaufzeiten zweier Planeten seien P_1 und P_2 (wir nehmen $P_1 < P_2$ an). Die mittleren Winkelgeschwindigkeiten (mittleren Bewegungen) sind $2\pi/P_1$ und $2\pi/P_2$. Nach einer synodischen Periode $P_{1,2}$ hat der innere Planet einen vollen Umlauf mehr vollführt als der äußere:

$$P_{1,2}\frac{2\pi}{P_1} = 2\pi + P_{1,2}\frac{2\pi}{P_2}, \quad \text{oder}$$

$$1/P_{1,2} = 1/P_1 - 1/P_2 \ . \tag{8.1}$$

Der Winkel Sonne-Planet-Erde wird der *Phasenwinkel* genannt und oft durch den griechischen Buchtaben α bezeichnet. Der Phasenwinkel liegt im Fall von Merkur und Venus zwischen 0° und 180°. Das bedeutet, daß wir eine „Vollvenus", eine „Halbvenus" usw. sehen können, genau wie bei den Phasengestalten des Mondes. Für die äußeren Planeten ist der Bereich des Phasenwinkels stärker eingeschränkt. Die maximalen Phasen betragen 41° für den Mars, 11° für Jupiter und nur 2° für Pluto.

8.3 Die Erdbahn

Das *siderische Jahr* (Sternjahr) ist die wahre Dauer eines Umlaufs der Erde um die Sonne. Nach einem siderischen Jahr steht die Sonne in bezug auf die Sterne wieder an der gleichen Stelle. Die Länge eines Sternjahres beträgt 365,2564 mittlere Sonnentage (in Wirklichkeit Ephemeridentage, aber die Differenz ist so klein, daß wir sie hier vernachlässigen können). Wir haben schon an früherer Stelle vermerkt, daß sich der Frühlingspunkt durch die Präzession um 50″ pro Jahr entlang der Ekliptik verschiebt. Das bedeutet, daß die Sonne den Frühlingspunkt bereits vor Ablauf eines kompletten siderischen Jahres wieder erreicht. Diese Zeitspanne von 365,2422 Tagen bezeichnet man als ein *tropisches Jahr*. Eine dritte Definition des Jahres basiert auf den Periheldurchgängen der Erde. Planetare Störungen verursachen eine allmähliche Änderung der Richtung des Perihels der Erdbahn. Die Zeitspanne zwischen zwei Periheldurchgängen wird *anomalistisches Jahr* genannt. Seine Länge beträgt 365,2596 Tage, etwas mehr als ein Sternjahr.

Der Erdäquator ist um rund 23,5° gegen die Ekliptik geneigt. Bedingt durch Störungen verändert sich dieser Winkel mit der Zeit. Vernachlässigt man alle periodischen Anteile, kann man die *Schiefe der Ekliptik* ausdrücken als

$$\varepsilon = 23{,}452294° - 0{,}00013° \, t \, , \tag{8.2}$$

wobei t die Zeit (in Jahren) ist, gezählt vom Beginn des Jahres 1900 an. Der Ausdruck gilt für einige Jahrhunderte vor und nach 1900.

Während eines Jahres ändert sich die Deklination der Sonne zwischen $-\varepsilon$ und $+\varepsilon$. Zu jeder beliebigen Zeit steht die Sonne an irgendeinem Punkt auf der Erde im Zenit. Die geographische Breite dieses Punktes hat den gleichen Wert wie die Deklination der Sonne. Bei den Breiten $-\varepsilon$ (Wendekreis des Steinbocks) und $+\varepsilon$ (Wendekreis des Krebses) steht die Sonne genau einmal im Jahr im Zenit und zwischen diesen Breiten zweimal. In der nördlichen Hemisphäre geht die Sonne für alle Breiten größer als $90° - \delta$, wobei δ die Deklination der Sonne ist, nicht unter.

Die südlichste Breite, auf der die Mitternachtssonne gesehen werden kann, ist $90° - \varepsilon = 66{,}55°$ und wird *Nördlicher Polarkreis* genannt. (Analoges gilt für die südliche Hemisphäre.) Der Nördliche Polarkreis ist der südlichste Ort, an dem die Sonne während der Wintersonnenwende (theoretisch) den gesamten Tag unter dem Horizont bleibt. Die Zeit der Dunkelheit dauert länger und länger, je nördlicher man geht (oder je südlicher in der südlichen Hemisphäre). An den Polen dauern Tag und Nacht jeweils ein halbes Jahr. In der Praxis haben die Brechung des Lichtes und die Lage des Beobachtungsortes einen großen Einfluß auf die Sichtbarkeit der Mitternachtssonne und die Zahl der sonnenlosen Tage. Da die Refraktion die am Horizont sichtbaren Objekte anhebt, kann die Mitternachtssonne schon etwas südlich des Nördlichen Polarkreises gesehen werden. Aus dem gleichen Grund kann die Sonne um die Zeit des Frühlings- und Herbstäquinoktiums gleichzeitig an beiden Polen beobachtet werden.

Die Exzentrizität der Erdbahn beträgt etwa 0,0167, und so schwankt die Entfernung zur Sonne zwischen 147 und 152 Millionen km. Die Flußdichte der Sonnenstrahlung variiert an unterschiedlichen Punkten der Erdbahn etwas, dies hat aber praktisch keinen Einfluß auf die Jahreszeiten. Tatsächlich steht die Sonne Anfang Januar im Perihel, mitten im Winter der nördlichen Hemisphäre. Die Jahreszeiten werden durch die Schiefe der Ekliptik verursacht.

Die Flußdichte der Sonneneinstrahlung hängt von drei Faktoren ab. Erstens ist der Strahlungsfluß pro Fläche proportional zu sin h, wobei h die Höhe der Sonne ist. Im Sommer kann die Sonne höher steigen als im Winter und mehr Energie pro Fläche liefern. Zweitens steht die Sonne im Sommer länger über dem Horizont. Ein dritter Effekt entsteht durch die Erdatmosphäre: Wenn sich die Sonne nahe dem Horizont befindet, muß die Strahlung dicke atmosphärische Schichten durchdringen, das bedeutet eine große Extinktion und weniger Strahlung auf der Oberfläche. Die genannten Effekte werden in Übung 8.23.2 im Detail diskutiert.

8.4 Die Mondbahn

Der natürliche Satellit der Erde, der *Mond*, umkreist die Erde entgegen dem Uhrzeigersinn. Ein Umlauf, der *siderische Monat*, dauert 27,322 Tage. In der Praxis ist der *synodische Monat*, die Dauer der Mondphasen (d. h. von Vollmond zu Vollmond) die wichtigere Periode. Im Verlauf eines siderischen Monats hat die Erde fast 1/12 ihrer Bahn um die Sonne zurückgelegt. Der Mond hat noch 1/12 seiner Bahn vor sich, ehe die Konstellation Erde-Mond-Sonne wieder die gleiche ist. Dies dauert etwa 2 Tage, und so wiederholen sich die Mondphasen alle 29 Tage. Genauer gesagt, die Länge eines synodischen Monats beträgt 29,531 Tage.

Der *Neumond* ist jener Augenblick, in dem der Mond in Konjunktion zur Sonne steht. Jahrbücher definieren die Mondphasen über die ekliptikale Länge; die Längen von Neumond und Sonne sind gleich. Gewöhnlich steht der Neumond etwas nördlich oder südlich der Sonne, da die Mondbahn etwa 5° gegen die Ekliptik geneigt ist.

Ungefähr zwei Tage nach Neumond kann die zunehmende Mondsichel am westlichen Abendhimmel gesehen werden. Etwa eine Woche nach dem Neumond, wenn sich die Längen von Mond und Sonne um 90° unterscheiden, folgt das *erste Viertel*. Die rechte Hälfte des Mondes ist beleuchtet (beachte: die linke Hälfte auf der südlichen Hemisphäre!). Der Vollmond kommt zwei Wochen nach dem Neumond und eine Woche danach das *letzte Viertel*. Letztlich erscheint die abnehmende Mondsichel im Schein des Morgenhimmels.

Die Bahn des Mondes ist näherungsweise elliptisch. Die Länge der großen Halbachse beträgt 384 400 km, die Exzentrizität 0,055. Bedingt durch die hauptsächlich von der Sonne ausgehenden Störungen variieren die Bahnelemente mit der Zeit. Der kleinste Abstand des Mondes vom Erdzentrum beträgt 356 400 km, der größte 406 700 km. Dieser Variationsbereich ist größer als der sich aus Exzentrizität und großer Halbachse ergebende. Der scheinbare Winkeldurchmesser liegt zwischen 29,4' und 33,5'.

Die Rotationsperiode des Mondes ist gleich dem siderischen Monat, so daß der Mond der Erde stets die gleiche Seite zuwendet. Eine derartige *gebundene Rotation* ist typisch für die Satelliten des Sonnensystems; fast alle großen Monde rotieren synchron zum Umlauf.

Die Bahngeschwindigkeit des Mondes variiert entsprechend dem zweiten Keplerschen Gesetz, wobei die Rotationsperiode jedoch konstant bleibt. Daraus folgt, daß wir zu verschiedenen Phasen der Mondbahn etwas verschiedene Teile der Oberfläche sehen. Steht der Mond nahe dem Perigäum, so ist seine Geschwindigkeit größer als im Durchschnitt (und somit auch größer als die mittlere Rotationsgeschwindigkeit) und wir können etwas mehr von der rechten Hälfte der Mondscheibe sehen (von der nördlichen Hemisphäre aus). Im Apogäum sehen wir entsprechend etwas „hinter" die linke Begrenzung. Durch diese *Librationen* kann man von der Erde aus insgesamt 59% der Oberfläche des Mondes beobachten (Abb. 8.5). Die Libration kann man leicht sehen, indem man irgendein Detail am Rand der Mondscheibe verfolgt.

Die Mondbahn ist um etwa 5° gegen die Ekliptik geneigt. Ihre Lage ändert sich jedoch allmählich mit der Zeit, vor allem infolge der von Erde und Sonne hervorgerufenen Störungen. Durch diese Störungen vollführt die Knotenlinie (die Schnittlinie zwischen den Ebenen der Ekliptik und der Mondbahn) in 18,6 Jahren einen vollen Umlauf. Die gleiche Periode begegnete uns bereits bei der Nutation. Wenn der aufsteigende Knoten der Mondbahn in Richtung des Frühlingspunkts zeigt, kann der Mond $23{,}5° + 5° = 28{,}5°$ nördlich oder südlich des Äquators stehen. Befindet sich der absteigende Knoten nahe dem Frühlingspunkt, so ist die Zone, innerhalb der man den Mond finden kann, nur $23{,}5° - 5° = 18{,}5°$ breit.

Der *drakonitische Monat* ist die Zeit, in der sich der Mond von einem aufsteigenden Knoten zum nächsten bewegt. Da die Knotenlinie rotiert, ist der drakonitische Monat

Abb. 8.5. Die Librationen des Mondes kann man in diesem Fotografienpaar sehen. Es wurde aufgenommen, als der Mond nahe des Perigäums bzw. des Apogäums stand. (Sternwarte der Universität Helsinki)

Abb. 8.6. Die auf die Erde wirkenden Gezeitenkräfte erzeugen Ebbe und Flut (*s. Text*)

drei Stunden kürzer als der siderische Monat, d. h. 27,212 Tage lang. Die Bahnellipse selbst ist ebenfalls einer langsamen Präzession unterworfen. Die Bahnperiode von Perigäum zu Perigäum, der *anomalistische Monat*, ist 5,5 Stunden länger als der siderische Monat, er beträgt 27,555 Tage.

An unterschiedlichen Stellen der Erdoberfläche wirkt der Mond mit unterschiedlich starker Anziehungskraft, und dies verursacht die *Gezeiten* (Abb. 8.6). Die Anziehung ist am stärksten an dem dem Mond direkt zugewandten Punkt und am schwächsten auf der gegenüberliegenden Seite der Erdoberfläche. An diesen Punkten ist der Pegel der Meere am höchsten (*Flut*). Etwa sechs Stunden nach der Flut ist der Pegel am niedrigsten (*Ebbe*). Die Sonne erzeugt einen ähnlichen Effekt, dessen Stärke aber weniger als die Hälfte der Wirkung der Mondgezeiten ausmacht. Stehen Sonne und Mond in bezug auf die Erde in gleicher Richtung (Neumond) oder einander gegenüber (Vollmond), so erreicht die Gezeitenwirkung ihr Maximum, man spricht dann von einer Springflut.

Der Meeresspegel variiert normalerweise um 1 m, aber in einigen Meerengen kann die Differenz 15 m erreichen. Auch die feste Erdkruste erleidet Gezeitenwirkungen, allerdings mit einer kleineren Amplitude von etwa 30 cm.

Die Gezeiten rufen Reibung hervor, was zu dissipativen Änderungen der kinetischen und Rotationsenergie des Erde-Mond-Systems führt. Dieser Energieverlust verursacht einige Änderungen im System. Als erstes wird die Rotation der Erde so lange abgebremst, bis die Erde ebenfalls synchron (gebunden) rotiert, die Erde wird dann dem Mond stets die gleiche Seite zuwenden. Zweitens verlangsamt sich die Bahngeschwindigkeit des Mondes, und der Mond entfernt sich mit jedem Umlauf um etwa 1 cm von der Erde.

8.5 Finsternisse und Bedeckungen

Eine *Finsternis* ist ein Ereignis, bei dem ein Körper durch den Schatten eines anderen Körpers hindurchgeht. Die am häufigsten beobachteten Finsternisse sind die Mondfinsternisse und die Finsternisse der großen Jupitersatelliten. Eine *Bedeckung* findet statt, wenn ein bedeckender Körper sich vor ein anderes Objekt bewegt; typische Beispiele sind Sternbedeckungen durch den Mond. Bedeckungen kann man generell nur auf einem schmalen Streifen der Erdoberfläche sehen, während man eine Finsternis überall dort sieht, wo das Objekt über dem Horizont steht.

Sonnen- und Mondfinsternisse sind die spektakulärsten Ereignisse am Himmel. Eine Sonnenfinsternis tritt auf, wenn der Mond zwischen Erde und Sonne steht (Abb. 8.7). (Entsprechend unserer Definition ist eine Sonnenfinsternis keine Finsternis, sondern eine Bedeckung!) Verschwindet die gesamte Sonnenscheibe hinter dem Mond, so ist die

8.5 Finsternisse und Bedeckungen

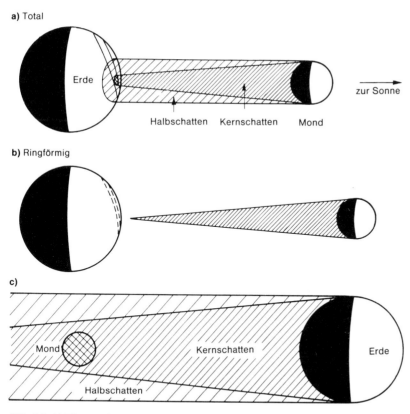

Abb. 8.7. (a) Eine totale Sonnenfinsternis kann man nur innerhalb eines schmalen Streifens sehen, außerhalb der Totalitätszone ist die Finsternis partiell. (b) Eine Finsternis ist ringförmig, wenn sich der Mond im Apogäum befindet, von dem aus der Mondschatten die Erde nicht erreicht. (c) Eine Mondfinsternis ist überall dort zu sehen, wo der Mond über dem Horizont steht

Abb. 8.8. Eine totale Sonnenfinsternis

Finsternis *total* (Abb. 8.8), ansonsten *partiell*. Befindet sich der Mond nahe dem Apogäum, so ist sein scheinbarer Durchmesser kleiner als der der Sonne und die Finsternis ist *ringförmig*.

Eine Mondfinsternis ist total, wenn sich der Mond vollständig im Kernschatten der Erde befindet, sonst ist die Finsternis partiell. Eine partielle Mondfinsternis ist mit unbewaffnetem Auge schwierig zu sehen, denn die Helligkeit des Mondes bleibt fast unverändert. Während der Totalitätsphase ist der Mond durch die Lichtstreuung an der Erdatmosphäre tiefrot gefärbt.

Würden die Ebenen von Mondbahn und Ekliptik zusammenfallen, so würden wir jeden synodischen Monat eine Sonnen- und eine Mondfinsternis erleben. Die Ebenen sind jedoch um 5° gegeneinander geneigt und der Mond muß deshalb in der Nähe der Knoten stehen, damit sich eine Finsternis ereignet. Der Winkelabstand des Mondes vom Knoten muß für eine totale Mondfinsternis kleiner als 4,6° und für eine totale Sonnenfinsternis kleiner als 10,3° sein.

Jährlich gibt es zwei bis sieben Finsternisse. Meist finden die Finsternisse in Gruppen von 1–3 Finsternissen statt, die durch ein Intervall von 173 Tagen getrennt sind. Eine Gruppe kann nur eine Sonnenfinsternis oder die Aufeinanderfolge einer Sonnenfinsternis, einer Mondfinsternis und einer weiteren Sonnenfinsternis enthalten. Innerhalb eines Jahres können Finsternisse stattfinden, die zu zwei oder drei solcher Gruppen gehören.

Einmal in 346,62 Tagen stehen die Sonne und ein (aufsteigender oder absteigender) Knoten der Mondbahn in gleicher Richtung. Neunzehn solcher Perioden ($=$ 6585,78 Tage $=$ 18 Jahre und 11 Tage) kommen 223 synodischen Monaten sehr nahe. Das bedeutet, daß sich die Konstellationen Sonne-Mond und die Finsternisse in gleicher Reihenfolge nach Ablauf dieser Periode wiederholen. Der Zyklus war bereits im Altertum in Babylonien bekannt und trägt aus historischen Gründen den Namen *Saroszyklus*.

Während einer Sonnenfinsternis ist der Schatten des Mondes auf der Erdoberfläche weniger als 270 km breit. Der Schatten bewegt sich mit einer Geschwindigkeit von mindestens 34 km/min, so daß die maximale Dauer einer Finsternis $7\frac{1}{2}$ Minuten beträgt. Die maximale Dauer einer Mondfinsternis beträgt 3,8 h, die Länge der Totalitätsphase ist stets kürzer als 1,7 h.

Beobachtungen von Sternbedeckungen durch den Mond dienten früher als eine genaue Methode zur Bestimmung der Mondbahn. Die Radioastronomen nutzten die Bedeckungen zur exaken Positionsbestimmung einiger Radioquellen. Heute werden die Bedeckungen für das Studium der Erdrotation, zur Messung von Sterndurchmessern und zur Suche nach Doppelsternen genutzt. Da der Mond keine Atmosphäre besitzt, verschwindet ein Stern abrupt innerhalb von weniger als 1/50 s. Verwendet man zur Aufzeichnung des Ereignisses ein Schnellphotometer, kann man ein typisches Beugungsbild sehen. Ein Doppelstern unterscheidet sich durch die Form dieses Bildes von einem Einzelstern.

Da sich der Mond ostwärts bewegt, werden die Sterne während des ersten Viertels durch den dunklen Rand der Mondscheibe bedeckt. Deshalb ist es einfacher, Beobachtungen und photometrische Messungen an den verschwindenden Sternen zu Beginn der Bedeckung vorzunehmen, und wesentlich schwieriger, das Auftauchen eines Objektes zu beobachten. Es gibt einige helle Sterne innerhalb der Bewegungszone des Mondes, jedoch sind Bedeckungen heller, mit bloßem Auge sichtbarer Sterne sehr selten.

Bedeckungen werden auch durch Planeten und Planetoiden hervorgerufen. Genaue Vorhersagen sind schwierig, denn solch ein Ereignis ist nur in einem sehr schmalen Gebiet sichtbar. Große Fortschritte wurden seit den siebziger Jahren gemacht, so daß Bedeckungen jetzt häufig beobachtet werden. Die Uranusringe wurden 1977 während einer Sternbedeckung entdeckt, und während einiger besonders günstiger Ereignisse konnte die Form einiger Planetoiden studiert werden, wobei sich mehrere entlang des vorhergesagten Bedeckungsstreifens postierte Beobachter exakt abgestimmt hatten.

Ein *Durchgang* ist ein Ereignis, bei dem sich Merkur oder Venus über die Sonnenscheibe bewegen. Ein Durchgang kann nur stattfinden, wenn sich der Planet zur Zeit seiner unteren Konjunktion nahe eines seiner Bahnknoten befindet. Durchgänge des Merkurs treten etwa 13mal im Jahrhundert auf, Durchgänge der Venus nur zweimal. Die nächsten Durchgänge des Merkur sind 6. Nov. 1993, 15. Nov. 1999, 7. Mai 2003, 8. Nov. 2006, 9. Mai 2016 und 11. Mai 2019. Die nächsten drei Durchgänge der Venus sind: 8. Juni 2004, 6. Juni 2012 und 11. Dez. 2117. Im 18. Jahrhundert wurden die zwei Venusdurchgänge genutzt, um die Größe der astronomischen Einheit zu bestimmen.

8.6 Die Albedo

Die Planeten und auch alle anderen Körper des Sonnensystems reflektieren nur die Strahlung der Sonne (wir wollen hier die Wärme- und Radiostrahlung vernachlässigen und uns hauptsächlich auf optische Wellenlängen konzentrieren). Die Helligkeit eines Körpers hängt von seiner Entfernung von der Sonne und von der Erde sowie von der Albedo seiner Oberfläche ab. Der Begriff *Albedo* definiert das Rückstrahlungsvermögen eines Körpers.

Die Strahlungsflußdichte auf der Sonnenoberfläche sei $F_\odot$ [W m^{-2}]; die Flußdichte in der Entfernung r ist dann

$$F_p = F_\odot \frac{R_\odot^2}{r^2} \,, \tag{8.3}$$

wobei $R_\odot/r$ der Winkeldurchmesser der Sonne in der Entfernung r ist. Ist der Radius des Planeten R, so beträgt seine Querschnittsfläche πR^2 und der gesamte auf der Oberfläche des Planeten auftreffende Fluß ist

$$L = F_p \pi R^2 = F_\odot \frac{R_\odot^2}{r^2} \pi R^2 \,. \tag{8.4}$$

Die *sphärische Albedo* (Bondsche Albedo) A wird definiert als das Verhältnis zwischen zurückgeworfenem und einfallendem Fluß. Der vom Planeten reflektierte Fluß beträgt

$$L' = AL = AF_\odot \frac{R_\odot^2}{r^2} \pi R^2 \,. \tag{8.5}$$

Der Planet wird aus einer Entfernung Δ beobachtet. Wenn die Strahlung isotrop reflektiert wird, sollte die beobachtete Flußdichte

$$F = L'/4\pi\Delta^2 \tag{8.6}$$

sein. Die Strahlung wird jedoch anisotrop reflektiert, und die Flußdichte muß um einen Faktor $C\Phi(\alpha)$ korrigiert werden, der vom Phasenwinkel abhängt. $\Phi(\alpha)$ wird die *Pha-*

senfunktion genannt und ist auf $\Phi(\alpha = 0°) = 1$ normiert. Die Normierungskonstante C erhält man aus

$$\frac{C \int_S \Phi(\alpha) dS}{4\pi\Delta^2} = 1 \;, \tag{8.7}$$

wobei sich die Integration über die Oberfläche einer Kugel vom Radius Δ erstreckt. Das bedeutet einfach, daß jede vom Planeten reflektierte Strahlung irgendwo auf dieser Kugel gefunden werden kann. Die beobachtete Flußdichte in der Entfernung Δ ist

$$F = \frac{C\Phi(\alpha)L'}{4\pi\Delta^2} = \frac{C\Phi(\alpha)}{4\pi\Delta^2} A F_\odot \frac{R_\odot^2}{r^2} \pi R^2 \;. \tag{8.8}$$

Die Normierungskonstante C wird wie folgt berechnet: Das Oberflächenelement einer Kugel vom Radius Δ ist $dS = \Delta \, d\alpha \, \Delta \sin\alpha \, d\phi$, und das Integral in (8.7) kann ausgedrückt werden als

$$\int_S \Phi(\alpha) dS = \Delta^2 \int_{\alpha=0}^{\pi} \int_{\phi=0}^{2\pi} \Phi(\alpha) \sin\alpha \, d\alpha \, d\phi = \Delta^2 2\pi \int_0^{\pi} \Phi(\alpha) \sin\alpha \, d\alpha \;.$$

Es folgt

$$C = \frac{4\pi\Delta^2}{\int_S \Phi(\alpha) dS} = \frac{2}{\int_0^{\pi} \Phi(\alpha) \sin\alpha \, d\alpha} \;. \tag{8.9}$$

Definiert man p als

$$p = CA/4 \;, \tag{8.10}$$

so ist die sphärische Albedo A

$$A = p \cdot 2 \int_0^{\pi} \Phi(\alpha) \sin\alpha \, d\alpha \equiv p \cdot q \;. \tag{8.11}$$

p wird die *geometrische Albedo* genannt und

$$q = 2 \int_0^{\pi} \Phi(\alpha) \sin\alpha \, d\alpha \tag{8.12}$$

ist das *Phasenintegral*.

Die physikalische Interpretation der geometrischen Albedo ist nicht so offensichtlich. Den Grund für die Einführung von p kann man aus folgendem ersehen:

Eine *Lambertsche Fläche* wird als eine absolut weiße, diffus strahlende Fläche definiert, die alle Strahlung reflektiert, d. h. $A = 1$. Außerdem ist ihre Phasenfunktion $\Phi(\alpha) = \cos\alpha$ für $\alpha \in [0, \frac{\pi}{2}]$ und $\Phi(\alpha) = 0$ für $\alpha \in [\frac{\pi}{2}, \pi]$. (In der Realität existieren solche Flächen nicht, jedoch verhalten sich einige Materialien fast wie Lambertsche Flächen.) Unter Beachtung dieser Definitionen kann man die Konstante C für eine senkrecht zum einfallenden Licht stehende Fläche erhalten:

$$C = \frac{2}{\int_0^\pi \Phi(\alpha)\sin\alpha\, d\alpha} = \frac{2}{\int_0^{\pi/2} \cos\alpha \sin\alpha\, d\alpha} = 4 \ .$$

Setzen wir dies in (8.10) ein, so erhalten wir für die Lambertsche Fläche $p = A = 1$.

Als nächstes vergleichen wir die von einem Planeten reflektierte Flußdichte mit der von einer Lambertschen Fläche reflektierten Flußdichte, deren Oberfläche gleich der Querschnittsfläche des Planeten ist. Außerdem nehmen wir an, daß die Lambertsche Fläche senkrecht zum einfallenden Licht steht und unter dem Phasenwinkel $\alpha = 0°$ betrachtet wird. Die beobachtete Strahlungsflußdichte erhält man aus (8.8):

$$F(\alpha = 0) = \frac{C}{4\pi \Delta^2} A F_\odot \frac{R_\odot^2}{r^2} \pi R^2 \ .$$

Analog hierzu ist die Flußdichte für die Lambertsche Fläche

$$F_\mathrm{L}(\alpha = 0) = \frac{4}{4\pi \Delta^2} \cdot 1 \cdot F_\odot \frac{R_\odot^2}{r^2} \pi R^2 \ .$$

Das Verhältnis der beiden ist

$$\frac{F(\alpha = 0)}{F_\mathrm{L}(\alpha = 0)} = \frac{CA}{4} = p \ . \tag{8.13}$$

Jetzt haben wir die physikalische Interpretation von p gefunden: Die geometrische Albedo ist das Verhältnis der von einem Planeten und von einer Lambertschen Fläche reflektierten Flußdichten beim Phasenwinkel $\alpha = 0°$. Es erweist sich, daß p aus der Beobachtung abgeleitet werden kann, während die sphärische Albedo nur dann bestimmt werden kann, wenn das Phasenintegral q bekannt ist.

8.7 Planetare Photometrie, Polarimetrie und Spektroskopie

Unter Verwendung von (8.8), Abb. 8.9 und der Definition von p (8.13) kann man die beobachtete Flußdichte ausdrücken als

$$F = \frac{p}{\pi} \frac{\Phi(\alpha)}{\Delta^2} F_\odot \frac{R_\odot^2}{r^2} \pi R^2 \ . \tag{8.14}$$

Die Flußdichte von der Sonne am Ort der Erde ist

$$F_\oplus = F_\odot \frac{R_\odot^2}{r_\oplus^2} \ . \tag{8.15}$$

Verwenden wir diese Ausdrücke sowie die Definition der Größenklassen, so finden wir für die Differenz der scheinbaren Helligkeiten von Sonne und Planet

Abb. 8.9. Die in der photometrischen Gleichung verwendeten Symbole

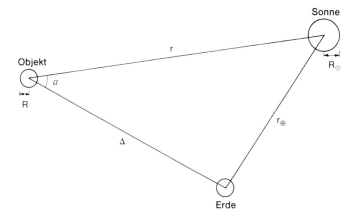

$$m - m_\odot = -2{,}5 \lg \frac{F}{F_\oplus}$$

$$= -2{,}5 \lg \frac{p\, \Phi(\alpha)\, R^2\, r_\oplus^2}{\Delta^2 r^2} \tag{8.16}$$

$$= -2{,}5 \lg p\, \frac{R^2 r_\oplus^2}{r_\oplus^4} - 2{,}5 \lg \frac{r_\oplus^2}{\Delta^2 r^2} - 2{,}5 \lg \Phi(\alpha)$$

$$= -2{,}5 \lg p\, \frac{R^2}{r_\oplus^2} + 5 \lg \frac{r\Delta}{r_\oplus^2} - 2{,}5 \lg \Phi(\alpha) \ . \tag{8.17}$$

Mit

$$V(1,0) = m_\odot - 2{,}5 \lg p\, \frac{R^2}{r_\oplus^2} \tag{8.18}$$

kann die scheinbare Helligkeit eines Planeten ausgedrückt werden als

$$m = V(1,0) + 5 \lg \frac{r\Delta}{r_\oplus^2} - 2{,}5 \lg \Phi(\alpha) \ . \tag{8.19}$$

In der Planetologie wird $V(1,0)$ als die *absolute Größe* (nicht zu verwechseln mit der absoluten Größe in der stellaren Astronomie!) bezeichnet. Durch einen Blick auf (8.19) überzeugen wir uns, daß $V(1,0)$ die Helligkeit eines Körpers ist, der 1 AE von der Erde entfernt ist und zur Sonne unter einem Phasenwinkel von $\alpha = 0°$ steht. Wie wir sofort bemerken, ist das physikalisch unmöglich, denn der Beobachter würde sich mitten im Zentrum der Sonne befinden! $V(1,0)$ kann also niemals beobachtet werden.

Die Phasenfunktion $\Phi(\alpha)$ ist ebenfalls unbekannt. Aus den Beobachtungen kann man nur die Größe

$$V(1,\alpha) = m - 5 \lg \frac{r\Delta}{r_\oplus^2} = V(1,0) - 2{,}5 \lg \Phi(\alpha) \tag{8.20}$$

8.7 Planetare Photometrie, Polarimetrie und Spektroskopie

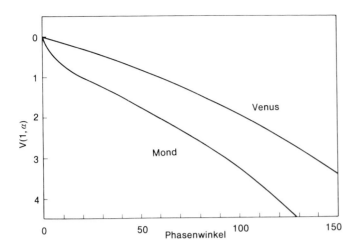

Abb. 8.10. Die Phasenkurven von Mond und Venus. Die absolute Größe $V(1,\alpha)$ ist so normiert, daß $V(1,0) = 0$ gilt

berechnen, die absolute Größe beim Phasenwinkel α. Trägt man $V(1,\alpha)$ als Funktion des Phasenwinkels auf, so spricht man von einer *Phasenkurve* (Abb. 8.10). Die bis zu $\alpha = 0°$ extrapolierte Phasenkurve gibt uns $V(1,0)$.

Unter Verwendung von (8.16) bei $\alpha = 0$ kann die geometrische Albedo als Funktion der Beobachtungsgrößen ausgedrückt werden:

$$p = \left(\frac{r\Delta}{r_\oplus R}\right) 10^{-0{,}4(m_0 - m_\odot)} , \qquad (8.21)$$

wobei $m_0 = m(\alpha = 0°)$ ist. Man sieht leicht, daß p auch größer als Eins werden kann, in der Realität liegt der Wert jedoch weit darunter. Typische Werte für p sind $0{,}1 - 0{,}5$.

Die sphärische Albedo kann nur dann bestimmt werden, wenn die Phasenfunktion bekannt ist. Die jupiterähnlichen Planeten (und andere, sich außerhalb der Erdbahn bewegende Körper) können nur in einem begrenzten Phasenwinkelbereich beobachtet werden, Φ ist deshalb nur unvollständig bekannt. Im Gegensatz dazu wird besonders in populärwissenschaftlichen Schriften die sphärische Albedo an Stelle von p angegeben (natürlich ohne den exakten Namen zu erwähnen!). Ein guter Vorwand dafür ist die offensichtliche physikalische Bedeutung der sphärischen Albedo und die Tatsache, daß sie auf $[0, 1]$ normiert ist.

Der Oppositionseffekt. Die Helligkeit eines atmosphärelosen Planeten wächst rapide bei der Annäherung an den Phasenwinkel Null. Ist der Phasenwinkel größer als etwa $10°$, so sind die Änderungen kleiner. Den schnellen Helligkeitsanstieg nahe der Opposition bezeichnet man als *Oppositionseffekt*. Die qualitative Erklärung dafür ist, daß nahe der Opposition keine Schatten sichtbar sind; wächst der Phasenwinkel, werden die Schatten sichtbar und die Helligkeit fällt ab. Eine Atmosphäre zerstört den Oppositionseffekt. Das kann man an der Phasenkurve der Venus (Abb. 8.10) sehen.

Die Gestalt der Phasenkurve hängt von der geometrischen Albedo ab. Ist die Phasenkurve bekannt, kann man daraus die geometrische Albedo abschätzen. Das erfordert mindestens einige Beobachtungen bei verschiedenen Phasenwinkeln. Am kritischsten ist der Bereich $0°-10°$. Eine bekannte Phasenkurve kann zur Durchmesserbestimmung eines Körpers, z. B. zur Bestimmung der Größe eines Planetoiden, verwendet werden. Die scheinbaren Durchmesser der Planetoiden sind so klein, daß man sie nicht direkt messen kann; statt dessen muß irgendeine indirekte Methode Anwendung finden. Andere verfügbare Techniken sind polarimetrische und radiometrische (Wärmestrahlung) Beobachtungen. Die erreichte Genauigkeit beträgt etwa 10%.

Polarimetrische Beobachtungen. Das von den Körpern des Sonnensystems reflektierte Licht ist gewöhnlich polarisiert, wobei der Polarisationsgrad vom reflektierenden Material, aber auch von der Geometrie abhängt: Die Polarisation ist eine Funktion des Phasenwinkels. Der *Polarisationsgrad* wird definiert als

$$P = \frac{F_\perp - F_\|}{F_\perp + F_\|} ; \qquad (8.22)$$

$F_\perp$ ist die Strahlungsflußdichte senkrecht zu einer festen Ebene und $F_\|$ die Flußdichte parallel zu dieser Ebene. Bei Untersuchungen im Sonnensystem wird die Polarisation meist auf die durch die Erde, die Sonne und das Objekt definierte Ebene bezogen. Entsprechend (8.22) kann die Polarisation positiv oder negativ werden, und so werden auch die Begriffe „positive" und „negative" Polarisation verwendet.

Der Polarisationsgrad hängt als eine Funktion des Phasenwinkels von der Oberflächenstruktur und der Atmosphäre des Planeten ab. Der Polarisationsgrad des von der Oberfläche eines atmosphärelosen Körpers reflektierten Lichtes ist positiv, wenn der Phasenwinkel größer als etwa 20° ist, näher zur Opposition hin ist die Polarisation negativ. Wird das Licht an einer Atmosphäre reflektiert, so ist die Abhängigkeit der Polarisation vom Phasenwinkel komplizierter. Durch die Kombination der Beobachtungen mit der Theorie des Strahlungstransports kann man Modellatmosphären berechnen. So konnte z. B. die Zusammensetzung der Venusatmosphäre studiert werden, bevor irgendeine Sonde zu diesem Planeten gestartet wurde.

Planetare Spektroskopie. Die soeben diskutierten photometrischen und polarimetrischen Beobachtungen waren monochromatisch. Für die Untersuchung der Venusatmosphäre wurden jedoch auch die spektralen Informationen genutzt. Das einfachste Beispiel einer Spektralphotometrie (Spektralpolarimetrie) sind die Breitband-UBV-Photometrie und -Polarimetrie. Der Begriff Spektrophotometrie bezeichnet normalerweise Beobachtungen durch verschiedene Schmalbandfilter. Die Objekte des Sonnensystems werden natürlich ebenso mit Hilfe der „klassischen" Spektroskopie untersucht.

Spektrophotometrie und Polarimetrie liefern nur Informationen bei bestimmten Wellenlängen. In der Praxis ist die Zahl der Punkte des Spektrums (oder die Zahl der zur Verfügung stehenden Filter) oft auf 20–30 begrenzt. Das bedeutet, daß im Spektrum keinerlei Details zu sehen sind. Auf der anderen Seite ist in der normalen Spektroskopie die Reichweite geringer, allerdings hat sich die Situation durch den Einsatz einer neuen Generation von Empfängern wie der CCD-Kamera laufend verbessert.

Das beobachtete Spektrum ist das Spektrum der Sonne. Der planetare Beitrag ist im allgemeinen relativ gering, die Differenzen werden sichtbar, wenn man das Sonnenspektrum subtrahiert. Das Uranusspektrum ist ein typisches Beispiel (Abb. 8.11). Es enthält starke Absorptionsbanden im nahen Infrarot. Labormessungen haben gezeigt, daß diese durch Methan verursacht werden. Ein Teil des roten Lichtes wird ebenfalls absorbiert, was die grünliche Farbe des Planeten zur Folge hat. Die allgemeine Technik spektraler Beobachtungen wird im Zusammenhang mit der Stellarspektroskopie in Kap. 9 diskutiert.

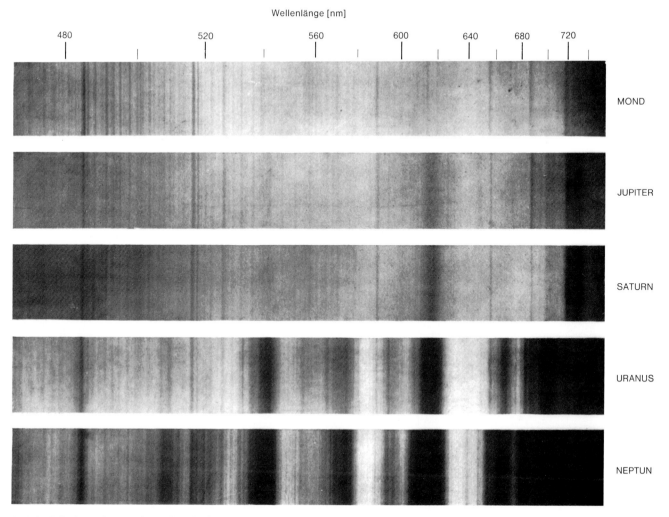

Abb. 8.11. Spektren des Mondes und der jupiterähnlichen Planeten. In den Spektren von Uranus und Neptun kann man starke Absorptionsbanden erkennen. [Lowell Observatory Bulletin **42** (1909)]

8.8 Die Wärmestrahlung der Planeten

Die thermische Strahlung der Körper des Sonnensystems hängt von deren Albedo und der Entfernung von der Sonne, d. h. vom Betrag der absorbierten Strahlung, ab. Innere Wärme spielt bei Jupiter und Saturn eine Rolle, wir wollen sie aber hier vernachlässigen.

Durch Anwendung des Stefan-Boltzmann-Gesetzes kann man den Strahlungsfluß auf der Sonnenoberfläche ausdrücken als

$$L = 4\pi R_\odot^2 \sigma T_\odot^4 \ .$$

Ist die sphärische Albedo des Körpers A, so ist der Anteil der absorbierten Strahlung $1-A$; dieser wird später als Wärme abgestrahlt. Befindet sich der Körper in der Entfernung r von der Sonne, dann ist der absorbierte Fluß

$$L_{\text{abs}} = \frac{R_\odot^2 \sigma T_\odot^4 \pi R^2}{r^2} (1-A) \ . \tag{8.23}$$

Es gibt gute Gründe anzunehmen, daß sich der Körper im *thermischen Gleichgewicht* befindet, d. h. emittierter und absorbierter Fluß gleich sind. Wenn nicht, so wird sich der Körper erwärmen oder abkühlen, bis das Gleichgewicht erreicht ist.

Wir wollen zunächst voraussetzen, daß der Körper langsam rotiert. Die unbeleuchtete Seite hatte Zeit, sich abzukühlen, und die Wärmestrahlung wird hauptsächlich von einer Hemisphäre abgestrahlt. Der emittierte Fluß ist also

$$L_{\text{em}} = 2\pi R^2 \sigma T^4 \ , \tag{8.24}$$

T ist die Temperatur des Körpers und $2\pi R^2$ die Fläche einer Hemisphäre. Im thermischen Gleichgewicht sind (8.23) und (8.24) gleich:

$$\frac{R_\odot^2 T_\odot^4}{r^2}(1-A) = 2T^4$$

$$\Rightarrow T = T_\odot \left(\frac{1-A}{2}\right)^{1/4} \left(\frac{R_\odot}{r}\right)^{1/2} \ . \tag{8.25}$$

Ein schnell rotierender Körper emittiert einen angenähert gleichen Fluß von allen Teilen seiner Oberfläche. Der abgestrahlte Fluß ist

$$L_{\text{em}} = 4\pi R^2 \sigma T^4 \ ,$$

und die Temperatur beträgt

$$T = T_\odot \left(\frac{1-A}{4}\right)^{1/4} \left(\frac{R_\odot}{r}\right)^{1/2} \ . \tag{8.26}$$

Die oben erhaltenen theoretischen Temperaturen sind für die meisten der großen Planeten nicht gültig. Die „Hauptschuldigen" sind hier die Atmosphäre und die innere Wärme. Die aus der Theorie folgenden Temperaturen einiger großer Planeten werden in Tabelle 8.1 mit den gemessenen Temperaturen verglichen. Die Venus ist ein extremes Beispiel für die Diskrepanz zwischen theoretischem und wirklichem Wert. Die Ursache ist der sogenannte „Treibhauseffekt": Die Strahlung kann einfallen, aber nicht wieder ent-

Tabelle 8.1. Aus der Theorie folgende und beobachtete Temperaturen einiger Planeten

Planet	Albedo	Entfernung von der Sonne [AE]	Theoretische Temperatur [K]		Beobachtete Maximaltemperatur [K]
			(8.25)	(8.26)	
Merkur	0,06	0,39	525	440	615
Venus	0,76	0,72	270	230	750
Erde	0,36	1,00	290	250	310
Mars	0,16	1,52	260	215	290
Jupiter	0,73	5,20	110	90	130

weichen. Den gleichen Effekt gibt es in der Erdatmosphäre. Ohne den Treibhauseffekt würde die mittlere Temperatur deutlich unter dem Gefrierpunkt liegen, und die gesamte Erde wäre eisbedeckt.

8.9 Innerer Aufbau der Planeten

Die erdähnlichen Planeten (Abb. 8.12). Die Struktur der terrestrischen Planeten kann mit Hilfe seismischer Wellen studiert werden. Die bei einem Beben geformten Wellen werden im Inneren der Planeten reflektiert und gebrochen wie jede andere Welle an der Grenze zwischen zwei unterschiedlichen Schichten. Die Wellen sind longitudinal oder transversal (P- bzw. S-Wellen). Beide können sich in festen Materialien wie Felsgestein fortpflanzen, jedoch können nur die longitudinalen Wellen Flüssigkeiten durchdringen. So ist es möglich, durch die Auswertung der Aufzeichnungen von auf der Planetenoberfläche aufgestellten Seismometern festzustellen, ob ein Teil des inneren Materials flüssig ist und wo die Grenzen der Schichten liegen. Natürlich ist die Erde der besterforschte Planet, es wurden jedoch auch Beben auf dem Mond, der Venus und dem Mars beobachtet.

Die erdähnlichen Planeten haben einen Eisen-Nickel-Kern. Merkur hat den relativ größten Kern, Mars den kleinsten. Den Fe-Ni-Kern umgibt ein Mantel, der aus Silikaten (Siliziumverbindungen) besteht. Die Dichte der äußersten Schichten beträgt etwa $3\,000\;\text{kg m}^{-3}$. Die mittlere Dichte der erdähnlichen Planeten liegt bei $3\,500 - 5\,500\;\text{kg m}^{-3}$.

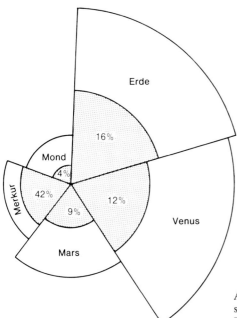

Abb. 8.12. Der innere Aufbau und die Größenverhältnisse der erdähnlichen Planeten. Die Größe des Kerns ist in Prozent angegeben

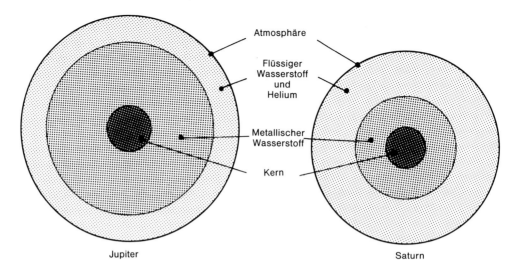

Abb. 8.13. Der innere Aufbau von Jupiter und Saturn. Die Unterschiede in Größe und Entfernung von der Sonne verursachen Unterschiede in der chemischen Zusammensetzung und inneren Struktur

Die jupiterähnlichen Planeten (Abb. 8.13). Der innere Aufbau der jupiterähnlichen Planeten kann nicht mit Hilfe seismischer Wellen studiert werden, denn diese Planeten haben keine feste Oberfläche. Als Alternative kann man die Form des Gravitationsfeldes untersuchen, indem man die Bahn einer Sonde beobachtet, wenn diese den Planeten passiert (oder ihn umrundet). Das liefert zwar einige Informationen über den inneren Aufbau, jedoch hängen die Details von den für die Interpretation verwendeten mathematischen und physikalischen Modellen ab.

Die mittlere Dichte der jupiterähnlichen Planeten ist recht niedrig, die Dichte des Saturn z. B. beträgt nur $700\,\mathrm{kg\,m^{-3}}$. (Würde man den Saturn in eine Badewanne legen, so würde er auf dem Wasser schwimmen!) Der größte Volumenanteil eines jupiterähnlichen Planeten besteht aus einer Mischung von Wasserstoff und Helium. Im Zentrum gibt es möglicherweise einen Gesteinskern, dessen Masse vielleicht einige Erdmassen beträgt. Der Kern wird von einer Schicht metallischen Wasserstoffs umgeben. Durch den extremen Druck befindet sich der Wasserstoff nicht in seiner normalen molekularen Form (H_2), sondern dissoziiert in seine Atome. In diesem Zustand ist der Wasserstoff elektrisch leitend. Das Magnetfeld der jupiterähnlichen Planeten könnte in dieser Schicht metallischen Wasserstoffs entstehen.

Näher zur Oberfläche hin ist der Druck geringer, und der Wasserstoff befindet sich in seiner molekularen Form. Die relative Dicke der Schichten metallischen und molekularen Wasserstoffs variiert von Planet zu Planet. Obenauf befindet sich eine gasförmige Atmosphäre, die nur einige hundert Kilometer dick ist. Die Wolken der oberen Atmosphäre formen die sichtbare „Oberfläche" des Planeten.

Die Abplattung. Ein rotierender Planet ist stets abgeplattet. Der Grad der Abplattung hängt von der Rotationsgeschwindigkeit und der Festigkeit des Materials ab; ein Flüssigkeitstropfen wird stärker deformiert als ein Gesteinsbrocken. Die Oberflächenform kann aus den Bewegungsgleichungen abgeleitet werden. Bei geringer Rotation ist die Gleichgewichtsform eines flüssigen Körpers ein Rotationsellipsoid (ein Maclaurin-Sphäroid), die kürzere Achse ist die Rotationsachse. Wenn R_e und R_p der Äquator- bzw. der Polradius sind (Abb. 8.14), so kann die äußere Form des Planeten beschrieben werden durch die Gleichung

8.9 Innerer Aufbau der Planeten

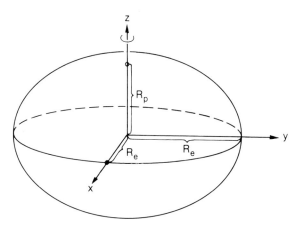

Abb. 8.14. Die Gleichgewichtskonfiguration eines langsam rotierenden Körpers ist das Ellipsoid. Der Äquatorradius ist mit R_e und der Polradius mit R_p bezeichnet

$$\frac{x^2}{R_e^2} + \frac{y^2}{R_e^2} + \frac{z^2}{R_p^2} = 1 \ .$$

Die dynamische Abplattung ε wird definiert als

$$\varepsilon = \frac{R_e - R_p}{R_e} \ .$$

Wegen $R_e > R_p$ ist die Abplattung stets positiv.

Wächst die Rotationsgeschwindigkeit, so wird die rotationssymmetrische Form verzerrt. Die neue Gleichgewichtsform ist ein dreiachsiges Ellipsoid (ein Jacobi-Ellipsoid), dessen Achsenverhältnisse durch die Rotationsgeschwindigkeit bestimmt werden. Bei noch schnellerer Rotation bricht der Körper auseinander. Es ist bekannt, daß einige große, sehr schnell rotierende Planetoiden die Form von Jacobi-Ellipsoiden haben.

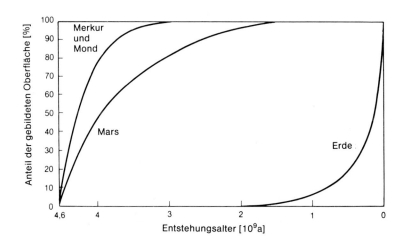

Abb. 8.15. Das Alter der Oberflächen von Merkur, Erde, Mond und Mars. Die Kurve zeigt den Anteil der heutigen Oberfläche, der älter als eine vorgegebene Zeitspanne ist. Der größte Teil der Oberflächen von Mond, Merkur und Mars ist mehr als 3,5 Milliarden Jahre alt, während die Erdoberfläche meist jünger als 200 Millionen Jahre ist

8.10 Planetenoberflächen

Die Planetenoberflächen (Abb. 8.15) werden durch verschiedene geologische Prozesse wie die Kontinentaldrift, den Vulkanismus, Meteoriteneinschläge und das Wetter verändert. Die Erde ist ein Beispiel für einen Körper, dessen Oberfläche sich während der vergangenen Erdzeitalter viele Male erneuert hat. So verursacht die Kontinentaldrift die Bildung von Gebirgen, und ähnliche Formationen wurden auf dem Mars und der Venus beobachtet. Auf dem Merkur und dem Mond konnte keine Kontinentaldrift entdeckt

Abb. 8.16. Die Anzahl der Meteoriteneinschlagskrater ist ein guter Indikator für das Alter der Oberfläche. Die Form der Krater liefert Informationen über die Festigkeit des Materials. Die Objekte von oben links nach unten rechts sind Merkur, Mond, Ganymed und Enceladus. (NASA)

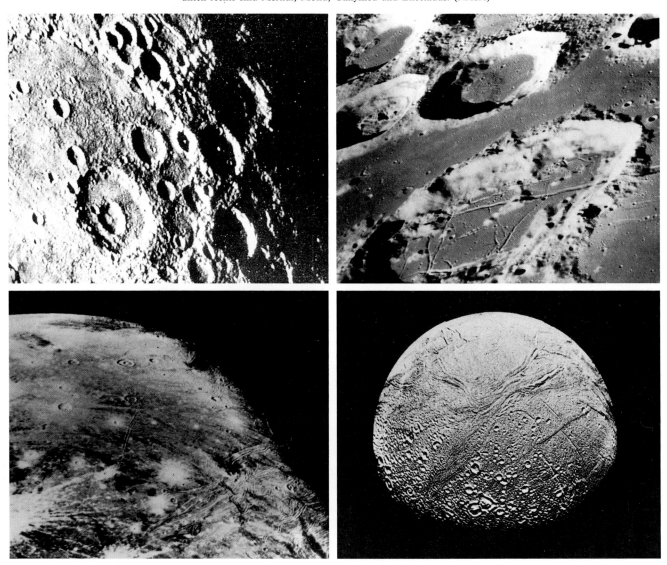

werden. Der Vulkanismus spielt zumindest zur heutigen Zeit auf der Erde eine geringe Rolle. Die Oberfläche des Jupitermondes Io dagegen verändert sich laufend durch gewaltige vulkanische Eruptionen. Vulkanismus wurde auf dem Mars und der Venus, aber nicht auf dem Mond beobachtet.

Die Mondkrater sind Einschlagskrater von Meteoriten; man findet Krater auf fast jedem Körper mit einer festen Oberfläche. Die Planeten werden kontinuierlich von Meteoriten bombardiert, allerdings verringerte sich die Rate seit der Entstehung unseres Sonnensystems. Die Anzahl der Einschlagskrater gibt das Alter der Oberfläche wieder (Abb. 8.16). Der Jupitermond Kallisto ist ein typisches Beispiel für einen Körper mit uralter Oberfläche. Ein Gegenbeispiel ist die Erde, deren Atmosphäre die Oberfläche schützt und die Spuren der Einschläge zerstört. Alle kleineren Meteoriten verglühen in der Atmosphäre zu Asche (man braucht sich nur einmal die große Zahl der Sternschnuppen zu betrachten), und einige größere Körper prallen an der Atmosphäre ab und werden in den Raum zurückgeschleudert. Alle Spuren auf der Oberfläche werden sehr schnell in wenigen Millionen Jahren durch die Erosion zerstört.

Das Wetter hat den größten Einfluß auf der Erde und auf der Venus. Beide Planeten haben eine dichte Atmosphäre. Auf dem Mars verformen mächtige Sandstürme die Landschaft, oft bedecken sie den Planeten mit gelblichen Staubwolken.

8.11 Atmosphären und Magnetosphären

Atmosphären. Außer Merkur (und möglicherweise Pluto) haben alle großen Planeten eine Atmosphäre. Zusammensetzung, Höhe, Dichte und Aufbau der Atmosphären sind von Planet zu Planet verschieden, es können jedoch einige Gemeinsamkeiten gefunden werden (s. z. B. Abb. 8.17, 8.18).

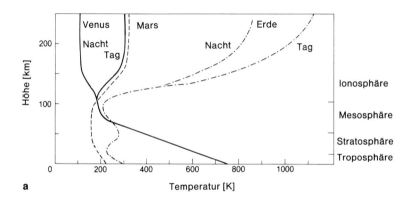
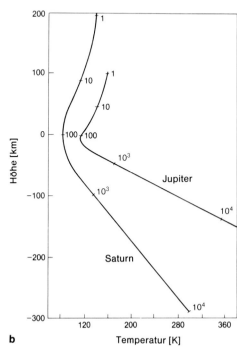

Abb. 8.17. (a) Temperatur in der Atmosphäre als Funktion der Höhe bei Venus, Erde und Mars. (b) Temperaturprofile der Jupiter- und Saturnatmosphäre. Der Druck auf dem Nullniveau der Höhe beträgt jeweils 100 mbar. Die an den Kurven angebrachten Werte geben den Druck in Millibar an

Abb. 8.18. Die relative Häufigkeit der häufigsten Elemente in den Atmosphären von Venus, Erde und Mars. Die unterste Zahl in jedem Kreis gibt den Oberflächendruck in atm an

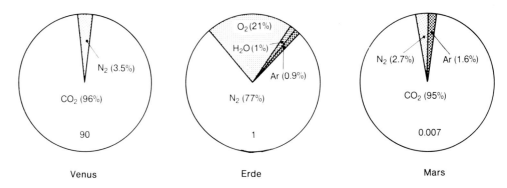

Wir wollen zuerst die Abhängigkeit der Temperatur T, des Druckes P und der Dichte ϱ von der Höhe h untersuchen. Wir betrachten einen Zylinder der Länge dh. Ändert sich die Höhe von h auf $h+dh$, so ist die Druckänderung dP proportional der Masse des Gases im Zylinder:

$$dP = -g\varrho\,dh \;, \tag{8.27}$$

wobei g die Schwerebeschleunigung ist. Gleichung (8.27) ist die *Gleichung des hydrostatischen Gleichgewichts*. (Sie wird in Kap. 11 „Innerer Aufbau der Sterne" im Detail diskutiert.)

Als eine erste Näherung können wir annehmen, daß g nicht von der Höhe abhängt. Im Falle der Erde beträgt der Fehler nur etwa 3%, wenn g von der Oberfläche bis zu einer Höhe von 100 km als konstant betrachtet wird.

Aus der Zustandsgleichung des idealen Gases

$$PV = NkT \tag{8.28}$$

folgt der Druck zu

$$P = \frac{\varrho kT}{\mu} \;. \tag{8.29}$$

Dabei sind N die Anzahl der Atome oder Moleküle, k die Boltzmann-Konstante, μ die Masse eines Atoms oder Moleküls und

$$\varrho = \frac{\mu N}{V} \;. \tag{8.30}$$

Unter Verwendung der Gleichung des hydrostatischen Gleichgewichts (8.27) und der Zustandsgleichung (8.29) erhalten wir

$$\frac{dP}{P} = -g\frac{\mu}{kT}dh \;.$$

Die Integration ergibt P als Funktion der Höhe:

$$P = P_0 \exp\left(-\int_0^h \frac{\mu g}{kT}dh\right) = P_0 \exp\left(-\int_0^h \frac{dh}{H}\right) \;. \tag{8.31}$$

8.11 Atmosphären und Magnetosphären

Tabelle 8.2. Skalenhöhen einiger Gase in den Atmosphären von Venus, Erde und Mars

Gas	Molekulargewicht	Erde H [km]	Venus H [km]	Mars H [km]
H_2	2	120	360	290
O_2	32	7	23	81
H_2O	18	13	40	32
CO	44	5	16	13
N_2	28	8	26	20
Temperatur [K]		275	750	260
Schwerebeschleunigung [m s^{-2}]		9,81	8,61	3,77

Die Variable H, die die Dimension einer Länge hat, wird als *Skalenhöhe* bezeichnet:

$$H = \frac{kT}{\mu g} \quad . \tag{8.32}$$

Die Skalenhöhe definiert diejenige Höhe, bei welcher der Druck um den Faktor $1/e$ gefallen ist. H ist eine Funktion der Höhe, wir nehmen hier aber an, daß H konstant sei. In dieser Näherung erhalten wir

$$-\frac{h}{H} = \ln \frac{P}{P_0}$$

oder über (8.29)

$$\frac{\varrho T(h)}{\varrho_0 T_0} = e^{-h/H} \quad . \tag{8.33}$$

Die Skalenhöhe ist in vielen den Aufbau der Atmosphäre beschreibenden Formeln ein wichtiger Parameter (Tabelle 8.2). Wenn z. B. die Druck- und Dichteänderung als Funktion der Höhe bekannt ist, kann man daraus das mittlere Molekulargewicht der Atmosphäre berechnen. Die Skalenhöhe der Jupiteratmosphäre wurde 1952 bei einer Sternbedeckung gemessen. Mit diesen Beobachtungen wurde die Skalenhöhe zu 8 km und das mittlere Molekulargewicht zu 3–5 atomaren Masseneinheiten (1 atomare Masseneinheit ist 1/12 der Masse des Kohlenstoffisotops C^{12}) berechnet. Die Hauptkomponenten sind demnach Wasserstoff und Helium, ein Ergebnis, das später von Raumsonden bestätigt wurde.

Ist die Skalenhöhe der Erdatmosphäre bekannt, so kann man die Höhe bestimmen, ab der astronomische Beobachtungen ohne wesentlichen störenden atmosphärischen Einfluß möglich sind. Zum Beispiel werden die Infrarotbeobachtungen durch Wasserdampf und Kohlendioxid begrenzt. Die Skalenhöhe von CO_2 ist 5 km, woraus folgt, daß der Partialdruck bereits bei einer Höhe von 3,5 km nur noch die Hälfte beträgt. So können Infrarotbeobachtungen von einigen nicht allzu hohen Bergen (wie Mauna Kea auf Hawaii) aus unternommen werden. Die Skalenhöhe des Wasserdampfes beträgt 13 km, jedoch ist die relative Luftfeuchtigkeit und somit der momentane Wassergehalt stark orts- und zeitabhängig.

Skalenhöhe und Temperatur bestimmen die Beständigkeit einer Atmosphäre. Ist die Geschwindigkeit eines Moleküls größer als die Entweichgeschwindigkeit, so wird das

Molekül in den Raum entweichen. Die ganze Atmosphäre könnte in relativ kurzer Zeit verschwinden.

Nach der kinetischen Gastheorie hängt die mittlere Geschwindigkeit $\bar{v}$ eines Moleküls sowohl von der kinetischen Temperatur T_k des Gases als auch von der Masse m des Moleküls ab [s. (6.10)]:

$$\bar{v} = \sqrt{\frac{3kT_k}{m}}.$$

Für einen Planeten der Masse M und des Radius R wird die Entweichgeschwindigkeit durch (7.33) gegeben:

$$v_e = \sqrt{\frac{2GM}{R}}.$$

Auch wenn die mittlere Geschwindigkeit kleiner ist als die Entweichgeschwindigkeit, kann die Atmosphäre in großen Zeiträumen in den Weltraum verdampfen, da einige Moleküle stets Geschwindigkeiten haben werden, die v_e übersteigen. Unter Annahme einer Geschwindigkeitsverteilung kann man die Wahrscheinlichkeit für das Auftreten von $v > v_e$ berechnen. Dann ist es möglich abzuschätzen, welcher Bruchteil der Atmosphäre in z. B. 10^9 Jahren entschwindet. Als eine Faustregel kann man sagen, daß mindestens die Hälfte der Atmosphäre über 1 000 Millionen Jahre erhalten bleibt, wenn die mittlere Geschwindigkeit $\bar{v} < 0{,}2\,v_e$ ist.

Die Wahrscheinlichkeit, daß ein sich nahe der Oberfläche befindendes Molekül entweicht, ist vernachlässigbar klein, denn die mittlere freie Weglänge eines Moleküls ist für hohe Gasdichten sehr kurz (Abb. 8.19). So wird ein entweichendes Molekül am wahrscheinlichsten aus den obersten Atmosphärenschichten stammen. Die *kritische Schicht* wird bei der Höhe definiert, bei der ein sich aufwärts bewegendes Molekül mit einer Wahrscheinlichkeit von $1/e$ auf ein anderes Molekül trifft. Der oberhalb dieser kritischen Schicht liegende Teil der Atmosphäre heißt die *Exosphäre*. Die Exosphäre der Erde beginnt bei einer Höhe von 500 km, die kinetische Gas-Temperatur beträgt dort 1 500 – 2 000 K und der Druck ist niedriger als im besten irdischen Vakuum.

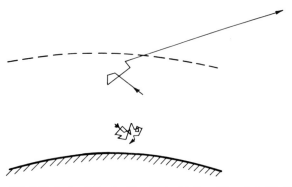

Abb. 8.19. In der Nähe der Oberfläche ist die mittlere freie Weglänge eines Moleküls kleiner als höher in der Atmosphäre, wo die Gasdichte geringer ist. Die entweichenden Moleküle stammen aus Gebieten nahe der kritischen Schicht

8.11 Atmosphären und Magnetosphären

Magnetosphären. Die Magnetosphäre ist die „äußere Grenze" eines Planeten. Größe und Form hängen von der Stärke des Magnetfeldes des Planeten und vom Sonnenwind ab.

Auf der der Sonne zugewandten Seite befindet sich eine *Stoßfront* (Abb. 8.20), typischerweise in einer Entfernung von einigen zehn Planetenradien. An der Stoßfront treffen die Teilchen des Sonnenwindes erstmals auf die Magnetosphäre. Die Magnetosphäre wird durch die *Magnetopause* begrenzt, die auf der Sonnenseite abgeflacht ist und sich auf der entgegengesetzten Seite in einem lange Schweif ausdehnt. Geladene Teilchen werden innerhalb der Magnetopause vom Magnetfeld eingefangen und einige der Teilchen auf hohe Geschwindigkeiten beschleunigt. Werden die Geschwindigkeiten nach der kinetischen Gastheorie interpretiert, so entsprechen diesen Geschwindigkeiten Temperaturen von einigen Millionen Kelvin. Jedoch ist die Dichte und damit die Gesamtenergie sehr klein. Die „heißesten" Stellen wurden in der Jupiter- und Saturnumgebung gefunden.

Die sogenannten Strahlungsgürtel der Erde – das ist der Raumbereich, der eingefangene geladene Teilchen enthält – werden die Van-Allen-Gürtel genannt. Diese Strahlungszonen wurden durch den ersten US-Satelliten, Explorer 1, 1958 entdeckt. Die Anzahl geladener Partikel wächst nach starken Sonnenausbrüchen. Einige der Teilchen „sickern" in die Atmosphäre durch und verursachen starke Polarlichter. Ähnliche Effekte wurden auch auf Jupiter, Saturn und Uranus entdeckt.

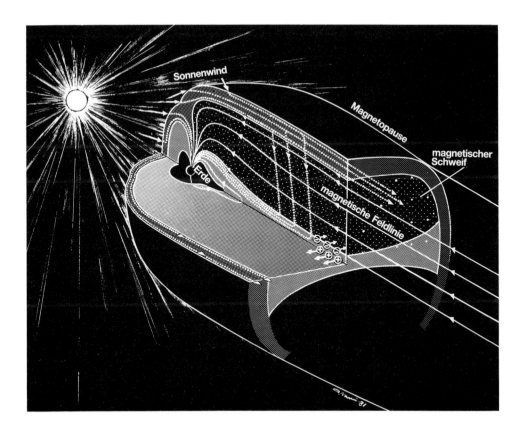

Abb. 8.20. Die Struktur der Erdmagnetosphäre. (A. Nurmi/Tiede 2000)

8.12 Merkur

Merkur ist der innerste Planet des Sonnensystems. Sein Durchmesser beträgt 4 800 km und sein mittlerer Abstand von der Sonne 0,39 AE. Die Exzentrizität seiner Bahn ist 0,21, der Sonnenabstand variiert zwischen 0,31 und 0,47 AE. Wegen der hohen Exzentrizität schwankt die Temperatur der der Sonne direkt zugewandten Oberfläche beträchtlich: Die Temperatur beträgt etwa 700 K im Perihel und ist im Aphel um 100 K niedriger.

Merkurs relativ geringe Größe und seine Sonnennähe, die zu einer geringen Schwerkraft und einer hohen Temperatur führen, sind die Ursachen für das Fehlen einer Atmosphäre. Durch das Fehlen der Atmosphäre fällt die Temperatur auf dem Merkur nach Sonnenuntergang rapide. Die Länge eines Tages beträgt 176 Erdentage, länger als auf irgendeinem anderen Planeten. Die Rotationsachse steht fast senkrecht auf der Bahnebene; es gibt deshalb möglicherweise in Polnähe Gebiete mit mäßigen Temperaturen.

Bis zum Beginn der sechziger Jahre nahm man an, daß Merkur der Sonne stets die gleiche Seite zuwendet. Messungen der thermischen Radiostrahlung zeigten jedoch, daß die Temperatur der Nachtseite dafür zu hoch ist. Sie beträgt etwa 100 K, statt bis fast auf den absoluten Nullpunkt abzufallen. Schließlich wurde die Rotationsperiode durch Radarmessungen ermittelt. Ein Umlauf um die Sonne dauert 88 Tage. Die Rotationsperiode beträgt 2/3 davon oder 59 Tage. Das bedeutet, daß bei jedem zweiten Periheldurchgang die gleiche Hemisphäre zur Sonne zeigt. Diese Art der Spin-Bahn-Kopplung wird durch die Gezeitenkräfte verursacht, wie sie von einem Zentralkörper auf ein sich auf einer stark exzentrischen Bahn bewegendes Objekt ausgeübt werden.

Die erneute Betrachtung alter Beobachtungen offenbarte, warum bis dahin angenommen wurde, daß Merkur gebunden rotiere. Wegen seiner Bahngeometrie kann Merkur am leichtesten im Frühjahr und Herbst beobachtet werden. In sechs Monaten umrundet der Merkur die Sonne zweimal, wobei er sich genau dreimal um die eigene Achse dreht. Folglich war bei den Beobachtungen stets die gleiche Seite zur Sonne gerichtet! Die auf der Oberfläche sichtbaren Details sind sehr undeutlich, und die wenigen Ausnahmebeobachtungen, die gemacht wurden, wurden als Beobachtungsfehler interpretiert.

Merkur findet man stets in der Nähe der Sonne; seine maximale Elongation beträgt nur 28°. Beobachtungen sind schwierig, da der Merkur immer an einem hellen Himmel nahe dem Horizont gesehen wird. Wenn Merkur der Erde am nächsten steht, zeigt außerdem die dunkle Seite des Planeten auf uns.

Die ersten Merkurkarten wurden am Ende des 19. Jahrhunderts gezeichnet, die Richtigkeit der Details wurde jedoch nicht bestätigt. Die besten (und bis jetzt einzigen) Daten erhielt man 1974 und 1975, als die US-Raumsonde Mariner 10 dreimal an Merkur vorbeiflog. Die Umlaufzeit von Mariner 10 um die Sonne betrug genau das Zweifache der Periode des Merkur. Und wieder bedeutete der Zwei-zu-Drei-Faktor, daß bei jedem Vorbeiflug dieselbe Seite des Planeten beleuchtet war! Die andere Seite ist immer noch unbekannt.

Die von Mariner 10 übermittelten Daten zeigten eine mondähnliche Landschaft (Abb. 8.21, 8.22). Die Merkuroberfläche ist von Kratern und größeren kreisförmigen Gebieten gezeichnet, die durch den Einschlag von Kleinplaneten verursacht sind. Die meisten Krater sind 3 000–4 000 Jahre alt und zeigen, daß die Oberfläche alt und ungestört von Kontinentaldrift und vulkanischen Eruptionen ist. Das größte lavagefüllte kreisförmige Gebiet ist das 1 300 km große Kalorisbecken.

8.12 Merkur

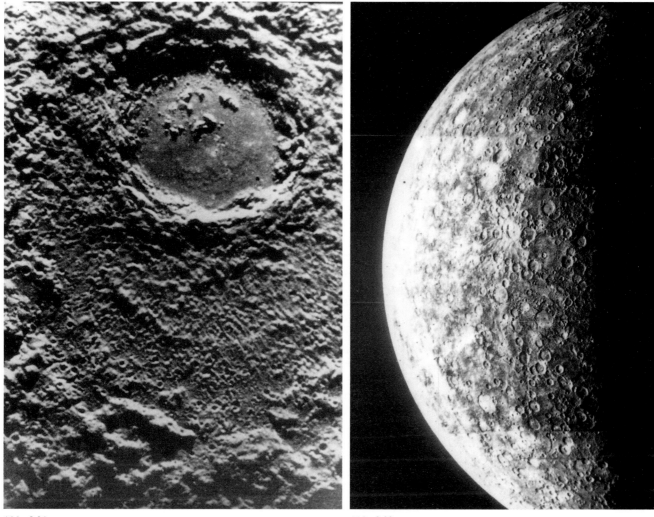

Abb. 8.21

Abb. 8.22

Abb. 8.21. Oberflächendetails auf dem Merkur. Der Durchmesser des großen Kraters beträgt etwa 120 km. (NASA)

Abb. 8.22. Ein Mosaikbild des Merkur. (NASA)

Die Vorstellungen über das Innere des Merkur sind unklar. Die einzigen relevanten Daten erhielt man während der Vorbeiflüge von Mariner 10, als das Gravitationsfeld vermessen wurde. Da Merkur keine Satelliten hat, konnten seine Masse (und Massenverteilung) und Dichte erst bestimmt werden, als die durch das Gravitationsfeld auf die Raumsonde ausgeübte Kraft gemessen wurde. Laut theoretischen Modellen ist der innere Aufbau dem der Erde ähnlich. Es heißt, der Merkur sehe von außen wie der Mond, von innen aber wie die Erde aus.

Durch die Nähe der Sonne war während der Planetenentstehung die Temperatur des Sonnennebels am Ort des Merkur sehr hoch. So sind die relativen Häufigkeiten der flüchtigen Elemente geringer als auf irgendeinem anderen erdähnlichen Planeten. Dies wird im einzelnen im Kapitel über die Planetenentstehung (siehe Abschn. 8.21) diskutiert.

Merkur hat ein schwaches Magnetfeld, die Stärke beträgt etwa 1% der Stärke des Erdmagnetfeldes. Da Merkur langsam rotiert, kam die Existenz eines Magnetfeldes unerwartet. Nach der Theorie wird ein Magnetfeld durch Strömungen in einem flüssigen, elektrisch leitenden Kern erzeugt. Diese Strömungen müßten eine Kontinentaldrift auslösen, welche auf Merkur aber nicht beobachtet wurde. Auf der anderen Seite kann das Magnetfeld nicht ein Überbleibsel vergangener Zeiten sein, da die innere Temperatur des Planeten den kritischen Curie-Punkt (die Temperatur, bei der das Material entmagnetisiert wird) überschritten haben muß.

8.13 Venus

Die Venus ist nach Sonne und Mond das hellste Objekt am Himmel. Wie der Merkur kann die Venus nur am Morgen- oder Abendhimmel gesehen werden. (Wenn die exakte Position bekannt ist, kann man die Venus mitunter auch sehen, wenn die Sonne über dem Horizont steht.) In der Antike hielt man die Venus für zwei verschiedene Planeten, Hesperos und Phosphoros, den Abend- und den Morgenstern.

Die maximale Elongation der Venus beträgt etwa 47°. Die Venus ist besonders dann bemerkenswert, wenn sie am dunklen Himmel am hellsten strahlt: 35 Tage vor oder nach der unteren Konjunktion, wenn 1/3 der Oberfläche erleuchtet erscheint (Abb. 8.23). In der unteren Konjunktion beträgt die Entfernung Erde–Venus nur 42 Millionen km. Der Durchmesser der Venus liegt bei etwa 12 000 km, der scheinbare Durchmesser kann somit bis zu einer Bogenminute groß werden. Unter günstigen Bedingungen ist es sogar möglich, die Gestalt der Venussichel mit einem Feldstecher zu sehen. In der oberen Konjunktion beträgt der scheinbare Durchmesser nur 10 Bogensekunden.

Die Venus ist stets wolkenbedeckt. Ihre Oberfläche ist nicht sichtbar, man kann nur gestaltlose, gelbliche Wolkengebirge erkennen. Die Rotationsperiode war lange Zeit unbekannt; die gemessene viertägige Periode entsprach der Rotationszeit der Wolkendecke. Schließlich ergaben 1962 Radarmessungen, daß die Rotationsperiode 243 Tage in retrograder Richtung, d. h. entgegengesetzt zur Rotation der anderen Planeten, beträgt. Die Rotationsachse steht fast senkrecht auf der Bahnebene, die Inklination beträgt 177°.

Die Temperatur an der Obergrenze der Wolken liegt bei etwa 250 K. Da die sphärische Albedo mit 75% sehr hoch ist, nahm man an, daß die Oberflächentemperatur mäßig sei, sogar Leben ermögliche. Die Meinungen änderten sich drastisch, als Ende der fünfziger Jahre die thermische Radiostrahlung gemessen wurde. Diese Emission entsteht auf der Planetenoberfläche und kann die Wolkendecke durchdringen. Die Oberflächentemperatur ergab sich zu 750 K, sie liegt weit über dem Schmelzpunkt von Blei. Wie in Abschn. 8.8 erwähnt wurde, ist die Ursache hierfür der Treibhauseffekt. Die Abstrah-

Abb. 8.23. Die Phasen der Venus wurden 1610 von Galileo Galilei entdeckt. Die Skizze zeigt, wie sich die scheinbare Größe der Venus mit der Phase verändert. Wenn die beleuchtete Seite zur Erde zeigt, befindet sich der Planet weit hinter der Sonne

8.13 Venus

lung im Infraroten wird durch das Kohlendioxid, den Hauptbestandteil der Atmosphäre, abgeblockt.

Die chemische Zusammensetzung der Venusatmosphäre war bereits vor dem Zeitalter der Raumfahrt bekannt. Spektroskopische Beobachtungen offenbarten CO_2; einige Anhaltspunkte für die Wolkenzusammensetzung wurden aus polarimetrischen Messungen gewonnen. Der berühmte französische Planetenforscher Bernard Lyot machte bereits in den zwanziger Jahre polarimetrische Beobachtungen. Aber erst einige Jahrzehnte später konnten seine Beobachtungen erklärt werden durch die Annahme von Lichtstreuung an sphärischen Partikeln mit einem Brechungsindex von 1,44. Das ist beträchtlich höher als der Brechungsindex des Wassers von 1,33. Außerdem mußten die Teilchen, wenn sie kugelförmig sind, flüssig sein, was für Wasser bei dieser Temperatur unmöglich ist. Ein guter Kandidat war Schwefelsäure, H_2SO_4, eine Interpretation, die später von Raumsonden bestätigt wurde.

Die erste Sonde, die den Planeten erreichte, war Mariner 2 (1962). Fünf Jahre später sandte die sowjetische Sonde Venera 4 die ersten Daten von unterhalb der Wolkendecke; die ersten Bilder der Oberfläche wurden von Venera 9 und 10 im Jahre 1975 übermittelt, und die erste Radarkarte war 1980 fertig, nach 18 Monaten Kartierungsarbeit durch die US-Sonde Pioneer Venus 1.

Erde und Venus sind fast gleich groß, und auch ihr Inneres wird als gleichartig angenommen. Wahrscheinlich bedingt durch ihre langsame Rotation hat die Venus jedoch kein Magnetfeld. Die durch die Venera-Sonden durchgeführten Analysen haben gezeigt, daß das Oberflächenmaterial dem irdischen Granit und Basalt ähnelt (Abb. 8.24).

Die Radarkartierung enthüllte Canyons und Berge, was das Wirken einer Kontinentaldrift beweist. Ob sich die Kruste der Venus noch bewegt und wie alt die Formationen sind, ist noch unbekannt. Es gibt auch Krater von Meteoriteneinschlägen auf der Venus, ebenso Krater, die möglicherweise vulkanischen Ursprungs sind.

Der größte Kontinent, Aphrodite Terra nahe dem Venusäquator, hat die Größe von Südamerika. Ein anderer großer Kontinent bei 70° nördlicher Breite wird Ishtar Terra genannt. Dort befindet sich der höchste Gebirgszug der Venus, die 12 km hohen Maxwell Montes. (Die IAU entschied, daß alle Bezeichnungen auf der Venus weiblich zu sein haben. Maxwell Montes, benannt nach dem berühmten Physiker James Clerk Maxwell, ist eine Ausnahme.)

Die Venusatmosphäre besteht hauptsächlich aus Kohlendioxid. Sie ist sehr trocken; der Wasserdampfgehalt beträgt nur 1/1 000 000 des Gehalts in der Erdatmosphäre. Eine mögliche Erklärung dafür ist, daß die UV-Strahlung der Sonne das Wasser in den oberen Atmosphärenschichten in Wasserstoff und Sauerstoff dissoziiert hat, letzterer entwich dann in den interplanetaren Raum.

Abb. 8.24. Die Venusoberfläche, fotografiert von Venera 14

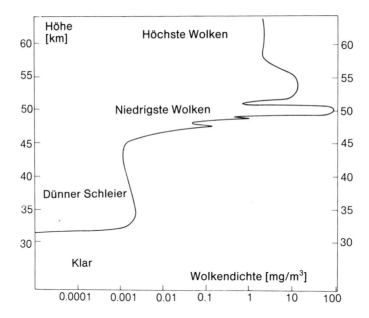

Abb. 8.25. Die meisen Wolken der Venus befinden sich in einer Höhe von 50–70 km. In Oberflächennähe existieren keine Wolken

Abb. 8.26. Ultraviolettaufnahmen enthüllen die Wolkenstruktur in der oberen Atmosphäre. (NASA)

Etwa 1% des einfallenden Lichtes erreicht die Venusoberfläche. Dieses Licht ist tiefrot, nachdem es die Wolken und die dichte Atmosphäre durchlaufen hat. Der atmosphärische Druck an der Oberfläche beträgt 90 atm. Die Sichtweite beläuft sich auf einige Kilometer und selbst in den Wolken auf einige hundert Meter. Die dichtesten Wolken befinden sich in einer Höhe von 50 km (Abb. 8.25), ihre Schichtdicke beträgt aber nur 2–3 km. Darüber sind schleierartige Schichten, welche die von außen sichtbare „Oberfläche" des Planeten bilden (Abb. 8.26). Die obersten Wolken bewegen sich sehr schnell: Getragen von den durch die Sonne angetriebenen starken Stürmen umrunden sie den Planeten in nur 4 Tagen.

8.14 Erde und Mond

Die Erde. Der von der Sonne aus gesehen dritte Planet, die Erde, bildet zusammen mit ihrem Satelliten, dem Mond, nahezu einen Doppelplaneten. Die relative Größe des Erdmondes ist größer als die eines jeden anderen Satelliten mit Ausnahme des Mondes von Pluto. Normalerweise sind die Satelliten wesentlich kleiner als ihr Mutterplanet.

Die Erde ist ein einzigartiger Körper, denn auf ihrer Oberfläche existiert eine beträchtliche Menge an freiem Wasser. Das ist nur möglich, weil die Temperatur über dem Gefrierpunkt und unter dem Siedepunkt des Wassers liegt. Die Erde ist auch der einzige Planet, von dem man weiß, daß auf ihm einige Formen von Leben existieren. (Ob es vernunftbegabt ist oder nicht, muß sich erst noch herausstellen....) Die mäßige Temperatur und das Wasser sind die Grundvoraussetzungen für irdische Lebensformen.

Der Durchmesser der Erde beträgt 12 000 km. Im Zentrum befindet sich ein Eisen-Nickel-Kern bei einer Temperatur von 5000 K, einem Druck von 3×10^{11} N m^{-2} und einer Dichte von 12 000 kg m^{-3} (Abb. 8.27). Das Fehlen seismischer *S*-Wellen unterhalb einer Tiefe von 3000 km sagt uns, daß der Kern geschmolzen ist. Der innerste Kern ist jedoch möglicherweise fest; die Geschwindigkeit der *P*-Wellen ändert sich nämlich rasch bei einer Tiefe von 5000 km.

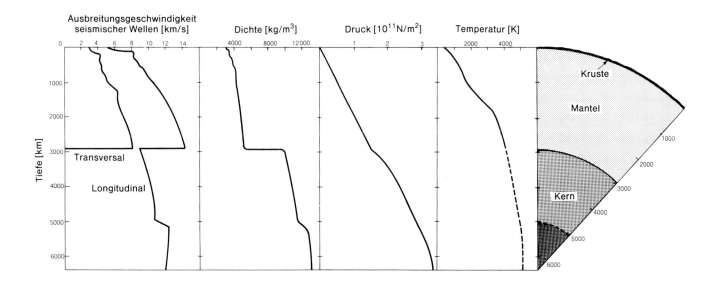

Abb. 8.27. Der innere Aufbau der Erde. Dargestellt sind die Ausbreitungsgeschwindigkeit der seismischen Wellen, die Dichte, der Druck und die Temperatur als Funktion der Tiefe

Ab 3000 km Tiefe aufwärts erstreckt sich ein Silikatmantel. Unter Druck verhält sich das Material wie eine viskose Flüssigkeit oder ein amorphes Medium, was sich in langsamen vertikalen Strömungen ausdrückt. Auf dem Mantel schwimmt eine dünne Kruste. Sie ist nur 12–65 km dick; am dicksten ist sie unter den Bereichen hoher Gebirge wie dem Himalaya und am dünnsten mitten unter den Ozeanbecken.

Die Kontinentaldrift wird durch die Bewegung des Mantelmaterials angetrieben. Vor etwa 200 Millionen Jahren waren alle Kontinente verbunden, dann änderte sich das Strömungsbild innerhalb des Mantels, und der „Protokontinent" Pangaea brach auseinander. Der Atlantische Ozean wächst auch heute noch und neues Material strömt aus dem mittelatlantischen Rücken nach oben. Nordamerika driftet mit einer Geschwindigkeit von einigen Zentimetern pro Jahr von Europa weg.

Aus den mittelozeanischen Rücken strömt neues Material nach oben und schiebt die tektonischen Platten auseinander. Dort, wo zwei Platten zusammenstoßen, entstehen Gebirge. An der Grenze der Kontinente kann eine Platte unter eine andere gedrückt werden, was zu Erdbeben in einer Tiefe von bis zu 600 km führt. In den mittelozeanischen Rücken finden die Erdbeben in einer Tiefe von nur einigen 10 km statt.

Die feste Oberfläche wird durch das Wetter deformiert. Gebirge und Krater verwittern innerhalb einiger Zehnmillionen Jahre durch den gemeinsamen Einfluß von Temperaturänderungen, Regen und Wind. Die menschlichen Aktivitäten werden, indem sie die Landschaft in einigen Gebieten verändern, ebenfalls zu einem zunehmend wichtigen Faktor.

Der größte Teil der Erdoberfläche ist von Wasser bedeckt, welches aus dem aus vulkanischen Eruptionen stammenden Wasserdampf kondensierte. Die ursprüngliche Atmosphäre der Erde war von der heutigen sehr verschieden, es gab z. B. keinen Sauerstoff. Als in den Ozeanen die organischen chemischen Prozesse begannen, wuchs der Sauerstoffgehalt schnell an (und war Gift für die ersten Lebensformen!). Das ursprüngliche Kohlendioxid ist jetzt hauptsächlich in kohlenstoffhaltigem Gestein wie Kalkstein konzentriert; das Methan wurde durch die UV-Strahlung der Sonne dissoziert.

Die Hauptbestandteile der Erdatmosphäre sind Stickstoff (77 Vol.-%) und Sauerstoff (21 Vol.-%). Andere Gase wie Argon, Kohlendioxid und Wasserdampf kommen in geringen Mengen vor. Die chemische Zusammensetzung im unteren Teil der Atmosphäre, der *Troposphäre*, ist konstant. Die meisten Wetterphänomene treten in der Troposphäre auf; sie erstreckt sich bis in eine Höhe von 8–10 km. Die Grenze ist variabel, am niedrigsten ist sie an den Polen und am höchsten am Äquator, wo sich die Troposphäre bis zu 18 km Höhe ausdehnen kann.

Die Schicht oberhalb der Troposphäre ist die *Stratosphäre*, sie erstreckt sich bis zu 60 km Höhe. Die Grenze zwischen Troposphäre und Stratosphäre nenne man die *Tropopause*. In der Troposphäre nimmt die Temperatur um 5–7 K/km ab, in der Stratosphäre beginnt sie dagegen wegen der Absorption der Sonnenstrahlung durch Kohlendioxid, Wasserdampf und Ozon mit zunehmender Höhe zu steigen. Die Ozonschicht, welche die Erde vor der UV-Strahlung der Sonne schützt, befindet sich in einer Höhe von 20–25 km.

Über der Stratosphäre liegt die *Ionosphäre*, der Wirkungsbereich der Meteore und Polarlichter. Sie spielt auch eine wichtige Rolle bei der Radiokommunikation, wird doch ein Teil der Radiowellen an der Ionosphäre reflektiert. Die Ionosphäre geht bei einer Höhe von 500 km in die *Exosphäre* über. Dort ist der Luftdruck bereits geringer als im besten Laborvakuum.

Das Magnetfeld der Erde wird durch Strömungen in ihrem Kern erzeugt. Das Feld ist fast dipolförmig, es gibt jedoch beträchtliche lokale und zeitliche Schwankungen.

Abb. 8.28. Ein Zyklon auf der Erde. (Vergleiche mit dem Großen Roten Fleck des Jupiter in Abb. 8.43.) (NASA)

Die mittlere Feldstärke beträgt in Äquatornähe $3,1 \times 10^{-3}$ Tesla (0,31 Gauss). Der Dipol ist um 11° gegen die Erdachse geneigt, seine Richtung ändert sich aber allmählich mit der Zeit. Mehr noch, magnetischer Nord- und Südpol haben einige Male während der letzten Jahrmillionen gewechselt.

Der Mond. Unser nächster Nachbar im All ist der Mond. Selbst mit bloßem Auge sind auf ihm helle und dunkle Gebiete erkennbar. Aus historischen Gründen werden die letzteren Meere oder *Maria* (Meer = *lat.* Mare, pl. Maria) genannt. Da es auf dem Mond kein Wasser gibt, haben die Maria nichts mit den irdischen Meeren gemein. Bei den helleren Gebieten handelt es sich um Hochländer. Bereits mit einem Feldstecher oder einem kleinen Fernrohr kann man zahlreiche Krater sehen, die alle von Meteoriteneinschlägen herrühren (Abb. 8.29). Das Fehlen von Atmosphäre, Vulkanismus und tektonischer Aktivität helfen, diese Formationen zu erhalten.

Der Mond ist nach der Erde der besterforschte Himmelskörper. Der erste Mensch landete 1969 auf dem Mond. Während der sechs Apollo-Missionen wurden über 2000 Proben mit einem Gesamtgewicht von 382 kg genommen. Außerdem sammelten drei unbemannte sowjetische Luna-Raumschiffe etwa 310 Gramm Mondgestein und brachten es mit zur Erde zurück. Die von den Apollo-Astronauten auf dem Mond stationierten Meßinstrumente arbeiteten acht Jahre lang. Darunter waren Seismometer, die Mondbeben und Meteoriteneinschläge registrierten, sowie passive Laserreflektoren, welche eine auf Zentimeter exakte Vermessung des Abstandes Erde – Mond möglich machten.

Abb. 8.29. Die Rückseite des Mondes. (NASA)

Abb. 8.30. Der Apollo 17-Astronaut Harrison Schmitt auf dem Mond 1972. (NASA)

8.14 Erde und Mond

Die Entstehungsgeschichte des Mondes ist immer noch nicht ganz geklärt. Er hat sich jedoch nicht von der Erde im Gebiet des Stillen Ozeans losgerissen, wie eine Zeitlang geglaubt wurde. Erstens ist der Pazifik weniger als 200 Millionen Jahre alt und wurde im Zuge der Kontinentaldrift geformt. Zweitens unterscheidet sich die chemische Zusammensetzung des Mondgesteins von der irdischer Materialien. Auf dem Mond enthält Gestein kein Wasser, im Gegensatz zur Erde, wo dieses als Kristallwasser vorkommt. Auch ist die relative Häufigkeit flüchtiger Elemente (das sind Elemente, die bei sehr niedrigen Temperaturen kondensieren) auf dem Mond geringer als auf der Erde. Der Mond entstand in der Nähe der Erde, ob er jedoch stets ihr Satellit war oder später von ihr eingefangen wurde, ist unbekannt.

Seismometrische und gravimetrische Messungen lieferten die grundlegenden Informationen über die innere Struktur des Mondes. Mondbeben ereignen sich in einer Tiefe von 800–1 000 km, also in beträchtlich größerer Tiefe als irdische Beben, und sie sind auch wesentlich schwächer als auf der Erde. Die meisten Beben treten in der Grenzschicht zwischen dem festen Mantel oder *Lithosphäre* und dem Kern, der *Asthenosphäre*, auf (Abb. 8.31). Die *S*-Wellen können die Asthenosphäre nicht durchdringen – ein Hinweis darauf, daß diese wenigstens teilweise geschmolzen ist. Künstliche Mondsatelliten beobachteten lokale Massekonzentrationen, die *Mascons*, die unter den Maria liegen. Es handelt sich um große Basaltblöcke, die sich nach den mächtigen Einschlägen, welche die Maria entstehen ließen, bildeten. In der darauffolgenden Zeit von einigen Milliarden Jahren wurden die Krater in mehreren Phasen durch Lavaströme gefüllt. Dies sieht man z. B. im Gebiet des Mare Imbrium. Die großen Maria wurden vor etwa 4 Milliarden Jahren geformt, als das Meteoritenbombardement wesentlich heftiger war als heute. Die letzten 3 Milliarden Jahre verliefen dagegen recht friedlich, ohne irgendwelche herausragende Ereignisse.

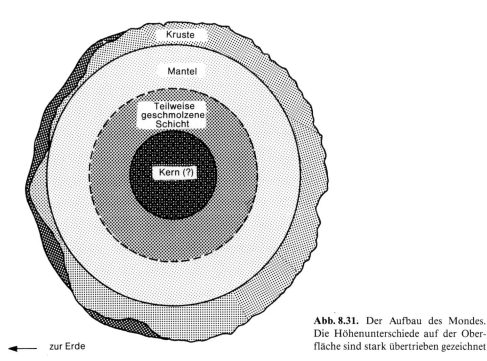

Abb. 8.31. Der Aufbau des Mondes. Die Höhenunterschiede auf der Oberfläche sind stark übertrieben gezeichnet

*Atmosphärische Phänomene

Die bekannteste atmosphärische Erscheinung ist der *Regenbogen*, der durch die Brechung des Lichtes an Wassertropfen hervorgerufen wird. Der Radius des Kreises, den der Regenbogen beschreibt, beträgt etwa 41° und seine Breite 1,7°. Der Mittelpunkt des Kreises liegt in Gegenrichtung zur Sonne (oder zu irgendeiner anderen Lichtquelle). Wird das Licht im Inneren eines Wassertropfens gebrochen, so wird es in sein Spektrum zerlegt, wobei das rote Licht am äußeren Rand und das blaue Licht am inneren Rand des Bogens erscheint. Das Licht kann innerhalb des Tropfens zweimal reflektiert werden und einen zweiten Regenbogen außerhalb des ersten hervorrufen. Die Farben des Sekundärregenbogens sind in umgekehrter Reihenfolge eingeordnet, sein Radius beträgt 52°. Ein vom Mond verursachter Regenbogen ist im allgemeinen sehr schwach und farblos, letzteres deshalb, weil das menschliche Auge nicht in der Lage ist, die Farben eines sehr lichtschwachen Objektes zu unterscheiden.

Ein *Halo* entsteht, wenn das Sonnen- oder Mondlicht an atmosphärischen Eiskristallen reflektiert wird. Der am häufigsten beobachtete Halo ist ein 22°-Bogen oder -Kreis um die Sonne oder den Mond. Im allgemeinen ist der Halo weiß, bei Gelegenheit kann man aber auch leuchtende Farben erblicken. Eine andere recht häufige Form stellen die Nebensonnen dar, die mit der Sonne auf gleicher Höhe, aber in einem seitlichen Abstand von 22° zu ihr stehen. Alle anderen Haloformen sind seltener. Das beste „Wetter" für die Beobachtung von Halos ist bei Zirrostratus- oder Zirrusbewölkung oder bei eisigem Hochnebel.

Leuchtende Nachtwolken sind dünne Wolkenformationen in einer Höhe von ungefähr 80 km. Die Wolken enthalten Partikel mit weniger als 1 µm Durchmesser. Sie werden nur dann sichtbar, wenn sie von der unter dem Horizont stehenden Sonne beleuchtet werden. Die besten Beobachtungsbedingungen ergaben sich in nördlichen Breiten während der Sommernächte, wenn die Sonne nur wenige Grad unter den Horizont gelangt.

Der Nachthimmel ist niemals völlig dunkel. Ein Grund dafür (zusätzlich zur Streuung irdischen Lichtes) ist das *Selbstleuchten* der Atmosphäre. Es handelt sich um Licht, das von angeregten Atmosphärenmolekülen emittiert wird. Der größte Strahlungsanteil liegt im infraroten Bereich, es wurde aber z. B. auch die verbotene Sauerstofflinie bei 558 nm entdeckt.

Die gleiche grünliche Sauerstofflinie sieht man deutlich in den *Polarlichtern*, die in einer Höhe von 80–300 km entstehen. Polarlichter kann man hauptsächlich von relativ hohen nördlichen und südlichen Breiten aus beobachten, da das Erdmagnetfeld die von der Sonne kommenden geladenen Teilchen besonders in der Nähe der magnetischen Pole beeinflußt. Alaska und Nordskandinavien sind die besten Beobachtungsplätze. Gelegentlich können Polarlichter auch südlicher bis zu einer Breite von 40° gesehen werden. Sie sind übli-

(a) Ein typischer Halo   **(b)** Polarlichter. (Fotos von P. Parviainen)

cherweise grünlich oder gelb-grün, es wurden aber auch rote Polarlichter beobachtet. Am häufigsten erscheinen sie als sogenannte Vorhänge, die oft dunkel und bewegungslos sind, oder als Strahlenbögen, welche aktiver sind und schnell veränderliche vertikale Strahlen enthalten können.

Meteore oder Sternschnuppen sind kleine Sandkörner, einige Mikrogramm schwer, die auf die Erdatmosphäre auftreffen. Durch die Reibung erhitzen sie sich und beginnen in einer Höhe von 100 km zu leuchten. Etwa 20–40 km tiefer ist das gesamte Körnchen zu Asche verglüht, die Leuchtdauer eines typischen Meteors beträgt weniger als eine Sekunde. Die hellsten Meteore nennt man *Feuerkugeln* oder *Boliden* (scheinbare Helligkeit $<2^m$). Noch größere Körper können bis auf die Erdoberfläche vordringen. Meteore werden in Abschn. 8.20 eingehender diskutiert.

8.15 Mars

Der Mars ist der äußerste der erdähnlichen Planeten. Sein Durchmesser beträgt nur etwa die Hälfte des Erddurchmessers. In einem Fernrohr erscheint der Mars als rötliche Scheibe mit dunklen Flecken und weißen Polkappen. Die Polkappen nehmen im Verlauf der Marsjahreszeiten zu und ab, was darauf schließen läßt, daß sie aus Eis bestehen. Auf den dunkleren Gebieten vermutete man früher Vegetation. Am Ende des 19. Jahrhunderts behauptete der italienische Astronom Giovanni Schiaparelli, auf dem Mars gäbe es künstliche Kanäle. In den Vereinigten Staaten wurden diese Kanäle von dem berühmten Planetenforscher Percival Lowell studiert, er veröffentlichte sogar Bücher darüber. Auch in der Science Fiction-Literatur waren die Marsbewohner sehr populär. Heute weiß man, daß die Kanäle gar nicht existieren, sondern eine optische Täuschung darstellen, die entsteht, wenn undeutliche Details an der Grenze der Auflösbarkeit gerade

Abb. 8.32. Einzelheiten der südlichen Marshemisphäre bei Argyre Planitia. Am Horizont erkennt man einen dünnen Dunstschleier. (NASA)

Linien, die Kanäle, zu formen scheinen. Schließlich begruben 1965 die ersten klaren, von Mariner 4 übermittelten Bilder auch die optimistischsten Hoffnungen bezüglich des Lebens auf dem Mars.

Mars ist ein äußerer Planet. Das bedeutet, daß er in Erdnähe während der Opposition, wenn der Planet die gesamte Nacht lang über dem Horizont steht, sehr gut beobachtet werden kann. So war bereits vor dem Raumfahrtzeitalter viel über den Mars bekannt. Auf dem Mars gibt es wie auf der Erde Jahreszeiten. Seine Rotationsachse ist um 25° gegen die Ekliptik geneigt, etwa um denselben Betrag wie die Erdachse. Ein Marstag ist um eine halbe Stunde länger als ein Erdentag. Gelegentlich sind auf dem Mars gewaltige Sandstürme zu sehen.

Die Raumsonden enthüllten Details des Planeten. Auf den ersten von der Sonde übermittelten Bildern wurden Krater gefunden, besonders die südliche Hemisphäre ist durch Krater gezeichnet (Abb. 8.32). Hier sieht man noch die ursprüngliche Oberfläche. Die nördliche Hemisphäre zeigt dagegen große Lavabecken und Vulkane. Der größte Vulkan, *Olympus Mons* (Abb. 8.33), überragt seine Umgebung um mehr als 20 km. Sein Durchmesser beträgt am Fuß etwa 600 km. Es gibt auch verschiedene Canyons, der größte ist der *Valles Marineris*. Seine Länge beträgt 5 000 km, die Breite 200 km und die Tiefe etwa 6 km. Verglichen mit dem Valles Marineris ist der Grand Canyon nur ein Kratzer auf der Erdoberfläche.

Ehemalige Flußbetten (Abb. 8.34), zu klein, um von der Erde aus gesehen zu werden, wurden ebenfalls durch die Raumfahrt entdeckt. (Sie haben nichts zu tun mit den berühmten Marskanälen.) Die jetzige Temperatur und der atmosphärische Druck auf dem Mars sind für die Existenz von freiem Wasser zu gering. Die mittlere Temperatur liegt bei −53 °C, und an einem warmen Sommertag kann die Temperatur bis nahe an den Gefrierpunkt steigen. Der Druck beträgt nur 5–8 mbar. Die Flüsse wurden wahrschein-

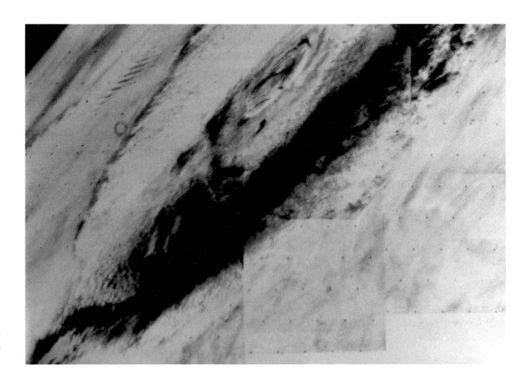

Abb. 8.33. Olympus Mons, der größte innerhalb des Sonnensystems bekannte Vulkan. (NASA)

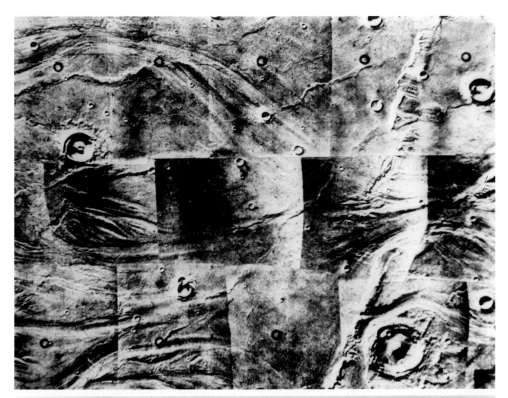

Abb. 8.34. Flußbetten und „Inseln" um einige Krater zeigen, daß es in der Vergangenheit einmal Wasser auf der Marsoberfläche gegeben hat. (NASA)

Abb. 8.35. Felsbrocken auf der Marsoberfläche am Chryse-Plateau, dem Landeplatz von Viking 1. (NASA)

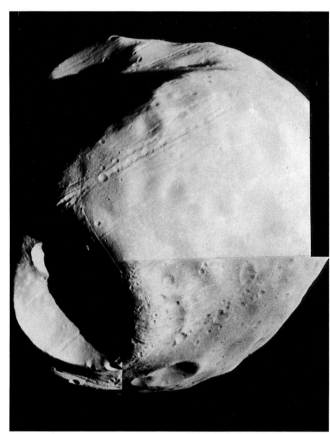 

Abb. 8.36. Phobos (*links*) und Deimos, die beiden Monde des Mars. (NASA)

lich unmittelbar nach der Entstehung des Mars gebildet, als es eine große Menge Wasser gab und der atmosphärische Druck und die Temperatur höher waren. Heute ist das Wasser im kilometertiefen Dauerfrostboden und in den Polkappen gebunden.

Viking 1 und 2 landeten im Jahre 1976 auf dem Mars (Abb. 8.35), die Viking-Orbiter kartierten den Planeten und übermittelten die von den Landemodulen gesammelten Daten zur Erde. Die Temperaturmessungen der Orbiter zeigten, daß die Polkappen sowohl aus Wasser- als auch aus Trockeneis (CO_2) bestehen. Die nördliche Kappe bleibt von den Jahreszeiten fast unberührt und erstreckt sich bis zu einer Breite von 70°. Demgegenüber verschwindet die südliche Kappe, die sich im südlichen Winter bis zu einer Breite von −60° erstreckt, im Sommer fast vollständig. Die südliche Kappe besteht hauptsächlich aus Trockeneis. Nur die dauerhaften Teile bestehen aus Wassereis, denn die Temperatur ist im Sommer für Trockeneis zu hoch. Die Wassereisschichten sind mehrere hundert Meter dick.

Die dunklen Gebiete stellen keine Vegetation dar, sondern lockeren Staub, der von kräftigen Stürmen umhergeweht wird. Die Stürme transportieren den Staub hoch in die Atmosphäre und färben den Marshimmel rot. Die Kameras der Viking-Sonden übermittelten das Bild einer rötlichen, aus Regolithen bestehenden Oberfläche, die von Felsbrocken übersät ist. Die rote Farbe wird hauptsächlich durch Eisenoxid hervorgerufen; die Existenz von Limonit ($2FeO_3 3H_2O$) wurde bereits in den fünfziger Jahren aus Polarisationsmessungen abgeleitet. Die Analyse an Ort und Stelle zeigte, daß der Boden zu 13% aus Eisen und zu 21% aus Silikaten besteht. Die Häufigkeit von Schwefel beträgt das Zehnfache wie auf der Erde.

Mit Hilfe von biologischen Experimenten forschten die Viking-Sonden nach Anzeichen von Leben. Obwohl keine organischen Verbindungen gefunden wurden, brachten die biologischen Tests einige unerwartete Ergebnisse. Eine genauere Untersuchung der Resultate deutete zwar nicht auf die Existenz von Leben, dafür aber auf einige ungewöhnliche chemische Reaktionen hin.

Die Marsatmosphäre besteht zum größten Teil aus Kohlendioxid (95%) und nicht aus Stickstoff, wie früher geglaubt wurde. Sie enthält nur 2% Sticksoff und 0,1–0,4% Sauerstoff. Die Atmosphäre ist sehr trocken; würde die gesamte Feuchtigkeit auf der Oberfläche kondensieren, ergäbe dies eine Wasserschicht dünner als 0,1 mm. Der atmosphärische Druck an der Oberfläche beträgt nur 1/200 atm. Ein Teil der Atmosphäre ist entwichen, aber der Mars hatte wahrscheinlich nie eine dichte Atsmophäre.

Der Mars besitzt zwei Monde, *Phobos* und *Deimos* (Abb. 8.36). Die Abmessungen von Phobos sind ungefähr 27 km × 21 km × 19 km, und seine Umlaufzeit um den Mars beträgt nur 7 h 39 min. Phobos geht am Marshimmel im Westen auf und im Osten unter. Deimos ist kleiner, seine Abmessungen sind 15 km × 12 km × 11 km. Auf beiden Monden gibt es Krater. Polarimetrische und photometrische Ergebnisse zeigen, daß sie aus Material bestehen, das dem der Meteoriten vom Typ der kohligen Chondrite ähnelt.

8.16 Planetoiden

Die Planetoiden oder Kleinen Planeten umkreisen die Sonne hauptsächlich im Gebiet zwischen Mars und Jupiter. Die meisten befinden sich im sogenannten Planetoidengürtel in einer Entfernung von 2,2–3,3 AE von der Sonne (Abb. 8.37a). Der erste Planetoid wurde 1801 entdeckt; Anfang 1986 waren mehr als 3000 katalogisiert. Gegenwärtig nimmt die Zahl der katalogisierten Planetoiden jedes Jahr um einige Dutzend zu. Man hat abgeschätzt, daß im Planetoidengürtel mindestens eine halbe Million Planetoiden existieren. Trotzdem ist ihre Gesamtmasse kleiner als 1/1000 der Erdmasse. Der größte Planetoid ist Ceres, sein Durchmesser beträgt 1000 km.

Das Zentrum des Planetoidengürtels befindet sich in einer Entfernung von ungefähr 2,8 AE, wie es vom Titius-Bodeschen Gesetz (Abschn. 8.21) vorausgesagt wird. Entsprechend einer ehemals weit verbreiteten Theorie wären die Planetoiden Bruchstücke eines explodierten Planeten. Diese Hypothese hat man jedoch, wie die Katastrophentheorien überhaupt, fallengelassen. Die gegenwärtig akzeptierte Theorie nimmt an, daß die Planetoiden gleichzeitig mit den großen Planeten entstanden sind. Die ursprünglichen Planetoiden waren größere Brocken, die zwischen den Bahnen von Mars und Jupiter kreisten. Durch Zusammenstöße und Fragmentation entstanden die heutigen Planetoiden, Bruchstücke jener primordialen Körper, die nicht fähig waren, einen großen Planeten zu bilden. Einige der größten Planetoiden mögen solche Urkörper sein.

Die Verteilung der Planetoiden innerhalb des Planetoidengürtels ist unregelmäßig (Abb. 8.37b); sie scheinen einige Gebiete, die als die *Kirkwood-Lücken* bekannt sind, zu meiden. Die am auffälligsten gemiedenen Gebiete befinden sich in Entfernungen, in denen die (durch das dritte Keplersche Gesetz gegebene) Umlaufzeit eines Planetoiden um die Sonne im Verhältnis 1:3, 2:5, 3:7 oder 1:2 zur Bahnperiode des Jupiter steht. Die Bewegung eines Planetoiden, der in einer solchen Lücke kreist, wäre in Resonanz mit

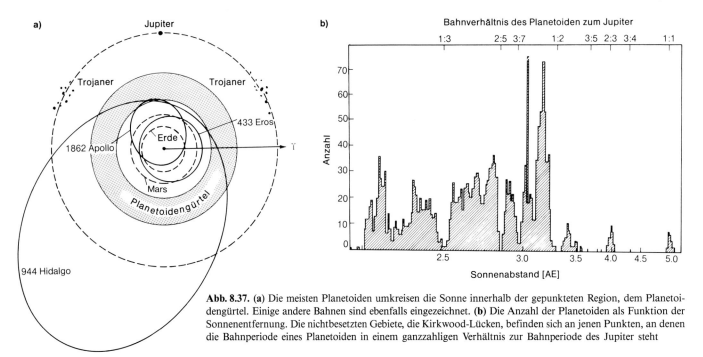

Abb. 8.37. (a) Die meisten Planetoiden umkreisen die Sonne innerhalb der gepunkteten Region, dem Planetoidengürtel. Einige andere Bahnen sind ebenfalls eingezeichnet. (b) Die Anzahl der Planetoiden als Funktion der Sonnenentfernung. Die nichtbesetzten Gebiete, die Kirkwood-Lücken, befinden sich an jenen Punkten, an denen die Bahnperiode eines Planetoiden in einem ganzzahligen Verhältnis zur Bahnperiode des Jupiter steht

Jupiter und selbst kleine Störungen würden dann mit der Zeit anwachsen und der Körper in eine andere Bahn gelenkt. Ganz so einfach sind die Resonanzeffekte jedoch nicht zu erklären: Manchmal ist eine Bahn auch in einer Resonanz „gefangen", z. B. bewegen sich die *Trojaner* auf der gleichen Bahn wie Jupiter (1:1 Resonanz) und die *Hilda-Gruppe* befindet sich in 2:3 Resonanz.

Einige kleinere Planetoidenfamilien bewegen sich außerhalb des Hauptgürtels, wie z. B. die oben erwähnten Trojaner, die 60° vor und hinter Jupiter stehen. Die Trojaner befinden sich nahe der speziellen Punkte L4 und L5 der Lösung des sogenannten eingeschränkten Dreikörperproblems. In diesen Lagrange-Punkten kann ein masseloser Körper bezüglich der massereichen Hauptkörper (in diesem Falle Jupiter und die Sonne) stationär verweilen. In Wirklichkeit pendeln die Planetoiden um die stationären Punkte, jedoch kann man zeigen, daß solche Bahnen gegen Strömungen stabil sind.

Eine andere große Familie sind die *Apollo-Amor*-Planetoiden. Die Perihels der Apollo- und Amor-Gruppe liegen innerhalb der Erdbahn bzw. zwischen den Bahnen von Erde und Mars. Alle diese Planetoiden sind klein, mit weniger als 30 km Durchmesser. Der bekannteste ist 433 Eros, mit dessen Hilfe die Länge der astronomischen Einheit bestimmt wurde. Im erdnächsten Punkt befindet sich Eros in nur 20 Millionen km Entfernung. Es existiert eine geringe Wahrscheinlichkeit, daß irgendein die Erdbahn kreuzender Planetoid mit der Erde kollidiert. Man hat abgeschätzt, daß im Mittel zwei solcher Kollisionen in einer Million Jahre stattfinden.

Der entfernteste Planetoid, 2060 Chiron, wurde 1977 entdeckt. Das Aphel liegt nahe der Uranusbahn und das Perihel innerhalb der Bahn des Saturn. Möglicherweise existiert eine Planetoidenfamilie außerhalb der Jupiterbahn; diese Planetoiden haben jedoch eine sehr geringe Helligkeit und sind deshalb schwer aufzufinden. Jeder Planetoidenbeobachter benötigt ein Fernrohr, denn selbst die hellsten Planetoiden sind zu

8.16 Planetoiden

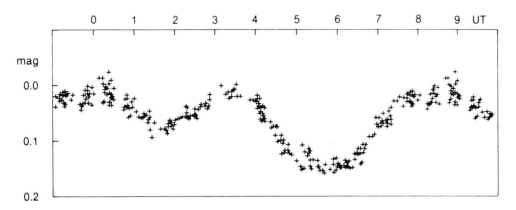

Abb. 8.38. Die Lichtkurve des Planetoiden 64 Angelina. Die Kurve wurde aus während mehrerer Nächte gemachten Beobachtungen zusammengesetzt. Die Rotationsperiode liegt nur wenig unter 9 Stunden

schwach, um sie mit bloßem Auge sehen zu können. Planetoiden erscheinen sogar in einem großen Teleskop als sternähnliche Punkte, nur ihre langsame Bewegung gegen den Fixsternhimmel verrät, daß sie Mitglieder des Sonnensystems sind. Die Rotation eines Planetoiden führt zu einer regelmäßigen Helligkeitsvariation (Abb. 8.38), die Amplitude ist aber im allgemeinen so klein, daß man für genaue Messungen ein Photometer benötigt. Ist die Lichtkurve gut mit Beobachtungen abgedeckt, am besten über einen Zeitraum von mehreren Nächten, so kann die Rotationsperiode berechnet werden. Die exakten Perioden sind von mehr als 300 Planetoiden bekannt. Typische Werte liegen zwischen 4 und 15 Stunden, es wurden aber auch kürzere und längere Perioden entdeckt.

Die genauen Durchmesser der Planetoiden waren lange Zeit unbekannt. In den neunziger Jahren des vorigen Jahrhunderts bestimmte Edward E. Barnard vom Lick Observatorium visuell die Durchmesser von 1 Ceres, 2 Vesta, 3 Juno und 4 Pallas. Bis in die sechziger Jahre unseres Jahrhunderts, als die in den Abschn. 8.7 und 8.8 beschrie-

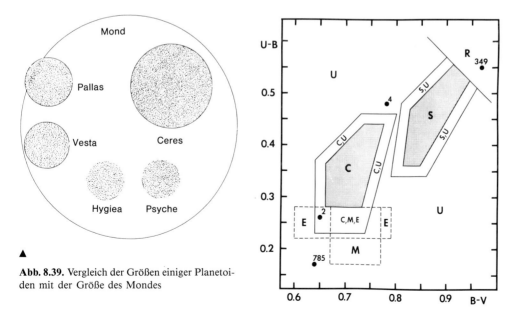

Abb. 8.39. Vergleich der Größen einiger Planetoiden mit der Größe des Mondes

Abb. 8.40. Eine Klassifikation der Planetoiden kann man z. B. auf der UBV-Fotometrie aufbauen. Die Farbenindizes B-V und U-B unterscheiden sich für verschiedene Typen von Planetoiden

benen Methoden erfolgreich auf die Planetoiden angewandt wurden, existierten praktisch keine weiteren Ergebnisse. Außerdem wird eine stetig wachsende Zahl von Planetoidenbedeckungen beobachtet. Die Bedeckungen lassen auf die Existenz von Planetoiden-Satelliten schließen, jedoch ist diese Existenz noch nicht eindeutig belegt.

Die Zusammensetzung der Planetoiden ist die gleiche wie die der Eisen-, Stein- oder Eisen-Stein-Meteoriten. Die Einteilung der Planetoiden wurde Mitte der siebziger Jahre entwickelt, als sich genügend Beobachtungsdaten angesammelt hatten (Abb. 8.40). Die meisten Planetoiden können entsprechend ihrer photometrischen und polarimetrischen Eigenschaften zwei Gruppen zugeordnet werden. 95% der klassifizierten Planetoiden sind entweder vom C-Typ oder vom S-Typ. C-Planetoiden sind dunkel (geometrische Albedo $p \approx 0{,}06$), und sie enthalten einen beträchtlichen Anteil an Kohlenstoff (daher die Typbezeichnung C). Sie ähneln steinigen Meteoriten. In ihren Spektren wurden Spuren von Silikaten wie Olivin Mg_2SiO_4 oder Fe_2SiO_4 gefunden. Das Rückstrahlungsvermögen der S-Planetoiden ist höher, und ihre Spektren kommen denen von Eisen-Stein-Meteoriten nahe. Alle anderen Klassen sind sehr selten, sie enthalten möglicherweise nur einige wenige Mitglieder. Einige Planetoiden, die die Merkmale mehrerer Gruppen zeigen, wurden als „nicht klassifiziert" eingestuft.

8.17 Jupiter

Das Reich der erdähnlichen Planeten endet am Planetoidengürtel. Weiter außerhalb ist die relative Häufigkeit flüchtiger Elemente höher und die ursprüngliche Zusammensetzung des Sonnennebels wird noch immer in den Riesenplaneten konserviert. Der erste und größte ist Jupiter. Seine Masse ist 2,5mal so groß wie die Gesamtmasse aller anderen Planeten, das ist fast 1/1000 der Sonnenmasse. Jupiter besteht hauptsächlich aus Wasserstoff und Helium. Die relative Häufigkeit dieser Elemente entspricht etwa der auf der Sonne, auch die mittlere Dichte ist von gleicher Größenordnung, sie beträgt $1330\,\mathrm{km\,m^{-3}}$.

Während der Opposition ist der Winkeldurchmesser von Jupiter bis zu 50″ groß. Die dunklen *Gürtel* und die helleren *Zonen* sind schon mit einem kleinen Fernrohr zu erkennen. Es handelt sich um Wolkenformationen parallel zum Äquator. Das bekannteste Detail ist der *Große Rote Fleck*, ein riesiger Zyklon, der mit einer Umlaufzeit von sechs Tagen entgegen dem Uhrzeigersinn rotiert. Er wurde 1655 von Giovanni Cassini entdeckt. Der Fleck hat Jahrhunderte überlebt, sein wahres Alter ist unbekannt.

Jupiter rotiert extrem schnell, eine Umdrehung dauert 9 h 55 min 29,7 s. Es handelt sich um die Periode des Magnetfeldes, die, da das Feld im Kern eingefroren ist, auch die Rotation des innersten Kerns widerspiegelt. Wie man erwarten mag, verhält sich Jupiter nicht wie ein fester Körper. Die Rotationsperiode der Oberflächenschichten (Wolken) ist an den Polen beträchtlich größer als am Äquator. Bedingt durch seine schnelle Rotation ist Jupiter nicht kugelförmig, die Abplattung beträgt beträchtliche 1/15.

Im Zentrum des Jupiter befindet sich möglicherweise ein Eisen-Nickel-Kern, dessen Masse vielleicht einigen zehn Erdmassen entspricht. Der Kern ist von einer Schicht flüssigen metallischen Wasserstoffs umgeben, in der die Temperatur über 10000 K und der Druck drei Millionen atm betragen. Wegen des riesigen Drucks dissoziiert der Wasserstoff in einzelne Atome, ein Zustand, der in gewöhnlicher Laborumgebung unbekannt ist. In diesem exotischen Zustand zeigt der Wasserstoff viele für Metalle typische Merkmale, ist elektrisch leitend und verursacht ein starkes Magnetfeld. Näher zur Oberfläche hin, wo der Druck geringer ist, liegt der Wasserstoff in normaler molekularer Form als H_2 vor. Obenauf befindet sich die 1 000 km dicke Atmosphäre.

Jupiter strahlt den doppelten Betrag an Wärme ab, den er von der Sonne erhält. Diese Wärme ist ein Rest jener Energie, die während der Entstehung des Planeten durch die gravitative Kontraktion freigesetzt wurde. So kühlt Jupiter immer noch allmählich aus, wobei die innere Wärme durch Konvektion nach außen transportiert wird. Dabei entstehen die Ströme im metallischen Wasserstoff, die das Magnetfeld erzeugen.

Gürtel und Zonen sind stabile Wolkenformationen (Abb. 8.41). Ihre Breite und Farbe können mit der Zeit variieren. Die fast regelmäßige Struktur ist bis zu einer Breite von 50° beobachtbar. Die Farbe der Polgebiete kommt derjenigen der Gürtel nahe. Die Gürtel sind rötlich oder bräunlich, die Bewegung des Gases innerhalb der Gürtel ist abwärts gerichtet. Innerhalb der weißen Zonen steigt das Gas nach oben. Die Wolken liegen in den Zonen etwas höher und haben eine niedrigere Temperatur als in den Gürteln. Starke Winde oder Jet-Ströme blasen entlang der Zonen und Gürtel mit Windgeschwindigkeiten, die 100 m/s überschreiten. Die Windrichtungen in den Gürteln und Zonen sind entgegengesetzt.

Die Farbe des Großen Roten Flecks (GRF) ähnelt der Farbe der Gürtel (Abb. 8.43). Manchmal ist er auch fast farblos, zeigt jedoch keine Anzeichen von Altersschwäche. Der GRF ist 14 000 km breit und 30 000 – 40 000 km lang. Auf dem Jupiter können auch einige kleinere rote und weiße Flecke beobachtet werden, ihre Lebensdauer ist aber meistens wesentlich kürzer als einige Jahre.

Die Zusammensetzung der Jupiteratmosphäre wurde durch die US-Sonden Pioneer 10 und 11 sowie Voyager 1 und 2 genau bestimmt. Das Verhältnis von Helium zu Wasserstoff beträgt 0,11. Andere in der Atmosphäre gefundene Komponenten sind Methan, Äthan und Ammoniak. Die Temperatur an der Wolkenobergrenze beträgt etwa 130 K.

Jupiter ist eine intensive Radioquelle. Seine Radioemission kann in drei Komponenten untergliedert werden, in thermische Millimeter- und Zentimeterstrahlung, in nichtthermische Dezimeterstrahlung und in Strahlungsausbrüche im Dekameterbereich. Am

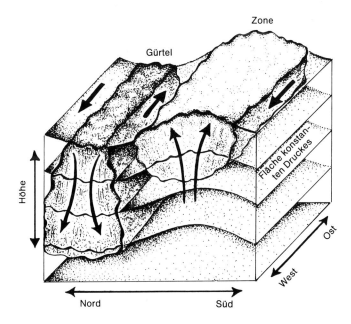

Abb. 8.41. Die hellen Bänder (Zonen) und dunklen Gürtel stellen Wolkenformationen mit entgegengesetzter vertikaler Bewegung des Gases dar. Das Gas steigt in den Bändern nach oben und sinkt in den Gürteln nach unten. Auch die horizontalen Windrichtungen sind in den Bändern und Gürteln entgegengesetzt

Abb. 8.42. Jupiter und sein Mond Io. (NASA)

Abb. 8.43. Der Große Rote Fleck des Jupiter. (NASA)

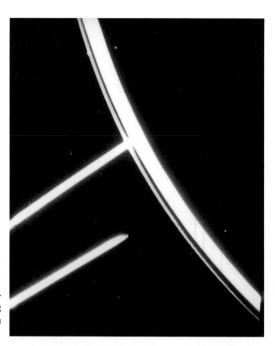

Abb. 8.44. Der Jupiterring. Die Sonne steht hinter dem Planetenrand (dem Lichtband von *oben* nach *unten*), und der Ring (die beiden Streifen *links*) scheint abrupt zu enden, wenn er in den Jupiterschatten eintritt. (NASA)

8.17 Jupiter 207

interessantesten ist die nicht-thermische Emission. Es handelt sich zum Teil um Synchrotronstrahlung, die durch relativistische Elektronen in der Jupiteratmosphäre erzeugt wird. Ihre Intensität ändert sich in Phase mit der Jupiterrotation, so daß die Radioemission zur Bestimmung der exakten Rotationsperiode herangezogen werden kann. Die Strahlungsausbrüche im Dekameterbereich stehen mit der Position des innersten großen Mondes Io in Beziehung und werden möglicherweise durch den starken elektrischen Strom erzeugt, der zwischen Io und Jupiter beobachtet wurde.

Der Jupiterring (Abb. 8.44) wurde 1979 entdeckt. Er ist schmal und dünn besetzt, etwa 6500 km breit und weniger als einen Kilometer dick. Die Ringpartikel sind klein,

Abb. 8.45 a–d. Die Galileischen Satelliten: **(a)** Io, **(b)** Ganymed, **(c)** Europa, **(d)** Kallisto. (NASA)

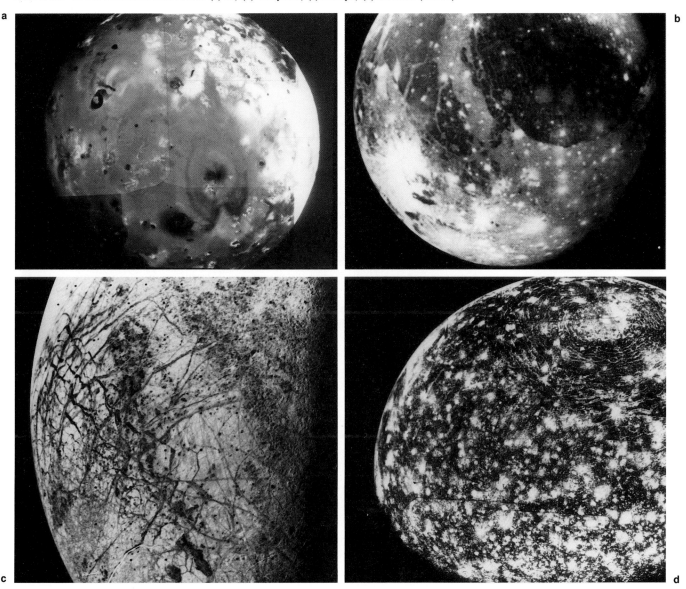

nur einige Mikrometer groß und streuen das Licht wesentlich effektiver vorwärts als rückwärts. Ein aus solch kleinen Teilchen bestehender Ring kann nicht stabil sein, neues Material muß dem Ring kontinuierlich zugeführt werden. Die wahrscheinlichste Quelle ist Io.

Jupiter hat 16 Monde. Die vier größten, *Io, Europa, Ganymed* und *Kallisto* werden die *Galileischen Monde* genannt (Abb. 8.45), zu Ehren von Galileo Galilei, der sie 1610 entdeckte. Die Galileischen Satelliten können mit einem gewöhnlichen Feldstecher gesehen werden. Sie haben die Größe des Mondes bzw. sogar des Merkur. Die anderen Monde sind klein, weniger als 200 km im Durchmesser.

Durch die Gezeitenkräfte sind die Bahnen von Io, Europa und Ganymed in Resonanz befangen, ihre Längen erfüllen exakt die Gleichung

$$\lambda_{\text{Io}} - 3\lambda_{\text{Europa}} + 2\lambda_{\text{Ganymed}} = 180° \ . \tag{8.34}$$

Deshalb kann man die Monde von Jupiter aus nie alle in der gleichen Richtung sehen.

Io ist der innerste Galileische Satellit und etwas größer als der Mond. Ihre Oberfläche ist mit zahlreichen *Calderen*, Vulkanen ohne Erhebung, übersät. Das geschmolzene Material wird bis in eine Höhe von 250 km geschleudert. Die vulkanische Aktivität ist auf Io wesentlich stärker als auf der Erde. Die Eruptionen werden möglicherweise durch die von Jupiter, Europa und Ganymed verursachten Gezeitenkräfte ausgelöst. Die Gezeiten bewirken eine Reibung, die in Wärme umgewandelt wird. Diese Wärme hält die Schwefelbestandteile unter der farbenprächtigen Oberfläche von Io geschmolzen. Es sind keinerlei Einschlagskrater sichtbar, die gesamte Oberfläche ist jung und wird ständig durch Eruptionen erneuert. Es gibt kein Wasser auf Io.

Europa ist der kleinste der Galileischen Satelliten. Sie ist etwas kleiner als der Mond. Die Oberfläche ist eisbedeckt, und die geometrische Albedo ist mit 0,6 sehr hoch. Die Oberfläche ist extrem glatt, ohne irgendwelche Spuren von Einschlagskratern. Sie wird ständig durch frisches Wasser erneuert, das aus dem inneren Ozean hervorsickert. Im Zentrum befindet sich ein Silikatkern.

Ganymed ist der größte Mond innerhalb des Sonnensystems. Sein Durchmesser beträgt 5300 km, er ist größer als der Planet Merkur. Etwa 50% seiner Masse besteht aus Wasser oder Eis, die andere Hälfte aus Silikaten (Gestein). Die Dichte der Krater auf der Oberfläche variiert örtlich, ein Zeichen dafür, daß es Gebiete verschiedenen Alters gibt.

Kallisto, der äußerste der großen Monde, ist dunkel, ihre geometrische Albedo kleiner als 0,2. Die ursprüngliche, von Meteoritenkratern übersäte Oberfläche gibt keine erkennbaren Anzeichen für eine geologische Aktivität. Die Oberfläche besteht aus einem Gemisch aus Gestein und Eis, der innere Aufbau ist dem von Ganymed sehr ähnlich.

Die äußeren Monde werden in zwei Gruppen unterteilt. Die Bahnen der inneren Gruppe sind um etwa 35° gegen den Jupiteräquator geneigt. Die vier äußersten Monde befinden sich in exzentrischen retrograden Bahnen, so daß es sich hier möglicherweise um vom Jupiter eingefangene Planetoiden handelt.

8.18 Saturn

Saturn ist der zweitgrößte Planet. Sein Durchmesser beträgt rund 120 000 km, das Zehnfache des Erddurchmessers, und seine Masse macht das 95fache der Erdmasse aus. Die Dichte beträgt nur 700 kg m^{-3}, ist also geringer als die Dichte von Wasser. Die Rotationsachse ist gegen die Bahnnormale um etwa 27° geneigt, so daß alle 15 Jahre der nördliche oder südliche Pol gut beobachtbar ist. Die Rotationsperiode beträgt 10 h 30 min.

Der innere Aufbau des Saturn ähnelt dem des Jupiter. Bedingt durch seine geringere Größe ist die Schicht metallischen Wasserstoffs nicht so dick wie bei Jupiter. Saturns äußeres Erscheinungsbild unterscheidet sich ebenfalls etwas von dem Jupiters. Von der Erde aus gesehen ist Saturn eine gelbliche Scheibe ohne auffällige Details, die Wolken erscheinen weniger gegliedert als die auf dem Jupiter, zum Teil wegen eines dünnen, über die Wolkengipfel fließenden Schleiers. Außerdem ist der Saturn weiter von der Sonne entfernt und hat deshalb einen anderen Energiehaushalt.

Die Winde oder Jet-Ströme sind denen auf dem Jupiter ähnlich. Die Temperatur an der Wolkenobergrenze liegt bei 94 K; der Saturn strahlt zweimal soviel Energie ab, wie er von der Sonne erhält.

Die bemerkenswerteste Erscheinung des Saturn ist sein flaches Ringsystem (Abb. 8.46, 8.47), welches in der Äquatorebene des Planeten liegt. Die Saturnringe kann

Abb. 8.46. Saturn und seine Ringe. (NASA)

Abb. 8.47. Eine schematische Darstellung der Struktur der Saturnringe

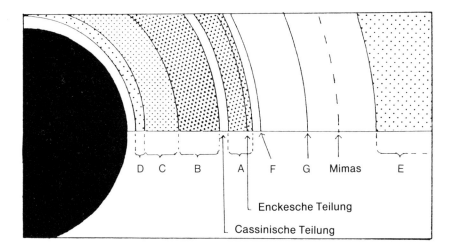

man schon mit Hilfe eines kleines Fernrohrs sehen. Die Ringe wurden 1610 von Galileo Galilei entdeckt. 45 Jahre später erkannte Christian Huygens, daß es sich bei der beobachteten Erscheinung tatsächlich um einen Ring handelt, und nicht um zwei sich seltsam verhaltende Ausbeulungen des Saturn, wie es noch Galilei erschienen war.

Die Ringe bestehen aus normalem Wassereis. Die Größe der Ringpartikel reicht von Mikrometern bis zu Brocken von der Größe eines Lastzuges, die meisten Teilchen liegen aber im Bereich von Zentimetern bis Metern. Die Breite des gesamten Ringsystems beträgt 60 000 km (dies ist etwa der Saturnradius), und seine Dicke liegt bei höchstens 100 m, eventuell nur bei einigen Metern.

Nach den erdgebundenen Beobachtungen werden die Ringe in drei Bereiche eingeteilt, welche einfach A, B und C heißen. Der innerste C-Ring ist 17 000 km breit und besteht aus einer sehr dünnen Substanz. Es gibt auch einige Materie innerhalb des C-Rings (mitunter als D-Ring bezeichnet), und ein Teilchenschleier könnte bis zu den Saturnwolken herabreichen.

Der B-Ring ist der hellste Ring. Seine Gesamtbreite beträgt 26 000 km, allerdings ist er in Tausende von schmalen Ringe untergliedert, die nur von Raumsonden aus sichtbar sind (Abb. 8.48). Von der Erde aus sehen die Ringe mehr oder weniger homogen aus. Zwischen B und A liegt eine 3 000 km breite Lücke, die *Cassinische Teilung*. Die Lücke ist nicht völlig leer, wie man früher glaubte; von den Sonden wurden innerhalb der Teilung einiges Material und selbst sehr schmale Ringe gefunden.

Der A-Ring ist nicht so deutlich in enge Ringe gegliedert wie der B-Ring. Es gibt eine schmale, aber deutliche Lücke, die *Enckesche Teilung* nahe des äußeren Randes des Rings. Der äußere Rand ist sehr scharf begrenzt. Dies ist auf den „Hirtenmond", der sich etwa 800 km außerhalb des Rings aufhält, zurückzuführen, der verhindert, daß Ringpartikel in äußere Bahnen gelangen. Es ist möglich, daß das Aussehen des B-Rings durch noch unentdeckte kleine Satelliten innerhalb des Rings bestimmt wird.

Der F-Ring wurde 1979 entdeckt und liegt etwa 3 000 km außerhalb des A-Rings. Der Ring ist nur wenige hundert Kilometer breit. Auf beiden Seiten befindet sich ein kleiner Mond. Diese Hirtenmonde verhindern eine Zerstreuung des Rings. Passiert der innere Mond ein Ringteilchen, so veranlaßt er es, sich in eine weiter außen liegende Bahn zu bewegen. Analog hierzu treibt der zweite Mond die Teilchen am äußeren Rand des Rings nach innen. Das Ergebnis ist ein sehr schmaler Ring.

8.18 Saturn

Abb. 8.48. Aus der Nähe kann man erkennen, daß die Ringe in Tausende von schmalen Ringen unterteilt sind. (NASA)

Außerhalb des F-Rings gibt es einige Zonen sehr spärlichen Materials, die mitunter als G- und E-Ring bezeichnet werden. Es handelt sich mehr um eine Ansammlung kleiner Teilchen und weniger um wirkliche Ringe.

Die Saturnringe entstanden wahrscheinlich zusammen mit dem Saturn und sind keine Bruckstücke irgendeiner kosmischen Katastrophe wie etwa die Überbleibsel eines zerstörten Mondes. Die Gesamtmasse der Ringe beträgt 1/10000000 der Saturnmasse. Würde man alle Ringpartikel zusammenfügen, ergäbe dies einen Eisball von 600 km Durchmesser.

Die meisten Saturnmonde (Abb. 8.49) wurden von Pioneer 11 und Voyager 1 und 2 beobachtet. Drei neue Monde wurden von Voyager 1 entdeckt und 5 weitere durch erdgebundene Beobachtungen im Jahre 1980. Einige Monde sind vom dynamischen Verhalten her interessant, andere haben eine exotische geologische Vergangenheit. Die meisten Monde bestehen aus fast purem Eis; ihre mittlere Dichte liegt nahe der von Wasser. Die Temperatur des Urnebels war in Saturnentfernung so gering, daß sich Körper aus reinem Eis bilden und überleben konnten.

Außerhalb des F-Ringes gibt es zwei kleine Monde, die sich fast auf der gleichen Bahn befinden, die Differenz der großen Halbachsen ist kleiner als der Radius der Monde. Der innere Mond holt den äußeren ein. Die Monde kollidieren jedoch nicht: Die Geschwindigkeit des nachfolgenden Mondes erhöht sich und der Mond bewegt sich nach außen. Gleichzeitig sinkt die Geschwindigkeit des führenden Mondes und er fällt nach innen. Die Monde tauschen ihre Rollen und das Schauspiel beginnt von vorn.

Der innerste der „alten" Monde ist *Mimas*. Auf der Oberfläche von Mimas gibt es einen riesigen Krater mit einem Durchmesser von 100 km und einer Tiefe von 9 km. Zwar existieren größere Krater, verglichen mit der Größe des Gesamtkörpers ist dies jedoch der größte Krater, der überhaupt möglich ist (anderenfalls wäre der Krater größer als Mimas selbst). Auf der gegenüberliegenden Seite kann man einige Furchen sehen,

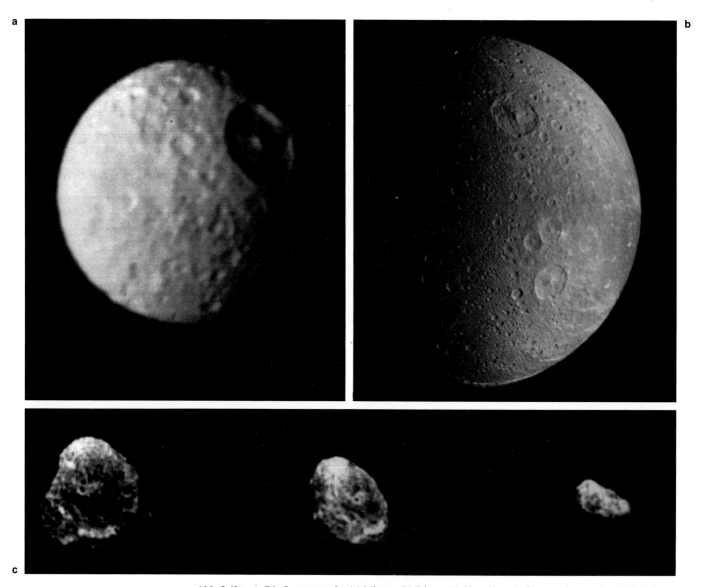

Abb. 8.49 a–c. Die Saturnmonde: **(a)** Mimas, **(b)** Dione, **(c)** Hyperion. Auf den drei separaten Bildern kann man die unregelmäßige Form des Hyperion erkennen. (NASA)

die möglicherweise signalisieren, daß der Einschlag den Mond beinahe auseinandergerissen hätte.

Die Oberfläche des nächsten Mondes, *Enceladus*, besteht aus nahezu reinem Eis. Die eine Seite ist fast kraterlos, auf der anderen Hemisphäre kann man Krater und Rillen finden. Die Gezeitenkräfte führen zu vulkanischer Aktivität, wobei Wasser (nicht Lava oder anderes „heißes" Material) auf die Oberfläche strömt.

Titan ist der größte der Saturnmonde. Sein Durchmesser beträgt 5 100 km, er ist also nur wenig kleiner als der Jupitermond Ganymed. Titan ist der einzige Mond, der eine Atmosphäre besitzt. Sie besteht überwiegend aus Stickstoff (99%), der Oberflächendruck liegt bei 1,5 – 2 bar, und die Temperatur beträgt etwa 90 K. Rötliche Wolken bilden ungefähr 200 km über dem festen Körper die sichtbare Oberfläche.

Iapetus ist eines der sonderbarsten Objekte im Sonnensystem. Die eine Seite von Iapetus ist extrem dunkel (Albedo nur 3%). Die andere Seite ist über fünfmal so hell. Der Grund für die dunkle Färbung ist unbekannt.

8.19 Uranus, Neptun und Pluto

Die Planeten von Merkur bis Saturn waren bereits im Altertum bekannt. Uranus, Neptun und Pluto können nur mit Hilfe eines Fernrohrs beobachtet werden. Uranus und Neptun sind Riesenplaneten ähnlich wie Jupiter und Saturn. Pluto ist eine kleine eisige Welt, vollkommen verschieden von allen anderen Planeten.

Uranus. Der berühmte deutsch-englische Amateurastronom William Herschel entdeckte den Uranus im Jahre 1781. Herschel selbst hielt das neue Objekt zunächst für einen Kometen. Die extrem langsame Bewegung zeigte jedoch, daß sich der Körper weit außerhalb der Saturnbahn befand. Aufbauend auf den ersten Beobachtungen berechnete der finnische Astronom Anders Lexell eine kreisförmige Bahn. Er war einer der ersten, der dafür eintrat, daß das neuentdeckte Objekt ein Planet sei. Johann Bode von der Berliner Sternwarte schlug den Namen Uranus vor, es vergingen jedoch mehr als fünfzig Jahre, ehe der Name einmütig akzeptiert wurde.

Die mittlere Entfernung des Uranus beträgt 19 AE, und seine Umlaufperiode liegt bei 84 Jahren. Die Neigung der Rotationsachse beträgt 98°, in völligem Unterschied zu allen anderen Planeten. Bedingt durch diese ungewöhnliche Geometrie sind die Pole für Jahrzehnte entweder hell oder dunkel. Die Rotationsperiode liegt bei 17,3 Stunden, sie wurde durch die Magnetometermessungen von Voyager 2 bestätigt und war bis zum Vorbeiflug unsicher.

Durch ein Fernrohr betrachtet erscheint Uranus grünlich, bedingt durch die starken Methan-Absorptionsbanden im nahen Infrarot. Ein Teil des roten Lichtes wird ebenfalls absorbiert, während der grüne und blaue Spektralbereich unberührt bleibt. Die Uranusoberfläche ist fast strukturlos (Abb. 8.50), die Wolken liegen unter einem dicken Schleier oder Nebel. Die Temperatur an der Wolkenobergrenze beträgt 84 K.

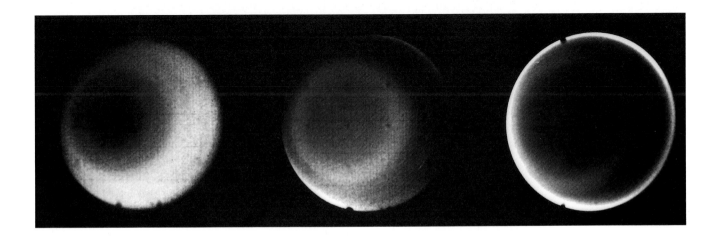

Abb. 8.50. Uranus erscheint als strukturloser Körper, selbst wenn man ihn aus geringer Entfernung betrachtet. (NASA)

Man nimmt an, daß sich der innere Aufbau des Uranus etwas von dem der anderen jupiterähnlichen Planeten unterscheidet. Über dem innersten Gesteinskern gibt es eine Wasserschicht, die von einem Mantel aus Wasserstoff und Helium umgeben ist. Unter dem hohen Druck ist die Mischung aus Wasser, Methan und Ammoniak in Ionen dissoziiert. Die Mischung verhält sich eher wie ein geschmolzenes Salz als wie Wasser. Die Konvektionsströme in diesem elektrische leitenden „See" erzeugen das Magnetfeld des Uranus. Die magnetische Feldstärke an der Obergrenze der Wolkendecke ist vergleichbar mit der des irdischen Magnetfeldes. Allerdings ist Uranus wesentlich größer als die Erde, so daß die wirkliche Stärke des magnetischen Feldes (das Dipolmoment) 50mal größer ist als die des Erdfeldes. Das Magnetfeld des Uranus ist um 60° gegen die Rotationsachse geneigt. Kein anderer Planet hat ein solch stark geneigtes Magnetfeld.

Die Uranusringe (Abb. 8.51) wurden 1977 während einer Sternbedeckung entdeckt, als vor und nach dem Hauptereignis mehrere Nebenbedeckungen beobachtet wurden. Insgesamt sind 10 Ringe bekannt, neun wurden durch erdgebundene Beobachtungen entdeckt, einer während des Vorbeiflugs von Voyager 2. Alle Ringe sind dunkel und sehr schmal, nur einige hundert Meter bis zu wenigen Kilometern breit. Die Ergebnisse von Voyager 2 zeigten, daß die Ringe im Gegensatz zu denen von Jupiter und Saturn nur sehr wenig Staub enthalten. Die mittlere Größe der Ringpartikel liegt bei mehr als einem Meter. Die Ringe sind dunkler als jedes im Sonnensystem bekannte Material, der Grund für diese dunkle Färbung ist unbekannt.

Uranus wird von 15 Monden umkreist, zehn davon wurden von Voyager 2 entdeckt. Die geologische Geschichte einiger Monde ist rätselhaft. Man kann viele Eigentümlichkeiten finden, die an eine aktive Vergangenheit erinnern. Die Zusammensetzung ähnelt eher der der Jupitermonde, die mittlere Dichte liegt deutlich über der Dichte von Wasser.

Der innerste der großen Monde, *Miranda*, ist eines der merkwürdigsten Objekte, die entdeckt wurden (Abb. 8.52). Miranda besitzt zusätzlich zu den einzigartigen V-förmigen Formationen mehrere geologische Formationen, wie sie auch anderswo gefunden

Abb. 8.51. Die Uranusringe sind sehr schmal und bestehen aus dunklem Material. Der zehnte Ring wurde 1986 durch Voyager 2 entdeckt. (NASA)

8.19 Uranus, Neptun und Pluto

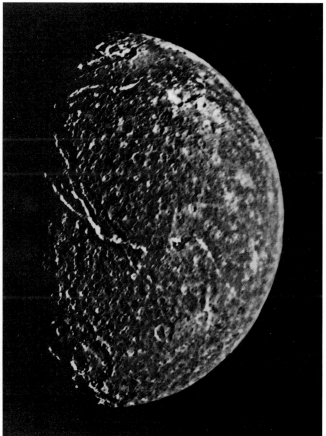

Abb. 8.52 a–c. Die Uranusmonde: (**a**) Miranda, (**b**) Ariel, (**c**) Titania. (NASA)

werden, aber hier sind sie alle miteinander vermischt. Es ist möglich, daß Mirandas heutiges Erscheinungsbild das Ergebnis einer ungeheuren Kollision ist, welche den Mond auseinanderbrach; einige Stücke mögen später herabgesunken sein, so daß das Innere jetzt teilweise außen liegt.

Ein anderes eigenartiges Objekt ist *Umbriel*. Er gehört zur ständig wachsenden Familie ungewöhnlich dunkler Körper (wie auch die Uranusringe, eine Seite von Iapetus und der Halleysche Komet). Die dunkle Oberfläche von Umbriel ist von Kratern bedeckt und zeigt keinerlei Spuren einer geologischen Aktivität.

Neptun. Schon zu Beginn des 19. Jahrhunderts war die Bahn des Uranus gut bekannt. Einige Störungen unbekannter Herkunft entfernten Uranus jedoch von seiner vorhergesagten Bahn. Auf der Grundlage dieser Störungen sagten unabhängig voneinander John Couch Adams aus Cambridge und Urbain Jean-Joseph Le Verrier aus Paris die Position des unbekannten, die Störungen erzeugenden Planeten voraus.

Der neue Planet wurde 1846 von Johann Gottfried Galle an der Berliner Sternwarte entdeckt; Le Verriers Voraussage wich nur um 1° ab. Die Entdeckung gab Anlaß zu einem hitzigen Streit, wem die Ehre der Entdeckung gebühre, waren doch Adams Berechnungen nicht außerhalb des Cambridger Observatoriums veröffentlicht worden. Als sich der Streit Jahre später legte, wurden beide Männer zu gleichen Teilen geehrt. Die Entdeckung des Neptun war auch ein großer Triumph für die Newtonsche Gravitationstheorie.

Die große Halbachse der Neptunbahn beträgt 30 AE, die Umlaufzeit um die Sonne liegt bei 165 Jahren. Die Periode der Eigenrotation wurde 1989 von Voyager 2 zu 16 Stunden 3 Minuten bestimmt, die Rotation der äußeren Wolkenschichten liegt bei 17 Stunden. Die Neigung der Rotationsachse beträgt 29°. Das Magnetfeld ist, ähnlich wie beim Uranus, um etwa 50° gegen die Rotationsachse geneigt, die Feldstärke ist jedoch deutlich geringer.

Die Dichte des Neptun beträgt $1\,660$ kg m^{-3} und sein Durchmesser 48 600 km. Damit ist die Dichte höher als die der anderen Riesenplaneten. Der innere Aufbau ist recht einfach: Der Kern hat einen Durchmesser von etwa 16 000 km und besteht aus Silikaten (Gestein). Er wird von einer Schicht aus Wasser und flüssigem Methan umgeben. Die äußersten gasförmigen Schichten, welche die Atmosphäre bilden, bestehen hauptsächlich aus Wasserstoff und Helium mit Beimischungen von Methan und Äthan.

Die Wolkenstruktur des Neptun ist komplizierter als die des Uranus (Abb. 8.53). Während des Voyager-Vorbeiflugs wurden einige dunkle Flecke ähnlich denen des Jupiter sichtbar (Abb. 8.53). Die Windgeschwindigkeit ist recht hoch, sie beträgt bis zu 400 m/s.

Wie die anderen Riesenplaneten hat auch Neptun Ringe (Abb. 8.54). Sie wurden von Voyager 2 entdeckt, ihre Existenz war allerdings schon vor dem Vorbeiflug erwartet worden. Die beiden relativ hellen, aber sehr schmalen Ringe befinden sich in einer Entfernung von 53 000 km bzw. 62 000 km vom Zentrum des Planeten. Außerdem gibt es einige schwache Andeutungen feinen Staubs.

Von Neptun kennt man inzwischen acht Monde, sechs von ihnen wurden durch Voyager 2 entdeckt. Der größte davon, Triton, hat einen Durchmesser von 2 700 km. Er besitzt eine dünne Atmosphäre, die hauptsächlich aus Stickstoff besteht. Die Albedo ist hoch: Triton reflektiert 60–80% des einfallenden Lichtes. Die Oberfläche ist relativ jung und weist keine bemerkenswerten Einschlagkrater auf. Es gibt einige aktive „Geysire" (Abb. 8.55), welche die hohe Albedo und das Fehlen von Kratern zum Teil erklären.

8.19 Uranus, Neptun und Pluto

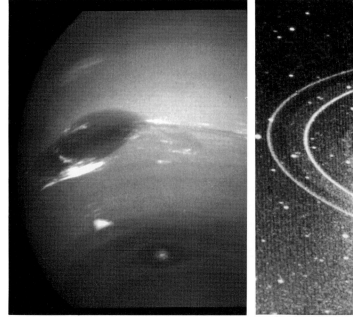

Abb. 8.53. Wolken auf Neptun und der Große Dunkle Fleck, aufgenommen von Voyager 2 im August 1989. (NASA)

Abb. 8.54. Das Ringssystem von Neptun, gesehen in der Rückschau. (NASA)

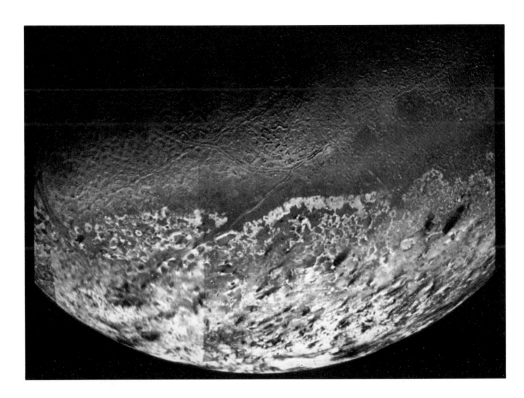

Abb. 8.55. Die Südhalbkugel von Triton, des größten Satelliten von Neptun. Die dunklen Stellen könnten Ausbrüche eisiger „Geysire" darstellen. (NASA)

Abb. 8.56. Das Plattenpaar, auf dem 1930 der Pluto entdeckt wurde. (Lowell Observatory)

Pluto. Pluto ist der äußerste Planet des Sonnensystems. Er wurde 1930 nach einer umfangreichen fotografischen Suche am Lowell Observatorium, Arizona, gefunden (Abb. 8.56). Diese Suche wurde bereits Anfang dieses Jahrhunderts durch Percival Lowell angeregt auf der Grundlage von Störungen, die in den Bahnen von Uranus und Neptun beobachtet worden waren. Schließlich entdeckte Clyde Tombaugh Pluto weniger als 6° von der vorhergesagten Position entfernt. Pluto erwies sich jedoch als viel zu klein, um irgendwelche Störungen auf Uranus oder Neptun ausüben zu können. So war die Entdeckung rein zufällig, und die beobachteten Störungen erwiesen sich als nicht real, sie wurden von Restfehlern in den Beobachtungen vorgetäuscht.

Pluto hat keine sichtbare Scheibe, er erscheint als sternförmiger Punkt. Diese Tatsache gibt eine untere Grenze für den Durchmesser des Pluto, die sich auf etwa 3000 km beläuft. Bis zur Entdeckung des Plutomondes *Charon* im Jahre 1978 war die genaue Masse des Pluto unbekannt; sie beträgt nur 0,2% der Erdmasse.

Gegenseitige Bedeckungen von Pluto und Charon in den Jahren 1985–1987 ergaben die genauen Durchmesser für beide Körper. Der Durchmesser des Pluto beträgt 2300 km, der von Charon etwa 1500 km. Die Dichte des Pluto ergab sich zu 2100 kg m^{-3}, dies ist etwas höher als ursprünglich angenommen. So ist Pluto nicht ein riesiger Methan-Schneeball, sondern ein beträchtlicher Teil seine Masse besteht aus Gestein.

Die Plutobahn ist recht außergewöhnlich. Die Exzentrizität beträgt 0,25 und die Bahnneigung 17°. Während seines 250 Jahre dauernden Umlaufs ist Pluto für 20 Jahre der Sonne näher als Neptun, eine derartige Periode liegt zwischen 1979 und 1999. Es besteht keine Gefahr, daß Pluto und Neptun kollidieren; Pluto steht hoch über der Ebene der Ekliptik, wenn er sich in Neptunentfernung befindet.

Nach einem „Transpluto-Planeten" wurde mehr oder weniger ernsthaft gesucht. Nach Tombaugh kann es sich um kein Objekt heller als 15. Größe handeln. Die Entdeckung eines solch lichtschwachen Objektes ist sehr unwahrscheinlich.

8.20 Kleinkörper des Sonnensystems

Bisher haben wir nur die Planeten, ihre Satelliten und die Planetoiden betrachtet. Es gibt aber auch andere Körper wie die Kometen, die Meteoriten und den interplanetaren Staub.

Kometen (Abb. 8.57). Kleine Agglomerate aus Eis, Schnee und Staub können einen Kometen mit einem typischen Durchmesser von 10 km oder weniger bilden. Ein Komet ist unsichtbar, solange er sich weit von der Sonne entfernt befindet. Kommt er näher als ungefähr 2 AE, beginnt die Sonnenwärme Eis und Schnee zu schmelzen, ausströmendes Gas und Staub bilden um den Kern eine Hülle, Strahlungsdruck und Sonnenwind blasen das Gas und den Staub von der Sonne weg, und es bildet sich der typische lange Schweif des Kometen.

Abb. 8.57. Komet Mrkos am 27.8.1957. (Palomar Observatory)

Abb. 8.58. Meteore oder Sternschnuppen sind leicht zu fotografieren: Man verwendet eine Kamera mit Stativ und belichtet einen empfindlichen Film bei feststehendem Gesichtsfeld für etwa eine Stunde. Die Sterne hinterlassen auf dem Film gekrümmte Spuren. (L. Häkkinen)

Abb. 8.57 Abb. 8.58

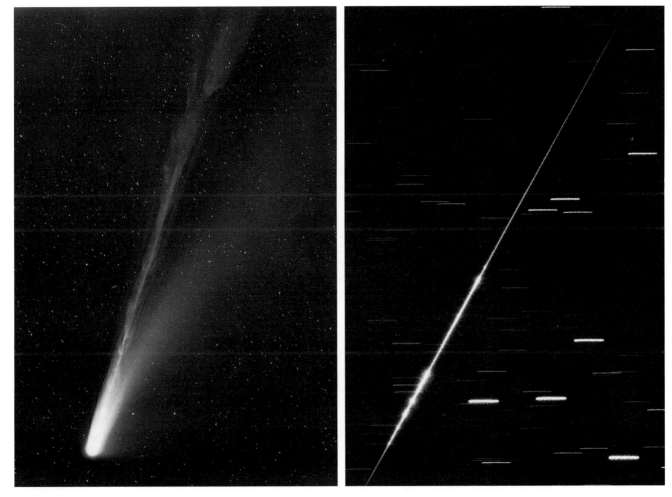

Der Schweif ist stets von der Sonne weggerichtet, eine Tatsache, die bereits im 16. Jahrhundert bemerkt wurde. Im allgemeinen existieren zwei Schweife, ein Gas- und ein Staubschweif. Die Ionen im Gasschweif werden durch den Sonnenwind angetrieben. Ein Teil des Lichtes ist reflektiertes Sonnenlicht, die Helligkeit des Gasschweifes entsteht jedoch hauptsächlich durch die Emission angeregter Atome. Der Staubschweif wird durch den Strahlungsdruck hervorgebracht. Da die Geschwindigkeiten der Teilchen des Staubschweifes kleiner als die des Gasschweifes sind, ist der Staubschweif oft stärker gekrümmt als der Gasschweif.

Das Kometenmaterial ist sehr locker, und wenn die Sonne die Oberfläche erhitzt, kann der gesamte Komet auseinanderbrechen. Derartige Ereignisse wurden bereits beobachtet (z. B. zerfiel 1975 der Komet West nach dem Periheldurchgang in 4–5 Teile). Kometen sind recht kurzlebige Objekte, die nur einige Tausend Umläufe um die Sonne oder weniger überleben. Die sogenannten *kurzperiodischen Kometen* sind alle Neuankömmlinge, die hier, im inneren Teil des Sonnensystems, nur eine kurze Zeit überleben können.

Da die Kometen im Zentralgebiet des Sonnensystems schnell zerstört werden, muß es eine Quelle neuer kurzperiodischer Kometen geben. Entsprechend der am stärksten akzeptierten Hypothese wird das Sonnensystem in einer Entfernung von etwa 10 000 AE von einer riesigen Kometenwolke, der *Oortschen Wolke*, umgeben. Gelegentliche Störungen durch vorbeiziehende Sterne lenken einige dieser Kometen in Bahnen, die sie in das Innere des Sonnensystems bringen, wo sie als *langperiodische Kometen* zu sehen sind. Einige davon werden durch die von Jupiter und Saturn verursachten Störungen in kurzperiodische Bahnen gelenkt, andere aus dem Sonnensystem hinauskatapultiert.

Der bekannteste (und auch am besten erforschte) periodische Komet ist der *Halleysche Komet*. Seine Umlaufperiode beträgt etwa 76 Jahre; zuletzt befand er sich 1986 im Perihel. Während dieser Periode der Sichtbarkeit wurde der Komet auch durch Raumsonden untersucht, die zum ersten Mal den festen Kometenkern selbst beobachteten. Halley ist ein 13×17 km großer, erdnußförmiger Brocken, dessen Oberfläche von einer extrem dunklen Schicht eines möglicherweise teerartigen organischen oder ähnlichen Materials bedeckt ist. Heftige Gas- und Staubausbrüche machen eine genaue Aussage über seine Helligkeit unmöglich, wie man schon oft feststellen konnte, wenn Kometenhelligkeiten vorausgesagt wurden.

Die Beobachtungen zeigten, daß das „klassische" Modell vom schmutzigen Schneeball (*engl.* dirty snowball model) nicht ganz exakt ist; zumindest besteht die Oberfläche zu einem größeren Anteil aus Schmutz als aus Schnee. Es wurden verschiedene chemische Komponenten beobachtet, einschließlich Wasser. Spektroskopisch sind die häufigsten Bestandteile Wasserstoff, Kohlenstoff, Stickstoff, Sauerstoff und deren Verbindungen.

Meteoroiden. Festkörper kleiner als die Planetoiden werden Meteoroiden genannt. Die Grenze zwischen Planetoiden und den Meteoroiden ist allerdings diffus; es ist eine Frage des persönlichen Geschmacks, ob man einen 10 m-Körper als Planetoiden oder als Meteoroiden bezeichnet. Wenn ein Meteoroid auf die Erdatmosphäre auftrifft, so sieht man eine optische Erscheinung, welche *Meteor* („Sternschnuppe") heißt (Abb. 8.58). Die kleinsten Körper, die Meteore hervorrufen, haben etwa 1 Gramm an Masse; die noch kleineren (Mikro)meteoroiden verursachen keine optischen Erscheinungen. Jedoch können selbst diese mittels Radar beobachtet werden, wobei die ionisierte Luftsäule nachgewiesen wird. Mikrometeoroiden können auch mit Hilfe von auf künstlichen

8.20 Kleinkörper des Sonnensystems

Satelliten oder Raumsonden stationierten Teilchendetektoren untersucht werden. Die Zahl der Meteoroiden wächst mit abnehmender Größe rapide.

Durch die Perspektive der Beobachtung scheinen alle aus der gleichen Richtung kommenden Meteore von ein und demselben Punkt (*Radiant*) auszugehen. Solche Meteorströme sind z. B. die Perseiden im August und die Geminiden im Dezember; die Bezeichnung rührt von dem Sternbild her, in welchem der Radiant zu stehen scheint. Viele Meteorströme liegen in der gleichen Bahn wie ein bekannter Komet, so daß mindestens einige Meteoroiden kometarischen Ursprungs sind.

Die meisten Meteoroiden sind klein und verglühen in einer Höhe von 100 km zu Asche. Größere Körper können aber auch durchkommen und auf die Erde fallen. Diese werden *Meteoriten* genannt.

Die Relativgeschwindigkeit eines typischen Meteoroiden bewegt sich im Bereich von 10–70 km/s. Die Geschwindigkeit der größten Körper verringert sich in der Atmosphäre nicht; so treffen sie mit ihren kosmischen Geschwindigkeiten auf der Erde auf und verursachen große Einschlagskrater. Kleinere Körper werden abgebremst und fallen wie Steine vom Himmel.

Es wurden Tausende von Meteoriten gefunden. Einer der besten Plätze zum Auffinden von Meteoriten ist die Antarktis, wo die Stücke vom Eis bis zum Rand des Konti-

Abb. 8.59. Zodiakallicht

nents getragen werden. (An geeigneten Stellen kann man Meteoriten aufsammeln wie Beeren im Wald!)

Eisen-Meteorite, also Meteoriten, die fast vollständig aus reinem Eisen und Nickel bestehen, umfassen etwa ein Viertel aller Meteoriten. In Wirklichkeit sind die Eisen-Meteoriten unter den Meteoroiden in der Minderzahl, sie überleben jedoch ihre heftigen Flug durch die Atmosphäre besser als andere, leichtere Körper. Drei Viertel sind Stein-Meteoriten. Die Meteoroiden selbst können in drei Gruppen etwa gleicher Größe eingeteilt werden. Ein Drittel sind gewöhnliche Steine, die Chondrite. Die zweite Klasse enthält weniger kohlenstoffhaltige Chondrite und die dritte Klasse beinhaltet Kometenmaterial, lockere Körper aus Eis und Schnee, die die Erdatmosphäre nicht durchdringen können.

Interplanetarer Staub. Zwei schwache Lichterscheinungen, das *Zodiakallicht* (Abb. 8.59) und der *Gegenschein* ermöglichen die Beobachtung des interplanetaren Staubes, welcher aus kleinen Staubpartikeln besteht, die das Sonnenlicht reflektieren. Diesen schwachen Schein kann man über der auf- oder untergehenden Sonne (Zodiakallicht) oder genau entgegengesetzt zur Sonne (Gegenschein) sehen.

Auf die Erde auftreffende Elementarteilchen haben ihren Ursprung sowohl auf der Sonne als auch außerhalb des Sonnensystems. Geladene Partikel, hauptsächlich Protonen, Elektronen und Alphateilchen (Heliumkerne) verlassen kontinuierlich die Sonne. In Erdtfernung beträgt die Geschwindigkeit des Sonnenwindes 300–500 km/s. Die Teilchen wechselwirken mit dem Magnetfeld der Sonne, dessen Stärke in Erdtfernung bei etwa 1/1 000 der Stärke des Erdmagnetfeldes liegt. Die von außerhalb des Sonnensystems kommenden Teilchen werden als *kosmische Strahlung* bezeichnet. Zusätzlich zu den leichten Teilchen enthält die kosmische Strahlung auch schwere Kerne. Einige dieser Partikel können in einer Supernova entstanden sein, andere sind teilchenförmiger Sternwind.

8.21 Kosmogonie des Sonnensystems

Die planetare Kosmogonie ist das Gebiet der Astronomie, das die Entstehung des Sonnensystems untersucht. Die ersten Schritte der planetaren Entstehungsprozesse sind eng mit der Sternentstehung verbunden.

Das Sonnensystem besitzt einige sehr ausgeprägte Merkmale, die von jeder seriösen kosmogonischen Theorie erklärt werden müssen:

- die Planetenbahnen sind fast koplanar und parallel zum Sonnenäquator;
- die Bahnen sind fast kreisförmig;
- die Planeten umkreisen die Sonne entgegen dem Uhrzeigersinn, also in Richtung der Sonnenrotation;
- die Planeten rotieren ebenfalls entgegen dem Uhrzeigersinn um ihre Achsen (mit Ausnahme von Venus und Uranus);
- die Abstände der Planeten befolgen in etwa die empirische Titius-Bodesche Reihe:

$$a = 0{,}4 + 0{,}3 \times 2^n, \quad n = -\infty, 0, 1, 2, \ldots, \tag{8.35}$$

wobei die große Halbachse a in astronomischen Einheiten ausgedrückt wird;

8.21 Kosmogonie des Sonnensystems

- die Planeten besitzen 98% des Gesamtdrehimpulses des Sonnensystems, aber nur 0,15% der Gesamtmasse;
- die erdähnlichen und die jupiterähnlichen Planeten zeigen physikalische und chemische Unterschiede;
- die Struktur planetarer Satellitensysteme ähnelt der von Miniatursonnensystemen.

Die ersten modernen kosmogonischen Theorien wurden im 18. Jahrhundert eingeführt. Einer der ersten Vertreter war Immanuel Kant, der 1755 seine *Meteoritenhypothese* vorstellte. Nach dieser Theorie kondensierte das Sonnensystem aus einem großen rotierenden Nebel kleinster Partikel. Kants Hypothese kommt den Grundideen moderner kosmogonischer Modelle überraschend nahe. In ähnlichem Sinne schlug Pierre Simon de Laplace 1776 in seiner *Nebularhypothese* vor, daß die Planeten aus Gasringen gebildet wurden, die aus dem Äquator der kollabierenden Sonne herausgeschleudert wurden.

Die Hauptschwierigkeit bei den Nebularhypothesen bestand in ihrer Unfähigkeit, die Verteilung des Drehimpulses im Sonnensystem zu erklären. Obwohl die Planeten nur einen kleinen Teil der Gesamtmasse repräsentieren (s. oben), besitzen sie 98% des Drehimpulses. Es schien keinen Weg zu geben, eine solch ungleiche Verteilung zustande zu bringen. Ein zweiter Einwand gegen die Nebularhypothese war, daß sie keinen Mechanismus liefert, um aus den postulierten Gasringen die Planeten zu bilden.

Um die Schwierigkeiten der Nebularhypothese zu überwinden, wurde eine Reihe von Katastrophentheorien eingeführt. Diese Theorien waren im 19. Jahrhundert und in den ersten Jahrzehnten des 20. Jahrhunders sehr populär. Bereits 1745 schlug Louis Leclerc de Buffon vor, daß die Planeten sich nach einem riesigen Auswurf von Sonnenmaterie, der nach dem Einschlag eines großen Kometen herausgeschleudert wurde, gebildet hätten.

Später wurde die Kometeneinschlagsidee durch die Theorie einer engen Begegnung mit einem anderen Stern ersetzt. Solche Theorien vertraten z. B. Forest R. Moulton (1905) und James Jeans (1917). Die starken Gezeitenkräfte während der engsten Annäherung sollten einige Materie aus der Sonne herausreißen, und diese Materie könnte später zu Planeten kondensieren. Eine derartig enge Begegnung würde ein sehr seltenes Ereignis darstellen. Wenn wir eine typische Sterndichte von 0,15 Sternen pro Kubikparsec und eine mittlere Relativgeschwindigkeit von 20 km/s annehmen, so finden wir, daß in der gesamten Galaxis während der letzten 5 Milliarden Jahre nur einige wenige Begegnungen stattgefunden haben können. Das Sonnensystem könnte dann ein Unikat sein.

Der Haupteinwand gegen die Kollisionstheorie ist, daß nach den Berechnungen wesentlich mehr aus der Sonne herausgerissene Materie durch den vorbeiziehenden Stern eingefangen würde, als in einer Umlaufbahn um die Sonne verbliebe. Es gab auch keinen offensichtlichen Grund, warum die Materie ein Planetensystem bilden solle.

Angesichts der dynamischen und statistischen Schwierigkeiten der Kollisionstheorie wurde die Nebularhypothese in den vierziger Jahren erneut hervorgeholt und modifiziert. Inbesondere wurde klar, daß der Drehimpuls durch magnetische Kräfte effektiv von der Sonne auf den planetaren Nebel übertragen werden könnte. Die Grundprinzipien der Planetenentstehung glaubt man heute recht gut verstanden zu haben.

Die ältesten auf der Erde gefundenen Gesteine sind etwa 3,7 Milliarden Jahre alt; einige Proben vom Mond und von Meteoriten sind etwas älter. Nimmt man alle Fakten zusammen, so kann man abschätzen, daß die Erde und die anderen Planeten vor ungefähr 4,6 Milliarden Jahren entstanden sind. Das Alter der Galaxis ist auf der anderen Seite mindestens doppelt so groß, so daß sich die Grundbedingungen während der Lebensdauer des Sonnensystems nicht wesentlich geändert haben. Die gegenwärtige Sternentstehung könnte deshalb etwas Licht auf die kosmogonischen Probleme werfen.

Die Sonne und praktisch das gesamte Sonnensystem kondensierten gleichzeitig aus einer rotierenden, zusammenfallenden Wolke aus Staub und Gas (Abb. 8.60). Alle Elemente schwerer als Helium wurden im Inneren von Sternen vergangener Generationen gebildet, wie in Abschn. 12.8 erklärt wird. Der Kollaps der Wolke wurde durch eine Schockwelle einer früheren Supernovaexplosion ausgelöst. (Die Protosternentstehung wird in Abschn. 16.4 im einzelnen diskutiert.)

Während des Zusammenfallens der ursprünglich sphärischen Wolke kollidierten Teilchen innerhalb der Wolke miteinander. Die Rotation der Wolke gestattete es den Teilchen, auf eine gemeinsame Ebene senkrecht zur Rotationsachse der Wolke herabzusinken, hielt sie jedoch davon ab, sich in Richtung der Achse zu bewegen. Das erklärt, warum die Planetenbahnen in der gleichen Ebene liegen.

Die Masse der Protosonne war größer als die Masse der heutigen Sonne. Die flache Scheibe in der Ebene der Ekliptik enthielt vielleicht 1/10 der Gesamtmasse. Außerdem bewegten sich die Reste der äußeren Begrenzung der ursprünglichen Wolke nach wie vor in Richtung des Zentrums. Die Sonne verlor ihre Drehimpuls über das Magnetfeld an das sie umgebende Gas. Nachdem die Kernreaktionen gezündet waren, entführte der starke Sonnenwind der Sonne weiteren Drehimpuls. Das Endergebnis ist die heutige, langsam rotierende Sonne.

Die kleinen Teilchen in der Scheibe wuchsen durch stetige gegenseitige Zusammenstöße zu größeren Klumpen, was letztlich zu Körpern von Planetoidengröße, den *Planetesimalen*, führte. Die Schwerkraft der Klumpen brachte diese zusammen und sie formten ständig wachsende Keime für zukünftige Planeten. Waren diese Protoplaneten groß genug, begannen sie Gas und Staub aus der sie umgebenden Wolke anzulagern. Einige kleinere Klumpen umkreisen die Planeten; sie wurden zu Monden. Gegenseitige Störungen könnten die Planetesimale im jetzigen Planetoidengürtel davon abgehalten haben, „ausgewachsene" Planeten zu werden. Resonanzen könnten außerdem die Titius-Bodesche Reihe erklären: Die Planeten konnten sich nur in sehr begrenzten Zonen bilden (Tabelle 8.3).

Die Temperaturverteilung innerhalb der Urwolke erklärt die Unterschiede in der chemischen Zusammensetzung der Planeten (Abb. 8.61). Die flüchtigen Elemente (wie Wasserstoff und Helium sowie Eis) fehlen in den innersten Planeten fast vollständig.

Tabelle 8.3. Die wahren Abstände der Planeten von der Sonne und ihre Abstände entsprechend der Titius-Bodeschen Reihe

Planet	n	Berechneter Abstand [AE]	Wahrer Abstand [AE]
Merkur	–	0,4	0,4
Venus	0	0,7	0,7
Erde	1	1,0	1,0
Mars	2	1,6	1,5
Ceres	3	2,8	2,8
Jupiter	4	5,2	5,2
Saturn	5	10,0	9,2
Uranus	6	19,6	19,2
Neptun	7	38,8	30,1
Pluto	8	77,2	39,5

8.21 Kosmogonie des Sonnensystems

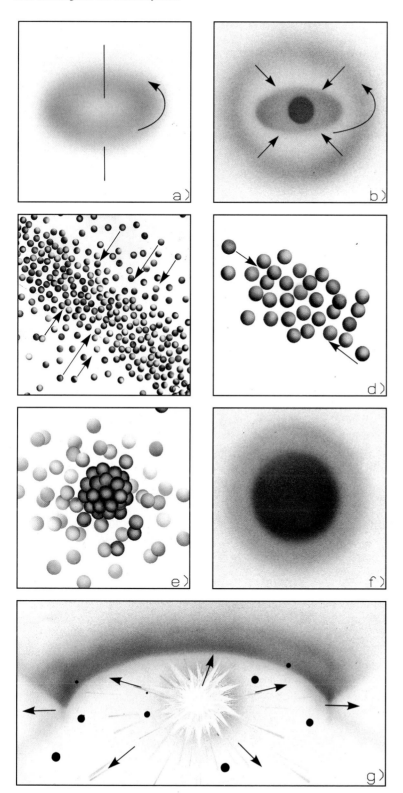

Abb. 8.60 a–g. Die Entstehung des Sonnensystems. (**a**) Eine große rotierende Wolke von 3–4 Sonnenmassen begann sich zu verdichten. (**b**) Der innerste Teil kondensierte am schnellsten, und um die Protosonne bildete sich eine Scheibe aus Gas und Staub. (**c**) Die Staubpartikel in der Scheibe kollidierten miteinander, formten größere Teilchen, und sanken rasch auf eine gemeinsame Ebene. (**d**) Die Teilchen klumpten zu Planetesimalen zusammen, welche die Größe heutiger Planetoiden hatten. (**e**) Diese Klumpen trieben zusammen und bildeten Körper von Planetengröße, die (**f**) begannen, Gas und Staub aus der sie umgebenden Wolke aufzusammeln. (**g**) Der starke Sonnenwind „blies" das übrige Gas und den Staub hinweg; die Planetenentstehung war beendet

Abb. 8.61. Die Temperaturverteilung im Sonnensystem während der Planetenentstehung. Die heutige chemische Zusammensetzung der Planeten reflektiert diese Temperaturverteilung. Die ungefähren Kondensationstemperaturen einiger Komponenten sind angegeben

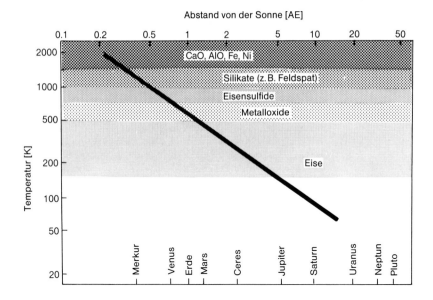

Die Planeten von Merkur bis Mars bestehen aus „Gestein", relativ schwerem Material, das oberhalb von etwa 500 K kondensiert. Die relative Häufigkeit dieser Materie betrug im Urnebel nur 0,4 %. Deshalb sind die Massen der erdähnlichen Planeten relativ klein. Mehr als 99 % der Materie war noch übrig.

In der Entfernung des Merkur betrug die Temperatur etwa 1 400 K. Bei dieser Temperatur beginnen Eisen und Nickel zu kondensieren. Die relative Häufigkeit dieser Komponenten ist am größten auf dem Merkur und am kleinsten auf dem Mars, wo die Temperatur nur 450 K betrug. Deshalb ist der Betrag an Eisen(II)oxid, FeO, auf dem Mars relativ hoch, während es auf dem Merkur praktisch kein FeO gibt.

In der Entfernung des Saturn war die Temperatur so niedrig, daß sich Körper aus Eis bilden konnten; z. B. bestehen einige Saturnmonde aus fast reinem Wassereis. Da 98,2 % der primordialen Materie aus Wasserstoff und Helium bestanden, liegt die Häufigkeit von Wasserstoff und Helium in Jupiter und Saturn nahe bei diesen Werten. Die relative hohe Bedeutung der Eise wird in der Entfernung von Uranus und Neptun noch herausragender. Ein beträchtlicher Anteil der Masse dieser Planeten könnte aus Wasser bestehen.

Meteoritenbombardement, Kontraktion und radioaktiver Zerfall erzeugten nach der Planetenentstehung eine große Menge zusätzlicher Wärme. Dies führte zum teilweisen Schmelzen einiger erdähnlicher Planeten und ergab eine Differenzierung des Materials: Die schweren Elemente sanken zum Zentrum, und die leichte Schlacke floß an die Oberfläche.

Die übriggebliebene Materie irrte zwischen den Planeten umher. Planetare Störungen zwangen die Körper in instabile Bahnen, wo sie mit den Planeten kollidierten oder aus dem Sonnensystem geworfen wurden. Die Planetoiden verblieben in ihren stabilen Bahnen, an der Peripherie des Sonnensystems konnten Körper aus Eis und Staub wie die Kometen ebenfalls überleben.

Der Beginn der solaren Kernreaktionen bedeutete das Ende der Planetenentstehung. Als die Sonne in der T Tauri-Phase war (s. Abschn. 14.3), verlor sie Masse in Form eines starken Sonnenwindes. Der Massenverlust betrug bis zu $10^{-7} M_\odot$/Jahr. Diese Phase war jedoch relativ kurz und der gesamte Massenverlust überstieg nicht 0,1 $M_\odot$. Der Sonnenwind „blies" das interplanetare Gas und den Staub hinweg und die Gasanlagerung an die Planeten hörte auf.

Sonnenwind und Strahlungdruck haben keinen Einfluß auf Teilchen von Millimeter- und Zentimetergröße. Diese treiben jedoch durch den *Poynting-Robertson-Effekt*, der zuerst von John P. Poynting im Jahre 1903 beschrieben wurde, in die Sonne. Später leitete H. P. Robertson den Effekt aus der allgemeinen Relativitätstheorie ab. Wenn ein kleiner Körper Strahlung absorbiert und emittiert, so verliert er Bahndrehimpuls, und der Körper fällt spiralförmig auf die Sonne zu. In der Entfernung des Planetoidengürtels dauert dieser Prozeß nur etwa 1 Million Jahre.

8.22 Andere Planetensysteme

Nach den modernen kosmogonischen Theorien sollten Sterne mit Planetensystemen häufig sein. Solche Systeme sind allerdings schwierig zu beobachten, da die Helligkeit eines Planeten wesentlich geringer ist als die des benachbarten Sterns.

Theoretische Modelle sagen aus, daß die Bildung von Planeten aus Planetesimalen sehr ähnlich zu der in unserem Sonnensystem verlaufen muß. Die meisten Berechnungen beziehen sich auf Einzelsterne, um welche man eher stabile Planetenbahnen erwarten kann. Man kann jedoch auch stabile Bahnen um Doppelsterne finden; diese liegen entweder sehr eng um eine der beiden Komponenten oder weit entfernt von beiden.

In unserer Galaxis gibt es über 10^{11} Sterne und möglicherweise $10^9 - 10^{10}$ Sterne mit einem Planetensystem. Innerhalb einer Kugel von 20 pc um die Sonne gibt es weniger als 20 Sterne, die mit ihrem Spektraltyp und ihrer absoluten Helligkeit der Sonne nahekommen. Die meisten davon sind Mitglieder eines Doppel- oder Mehrfachsystems, 5 von ihnen sind jedoch Einzelsterne (ε Eridani, ε Indi, τ Ceti, σ Draconis und δ Pavonis). In der Umgebung dieser Sterne wurde nach Planeten gesucht, aber bislang ohne Erfolg.

Es gibt auch einen anderen Weg, um mögliche Planeten zu entdecken, und zwar durch die Untersuchung der Eigenbewegung eines Sterns. Umkreist ein massereicher Planet einen Stern, so stört er auch die Bewegung des Sterns, und in dessen Eigenbewegung können kleine periodische Schwankungen gefunden werden. Diese Abweichungen sind jedoch extrem gering, selbst wenn der den Stern umkreisende Planet massereicher ist als der Jupiter. Es gibt Hinweise auf einen oder mehreren Planeten um Barnards Stern, die Ergebnisse werden jedoch nach wie vor kontrovers diskutiert.

Der Infrarot-Satellit IRAS beobachtete um einige junge heiße Sterne herum Scheiben aus Gas. Solch eine Scheibe kann die Vorstufe eines Planetensystems sein. Ende der achtziger Jahre wird man mit dem großen Space Telescope direkte Beobachtungen entfernter Planeten machen können. Werden die Beobachtungen so vorgenommen, daß sich der Stern selbst gerade hinter dem Rand des Erdmondes befindet, könnten eventuelle Planeten um den Stern sichtbar werden. Bis jetzt haben wir nur ein Beispiel eines Planetensystems, unser eigenes.

8.23 Übungen

8.23.1 *Siderische und synodische Umlaufzeit*

Die Zeitspanne zwischen zwei aufeinanderfolgenden Oppositionen des Mars beträgt 779,9 Tage. Berechne die große Halbachse der Marsbahn.

Die synodische Periode ist 779,9 Tage = 2,14 Jahre. Aus (8.1) erhalten wir

$$\frac{1}{P_2} = \frac{1}{1} - \frac{1}{2,14} = 0.53 \rightarrow P_2 = 1,88 \text{ Jahre} .$$

Unter Verwendung des dritten Keplerschen Gesetzes (7.26) für $M_{\sigma} \ll M_{\odot}$ findet man die große Halbachse zu

$$a = P^{2/3} = 1,88^{2/3} = 1,52 \text{ AE} .$$

8.23.2 *Der solare Energiefluß auf der Erde*

Berechne den täglichen solaren Energiefluß pro Flächeneinheit im Abstand der Erde von der Sonne.

Die solare Flußdichte außerhalb der Erdatmosphäre (die Solarkonstante) beträgt $S_0 = 1\,390\,\text{W/m}^2$. Wir betrachten die Situation bei der geographischen Breite ϕ, die Deklination der Sonne sei δ. Unter Vernachlässigung der atmosphärischen Extinktion beträgt die Flußdichte auf der Oberfläche

$$S = S_0 \sin h ,$$

wobei h die Höhe der Sonne ist. Gleichung (2.15) gibt $\sin h$ als Funktion von Breite, Deklination und Stundenwinkel τ:

$$\sin h = \sin \delta \sin \phi + \cos \delta \cos \phi \cos \tau .$$

An einem wolkenlosen Tag erhalten wir Energie von Sonnenaufgang bis Sonnenuntergang. Die entsprechenden Stundenwinkel kann man aus obiger Gleichung für $h = 0$ erhalten:

$$\cos \tau_0 = -\tan \delta \tan \phi .$$

Im Verlauf eines Tages ist die pro Flächeneinheit empfangene Energie

$$W = \int_{-\tau_0}^{\tau} S\, dt .$$

Der Stundenwinkel τ wird im Bogenmaß ausgedrückt, so daß sich die Zeit t zu

$$t = \frac{\tau}{2\pi} P$$

ergibt, wobei $P = 1$ Tag = 24 Stunden gibt. Die Gesamtenergie ist deshalb

$$W = \int_{-\tau_0}^{\tau} S_0 (\sin\delta \sin\phi + \cos\delta \cos\phi \cos t) \frac{P}{2\pi} dt$$

$$= \frac{S_0 P}{\pi} (\tau_0 \sin\delta \sin\phi + \cos\delta \cos\phi \sin\tau_0) \quad \text{mit}$$

$$\tau_0 = \arccos(-\tan\delta \tan\phi) .$$

Zum Beispiel gilt in der Nähe des Äquators ($\phi = 0°$) $\cos\tau_0 = 0$ und

$$W(\phi = 0°) = \frac{S_0 P}{\pi} \cos\delta .$$

An jenen Breitengraden, an denen die Sonne nie untergeht, ist $\tau_0 = \pi$ und

$$W_{\text{zirk}} = S_0 P \sin\delta \sin\phi .$$

In der Nähe der Pole ist die Sonne stets zirkumpolar, solange sie über dem Horizont steht, und es gilt

$$W(\phi = 90°) = S_0 P \sin\delta .$$

Es ist interessant, daß die polaren Gebiete im Sommer, wenn die Deklination der Sonne groß ist, mehr Energie erhalten als die Gebiete nahe des Äquators. Dies gilt für

$$W(\phi = 90°) > W(\phi = 0°)$$

$$\Leftrightarrow S_0 P \sin\delta > S_0 P \cos\delta / \pi$$

$$\Leftrightarrow \tan\delta > 1/\pi$$

$$\Leftrightarrow \delta > 17{,}7° .$$

Die Deklination der Sonne ist in jedem Sommer für etwa zwei Monate lang größer als dieser Wert.

Die atmosphärische Extinktion verringert diese Werte jedoch und der Verlust ist an den Polen, wo die Sonnenhöhe stets relativ klein ist, am größten. Die Strahlung muß dicke Atmosphärenschichten durchdringen, und die Weglänge ist vergleichbar zu $1/\sin h$. Nimmt man an, daß der Bruchteil k der Flußdichte die Oberfläche erreicht, wenn die Sonne im Zenit steht, so wird die Flußdichte für die Sonnenhöhe h gegeben durch

$$S' = S k^{1/\sin h} ,$$

wobei $S = S_0 \sin h$ gilt. Die während eines Tages empfangene Gesamtenergie ist deshalb

$$W = \int_{-\tau_0}^{\tau} S' dt = \int_{-\tau_0}^{\tau} S_0 \sin h \, k^{1/\sin h} dt .$$

Die Gleichung ist nicht in geschlossener Form lösbar, es müssen numerische Methoden angewendet werden.

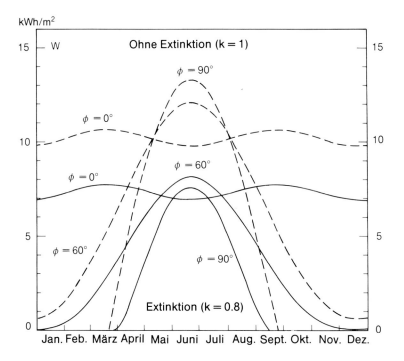

Die Abbildung zeigt die im Verlauf eines Jahres empfangene Energie W [kW h/m²] bei den Breiten $\phi = 0°$, $60°$ und $90°$ ohne Extinktion und mit $k = 0{,}8$, was dem wahren Wert nahekommt.

8.23.3 Die Helligkeit eines Planeten

Die scheinbare Helligkeit des Mars betrug während der Opposition 1975 $m_1 = -1{,}6^{\mathrm{m}}$ und die Entfernung zur Sonne war $r_1 = 1{,}55$ AE. Während der Opposition 1982 betrug die Entfernung 1,64 AE. Berechne die scheinbare Helligkeit für die Opposition von 1982.

Zum Zeitpunkt der Opposition ist die Entfernung des Mars von der Erde $\Delta = r - 1$. Die beobachtete Flußdichte hängt von den Entfernungen zur Erde und zur Sonne ab:

$$F \sim \frac{1}{r^2 \Delta^2} \, .$$

Nach (4.9) erhalten wir

$$m_1 - m_2 = -2{,}5 \lg \frac{r_2^2 (r_2 - 1)^2}{r_1^2 (r_1 - 1)^2}$$

$$\Rightarrow m_2 = m_1 + 5 \lg \frac{r_2 (r_2 - 1)}{r_1 (r_1 - 1)} = -1{,}6 + 5 \lg \frac{1{,}64 \times 0{,}64}{1{,}55 \times 0{,}55} \approx -1{,}1^{\mathrm{m}} \, .$$

Das gleiche Ergebnis erhält man, wenn man (8.19) für beide Oppositionen getrennt aufschreibt.

8.23.4 *Die Helligkeit der Venus*

Finde den Zeitpunkt, zu dem die Venus am hellsten erscheint, wenn deren Helligkeit eine Funktion der Größe der beleuchteten Oberfläche und des Abstandes von der Erde ist. Die Bahnen werden als kreisförmig angenommen.

Die Größe der beleuchteten Oberfläche ist die Fläche des Halbkreises $ACE+$ die Hälfte der Fläche der Ellipse $ABCD$. Die Halbachsen der Ellipse sind R und $R\cos\alpha$. Ist der Radius des Planeten R, so ist die beleuchtete Fläche

$$\pi\frac{R^2}{2}+\frac{1}{2}\pi R \cdot R\cos\alpha = \frac{\pi}{2}R^2(1+\cos\alpha) \;,$$

wobei α der Phasenwinkel ist. Die Flußdichte ist auf der anderen Seite proportional zum Quadrat des Abstandes Δ. Es gilt deshalb

$$F \sim (1+\cos\alpha)/\Delta^2 \;. \tag{1}$$

Die Kosinusformel ergibt

$$r_\oplus^2 = r^2 + \Delta^2 - 2\Delta r\cos\alpha \;. \tag{2}$$

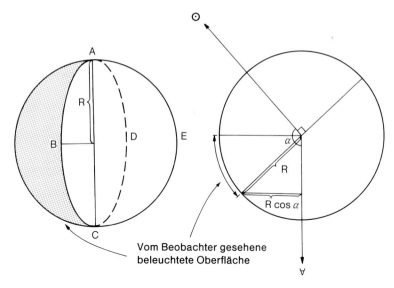

Durch Auflösung nach $\cos\alpha$ und Einsetzen in (1) erhalten wir

$$F \sim \frac{2\Delta r + r^2 + \Delta^2 - r_\oplus^2}{2r\Delta^3} \;. \tag{3}$$

Das Minimum von (3) ergibt die Entfernung, bei der die Venus am hellsten erscheint:

$$\frac{\partial F}{\partial \Delta} = -\frac{4r\Delta + 3r^2 - 3r_\oplus^2 + \Delta^2}{2r\Delta^4} = 0$$

$$\Rightarrow \Delta = -2r \pm \sqrt{r^2 + 3r_\oplus^2} \;.$$

Mit $r = 0{,}723$ AE und $r_\oplus = 1$ AE erhalten wir den Abstand $\Delta = 0{,}43$ AE und aus (2) den zugehörigen Phasenwinkel $\alpha = 118°$. Venus ist also am hellsten kurz nach der größten östlichen Elongation und kurz vor der größten westlichen Elongation. Über die Sinusformel bekommen wir

$$\frac{\sin \varepsilon}{r} = \frac{\sin \alpha}{r_\oplus} \; .$$

Die entsprechende Elongation ist $\varepsilon = 40°$ und

$$\frac{1 + \cos \alpha}{2} \cdot 100\% = 27\%$$

der Oberfläche wird beleuchtet gesehen.

8.23.5 Die Größe eines Planetoiden

Die scheinbare visuelle Helligkeit V eines Kleinplaneten wurde im Moment der Opposition zu $V_0 = 10{,}0^\mathrm{m}$ beobachtet. Nimm eine Abschätzung der Größe des Planetoiden vor, wenn die geometrische Albedo zu $p = 0{,}15$ angenommen wird, und gib eine Fehlerabschätzung an für den Fall, daß die geometrische Albedo um einen Faktor 2 falsch ist. Die visuelle Helligkeit der Sonne ist $V = -26{,}8^\mathrm{m}$, und die Entfernung des Planetoiden von der Erde war $\Delta = 3$ AE.

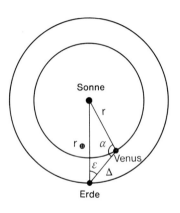

In der Opposition ist der Abstand eines Körpers von der Sonne $r = \Delta + 1$. Mit $r = 1$ AE erhält man den Radius R aus (8.21) zu

$$R = \frac{r\Delta}{r_\oplus} \sqrt{\frac{10^{-0{,}4(V_0 - V_\odot)}}{p}} = \frac{3 \times 4}{1} \sqrt{\frac{10^{-0{,}4(10 + 26{,}8)}}{0{,}15}} \times 1{,}5 \times 10^8 \text{ km} = 200 \text{ km} \; .$$

Ist $p = 0{,}075$, so ist die Größe des Planetoiden $R = 290$ km und für $p = 0{,}3$ wird sie $R = 140$ km.

Kapitel 9 Sternspektren

Unsere gesamte Kenntnis von den physikalischen Eigenschaften der Sterne erhalten wir mehr oder weniger direkt über das Studium ihrer Spektren. Insbesondere können aus der Untersuchung der Stärke der verschiedenen Absorptionslinien die stellaren Massen, Temperaturen und Zusammensetzungen abgeleitet werden. Die Linienkonturen enthalten detaillierte Informationen über atmosphärische Prozesse.

Wie wir in Kap. 3 gesehen haben, kann das Licht eines Sterns mit Hilfe eines Prismas oder eines Beugungsgitters in sein Spektrum zerlegt und die Verteilung der Energieflußdichte über der Frequenz abgeleitet werden. Sternspektren bestehen aus einem *kontinuierlichen Spektrum* mit überlagerten schmalen *Spektrallinien* (Abb. 9.1). Die Linien in den Sternspektren sind meist dunkle *Absorptionslinien*, bei einigen Objekten treten aber auch helle *Emissionslinien* auf.

In sehr vereinfachter Darstellung kann man annehmen, daß das kontinuierliche Spektrum von der heißen Oberfläche eines Sterns kommt. Die Atome in der Atmosphäre über der Oberfläche absorbieren bestimmte charakteristische Wellenlängen dieser Strahlung und hinterlassen an den entsprechenden Stellen des Spektrums dunkle „Lücken". In Wirklichkeit gibt es keine solch scharfe Trennung zwischen Oberfläche und Atmosphäre. Alle Schichten emittieren und absorbieren Strahlung, unter dem Strich wird jedoch bei den Wellenlängen der Absorptionslinien weniger Energie abgestrahlt.

Die Sternspektren werden nach der Stärke der Spektrallinien klassifiziert. *Isaac Newton* beobachtete bereits 1666 das Sonnenspektrum. Die Spektroskopie begann aber genaugenommen erst 1814, als *Joseph Fraunhofer* die dunklen Linien im Spektrum der Sonne entdeckte. Die Absorptionslinien sind auch als die Fraunhofer-Linien bekannt. 1860 identifizierten *Gustav Robert Kirchhoff* und *Robert Bunsen* diese Linien als die charakteristischen Linien, die von den verschiedenen Elementen in einem glühenden Gas erzeugt werden.

9.1 Aufnahme und Auswertung der Spektren

Die wichtigsten Hilfsmittel zur Gewinnung eines Spektrums sind das *Objektivprisma* und der *Spaltspektrograf*. Im ersten Fall erhält man eine Fotografie, auf der jedes Sternbildchen in ein Spektrum zerlegt ist. Bis zu mehreren hundert Spektren können auf einer einzigen Platte fotografiert und für die Spektralklassifikation genutzt werden. Die Feinheit der Einzelheiten, die in einem Spektrum erkannt werden können, hängen von

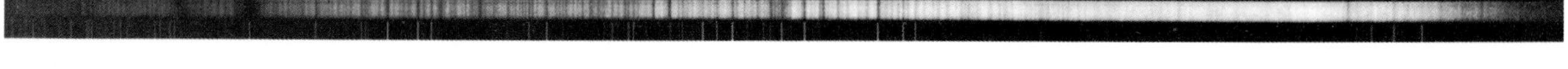

Abb. 9.1. Ein typisches Sternspektrum. Das kontinuierliche Spektrum ist am hellsten bei etwa 550 nm und wird zu kürzeren und längeren Wellenlängen hin schwächer. Dunkle Absorptionslinien sind dem Kontinuum überlagert. Der dargestellte Stern η Pegasi besitzt ein Spektrum, das dem der Sonne sehr ähnlich ist. (Mt. Wilson Observatory)

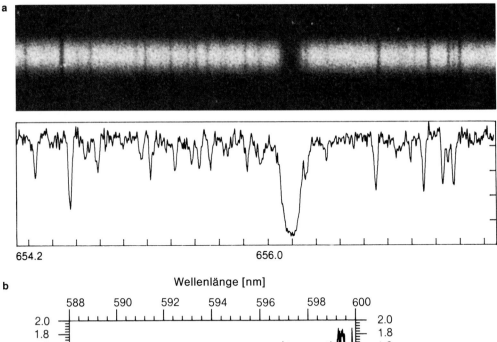

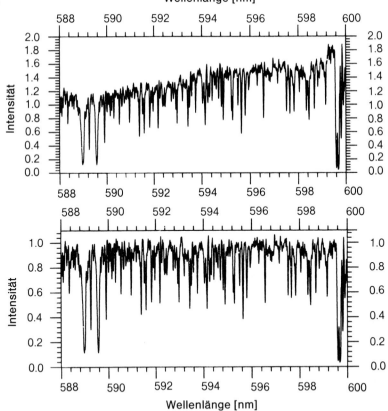

Abb. 9.2. (**a**) Das Bildpaar zeigt einen Ausschnitt aus der Fotografie eines Sternspektrums und den entsprechenden normierten Intensitätsverlauf, gemessen mit einem Mikrodensitometer. Das Originalspektrum wurde am Krim-Observatorium gewonnen. (**b**) Dieses Paar von Abbildungen zeigt einen größeren Ausschnitt des Spektrums. Der Intensitätsverlauf der ersten Abbildung wurde durch eine Normierung der Werte (1 = Kontinuumsintensität) in den der zweiten Abbildung umgewandelt. (Abbildungen von J. Kyröläinen und H. Virtanen, Sternwarte Helsinki)

9.1 Aufnahme und Auswertung der Spektren

seiner Dispersion, d. h. von der Größe des pro Millimeter auf der Fotoplatte abgebildeten Wellenlängenbereichs ab. Die Dispersion eines Objektivprismas beträgt einige zehn Nanometer pro Millimeter. Detailliertere Beobachtungen erfordern einen Spaltspektrografen, mit dessen Hilfe man eine Dispersion von 1 – 0,1 nm/mm erreichen kann. Damit ist es möglich, die genaue Form der Spektrallinien zu untersuchen.

Die Fotografie des Spektrums wird in eine Intensitätsdarstellung umgewandelt, die die Flußdichte als Funktion der Wellenlänge wiedergibt. Dies geschieht mittels eines Mikrodensitometers, das die vom aufgenommenen Spektrum durch die Fotoplatte durchgelassene Lichtmenge mißt. Da die Schwärzung einer Fotoplatte nicht in linearer Beziehung zur aufgefallenen Energiemenge steht, muß die gemessene Schwärzung durch einen Vergleich mit bekannten Belichtungen kalibriert werden. In einigen modernen Spektrografen wird der Intensitätsverlauf direkt ohne den Zwischenschritt der fotografischen Platte aufgezeichnet. Für die Messung von Linienstärken wird das Spektrum üblicherweise durch eine Division durch die Kontinuumsintensität normiert.

Abbildung 9.2 zeigt die Fotografie des Spektrums eines Sterns und den von einer kalibrierten und normierten Mikrodensitometer-Registrierung erhaltenen Intensitätsverlauf. Das zweite Abbildungspaar zeigt einen Intensitätsverlauf vor und nach der Normierung. Die Absorptionslinien erscheinen in den Verläufen als Einsenkungen verschiedener Größe. Zusätzlich zu den klar erkennbaren und tiefen Linien gibt es eine große Zahl schwächerer Linien, die gerade noch wahrgenommen werden können. Eine der Rauschquellen ist die Körnigkeit der Fotoemulsion. Sie erscheint im Intensitätsverlauf in Form von unregelmäßigen Fluktuationen. Einige Linien liegen so eng beisammen, daß sie bei dieser Dispersion miteinander verschmelzen.

Die genaue Form einer Spektrallinie bezeichnet man als *Linienprofil*. Die wahre Linienkontur gibt die Eigenschaften der Sternatmosphäre wieder, das beobachtete Profil hingegen wird auch durch das Meßinstrument verbreitert. Die Gesamtabsorption innerhalb der Linie, die im allgemeinen über deren *Äquivalentbreite* ausgedrückt wird, ist gegenüber den Beobachtungseffekten weniger empfindlich. Die Äquivalentbreite ist die Breite einer absolut dunklen, rechteckigen Linie, die derselben Gesamtabsorption entspricht wie die der beobachteten Linie (s. Abb. 9.3).

Die Größe der Äquivalentbreite einer Spektrallinie hängt davon ab, wie viele Atome sich in einer Atmosphäre in dem Zustand befinden, in dem sie Licht der in Frage kommenden Wellenlänge absorbieren können. Je mehr Atome es sind, desto stärker und breiter wird die Spektrallinie sein.

Die chemische Zusammensetzung der Atmosphäre kann aus der Stärke der Spektrallinien bestimmt werden. Mit der Einführung leistungsfähiger Rechner wurde es mög-

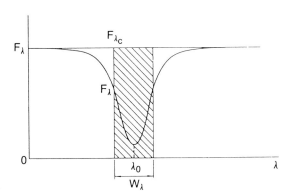

Abb. 9.3. Die Äquivalentbreite W einer Spektrallinie wird so definiert, daß die Linie und das in der Abbildung gezeigte Rechteck gleiche Flächen besitzen. So beträgt z. B. die typische Äquivalentbreite einer Metallinie (Fe) im Sonnenspektrum etwa 0,01 nm

lich, sehr detaillierte Modelle des Aufbaus der Sternatmosphären zu konstruieren und das resultierende Spektrum für ein vorgegebenes Modell zu berechnen. Das berechnete synthetische Spektrum kann mit den Beobachtungen verglichen und das theoretische Modell so lange geändert werden, bis eine gute Übereinstimmung erreicht wird. Die theoretischen Modelle liefern dann die Anzahl der absorbierenden Atome und somit die Elementhäufigkeit in der Atmosphäre. Die Konstruktion von Modellatmosphären wird in Abschn. 9.6 diskutiert.

9.2 Die Harvard-Spektralklassifikation

Das heute verwendete Schema der Spektralklassifikation wurde zu Beginn des 20. Jahrhunderts am Harvard-Observatorium in den Vereinigten Staaten entwickelt. Die Arbeit wurde von *Henry Draper* begonnen, der 1872 die erste Fotografie eines Spektrums der Wega aufnahm. Drapers hinterbliebene Frau schenkte später die Beobachtungsausrüstung sowie eine Geldsumme dem Harvard-Observatorium, um die Arbeit an der Klassifikation fortzuführen.

Der größte Teil der Klassifikation wurde unter Verwendung von Objektivprismenspektren von *Annie Jump Cannon* bewältigt. Der *Henry Draper Katalog* (HD) wurde in den Jahren 1918–1924 veröffentlicht. Er enthält 225 000 Sterne bis herab zur 9. Größe. Insgesamt wurden in Harvard mehr als 390 000 Sterne klassifiziert.

Die Harvard-Klassifikation basiert auf Linien, die vor allem gegenüber der Temperatur der Sterne empfindlich sind und weniger gegenüber der Schwerebeschleunigung oder Leuchtkraft. Wichtige Linien sind die Linien der Balmerserie des Wasserstoffs, die Linien des neutralen Heliums, die Eisenlinien, das H- und K-Dublett des ionisierten Kalziums bei 396,8 nm und 393,3 nm, die G-Bande des CH-Moleküls, einige Metallinien in der Nähe von 431 nm, die Linie des neutralen Kalziums bei 422,7 nm und die Linien des Titanoxids (TiO).

Die Haupttypen der Harvard-Klassifikation werden durch große Buchstaben bezeichnet. Sie waren ursprünglich in alphabetischer Reihenfolge angeordnet. Später wurde jedoch bemerkt, daß sie nach der Temperatur geordnet werden können. Mit nach rechts abnehmender Temperatur lautet die Sequenz

$$\begin{matrix} & & & & & & C \\ O-B-A-F-G-K-M & . \\ & & & & & & S \end{matrix}$$

Zusätzliche Bezeichnungen sind Q für Novae, P für Planetarische Nebel und W für Wolf-Rayet-Sterne. Die Klasse C besteht aus den früher üblichen Typen R und N. Die Spektralklassen C und S repräsentieren zu den Typen G–M parallele Zweige, die sich in der chemischen Zusammensetzung ihrer Oberfläche unterscheiden. Es gibt für die Bezeichnung der Spektralklassen eine wohlbekannte Eselsbrücke: "Oh be a fine girl kiss me (right now, sweetheart)!"

Die Spektralklassen werden in Unterklassen unterteilt, die durch die Zahlen 0...9 bezeichnet werden; manchmal werden auch Dezimalstellen verwendet, z. B. B0,5 (Abb. 9.4, 9.5). Die Hauptcharakteristika der verschiedenen Klassen sind:

9.2 Die Harvard-Spektralklassifikation

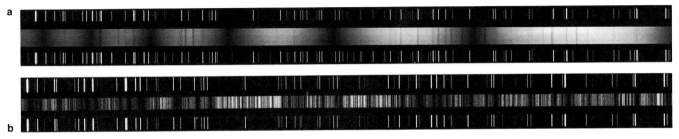

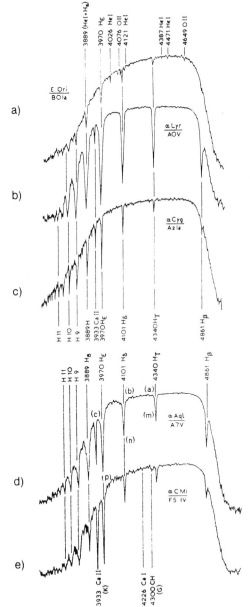

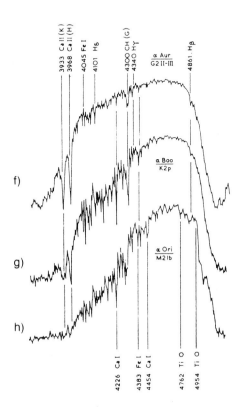

Abb. 9.4. Spektren eines frühen und eines späten Spektraltyps zwischen 375 nm und 390 nm. (**a**) Der obere Stern ist Wega vom Spektraltyp A0, der untere (**b**) ist Aldebaran vom Spektraltyp K5. Im Wegaspektrum erscheinen die Balmerlinien des Wasserstoffs stark; im Spektrum des Aldebaran gibt es viele Metallinien. (Lick Observatory)

Abb. 9.5a–h. Intensitätsverläufe verschiedener Spektralklassen, die charakteristische Erscheinungen wiedergeben. Der Name des Sterns und seine Spektral- und Leuchtkraftklasse sind an jeder Kurve vermerkt und die wichtigsten spektralen Erscheinungen identifiziert. (Zeichnung von J. Dufay)

Typ O: Bläuliche Sterne, Oberflächentemperatur 20 000–30 000 K. Das Spektrum enthält Linien von mehrfach ionisierten Atomen wie He II, C III, N III, O III, Si V. He I ist erkennbar, die H I-Linien sind schwach.

Typ B: Bläulich-weiße Sterne, Oberflächentemperatur etwa 15 000 K. Die He II-Linien sind verschwunden. Die He I (403 nm)-Linien sind am stärksten bei B 2, werden dann schwächer und verschwinden ab B 9. Die K-Linie des Ca II erscheint ab B 3. Die H I-Linien werden stärker, O II-, Si II- und Mg II-Linien sind sichtbar.

Typ A: Weiße Sterne, Oberflächentemperatur etwa 9000 K. Die H I-Linien sind bei A 0 sehr stark und bestimmen das gesamte Spektrum. Dann werden sie schwächer, die H- und K-Linien werden stärker, He I ist nicht länger sichtbar. Es beginnen neutrale Metallinien zu erscheinen.

Typ F: Gelblich-weiße Sterne, Oberflächentemperatur etwa 7000 K. Die H I-Linien werden schwächer, H und K des Ca II werden stärker. Viele andere Metallinien wie Fe I, Fe II, Cr II und Ti II sind klar erkennbar und werden stärker.

Typ G: Gelbliche Sterne wie die Sonne, Oberflächentemperatur etwa 5500 K. Die H I-Linien werden immer schwächer, H und K sind sehr stark, am stärksten bei G 0. Die Metallinien werden stärker. Die G-Bande ist deutlich sichtbar. In Riesensternen sieht man CN-Linien.

Typ K: Orange-gelbliche Sterne, Oberflächentemperatur etwa 4000 K. Das Spektrum wird von Metallinien bestimmt, die H I-Linien sind unwesentlich. Ca I ist bei 422,7 nm deutlich erkennbar. Starke H- und K-Linien und G-Bande. TiO-Banden erscheinen ab K 5.

Typ M: Rötliche Sterne, Oberflächentemperatur etwa 3000 K. Die TiO-Banden werden stärker. Ca I 422,7 nm ist sehr stark. Viele Linien neutraler Metalle.

Typ C: Kohlenstoff-Sterne, früher mit R und N bezeichnet. Sehr rote Sterne, Oberflächentemperatur etwa 3000 K. Starke Molekülbanden wie C_2, CN, CH, keine TiO-Banden. Linienspektrum wie die K- und M-Typen.

Typ S: Rote Niedrigtemperatursterne (etwa 3000 K). Sehr deutliche ZrO-Banden. Auch andere Molekülbanden wie YO, LaO und TiO.

Die Hauptmerkmale des Klassifikationsschemas kann man in Abb. 9.6 sehen. Sie zeigt die Variation einiger typischer Absorptionslinien in den verschiedenen Spektral-

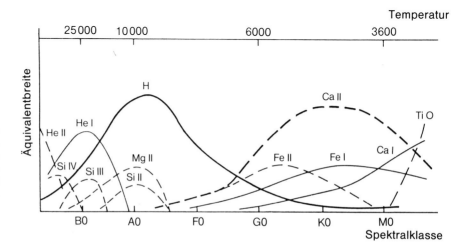

Abb. 9.6. Die Äquivalentbreiten einiger der für die verschiedenen Spektralklassen wichtigen Spektrallinien. [Struve, O. (1959): *Elementary Astronomy* (Oxford University Press, New York) S. 259]

klassen. (Die Farben der Sterne entsprechen nur an den Enden der Sequenz dem tatsächlichen visuellen Eindruck, am deutlichsten bei den roten Sternen, die dem Beobachter wirklich rot erscheinen.)

Die *frühen*, d. h. heißen Spektralklassen werden durch die Linien ionisierter Atome charakterisiert, während die kühlen oder *späten* Spektraltypen Linien neutraler Atome aufweisen. Bei den späten Spektraltypen treten außerdem die Absorptionsbanden der Moleküle auf. Diese Unterschiede sind im wesentlichen auf Temperaturunterschiede zurückzuführen. Abgesehen von den parallelen Zweigen C und S werden Unterschiede im Druck oder in der chemischen Zusammensetzung bei der Spektralklassifikation nicht berücksichtigt.

Um zu sehen, wie die Stärke der Spektrallinien durch die Temperatur bestimmt wird, betrachten wir als Beispiele die Linien des neutralen Heliums bei 402,6 nm und bei 447,2 nm. Diese findet man nur in den Spektren heißer Sterne. Der Grund dafür ist, daß die Linien durch die Absorption durch angeregte Atome entstehen und eine hohe Temperatur erforderlich ist, um die notwendige Anregung zu erzeugen. Steigt die Sterntemperatur, so befinden sich mehr Atome im notwendigen Anregungszustand, und die Stärke der Spektrallinien wächst. Ist die Temperatur noch höher, so wird das Helium ionisiert, und die Stärke der Linien des neutralen Heliums beginnt abzunehmen. In ähnlicher Weise kann man die Variation von anderen wichtigen Linien wie von Kalzium H und K oder der Balmerlinien des Wasserstoffs mit der Temperatur verstehen.

9.3 Die Yerkes-Spektralklassifikation

Die Harvard-Klassifikation berücksichtigt nur den Einfluß der Temperatur auf das Spektrum. Für eine genauere Klassifikation hat man auch die Leuchtkraft des Sterns in Rechnung zu stellen, denn zwei Sterne gleicher effektiver Temperatur können sehr unterschiedliche Leuchtkräfte besitzen. Durch *William W. Morgan, Philip C. Keenan* und *Edith Kellman* vom Yerkes-Observatorium wurde ein zweidimensionales System der Spektralklassifikation eingeführt. Dieses System ist bekannt als die MKK- oder Yerkes-Klassifikation. (Die MK-Klassifikation ist eine spätere, modifizierte Version.) Die MKK-Klassifikation basiert auf der visuellen Inspektion von Spaltspektren mit einer Dispersion von 11,5 nm/mm. Sie ist durch die Festlegung von Standardsternen und eine genaue Beschreibung der Leuchtkraftkriterien sorgfältig definiert. Es werden verschiedene *Leuchtkraftklassen* unterschieden:

Ia   Die leuchtkräftigsten Überriesen,
Ib   weniger leuchtkräftige Überriesen,
II   leuchtkräftige Riesen,
III normale Riesen,
IV   Unterriesen,
V   Hauptreihensterne (Zwerge).

Die Leuchtkraftklasse wird mit Hilfe von Spektrallinien bestimmt, die stark von der Schwerkraft auf der Oberfläche des Sterns abhängen. Letztere steht in enger Beziehung zur Leuchtkraft. Während die Massen der Riesen- und Zwergsterne etwa gleich sind, sind die Radien der Riesen wesentlich größer als die der Zwergsterne. Deshalb ist die Schwerebeschleunigung $g = GM/R^2$ auf der Oberfläche eines Riesen wesentlich kleiner als bei einem Hauptreihenstern. Folglich sind Gasdichte und Druck in der Atmosphäre eines Riesen viel kleiner. Es entstehen *Leuchtkrafteffekte* im Sternspektrum, die man nutzen kann, um zwischen Sternen verschiedener Leuchtkraft zu unterscheiden:

1) Für die Spektraltypen B – F sind die Linien des neutralen Wasserstoffs für Sterne höherer Leuchtkraft tiefer und schmaler. Der Grund dafür ist, daß die Metallionen in der Nähe der Wasserstoffatome ein fluktuierendes elektrisches Feld erzeugen. Dieses

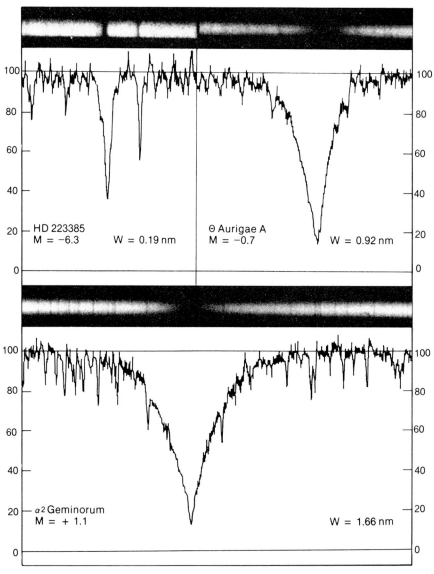

Abb. 9.7. Leuchtkrafteffekte in der H_γ-Linie des Wasserstoffs bei einem A-Stern. Die vertikale Achse gibt die normierte Intensität an. HD 223385 (*oben links*) ist ein A2-Überriese, bei dem die Linie sehr schwach ist, θ Aurigae A ist ein Hauptreihenstern und α^2 Geminorum ist ein Weißer Zwerg, bei dem die Linie sehr breit ist. [Aller, L. H. (1953): *Astrophysics. The Atmospheres of the Sun and Stars* (The Roland Press Company, New York) S. 318]

Feld führt zu Verschiebungen der Energieniveaus des Wasserstoffs (Stark-Effekt), was sich in einer Verbreiterung der Linien äußert: Der Effekt wird mit steigender Dichte stärker. Deshalb sind die Wasserstofflinien bei absolut hellen Sternen schmal, werden bei den Hauptreihensternen breiter und sind noch breiter bei den Weißen Zwergen (Abb. 9.7).

2) Die Linien ionisierter Elemente sind bei den Sternen hoher Leuchtkraft stärker, weil Elektronen und Ionen bei höherer Dichte leichter zu neutralen Atomen rekombinieren. Die Ionisationsrate wird indessen vor allem vom Strahlungsfeld bestimmt und durch die Gasdichte nicht wesentlich beeinflußt. Deshalb kann ein gegebenes Strahlungsfeld in Sternen mit ausgedehnteren Atmosphären einen höheren Ionisationsgrad aufrechterhalten. So können z. B. bei den Spektralklassen F–G die relativen Stärken der Linien des ionisierten Strontiums (Sr II) und neutralen Eisens (Fe I) als Leuchtkraftindikatoren verwendet werden. Beide Linien hängen in ähnlicher Weise von der Temperatur ab, die Sr II-Linien werden jedoch bei wachsender Leuchtkraft im Vergleich zu den Fe I-Linien wesentlich stärker.

3) Riesensterne sind röter als Zwergsterne gleichen Spektraltyps. Der Spektraltyp wird aus der Stärke der Spektrallinien bestimmt, einschließlich der Linien von Ionen. Da letztere bei Riesen stärker sind, wird ein Riesenstern kühler und somit auch röter als ein Zwerg desselben Spektaltyps sein.

4) In den Spektren der Riesensterne gibt es eine starke Zyan(CN)-Absorptionsbande, die bei den Zwergsternen vollkommen fehlt. Dabei handelt es sich zum Teil um einen Temperatureffekt; die kühleren Atmosphären der Riesensterne sind für die Bildung von Zyan geeigneter.

9.4 Pekuliare Spektren

Die Spektren einiger Sterne unterscheiden sich von dem, was man anhand ihrer Temperatur und Leuchtkraft erwarten würde (s. z. B. Abb. 9.8). Solche Sterne werden als *pekuliar* bezeichnet. Die häufigsten pekuliaren Spektraltypen sollen im folgenden betrachtet werden.

Die *Wolf-Rayet-Sterne* sind sehr heiße Sterne, die ersten wurden von *Charles Wolf* und *Georges Rayet* 1867 entdeckt. Die Spektren der Wolf-Rayet-Sterne besitzen breite Emissionslinien des Wasserstoffs und des ionisierten Heliums sowie von Kohlenstoff, Stickstoff und Sauerstoff. Es gibt fast keine Absorptionslinien. Man nimmt an, daß die Wolf-Rayet-Sterne Mitglieder von Doppelsternsystemen sind, in denen sie ihre äußere Hülle an einen Begleiter verloren haben. Das Sterninnere wurde bloßgelegt und ruft ein anderes Spektrum hervor als die normalen äußeren Schichten.

Bei einigen O- und B-Sternen besitzen die Wasserstoff-Absorptionslinien entweder im Linienzentrum oder in den Linienflügeln schwache Emissionskomponenten. Diese Sterne werden *Be-* und *Hüllensterne* genannt (der Buchstabe e nach dem Spektraltyp gibt an, daß im Spektrum Emissionslinien auftreten). Die Emissionslinien werden in einer durch die Rotation abgeflachten Gashülle um den Stern gebildet. Die Be- und Hüllensterne zeigen unregelmäßige Variationen, die offenbar mit Strukturänderungen in der Hülle in Verbindung stehen. Etwa 15% aller O- und B-Sterne haben Emissionslinien in ihre Spektren.

Die stärksten Emissionslinien zeigen die *P Cygni-Sterne*. Auf der kurzwelligen Seite ihrer Emissionslinien liegen eine oder mehrere scharfe Absorptionslinien. Man nimmt

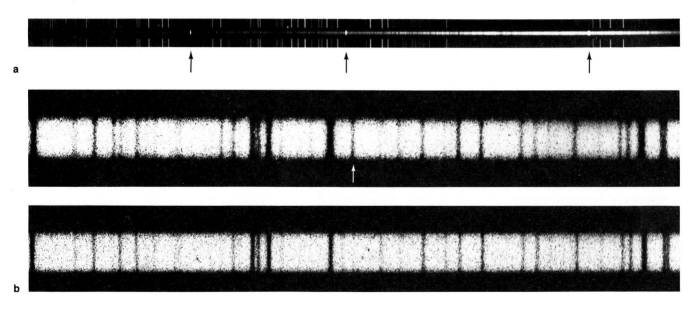

Abb. 9.8a, b. Pekuliare Spektren. (a) R Geminorum (*oben*) ist ein Emissionslinienstern mit hellen Emissionslinien (durch Pfeile markiert) in seinem Spektrum; (b) das Spektrum eines normalen Sterns wird mit einem Spektrum verglichen, bei dem die Zirkoniumlinien außergewöhnlich stark sind. (Mt. Wilson Observatory)

an, daß die Linien in einer dichten expandierenden Hülle gebildet werden. Die P Cygni-Sterne sind oft Veränderliche. So variierte z. B. die Helligkeit von P Cygni selbst in den vergangenen Jahrhunderten zwischen 3. und 6. Größe. Seine gegenwärtige Helligkeit liegt bei 5^m.

Bei den pekuliaren A-Sternen oder *Ap-Sternen* (p = pekuliar) handelt es sich im allgemeinen um Sterne mit einem starken Magnetfeld, deren Linien durch den Zeeman-Effekt in mehrere Komponenten aufgespalten sind. Die Linien bestimmter Elemente wie Magnesium, Silizium, Europium, Chrom oder Strontium sind bei den Ap-Sternen aussergewöhnlich stark. Die Linien seltener Elemente wie Quecksilber, Gallium oder Krypton können ebenfalls vorkommen. Ansonsten verhalten sich die Ap-Sterne im wesentlichen wie normale Hauptreihensterne.

Die *Am-Sterne* (m = metallisch) weisen ebenfalls eine anomale Elementverteilung auf, jedoch nicht so ausgeprägt wie die Ap-Sterne. Die Linien der seltenen Erden und der schwersten Elemente erscheinen in ihren Spektren stark, die von Kalzium und Scandium sind dagegen schwach.

Wir haben bereits die S- und C-Sterne erwähnt, welche spezielle Klassen von K- und M-Riesensternen mit anomaler Elementhäufigkeit darstellen. Bei den S-Sternen sind die normalen Linien von Titan, Scandium und Vanadiumoxid durch Oxide schwerer Elemente wie Zirkonium, Yttrium und Barium ersetzt. Ein großer Teil der S-Sterne sind unregelmäßige Veränderliche. Der Name der C-Sterne verweist auf den Kohlenstoff. Die Metalloxidlinien fehlen in ihren Spektren vollständig, statt dessen sind die Linien verschiedener Kohlenstoffverbindungen (CN, C_2, CH) stark. Der Kohlenstoffanteil im Vergleich zum Sauerstoff ist bei den C-Sternen 4–5mal größer als bei den normalen Sternen. Die C-Sterne werden in zwei Gruppen unterteilt, in die heißeren R-Sterne und in die kühleren N-Sterne.

Ein weiterer Typ von Riesensternen mit Häufigkeitsanomalien sind die *Barium-Sterne*. Die Linien von Barium, Strontium, und seltenen Erden und einigen Kohlenstoffverbindungen erscheinen in ihren Spektren stark. Offensichtlich wurden bei diesen Sternen nukleare Reaktionsprodukte mit unter die Oberflächenelemente gemischt.

9.5 Das Hertzsprung-Russell-Diagramm

Um das Jahr 1910 untersuchten *Ejnar Hertzsprung* und *Henry Norris Russell* die Beziehung zwischen den absoluten Helligkeiten und den Spektraltypen der Sterne. Das Diagramm, das diese zwei Größen in Beziehung setzt, ist als das *Hertzsprung-Russell-Diagramm* (HRD) bekannt (Abb. 9.9). Es wurde zu einem wichtigen Hilfsmittel beim Studium der Sternentwicklung.

In Anbetracht der Tatsache, daß Sternradien, Leuchtkräfte und Oberflächentemperaturen in einem großen Bereich variieren, könnte man erwarten, daß die Sterne im

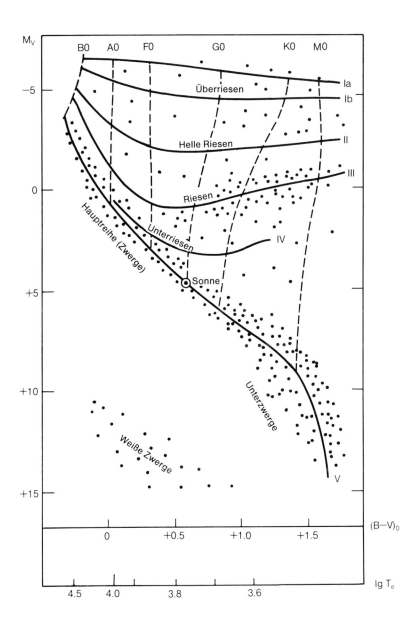

Abb. 9.9. Das Hertzsprung-Russell-Diagramm (HRD). Die Hauptreihe und der horizontale Riesenast können klar unterschieden werden. Über den Riesen verstreut liegen die Überriesen. Unten links befinden sich einige Weiße Zwerge

HRD gleichförmig verteilt sind. Tatsächlich fand man jedoch, daß die meisten Sterne entlang einer etwa diagonalen Linie angeordnet sind, die man die *Hauptreihe* nennt. Die Sonne befindet sich etwa auf der Mitte der Hauptreihe.

Das HRD zeigt auch, daß die gelben und roten Sterne (Spektraltypen G−K−M) in zwei klar getrennten Gruppen gehäuft erscheinen: der *Hauptreihe der Zwergsterne* und den *Riesensternen*. Die Riesensterne zerfallen in mehrere unterschiedliche Gruppen. Der *Horizontalast* ist eine fast horizontale Sequenz bei einer visuellen Helligkeit von etwa 0^m. Der *Rote Riesenast* steigt bei den Spektraltypen K und M fast senkrecht aus der Hauptreihe im HRD auf. Schließlich steigt der *asymptotische Riesenast* aus dem Horizontalast auf und nähert sich dem hellen Ende des Roten Riesenastes. Die verschiedenen Äste repräsentieren verschiedene Phasen der Sternentwicklung (vgl. Abschn. 12.3, 12.4). Ein typischer Riese des Horizontalastes ist etwa hundertmal heller als die Sonne. Da Riesen und Zwerge gleichen Spektraltyps die gleiche Oberflächentemperatur besitzen, muß der Unterschied in der Leuchtkraft seine Ursache entsprechend (5.18) in unterschiedlichen Radien haben. So hat z. B. Arktur, einer der hellsten Sterne am Himmel, einen etwa 30mal größeren Radius als die Sonne.

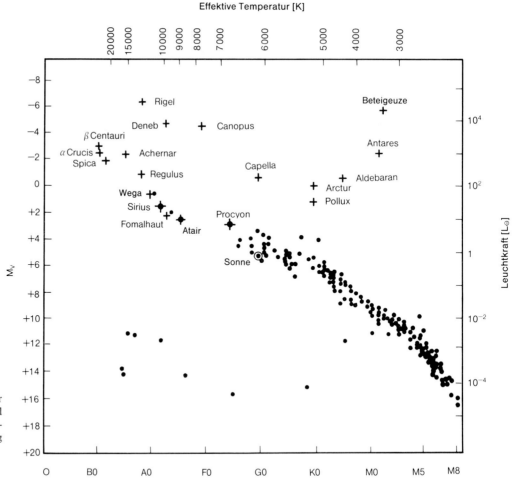

Abb. 9.10. HRD für die scheinbar hellsten Sterne am Himmel (*Kreuze*) und für Sterne innerhalb von 10 Parsec Entfernung von der Sonne (*Punkte*)

Die hellsten Roten Riesen sind die *Überriesen* mit Helligkeiten bis zu $M_v = -7^m$. Ein Beispiel ist Beteigeuze im Orion mit einem Radius von 400 Sonnenradien und der 20000fachen Sonnenleuchtkraft.

Etwa 10 Größenklassen unterhalb der Hauptreihe liegen die *Weißen Zwerge*. Sie sind sehr zahlreich im Kosmos, jedoch sehr leuchtschwach und damit schwer zu finden. Das am besten bekannte Beispiel ist Sirius B, der Begleiter des Sirius.

Es gibt im HRD einige Sterne, die unter dem Riesenast, aber immer noch deutlich über der Hauptreihe liegen. Diese nennt man *Unterriesen*. Analog dazu gibt es Sterne unterhalb der Hauptreihe, aber heller als die Weißen Zwerge, welche *Unterzwerge* genannt werden.

Bei der Interpretation des HRD hat man die *Auswahleffekte* zu berücksichtigen: Absolut helle Sterne sind mit größerer Wahrscheinlichkeit vertreten, da sie noch in größerer Entfernung entdeckt werden können. Werden nur die Sterne innerhalb einer bestimmten Entfernung von der Sonne betrachtet, so sieht die Verteilung der Sterne im HRD völlig anders aus. Dies zeigt Abb. 9.10, in ihr ist das HRD für alle Sterne innerhalb von 10 pc Entfernung von der Sonne (durch Punkte gekennzeichnet) dargestellt: Es gibt unter diesen Sternen nicht einen Riesen oder hellen Hauptreihenstern.

Die Hertzsprung-Russel-Diagramme von Sternhaufen sind für die Theorie der Sternentwicklung besonders wichtig. Sie werden in Abschn. 17.2 diskutiert.

9.6 Modellatmosphären

Die Sternatmosphären bestehen aus jenen Schichten des Sterns, in denen die Strahlung entsteht, die direkt zum Beobachter gelangt. Um die Sternspektren zu interpretieren, muß man in der Lage sein, die Struktur der Atmosphäre und die austretende Strahlung zu berechnen.

In realen Sternen gibt es viele Faktoren wie die Rotation und das Magnetfeld, die das Problem der Berechnung der Atmosphärenstruktur komplizieren. Wir werden nur das klassische Problem des Auffindens der Struktur, d. h. der Verteilung von Druck und Temperatur über der Tiefe in einer statischen, unmagnetisierten Atmosphäre betrachten. In diesem Fall wird eine Modellatmosphäre durch die Vorgabe der chemischen Zusammensetzung, der Schwerebeschleunigung auf der Oberfläche g und des Energieflusses aus dem Sterninneren oder der dazu äquivalenten effektiven Temperatur T_{eff} vollständig bestimmt.

Die in die Berechnung einer stellaren Modellatmosphäre eingehenden Grundprinzipien sind die gleichen wie beim inneren Aufbau der Sterne, sie werden in den Abschn. 11.1, 11.2 diskutiert. Es sind im wesentlichen zwei Differentialgleichungen, die gelöst werden müssen: Die Gleichung des hydrostatischen Gleichgewichts, welche die Verteilung des Druckes festlegt, und die Gleichung des Energietransports, deren Form davon abhängt, ob die Atmosphäre radiativ oder konvektiv ist und die die Temperaturverteilung bestimmt.

Die Werte der verschiedenen physikalischen Größen einer Atmosphäre werden im allgemeinen als Funktion einer geeignet definierten optischen Tiefe τ des Kontinuums gegeben. Druck, Temperatur, Dichte, Ionisationsgrad und die Besetzungszahlen der verschiedenen Energieniveaus kann man sämtlich als Funktion von τ erhalten. Sind sie bekannt, so kann die aus der Atmosphäre austretende Strahlung berechnet werden. Im Abschnitt über *Die aus einer Sternatmosphäre austretende Intensität (S. 249) wird gezeigt, daß das resultierende Spektrum bei einer einheitlichen optischen Tiefe, gemessen entlang eines jeden Lichtweges, entsteht. Auf der Grundlage dessen kann man voraussagen, ob eine vorgegebene Spektrallinie im Spektrum vorkommt oder nicht.

Betrachten wir eine Spektrallinie, die entsteht, wenn ein Atom (oder Ion) in einem bestimmten Energiezustand ein Photon absorbiert. Aus den Atmosphärenmodellen kennen wir die Besetzungszahl des absorbierenden Niveaus als eine Funktion der optischen Tiefe (des Kontinuums) τ. Wenn es jetzt eine Schicht oberhalb der Tiefe $\tau = 1$ gibt, in der das absorbierende Niveau eine hohe Besetzung aufweist, so wird die optische Tiefe innerhalb der Linie bereits zu Eins werden, bevor $\tau = 1$ gilt, d. h. die Strahlung innerhalb der Linie wird in höheren Atmosphärenschichten entstehen. Da die Temperatur nach innen hin wächst, wird die Intensität in der Linie einer niedrigeren Temperatur entsprechen und die Linie dunkel erscheinen. Ist auf der anderen Seite das absorbierende Niveau unbesetzt, so wird die optische Tiefe bei der Frequenz der Linie die gleiche sein wie die des Kontinuums. Die Strahlung wird dann bei der Linienfrequenz aus der gleichen optischen Tiefe kommen wie das entsprechende Kontinuum, und es entsteht keine Absorptionslinie.

Der in *Die aus einer Sternatmosphäre austretende Intensität (S. 249) abgeleitete Ausdruck für die Intensität erklärt auch das Phänomen der auf der Sonne beobachteten *Randverdunklung* (Abschn. 13.2). Die uns vom Rand der Sonnenscheibe erreichende Strahlung tritt unter einem sehr großen Winkel ($\theta \sim 90°$) aus, d. h. $\cos\theta$ ist klein. Deshalb entsteht diese Strahlung bei kleinen Werten von τ und somit bei niedrigeren Temperaturen. Folglich wird die aus der Umgebung des Randes kommende Intensität geringer sein und die Sonnenscheibe zum Rand hin dunkler erscheinen. Die Größe der Randverdunklung gibt auch eine empirische Möglichkeit, die Temperaturverteilung in der Sonnenatmosphäre zu bestimmen.

Unsere Darstellung der Sonnenatmosphären war stark vereinfacht. In der Praxis wird das Spektrum für einen größeren Wertebereich der Parameter numerisch berechnet. Die Werte von T_{eff}, g und der Elementhäufigkeit können dann für verschiedene Sterne gefunden werden, indem man die beobachteten Linienstärken und andere spektrale Erscheinungen mit den theoretischen Ergebnissen vergleicht. Die dafür verwendeten Verfahren wollen wir hier nicht näher untersuchen.

9.7 Was liefert uns die Beobachtung?

Um dieses Kapitel abzuschließen, geben wir eine Zusammenfassung der Eigenschaften der Sterne, die aus den Beobachtungen abgeleitet werden können. Am Ende des Buches stehen Tabellen der hellsten und der sonnennächsten Sterne. Das HRD wurde für beide Gruppen bereits angegeben (Abb. 9.10).

Vier der hellsten Sterne haben eine scheinbare Helligkeit $< 0^m$. Einige der scheinbar hellsten Sterne sind absolut helle Überriesen, andere sind einfach nahe Sterne.

In der Liste der nahen Sterne ist die Dominanz der schwachen Zwergsterne, wie sie bereits im HRD erkennbar wurde, bemerkenswert. Die meisten davon gehören zu den Spektraltypen K und M. Es gibt Hinweise darauf, daß einige der nahen Sterne auch sehr leuchtschwache Begleiter haben könnten, deren Massen mit der des Jupiter vergleichbar sind, es sich also um Planeten handeln würde. Die Existenz solcher Begleiter wird noch kontrovers diskutiert, und sie wurden nicht mit in die Tabelle aufgenommen.

9.7 Was liefert uns die Beobachtung?

Die Sternspektroskopie eröffnet einen wichtigen Weg, um grundlegende Zustandsgrößen, insbesondere die Masse und den Radius, zu bestimmen. Die spektralen Informationen müssen jedoch über die direkte Messung dieser Größen geeicht werden. Dies wollen wir als nächstes betrachten.

Die *Massen* der Sterne können im Falle von einander umkreisenden Doppelsternen bestimmt werden. (Die Einzelheiten der Methode werden in Kap. 10, „Doppelsterne und Sternmassen" diskutiert.) Die Beobachtungen haben gezeigt, daß die Massen der Hauptreihensterne um so größer sind, je höher der Stern auf der Hauptreihe steht. Auf diese Weise erhält man eine empirische *Masse-Leuchtkraft-Beziehung*, die verwendet werden kann, um Sternmassen anhand des Spektraltyps abzuschätzen.

Die beobachtete Beziehung zwischen Masse und Leuchtkraft ist in Abb. 9.11 dargestellt. Für große Massen (mehr als drei Sonnenmassen) ist die Leuchtkraft ungefähr proportional zur dritten Potenz der Masse, $L \sim M^3$. Für kleine Massen (kleiner als eine halbe Sonnenmasse) lautet die Abhängigkeit $L \sim M^{4,5}$. Diese Relationen gelten nur näherungsweise. Demnach ist ein Stern von 10 Sonnenmassen tausendmal heller als die Sonne, das entspricht einer Größenklassendifferenz von 7,5 mag.

Die kleinsten beobachteten Sternmassen liegen bei 1/20 Sonnenmassen, dies entspricht Sternen im rechten unteren Gebiet des HRD. Die Massen der Weißen Zwerge betragen weniger als eine Sonnenmasse. Die Massen der massereichsten Hauptreihensterne und Überriesen liegen zwischen $10\,M_\odot$ und $50\,M_\odot$.

Direkte interferometrische Messungen der Winkeldurchmesser wurden nur für einige wenige Dutzend Sterne vorgenommen. Sind die Entfernungen bekannt, ergibt sich

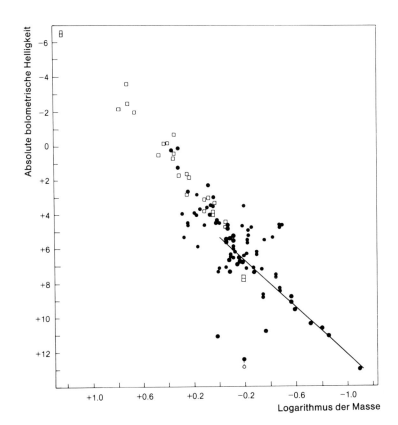

Abb. 9.11. Die Masse-Leuchtkraft-Beziehung. Die Darstellung beruht auf Doppelsternen bekannter Masse. Die gefüllten Kreise sind visuelle Doppelsterne und die offenen Quadrate Bedeckungsveränderliche. Die Gerade entspricht der Masse-Leuchtkraft-Beziehung für Niedrigmassensterne

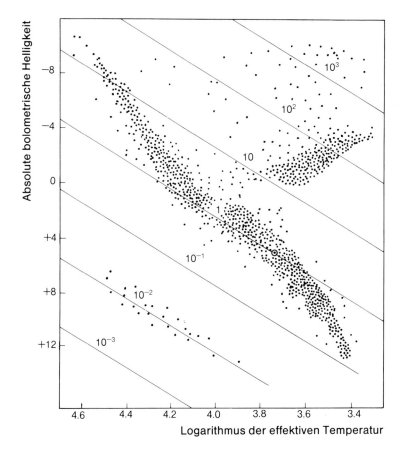

Abb. 9.12. Geraden im HRD, die konstanten Sternradien (in Einheiten von Sonnenradien) entsprechen. Die Position der Sonne ist markiert

damit unmittelbar der Wert für den Radius. Bei Bedeckungsveränderlichen kann der Radius ebenfalls direkt bestimmt werden (s. Abschn. 10.4). Insgesamt sind aus direkten Messungen etwa hundert Sternradien bekannt. In den anderen Fällen muß der Radius aus der absoluten Leuchtkraft und der effektiven Temperatur abgeschätzt werden.

Bei der Diskussion der Sternradien ist es üblich, eine Variante des HRD mit $\lg(T_{\text{eff}})$ als horizontale Achse und M_{bol} oder $\lg(L/L_\odot)$ als vertikale Achse zu verwenden. Legt man den Wert für den Radius fest, so gibt (5.18) eine lineare Beziehung zwischen der absoluten bolometrischen Helligkeit und $\lg(T_{\text{eff}})$. Deshalb sind die Linien konstanter Radien im HRD Geraden. Linien, die verschiedenen Werten des Radius entsprechen, sind in Abb. 9.12 dargestellt. Die kleinsten Sterne sind die Weißen Zwerge mit Radien von etwa einem Prozent des Sonnenradius, während die größten Überriesen um einige tausendmal größere Radien besitzen als die Sonne. Nicht enthalten sind in der Abbildung die kompakten Sterne (Neutronensterne und Schwarze Löcher) mit typischen Radien von einigen wenigen 10 Kilometern.

In einem ebenso weiten Bereich wie die Radien variieren natürlich auch die Dichten der Sterne. Die Dichte von Riesensternen kann bei nur $10^{-4}\,\text{kg/m}^3$ liegen, während die Dichte der Weißen Zwerge etwa $10^9\,\text{kg/m}^3$ beträgt.

Den Wertebereich für die effektiven Temperaturen der Sterne und deren Leuchtkräfte kann man unmittelbar aus dem HRD entnehmen. Der Bereich der effektiven Temperatur liegt bei $2000-40\,000\,\text{K}$ und der der Leuchtkraft bei $10^{-4}-10^6\,L_\odot$. Die *Rotation* der Sterne tritt als eine Verbreiterung der Spektrallinien in Erscheinung. Während die eine Hälfte der Sternscheibe auf uns zu kommt, entfernt sich die andere Hälfte, und die Strahlung erfährt die entsprechende Dopplerverschiebung. Die auf diese Weise beobachtete Rotationsgeschwindigkeit repräsentiert nur die Geschwindigkeitskomponente entlang der Sichtlinie. Die wahre Geschwindigkeit erhält man durch die Division durch $\sin(i)$, wobei i der Winkel zwischen Sichtlinie und Rotationsachse des Sterns ist. Ein Stern, dem man genau auf den Pol sieht, wird keine Rotation zeigen. Unter der Annahme, daß die Lagen der Rotationsachsen im Raum zufällig verteilt sind, kann die Verteilung der Rotationsgeschwindigkeiten statistisch abgeschätzt werden. Die heißesten Sterne scheinen schneller zu rotieren als die kühleren. Die Rotationsgeschwindigkeit am Äquator variiert zwischen 200–250 km/s für die O- und B-Sterne bis hin zu 2 km/s für den Spektraltyp G. Bei Hüllensternen kann die Rotationsgeschwindigkeit bis zu 500 km/s betragen.

Die *chemische Zusammensetzung* der äußeren Schichten wird aus der Stärke der Spektrallinien abgeleitet (Abschn. 9.6). Etwa drei Viertel der Sternmasse besteht aus Wasserstoff. Der Heliumanteil beträgt etwa ein Viertel und der Anteil der anderen Elemente ist sehr gering. Die Häufigkeit der schweren Elemente in jungen Sternen ist mit 2% wesentlich größer als in alten Sternen, wo sie weniger als 0,02% beträgt.

*Die aus einer Sternatmosphäre austretende Intensität

Die Intensität der Strahlung, die aus einer Sternatmosphäre austritt, wird durch den Ausdruck (2) in *Die Strahlungstransportgleichung innerhalb einer Atmosphäre (S. 128) gegeben. Er lautet

$$I_\nu(0,\theta) = \int_0^\infty S_\nu(\tau_\nu) \exp(-\tau_\nu \sec\theta) d\tau_\nu \sec\theta \ . \tag{1}$$

Nach der Berechnung einer Modellatmosphäre ist die Ergiebigkeit S_ν bekannt.

Eine Näherungsgleichung für die Intensität kann wie folgt abgeleitet werden. Man entwickelt die Ergiebigkeit bei irgendeinem willkürlich gewählten Punkt τ^* in eine Taylorreihe:

$$S_\nu = S_\nu(\tau^*) + (\tau_\nu - \tau^*) S_\nu'(\tau^*) + \ldots ,$$

wobei der Strich die Ableitung kennzeichnet. Mit Hilfe dieses Ausdrucks kann das Integral in (1) ausgeführt werden, und es ergibt sich

$$I_\nu(0,\theta) = S_\nu(\tau^*) + (\cos\theta - \tau^*) S_\nu'(\tau^*) + \ldots .$$

Wählen wir jetzt $\tau^* = \cos\theta$, so verschwindet der zweite Summand. Im lokalen thermodynamischen Gleichgewicht ist die Ergiebigkeit die Planck-Funktion $B_\nu(T)$. So erhalten wir die *Eddington-Barbier-Näherung*

$$I_\nu(0,\theta) = B_\nu(T[\tau_\nu = \cos\theta]) \ .$$

Nach dieser Gleichung entsteht die in eine bestimmte Richtung austretende Strahlung bei einheitlicher optischer Tiefe, gemessen entlang dieser Richtung.

Kapitel 10 Doppelsterne und Sternmassen

Sehr oft stehen zwei Sterne am Himmel nahe beieinander, obwohl sie sich in Wirklichkeit in sehr unterschiedlichen Entfernungen befinden. Solche Zufallspaare werden *optische Doppelsterne* genannt. Auf der anderen Seite stehen viele enge Paare von Sternen tatsächlich in gleichem Abstand zu uns und bilden ein physikalisches System, in dem die zwei Sterne einander umkreisen. Weniger als die Hälfte aller Sterne sind Einzelsterne wie die Sonne. Mehr als 50% gehören zu den Systemen, die zwei oder mehr Mitglieder enthalten. Im allgemeinen haben die Mehrfachsysteme eine hierarchische Struktur: Ein Stern und ein Doppelstern umkreisen einander in Dreifachsystemen, zwei Doppelsterne umkreisen einander in Vierfachsystemen. Deshalb können die meisten Mehrfachsysteme als Doppelsterne verschiedenen Grades beschrieben werden.

Doppelsterne klassifiziert man nach der Art ihrer Entdeckungsmöglichkeit. Bei den *visuellen Doppelsternen* sieht man zwei getrennte Komponenten, d. h. der scheinbare Abstand zwischen den Sternen ist größer als etwa 0,1 Bogensekunde. Während sich die Komponenten in ihren Bahnen bewegen, ändern sich die relativen Positionen der Komponenten über die Jahre hinweg (Abb. 10.1). Bei den *astrometrischen Doppelsternen* ist nur eine Komponente zu sehen. Ihre veränderliche Eigenbewegung zeigt jedoch an, daß eine zweite, unsichtbare Komponente vorhanden sein muß. Die *spektroskopischen Doppelsterne* werden aufgrund ihrer Spektren entdeckt. Entweder es sind zwei Sätze von Spektrallinien zu sehen, oder aber die Dopplerverschiebung der Linien variiert periodisch und weist auf einen unsichtbaren Begleiter hin. Die vierte Klasse von Doppelsternen sind die *photometrischen Doppelsterne* oder *Bedeckungsveränderlichen*. Bei diesen Systemen geht die eine Komponente des Paares regelmäßig vor der anderen vorbei und

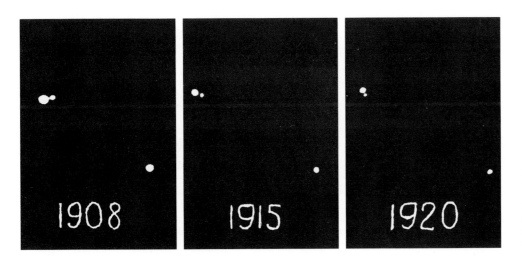

Abb. 10.1. Wird ein visueller Doppelstern über eine lange Zeit verfolgt, so kann man sehen, wie sich die Komponenten in bezug aufeinander bewegen. Die Serie zeigt den Doppelstern Krüger 60. (Yerkes Observatory)

umgekehrt, wodurch eine Änderung der scheinbaren Gesamthelligkeit hervorgerufen wird.

Doppelsterne können auch auf der Grundlage ihrer gegenseitigen räumlichen Trennung klassifiziert werden. Bei den entfernten Doppelsternen beträgt der Abstand zwischen den Komponenten einige zehn oder hundert astronomische Einheiten; die Bahnperioden reichen von einigen Jahrzehnten bis zu Tausenden von Jahren. In engen Doppelsternen liegt der Abstand zwischen einer AE bis herab zum Radius der Sterne selbst. Die Bahnperiode reicht von wenigen Stunden bis zu einigen Jahren.

Die Sterne innerhalb eines Doppelsternsystems bewegen sich auf elliptischen Bahnen um das Massenzentrum des Systems. In Kap. 7 wurde gezeigt, daß die relative Bahn ebenfalls eine Ellipse ist, und die Beobachtungen werden deshalb oft so beschrieben, als verbliebe die eine Komponente stationär und die andere umliefe diese.

10.1 Visuelle Doppelsterne

Wir betrachten einen visuellen Doppelstern und nehmen an, daß die hellere Komponente (der Hauptstern) stationär ist und von der schwächeren Komponente (dem Begleiter) umrundet wird. Der Winkelabstand zwischen den Sternen und der Richtungswinkel zum Begleiter können direkt beobachtet werden. Unter Verwendung von Beobachtungen, die sich über mehrere Jahre oder Jahrzehnte erstrecken, kann die relative Bahn des Begleiters bestimmt werden. Die erste Doppelsternbahn, die ermittelt wurde, war die von ξ UMa im Jahre 1830 (Abb. 10.2).

Die Beobachtungen visueller Doppelsterne liefern nur die Projektion der Bahnellipse auf die Himmelskugel. Form und Orientierung der wahren Bahn sind unbekannt. Sie können jedoch berechnet werden, wenn man von der Tatsache Gebrauch macht, daß der Hauptstern sich im Brennpunkt der relativen Bahn befinden muß. Die Abweichung der projizierten Position des Hauptsterns vom Brennpunkt erlaubt es, die Orientierung der wahren Bahn zu bestimmen.

Die absolute Größe der Bahn kann nur dann gefunden werden, wenn die Entfernung des Doppelsterns bekannt ist. Dann kann man auch die Gesamtmasse des Systems über das dritte Keplersche Gesetz berechnen.

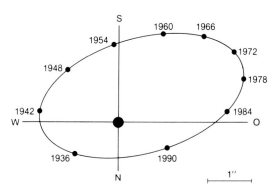

Abb. 10.2. Die erste aus Beobachtungen bestimmte Doppelsternbahn war die von ξ Ursae Majoris im Jahre 1830

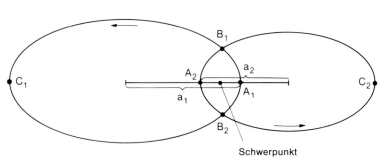

Abb. 10.3. Die Komponenten eines Doppelsternsystems bewegen sich um ihren gemeinsamen Schwerpunkt. A_1, A_2 bezeichnen die Positionen der Sterne zu einer gegebenen Zeit A; analog für B und C

10.2 Astrometrische Doppelsterne

Die Massen der Einzelkomponenten können bestimmt werden, indem man die Bewegungen beider Komponenten relativ zum Massenzentrum beobachtet (Abb. 10.3). Die großen Halbachsen der Bahnellipsen von Hauptstern und Begleiter seien a_1 und a_2. Dann gilt entsprechend der Definition des Massenzentrums (Schwerpunkt)

$$\frac{a_1}{a_2} = \frac{m_1}{m_2} , \qquad (10.1)$$

wobei m_1 und m_2 die Massen der Komponenten sind. Die große Achse der relativen Bahn ist

$$a = a_1 + a_2 . \qquad (10.2)$$

Zum Beispiel ergaben sich die Massen der Komponenten von ξ UMa zu 1,3 und 1,0 Sonnenmassen.

10.2 Astrometrische Doppelsterne

In astrometrischen Doppelsternen kann man nur die Bahn der helleren Komponente um das Massenzentrum beobachten. Wurde die Masse der sichtbaren Komponente z. B. aus ihrer Leuchtkraft heraus abgeschätzt, so kann die Masse der unsichtbaren Komponente ebenfalls ermittelt werden.

Der erste astrometrische Doppelstern war Sirius. Bei ihm wurde in den dreißiger Jahren des vorigen Jahrhunderts eine wellenförmige Eigenbewegung beobachtet. Man schloß, daß er einen kleinen Begleiter haben müßte; dieser wurde einige Jahrzehnte später visuell entdeckt (Abb. 10.4). Der Begleiter (Sirius B) war ein völlig neuartiges Objekt, ein Weißer Zwerg.

Die Eigenbewegungen der nahen Sterne wurden während der Suche nach Planetensystemen sorgfältig untersucht.

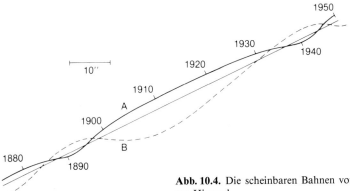

Abb. 10.4. Die scheinbaren Bahnen von Sirius und seinem Begleiter am Himmel

10.3 Spektroskopische Doppelsterne (Abb. 10.5)

Die spektroskopischen Doppelsterne erscheinen selbst in den leistungsfähigsten Teleskopen als Einzelsterne, ihre Spektren zeigen jedoch eine regelmäßige Variation. Der erste spektroskopische Doppelstern wurde in den achtziger Jahren des vorigen Jahrhunderts entdeckt, als man fand, daß die Spektrallinien von ζ UMa oder Mizar in gleichmäßigen Zeitabständen verdoppelt erscheinen.

Die Dopplerverschiebung einer Spektrallinie ist der Radialgeschwindigkeit direkt proportional. Deshalb ist die Trennung der Spektrallinien dann am größten, wenn sich die eine Komponente direkt auf den Beobachter zu und die andere von ihm weg bewegt. Die Periode der Variation ist identisch mit der Bahnperiode der Sterne. Leider gibt es keinen direkten Weg, die Orientierung der Bahn im Raum zu bestimmen. Die beobachtete Geschwindigkeit v ist mit der wahren Geschwindigkeit v_0 über die Beziehung

$$v = v_0 \sin i \tag{10.3}$$

verbunden, wobei die Inklination i der Winkel zwischen der Sichtlinie und der Bahnnormalen ist.

Betrachten wir einen Doppelstern, bei dem sich die Komponenten auf Kreisbahnen um das Massenzentrum bewegen. Die Bahnradien seien a_1 und a_2. Aus der Definition des Massenzentrums $m_1 a_1 = m_2 a_2$ erhalten wir mit $a = a_1 + a_2$

$$a_1 = \frac{a m_2}{m_1 + m_2} . \tag{10.4}$$

Die wahre Bahngeschwindigkeit ist

$$v_{0,1} = \frac{2 \pi a_1}{P} ,$$

wobei P die Bahnperiode ist. Die beobachtete Bahngeschwindigkeit ist entsprechend (10.3)

$$v_1 = \frac{2 \pi a_1 \sin i}{P} . \tag{10.5}$$

Durch Substitution von a_1 durch (10.4) erhält man

$$v_1 = \frac{2 \pi a}{P} \frac{m_2 \sin i}{m_1 + m_2} .$$

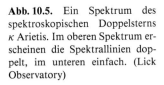

Abb. 10.5. Ein Spektrum des spektroskopischen Doppelsterns κ Arietis. Im oberen Spektrum erscheinen die Spektrallinien doppelt, im unteren einfach. (Lick Observatory)

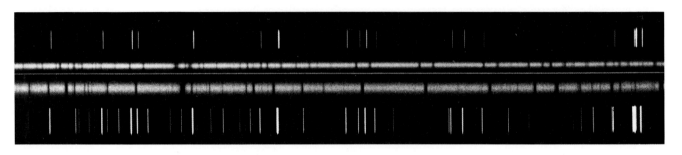

Durch Auflösung nach a und Einsetzen in das dritte Keplersche Gesetz erhält man die sogenannte *Massenfunktionsgleichung*:

$$\frac{m_2^3 \sin^3 i}{(m_1+m_2)^2} = \frac{v_1^3 P}{2\pi G} \ . \tag{10.6}$$

Ist die eine Komponente eines spektroskopischen Doppelsterns so schwach, daß ihre Spektrallinien nicht beobachtet werden können, erhält man nur P und v_1. Gleichung (10.6) gibt dann den Wert der *Massenfunktion*. Weder die Einzelmassen der Komponenten noch die Gesamtmasse können bestimmt werden.

Können die Spektrallinien beider Komponenten beobachtet werden, so ist v_2 ebenfalls bekannt. Dann ergibt (10.5)

$$\frac{v_1}{v_2} = \frac{a_1}{a_2}$$

und über die Definition des Massenzentrums erhält man

$$m_1 = \frac{m_2 v_2}{v_1} \ .$$

Setzt man dies in (10.6) ein, so kann der Wert von $m_2 \sin^3 i$ und entsprechend auch von $m_1 \sin^3 i$ bestimmt werden. Die tatsächlichen Massen können jedoch nicht ohne die Kenntnis der Inklination gefunden werden.

Die Größe der Doppelsternbahn (die große Halbachse a) erhält man aus (10.5) bis auf einen Faktor $\sin i$. Die Bahnen von Doppelsternen sind im allgemeinen nicht kreisförmig, und die vorangegangenen Ausdrücke können in dieser Form nicht verwendet werden. Bei einer exzentrischen Bahn weicht die Form der Geschwindigkeitsvariation mit wachsender Exzentrizität immer mehr von der einfachen Sinuskurve ab. Aus dem Profil der Geschwindigkeitsvariation können sowohl die Exzentrizität als auch die Länge des Periastrons ermittelt werden. Kennt man diese, so lassen sich die Massenfunktion oder die Einzelmassen wiederum bis auf einen Faktor $\sin^3 i$ bestimmen.

10.4 Photometrische Doppelsterne

Bei den photometrischen Doppelsternen wird durch die Bewegungen der Komponenten in einem Doppelsystem eine periodische Variation der Gesamthelligkeit hervorgerufen. Die photometrischen Doppelsterne sind im allgemeinen Bedeckungsveränderliche, bei denen die Helligkeitsvariation durch das Vorbeigehen einer der Komponenten vor der anderen verursacht wird. Eine Klasse von photometrischen Doppelsternen, bei denen es keine wirklichen Bedeckungen gibt, sind die *ellipsoidalen Veränderlichen*. Bei diesen Systemen wird mindestens eine der Komponenten durch die Gezeitenwirkung der anderen so verformt, daß ihr Äußeres eine ellipsoidale Form annimmt. Bei verschiedenen Phasen der Bahnbewegung ändert sich die Größe der projizierten Oberfläche der verformten Komponente. Auf den Gezeitenbergen ist auch die Oberflächentemperatur etwas niedriger. Diese Faktoren zusammen rufen eine kleine Helligkeitsvariation hervor.

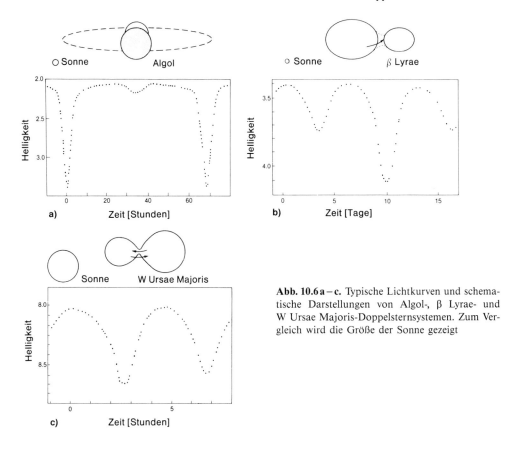

Abb. 10.6 a–c. Typische Lichtkurven und schematische Darstellungen von Algol-, β Lyrae- und W Ursae Majoris-Doppelsternsystemen. Zum Vergleich wird die Größe der Sonne gezeigt

Die Inklination der Bahn eines Bedeckungsveränderlichen muß sehr nahe bei 90° liegen. Dies sind die einzigen spektroskopischen Doppelsterne, bei denen die Inklination bekannt ist und deshalb die Massen sofort bestimmt werden können.

Unter der *Lichtkurve* versteht man die Helligkeitsvariation eines Bedeckungsveränderlichen als eine Funktion der Zeit. Nach der Form der Lichtkurve werden sie in drei Haupttypen unterschieden: in den *Algol-*, den *β Lyrae-* und den *W Ursae Majoris-Typ* (Abb. 10.6).

Algol-Sterne. Die Bedeckungsveränderlichen vom Algol-Typ wurden nach β Persei oder Algol benannt. Über den größten Teil der Periode ist die Lichtkurve nahezu konstant. Dies entspricht Phasen, während derer die Sterne voneinander getrennt gesehen werden und die Gesamthelligkeit konstant bleibt. In der Lichtkurve gibt es zwei verschiedene Minima, wobei eines davon, das Hauptminimum, im allgemeinen tiefer ist als das andere. Dies kommt durch den Helligkeitsunterschied der Sterne. Bedeckt der größere Stern, der meist ein kühler Riese ist, die kleinere und heißere Komponente, so gibt es in der Lichtkurve ein tiefes Minimum. Geht der kleine heiße Stern vor der Scheibe des Riesen vorbei, so ändert sich die Gesamthelligkeit des Systems nicht so wesentlich.

Die Form der Minima hängt davon ab, ob die Bedeckung total oder partiell erfolgt. Bei einer partiellen Bedeckung ist die Lichtkurve glatt, da sich die Helligkeit mit der Tiefe der Bedeckung kontinuierlich ändert. Bei einer vollständigen Bedeckung gibt es

10.4 Photometrische Doppelsterne

ein Zeitintervall, in dem eine der Komponenten vollständig unsichtbar ist. Die Gesamthelligkeit ist dann konstant, und das Minimum der Lichtkurve wirkt unten wie abgeschnitten. Die Form der Minima liefert uns deshalb Informationen über die Inklination der Bahn.

Die Dauer der Minima hängt ab vom Verhältnis von Sternradius und Bahndurchmesser. Ist der Stern außerdem ein spektroskopischer Doppelstern, so können auch die Dimensionen der Bahn ermittelt werden. In diesem Fall können die Massen und die Größe der Bahn und somit auch die Radien der Sterne bestimmt werden, ohne die Entfernung des Systems zu kennen.

β Lyrae-Sterne. Bei den Doppelsternen vom β Lyrae-Typ variiert die Gesamthelligkeit kontinuierlich. Die Sterne stehen so nahe beieinander, daß der eine von ihnen ellipsoidale Form besitzt. Deshalb ändert sich die Helligkeit auch außerhalb der Bedeckungen. Die β Lyrae-Veränderlichen können als ellipsoidale Bedeckungsveränderliche beschrieben werden. Im β Lyrae-System selbst füllt der eine Stern sein Roche-Volumen aus (s. Abschn. 12.6) und verliert ständig Masse an seinen Begleiter. Der Massefluß verursacht in der Lichtkurve zusätzliche Effekte.

W UMa-Sterne. Bei den W UMa-Sternen sind die Minima der Lichtkurve fast identisch, sehr breit und abgerundet. Es handelt sich um Doppelsternsysteme, bei denen beide Komponenten ihr Roche-Volumen ausfüllen und ein sogenanntes *Kontaktsystem* bilden.

Die bei den photometrischen Doppelsternen beobachteten Lichtkurven können viele zusätzliche Erscheinungen zeigen, welche die vorangegangene Klassifikation etwas verwirren:

— Die äußere Form des Sterns kann durch die Gezeitenkräfte des Begleiters gestört sein. Der Stern kann ellipsoidal sein oder seine Roche-Oberfläche ausfüllen, wobei er eine tropfenförmige Gestalt annimmt.
— Die Randverdunklung (Abschn. 13.3) des Sterns kann beträchtlich sein. Ist die vom Rand der Sternscheibe kommende Strahlung schwächer als die vom Zentrum kommende, so unterstützt dies ein Abrunden der Form der Lichtkurve.
— In ausgedehnten Sternen gibt es eine Gravitationsverdunkelung: Die am weitesten vom Zentrum entfernten Gebiete sind kühler und strahlen weniger Energie ab.
— Es gibt bei den Sternen auch Reflexionserscheinungen. Sind die Sterne nahe zusammen, so erhitzen sie gegenseitig die einander gegenüberliegenden Seiten. Der erhitzte Teil ist dann heller.
— In Systemen mit Masseaustausch verändert das auf eine der Komponenten einfallende Material die Oberflächentemperatur.

All diese zusätzlichen Effekte verursachen Schwierigkeiten bei der Interpretation der Lichtkurve. Meist berechnet man ein theoretisches Modell samt der entsprechenden Lichtkurve, die dann mit den Beobachtungen verglichen wird. Das Modell wird so lange geändert, bis eine zufriedenstellende Übereinstimmung erreicht wird.

Bisher haben wir uns lediglich mit den Eigenschaften der Doppelsternsysteme im optischen Bereich befaßt. Erst kürzlich wurden viele Doppelsternsysteme entdeckt, die sehr stark bei anderen Wellenlängen strahlen. Besonders interessant sind die Doppelsternpulsare, bei denen die Geschwindigkeitsvariation aus Radiobeobachtungen bestimmt werden kann. Viele verschiedene Arten von Doppelsternen wurden auch bei Röntgenwellenlängen entdeckt. Diese Systeme werden in Kap. 15 diskutiert.

Die Doppelsterne sind die einzigen Sterne mit exakt bekannten Massen. Die Massen der anderen Sterne werden über die Masse-Leuchtkraft-Beziehung (Abschn. 9.6) abgeschätzt, diese muß jedoch mit Hilfe der Doppelsternbeobachtungen geeicht werden.

10.5 Übungen

10.5.1 *Die Masse eines Doppelsterns*

Die Entfernung eines Doppelsterns beträgt 10 pc und der größte Winkelabstand zwischen den Komponenten ist 7″, der kleinste 1″. Die Umlaufzeit beträgt 100 Jahre. Es ist die Masse des Doppelsterns zu bestimmen, wobei angenommen wird, daß die Bahnebene senkrecht auf der Sichtlinie steht.

Aus dem Winkelabstand und der Entfernung ergibt sich die große Halbachse zu

$$a = 4'' \times 10 \text{ pc} = 40 \text{ AE} \ .$$

Nach dem dritten Keplerschen Gesetz folgt

$$m_1 + m_2 = \frac{a^3}{P^2} = \frac{40^3}{100^2} M_\odot = 6{,}4 \, M_\odot \ .$$

Angenommen, die große Halbachse der einen Komponente sei $a_1 = 3''$ und die der anderen $a_2 = 1''$. Dann können die Massen der Komponenten getrennt bestimmt werden:

$$m_1 a_1 = m_2 a_2 \Rightarrow m_1 = \frac{a_2}{a_1} m_2 = \frac{m_2}{3}$$

$$m_1 + m_2 = 6{,}4 \, M_\odot \Rightarrow m_1 = 1{,}6 \, M_\odot \ , \quad m_2 = 4{,}8 \, M_\odot \ .$$

10.5.2 *Die Lichtkurve eines Doppelsterns*

Nehmen wir an, daß die Sichtlinie in der Bahnebene eines Doppelsterns vom Algol-Typ liege, bei dem beide Komponenten den gleichen Radius haben. Die Lichtkurve sieht im wesentlichen so aus wie in der Abbildung gezeigt. Das Hauptminimum erscheint, wenn die hellere Komponente bedeckt wird. Die Tiefe der Minima soll berechnet werden.

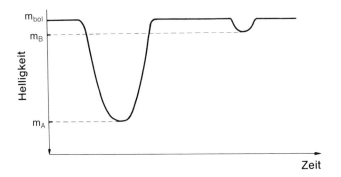

10.5 Übungen

Die effektiven Temperaturen der Sterne seien T_A und T_B und ihr Radius sei R, die Leuchtkräfte werden durch

$$L_A = 4\pi R^2 \sigma T^4 , \quad L_B = 4\pi R^2 \sigma T^4$$

gegeben. Der konstante Bereich der Kurve entspricht der Gesamtleuchtkraft

$$L_{\text{tot}} = L_A + L_B .$$

Die Leuchtkräfte können mittels (4.14) als absolute bolometrische Helligkeiten ausgedrückt werden. Da die Entfernungsmodule der Komponenten gleich sind, wird die scheinbare bolometrische Helligkeit im Hauptminimum gegeben durch

$$m_A - m_{\text{tot}} = M_A - M_{\text{tot}} = -2{,}5 \lg \frac{L_A}{L_{\text{tot}}} = +2{,}5 \lg \frac{L_{\text{tot}}}{L_A}$$

$$= 2{,}5 \lg \frac{4\pi R^2 \sigma T_A^4 + 4\pi R^2 \sigma T_B^4}{4\pi R^2 \sigma T_A^4} = 2{,}5 \lg \left[1 + \left(\frac{T_B}{T_A}\right)^4\right] .$$

Analog hierzu ist die Tiefe des Nebenminimums

$$m_B - m_{\text{tot}} = 2{,}5 \lg \left[1 + \left(\frac{T_A}{T_B}\right)^4\right] .$$

Nehmen wir an, die effektiven Temperaturen der Sterne seien $T_A = 5\,000\,\text{K}$ und $T_B = 12\,000\,\text{K}$. Dann ist die Tiefe des Hauptminimums

$$m_A - m_{\text{tot}} = 2{,}5 \lg \left[1 + \left(\frac{12\,000}{5\,000}\right)^4\right] \approx 3{,}9 \,\text{mag} .$$

Das Nebenminimum beträgt

$$m_B - m_{\text{tot}} = 2{,}5 \lg \left[1 + \left(\frac{5\,000}{12\,000}\right)^4\right] \approx 0{,}03 \,\text{mag} .$$

Kapitel 11 Innerer Aufbau der Sterne

Sterne sind riesige Gaskugeln, deren Massen die der Erde um das Tausend- bis Millionenfache übertreffen. Ein Stern wie die Sonne kann für Milliarden von Jahren unverändert strahlen. Dies zeigen die Untersuchungen zur Frühgeschichte der Erde, welche ergaben, daß sich die von der Sonne abgestrahlte Energiemenge während der letzten 4 Milliarden Jahre nicht wesentlich geändert hat. Über eine solche Zeitspanne muß das in einem Stern herrschende Gleichgewicht stabil bleiben.

11.1 Bedingungen des inneren Gleichgewichts

Mathematisch können die Bedingungen für das innere Gleichgewicht eines Sterns in Form von vier Differentialgleichungen ausgedrückt werden, welche die Verteilung von Masse und Gasdruck sowie die Energieerzeugung und deren Transport im Stern beschreiben. Diese Gleichungen sollen jetzt abgeleitet werden.

Das hydrostatische Gleichgewicht. Die Schwerkraft zieht die Sternmaterie in Richtung des Zentrums, ihr entgegen wirkt der durch die Wärmebewegung der Gasmoleküle erzeugte Druck. Die erste Gleichgewichtsbedingung lautet, daß diese Kräfte sich die Waage halten müssen.

Betrachten wir ein zylindrisches Volumenelement in der Entfernung r vom Mittelpunkt des Sterns (Abb. 11.1). Sein Volumen ist $dV = dA\, dr$, wobei dA seine Grundfläche und dr seine Höhe sind; die Masse ist $dm = \varrho\, dA\, dr$, $\varrho(r)$ ist die Gasdichte im Abstand r.

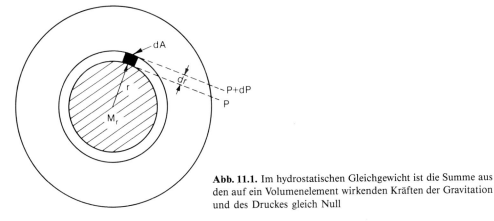

Abb. 11.1. Im hydrostatischen Gleichgewicht ist die Summe aus den auf ein Volumenelement wirkenden Kräften der Gravitation und des Druckes gleich Null

Ist M_r die Masse innerhalb des Radius r, so ist die auf das Volumenelement ausgeübte Gravitationskraft

$$dF_g = -\frac{GM_r dm}{r^2} = -\frac{GM_r \varrho}{r^2} dA\, dr \ ,$$

G ist die Gravitationskonstante. Das Minuszeichen in diesem Ausdruck bedeutet, daß die Kraft auf das Zentrum des Sterns hin gerichtet ist. Ist der Druck an der Grundfläche des Volumenelements P und an der Deckfläche $P+dP$, so ist die auf das Element wirkende Druckkraft

$$dF_P = P dA - (P+dP) dA = -dP\, dA \ .$$

Da der Druck nach außen hin abnimmt, ist dP negativ und die Kraft F_P positiv. Die Gleichgewichtsbedingung lautet, daß die auf das Volumenelement wirkende resultierende Gesamtkraft verschwindet, d. h.

$$0 = dF_g + dF_P = -\frac{GM_r \varrho}{r^2} dA\, dr - dP\, dA \quad \text{oder}$$

$$\frac{dP}{dr} = -\frac{GM_r \varrho}{r^2} \ . \tag{11.1}$$

Dies ist die *Gleichung des hydrostatischen Gleichgewichts*.

Die Massenverteilung. Die zweite Gleichung gibt die innerhalb eines vorgegebenen Radius enthaltene Masse an. Betrachten wir eine Kugelschale der Dicke dr im Abstand r vom Mittelpunkt (Abb. 11.2). Ihre Masse beträgt

$$dM_r = 4\pi r^2 \varrho\, dr \ .$$

Daraus folgt die *Kontinuitätsgleichung* für die Masse

$$\frac{dM_r}{dr} = 4\pi r^2 \varrho \ . \tag{11.2}$$

Die Energieerzeugung. Die dritte Gleichgewichtsbedingung drückt die Erhaltung der Energie in Form der Forderung aus, daß die gesamte im Stern erzeugte Energie zu dessen Oberfläche transportiert und abgestrahlt werden muß. Wir betrachten wiederum eine Kugelschale der Dicke dr und Masse M_r beim Radius r (Abb. 11.3). L_r sei der Energiefluß, d. h. die durch die Kugelfläche vom Radius r pro Zeiteinheit hindurchtretende Energiemenge. Ist ε der Energieproduktionskoeffizient, d. h. die im Stern pro Zeit- und Masseneinheit freigesetzte Energiemenge, so gilt

$$dL_r = L_{r+dr} - L_r = \varepsilon\, dM_r = 4\pi r^2 \varrho \varepsilon\, dr \ .$$

Der Energieerhaltungssatz lautet somit

$$\frac{dL_r}{dr} = 4\pi r^2 \varrho \varepsilon \ . \tag{11.3}$$

11.1 Bedingungen des inneren Gleichgewichts

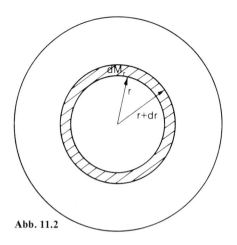

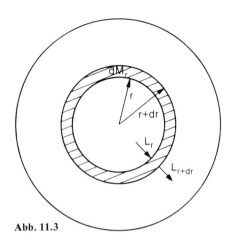

Abb. 11.2

Abb. 11.3

Abb. 11.2. Die Masse einer dünnen Kugelschale ist das Produkt aus ihrem Volumen und ihrer Dichte

Abb. 11.3. Die aus einer Kugelschale austretende Energie ist die Summe aus der in die Schale eintretenden Energie und der innerhalb der Schale erzeugten Energie

Die Energieerzeugungsrate hängt von der Entfernung vom Zentrum ab. Die gesamte vom Stern abgestrahlte Energie wird im wesentlichen im heißen und dichten Kern erzeugt. In den äußeren Schichten ist die Energieproduktion vernachlässigbar und L_r fast konstant.

Der Temperaturgradient. Die vierte Gleichgewichtsbedingung gibt die Temperatur als eine Funktion des Radius bzw. den Temperaturgradienten dT/dr an. Die Form der Gleichun hängt davon ab, wie die Energie transportiert wird: durch *Wärmeleitung*, *Konvektion* oder *Strahlung*.

Im Inneren eines normalen Sterns ist die Wärmeleitung sehr uneffektiv, denn die die Energie transportierenden Elektronen können nur eine sehr kurze Strecke zurücklegen, ohne mit anderen Teilchen zusammenzustoßen. Die Leitung wird nur in kompakten Sternen bedeutsam, in Weißen Zwergen und in Neutronensternen, wo die freie Weglänge der Elektronen sehr groß ist. In normalen Sternen kann der Energietransport durch Wärmeleitung vernachlässigt werden.

Beim Energietransport durch Strahlung werden die in den heißeren Teilen des Sterns emittierten Photonen in den kühleren Gebieten absorbiert, wobei sie letztere erhitzen. Man sagt, der Stern befinde sich im Strahlungsgleichgewicht, wenn die im Sterninneren freigesetzte Energie ausschließlich durch Strahlung transportiert wird.

Der Strahlungstemperaturgradient steht mit dem Energiefluß L_r entsprechend

$$\frac{dT}{dr} = \left(-\frac{3}{4ac}\right)\left(\frac{\kappa\varrho}{T^3}\right)\left(\frac{L_r}{4\pi r^2}\right) \tag{11.4}$$

in Beziehung, wobei a die Strahlungskonstante, c die Lichtgeschwindigkeit und ϱ die Dichte sind. Der Massenabsorptionskoeffizient κ gibt die Absorption pro Masseneinheit an. Sein Wert hängt von der Temperatur, der Dichte und der chemischen Zusammensetzung ab.

Um (11.4) abzuleiten, betrachten wir die Gleichung des Strahlungstransports (1) auf S. 128. Unter Verwendung der in diesem Kapitel eingeführten Variablen kann sie geschrieben werden als

$$\cos\theta \frac{dI_\nu}{dr} = -\kappa_\nu \varrho I_\nu + j_\nu \ .$$

κ_ν wird durch einen brauchbaren mittleren Wert κ ersetzt, und die Gleichung mit $\cos\theta$ multipliziert und anschließend über alle Richtungen und Frequenzen integriert. Auf der linken Seite kann I_ν durch die Planck-Funktion B_ν angenähert werden. Das Integral über die Frequenzen kann dann mittels (5.14) ausgeführt werden. Auf der rechten Seite wird der erste Term entsprechend (4.2) über die Flußdichte ausgedrückt, und für den zweiten Term verschwindet das Integral über die Richtungen, da j_ν nicht von θ abhängt. Man bekommt so

$$\frac{4\pi}{3}\frac{d}{dr}\left(\frac{ac}{4\pi^2}T^4\right) = -\kappa\varrho F_r \ .$$

Letztlich erhält man (11.4) unter Verwendung der Beziehung

$$F_r = \frac{L_r}{4\pi r^2}$$

zwischen der Flußdichte F_r und dem Energiefluß L_r.

Da die Temperatur nach innen hin wächst, ist die Ableitung dT/dr negativ. Wird die Energie durch Strahlung transportiert, muß es natürlich einen Temperaturgradienten geben; anderenfalls wäre das Strahlungsfeld in allen Richtungen das gleiche und der resultierende Fluß F_r würde verschwinden.

Wird der Strahlungstransport der Energie uneffektiv, so wird der Absolutwert des Strahlungstemperaturgradienten sehr groß. In diesem Fall setzen im Gas Bewegungen ein, die die Energie effektiver nach außen transportieren als die Strahlung. Bei diesen konvektiven Bewegungen steigt heißes Gas aufwärts in kühlere Schichten, wo es seine Energie verliert und wieder absinkt. Die aufsteigenden und absinkenden Gaselemente vermischen auch die Sternmaterie, und die Zusammensetzung der konvektiven Teile des Sterns wird homogen.

Der Ausdruck für den konvektiven Temperaturgradienten lautet

$$\frac{dT}{dr} = \left(1 - \frac{1}{\gamma}\right)\frac{T}{P}\frac{dP}{dr} \ , \qquad (11.5)$$

wobei P der Gasdruck ist und der *Adiabatenexponent*

$\gamma = C_P/C_V$

das Verhältnis der spezifischen Wärme bei konstantem Druck bzw. konstantem Volumen angibt. Gleichung (11.5) beschreibt den *adiabatischen Temperaturgradienten*. Sie besagt, daß die sich bewegenden Gasmassen die adiabatische Zustandsgleichung befolgen:

$T \sim P^{1-1/\gamma}$.

Das Verhältnis γ der spezifischen Wärme hängt vom Ionisationszustand des Gases ab und kann berechnet werden, wenn Temperatur, Dichte und Zusammensetzung bekannt sind.

Die konvektiven Bewegungen setzen ein, wenn der Absolutwert des Strahlungstemperaturgradienten größer wird als der des adiabatischen Gradienten, d. h. wenn entweder der Strahlungsgradient groß oder der konvektive Gradient klein wird. Aus (11.4) kann man ersehen, daß dann ein starker Temperaturgradient erwartet wird, wenn entweder die Energieflußdichte oder der Massenabsorptionskoeffizient groß werden. Der konvektive Gradient wird klein, wenn sich der adiabatische Gradient der Eins nähert.

Bei der praktischen Berechnung des inneren Aufbaus verwendet man entweder (11.4) oder (11.5), je nachdem welche der Gleichungen einen schwächeren Temperaturgradienten ergibt. In den äußeren Schichten eines Sterns ist (11.5) keine gute Approximation mehr. Der konvektive Temperaturgradient wird dann berechnet, indem man die sogenannte Mixing-Length-Theorie zugrundelegt. Die Theorie der Konvektion ist ein schwieriges und noch unvollkommen verstandenes Problem, das über den Umfang dieser Darstellung hinausgeht.

Randbedingungen. Um eine gut definierte Aufgabenstellung zu erhalten, haben wir für die vorangegangenen Differentialgleichungen noch vier Randbedingungen vorzuschreiben. Erstens gibt es keine Energie- oder Massenquellen im Zentrum: $M = L = 0$ für $r = 0$. Außerdem steht die Gesamtmasse des Sterns innerhalb seines Radius R fest: $M_R = M$, womit für eine gegebene Masse der Radius definiert wird. Schließlich haben Temperatur und Druck an der Oberfläche des Sterns bestimmte Werte T_R und P_R. Diese sind sehr klein, verglichen mit den Werten im Inneren, und so ist es üblicherweise ausreichend, $T_R = P_R = 0$ zu fordern.

Zusätzlich zu diesen Randbedingungen benötigt man eine Beziehung für den Druck, die durch die Zustandsgleichung gegeben wird, sowie Ausdrücke für den Massenabsorptionskoeffizienten und die Energieerzeugungsrate, welche später betrachtet werden.

Die Lösungen der grundlegenden Differentialgleichungen geben die Masse, die Temperatur, die Dichte und den Energiefluß als Funktionen des Radius. Sternradius und Leuchtkraft können dann berechnet und mit den Beobachtungen verglichen werden.

Die Eigenschaften eines stellaren Gleichgewichtsmodells sind im wesentlichen festgelegt, sobald die Masse und die chemische Zusammensetzung vorgegeben wurden. Diese Aussage ist als das *Vogt-Russell-Theorem* bekannt.

11.2 Der physikalische Zustand des Gases

Wegen der hohen Temperatur ist das Gas in den Sternen fast vollständig ionisiert. Die Wechselwirkungen zwischen den einzelnen Teilchen sind gering, so daß das Gas in guter Näherung die Zustandsgleichung des idealen Gases befolgt:

$$P = \frac{k}{\mu m_H} \varrho T \, , \tag{11.6}$$

wobei k die Boltzmannkonstante, μ das mittlere Molekulargewicht und m_H die Masse des Wasserstoffatoms sind.

Das mittlere Molekulargewicht kann näherungsweise berechnet werden, indem man vollständige Ionisation annimmt. Ein Atom mit der Kernladungszahl Z erzeugt dann $Z+1$ freie Teilchen (den Kern und Z Elektronen). Wasserstoff liefert zwei Teilchen pro eine atomare Masseneinheit; Helium liefert drei Teilchen pro vier atomare Masseneinheiten. Für alle Elemente schwerer als Wasserstoff und Helium ist es im allgemeinen ausreichend, $Z+1$ als das halbe Atomgewicht anzunehmen. (Die exakten Werte können leicht berechnet werden, aber die Häufigkeit der schweren Elemente ist so gering, daß es im allgemeinen nicht notwendig ist.) In der Astrophysik wird der relative Massenanteil des Wasserstoffs üblicherweise mit X bezeichnet, der des Heliums mit Y und der aller schwereren Elemente mit Z, so daß gilt

$$X + Y + Z = 1 \ . \tag{11.7}$$

(Das in dieser Gleichung auftretende Z darf nicht mit der Kernladungszahl verwechselt werden, die ungünstigerweise mit dem gleichen Buchstaben bezeichnet wird.) Das mittlere Molekulargewicht erhält man zu

$$\mu = 1/(2X + \tfrac{3}{4}Y + \tfrac{1}{2}Z) \ . \tag{11.8}$$

Bei hohen Temperaturen ist zu dem durch die Zustandsgleichung des idealen Gases beschriebenen Gasdruck der Strahlungsdruck zu addieren. Der durch die Strahlung ausgeübte Druck ist (s. S. 267)

$$P_{\mathrm{rad}} = \tfrac{1}{3} a T^4 \ , \tag{11.9}$$

wobei a die Strahlungskonstante ist. Der Gesamtdruck ergibt sich zu

$$P = \frac{k}{\mu m_{\mathrm{H}}} \varrho T + \frac{1}{3} a T^4 \ . \tag{11.10}$$

Die Zustandsgleichung des idealen Gases gilt nicht bei sehr hoher Dichte. Übersteigt die Dichte innerhalb eines Sterns 10^7 kg/m^3, so entarten die Elektronen, und ihr Druck ist dann der eines entarteten Gases. In normalen Sternen ist das Gas im allgemeinen nicht entartet, in den Weißen Zwergen und den Neutronensternen besitzt die Entartung jedoch zentrale Bedeutung. Der Druck eines entarteten Gases ist (s. S. 268)

$$P \approx (h^2/m_{\mathrm{e}})(N/V)^{5/3} \ , \tag{11.11}$$

m_{e} ist die Masse des Elektrons und N/V die Zahl der Elektronen pro Volumeneinheit. Der Druck soll im folgenden über diese Gleichung als Funktion der Dichte

$$\varrho = N \mu_{\mathrm{e}} m_{\mathrm{H}} / V$$

ausgedrückt werden, μ_{e} ist das mittlere Molekulargewicht pro freiem Elektron. Ein Ausdruck für μ_{e} kann analog zu (11.8) abgeleitet werden:

$$\mu_{\mathrm{e}} = 1/(X + \tfrac{2}{4}Y + \tfrac{1}{2}Z) = 2/(X+1) \ .$$

Für die solare Wasserstoffhäufigkeit ergibt dies

$$\mu_{\mathrm{e}} = 2/(0{,}71 + 1) = 1{,}7 \ .$$

Der Ausdruck für den Druck lautet schließlich

$$P \approx (h^2/m_{\mathrm{e}})(\mu_{\mathrm{e}}/m_{\mathrm{H}})^{-5/3} \varrho^{5/3} \ . \tag{11.12}$$

Das ist die Zustandsgleichung des entarteten Elektronengases. Im Gegensatz zur Gleichung des idealen Gases hängt der Druck nicht länger von der Temperatur ab, sondern nur noch von der Dichte und der Teilchenmasse.

11.2 Der physikalische Zustand des Gases

In normalen Sternen ist der Entartungsdruck vernachlässigbar klein. In den Zentralgebieten von Riesensternen und in Weißen Zwergen jedoch, wo die Dichte in der Größenordnung von 10^8 kg/m³ liegt, dominiert der Entartungsdruck trotz der hohen Temperatur.

Bei noch höherer Dichte wird der Impuls der Elektronen so groß, daß ihre Geschwindigkeiten in die Nähe der Lichtgeschwindigkeit kommen. In diesem Fall müssen die Gleichungen der speziellen Relativitätstheorie angewendet werden. Der Druck eines relativistischen entarteten Gases ist

$$P \approx hc(N/V)^{4/3} = hc(\mu_e m_H)^{-4/3} \varrho^{4/3} \ . \tag{11.13}$$

Im relativistischen Fall ist der Druck also proportional der Dichte hoch 4/3, und nicht hoch 5/3 wie im nichtrelativistischen Fall. Der Übergang zur relativistischen Situation findet bei einer Dichte von ungefähr 10^9 kg/m³ statt.

Im allgemeinen hängt der Druck innerhalb eines Sterns von der Temperatur (ausgenommen bei einem vollkommen entarteten Gas), der Dichte und der chemischen Zusammensetzung ab. In realen Sternen ist das Gas niemals völlig ionisiert oder vollständig entartet. Der Druck wird dann durch kompliziertere Ausdrücke gegeben. Dennoch kann er für jeden interessierenden Fall berechnet werden. Man kann dann schreiben

$$P = P(T, \varrho, X, Y, Z) \ , \tag{11.14}$$

womit der Druck als eine bekannte Funktion von Temperatur, Dichte und chemischer Zusammensetzung angegeben wird.

Die *Opazität* des Gases beschreibt, wie schwierig es für die Strahlung ist, sich in dem Gas auszubreiten. Die verschiedenen Arten von Absorptionsprozessen (gebunden-gebunden, gebunden-frei, frei-frei) wurden in Abschn. 5.1 beschrieben. Die durch jeden Prozeß verursachte Opazität der Sternmaterie kann für interessierende Temperatur- und Dichtewerte berechnet werden.

*Gasdruck und Strahlungsdruck

Wir wollen nicht miteinander wechselwirkende Teilchen in einem rechteckigen Kasten betrachten. Bei den Teilchen kann es sich auch um Photonen handeln. Die Kantenlängen des Kastens seien Δx, Δy und Δz und die Anzahl der Teilchen sei N. Der Druck wird durch die Zusammenstöße der Teilchen mit den Wänden des Kastens hervorgerufen. Wenn ein Teilchen auf eine Wand senkrecht zur x-Achse trifft, so ändert sich sein Impuls in x-Richtung p_x um $\Delta p = 2p_x$. Nach der Zeit $\Delta t = 2\Delta x/v_x$ kehrt das Teilchen zur selben Wand zurück. Deshalb ist der von dem Teilchen auf die Wand (Oberfläche $A = \Delta y \Delta z$) ausgeübte Druck

$$P = \frac{F}{A} = \frac{\Sigma \Delta p/\Delta t}{A} = \frac{\Sigma p_x v_x}{\Delta x \Delta y \Delta z} = \frac{N \langle p_x v_x \rangle}{V} \ ,$$

wobei $V = \Delta x \Delta y \Delta z$ das Volumen des Kastens ist und $\langle \rangle$ den Mittelwert kennzeichnet. Der Impuls ist $p_x = mv_x$ (wobei für ein Photon $m = h\nu/c^2$ gilt) und man erhält

$$P = \frac{Nm \langle v_x^2 \rangle}{V} \ .$$

Nehmen wir an, die Geschwindigkeiten der Teilchen seien isotrop verteilt. Dann gilt

$$\langle v_x^2 \rangle = \langle v_y^2 \rangle = \langle v_z^2 \rangle \ , \quad \text{d.h.} \quad \langle v^2 \rangle = \langle v_x^2 \rangle + \langle v_y^2 \rangle + \langle v_z^2 \rangle = 3 \langle v_x^2 \rangle \quad \text{und}$$

$$P = \frac{Nm\langle v^2\rangle}{3V} .$$

Handelt es sich bei den Teilchen um Gasmoleküle, so beträgt die Energie eines Moleküls $\varepsilon = mv^2/2$. Die Gesamtenergie des Gases ist $E = N\langle\varepsilon\rangle = Nm\langle v^2\rangle$ und der Druck kann geschrieben werden als

$$P = \frac{2}{3}\frac{E}{V} \quad \text{(Gas)} .$$

Handelt es sich bei den Teilchen um Photonen, so bewegen sie sich mit Lichtgeschwindigkeit und ihre Energie ist $\varepsilon = mc^2$. Die Gesamtenergie eines Photonengases ist deshalb $E = N\langle\varepsilon\rangle = Nmc^2$ und der Druck beträgt

$$P = \frac{1}{3}\frac{E}{V} \quad \text{(Strahlung)} .$$

Nach (4.7), (4.4) und (5.15) ist die Energiedichte der Strahlung eines Schwarzen Körpers

$$\frac{E}{V} = u = \frac{4\pi}{c}I = \frac{4}{c}F = \frac{4}{c}\varrho T^4 \equiv aT^4 ,$$

wobei $a = 4\sigma/c = 7{,}564 \times 10^{-16}\,\text{J}\,\text{m}^{-3}\,\text{K}^{-4}$ die Strahlungskonstante ist. Der Strahlungsdruck ergibt sich somit zu

$$P_{\text{rad}} = aT^4/3 .$$

*Der Entartungsdruck

Als entartetes Gas bezeichnet man ein Gas, bei dem alle verfügbaren Energieniveaus bis zu einem Grenzimpuls p_0, der als der Fermi-Impuls bezeichnet wird, besetzt sind. Wir werden den Druck in einem vollständig entarteten Elektronengas bestimmen.

Das Volumen des Gases sei V. Wir betrachten die Elektronen, deren Impulse im Bereich $(p, p+dp)$ liegen. Ihr verfügbares Volumen im Phasenraum beträgt $4\pi p^2 dp\, V$. Nach dem Heisenbergschen Unbestimmtheitsprinzip ist das kleinste Volumen im Phasenraum h^3, und nach den Paulischen Auswahlregeln kann dieses Volumen zwei Elektronen entgegengesetzten Spins beinhalten. Deshalb beträgt die Anzahl der Elektronen im Impulsintervall $(p, p+dp)$

$$dN = 2\frac{4\pi p^2 dp\, V}{h^3} .$$

Die Gesamtzahl der Elektronen mit Impulsen kleiner als p_0 ist

$$N = \int dN = \frac{8\pi V}{h^3}\int_0^{p_0} p^2 dp = \frac{8\pi V}{3h^3}p_0^3 .$$

Somit ergibt sich der Fermi-Impuls zu

$$p_0 = \left(\frac{3}{\pi}\right)^{1/3}\frac{h}{2}\left(\frac{N}{V}\right)^{1/3} .$$

Nichtrelativistisches Gas. Die kinetische Energie eines Elektrons beträgt $\varepsilon = p^2/2m_e$. Die Gesamtenergie des Gases ist

$$E = \int \varepsilon\, dN = \frac{4\pi V}{m_e h^3}\int_0^{p_0} p^4 dp = \frac{4\pi V}{5m_e h^3}p_0^5 .$$

Setzt man den Ausdruck für den Fermi-Impuls ein, so erhält man

$$E = \frac{\pi}{40}\left(\frac{3}{\pi}\right)^{5/3}\frac{h^2}{m_e}V\left(\frac{N}{V}\right)^{5/3}.$$

Der Gasdruck ergibt sich nach S. 267 zu

$$P = \frac{2}{3}\frac{E}{V} = \frac{1}{20}\left(\frac{3}{\pi}\right)^{2/3}\frac{h^2}{m_e}\left(\frac{N}{V}\right)^{5/3}.$$

Hier bezeichnet N/V die Anzahldichte der Elektronen.

Relativistisches Gas. Wird die Dichte so groß, daß die dem Fermi-Impuls entsprechende Energie der Elektronen die Ruheenergie $m_e c^2$ übersteigt, so ist für die Energie der Elektronen der relativistische Ausdruck zu verwenden. Im extrem relativistischen Fall ist $\varepsilon = cp$ und die Gesamtenergie beträgt

$$E = \int \varepsilon\, dN = \frac{8\pi c V}{h^3}\int_0^{p_0} p^3\, dp = \frac{2\pi c V}{h^3}p_0^4.$$

Da der Ausdruck für den Fermi-Impuls unverändert bleibt, gilt

$$E = \frac{\pi}{8}\left(\frac{3}{\pi}\right)^{4/3} hcV\left(\frac{N}{V}\right)^{4/3}.$$

Der Druck des relativistischen Elektronengases kann aus der auf S. 268 für ein Photonengas abgeleiteten Gleichung erhalten werden:

$$P = \frac{1}{3}\frac{E}{V} = \frac{1}{8}\left(\frac{3}{\pi}\right)^{1/3} hc\left(\frac{N}{V}\right)^{4/3}.$$

Wir haben für den Druck eine nichtrelativistische und eine extrem relativistische Näherung erhalten. In den dazwischenliegenden Fällen muß der exakte Ausdruck für die Elektronenenergie verwendet werden:

$$\varepsilon = (m_e c^4 + p^2 c^2)^{1/2}.$$

Die bisherigen Ableitungen gelten strenggenommen nur am absoluten Nullpunkt der Temperatur. Die Dichte ist in kompakten Sternen jedoch so hoch, daß die Effekte einer endlichen Temperatur vernachlässigbar sind und man das Gas als vollständig entartet betrachten kann.

11.3 Stellare Energiequellen

Als die Gleichungen für den inneren Aufbau abgeleitet wurden, wurde die Art der Energiequelle der Sterne nicht näher spezifiziert. Kennt man die typische Leuchtkraft eines Sterns, so kann man ausrechnen, wie lange verschiedene Energiequellen reichen würden. Zum Beispiel könnte eine normale chemische Verbrennung nur für einige wenige tausend Jahre Energie produzieren. Die durch die Kontraktion eines Sterns freigesetzte Energie würde etwas länger reichen, nach einigen Millionen Jahren würde jedoch auch diese Energiequelle zu Ende gehen.

Terrestrische biologische und geologische Zeugnisse belegen, daß die Sonnenleuchtkraft über mindestens einige Milliarden Jahre nahezu konstant blieb. Das Alter der Erde liegt bei etwa 5 Milliarden Jahren, die Sonne hat also bereits mindestens über diese Zeit hinweg existiert. Da die Sonnenleuchtkraft 4×10^{26} W beträgt, hat die Sonne in 5×10^9 Jahren etwa 6×10^{43} J abgestrahlt. Die Sonnenmasse beträgt 2×10^{30} kg, deshalb muß sie in der Lage sein, mindestens 3×10^{13} J/kg zu erzeugen.

Ungeachtet der genauen Energiequelle sind die allgemeinen Bedingungen im Sonneninneren bekannt. In Übung 11.5.5 wird abgeschätzt, daß die Temperatur beim halben Sonnenradius etwa 5 Millionen Grad beträgt. Die Zentraltemperatur muß bei etwa 10 Millionen Kelvin liegen, also hoch genug, um *thermonukleare Fusionsreaktionen* stattfinden zu lassen.

In Fusionsreaktionen werden leichte Elemente in schwerere umgewandelt. Die endgültigen Reaktionsprodukte haben eine geringere Gesamtmasse als die Summe der Ausgangskerne. Diese Massendifferenz wird in Form von Energie freigesetzt, entsprechend der Einsteinschen Beziehung $E = mc^2$. Thermonukleare Reaktionen bezeichnet man gemeinhin auch als Brennen, obwohl sie in keinerlei Beziehung zur chemischen Verbrennung herkömmlicher Brennstoffe stehen.

Der Atomkern besteht aus Protonen und Neutronen, die zusammen als Nukleonen bezeichnet werden. Wir vereinbaren

m_P: Protonenmasse,
m_n: Neutronenmasse,
Z: Anzahl der Protonen = Kernladungszahl,
N: Anzahl der Neutronen,
$A = Z + N$: Atomgewicht,
$m(Z, N)$: Masse des Kerns.

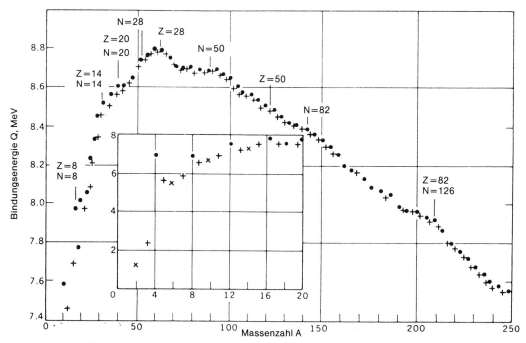

Abb. 11.4. Die Kernbindungsenergie pro Nukleon als eine Funktion des Atomgewichts. Bei Isotopen mit gleichem Atomgewicht ist dasjenige mit der größten Bindungsenergie dargestellt. Die Punkte entsprechen Kernen mit geraden Protonen- und Neutronenzahlen, die Kreuze Kernen mit ungeraden Massenzahlen. [Preston, M.A. (1962): *Physics of the Nucleus* (Addison-Wesley, Reading, Mass.)]

11.3 Stellare Energiequellen

Die Masse des Kerns ist kleiner als die Summe der Massen aller seiner Nukleonen. Die Differenz bezeichnet man als die *Bindungsenergie*. Die Bindungsenergie pro Nukleon beträgt

$$Q = \frac{1}{A}[Zm_P + Nm_n - m(Z,N)]c^2 \ . \tag{11.15}$$

Es erweist sich, daß Q zu schwereren Elementen hin wächst, bis hin zum Eisen ($Z = 26$). Vom Eisen ab beginnt die Bindungsenergie wieder zu sinken (Abb. 11.4).

Wir wissen, daß die Sterne überwiegend aus Wasserstoff bestehen. Wir wollen überlegen, wieviel Energie durch die Verschmelzung von vier Wasserstoffkernen zu einem Heliumkern freigesetzt würde. Die Masse des Protons beträgt $1{,}6725 \times 10^{-27}$ kg und die eines Heliumkerns $6{,}664 \times 10^{-27}$ kg. Die Massendifferenz von $4{,}6 \times 10^{-29}$ kg entspricht einer Energiedifferenz von $E = 4{,}1 \times 10^{-12}$ J. 0,7% der Masse werden in der Reaktion in Energie umgewandelt, dies ergibt eine Energiefreisetzungsrate von 6×10^{14} J pro Kilogramm. Wir wollen uns daran erinnern, daß wir abgeschätzt hatten, daß 3×10^{13} J/kg benötigt werden.

Bereits in den dreißiger Jahren war allgemein anerkannt, daß die stellare Energie durch Kernfusion erzeugt werden muß. 1938 schlugen unabhängig voneinander *Hans Bethe* und *Carl Friedrich von Weizsäcker* den ersten detaillierten Mechanismus zur Energieerzeugung in den Sternen vor, den *Kohlenstoff-Stickstoff-Sauerstoff(CNO)-Zyklus*. Die anderen wichtigen Energieerzeugungsprozesse (die *Proton-Proton-Reaktion* und der *Tripel-Alpha-Prozeß*) wurden erst in den fünfziger Jahren vorgeschlagen.

Die Proton-Proton-Reaktion (Abb. 11.5). In Sternen mit Massen von etwa einer Sonnenmasse oder kleiner wird die Energie durch die Proton-Proton (pp)-Reaktion erzeugt. Sie besteht aus den folgenden Schritten:

ppI:
(1) $^1\text{H} + {}^1\text{H} \rightarrow {}^2\text{H} + e^+ + \nu_e$
(2) $^2\text{H} + {}^1\text{H} \rightarrow {}^3\text{He} + \gamma$
(3) $^3\text{He} + {}^3\text{He} \rightarrow {}^4\text{He} + 2\,{}^1\text{H}$.

Für jede Reaktion (3) müssen die Reaktionen (1) und (2) zweifach stattfinden. Der erste Reaktionsschritt hat eine sehr geringe Wahrscheinlichkeit, die bislang im Labor nicht gemessen werden konnte. Bei der Zentraldichte und -temperatur der Sonne beträgt die Zeit, die für einen ein Deuteron bildenden Zusammenstoß zweier Protonen mit einem anderen erwartet wird, im Mittel 10^{10} Jahre. Nur der Langsamkeit dieser Reaktion haben wir es zu verdanken, daß die Sonne noch immer scheint. Würde sie schneller ablaufen, wäre die Sonne schon vor langer Zeit ausgebrannt. Das in Reaktion (1) erzeugte Neutrino kann aus dem Stern ungehindert entweichen und entführt ihm etwas von der freigesetzten Energie. Das Positron zerstrahlt augenblicklich zusammen mit einem Elektron, wobei zwei Gammaquanten entstehen.

Die zweite Reaktion, bei der sich ein Deuteron und ein Proton vereinigen und das Heliumisotop ^{3}He bilden, ist im Vergleich zur ersten sehr schnell. Deshalb ist die Häufigkeit der Deuteronen innerhalb der Sterne sehr gering.

Der letzte Schritt in der pp-Kette kann in drei verschiedenen Formen ablaufen. Die oben gezeigte ppI-Reaktion ist die wahrscheinlichste. In der Sonne werden 91% der Energie durch die ppI-Kette erzeugt.

Abb. 11.5. Die Proton-Proton-Reaktion. Im ppI-Zweig werden vier Protonen in einen Heliumkern, zwei Positronen, zwei Neutrinos und in Strahlung umgewandelt. Die relativen Anteile der Reaktionen sind für die Bedingungen in der Sonne angegeben. Die pp-Kette ist die wichtigste Energiequelle in Sternen mit Massen unterhalb von 1,5 $M_\odot$

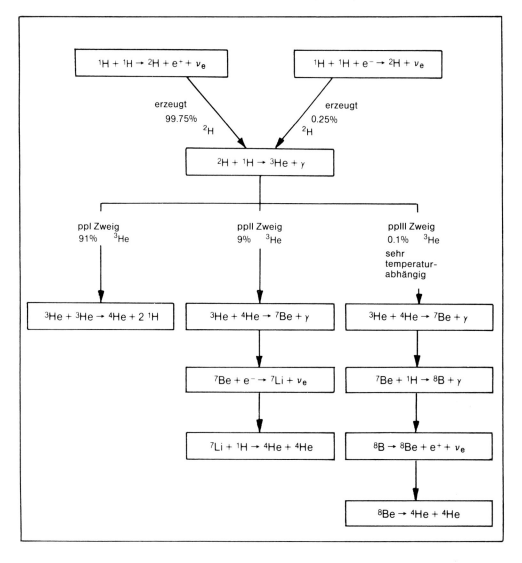

Für die ^{3}He-Kerne besteht auch die Möglichkeit, sich in zwei zusätzlichen Zweigen der pp-Kette zu einem ^{4}He-Kern zu vereinigen:

ppII:

(3) $^3\text{He} + ^4\text{He} \to ^7\text{Be} + \gamma$
(4) $^7\text{Be} + e^- \to ^7\text{Li} + \nu_e$
(5) $^7\text{Li} + ^1\text{H} \to ^4\text{He} + ^4\text{He}$

ppIII:

(3) $^3\text{He} + ^4\text{He} \to ^7\text{Be} + \gamma$
(4) $^7\text{Be} + ^1\text{H} \to ^8\text{B} + \gamma$
(5) $^8\text{B} \to ^8\text{Be} + e^+ + \nu_e$
(6) $^8\text{Be} \to ^4\text{He} + ^4\text{He}$.

11.3 Stellare Energiequellen

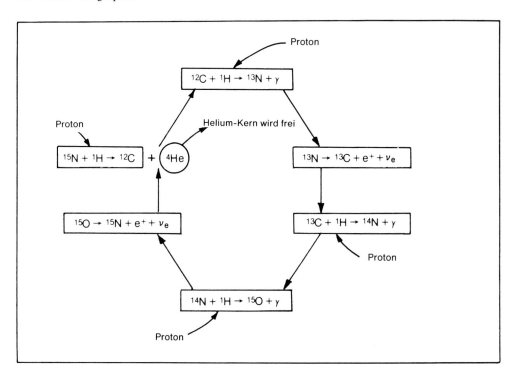

Abb. 11.6. Beim CNO-Zyklus wirkt ^{12}C als Katalysator. Es werden vier Protonen in einen Heliumkern, zwei Positronen, zwei Neutrinos und Strahlung umgewandelt. Er ist die dominierende Energiequelle für Sterne mit Massen größer als 1,5 $M_\odot$

Der Kohlenstoff-Zyklus (Abb. 11.6). Bei Temperaturen unterhalb von 20 Millionen Grad ist die pp-Reaktion der Hauptmechanismus zur Energieproduktion. Bei höheren Temperaturen, die Sternen mit Massen oberhalb von 1,5 $M_\odot$ entsprechen, wird der *Kohlenstoff(CNO)-Zyklus* dominierend, da seine Reaktionsrate schneller mit der Temperatur wächst. Im CNO-Zyklus wirken Kohlenstoff, Sauerstoff und Stickstoff als Katalysatoren.

Der Reaktionszyklus ist der folgende:

(1) $^{12}\text{C} + {}^{1}\text{H} \rightarrow {}^{13}\text{N} + \gamma$
(2) $^{13}\text{N} \rightarrow {}^{13}\text{C} + e^+ + \nu_e$
(3) $^{13}\text{C} + {}^{1}\text{H} \rightarrow {}^{14}\text{N} + \gamma$
(4) $^{14}\text{N} + {}^{1}\text{H} \rightarrow {}^{15}\text{O} + \gamma$
(5) $^{14}\text{O} \rightarrow {}^{15}\text{N} + e^+ + \nu_e$
(6) $^{15}\text{N} + {}^{1}\text{H} \rightarrow {}^{12}\text{C} + {}^{4}\text{He}$.

Die Reaktion (4) ist die langsamste und bestimmt deshalb die Rate des CNO-Zyklus. Die Reaktionszeit für Reaktion (4) beträgt bei einer Temperatur von 20 Millionen Grad eine Million Jahre.

Der Anteil der beim CNO-Zyklus als Strahlung freigesetzten Energie ist etwas geringer als bei der pp-Reaktion, da von den Neutrinos mehr Energie fortgeführt wird.

Die Tripel-Alpha-Reaktion. Als Ergebnis der bisherigen Reaktionen wächst die Häufigkeit des Heliums im Sterninneren. Bei Temperaturen oberhalb von 10^8 Grad kann das Helium in der Tripel-Alpha-Reaktion in Kohlenstoff umgewandelt werden:

(1) $^4\text{He} + {}^4\text{He} \rightleftharpoons {}^8\text{Be}$
(2) $^8\text{Be} + {}^4\text{He} \rightarrow {}^{12}\text{C} + \gamma$.

^{8}Be ist hier instabil und zerfällt innerhalb von $2{,}6 \times 10^{-16}$ Sekunden in zwei Heliumkerne oder Alphateilchen. Die Erzeugung von Kohlenstoff erfordert deshalb den fast gleichzeitigen Zusammenstoß dreier Alphateilchen, und die Reaktion wird oft geschrieben in der Form

$$3\,{}^4\text{He} \rightarrow {}^{12}\text{C} + \gamma \;.$$

Sobald das Heliumbrennen abgeschlossen ist, werden bei höheren Temperaturen andere Reaktionen möglich, in denen schwerere Elemente bis hin zu Eisen und Nickel aufgebaut werden. Beispiele für solche Reaktionen sind zahlreiche Alpha-Reaktionen sowie das Sauerstoff-, Kohlenstoff- und Siliziumbrennen.

Alpha-Reaktionen. Während des Heliumbrennens reagieren einige der produzierten Kohlenstoffkerne mit Heliumkernen und bilden Sauerstoff, welcher wiederum reagiert und Neon bildet usw. Diese Reaktionen sind sehr selten und somit als stellare Energiequellen unbedeutend. Beispiele sind

$$\begin{aligned}
{}^{12}\text{C} + {}^4\text{He} &\rightarrow {}^{16}\text{O} + \gamma \\
{}^{16}\text{O} + {}^4\text{He} &\rightarrow {}^{20}\text{Ne} + \gamma \\
{}^{20}\text{Ne} + {}^4\text{He} &\rightarrow {}^{24}\text{Mg} + \gamma \;.
\end{aligned}$$

Kohlenstoffbrennen. Nachdem das Helium verbraucht ist, setzt bei einer Temperatur von $5 - 8 \times 10^8$ K das Kohlenstoffbrennen ein:

$$\begin{aligned}
{}^{12}\text{C} + {}^{12}\text{C} &\rightarrow {}^{24}\text{Mg} + \gamma \\
&\rightarrow {}^{23}\text{Na} + \text{p} \\
&\rightarrow {}^{20}\text{Ne} + {}^4\text{He} \\
&\rightarrow {}^{23}\text{Mg} + \text{n} \\
&\rightarrow {}^{16}\text{O} + 2\,{}^4\text{He} \;.
\end{aligned}$$

Sauerstoffbrennen. Sauerstoff wird bei etwas höheren Temperaturen verbraucht in den Reaktionen

$$\begin{aligned}
{}^{16}\text{O} + {}^{16}\text{O} &\rightarrow {}^{32}\text{Si} + \gamma \\
&\rightarrow {}^{31}\text{P} + \text{p} \\
&\rightarrow {}^{28}\text{Si} + {}^4\text{He} \\
&\rightarrow {}^{31}\text{S} + \text{n} \\
&\rightarrow {}^{24}\text{Mg} + 2\,{}^4\text{He} \;.
\end{aligned}$$

Siliziumbrennen. Nach verschiedenen Zwischenschritten erzeugt das Siliziumbrennen Nickel und Eisen. Der Gesamtprozeß kann ausgedrückt werden als

$$\begin{aligned}
{}^{28}\text{Si} + {}^{28}\text{Si} &\rightarrow {}^{56}\text{Ni} + \gamma \\
{}^{56}\text{Ni} &\rightarrow {}^{56}\text{Fe} + 2\text{e}^+ + 2\nu_e \;.
\end{aligned}$$

Steigt die Temperatur über 10^9 K, so wird die Energie der Photonen groß genug, um verschiedene Kerne zu zerstören. Solche Reaktionen werden *photonukleare Reaktionen* oder *Photodissoziationen* genannt.

Die Erzeugung schwererer Elemente als Eisen erfordert insgesamt eine Energiezufuhr, diese Elemente können deshalb nicht durch thermonukleare Reaktionen erzeugt werden. Die Elemente schwerer als Eisen werden fast ausschließlich durch *Neutroneneinfang* während der letzten, gewaltsamen Stadien der Sternentwicklung (Abschn. 12.5) produziert.

Die Raten der soeben dargestellten Reaktionen können in Laborexperimenten oder durch theoretische Berechnungen ermittelt werden. Kennt man sie, so kann man die Energiefreisetzungsrate pro Masseneinheit und Zeit als eine Funktion von Dichte, Temperatur und chemischer Zusammensetzung berechnen:

$$\varepsilon = \varepsilon(T, \varrho, X, Y, Z) \ . \tag{11.16}$$

In der Praxis braucht man nur die relative Häufigkeit jedes schwereren Kerns zu kennen und nicht das absolute Vorkommen Z.

11.4 Sternmodelle

Wenn man die Differentialgleichungen für den inneren Aufbau löst, so erhält man ein theoretisches Sternmodell. Wie wir bereits vermerkten, ist das Modell eindeutig bestimmt, sobald chemische Zusammensetzung und Masse des Sterns vorgegeben sind.

Die gerade aus dem interstellaren Medium gebildeten Sterne sind chemisch homogen. Trägt man die Sternmodelle für homogene Sterne in das HRD ein, so gruppieren sie sich entlang des unteren Endes der Hauptreihe. Die auf diese Weise erhaltene theoretische Sequenz nennt man die *Alter-Null-Hauptreihe* (ANHR) oder *zero age main-sequence* (ZAMS). Die exakte Lage der ANHR hängt von der ursprünglichen chemischen Zusammensetzung ab. Für Sterne mit einer der Sonne ähnlichen ursprünglichen Häufigkeit schwerer Elemente befindet sich die berechnete ANHR in guter Übereinstimmung mit den Beobachtungen. Ist der Ausgangswert von Z kleiner, so fällt die theoretische ANHR unter die Hauptreihe in den Bereich der Unterzwerge im HRD. Dies steht mit der Klassifikation der Sterne in die Populationen I und II, wie sie in Abschn. 18.2 diskutiert werden, in Zusammenhang.

Die theoretischen Modelle liefern auch eine Erklärung der Masse-Leuchtkraft-Beziehung. Die für Sterne der Alter-Null-Hauptreihe verschiedener Masse berechneten Eigenschaften werden in Tabelle 11.1 angegeben. Die angenommene chemische Zusam-

Tabelle 11.1. Eigenschaften von Sternen der Alter-Null-Hauptreihe

$M/M_\odot$	$L/L_\odot$	T_e [10^3 K]	$R/R_\odot$	T_c [10^6 K]	ϱ_c [g/cm^3]	M_{kK}/M	M_{kH}/M
30	140000	44	6,6	36	3,0	0,60	0
15	21000	32	4,7	34	6,2	0,39	0
9	4500	26	3,5	31	7,9	0,26	0
5	630	20	2,2	27	26	0,22	0
3	93	14	1,7	24	42	0,18	0
1,5	5,4	8,1	1,2	19	95	0,06	0
1,0	0,74	5,8	0,87	14	89	0	0,01
0,5	0,038	3,9	0,44	9,1	78	0	0,41

(T_c = Zentraltemperatur; ϱ_c = Zentraldichte; M_{kK}/M = Masseanteil des konvektiven Kerns; M_{kH}/M = Masseanteil der konvektiven Hülle)

mensetzung ist $X = 0{,}71$ (Massenanteil des Wasserstoffs), $Y = 0{,}27$ (Helium) und $Z = 0{,}02$ (schwerere Elemente), ausgenommen für den $30\,M_\odot$-Stern, für welchen $X = 0{,}70$ und $Y = 0{,}28$ gilt. Die Leuchtkraft eines Sterns von einer Sonnenmasse beträgt $0{,}74\,L_\odot$ und der Radius $0{,}87\,R_\odot$. Die Sonne hat sich also während ihrer Entwicklung etwas ausgedehnt und ist etwas heller geworden. Diese Veränderungen sind allerdings klein und stehen nicht im Widerspruch zu den Anzeichen eines konstanten solaren Energieflusses. Außerdem gehen die biologischen Zeugnisse nur etwa 3 Milliarden Jahre zurück.

Die Modellrechnungen zeigen, daß die Zentraltemperatur in den kleinsten Sternen ($M = 0{,}08\,M_\odot$) etwa 4×10^6 K beträgt, was der erforderlichen Mindesttemperatur für das Einsetzen thermonuklearer Reaktionen entspricht. In den größten Sternen ($M = 50\,M_\odot$) erreicht die Zentraltemperatur 4×10^7 K.

Wenn die Raten der verschiedenen Reaktionen in verschiedenen Tiefen des Sterns bekannt sind, können die durch die Kernreaktionen verursachten Änderungen in der chemischen Zusammensetzung berechnet werden. Die Änderung ΔX der Wasserstoffhäufigkeit im Zeitintervall Δt ist z. B. proportional zur Rate der Energieproduktion ε und zu Δt:

$$\Delta X \sim -\varepsilon \Delta t \ . \tag{11.17}$$

Die Proportionalitätskonstante ist offensichtlich die pro Energieeinheit verbrauchte Wasserstoffmenge [kg/J]. Der Wert dieser Proportionalitätskonstanten unterscheidet sich für die pp-Reaktion und den CNO-Zyklus. Deshalb muß der Beitrag jeder Reaktionskette in (11.17) für sich berechnet werden. Für diejenigen Elemente, die durch Kernreaktionen erzeugt werden, ist der Beitrag auf der rechten Seite von (11.17) positiv. Ist der Stern konvektiv, erhält man die Änderung der Zusammensetzung, indem man den Mittelwert von (11.17) über die Konvektionszone bildet.

11.5 Übungen

11.5.1 Die Schwerebeschleunigung auf der Sonnenoberfläche

Der Ausdruck für die Schwerebeschleunigung lautet

$$g = \frac{GM}{R^2} \ .$$

Verwendet man die Sonnenmasse $M = 1{,}989 \times 10^{30}$ kg und den Sonnenradius $R = 6{,}96 \times 10^8$ m, so erhält man

$$g = 274 \text{ m s}^{-2} = 28\,g_0 \ ,$$

wobei $g_0 = 9{,}81$ m s^{-2} die Schwerebeschleunigung auf der Erdoberfläche ist.

11.5.2 Die mittlere Dichte der Sonne

Das Volumen einer Kugel vom Radius R ist

$$V = \tfrac{4}{3}\pi R^3 \ ;$$

somit beträgt die mittlere Dichte der Sonne

$$\bar{\varrho} = \frac{M}{V} = \frac{3M}{4\pi R^3} \approx 1410 \text{ kg m}^{-3} \, .$$

11.5.3 *Abschätzung des Drucks beim halben Sonnenradius*

Den Druck kann man aus der Bedingung für das hydrostatische Gleichgewicht (11.1) abschätzen. Wir nehmen an, die Dichte sei konstant und gleich der mittleren Dichte $\bar{\varrho}$. Dann ist die Masse innerhalb des Radius r

$$M_r = \tfrac{4}{3}\pi\bar{\varrho}r^3 \, ,$$

und die hydrostatische Gleichung kann geschrieben werden als

$$\frac{dP}{dr} = -\frac{GM_r\varrho}{r^2} = -\frac{4\pi G\bar{\varrho}^2 r}{3} \, .$$

Dies kann man vom halben Sonnenradius $r = R_\odot/2$ bis zur Oberfläche, auf der der Druck verschwindet, integrieren:

$$\int_P^0 dP = -\frac{4}{3}\pi G\bar{\varrho}^2 \int_{R_\odot/2}^{R_\odot} r\,dr$$

$$\Rightarrow P = \tfrac{1}{2}\pi G\bar{\varrho}^2 R_\odot^2 \approx \tfrac{\pi}{2} 6{,}67 \times 10^{-11} \times 1410^2 \times (6{,}96 \times 10^8)\text{ N m}^{-2} \approx 10^{14} \text{ Pa} \, .$$

Die Abschätzung ist sehr grob, da die Dichte nach innen hin stark zunimmt.

11.5.4 *Das mittlere Molekulargewicht der Sonne*

In den äußeren Schichten der Sonne hat sich die chemische Zusammensetzung nicht infolge von Kernreaktionen verändert. In diesem Fall kann man die Werte $X = 0{,}71$, $Y = 0{,}27$ und $Z = 0{,}02$ verwenden. Das mittlere Molekulargewicht (11.8) ist dann

$$\mu = 1/(2 \times 0{,}71 + 0{,}75 \times 0{,}27 + 0{,}5 \times 0{,}02) \approx 0{,}61 \, .$$

Wenn der Wasserstoff vollständig verbraucht ist, gilt $X = 0$ und $Y = 0{,}98$ und somit

$$\mu = 1/(0{,}75 \times 0{,}98 + 0{,}5 \times 0{,}02) \approx 1{,}34 \, .$$

11.5.5 *Die Temperatur der Sonne bei $r = R_\odot/2$*

Indem wir die Dichte aus Übung 11.5.2 und den Druck aus Übung 11.5.3 verwenden, können wir die Temperatur über die Zustandsgleichung des idealen Gases (11.6) abschätzen. Unter der Annahme des Oberflächenwertes des mittleren Molekulargewichts (Übung 11.5.4) erhält man die Temperatur zu

$$T = \frac{\mu m_\text{H} P}{k\varrho} = \frac{0{,}61 \times 1{,}67 \times 10^{-27} \times 1{,}0 \times 10^{14}}{1{,}38 \times 10^{-23} \times 1410} \approx 5 \times 10^6 \text{ K} \, .$$

11.5.6 *Der Strahlungsdruck in der Sonne bei $r = R_\odot/2$*

Der bei der in der vorangegangenen Übung abgeschätzten Temperatur herrschende Strahlungsdruck ist [s. (11.9)]

$$P_{\text{rad}} = \tfrac{1}{3} a T^4 = \tfrac{1}{3} \times 7{,}564 \times 10^{-16} \times (5 \times 10^6)^4 \approx 2 \times 10^{11} \text{ Pa} \ .$$

Dies ist etwa tausendmal kleiner als der in Übung 11.5.3 abgeschätzte Gasdruck. Somit ist bestätigt, daß die Verwendung der Zustandsgleichung des idealen Gases in Übung 11.5.5 korrekt war.

11.5.7 *Der Weg eines Photons vom Zentrum der Sonne zur Sonnenoberfläche*

Der Strahlungsenergietransport kann als ein *random walk* beschrieben werden, also ein Zufallsprozeß, bei dem ein Photon wiederholt absorbiert und in eine zufällige Richtung reemittiert wird. Die Schrittlänge dieses „Spaziergangs" (die mittlere freie Weglänge) sei d, der Einfachheit halber betrachten wir ihn in einer Ebene. Nach einem Schritt wird das Photon absorbiert bei

$$x_1 = d \cos \theta_1 \ , \quad y_1 = d \sin \theta_1 \ ,$$

wobei θ_1 ein Winkel ist, der die Richtung des Schrittes angibt. Nach N Schritten wird das Photon absorbiert bei

$$x = \sum_1^N d \cos \theta_i \ , \quad y = \sum_1^N d \sin \theta_i \ ,$$

und die Entfernung zum Startpunkt beträgt

$$r^2 = x^2 + y^2 = d^2 \left[\left(\sum_1^N \cos \theta_i \right)^2 + \left(\sum_1^N \sin \theta_i \right)^2 \right] \ .$$

Der erste Term in den eckigen Klammern kann geschrieben werden als

$$\left(\sum_1^N \cos \theta_i \right)^2 = (\cos \theta_1 + \cos \theta_2 + \ldots + \cos \theta_N)^2 = \sum_1^N \cos^2 \theta_i + \sum_{i \neq j} \cos \theta_i \cos \theta_j \ .$$

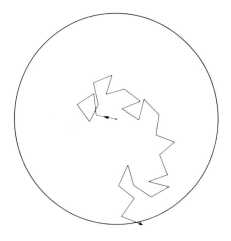

11.5 Übungen

Da die Richtungen θ_i zufällig verteilt und voneinander unabhängig sind, gilt

$$\sum_{i \neq j} \cos \theta_i \cos \theta_j = 0 \ .$$

Das gleiche Resultat erhält man für den zweiten Term in den eckigen Klammern. Somit gilt

$$r^2 = d^2 \sum_1^N (\cos^2 \theta_i + \sin^2 \theta_i) = Nd^2 \ .$$

Nach N Schritten befindet sich das Photon in einer Entfernung $r = dN^{1/2}$ vom Startpunkt. In ähnlicher Weise wird sich ein Betrunkener, der hundert Ein-Meter-Schritte in zufälligen Richtungen macht, zehn Meter weit von seinem Ausgangspunkt entfernt haben. Das gleiche Resultat erhält man in drei Dimensionen.

Die von einem Photon aus dem Zentrum zum Erreichen der Sonnenoberfläche benötigte Zeit hängt von der mittleren freien Weglänge $d = 1/\alpha = 1/\kappa\varrho$ ab. Der Wert von κ beim halben Sonnenradius kann aus den in den Übungen 11.5.2 und 11.5.5 abgeschätzten Werten für die Dichte und die Temperatur ermittelt werden. Der unter diesen Bedingungen gefundene Massenabsorptionskoeffizient κ beträgt $10 \, \text{m}^2/\text{kg}$. (Wir wollen nicht näher darauf eingehen, wie er berechnet wird.) Die freie Weglänge der Photonen ist dann $d = 1/\kappa\varrho = 10^{-4}$ m. Dies sollte zumindest für das Innere der Sonne eine vernünftige Abschätzung sein. Da der Sonnenradius $r = 10^9$ m beträgt, ist die Anzahl der Schritte zum Erreichen der Oberfläche $N = (r/d)^2 = 10^{26}$. Der von dem Photon insgesamt zurückgelegte Weg ist $s = Nd = 10^{22}$ m, und die dafür benötigte Zeit beträgt $t = s/c = 10^6$ Jahre; eine sorgfältigere Berechnung liefert $t = 10^7$ Jahre. Somit benötigt die im Zentrum erzeugte Energie 10 Millionen Jahre, bis sie in den Raum abgestrahlt wird. Natürlich besteht die Strahlung, die die Oberfläche verläßt, nicht aus denselben Gammaquanten, die in der Nähe des Zentrums produziert wurden. Die dazwischengeschaltete Streuung und die Emissions- und Absorptionsprozesse haben die Strahlung in sichtbares Licht umgewandelt, wie man leicht sehen kann.

Kapitel 12 Sternentwicklung

Im vorangegangenen Kapitel haben wir gesehen, wie man die Entwicklung eines Sterns berechnen kann. Dabei sind wir von einem homogenen Modell ausgegangen, welches ein gerade neu gebildetes System beschreibt. In diesem Kapitel werden wir die theoretischen Entwicklungswege von Systemen unterschiedlicher Massen betrachten und sehen, wie die berechnete Entwicklung die Beobachtungsdaten erklärt.

12.1 Entwicklungszeitskalen

Die Veränderungen in einem Stern können in verschiedenen Entwicklungsphasen mit sehr unterschiedlichen Zeitskalen erfolgen. Es gibt drei wichtige grundlegende Zeitskalen: die *nukleare Zeitskala* t_n, die *thermische Zeitskala* t_t und die *dynamische Zeitskala* t_d.

Die nukleare Zeitskala. Als nukleare Zeitskala bezeichnet man die Zeit, in der ein Stern die gesamte Energie abstrahlt, die durch Kernreaktionen freigesetzt werden kann. Man kann eine Abschätzung dieser Zeit erhalten, indem man die Zeit berechnet, innerhalb der der gesamte Wasserstoffvorrat in Helium umgesetzt wird. Aus theoretischen Betrachtungen und Entwicklungsrechnungen weiß man, daß nur wenig mehr als 10% der Gesamtmasse an Wasserstoff im Stern verbraucht werden können, ehe bereits andere, schnellere Entwicklungsmechanismen einsetzen. Da 0,7% dieses Massenanteils während des Wasserstoffbrennens in Energie umgesetzt werden, ergibt sich die nukleare Zeitskala zu

$$t_n \approx \frac{0{,}007 \times 0{,}1 \, Mc^2}{L} \,. \tag{12.1}$$

Für die Sonne erhält man eine nukleare Zeitskala von 10^{10} Jahren und somit

$$t_n \approx \frac{M/M_\odot}{L/L_\odot} \times 10^{10} \text{ Jahre} \,. \tag{12.2}$$

Dies gibt die nukleare Zeitskala für einen Stern als Funktion seiner Masse M und seiner Leuchtkraft L an. So erhält man z. B für eine Masse von $30 \, M_\odot$ t_n zu etwa 2 Millionen Jahren. Der Grund für die Kürze dieser Zeitskala ist, daß die Leuchtkraft des Sterns stark mit der Masse wächst (Tabelle 11.1).

Die thermische Zeitskala. Als thermische Zeitskala bezeichnet man die Zeit, in der ein Stern seine gesamte thermische Energie abstrahlen würde, wenn die Erzeugung der

Kernenergie plötzlich abgeschaltet würde. Dies ist gleichermaßen die Zeit, die die Strahlung aus dem Zentrum benötigt, um zur Oberfläche zu gelangen. Die thermische Zeitskala kann man abschätzen zu

$$t_\mathrm{t} \approx \frac{0{,}5\,GM^2/R}{L} \approx \frac{(M/M_\odot)^2}{(R/R_\odot)(L/L_\odot)} \times 2 \times 10^7 \text{ Jahre} , \tag{12.3}$$

dabei ist G die Gravitationskonstante und R der Sternradius. Für die Sonne beträgt die thermische Zeitskala etwa 20 Millionen Jahre oder 1/500 der nuklearen Zeitskala.

Die dynamische Zeitskala. Die dritte und kürzeste Zeitskala bezeichnet die Zeit, die ein Stern benötigen würde, um zu kollabieren, wenn der ihn gegen die Schwerkraft schützende Druck plötzlich weggenommen würde. Sie kann aus der Zeit abgeschätzt werden, die ein Teilchen braucht, um von der Sternoberfläche frei bis zum Zentrum zu fallen. Diese ist gleich der Hälfte der durch das dritte Keplersche Gesetz gegebenen Periode, wobei die große Halbachse der Bahn dem halben Sternradius R entspricht:

$$t_\mathrm{d} = \frac{2\pi}{2} \sqrt{\frac{(R/2)^3}{GM}} \approx \sqrt{\frac{R^3}{GM}} . \tag{12.4}$$

Die dynamische Zeitskala der Sonne liegt bei etwa einer halben Stunde.

Die Größen der Zeitskalen verhalten sich untereinander normalerweise wie bei der Sonne, d. h. $t_\mathrm{d} \ll t_\mathrm{t} \ll t_\mathrm{n}$.

12.2 Die Kontraktion von Sternen im Vorhauptreihenstadium

Die Bildung und den anschließenden Kollaps von Kondensationen im interstellaren Medium werden wir in einem späteren Kapitel betrachten. Jetzt wollen wir das Verhalten eines *Protosterns* verfolgen, der sich bereits im Prozeß der Kontraktion befindet.

Wenn eine Wolke kontrahiert, wird potentielle Gravitationsenergie freigesetzt und in thermische Energie des Gases sowie in Strahlung umgewandelt. Am Anfang kann die Strahlung sich in der Materie frei ausbreiten, denn die Dichte und die Opazität sind gering. Der größte Teil der freigesetzten Energie wird deshalb abgestrahlt, und die Temperatur steigt nicht an. Die Kontraktion findet auf der thermischen Zeitskala statt; das Gas fällt frei nach innen.

Druck und Dichte wachsen am schnellsten in der Nähe des Zentrums der Wolke. Gleichzeitig mit der Dichte wächst auch die Opazität. Dann wird ein größerer Anteil der freigesetzten Energie in Wärme umgewandelt, und die Temperatur beginnt zu steigen. Dies führt zu einem weiteren Anstieg des Drucks, der dem freien Fall entgegenwirkt, die Kontraktion des Zentralgebietes der Wolke wird abgebremst. Die äußeren Teile fallen jedoch nach wie vor frei nach innen.

In diesem Stadium kann man die Wolke bereits als einen Protostern betrachten. Er besteht hauptsächlich aus Wasserstoff in molekularer Form. Wenn die Temperatur 1 800 K erreicht, dissoziieren die Wasserstoffmoleküle in Atome. Die Dissoziation verbraucht Energie und der Temperaturanstieg wird vermindert. Der Druck wächst dann ebenfalls langsamer, und dies bedeutet wiederum, daß die Kontraktionsrate wächst. Die

12.2 Die Kontraktion von Sternen im Vorhauptreihenstadium   283

gleiche Ereignisfolge wiederholt sich: zuerst, wenn der Wasserstoff bei 10^4 K ionisiert, und dann, wenn Helium ionisiert. Hat die Temperatur etwa 10^5 K erreicht, so ist das Gas im wesentlichen vollständig ionisiert.

Die Kontraktion eines Protosterns endet erst, wenn ein großer Teil des Gases ionisiert ist. Der Stern erreicht dann das hydrostatische Gleichgewicht. Seine weitere Entwicklung findet auf der thermischen Zeitskala, d. h. viel langsamer statt. Der Radius des Protosterns ist von seinem Ausgangswert von etwa 100 AE auf etwa 1/4 AE geschrumpft. Er wird sich im allgemeinen innerhalb einer großen Gaswolke befinden und Materie aus seiner Umgebung anlagern. Seine Masse wächst deshalb, und die Zentraltemperatur und -dichte nehmen zu.

Die Temperatur eines Sterns, der gerade das Gleichgewicht erreicht hat, ist noch niedrig und seine Opazität entsprechend hoch. Deshalb ist er in seinem Zentrum konvektiv. Der konvektive Energietransport ist sehr effektiv, und die Oberfläche des Protosterns ist relativ hell.

Anfänglich ist der Protostern leuchtschwach und kühl; er hält sich im HRD im oberen rechten Teil auf. Während des Kollapses wird seine Oberfläche schnell erhitzt und heller, der Stern wandert nach oben links. Am Ende der Kontraktion erreicht der Stern einen Punkt, der seiner Masse auf der *Hayashi-Linie* entspricht. Die Hayashi-Linie (Abb. 12.1) gibt den Aufenthaltsort im HRD für vollständig konvektive Sterne an. Ster-

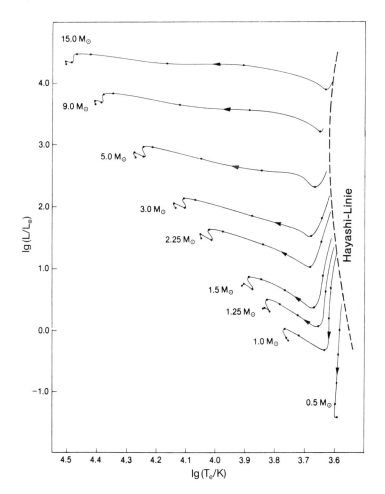

Abb. 12.1. Die Wege der in Richtung der Hauptreihe kontrahierenden Sterne im HRD. Nach einem schnellen Kollaps bewegen sich die Sterne entlang der Hayashi-Linie und entwickeln sich auf der thermischen Zeitskala in Richtung der Hauptreihe. [Modelle von Iben, I. (1965): Astrophys. J. **141**, 993]

ne rechts davon können nicht im Gleichgewicht sein und kollabieren entsprechend der dynamischen Zeitskala.

Jetzt entwickelt sich der Stern auf der thermischen Zeitskala entlang der Hayashi-Linie. Im HRD bewegt er sich fast senkrecht nach unten, sein Radius nimmt ab und die Leuchtkraft fällt (Abb. 12.1). Während die Temperatur im Zentrum weiterhin ansteigt, verringert sich die Opazität und die Energie beginnt durch Strahlung transportiert zu werden. Die Masse des radiativen Bereichs wächst allmählich, bis zuletzt fast der ganze Stern radiativ ist. An diesem Punkt ist die Zentraltemperatur groß genug geworden, um Kernreaktionen in Gang zu setzen. Zuvor bestand die gesamte Quelle der Sternenergie in der potentiellen Energie, jetzt aber haben die Kernreaktionen einen wachsenden Anteil und die Leuchtkraft wächst. Die Temperatur der Sternoberfläche wächst ebenfalls, und der Stern bewegt sich etwas aufwärts und nach links im HRD. Bei massereichen Sternen geschieht diese Wendung nach links bereits wesentlich eher, denn die Zentraltemperaturen sind höher und die Kernreaktionen werden eher in Gang gesetzt. Für Sterne von einer Sonnenmasse dauert der Kollaps der protostellaren Wolke nur einige hundert Jahre. Das Endstadium der Kondensation verläuft viel langsamer, es dauert einige zehn Millionen Jahre. Die Länge dieser Zeit hängt wegen der Leuchtkraftabhängigkeit der thermischen Zeitskala stark von der Sternmasse ab. Ein 15 $M_\odot$-Stern erreicht die Hauptreihe nach 60 000 Jahren, während die Zeit für einen 0,1 $M_\odot$-Stern hunderte Millionen von Jahren beträgt.

Einige der Wasserstoff verbrennenden Reaktionen beginnen bereits bei wenigen Millionen Grad. Zum Beispiel verbrennen Lithium, Beryllium und Bor in den ppII- und ppIII-Zweigen zu Helium, lange bevor die gesamte Fusionskette in Gang kommt. Da der Stern konvektiv ist und deshalb während der Frühphasen gut durchmischt ist, wird auch sein Oberflächenmaterial den Prozessen im Zentrum unterworfen gewesen sein. Obwohl die Häufigkeiten der oben erwähnten Elemente klein sind, geben sie wichtige Informationen über die Zentraltemperatur.

Der Beginn des Hauptreihenstadiums ist durch den Beginn der Wasserstoffusion in der pp-Kette bei einer Temperatur von etwa 4 Millionen Grad gekennzeichnet. Die neue Art der Energieerzeugung dominiert völlig über die durch Kontraktion. Wenn die Kontraktion zum Stillstand kommt, vollführt der Stern im HRD einige Schwingungen, kommt jedoch schon bald ins Gleichgewicht, und es beginnt das lange, ruhige Hauptreihenstadium.

Es ist schwierig, Sterne während der Kontraktion zu beobachten, denn die neugeborenen Sterne sind meist hinter dichten Wolken aus Staub und Gas verborgen. Es wurden jedoch einige Kondensationen in interstellaren Wolken und sehr junge Sterne in ihrer Nähe entdeckt. Ein Beispiel sind die *T Tauri-Sterne*. Ihr Lithiumanteil ist relativ groß, was ein Anzeichen dafür ist, daß es sich um neu gebildete Sterne handelt, in denen die Zentraltemperatur noch nicht hoch genug ist, um das Lithium zu zerstören. In der Nähe der T Tauri-Sterne wurden kleine, helle, sternähnliche Nebel, die *Herbig-Haro-Objekte*, entdeckt, von denen man annimmt, daß sie bei der Wechselwirkung zwischen dem Sternwind und dem umgebenden interstellaren Medium gebildet werden.

12.3 Das Hauptreihenstadium

Das *Hauptreihenstadium* ist jener Entwicklungszustand, in dem das Wasserstoffbrennen die einzige Energiequelle des Sterns ist. In dieser Phase befindet sich der Stern in einem stabilen Gleichgewicht, und sein Aufbau ändert sich nur infolge der allmählichen Änderung seiner chemischen Zusammensetzung durch die Kernreaktionen. Die Entwicklung findet deshalb auf der nuklearen Zeitskala statt. Das bedeutet, daß das Hauptreihenstadium die längste Phase im Leben eines Sterns ist. Für einen Stern von einer Sonnenmasse dauert das Hauptreihenstadium etwa 10 Milliarden Jahre. Massereichere Sterne entwickeln sich schneller, da sie wesentlich mehr Energie abstrahlen. So beträgt die Lebensdauer auf der Hauptreihe für einen Stern von 15 Sonnenmassen nur etwa 10 Millionen Jahre. Masseärmere Sterne haben auf der anderen Seite eine längere Lebensdauer: Ein $0{,}25\,M_\odot$-Stern verbringt etwa 70 Milliarden Jahre auf der Hauptreihe.

Da man die Sterne am wahrscheinlichsten im Zustand des gleichmäßigen Wasserstoffbrennens findet, ist die Hauptreihe im HRD reich besetzt, besonders auf der Seite niedriger Massen. Die massereicheren Sterne der oberen Hauptreihe sind wegen ihrer kürzeren Lebensdauer auf der Hauptreihe weniger häufig.

Wird die Masse eines Sterns zu groß, so kann die Schwerkraft dem Strahlungsdruck nicht länger standhalten. Es können sich keine Sterne mit größerer Masse als dieser oberen Grenze bilden, da sie während der Kontraktionsphase keine zusätzliche Masse mehr aufnehmen können. Theoretische Berechnungen ergeben eine Grenzmasse von etwa $100\,M_\odot$; die massereichsten Sterne, die beobachtet wurden, haben etwa $70\,M_\odot$.

Es gibt auf der Hauptreihe auch eine untere Massegrenze. Sterne mit weniger als $0{,}08\,M_\odot$ werden niemals heiß genug für eine Zündung des Wasserstoffbrennens. Die kleinsten Protosterne kontrahieren deshalb zu planetenähnlichen Zwergsternen. Während der Kontraktionsphase leuchten sie, da potentielle Energie freigesetzt wird, aber schließlich beginnen sie auszukühlen. Im HRD bewegen sich solche Sterne zuerst fast senkrecht nach unten und dann weiter nach unten rechts.

Die obere Hauptreihe. Die Sterne auf der *oberen Hauptreihe* sind so massereich und ihre Zentraltemperatur ist so hoch, daß der CNO-Zyklus wirksam ist. Auf der *unteren Hauptreihe* wird die Energie durch die pp-Kette erzeugt. CNO-Zyklus und pp-Kette sind bei einer Temperatur von 18 Millionen Grad, entsprechend der Zentraltemperatur eines $1{,}5\,M_\odot$-Sterns, gleich effektiv. Die Grenze zwischen oberer und unterer Hauptreihe entspricht ungefähr dieser Masse.

Beim CNO-Zyklus ist die Energieerzeugung streng im Kern konzentriert. Der Energiefluß nach außen wird dann sehr groß und kann nicht länger durch den Strahlungstransport bewerkstelligt werden. Deshalb haben die Sterne der oberen Hauptreihe einen *konvektiven Kern*, d. h. die Energie wird durch Materiebewegungen transportiert. Dies bewirkt eine gute Durchmischung der Materie, weshalb der Wasserstoffanteil innerhalb der gesamten Kernregion mit der Zeit gleichförmig abnimmt.

Außerhalb des Kerns herrscht *Strahlungsgleichgewicht*, d. h. die Energie wird durch Strahlung transportiert und es gibt dort keine Kernreaktionen. Zwischen Kern und Hülle existiert ein Übergangsgebiet, in dem der Wasserstoffanteil nach innen zu abnimmt.

Während der Wasserstoff verbraucht wird, verringert sich die Masse des konvektiven Kerns allmählich. Der Stern verschiebt sich im HRD langsam nach oben rechts, wobei seine Leuchtkraft wächst und seine Oberflächentemperatur abnimmt (Abb. 12.2). Wenn

Abb. 12.2. Stellare Entwicklungswege im HRD im Hauptreihenstadium und später. Auf der Hauptreihe (begrenzt durch die gestrichelten Kurven) findet die Entwicklung auf der nuklearen Zeitskala statt. Die Entwicklung nach der Hauptreihe zum Roten Riesen erfolgt auf der thermischen Zeitskala. Der mit He bezeichnete Punkt entspricht der Helium-Zündung und in Niedrigmassensternen dem Helium-Blitz. Die Gerade zeigt die Positionen von Sternen mit gleichem Radius. [Iben, I. (1967): Annu. Rev. Astron. Astrophys. **5**, 671; Daten des $30\,M_\odot$-Sterns von Stothers, R. (1966): Astrophys. J. **143**, 91]

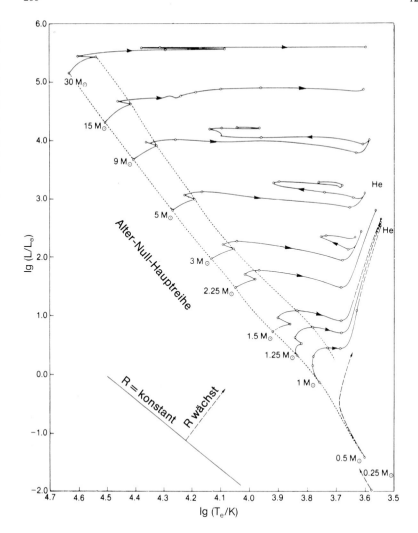

sich der Wasserstoffvorrat im Zentrum erschöpft, beginnt der Kern des Sterns rapide zu schrumpfen. Die Oberflächentemperatur nimmt zu, und der Stern bewegt sich schnell nach oben links. Wegen der Kontraktion des Kerns wächst die Temperatur in der Wasserstoffschale um den Kern. Sehr bald wird sie hoch genug, damit das Wasserstoffbrennen erneut einsetzt.

Die untere Hauptreihe (Abb. 12.3). Auf der unteren Hauptreihe ist die Zentraltemperatur niedriger als bei den massereichen Sternen und die Energie wird durch die pp-Reaktion erzeugt. Da die Rate der pp-Kette nicht so temperaturempfindlich ist wie die des CNO-Zyklus, ist die Energieproduktion über ein größeres Gebiet verteilt als bei den massereicheren Sternen. Folglich wird der Kern nie konvektiv, sondern verbleibt radiativ.

Die äußeren Schichten der Sterne der unteren Hauptreihe besitzen wegen der niedrigen Temperatur eine hohe Opazität. Die Strahlung kann dann nicht länger die gesamte

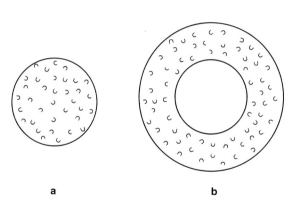
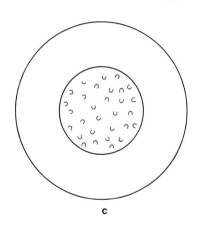

Abb. 12.3a–c. Energietransport während des Hauptreihenstadiums. (**a**) Die masseärmsten Sterne ($M < 0{,}26\,M_\odot$) sind durchgängig konvektiv. (**b**) Für $0{,}26\,M_\odot < M < 1{,}5\,M_\odot$ ist der Kern radiativ und die Hülle konvektiv. (**c**) Massereiche Sterne ($M > 1{,}5\,M_\odot$) haben einen konvektiven Kern und eine radiative Hülle

Energie transportieren und Konvektion setzt ein. Die Struktur der Sterne der unteren Hauptreihe ist deshalb entgegengesetzt zu derjenigen der Sterne der oberen Hauptreihe: Das Zentrum ist radiativ und die Hülle konvektiv. Da es im Kern keine Vermischung der Materie gibt, wird der Wasserstoff am schnellsten direkt im Zentrum verbraucht, und der Wasserstoffanteil nimmt nach außen zu.

Während die Wasserstoffmenge im Zentrum abnimmt, bewegt sich der Stern im HRD langsam aufwärts, nahezu entlang der Hauptreihe (Abb. 12.2). Er wird etwas heller und heißer, sein Radius ändert sich jedoch kaum. Wenn sich der Wasserstoffvorrat im Zentrum seinem Ende nähert, biegt der Entwicklungsweg des Sterns nach rechts ab. Schließlich besteht der Kern fast aus reinem Helium. Der Wasserstoff brennt in einer dicken Schale um den Kern weiter.

Sterne mit Massen zwischen $0{,}08\,M_\odot$ und $0{,}26\,M_\odot$ durchlaufen eine sehr einfache Entwicklung. Während ihres gesamten Hauptreihenstadiums sind sie voll konvektiv. Das bedeutet, daß ihr gesamter Wasserstoffvorrat als Brennstoff zur Verfügung steht. Diese Sterne entwickeln sich im HRD sehr langsam nach oben links. Zum Schluß, wenn ihr gesamter Wasserstoff zu Helium verbrannt ist, fallen sie zusammen und werden Weiße Zwerge.

12.4 Das Riesenstadium

Das Hauptreihenstadium der Sternentwicklung endet, wenn der Wasserstoff im Zentrum verbraucht ist. Der Stern gelangt dann in einen Zustand, in dem der Wasserstoff in einer Schale um den Heliumkern brennt. Wie wir gesehen haben, geht der Übergang bei den Sternen niedriger Masse allmählich vor sich, während die Sterne großer Masse an diesem Punkt im HRD einen schnellen Sprung vollführen.

Die Masse des Heliumkerns wird durch das Wasserstoffbrennen in der Schale vergrößert. Dies führt zu einer Expansion der Hülle des Sterns, der sich deshalb im HRD fast horizontal nach rechts bewegt. Wird die konvektive Hülle noch ausgedehnter, nähert sich der Stern der Hayashi-Linie. Da er nicht weiter nach rechts gelangen kann und sein Radius kontinuierlich wächst, muß sich der Stern entlang der Hayashi-Linie aufwärts zu größerer Leuchtkraft hin bewegen (Abb. 12.2). Der Stern wird zum Roten Riesen.

Während die Masse des Kerns der Sterne niedriger Masse wächst, wird seine Dichte schließlich so hoch, daß er entartet. Die Zentraltemperatur steigt weiter, wobei der gesamte Heliumkern wegen der hohen Wärmeleitfähigkeit des entarteten Gases eine gleichmäßige Temperatur hat. Ist die Masse des Sterns größer als 0,26 $M_\odot$, so erreicht die Zentraltemperatur schließlich etwa 100 Millionen Grad, hoch genug, um Helium im Tripel-Alpha-Prozeß in Kohlenstoff zu verbrennen.

Das Heliumbrennen setzt im gesamten Zentralgebiet gleichzeitig ein und erhöht dessen Temperatur sprunghaft. Im Gegensatz zu einem normalen Gas kann sich der entartete Kern nicht ausdehnen, obwohl seine Temperatur wächst [vgl. (11.2)]. Der Temperaturzuwachs führt deshalb nur zu einer weiteren Beschleunigung der Fusionsrate. Wenn die Temperatur weiter wächst, wird die Entartung des Gases aufgehoben und es beginnt heftig zu expandieren. Nur einige Sekunden nach der Zündung des Heliumbrennens gibt es eine Explosion, den *Helium-Blitz* (engl. *helium flash*).

Die Energie aus dem Helium-Blitz wird von den äußeren Schichten absorbiert, so daß dieser nicht zu einer völligen Auseinandersprengung des Sterns führt. Tatsächlich fällt die Leuchtkraft des Sterns während des Blitzes, denn die äußeren Schichten kontrahieren während der Expansion des Kerns. Die im Blitz freigesetzte Energie wird in potentielle Energie des expandierten Kerns umgewandelt. Damit begibt sich der Stern nach dem Helium-Blitz in einen neuen Zustand, in dem Helium in einem nichtentarteten Kern stetig zu Kohlenstoff verbrannt wird.

Nach dem Helium-Blitz befindet sich der Stern auf dem horizontalen Riesenast des HRD. Der Weg dorthin ist jedoch nicht geradlinig. Der Stern kann im HRD mehrere Schwingungen vor und zurück ausführen, ehe er endgültig zur Ruhe kommt.

Wenn das Helium im Kern verbraucht ist, gibt es im Stern zwei weiterbrennende Schalen. In der inneren brennt Helium und in der äußeren Wasserstoff. Eine derartige Konfiguration ist instabil und die Sternmaterie kann entweder durchmischt werden, oder aber es wird Materie in Form einer Schale wie bei den Planetarischen Nebeln in den Raum ausgestoßen.

Bei den Sternen hoher Masse ist die Zentraltemperatur höher und die Zentraldichte geringer, der Kern ist deshalb nicht entartet. Damit kann das Heliumbrennen bei der Kernkontraktion nicht katastrophenartig einsetzen. Ist der zentrale Heliumvorrat verbraucht, brennt das Helium in einer Schale weiter.

Der Kern kontrahiert weiter und wird heißer. Zuerst wird das Kohlenstoffbrennen und nachfolgend das Sauerstoff- und Siliziumbrennen (s. Abschn. 11.3) gezündet. Ist im Zentrum der gesamte nukleare Brennstoff verbraucht, geht das Brennen in einer Schale weiter. Der Stern wird dann verschiedene Kernfusionsschalen besitzen. Am Ende besteht der Stern aus einer Reihe von Schichten unterschiedlicher Zusammensetzung, bei massereichen Sternen (massereicher als 15 $M_\odot$) enthält er die gesamte Skala bis hin zum Eisen.

Das Ende des Riesenstadiums. Die dem Heliumbrennen folgende Entwicklung hängt stark von der Sternmasse ab. Die Masse bestimmt, wie hoch die Zentraltemperatur werden kann sowie den Entartungsgrad beim Zünden schwererer Kernbrennstoffe.

Sterne mit Massen kleiner als 3 $M_\odot$ werden niemals heiß genug, um im Kern das Kohlenstoffbrennen zu zünden. Am Ende des Riesenstadiums stößt der Strahlungsdruck die äußeren Schichten ab, welche einen *Planetarischen Nebel* bilden. Übrig bleibt der heiße Kern in Form eines Weißen Zwerges.

In Sternen mit Massen im Bereich von 3–15 $M_\odot$ wird entweder Kohlenstoff oder Sauerstoff explosiv gezündet, gerade so wie beim Helium in den massearmen Sternen:

Es gibt dann einen *Kohlenstoff-* oder *Sauerstoff-Blitz*. Diese sind wesentlich stärker als der Helium-Blitz und verursachen eine Explosion des Sterns in Form einer *Supernova* (Abschn. 14.3). Der Stern wird von der Explosion wahrscheinlich vollständig zerrissen.

Die Zentralgebiete der massereichsten Sterne mit Massen größer als $15\,M_\odot$ durchlaufen alle Fusionsstadien bis zum Eisen ^{56}Fe. Dann sind alle nuklearen Energiequellen vollständig erschöpft. Abbildung 12.4 zeigt schematisch den Aufbau eines Sterns von 30 Sonnenmassen. Der Stern besteht aus einer ineinandergeschachtelten Folge von Zonen, die von Schalen begrenzt werden, in denen Silizium ^{28}Si, Sauerstoff ^{16}O und Kohlenstoff ^{16}C sowie Helium ^{4}He und Wasserstoff ^{1}H brennen. Dies ist jedoch kein stabiler Zustand: Das Ende der nuklearen Reaktionen im Kern hat einen Druckabfall im Zentrum und den Kollaps des Kerns zur Folge. Die während des Kollapses freigesetzte Energie bewirkt eine Dissoziation der Eisenkerne zuerst zu Helium und dann zu Protonen und Neutronen. Dies beschleunigt den Kollaps weiter, genauso wie die Dissoziation der Moleküle den Kollaps eines Protosterns beschleunigt. Der Kollaps ereignet sich auf der dynamischen Zeitskala, die im dichten Kern des Sterns nur den Bruchteil einer Sekunde ausmacht. Die äußeren Gebiete kollabieren ebenfalls, allerdings viel langsamer. In der Folge erhöht sich die Temperatur in den Schichten, die noch unverbrauchten Kernbrennstoff enthalten. Letzterer verbrennt explosionsartig und setzt in wenigen Sekunden gewaltige Energiemengen frei.

Im Endergebnis explodieren die äußeren Schichten in Form einer Supernova. Im dichten Zentralkern rekombinieren die Protonen und Elektronen zu Neutronen. Der Kern besteht letztlich fast vollständig aus Neutronen, die wegen der hohen Dichte entarten. Bei Kernen kleiner Masse stoppt der Entartungsdruck der Neutronen den Kollaps. Ist die Masse des Kerns jedoch groß genug, so wird wahrscheinlich ein Schwarzes Loch gebildet.

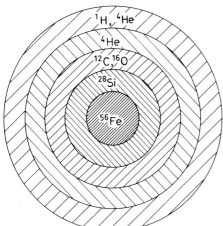

Abb. 12.4. Der Aufbau eines massereichen Sterns ($30\,M_\odot$) in einem späten Entwicklungsstadium. Der Stern besteht aus Schichten unterschiedlicher Zusammensetzung, die durch nuklear brennende Schalen getrennt sind

12.5 Endstadien der Sternentwicklung

Aus Abb. 12.5 können die Schlußpunkte der Sternentwicklung entnommen werden. Die Abbildung zeigt die Beziehung zwischen Masse und Zentraldichte für einen Körper am absoluten Nullpunkt der Temperatur, d. h. das nach dem Abkühlen des Körpers erreichte Gleichgewicht. Die Kurve besitzt zwei Maxima. Die dem linken Maximum entsprechende Masse nennt man die *Chandrasekhar-Masse*, $M_{Ch} = (1,2-1,4)\,M_\odot$, und die dem rechten Maximum entsprechende Masse die *Oppenheimer-Volkov-Masse*, $M_{OV} = (1,5-2)\,M_\odot$.

Wir wollen zuerst einen Stern mit einer Masse kleiner als M_{Ch} betrachten. Wir nehmen an, daß sich die Masse nicht ändert. Wenn der Kernbrennstoff verbraucht ist, wird der Stern zu einem Weißen Zwerg, der allmählich auskühlt und sich zusammenzieht. In Abb. 12.5 bewegt er sich horizontal nach rechts. Schließlich erreicht er den absoluten Temperaturnullpunkt und endet auf dem linken ansteigenden Teil der Gleichgewichtskurve. Sein Endzustand ist der eines vollständig entarteten Schwarzen Zwerges.

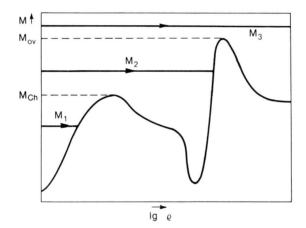

Abb. 12.5. Die Endpunkte der Entwicklung für Sterne unterschiedlicher Massen in Abhängigkeit von der Zentraldichte. Die Kurve zeigt das Verhalten der Zentraldichte vollständig entarteter Körper ($T = 0\,K$). Die Chandrasekhar-Masse und die Oppenheimer-Volkov-Masse entsprechen den Maxima dieser Kurve

Ist die Masse des Sterns größer als M_{Ch}, aber kleiner als M_{OV}, so kann er so lange abkühlen, bis er den rechten ansteigenden Teil der Kurve erreicht. Wieder gibt es einen stabilen Endzustand, diesmal entspricht er einem vollständig entarteten Neutronenstern.

Ein noch massereicherer Stern mit einer Masse größer als M_{OV} kontrahiert weiter, wobei seine Dichte die eines Neutronensterns übersteigt. Dann gibt es keinen bekannten möglichen Gleichgewichtszustand mehr, und der Stern muß so lange weiter kontrahieren, bis er zu einem Schwarzen Loch wird.

Die vorangegangenen Betrachtungen waren rein theoretischer Natur. Die Endstadien realer Sterne (Abb. 12.6) beinhalten viele unvollständig bekannte Faktoren, die das Endgleichgewicht beeinflussen können. Die vielleicht wichtigste Frage ist die des Masseverlustes, sie ist sowohl von der Theorie als auch von der Beobachtung her sehr schwer zu beantworten. In einer Supernova wird z. B. der gesamte Stern zerrissen, und es ist sehr unsicher, ob das, was übrigbleibt, ein Neutronenstern oder ein Schwarzes Loch ist oder ob überhaupt nichts zurückbleibt. (Der Aufbau der kompakten Sterne wird in Kap. 15 diskutiert.)

12.6 Die Entwicklung enger Doppelsterne

Wenn die Komponenten eines Doppelsternsystems gut getrennt sind, stören sie sich gegenseitig nicht wesentlich. Bei der Untersuchung ihrer Entwicklung kann man sie, wie oben beschrieben, als zwei sich unabhängig voneinander entwickelnde Einzelsterne betrachten. Bei engen Paaren ist dies jedoch nicht länger der Fall.

Die engen Doppelsterne werden, wie in Abb. 12.7 gezeigt wird, in drei Klassen unterteilt: in *getrennte, halbgetrennte* und in *Kontaktdoppelsterne*. Die in ihrer Form einer Acht ähnelnde Kurve in der Abbildung wird die *Rochesche Grenzfläche* genannt. Wird der Stern größer als diese Oberfläche, so beginnt er durch die schmalste Stelle der Roche-Fläche Masse an seinen Begleiter zu verlieren.

Während des Hauptreihenstadiums ändert sich der Sternradius nicht wesentlich, und jede der Komponenten verbleibt innerhalb seines eigenen Roche-Volumens. Wenn der Wasserstoff verbraucht ist, schrumpft der Kern des Sterns rapide und die äußeren Schichten expandieren, wie wir gesehen haben. In diesem Stadium kann ein Stern sein Roche-Volumen überschreiten und es setzt ein Masseaustausch ein.

Enge Doppelsterne werden meist als Bedeckungsveränderliche beobachtet. Ein Beispiel ist Algol im Sternbild Perseus. Die Komponenten dieses Doppelsternsystems sind ein normaler Hauptreihenstern und ein *Unterriese,* der wesentlich masseärmer als der Hauptreihenstern ist. Der Unterriese hat eine große Leuchtkraft und somit die Hauptreihe offensichtlich bereits verlassen. Dies kommt unerwartet, da die Komponenten mutmaßlich zur gleichen Zeit gebildet wurden und sich der massereichere Stern schneller entwickeln sollte. Die Situation ist als das *Algol-Paradoxon* bekannt: Aus irgendeinem Grund hat sich der masseärmere Stern schneller entwickelt.

In den fünfziger Jahren wurde als Lösung des Paradoxons vorgeschlagen, daß der Unterriese ursprünglich mehr Masse besaß, diese während seiner Entwicklung jedoch an den Begleiter verloren hat. Seit den sechziger Jahren wird der Masseaustausch in engen Doppelsternen eingehend untersucht. Es stellte sich heraus, daß er ein sehr wichtiger Faktor bei der Entwicklung enger Doppelsterne ist.

Als Beispiel wollen wir einen engen Doppelstern betrachten, bei dem die Ausgangsmassen der Komponenten eine und zwei Sonnenmassen sind und die ursprüngliche Bahnperiode 1,4 Tage beträgt (Abb. 12.8). Nachdem sie sich von der Hauptreihe weg entwickelt hat, überschreitet die massereichere Komponente die Roche-Grenze und beginnt, Masse an ihren Begleiter zu verlieren. Anfangs wird die Masse auf der thermischen Zeitskala überführt, und nach einigen Millionen Jahren ändern sich die Rollen der Komponenten: Die ursprünglich massereichere Komponente besitzt weniger Masse als ihr Begleiter.

Der Doppelstern ist jetzt halbgetrennt und kann als ein Bedeckungsveränderlicher vom Algol-Typ beobachtet werden. Die beiden Komponenten sind ein massereicher Hauptreihenstern und ein masseärmerer Unterriese, der sein Roche-Volumen ausfüllt. Der Masseaustausch geht weiter, aber auf der viel langsameren nuklearen Zeitskala. Schließlich hört der Masseaustausch auf, und die masseärmere Komponente kontrahiert zu einem Weißen Zwerg von $0,6\,M_\odot$.

Der massereichere $2,4\,M_\odot$-Stern entwickelt sich jetzt und beginnt Masse zu verlieren, welche sich auf der Oberfläche des Weißen Zwergs anlagert. Die angesammelte Masse führt zu *Novaausbrüchen*, bei denen Materie durch große Explosionen in den Raum geschleudert wird. Ungeachtet dessen wächst die Masse des Weißen Zwergs allmählich und kann schließlich die Chandrasekhar-Masse übersteigen. Dann kollabiert der Weiße Zwerg und explodiert als Supernova vom Typ I.

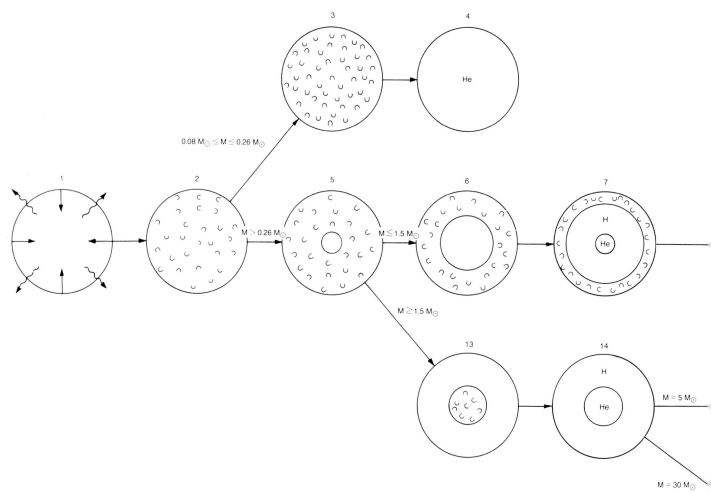

Abb. 12.6. Entwicklungsschemata für Sterne unterschiedlicher Massen. Am Anfang (*1*) kontrahiert eine Gaswolke sehr schnell im freien Fall. Da das Gas stark verdünnt ist, entweicht die Strahlung leicht aus der Wolke. Wenn die Dichte wächst, wird der Strahlungstransport schwieriger, und die freigesetzte Energie beginnt das Gas zu erwärmen. Die Kontraktion dauert so lange an, bis das Gas vollständig ionisiert ist und sich die zum Protostern gewordene Wolke im hydrostatischen Gleichgewicht befindet (*2*). Der Stern ist in seinem Inneren durchweg konvektiv.

Jetzt setzt sich die Entwicklung auf der thermischen Zeitskala fort. Die Kontraktion erfolgt viel langsamer als in der Frei-Fall-Phase. Die weiteren Entwicklungsphasen werden von der Masse des Sterns bestimmt. Für $M < 0{,}08\,M_\odot$ steigt die Temperatur im Zentrum für das Wasserstoffbrennen nicht weit genug an; diese Sterne kontrahieren zu planetenartigen Braunen Zwerge. Bei Sternen mit $M > 0{,}08\,M_\odot$ beginnt das Wasserstoffbrennen, wenn die Temperatur etwa 4×10^6 K erreicht hat. Dies ist der Anfang des Hauptreihenstadiums. Auf der Hauptreihe sind die masseärmsten Sterne mit $0{,}08\,M_\odot < M < 0{,}26\,M_\odot$ voll konvektiv und bleiben deshalb homogen (*3*). Ihre Entwicklung verläuft sehr langsam und, nachdem der gesamte Wasserstoff zu Helium verbrannt ist, kontrahieren sie zu Weißen Zwergen (*4*).

Bei Sternen mit $M > 0{,}26\,M_\odot$ wird das Zentrum mit steigender Temperatur radiativ, wobei die Opazität sinkt (*5*). Die Niedrigmassensterne mit $0{,}26\,M_\odot < M < 1{,}5\,M_\odot$ verbleiben während des Hauptreihenstadiums, in dem sie ihren Wasserstoff in der pp-Reaktion verbrennen (*6*), im Zentrum radiativ, der äußere Teil ist konvektiv. Am Ende des Hauptreihenstadiums brennt der Wasserstoff in einer den Heliumkern umgebenden Schale weiter (*7*). Der äußere Teil expandiert und das Riesenstadium beginnt. Der kontrahierende Heliumkern ist entartet und erhitzt sich. Bei etwa 10^8 K beginnt der Tripel-Alpha-Prozeß und führt augenblicklich zum Helium-Blitz (*8*). Die Explosion wird durch die äußeren Gebiete gedämpft, und das Heliumbrennen geht im Kern weiter (*9*). Der Wasserstoff brennt noch in einer äußeren Schale.

12.6 Die Entwicklung enger Doppelsterne   293

Wenn das Helium im Zentrum verbraucht ist, geht das Heliumbrennen in eine Schale über (*10*). Zur gleichen Zeit expandiert der äußere Teil, und der Stern verliert einen Teil seiner Masse. Die expandierende Hülle bildet einen Planetarischen Nebel (*11*). Der Stern im Zentrum des Nebels wird ein Weißer Zwerg (*12*).

Auf der oberen Hauptreihe bei $M > 1{,}5\,M_\odot$ wird die Energie durch den CNO-Zyklus freigesetzt und der Kern ist konvektiv, während das äußere Gebiet radiativ ist (*13*). Das Hauptreihenstadium endet, wenn der Wasserstoff im Kern verbraucht ist und das Schalenbrennen beginnt (*14*). Der Heliumkern bleibt konvektiv und nichtentartet, das Heliumbrennen beginnt ohne Störungen (*15* und *19*). Danach geht das Heliumbrennen in eine Schale über (*16* und *20*). Für Sterne mit $3\,M_\odot < M < 15\,M_\odot$ ist der Kohlenstoff im Kern entartet, und es ereignet sich ein Kohlenstoff-Blitz (*17*). Dies führt zu einer Supernovaexplosion (*18*) und eventuell zur völligen Zerstörung des Sterns.

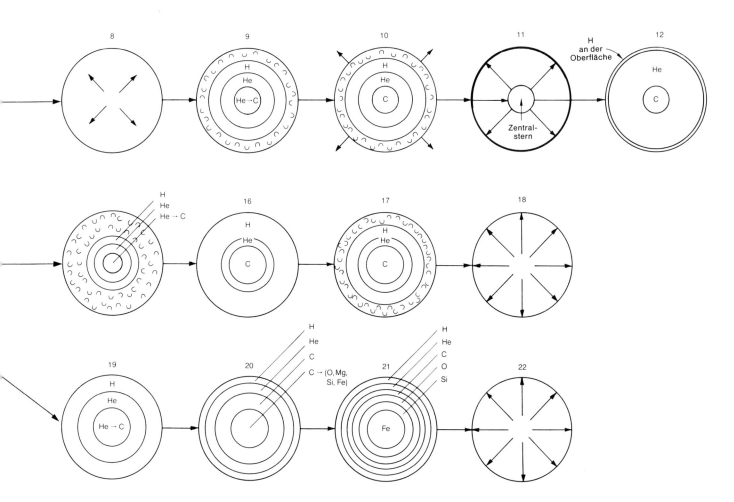

Bei den massereichsten Sternen mit $M > 15\,M_\odot$ bleibt der Kohlenstoffkern konvektiv und der Kohlenstoff verbrennt zu Sauerstoff und Magnesium. Zuletzt besteht der Stern aus einem Eisenkern, der von Schalen aus Silizium, Sauerstoff, Kohlenstoff, Helium und Wasserstoff umgeben ist (*21*). Der Kernbrennstoff ist jetzt erschöpft, und der Stern kollabiert auf der dynamischen Zeitskala. Das Ergebnis ist eine Supernova (*22*). Die äußeren Teile explodieren, der verbleibende Kern kontrahiert jedoch weiter zu einem Neutronenstern oder einem Schwarzen Loch

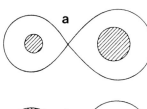
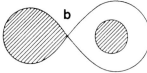
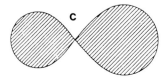

Abb. 12.7a–c. Arten enger Doppelsternsysteme: (**a**) getrennte, (**b**) halbgetrennte und (**c**) Kontaktdoppelsterne. [Kopal, Zd. (1959): *Close Binary Systems*, The International Astrophysics Series, Vol. 5 (Chapman & Hall Ltd., London) S. 483]

Als ein zweites Beispiel können wir einen massereichen Doppelstern mit den Ausgangsmassen von 20 $M_\odot$ und 8 $M_\odot$ und einer ursprünglichen Periode von 4,7 Tagen nehmen (Abb. 12.9). Die massereichere Komponente entwickelt sich schnell und am Ende des Hauptreihenstadiums gibt sie mehr als 15 $M_\odot$ ihrer Materie an den Begleiter ab. Der Masseaustausch erfolgt auf der thermischen Zeitskala, die in diesem Fall nur wenige tausend Jahre beträgt. Das Endresultat ist ein *Heliumstern*, der als Begleiter einen unentwickelten Hauptreihenstern besitzt. Die Eigenschaften des Heliumsterns entsprechen denen eines *Wolf-Rayet-Sterns*.

Im Kern des Heliumsterns verbrennt das Helium weiter zu Kohlenstoff, und die Masse des Kohlenstoffkerns wächst. Schließlich wird der Kohlenstoff explosionsartig gezündet und der Stern explodiert in Form einer Supernova. Die Folgen dieser Explosion sind nicht bekannt, doch nehmen wir an, daß ein kompakter Überrest von 2 $M_\odot$ zurückbleibt. Während der massereichere Stern explodiert, wird sein Sternwind stärker und erzeugt beim Auftreffen auf dem Begleiter eine starke Röntgenstrahlung. Die Röntgenstrahlung bricht erst dann ab, wenn der massereichere Stern seine Rochesche Grenzfläche überschreitet.

Das System verliert dann rapide an Masse und Drehmoment. Ein stabiler Zustand wird letztlich erreicht, wenn das System außer dem kompakten Stern von 2 $M_\odot$ einen 6 $m_\odot$-Heliumstern enthält. Der Heliumstern wird als Wolf-Rayet-Stern beobachtet, der nach etwa einer Million Jahren als Supernova explodiert. Dies führt wahrscheinlich zum Ende des Doppelsternsystems. Für bestimmte Massewerte kann der Doppelstern jedoch auch gebunden bleiben. Auf diese Weise kann ein Doppelsternsystem aus Neutronensternen entstehen.

12.7 Vergleich mit den Beobachtungen

Die wichtigste direkte Stütze für die theoretischen Entwicklungsmodelle erhält man aus den Eigenschaften beobachteter Hertzsprung-Russel-Diagramme. Wenn die theoretischen Modelle korrekt sind, müßte die beobachtete Anzahl der Sterne die Dauer der verschiedenen Entwicklungsstadien wiedergeben. Letztere ist in Tabelle 12.1 für Sterne verschiedener Massen angegeben. Am zahlreichsten sind die Sterne entlang der Hauptreihe. Riesen sind ebenfalls häufig, und zusätzlich dazu gibt es Weiße Zwerge, Unterrie-

Tabelle 12.1. Stellare Lebenszeiten (in 10^6 Jahren)

Masse $[M/M_\odot]$	Spektraltyp auf der Hauptreihe	Kontraktion zur Hauptreihe	Hauptreihe	Übergang zum Roten Riesen	Roter Riese
30	O5	0,02	4,9	0,55	0,3
15	B0	0,06	10	1,7	2
9	B2	0,2	22	0,2	5
5	B5	0,6	68	2	20
3	A0	3	240	9	80
1,5	F2	20	2000	280	
1,0	G2	50	10000	680	
0,5	M0	200	30000		
0,1	M7	500	10^7		

12.7 Vergleich mit den Beobachtungen

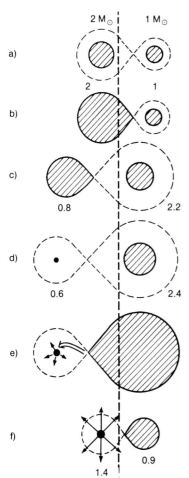

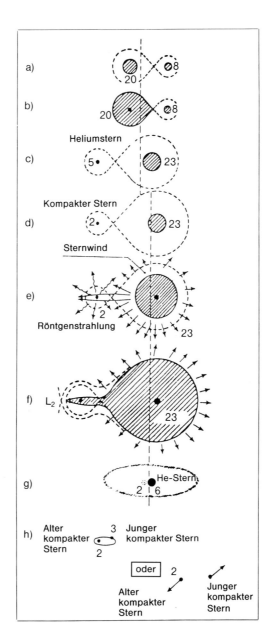

Abb. 12.8a–f. Die Entwicklung eines Niedrigmassen-Doppelsterns: (a) beide Komponenten auf der Hauptreihe; (b) Massestrom von der massereicheren Komponente; (c) massearmer Unterriese und massereicher Hauptreihenstern; (d) Weißer Zwerg und Hauptreihenstern; (e) die von der massereicheren Komponente auf den Weißen Zwerg überfließende Materie führt zu einem Novaausbruch; (f) die Masse des Weißen Zwerges übersteigt die Chandrasekhar-Masse und explodiert als Supernova vom Typ I

Abb. 12.9a–h. Die Entwicklung eines massereichen Doppelsterns. Man nimmt an, daß die Supernovaexplosion eines $5 M_\odot$-Heliumsterns einen kompakten Überrest (Neutronenstern oder Schwarzes Loch) von $2 M_\odot$ hinterläßt. (a) Hauptreihenstadium, (b) Beginn der ersten Masseaustauschphase, (c) Ende der ersten Masseaustauschphase, es beginnt die erste Wolf-Rayet-Phase, (d) der Heliumstern (Wolf-Rayet-Stern) ist als Supernova explodiert, (e) die $23 M_\odot$-Komponente wird zum Überriesen, die kompakte Komponente ist eine starke Röntgenquelle, (f) Beginn der zweiten Masseaustauschphase, die Röntgenquelle wird gedrosselt und es beginnt der Masseverlust in großem Maßstab, (g) zweite Wolf-Rayet-Phase, (h) der $6 M_\odot$-Heliumstern ist als Supernova explodiert. Das Doppelsternsystem kann zerrissen werden oder auch nicht, dies hängt von der verbleibenden Masse ab

sen usw. Das spärlich besetzte Gebiet rechts der Hauptreihe, die *Hertzsprung-Lücke*, wird durch den schnellen Übergang von der Hauptreihe zum Riesenstadium erklärt.

Die Cepheiden liefern einen wichtigen Test für die Entwicklungsmodelle. Die Pulsationen und die Beziehung zwischen Periode und Leuchtkraft der Cepheiden kann auf der Grundlage theoretischer Sternmodelle verstanden werden.

Die Entwicklungsmodelle können auch die Hertzsprung-Russell-Diagramme von Sternhaufen erklären. Nehmen wir an, daß alle Sterne in einem Sternhaufen zur gleichen Zeit entstanden sind. In den jüngsten Systemen, den Assoziationen, wird man die Sterne hauptsächlich auf der oberen Hauptreihe finden, da sich die massereichsten Sterne am schnellsten entwickeln. Rechts von der Hauptreihe wird es weniger massereiche T Tauri-Sterne geben, die sich noch in Kontraktion befinden. In den offenen Sternhaufen mittleren Alters sollte die Hauptreihe gut entwickelt sein und ihr oberes Ende nach rechts abbiegen, da die massereichsten Sterne bereits begonnen haben, sich von der Hauptreihe weg zu entwickeln. In den alten Kugelsternhaufen sollte der Riesenast an Bedeutung gewinnen. All diese Vorhersagen werden durch die Beobachtungen bestätigt, die in Kap. 17 anhand der Sternhaufen weiter diskutiert werden.

Natürlich können die genauesten Beobachtungen bei der Sonne angestellt werden, die deshalb für die theoretischen Modelle ein entscheidendes Vergleichsobjekt ist. Gestattet man einem Stern von einer Sonnenmasse mit einer ursprünglichen Zusammensetzung von 71% Wasserstoff, 27% Helium und 2% schwereren Elementen, sich über 5 Milliarden Jahre hinweg zu entwickeln, so wird er unserer heutigen Sonne sehr ähnlich sein. Insbesondere wird er denselben Radius, dieselbe Oberflächentemperatur und Leuchtkraft haben. Nach den Berechnungen wurde etwa die Hälfte des Sonnenvorrats an Wasserstoff verbraucht. Die Sonne wird für weitere 5 Milliarden Jahre als normaler Hauptreihenstern weiterscheinen, ehe es irgendeine dramatische Änderung gibt.

Einige Probleme verbleiben in bezug auf die Beobachtungen, eines davon wird als das sogenannte Sonnenneutrinoproblem bezeichnet. Die von den solaren Kernreaktionen erzeugten Neutrinos werden seit Anfang der siebziger Jahre mit den in Abschn. 3.7 beschriebenen Techniken beobachtet. Nur die in der relativ seltenen ppIII-Reaktion gebildeten Neutrinos sind energiereich genug, um auf diese Weise nachgewiesen zu werden. Ihre beobachtete Zahl ist zu klein: Während die Modelle etwa 5 Ereignisse pro Zeiteinheit vorhersagen, haben die Beobachter beständig nur 1–2 registriert.

Die Diskrepanz könnte auf einen Fehler in der Beobachtungstechnik oder auf einige unbekannte Eigenschaften der Neutrinos zurückzuführen sein. Liegt der Fehler jedoch wirklich bei den Sonnenmodellen, müßte die Zentraltemperatur der Sonne um etwa 20% niedriger sein als gedacht, was in ernstem Widerspruch zu der beobachteten Sonnenleuchtkraft stehen würde. Eine Erklärungsmöglichkeit wäre, daß sich einige der Elektronneutrinos während ihres Fluges zur Erde in andere, nicht beobachtbare Teilchen verwandeln.

Ein zweites Problem stellt die beobachtete Häufigkeit von Lithium und Beryllium dar. Die Sonnenoberfläche weist eine normale Berylliumhäufigkeit, aber sehr wenig Lithium auf. Das müßte bedeuten, daß die Sonne während ihrer Kontraktion noch voll konvektiv war zu einem Zeitpunkt, als die Zentraltemperatur bereits hoch genug war, um das Lithium zu zerstören (3×10^6 K), aber noch nicht das Beryllium ($4 \cdot 10^6$ K). Nach den Standardentwicklungsmodellen hörte die Konvektion im Zentrum jedoch schon bei einer Temperatur von 2×10^6 K auf. Eine der vorgeschlagenen Erklärungen lautet, daß die Konvektion das Lithium später in Schichten herabgebracht hat, in denen die Temperatur hoch genug war, um es zu zerstören.

12.8 Die Entstehung der Elemente

Im Sonnensystem gibt es fast einhundert natürlich vorkommende chemische Elemente und etwa dreihundert Isotope (Abb. 12.10). In Abschn. 12.4 haben wir gesehen, wie die Elemente bis zum Eisen erzeugt werden, wenn Wasserstoff zu Helium und Helium weiter zu Kohlenstoff, Sauerstoff und schwereren Elementen verbrennt.

Fast alle Kerne schwerer als Helium werden in den Kernreaktionen im Sterninneren erzeugt. In den ältesten Sternen beträgt der Massenanteil der schweren Elemente nur etwa 0,02%, während er sich in den jüngsten Sternen auf einige Prozent beläuft. Nichtsdestoweniger besteht der größte Teil der Sternmaterie aus Wasserstoff und Helium. Nach den kosmologischen Standardmodellen wurden diese in den Frühphasen des Kosmos gebildet, als die Temperatur und die Dichte für nukleare Prozesse geeignet waren. (Dies wird in Kap. 20 diskutiert.) Obwohl während der Sternentwicklung auf der Hauptreihe Helium produziert wird, wird nur sehr wenig davon wirklich in den Raum abgegeben, um in spätere Sterngenerationen eingebaut zu werden. Das meiste davon wird entweder durch weitere Reaktionen in schwerere Elemente überführt oder bleibt im Inneren

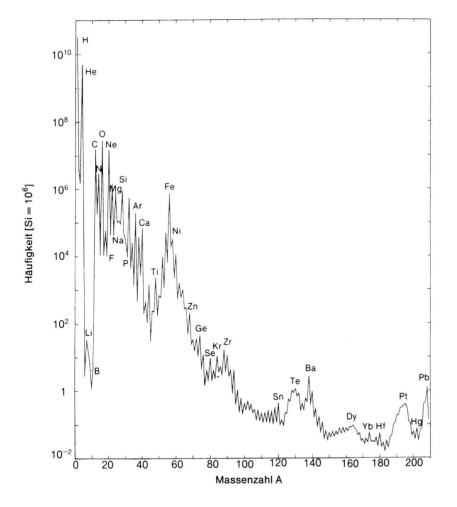

Abb. 12.10. Elementenhäufigkeit im Sonnensystem als Funktion der nuklearen Massenzahl. Die Häufigkeit des Siliziums wurde auf 10^6 normiert

der Weißen Zwerge eingeschlossen. Deshalb wächst die Heliumhäufigkeit durch die stellaren Prozesse nicht wesentlich.

Die wichtigsten der zum Aufbau der schweren Kerne bis hin zum Eisen führenden Kernreaktionen wurden in Abschn. 11.3 vorgestellt. Die Wahrscheinlichkeiten des Auftretens der verschiedenen Reaktionen werden entweder durch Experimente oder über theoretische Berechnungen bestimmt. Sind sie bekannt, so können die relativen Häufigkeiten der verschiedenen erzeugten Kerne berechnet werden.

Die Bildung von Elementen schwerer als Eisen erfordert zusätzliche Energie, sie kann deshalb nicht in der gleichen Weise erklärt werden. Dennoch, schwere Kerne werden laufend produziert. 1952 wurde in der Atmosphäre eines Roten Riesen Technetium entdeckt. Die Halbwertszeit des langlebigsten Isotops ^{98}Tc beträgt etwa $1,5 \times 10^6$ Jahre, so daß das beobachtete Technetium im Stern erzeugt worden sein muß.

Die meisten der Kerne schwerer als Eisen werden durch *Neutroneneinfang* gebildet. Da das Neutron keine elektrische Ladung besitzt, kann es leicht in den Atomkern eindringen. Die Wahrscheinlichkeit des Neutroneneinfangs hängt sowohl von der kinetischen Energie des eindringenden Neutrons als auch von der Massenzahl des Kerns ab. Zum Beispiel zeigt die Häufigkeit der Isotope im Sonnensystem Maxima bei den Massenzahlen $A = 70-90$, 130, 138, 195 und 208. Diese Massenzahlen entsprechen Kernen mit voll besetzten Neutronenschalen bei den Neutronenzahlen $N = 50$, 82 und 126. Die Wahrscheinlichkeit des Neutroneneinfangs ist für diese Kerne sehr klein. Die vollbesetzten Kerne reagieren deshalb langsamer und werden zu größeren Vorkommen angesammelt.

Beim Neutroneneinfang wird ein Kern mit der Massenzahl A in einen massiveren Kern umgewandelt:

$$(Z, A) + n \rightarrow (Z, A+1) + \gamma \ .$$

Der neugebildete Kern kann instabil sein gegen den β-Zerfall, bei dem ein Neutron in ein Proton umgewandelt wird:

$$(Z, A+1) \rightarrow (Z+1, A+1) + e^- + \bar{\nu}_e \ .$$

In Abhängigkeit von der Größe des Neutronenflusses treten zwei Arten des Neutroneneinfangs auf. Beim langsamen *s-Prozeß* ist der Neutronenfluß so gering, daß alle β-Zerfälle erfolgen können, bevor der nächste Neutroneneinfang stattfindet. Durch den s-Prozeß werden die stabilsten Kerne mit Massenzahlen bis zu 210 gebildet. Man sagt, diese Kerne entsprechen dem β-Stabilitäts-Tal. Der s-Prozeß erklärt die Häufigkeitsspitzen bei den Massenzahlen 88, 138 und 208.

Wenn der Neutronenfluß hoch ist, kann der β-Zerfall nicht vor dem nächsten Neutroneneinfang erfolgen. Man spricht dann vom schnellen *r-Prozeß*, der an Neutronen reichere Isotope entstehen läßt. Die vom r-Prozeß erzeugten Häufigkeitsmaxima liegen bei um etwa 10 Einheiten kleineren Massenzahlen als die des s-Prozesses.

Ein für den s-Prozeß ausreichender Neutronenfluß wird im Verlauf einer normalen Sternentwicklung erreicht. So produzieren z. B. einige der Kohlenstoff und Sauerstoff verbrennenden Reaktionen freie Neutronen. Gibt es zwischen den Wasserstoff und Helium brennenden Schalen Konvektion, so können freie Protonen in die kohlenstoffreichen Schichten getragen werden. Dann wird die folgende Neutronen produzierende Reaktionskette bedeutsam:

12.8 Die Entstehung der Elemente

$$^{12}\text{C} + \text{p} \rightarrow {}^{13}\text{N} + \gamma$$
$$^{13}\text{N} \rightarrow {}^{13}\text{C} + \text{e}^+ + \nu_e$$
$$^{13}\text{C} + {}^4\text{He} \rightarrow {}^{16}\text{O} + \text{n} \;.$$

Die Konvektion kann auch die Reaktionsprodukte näher an die Oberfläche heranbringen.

Der für den r-Prozeß erforderliche Neutronenfluß liegt bei etwa $10^{22}\,\text{cm}^{-3}$; dies ist zu hoch, um während der normalen Sternentwicklung erreicht zu werden. Der gegenwärtig einzige bekannte Ort, an dem ein ausreichender Neutronenfluß erwartet wird, befindet sich in der Nähe eines bei einer Supernovaexplosion gebildeten Neutronensterns. Dort führt der schnelle Neutroneneinfang zu Kernen, die keine weiteren Neutronen mehr einfangen können, ohne nicht extrem instabil zu werden. Nach einem oder mehreren schnellen β-Zerfällen wiederholt sich der Prozeß.

Wenn der Neutronenfluß sinkt, hört der r-Prozeß auf. Die erzeugten Kerne zerfallen dann allmählich über den β-Prozeß in stabile Isotope. Da der Weg des r-Prozesses etwa zehn Masseeinheiten unterhalb des Stabilitätstals verläuft, fallen die gebildeten Häufigkeitsspitzen etwa zehn Einheiten unter jene des s-Prozesses. Dies ist in Abb. 12.11 dargestellt. Die massereichsten natürlich vorkommenden Elemente wie Uran, Thorium und Plutonium werden durch den r-Prozeß gebildet.

Auf der protonenreichen Seite des β-Stabilitätstales gibt es etwa 40 Isotope, die nicht durch Neutroneneinfang erzeugt werden können. Ihre Häufigkeiten sind, verglichen mit

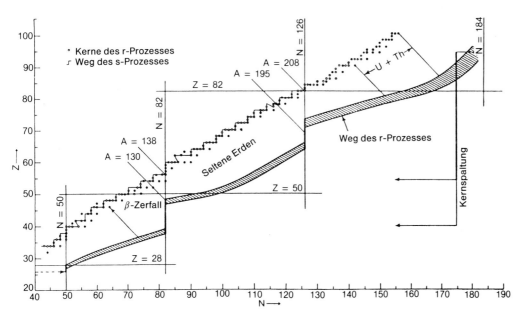

Abb. 12.11. Wege des Neutroneneinfangs für den s-Prozeß und den r-Prozeß (von links nach rechts). Der s-Prozeß folgt einem Weg entlang der Linie der Beta-Stabilität. Die stabilen Kerne des r-Prozesses (kleine Kreise) resultieren aus dem Beta-Zerfall ihrer protonenreichen Vorgänger auf dem schraffierten Wege, der weiter unten gezeigt ist. Der Beta-Zerfall erfolgt entlang von Geraden mit $A = \text{const}$. Die gefüllten Neutronenschalen der Kerne bei $N = 50$, 82 und 126 entsprechen den Häufigkeitsmaxima der Kerne des s-Prozesses bei $A = 88$, 138 und 208 und denen der Kerne des r-Prozesses bei $A = 80$, 130 und 195. [Seeger, P. A., Fowler, W. A., Clayton, D. D. (1965): Astrophys. J. Suppl. **11**, 121]

den Nachbarisotopen, sehr gering. Sie werden in Supernovaexplosionen bei Temperaturen von mehr als 10^9 K in einer als *p-Prozeß* bekannten Reaktion gebildet. Bei diesen Temperaturen findet Paarbildung statt:

$$\gamma \rightarrow e^+ + e^- \ .$$

Das Positron zerstrahlt entweder augenblicklich oder wird in der Reaktion

$$e^+ + (Z,A) \rightarrow (Z+1,A) + \bar{\nu}_e$$

verbraucht. Eine andere Reaktion innerhalb des p-Prozesses ist

$$(Z,A) + p \rightarrow (Z+1,A+1) + \gamma \ .$$

Schließlich kann die *Spaltung* einiger schwererer Isotope zu den Kernen des p-Prozesses führen. Beispiele hierfür sind die Isotope ^{184}W, ^{190}Pt und ^{196}Hg, die durch Spaltung von Blei erzeugt werden.

Alle betrachteten Reaktionsprodukte werden bei einer Supernovaexplosion an das interstellare Medium abgegeben. Zusammenstöße zwischen Kosmischer Strahlung und den schweren Kernen lassen dann letztlich die leichten Elemente Lithium, Beryllium und Bor entstehen. So kann die Häufigkeit von im wesentlichen allen natürlich vorkommenden Isotopen erklärt werden.

Während der Aufeinanderfolge der Sterngenerationen nimmt die relative Häufigkeit der schweren Elemente im interstellaren Medium zu. Sie können dann in neue Sterne, in Planeten und in Lebewesen eingebaut werden.

Kapitel 13 Die Sonne

Die Sonne ist unser nächster Stern. Sie ist für die Astronomie deshalb wichtig, weil man viele Erscheinungen, die bei anderen Sternen nur indirekt untersucht werden können, auf der Sonne direkt beobachten (z. B. die Rotation, die Sonnenflecken, die Struktur der Sternoberfläche). Unser heutiges Bild von der Sonne beruht sowohl auf Beobachtungen als auch auf theoretischen Überlegungen. Einige Beobachtungsergebnisse stimmen nicht mit den theoretischen Sonnenmodellen überein, weshalb die Details der Modelle sich werden ändern müssen; das Gesamtbild sollte jedoch gültig bleiben.

13.1 Innerer Aufbau

Die Sonne ist ein typischer Hauptreihenstern mit den folgenden grundlegenden Eigenschaften:

Masse	m	$= 1{,}989 \times 10^{30}$ kg
Radius	R	$= 6{,}960 \times 10^{8}$ m
mittlere Dichte	ϱ	$= 1\,409$ kg m^{-3}
Zentraldichte	ϱ_c	$= 1{,}6 \times 10^{5}$ kg m^{-3}
Leuchtkraft	L	$= 3{,}9 \times 10^{26}$ W
effektive Temperatur	T_e	$= 5\,785$ K
Zentraltemperatur	T_c	$= 1{,}5 \times 10^{7}$ K
absolute bolometrische Helligkeit	M_{bol}	$= 4{,}72$
absolute visuelle Helligkeit	M_V	$= 4{,}79$
Spektraltyp		G2 V
Farbenindizes	B-V	$= 0{,}62$
	U-B	$= 0{,}10$
chemische Zusammensetzung	X	$= 0{,}71$
der Oberfläche	Y	$= 0{,}27$
	Z	$= 0{,}02$
Rotationsperiode am Äquator		25 d
bei 60° Breite		29 d

Auf der Grundlage dieser Daten wurde das in Abb. 13.1 gezeigte Sonnenmodell berechnet. Die Energie wird durch die pp-Kette in einem engbegrenzten Gebiet erzeugt. 99% der Sonnenenergie wird innerhalb eines Viertels des Sonnenradius produziert.

Die Sonne erzeugt eine Leistung von 4×10^{26} W, dies entspricht der Umwandlung von etwa vier Millionen Tonnen Masse in Energie in jeder Sekunde. Die Masse der Sonne ist mit etwa 330 000 Erdmassen so groß, daß während der gesamten Lebensdauer der Sonne auf der Hauptreihe weniger als 0,1% ihrer Masse in Energie umgesetzt wird.

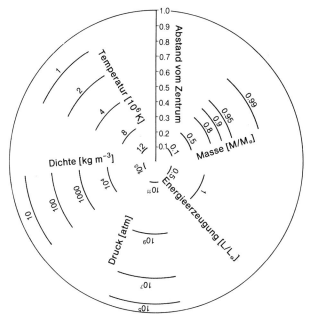

Abb. 13.1. Die Verteilung von Temperatur, Dichte, Druck, Energieproduktion und Masse als Funktion des Sonnenradius

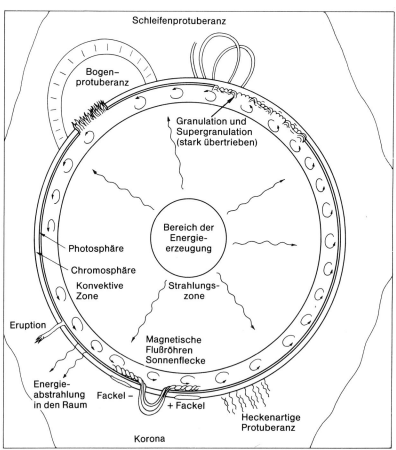

Abb. 13.2. Das Innere und die Oberfläche der Sonne. Die verschiedenen Arten der solaren Erscheinungen sind schematisch skizziert. [Aufbauend auf Van Zandt, R.P. (1977): *Astronomy for the Amateur*, Planetary Astronomy, Vol. I, 3. Aufl. (veröffentlicht vom Autor, Peoria, Ill.)]

Als die Sonne vor etwa 5 Milliarden Jahren entstand, war ihre Zusammensetzung überall die gleiche wie die Zusammensetzung ihrer heutigen Oberfläche. Da die Energieproduktion im innersten Zentrum konzentriert ist, wird der Wasserstoff dort sehr schnell verbraucht. Bei etwa einem Viertel des Sonnenradius ist die Wasserstoffhäufigkeit noch immer die gleiche wie in den Oberflächenschichten, geht man jedoch von diesem Punkt aus nach innen, so fällt sie rapide ab. Im Zentralkern besteht nur 10% der Materie aus Wasserstoff. Etwa 5% des Wasserstoffs der Sonne wurde bisher in Helium umgewandelt.

Das radiative Zentralgebiet der Sonne erstreckt sich bis zu etwa 70% des Sonnenradius. Bei diesem Abstand ist die Temperatur soweit gesunken, daß das Gas nicht länger vollständig ionisiert ist. Die Opazität der Sonnenmaterie wächst dann stark an, und die Konvektion wird zu einem effektiveren Mittel des Energietransports. Die Sonne hat deshalb eine konvektive Hülle (Abb. 13.2).

13.2 Die Atmosphäre

Die Sonnenatmosphäre unterteilt man in die *Photosphäre* und in die *Chromosphäre*. Außerhalb der eigentlichen Atmosphäre erstreckt sich die *Korona* noch wesentlich weiter nach außen.

Die Photosphäre. Die innerste Schicht der Atmosphäre ist die Photosphäre, die nur etwa 300–500 km dick ist. Die Photosphäre ist die sichtbare Oberfläche der Sonne, in der die Dichte nach innen hin schnell wächst und das Innere vor den Blicken verbirgt. Die Temperatur beträgt an der unteren Photosphärengrenze 8000 K und an der oberen Grenze 4500 K. Nahe des Randes der Sonnenscheibe tritt die Sichtlinie unter einem sehr kleinen Winkel in die Photosphäre ein, und der Blick gelangt nicht in große Tiefen. Daher sieht man in der Nähe des Randes nur Licht aus den kühleren, höheren Schichten. Aus diesem Grund erscheint der Rand dunkler; diese Erscheinung ist als *Randverdunklung* bekannt. Sowohl das kontinuierliche Spektrum als auch die Absorptionslinien werden in der Photosphäre gebildet, das Licht in den Absorptionslinien kommt jedoch aus höheren Schichten, und die Linien erscheinen deshalb dunkel.

Die Sonnenkonvektion ist an der Oberfläche als *Granulation* zu sehen (Abb. 13.3). Es handelt sich um ein ungleichmäßiges, sich ständig änderndes, körniges Muster. Im hellen Zentrum jedes Granulums steigt Gas nach oben, und an den dunkleren Rändern sinkt es wieder nach unten. Die Größe eines Granulums hat von der Erde aus gesehen den typischen Wert von 1″, dies entspricht auf der Sonnenoberfläche etwa 1000 km. Es gibt in der Photosphäre auch eine Konvektion größeren Maßstabs, die als *Supergranulation* bezeichnet wird. Die Zellen der Supergranulation können etwa 1′ im Durchmesser erreichen. Die in der Supergranulation beobachteten Geschwindigkeiten sind hauptsächlich entlang der Sonnenoberfläche gerichtet.

Die Chromosphäre (Abb. 13.4). Außerhalb der Photosphäre gibt es eine ungefähr 500 km dicke Schicht, in der die Temperatur von 4500 K bis etwa 6000 K ansteigt, die Chromosphäre. Außerhalb dieser Schicht befindet sich eine Übergangsregion von einigen tausend Kilometern, in der die Chromosphäre allmählich in die Korona übergeht.

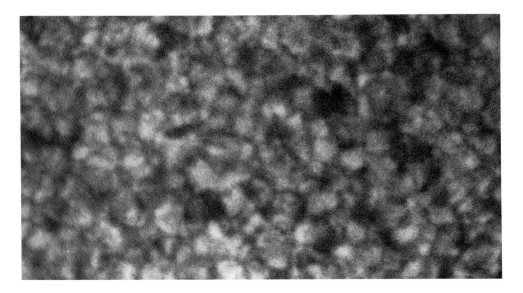

Abb. 13.3. Die Granulation auf der Sonnenoberfläche. Die Granulen werden von strömendem Gas erzeugt. Ihr typischer Durchmesser liegt bei 1 000 km. (Foto Mt. Wilson Observatory)

In den äußeren Teilen der Übergangsregion beträgt die kinetische Temperatur bereits etwa 10^6 K.

Die Chromosphäre ist normalerweise unsichtbar, denn ihre Strahlung ist wesentlich schwächer als die der Photosphäre. Während einer totalen Sonnenfinsternis wird die Chromosphäre jedoch für einige Sekunden an beiden Enden der Totalitätsphase sichtbar, wenn der Mond die Photosphäre vollständig verdeckt. Die Chromosphäre erscheint dann als dünne rötliche Sichel oder als Ring.

Bei Finsternissen kann das Chromosphärenspektrum, das man als Flashspektrum bezeichnet, beobachtet werden. Es handelt sich um ein Emissionslinienspektrum mit mehr als 3 000 identifizierten Linien. Am hellsten sind dabei die Linien des Wasserstoffs, des Heliums und bestimmter Metalle.

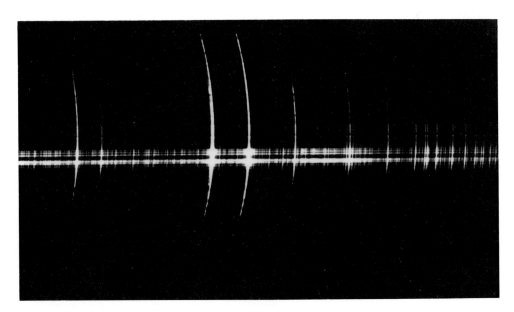

Abb. 13.4. Dieses Flashspektrum der Sonnenchromosphäre zeigt helle Emissionslinien

13.2 Die Atmosphäre

Abb. 13.5. Die Sonnenoberfläche im Licht der H_α-Linie. Aktive Gebiete nahe des Äquators erscheinen hell; die dunklen Filamente sind Protuberanzen

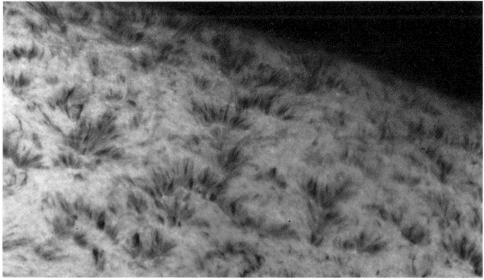

Abb. 13.6. Spiculen, flammenartige Erhebungen nahe des Randes der Sonnenscheibe. (Foto Big Bear Solar Observatory)

Eine der stärksten Emissionslinien der Chromosphäre ist die Balmerlinie H$_\alpha$ des Wasserstoffs (Abb. 13.5) bei einer Wellenlänge von 656,3 nm. Da die H$_\alpha$-Linie im normalen Sonnenspektrum eine sehr dunkle Absorptionslinie ist, zeigt ein bei dieser Wellenlänge aufgenommenes Photo die Chromosphäre der Sonne. Zu diesem Zweck verwendet man schmalbandige Filter, die nur das Licht der H$_\alpha$-Linie durchlassen. Die resultierenden Bilder zeigen die Sonnenoberfläche als eine gesprenkelte, wellige Scheibe. Die hellen Gebiete haben meist die Größe der Supergranulen und werden durch Spiculen eingerahmt (Abb. 13.6). Bei letzteren handelt es sich um flammenartige Strukturen, die sich bis zu 10 000 km über die Chromosphäre erheben und über wenige Minuten bestehen. Gegen die helle Sonnenoberfläche erscheinen sie als dunkle Streifen und am Sonnenrand sehen sie aus wie helle Flammen.

Die Korona. Die Chromosphäre geht allmählich in die Korona über, die ebenfalls am besten während einer totalen Sonnenfinsternis zu sehen ist (Abb. 13.7). Sie erscheint dann als ein Lichthalo, der sich bis zu einigen Sonnenradien Entfernung erstreckt. Die Flächenhelligkeit der Korona entspricht etwa der des Vollmondes, die Korona ist deshalb in der Nachbarschaft der hellen Photosphäre nur schwer zu sehen.

Der innere Teil der Korona, die K-Korona, hat ein kontinuierliches Spektrum, das durch die Streuung des Photosphärenlichtes an Elektronen entsteht. Weiter außen, einige Sonnenradien von der Oberfläche entfernt, befindet sich die F-Korona mit einem Spektrum, welches die Fraunhofer-Absorptionslinien zeigt. Das Licht der F-Korona ist an Staub gestreutes Sonnenlicht.

Ende des 19. Jahrhunderts wurden in der Korona starke Emissionslinien entdeckt, denen keine der Linien irgendeines bekannten Elements zuzuordnen waren (Abb. 13.8). Man glaubte, ein neues Element, das man Koronium nannte, gefunden zu haben. Etwas früher war bereits das Helium auf der Sonne entdeckt worden, bevor es auf der Erde bekannt war. Um 1940 wurde festgestellt, daß es sich bei den Koronalinien um die

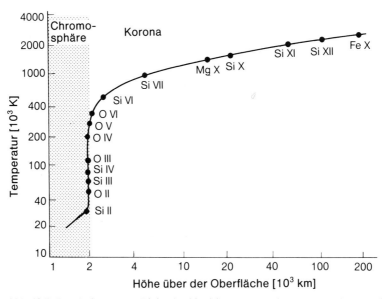

Abb. 13.7. Das Auftreten von Linien hochionisierter Atome im Koronaspektrum zeigt, daß die Temperatur der Korona sehr hoch sein muß

Abb. 13.8. Früher konnte die Korona nur während einer totalen Sonnenfinsternis beobachtet werden. Das Bild stammt von der Finsternis am 7. 3. 1970. Heutzutage kann man die Korona durch Verwendung eines sogenannten Koronografen ständig untersuchen

Linien hochionisierter Atome handelt, z. B. um dreizehnfach ionisiertes Eisen. Es wird eine Menge Energie benötigt, um so viele Elektronen von den Atomen loszureißen. Die gesamte Korona muß eine Temperatur von etwa einer Million Grad besitzen.

Um die hohe Temperatur der Korona aufrechtzuerhalten, braucht man eine kontinuierliche Energiequelle. Nach älteren Theorien stammt die Energie aus akustischen oder magnetohydrodynamischen Schockwellen, die auf der Sonnenoberfläche durch die Konvektion generiert werden. Vor kurzem wurde ein Aufheizen durch elektrische Ströme, die von Magnetfeldänderungen erzeugt werden, vorgeschlagen. Die Wärme würde dann in der Korona fast wie in einer gewöhnlichen Glühlampe erzeugt.

Trotz seiner hohen Temperatur ist das Gas der Korona so dünn, daß die in ihm gespeicherte Gesamtenergie klein ist. Das Gas strömt stetig nach außen und wird allmählich zum *Sonnenwind*, der einen Strom von Teilchen von der Sonne fortträgt. Der dadurch entstehende Gasverlust wird durch neue Materie aus der Chromosphäre ersetzt. In der Nähe der Erde beträgt die Dichte des Sonnenwinds typischerweise 5–10 Teilchen/cm^3 und seine Geschwindigkeit etwa 500 km/s. Der durch den Sonnenwind bedingte Masseverlust der Sonne liegt bei $10^{-13} M_\odot$ pro Jahr.

13.3 Die Sonnenaktivität

Sonnenflecken. Das am deutlichsten sichtbare Zeichen für die Sonnenaktivität sind die *Sonnenflecken*. Die Existenz der Sonnenflecken ist lange bekannt (Abb. 13.9), da die größten Flecken mit bloßem Auge zu sehen sind, wenn man die Sonne durch eine hinreichend dichte Rußschicht betrachtet. Genauere Beobachtungen wurden Anfang des 17. Jahrhunderts möglich, als Galilei das Fernrohr für astronomische Beobachtungen zu nutzen begann.

Ein Sonnenfleck sieht aus wie ein ausgefranstes Loch in der Sonnenoberfläche. Im Inneren des Flecks befindet sich die dunkle *Umbra* und darum herum die weniger dunkle *Penumbra*. Wenn man Flecken nahe des Randes der Sonnenscheibe betrachtet, kann man sehen, daß die Flecken im Vergleich mit der übrigen Oberfläche eine leichte Einsenkung aufweisen. Die Oberflächentemperatur liegt in einem Sonnenfleck um etwa 1 500 K unter derjenigen der Umgebung, was die dunkle Färbung der Flecken erklärt.

Der Durchmesser typischer Sonnenflecken beträgt etwa 10 000 km, und ihre Lebensdauer reicht in Abhängigkeit von ihrer Größe von wenigen Tagen bis zu mehreren Monaten. Die größeren Flecken haben eine höhere Lebenserwartung. Sonnenflecken treten oft in Paaren oder in größeren Gruppen auf. Durch das Verfolgen der Bewegung der Flecken kann die Rotationsperiode der Sonne bestimmt werden.

Die Variation der Sonnenfleckenzahl wurde über fast 250 Jahre hinweg verfolgt. Die Häufigkeit der Flecken wird durch die *Züricher Sonnenfleckenrelativzahl Z* beschrieben:

$$Z = C(S + 10G) \,, \tag{13.1}$$

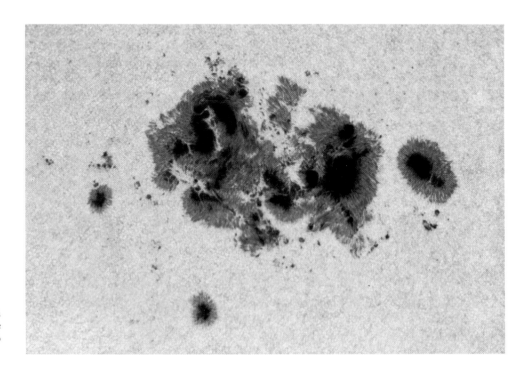

Abb. 13.9. Die Sonnenflecken sind die am längsten bekannte Form der Sonnenaktivität. (Foto Mt. Wilson Observatory)

13.3 Die Sonnenaktivität

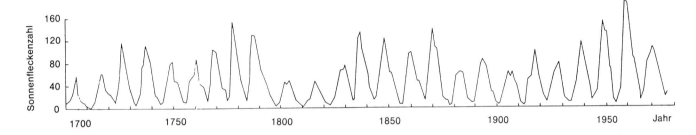

Abb. 13.10. Die Züricher Sonnenfleckenrelativzahl von 1700 bis 1977. Die Anzahl der Sonnenflecken und Fleckengruppen variiert mit einer Periode von etwa 11 Jahren

wobei S die Anzahl der Flecken und G die Zahl der Fleckengruppen sind, die zu einer bestimmten Zeit sichtbar sind. C ist eine Konstante, die vom Beobachter und den Beobachtungsbedingungen abhängt.

In Abb. 13.10 ist die Variation der Sonnenfleckenrelativzahl vom 18. Jahrhundert bis zur Gegenwart dargestellt. Offensichtlich ändert sich die Fleckenzahl mit einer mittleren Periode von etwa 11 Jahren. Die wahre Periode kann zwischen 7 und 17 Jahren liegen. In den letzten Jahrzehnten betrug sie etwa 10,5 Jahre. Gewöhnlich steigt die Aktivität innerhalb von 3–4 Jahren bis zu ihrem Maximum an und fällt dann etwas langsamer wieder ab. Die Periode wurde zuerst von *Samuel Heinrich Schwabe* im Jahre 1843 entdeckt.

Die Anzahl der Sonnenflecken änderte sich seit dem Beginn des 18. Jahrhunderts mit deutlicher Regelmäßigkeit. Im 17. Jahrhundert gab es dagegen lange Zeitintervalle, in denen überhaupt keine Flecken auftraten. Diese ruhige Periode wird das *Maunder-Minimum* genannt. Im 15. Jahrhundert trat ein ähnliches Minimum, das *Spörer-Minimum*, auf. Auf andere ruhige Perioden wird zu früheren Epochen geschlossen. Der hinter diesen irregulären Variationen der Sonnenaktivität stehende Mechanismus ist noch nicht geklärt.

Mit den Sonnenflecken verbundene magnetische Erscheinungen. Die Magnetfelder in den Sonnenflecken werden anhand des Zeeman-Effekts gemessen und können eine Feldstärke von bis zu 0,45 Tesla erreichen. (Die Stärke des Erdmagnetfeld beträgt 0,06 mT.) Das starke Magnetfeld hemmt den konvektiven Energietransport, was die niedrigere Temperatur der Flecken erklärt. Die periodische Variation der Anzahl der Flecken reflektiert eine entsprechende Variation des Magnetfeldes.

Ein elektrisch leitendes Medium wie die äußeren Schichten der Sonne kann sich nicht in bezug auf die magnetischen Feldlinien bewegen, das Feld ist im Plasma „eingefroren" und wird von ihm mitgeführt. Die Rotationsperiode der Sonne beträgt am Äquator 25 Tage und mehr als 30 Tage an den Polen. Diese differentielle Rotation deformiert das mittlere magnetische Feld.

Die Sonnenoberfläche ist angefüllt mit magnetischen Flußröhren, in denen die Feldstärke 0,1–0,2 T beträgt. Ihr Gesamteffekt besteht in der Erzeugung eines schwachen, fast dipolförmigen globalen Magnetfeldes. Die differentielle Rotation wickelt dieses mittlere Feld in einer immer enger werdenden Spirale um die Sonne (Abb. 13.11). In wenigen Jahren werden die Feldlinien zu parallel zum Äquator verlaufenden Ringen. Diese werden dann von aufsteigenden, rotierenden konvektiven Strömen angehoben und verdreht. Als Endresultat wird das Dipolfeld neu gebildet, aber in seiner Richtung entgegengesetzt zu der des ursprünglichen Feldes. Im Mittel dauert solch ein Zyklus 11 Jahre. Der gesamte magnetische Zyklus beträgt somit 22 Jahre, danach kehrt das Feld zu seiner Ausgangsform und -polarität zurück.

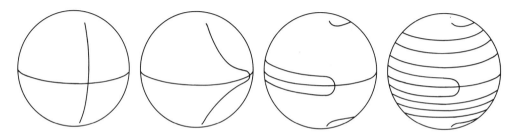

Abb. 13.11. Da die Sonne am Äquator schneller rotiert als an den Polen, werden die Feldlinien des Sonnenmagnetfeldes in einer engen Spirale aufgewickelt

Die Sonnenflecken treten oft als Paare auf, deren Komponenten entgegengesetzte Polarität besitzen. Man kann daraus schließen, daß sich das Magnetfeld zwischen den Komponenten in Form einer Schleife über die Sonnenoberfläche erhebt (Abb. 13.12). Wenn entlang einer solchen Schleife Gas von einem Fleck zum anderen überströmt, wird diese in Form einer *Schleifenprotuberanz* sichtbar.

Am Beginn eines neuen Aktivitätszyklus der Sonne erscheinen die Flecken zuerst bei einer Breite von etwa 40°, dort sagen die theoretischen Berechnungen auch die stärksten magnetischen Störungen voraus. Während des Fortschreitens des Zyklus bewegen sich die Flecken näher zum Äqutor (Abb. 13.13). Wenn die Flecken eines neuen Zyklus bei hohen Breiten zu erscheinen beginnen, sind diejenigen des alten Zyklus noch nahe des Äquators vorhanden.

Die zum alten und neuen Zyklus gehörenden Flecken können anhand der Polarität der Fleckenpaare unterschieden werden: Hat während eines Zyklus der vorangehende Fleck stets eine positive Polarität, so besitzt er während der folgenden Periode stets eine negative Polarität. (Die Polarität der Sonnenfleckenpaare ist außerdem auf den unterschiedlichen Hemisphären entgegengesetzt.)

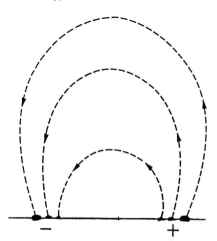

Abb. 13.12. In Sonnenfleckenpaaren bilden die magnetischen Feldlinien außerhalb der Sonnenoberfläche eine Schleife. An den Feldlinien entlangströmende Materie kann Schleifenprotuberanzen bilden. (Foto Mt. Wilson Observatory)

13.3 Die Sonnenaktivität

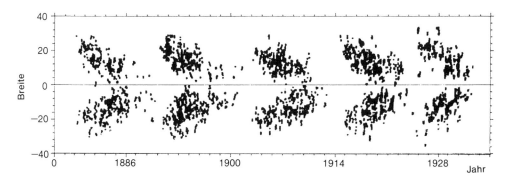

Abb. 13.13. Am Beginn eines Aktivitätszyklus erscheinen die Sonnenflecken bei hohen Breiten. Wenn der Zyklus fortschreitet, bewegen sich die Flecken in Richtung auf den Äquator. (Diagramm von H. Virtanen auf der Grundlage von Beobachtungen des Greenwich Observatory)

Andere Aktivitäten. Die Sonne zeigt verschiedene weitere Arten von Oberflächenaktivität: die *Fackeln*, die *Protuberanzen* und die *Eruptionen*.

Die Fackeln sind begrenzte helle Gebiete in der Photosphäre oder der Chromosphäre. Beobachtungen der chromosphärischen Fackeln werden im Licht der H_α-Linie des Wasserstoffs oder der K-Linie des Kalziums gemacht (Abb. 13.14). Die chromosphärischen Fackeln treten dort auf, wo sich neue Sonnenflecken bilden, und verschwinden mit dem Verschwinden der Flecken. Anscheinend werden sie durch die verstärkte Aufheizung der Chromosphäre durch starke Magnetfelder verursacht.

Die Protuberanzen sind mit die spektakulärsten Erscheinungen auf der Sonne. Es handelt sich um leuchtende Gasmassen in der Korona, die in der Nähe des Sonnenrandes leicht beobachtet werden können. Es gibt verschiedene Arten von Protuberanzen (Abb. 13.15): Die ruhigen Protuberanzen, bei denen das Gas langsam entlang der magnetischen Feldlinien absinkt, die Schleifenprotuberanzen, die mit den Magnetfeldschleifen in den Sonnenflecken verbunden sind, und die selteneren eruptiven Protuberanzen, bei denen das Gas heftig nach außen geschleudert wird.

Die Temperatur der Protuberanzen beträgt etwa $10\,000 - 20\,000$ K. Auf H_α-Photographien der Chromosphäre erscheinen die Protuberanzen gegen die Sonnenoberfläche als dunkle *Filamente*.

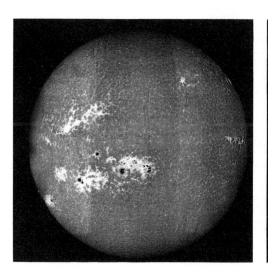
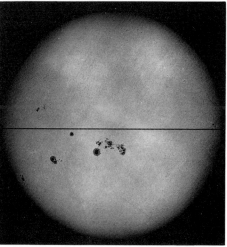

Abb. 13.14. Die Sonne im sichtbaren Licht (*rechts*) und im Licht der H_α-Linie (*links*). Die hellen Gebiete um die Sonnenflecken und Fleckengruppen sind chromosphärische Fackeln. (Fotos Yerkes Observatory)

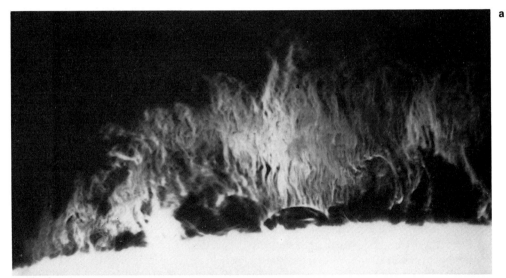

Abb. 13.15. (a) Ruhige „heckenartige" Protuberanz (Foto Sacramento Peak Observatory). (b) Größere eruptive Protuberanz (Foto Big Bear Solar Observatory)

13.3 Die Sonnenaktivität

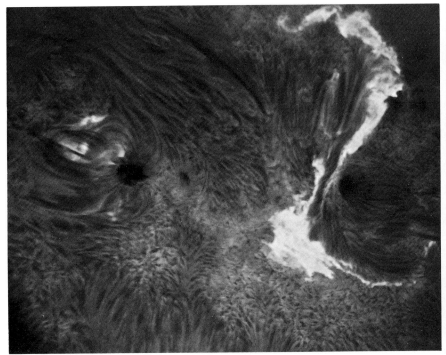

Abb. 13.16. Eine gewaltige Eruption in der Nähe einiger kleiner Sonnenflecken. (Foto Sacramento Peak Observatory)

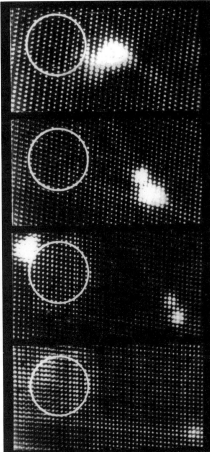

Abb. 13.17. Bei Radiowellenlängen erscheint eine Eruption als ein helles Gebiet, das sich schnell von der Sonne wegbewegt. (Bild CSIRO)

Die seltenen Eruptionen (*engl. flares*) gehören zu den gewaltigsten Formen der Sonnenaktivität (Abb. 13.16). Sie erscheinen als helle Blitze, die von einer Sekunde bis zu fast einer Stunde anhalten. In den Eruptionen wird ein großer Betrag der im Magnetfeld gespeicherten Energie plötzlich freigesetzt. Der genaue Mechanismus ist noch unbekannt.

Eruptionen können bei allen Wellenlängen beobachtet werden. Die harte Röntgenstrahlung der Sonne kann während einer Eruption auf das hundertfache anwachsen, und verschiedene Arten von Eruptionen werden bei Radiowellenlängen beobachtet (Abb. 13.17). Die Emission solarer kosmischer Strahlen nimmt dabei ebenfalls zu.

Die Eruptionen verursachen Störungen auf der Erde. Die Röntgenstrahlen bewirken Änderungen in der Ionosphäre, die die Radiokommunikation im Kurzwellenbereich beeinflussen. Die Teilchen der Eruptionen rufen einige Tage nach dem Ausbruch bei ihrem Eintritt in das Erdmagnetfeld kräftige Polarlichter hervor.

Die solare Radioemission. Die Sonne ist die stärkste Radioquelle am Himmel und wird seit den vierziger Jahren im Radiobereich beobachtet. Im Gegensatz zur optischen Emission zeigt das Radiobild der Sonne eine starke *Randaufhellung*. Der Grund dafür ist, daß die Radiostrahlung aus den oberen Schichten der Atmosphäre kommt. Da die Ausbreitung der Radiowellen durch freie Elektronen gehemmt wird, verhindert die hohe Elektronendichte nahe der Oberfläche ein Austreten der Radiostrahlung. Kürzere Wellenlängen können sich leichter ausbreiten, und so liefern Beobachtungen im Millimeterbereich ein Bild der tieferen Schichten der Atmosphäre, während die langen Wellenlängen die oberen Schichten zeigen. (Die 10 cm-Emission entsteht in den oberen Schichten der Chromosphäre und die 1 m-Emission in der Korona.)

Die Radioemission der Sonne ändert sich entsprechend der Sonnenaktivität fortwährend. Während großer Stürme kann die Gesamtemission 100000mal höher sein als normal. Ein starkes, plötzliches Anwachsen der Radioemission wird als *Radioausbruch* bezeichnet und in fünf Typen klassifiziert.

Typ I-Ausbrüche erfolgen bei Meterwellenlängen; es sind die einzigen Ausbrüche, die nicht mit Eruptionen einhergehen. Die Typ I-Ausbrüche stehen mit den Sonnenflecken in Verbindung. Sie werden oft als Stürme beobachtet, die über Stunden oder Tage andauern und während denen es häufig kürzere, 0,1 – 10 s dauernde Ausbrüche gibt.

Typ II-Ausbrüche werden in der Folge von Eruptionen als Radiorauschen bei Meterwellenlängen beobachtet, sie dauern etwa eine halbe Stunde. Diese Ausbrüche werden anscheinend erzeugt, wenn die Teilchen der Eruptionen sich durch die Sonnenatmosphäre nach außen bewegen. Während die Teilchen Energie verlieren, sinkt die Frequenz der Radioemission.

Typ III-Ausbrüche sind schärfere, kürzere Spitzen, die durch Wolken relativistischer Elektronen hervorgerufen werden.

Typ IV-Ausbrüche dauern etwa eine Stunde und werden bei allen Wellenlängen beobachtet. Sie entstehen infolge der Synchrotronemission durch die Flareelektronen.

Typ V-Ausbrüche dauern wenige Minuten und werden in einem breiten Wellenlängenband beobachtet.

Röntgen- und UV-Strahlung. Auch die Röntgenstrahlung der Sonne steht in Beziehung zu aktiven Gebieten. Anzeichen der Aktivität sind helle *Röntgengebiete* und kleinere *Röntgenpunkte*, die über etwa zehn Stunden existieren. Die innere Sonnenkorona emittiert ebenfalls Röntgenstrahlung. In der Nähe der Pole der Sonne gibt es die *Koronalöcher*, dort ist die Röntgenstrahlung schwach.

Ultraviolettaufnahmen der Sonnenoberfläche lassen diese wesentlich unregelmäßiger erscheinen als im sichtbaren Licht. Der größte Teil der Oberfläche emittiert nicht viel UV-Strahlung, es gibt jedoch große aktive Gebiete, die im UV-Licht sehr hell sind.

Mehrere Satelliten haben die Sonne bei UV- und Röntgenwellenlängen beobachtet, so z. B. die Skylab-Raumstation (1973 – 1974) und der Solar-Maximum-Mission-Satellit (1980). Diese Beobachtungen ermöglichen detaillierte Untersuchungen der äußeren Schichten der Sonne. Beobachtungen anderer Sterne offenbaren die Existenz von Koronen, Chromosphären und magnetischen Variationen ähnlich wie bei der Sonne. Auf diese Weise brachten die neuen Beobachtungstechniken die Physik der Sonne und die der Sterne näher zusammen.

Kapitel 14 Veränderliche Sterne

Sterne mit sich ändernder Helligkeit werden *Veränderliche* genannt (Abb. 14.1). Eine Variation der Helligkeit von Sternen wurde in Europa zuerst Ende des 16. Jahrhunderts bemerkt, als *Tycho Brahes Supernova* (1572) aufleuchtete und die reguläre Lichtvariation des Sterns o Ceti (Mira) beobachtet wurde (1596). Im Laufe der Verbesserung der Beobachtungsgenauigkeit ist die Zahl der bekannten Veränderlichen stetig gestiegen (Abb. 14.2). Die jüngsten Kataloge enthalten etwa 30 000 Sterne mit bekannter oder vermuteter Helligkeitsvariation.

Genaugenommen sind alle Sterne veränderlich. Wie wir in Kap. 12 gesehen haben, ändern sich Aufbau und Helligkeit eines Sterns, während er sich entwickelt. Obwohl diese Veränderungen gewöhnlich langsam vor sich gehen, können einige Entwicklungsphasen extrem schnell durchlaufen werden. In bestimmten Stadien gibt es auch periodische Variationen wie z. B. Pulsationen der äußeren Schichten eines Sterns.

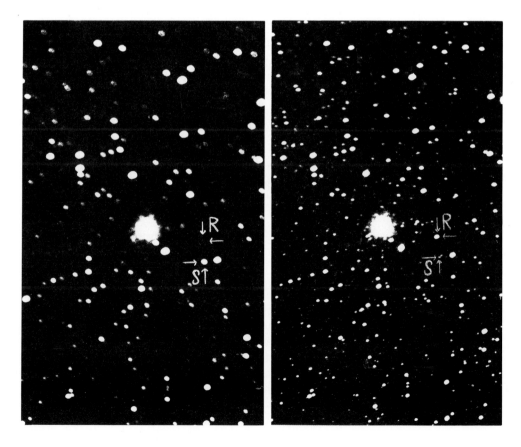

Abb. 14.1. Veränderliche sind Sterne mit variierender Helligkeit. Zwei Veränderliche im Sternbild Scorpio: R und S Sco (Foto Yerkes Observatory)

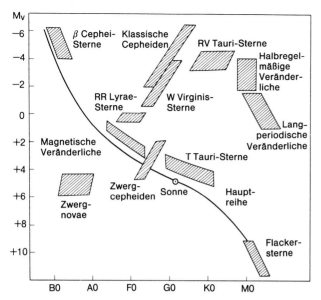

◀ **Abb. 14.2.** Die Lage der Veränderlichen im HRD

Abb. 14.3. Die Lichtkurve eines Veränderlichen wird aus kontinuierlichen fotometrischen Messungen der Helligkeit des Sterns gewonnen

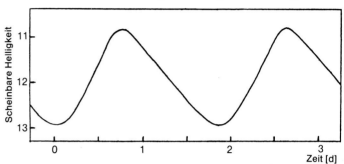

Kleine Änderungen der Sternhelligkeit werden auch durch heiße und kühle Flecken auf der Sternoberfläche, die während der Rotation des Sterns erscheinen und verschwinden, hervorgerufen. Auch die Leuchtkraft der Sonne ändert sich infolge der Sonnenflecken etwas. Wahrscheinlich gibt es ähnliche Flecken auf fast allen Sternen.

Anfangs wurden die Sternhelligkeiten visuell durch den Vergleich nahe beieinander stehender Sterne bestimmt, später wurden die Vergleiche auf fotografischen Platten angestellt. Gegenwärtig gewinnt man die genauesten Beobachtungen fotoelektrisch. Die Helligkeitsvariation als Funktion der Zeit wird als die *Lichtkurve* eines Sterns bezeichnet (Abb. 14.3). Aus ihr erhält man die *Amplitude* der Helligkeitsvariation und, falls die Variation periodisch ist, ihre *Periode*.

Der grundlegende Referenzkatalog für veränderliche Sterne ist der *General Catalogue of Variable Stars* des sowjetischen Astronomen *Boris Wassiliewitsch Kukarkin*. Inzwischen sind neue, ergänzte Ausgaben erschienen, die dritte Ausgabe von 1968 und 1970 enthält etwa 20 000 Veränderliche.

14.1 Klassifikation

Wird ein neuer veränderlicher Stern entdeckt, so bekommt er einen Namen nach dem Sternbild, in dem er steht. Der Name des ersten Veränderlichen in einem gegebenen Sternbild ist R, gefolgt vom Namen des Sternbilds. Das Symbol für den zweiten Veränderlichen ist S, usw. bis Z. Danach werden die aus zwei Buchstaben bestehenden Symbole RR, RS, ... bis ZZ verwendet und dann AA bis QZ (mit Ausnahme von J). Dies reicht nur für 334 Veränderliche, eine Zahl, die bei den meisten Sternbildern schon lange überschritten wurde. Die Numerierung geht deshalb wie folgt weiter: V335, V336, usw. (V steht für veränderlich). Bei einigen Sternen wurde, obwohl sie sich später als veränderlich herausstellten, der griechische Buchstabe beibehalten (z. B. δ Cephei).

Die Klassifikation der Veränderlichen basiert auf der Form der Lichtkurve sowie auf dem Spektraltyp und den beobachteten Radialbewegungen. Das Spektrum kann auch dunkle Absorptionslinien der den Stern umgebenden Materie enthalten. Ebensogut können die Beobachtungen außerhalb des optischen Spektralbereichs gemacht werden. So wächst die Radioemission einiger Veränderlicher (z. B. von Flaresternen) gleichzeitig mit ihrer optischen Helligkeit stark an. Beispiele für Radio- und Röntgenveränderliche sind die Radio- und Röntgenpulsare und die Röntgenburster.

Die Veränderlichen werden in drei Haupttypen eingeteilt: in die *Pulsations-* und die *Eruptionsveränderlichen* sowie in die *Bedeckungsveränderlichen*. Die Bedeckungsveränderlichen sind Doppelsternsysteme, bei denen die eine Komponente periodisch vor der anderen vorbeigeht. Bei diesen Veränderlichen steht der Lichtwechsel in keinerlei Beziehung zu irgendeiner physikalischen Änderung im Stern, sie wurden bereits in Zusammenhang mit den Doppelsternen abgehandelt. Bei den anderen Veränderlichen sind die Helligkeitsvariationen Eigenschaften der Sterne selbst. Bei den Pulsationsveränderlichen entstehen die Variationen durch die Expansion und Kontraktion der äußeren Schichten. Diese Veränderlichen sind Riesen und Überriesen, die in ihrer Entwicklung einen instabilen Zustand erreicht haben. Die eruptiven Veränderlichen sind in der Regel lichtschwache, Masse abgebende Sterne. Es handelt sich meist um Mitglieder von engen Doppelsternsystemen, in denen Masse von einer Komponente zur anderen überfließt.

Zusätzlich dazu sind noch einige *Rotationsveränderliche* bekannt, bei denen die Helligkeit infolge einer ungleichmäßigen Temperaturverteilung auf der Oberfläche variiert (Flecken kommen während der Rotation ins Gesichtsfeld). Solche Sterne sind möglicherweise sehr häufig, schließlich ist unsere Sonne ein schwacher Rotationsveränderlicher. Die herausragende Gruppe von Rotationsveränderlichen sind die magnetischen A-Sterne (z. B. die α^2 Canum Venaticorum-Sterne). Sie besitzen ein starkes Magnetfeld, welches die Ursache für das Entstehen von Sternflecken sein kann.

14.2 Pulsationsveränderliche

Bei den Pulsationsveränderlichen ändern sich die Wellenlängen der Spektrallinien gemeinsam mit der Helligkeit (Tabelle 14.1). Diese Änderungen haben ihre Ursache im

Tabelle 14.1. Haupteigenschaften der pulsierenden Veränderlichen (N = Anzahl der Sterne des vorgegebenen Typs in Kukarkins Katalog, P = Pulsationsperiode in Tagen, Δm = Amplitude der Pulsation in mag)

Veränderliche	N	P	Spektrum	Δm
Klassische Cepheiden (δ Cep, W Vir)	700	1 – 50	F – K I	< 2
RR Lyrae	4400	< 1	B8 – F2 III	< 0,7
Zwergcepheiden (δ Scuti)	20	0,05 – 0,2	F III	< 1
β Cephei	20	0,1 – 0,25	B1 – B3 III	< 0,1
Mira-Veränderliche	4600	80 – 1000	M III	> 2,5
RV Tauri	100	30 – 150	G – K I	< 3
α^2 Can Ven	30	1 – 25	Ap	< 0,1
Halbregelmäßige	2200	30 – 1000	K – M I	< 2,5
Irreguläre	1700	–	K – M I	< 2

Dopplereffekt und zeigen, daß die äußeren Schichten des Sterns tatsächlich pulsieren. Die beobachteten Gasgeschwindigkeiten liegen im Bereich von 40–200 km/s.

Der Durchmesser des Sterns kann sich während der Pulsation verdoppeln, gewöhnlich sind die Änderungen jedoch klein. Die Hauptursache der Helligkeitsänderung liegt in der periodischen Variation der Oberflächentemperatur. In Abschn. 5.6 haben wir gesehen, daß die Leuchtkraft eines Sterns empfindlich von seiner effektiven Temperatur abhängt, $L \sim T^4$. So führt eine kleine Änderung der effektiven Temperatur zu einer starken Helligkeitsvariation.

Die Pulsationsperiode entspricht einer *Eigenfrequenz* des Sterns. Geradeso, wie eine Stimmgabel beim Anschlagen mit einer charakteristischen Frequenz vibriert, hat auch ein Stern eine Grundschwingungsfrequenz. Zusätzlich zur Grundfrequenz sind weitere Frequenzen („Obertöne") möglich. Die beobachtete Helligkeitsvariation kann man als eine Überlagerung all dieser Schwingungsmethoden verstehen. Um 1920 zeigte der englische Astrophysiker *Sir Arthur Eddington*, daß die Pulsationsperiode P der Quadratwurzel der mittleren Dichte umgekehrt proportional ist,

$$P \sim \varrho^{-1/2} .$$

Im Normalfall befindet sich ein Stern im stabilen hydrostatischen Gleichgewicht. Wenn seine äußeren Schichten expandieren, so sinken Dichte und Temperatur. Der Druck wird dann kleiner, und die Schwerkraft komprimiert das Gas wieder. Wenn jedoch der Bewegung des Gases keine Energie zugeführt wird, so werden diese Schwingungen gedämpft.

Der Strahlungsenergiefluß aus dem Sterninneren könnte als Energiequelle für die Sternoszillationen dienen, vorausgesetzt, er würde bevorzugt in Gebieten mit höherer Gasdichte absorbiert. Dies ist normalerweise nur in den *Ionisationszonen* der Fall, in denen Wasserstoff und Helium teilweise ionisiert sind. Dort wird die Opazität in der Tat höher, wenn das Gas komprimiert wird. Befinden sich die Ionisationszonen in der richtigen Tiefe innerhalb der Atmosphäre, so kann die während einer Kompression einer Ionisationszone absorbierte und während ihrer Expansion freigesetzte Energie eine Oszillation antreiben. Sterne mit Oberflächentemperaturen von 6000–9000 K neigen zu dieser Instabilität. Das entsprechende Gebiet im HRD wird als der Cepheiden-Instabilitätsstreifen bezeichnet.

Mira-Veränderliche (Abb. 14.4). Die Mira-Veränderlichen (benannt nach dem Stern Mira Ceti) sind M-Überriesen, deren Spektren meist Emissionslinien zeigen. Sie verlieren Gas

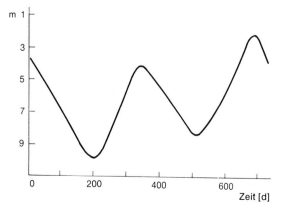

Abb. 14.4. Die Lichtkurve eines langperiodischen Mira-Veränderlichen

14.2 Pulsationsveränderliche   319

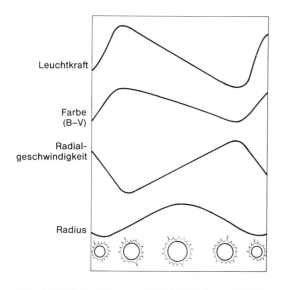

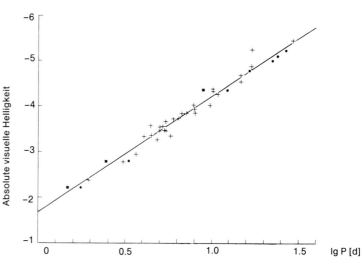

Abb. 14.5. Die Variation von Helligkeit, Farbe und Größe eines Cepheiden während seiner Pulsation

Abb. 14.6. Die Perioden-Helligkeits-Beziehung für Cepheiden. Die schwarzen Punkte und Quadrate sind aus der Theorie berechnete Werte, die Kreuze und die Gerade geben die beobachtete Beziehung wieder. [Zeichnung von Novotny, E. (1973): *Introduction to Stellar Atmospheres and Interiors* (Oxford University Press, New York), S. 359]

in Form eines stetigen Sternwindes. Ihre Periode beträgt normalerweise 100–500 Tage; aus diesem Grund werden sie auch manchmal als langperiodische Veränderliche bezeichnet. Die typische Amplitude der Helligkeitsvariation liegt im sichtbaren Bereich bei etwa 6 mag. Die Periode von Mira selbst beträgt etwa 330 Tage und sein Durchmesser etwa 2 AE. Im Maximum hat Mira eine Helligkeit von $2^m - 4^m$, im Helligkeitsminimum kann sie bis auf 12^m sinken. Die effektive Temperatur der Mira-Veränderlichen liegt bei nur 2 000 K. Deshalb liegen 95% ihrer Strahlung im Infraroten, was zur Folge hat, daß eine sehr kleine Temperaturänderung eine sehr große Änderung der visuellen Helligkeit hervorrufen kann.

Cepheiden. Die Cepheiden, benannt nach δ Cephei, gehören zu den wichtigsten Pulsationsveränderlichen (Abb. 14.5). Es sind Überriesen der Population I (die Sternpopulationen werden in Abschn. 18.2 besprochen) der Spektraltypen F–K. Ihre Perioden betragen 1–50 Tage und ihre Amplituden 0,3–2,5 mag. Die Form ihrer Lichtkurve ist regulär und zeigt einen ziemlich schnellen Anstieg, gefolgt von einem langsameren Abfall. Zwischen der Periode der Cepheiden und ihrer absoluten Helligkeit (bzw. Leuchtkraft) gibt es eine Beziehung, die von *Henrietta Leavitt* 1912 an Cepheiden der Kleinen Magellanschen Wolke entdeckt wurde. Diese *Perioden-Leuchtkraft-Beziehung* (Abb. 14.6) kann man zur Entfernungsmessung bei Sternen und nahen Galaxien benutzen.

Wir haben bereits festgestellt, daß die Pulsationsperiode in Beziehung zur mittleren Dichte steht. Auf der anderen Seite stehen die Größe eines Sterns und damit seine mittlere Dichte in Zusammenhang mit seiner Gesamtleuchtkraft. Auf diese Weise kann man verstehen, warum es eine Beziehung zwischen der Periode und der Leuchtkraft eines pulsierenden Sterns gibt.

Die Helligkeiten M und Perioden P von klassischen Cepheiden sind in Abb. 14.6 dargestellt. Die Beziehung zwischen M und $\lg P$ ist linear. In gewissem Umfang hängt die

Leuchtkraft der Cepheiden jedoch auch von ihrer Farbe ab: Blauere Sterne sind heller. Bei einer exakten Entfernungsbestimmung muß dieser Effekt berücksichtigt werden.

W Virginis-Sterne. 1952 entdeckte *Walter Baade*, daß es in Wirklichkeit zwei Arten von Cepheiden gibt: die klassischen Cepheiden und die *W Virginis-Sterne*. Beide Sterne befolgen eine Perioden-Leuchtkraft-Beziehung, die W Virginis-Sterne einer vorgegebenen Periode sind jedoch um 1,5 mag schwächer als die entsprechenden klassischen Cepheiden. Dieser Unterschied erklärt sich daraus, daß es sich bei den klassischen Cepheiden um junge Objekte der Population I handelt, während die W Virginis-Sterne alte Sterne der Population II sind. Ansonsten sind die zwei Klassen von Cepheiden einander ähnlich.

Anfangs wurde die Perioden-Leuchtkraft-Beziehung der W-Virginis-Sterne auf beide Typen von Cepheiden angewendet. Die für die klassischen Cepheiden berechneten Distanzen waren folglich zu klein. Zum Beispiel basierte die Entfernung des Andromedanebels auf den klassischen Cepheiden, da nur diese hell genug sind, um bei dieser Entfernung noch sichtbar zu sein. Als die korrekte Perioden-Leuchtkraft-Beziehung benutzt wurde, mußten alle extragalaktischen Entfernungen verdoppelt werden. Die Entfernungen innerhalb der Milchstraße brauchten dagegen nicht verändert zu werden, da ihre Messungen auf anderen Methoden beruhten.

RR Lyrae-Sterne. Die dritte wichtige Klasse von Pulsationsveränderlichen sind die *RR Lyrae-Sterne*. Ihre Helligkeitsvariationen sind kleiner als die der Cepheiden, sie betragen gewöhnlich weniger als 1 mag. Ihre Perioden sind kurz, sie liegen bei weniger als einem Tag. Wie bei den W Virginis-Sternen handelt es sich bei den RR Lyrae-Sternen um alte Sterne der Population II. Sie treten sehr häufig in Kugelsternhaufen auf und wurden deshalb früher als Haufenveränderliche bezeichnet.

Die absolute Helligkeit der RR Lyrae-Sterne beträgt etwa $M_V = 0{,}6^m - 0{,}3^m$. Sie haben alle in etwa gleiches Alter und Masse und repräsentieren somit den gleichen Entwicklungszustand, in dem das Heliumbrennen im Kern gerade einsetzt. Da die absoluten Helligkeiten der RR Lyrae-Veränderlichen bekannt sind, kann man sie zur Entfernungsbestimmung von Kugelhaufen verwenden.

Andere Pulsationsveränderliche. Eine weitere große Gruppe pulsierender Sterne sind die *halbregelmäßigen* und die *unregelmäßigen (irregulären) Veränderlichen*. Es handelt sich um Überriesen, meist um sehr massereiche, junge Sterne mit unregelmäßigen Pulsationen in ihren ausgedehnten äußeren Schichten. Findet man eine teilweise Periodizität in ihren Pulsationen, so werden diese Veränderlichen als halbregelmäßig klassifiziert, sonst als unregelmäßig. Ein Beispiel für einen halbregelmäßigen Veränderlichen ist Beteigeuze (α Orionis). Der Pulsationsmechanismus wird bei diesen Sternen noch nicht richtig verstanden, da ihre äußeren Schichten konvektiv sind und die Theorie der stellaren Konvektion noch wenig entwickelt ist.

Zusätzlich zu den Haupttypen der Pulsationsveränderlichen gibt es einige kleinere, separate Klassen.

Die *Zwerg-Cepheiden* und die *δ Scuti-Sterne*, die manchmal als separater Typ gezählt werden, befinden sich im HRD unterhalb der RR Lyrae-Sterne im Instabilitätsstreifen. Die Zwerg-Cepheiden sind schwächer und variieren schneller als die klassischen Cepheiden. Ihre Lichtkurven zeigen oft eine Einsenkung durch die Überlagerung von Grundfrequenz und erster Oberschwingung.

Die *β Cephei-Sterne* befinden sich in einem anderen Teil des HRD als die übrigen Veränderlichen. Es sind heiße, massereiche Sterne, die vor allem im Ultravioletten strahlen. Die Variationen erfolgen schnell und mit kleiner Amplitude. Der Pulsationsmechanismus der *β* Cephei-Sterne ist unbekannt.

Die *RV Tauri-Sterne* liegen im HRD zwischen den Cepheiden und den Mira-Veränderlichen. Ihre Periode hängt geringfügig von der Leuchtkraft ab. In den Lichtkurven der RV Tauri-Sterne gibt es einige unerklärte Erscheinungen, z. B. sind die Minima abwechselnd tief oder flach.

14.3 Eruptionsveränderliche

Bei den Eruptionsveränderlichen gibt es keine regelmäßigen Pulsationen. Statt dessen treten plötzliche Ausbrüche auf, bei denen Materie in den Weltraum ausgestoßen wird. Die Skala dieser Ausbrüche reicht von kleinen lokalen Eruptionen (Flackersterne, *engl.* flare stars) bis zur Explosion des gesamten Sterns in einer Supernova (Tabelle 14.2).

Tabelle 14.2. Haupteigenschaften der Eruptionsveränderlichen (N = Anzahl der Sterne des vorgegebenen Typs in Kukarkins Katalog, Δm = Helligkeitsänderung in mag. Die Geschwindigkeit ist die Expansionsgeschwindigkeit in km/s, sie basiert auf der Dopplerverschiebung der Spektrallinien)

Veränderliche	N	Δm	Geschwindigkeit
Supernovae	7	>20	4000 – 10000
gewöhnliche Nova		7 – 18	200 – 3500
wiederkehrende Nova	170	<10	600
Nova-ähnliche (P Cygni, symbiotische)	40	<2	30 – 100
Zwergnovae (SS Cygni = U Gem, ZZ Cam)	240	2 – 6	(700)
R Coronae Borealis	30	1 – 9	–
Irreguläre (Nebelveränderliche, T Tauri, RW Aurigae)	210	<4	(300)
Flackersterne (UV Ceti)	30	<6	2000

Flackersterne. Die *Flacker-* oder *UV Ceti-Sterne* sind Zwergsterne der Spektralklasse M. Es handelt sich um junge Sterne, die meist in jungen Sternhaufen oder Assoziationen gefunden werden. Auf der Oberfläche der Sterne ereignen sich in unregelmäßigen Abständen Flare-Ausbrüche, ähnlich denen auf der Sonne. Die Flares stehen mit Störungen in den Oberflächenmagnetfeldern in Verbindung.

Die Energie der Ausbrüche der Flackersterne ist offenbar in etwa die gleiche wie bei den solaren Flares. Da die Sterne jedoch wesentlich leuchtschwächer sind als die Sonne, kann ein Flare eine Aufhellung von bis zu 4 – 5 Größenklassen verursachen. Ein Flare leuchtet innerhalb weniger Sekunden auf und verblaßt innerhalb einiger Minuten (Abb. 14.7). Ein und derselbe Stern kann mehrere Male an einem Tag aufleuchten. Die optischen Flares werden wie bei der Sonne von Radioausbrüchen begleitet. Die Flackersterne waren die ersten Sterne, die als Radioquellen identifiziert wurden.

Abb. 14.7. Die Ausbrüche typischer Flackersterne sind von kurzer Dauer

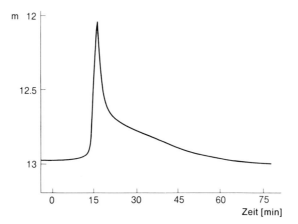

T Tauri-Sterne. Bei den *T Tauri-Sternen* handelt es sich um die sogenannten *Nebelveränderlichen*, die in Verbindung mit leuchtenden oder dunklen interstellaren Wolken auftreten. Diese Sterne haben sich gerade neu gebildet oder kontrahieren noch in Richtung der Hauptreihe. Die Helligkeitsvariationen der T Tauri-Sterne sind irregulär (Abb. 14.8). Ihre Spektren enthalten starke Emissionslinien, die in der stellaren Chromosphäre gebildet werden, und verbotene Linien, die nur bei extrem niedrigen Dichten entstehen können. Die Spektrallinien zeigen auch, daß es Materieausströmungen aus diesen Sternen gibt.

Da sich die T Tauri-Sterne innerhalb dichter Gaswolken befinden, sind sie schwierig zu beobachten. Mit der Entwicklung der Radio- und Infrarottechnik hat sich die Situation jedoch gebessert.

Sterne, die sich noch im Stadium ihrer Entstehung befinden, können ihre Helligkeit sehr stark ändern. Zum Beispiel wurde 1937 der Stern FU Orionis um 6 Größenklassen heller. Dieser Stern ist eine starke Infrarotquelle, was zeigt, daß er noch immer von großen Mengen an interstellarem Staub und Gas umgeben ist. Eine ähnlich starke Aufhellung von sechs Größenklassen wurde 1969 bei V 1057 Cygni beobachtet (Abb. 14.9). Vor seinem Aufleuchten war er ein irregulärer T Tauri-Veränderlicher, seitdem blieb er ein recht konstanter AB-Stern zehnter Größe.

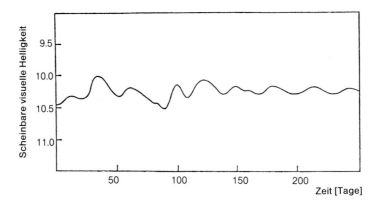

Abb. 14.8. Die Lichtkurve eines T Tauri-Veränderlichen

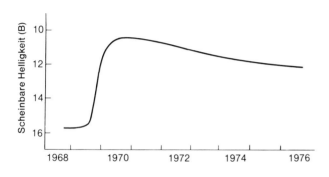

Abb. 14.9. 1969–1970 wuchs die Helligkeit des Sterns V 1057 Cygni um fast 6 Größenklassen

Novae. Die mit am besten bekannten Vertreter der Eruptionsveränderlichen sind die *Novae*. Sie werden in verschiedene Untertypen klassifiziert: in die *gewöhlichen Novae*, die *wiederkehrenden Novae*, die *Zwergnovae* (Abb. 14.10) und in die *Nova-ähnlichen Veränderlichen*. Die Ausbrüche aller Novae erfolgen abrupt. Innerhalb von ein oder zwei Tagen erreicht die Helligkeit ihr Maximum, welches 7–16 Größenklassen stärker sein kann als die normale Leuchtkraft. Es folgt eine allmähliche Abnahme, die sich über Monate oder gar Jahre erstrecken kann. Abbildung 14.11 zeigt die Lichtkurve einer typischen Nova. Diese Lichtkurve der Nova Cygni 1975 wurde aus Hunderten von Beobachtungen, die überwiegend von Amateuren gewonnen wurden, zusammengesetzt.

Bei den wiederkehrenden Novae beträgt der Helligkeitsanstieg etwas weniger als 10 mag und bei den Zwergnovae 2–6 mag. Die Zwergnovae sind auch als *U Geminorum-* oder *SS Cygni-Sterne* bekannt. Bei beiden Typen gibt es wiederholte Ausbrüche. Bei den wiederkehrenden Novae beträgt die Zeitspanne zwischen den Ausbrüchen einige zehn Tage und bei den Zwergnovae 20–600 Tage. Die Länge des Intervalls hängt von der Stärke des Ausbruchs ab: Je stärker der Ausbruch, desto länger die Zeit bis zum nächsten Ausbruch. Die Aufhellung in Größenklassen ist etwa proportional zum Logarithmus der Länge der folgenden Ruheperiode. Es ist möglich, daß die gewöhnlichen Novae dem gleichen Zusammenhang unterliegen. Ihre Amplitude ist jedoch um so vieles größer, daß die Zeitspanne zwischen den Ausbrüchen Tausende oder gar Millionen von Jahren betragen müßte.

Die Beobachtungen haben gezeigt, daß alle Novae Mitglieder enger Doppelsternsysteme sind. Die eine Komponente des Systems ist ein normaler Stern und die andere ist ein Weißer Zwerg, der von einem Gasring umgeben ist. (Die Entwicklung enger Doppelsternsysteme haben wir in Abschn. 12.6 betrachtet, wo wir sahen, wie sich diese Art von Systemen gebildet haben könnte.) Der normale Stern füllt sein Roche-Volumen aus, und Materie strömt von ihm zum Weißen Zwerg über. Hat sich auf der Oberfläche des Weißen Zwerges genug Masse angesammelt, so wird der Wasserstoff explosiv gezündet und die äußere Hülle abgestoßen, die Helligkeit des Sterns wächst rapide. Während die abgestoßene Hülle expandiert, fällt die Temperatur des Sterns, und die Helligkeit verringert sich allmählich. Der Ausbruch unterbricht jedoch nicht den Massestrom vom Begleiter,

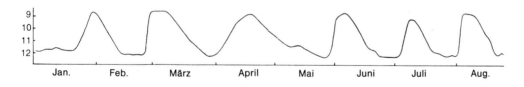

Abb. 14.10. Die Lichtkurve der Zwergnova SS Cygni Anfang 1966

Abb. 14.11. 1975 wurde im Sternbild Cygnus ein neuer Veränderlicher, die Nova Cygni oder V 1500 Cygni, entdeckt. Im oberen Foto ist die Nova in ihrem hellsten Stadium (etwa zweite Größe) zu sehen, im unteren Foto ist sie bis auf die 15. Größe abgeklungen. (Fotos Lick Observatory)

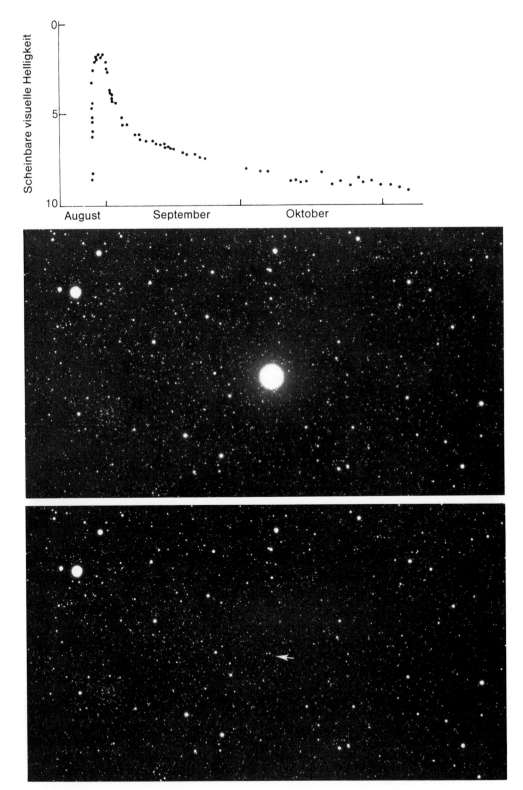

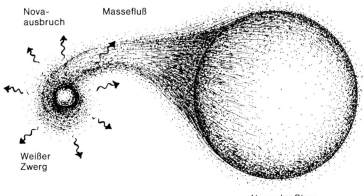

Abb. 14.12. Novae stellt man sich als Weiße Zwerge vor, die Materie von einem nahen Begleiter anlagern. Ab und zu werden Kernreaktionen gezündet, die den angelagerten Wasserstoff verbrennen. Dies sieht man dann als das Aufleuchten einer Nova

und allmählich sammelt sich auf dem Weißen Zwerg neue Materie für die nächste Explosion (Abb. 14.12).

Im Spektrum der Novae kann man die aus der expandierenden Hülle stammenden Emissions- und Absorptionslinien beobachten. Die Dopplerverschiebungen entsprechen einer Expansionsgeschwindigkeit von etwa 1 000 km/s. Während die Gashülle zerfällt, wird ihr Spektrum zu dem eines diffusen Emissionsnebels. Die die Nova umgebende expandierende Hülle kann manchmal auch direkt auf Fotografien gesehen werden.

Ein beträchtlicher Anteil der in unserer Galaxis aufleuchtenden Novae bleibt hinter interstellaren Wolken verborgen, und ihre Zahl ist deshalb schwer abzuschätzen. Im Andromedanebel lassen die Beobachtungen auf 25–30 Novaexplosionen pro Jahr schließen. Die Anzahl der Zwergnovae ist wesentlich größer. Zusätzlich gibt es noch die Novaähnlichen Veränderlichen, die viele der Eigenschaften der Novae wie die Emissionslinien des zirkumstellaren Gases und schnelle Helligkeitsvariationen aufweisen. Bei diesen Veränderlichen (einige von ihnen sind *symbiotische Sterne*) handelt es sich um enge Doppelsterne mit Masseaustausch. Das vom Hauptstern überströmende Gas trifft in einem heißen Fleck auf die Gasscheibe um den Begleiter, es gibt aber keine Novaausbrüche.

Ein sehr interessanter Veränderlicher ist η Carinae (Abb. 14.13). Zur Zeit ist er ein Stern sechster Größe, der von einer dicken, ausgedehnten Gas- und Staubhülle umgeben ist. Anfang des 19. Jahrhunderts war η Carinae nach Sirius der zweithellste Stern am Himmel. Etwa in der Mitte des vorigen Jahrhunderts sank er rasch bis auf die 8. Größe ab, während er im Verlauf des 20. Jahrhunderts wieder etwas heller wurde. Die zirkumstellare Staubwolke ist die stärkste Infrarotquelle am Himmel außerhalb des Sonnensystems. Die von η Carinae abgestrahlte Energie wird von dem Nebel absorbiert und im Infrarotbereich reemittiert. Es ist nicht bekannt, ob η Carinae zu den Novae gehört oder ob es sich um einen sehr jungen Stern handelt, der sich infolge der ihn umgebenden sehr dichten Wolke nicht in normaler Weise entwickeln kann.

Die Sterne vom *R Coronae Borealis*-Typ zeigen Lichtkurven wie „inverse Novae". Ihre Helligkeit kann um fast 10 mag fallen und über Jahre hinweg so gering bleiben, ehe der Stern zu seiner normalen Helligkeit zurückkehrt. Zum Beispiel hat R CrB selbst eine Helligkeit von $5{,}8^m$, diese kann jedoch bis auf $14{,}8^m$ absinken. Abbildung 14.14 zeigt seine jüngste Helligkeitsabnahme, ihr liegen Beobachtungen finnischer und französischer Amateure zugrunde. Die R CrB-Sterne sind kohlenstoffreich; der Helligkeitsabfall entsteht, wenn der Kohlenstoff in einer zirkumstellaren Staubhülle kondensiert.

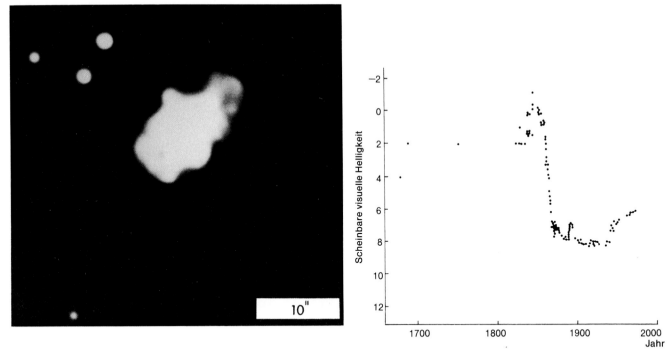

Abb. 14.13. Im 19. Jahrhundert war η Carinae einer der hellsten Sterne am Himmel, seitdem ist er beträchtlich schwächer geworden. Bei einem Ausbruch im Jahre 1843 stieß der Stern einen expandierenden Nebel aus, den man „Homunculus" nannte. (Foto S. Laustsen, aufgenommen mit dem 3,6 m-Teleskop der ESO in Chile)

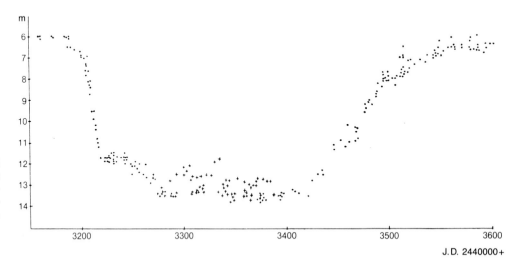

Abb. 14.14. Der Helligkeitsabfall von R Coronae Borealis 1977–1978; Beobachtungen finnischer und französischer Amateurastronomen. (Kellomäki, Tähdet ja Avaruus 5/1978)

Supernovae. Die Sterne mit der größten Helligkeitsvariation sind die *Supernovae*. Innerhalb weniger Tage kann ihre Helligkeit um mehr als 20 Größenklassen ansteigen, d. h. ihre Leuchtkraft wächst um einen Faktor von einhundert Millionen. Nach dem Maximum tritt ein langsamer Abfall auf, der mehrere Jahre dauert.

14.3 Eruptionsveränderliche 327

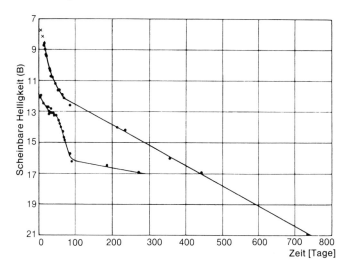

Abb. 14.15. Lichtkurven der beiden Supernova-Typen. *Oben:* SN 1972e, Typ I; *unten:* SN 1970g, Typ II. [Kirshner, R. P. (1976): Sci. Am. **235**, No. 6, 88]

Supernovae sind explodierende Sterne. Bei der Explosion wird eine Gashülle ausgestoßen, die sich mit einer Geschwindigkeit von etwa 10000 km/s ausdehnt. Die expandierende Gashülle bleibt über Tausende von Jahren hinweg sichtbar. Einige Dutzend derartige Supernovaereste wurden innerhalb der Milchstraße entdeckt. Der Überrest des ehemaligen Sterns kann ein Neutronenstern oder ein Schwarzes Loch sein.

Die Supernovae werden entsprechend ihrer Lichtkurven (Abb. 14.15) als Typ I oder Typ II klassifiziert. Supernovae vom *Typ I* klingen stetig ab, fast exponentiell. Das Abklingen der Supernovae vom *Typ II* ist weniger stetig und ihre Leuchtkraft im Maximum ist geringer. Ursache dafür ist, daß die explodierenden Sterne von sehr verschiedener Art sind. Supernovae vom Typ I werden von alten Niedrigmassensternen erzeugt, die vom Typ II von jungen, massereichen Sternen.

In Kap. 12 wurde erwähnt, daß es verschiedene Entwicklungswege gibt, an deren Ende die Explosion eines Sterns steht. Die Supernovae vom Typ II stellen den natürlichen Endpunkt der Entwicklung eines Einzelsterns dar. Die Supernovae vom Typ I auf der anderen Seite haben in etwa die Masse der Sonne und sollten als Weiße Zwerge enden. Wenn der Stern jedoch Masse von einem Doppelsternbegleiter aufnimmt, unterliegt er wiederholten Novaausbrüchen. Ein Teil der aufgenommenen Materie wird dann in Helium oder in Kohlenstoff und Sauerstoff umgewandelt und im Stern angesammelt, was seine Masse vergrößert. Schließlich übersteigt die Masse die Chandrasekhar-Grenze, der Stern wird dann kollabieren und als Supernova explodieren.

Mindestens sechs Supernovaexplosionen wurden in der Milchstraße beobachtet. Am besten bekannt sind die im Jahre 1054 in China beobachtete Supernova (deren Überrest der Krebsnebel ist), Tycho Brahes Supernova im Jahre 1572 und Keplers Supernova aus dem Jahre 1604. Auf der Grundlage von Beobachtungen anderer Sb-Sc-Spiralgalaxien wird die Zeitspanne zwischen zwei Supernovaexplosionen in der Milchstraße zu etwa 50 Jahren abgeschätzt. Einige werden sicher von dunkler Materie verdeckt bleiben, trotzdem ist das 380 Jahre-Intervall seit der zuletzt beobachteten Supernova ungewöhnlich lang.

Am 23. Februar 1987 wurde der Ausbruch einer Supernova in der Großen Magellanschen Wolke, einer kleinen Galaxie in der Nähe des Milchstraßensystems, beobachtet (Abb. 14.16). Diese Supernova, SN 1987A, ist die hellste seit 383 Jahren. Sie ist eine Typ II-Supernova. Nach ihrer Entdeckung wurde sie mit allen zur Verfügung stehenden Mit-

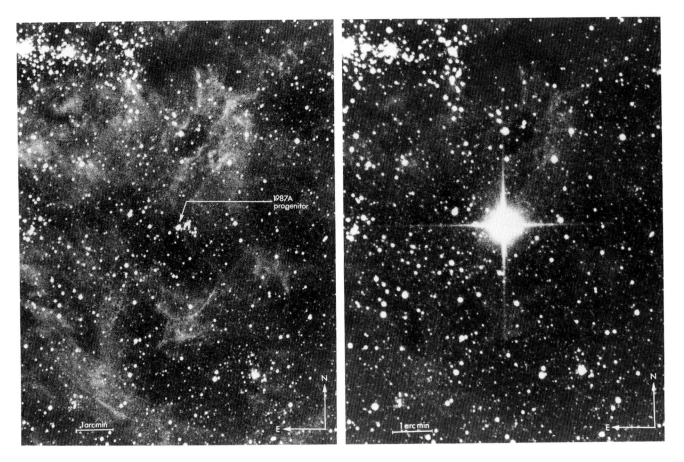

Abb. 14.16. Die Supernova 1987A in der Großen Magellanschen Wolke vor und nach der Explosion (ESO)

teln sehr detailliert untersucht. Obwohl die grundlegenden Vorstellungen über die Endstadien der Sternentwicklung, die in den Abschnitten 12.4 und 12.5 dargestellt sind, bestätigt wurden, gibt es einige Schwierigkeiten, so war z. B. der Vorläuferstern ein blauer und nicht wie erwartet ein roter Riesenstern. Die Ursache ist wahrscheinlich die geringere Häufigkeit schwerer Elemente in der Großen Magellanschen Wolke im Vergleich zur Sonne. Durch den Kollaps des Kerns wurde ein sehr großer Energiebetrag in Form von Neutrinoausbrüchen, die in Japan und den USA nachgewiesen wurden, freigesetzt. Aus dem Betrag der freigesetzten Energie folgt, daß der Überrest ein Neutronenstern sein wird. Anfang 1990 gab es noch einige Diskrepanzen darüber, ob dieser Überrest beobachtet wurde oder nicht.

14.4 Übung

14.4.1. Die beobachtete Periode eines Cepheiden beträgt 20 Tage und seine mittlere Helligkeit $m = 20^m$. Aus Abb. 14.6 folgt seine absolute Helligkeit zu etwa $M = -5^m$. Entsprechend (4.12) ist die Entfernung des Cepheiden

$$r = 10 \times 10^{(m-M)/5} = 10 \times 10^{(20+5)/5} = 10^6 \text{ pc} = 1 \text{ Mpc} \; .$$

Kapitel 15 Kompakte Sterne

In der Astrophysik werden diejenigen Sterne, in denen die Materiedichte wesentlich größer ist als in den normalen Sternen, als kompakte Objekte bezeichnet. Zu ihnen gehören die Weißen Zwerge und die Neutronensterne und ebenso die Schwarzen Löcher. Zusätzlich zu ihrer sehr hohen Dichte sind die kompakten Objekte durch die Tatsache gekennzeichnet, daß die Kernreaktionen in ihrem Inneren völlig zum Stillstand gekommen sind. Folglich besitzen sie auch keinen thermischen Gasdruck, den sie der Gravitation entgegensetzen könnten. In den Weißen Zwergen und den Neutronensternen hält der Druck des entarteten Gases der Schwerkraft die Waage. In den Schwarzen Löchern dominiert die Schwerkraft völlig und komprimiert die Sternmaterie auf unendliche Dichte.

15.1 Weiße Zwerge

Der zuerst entdeckte Weiße Zwerg war Sirius B, der Begleiter des Sirius (Abb. 15.1). Seine außergewöhnliche Natur wurde 1915 erkannt, als man seine sehr hohe effektive Temperatur entdeckte. Da er sehr leuchtschwach ist, muß sein Radius sehr klein sein, noch

Abb. 15.1. Einer der am besten bekannten Weißen Zwerge ist Sirius B, der kleine Begleiter des Sirius. Auf diesem mit einem 3 m-Teleskop aufgenommenen Bild kann er als schwacher Punkt links vom Hauptstern gesehen werden. (Foto Lick Observatory)

etwas kleiner als der Erdradius. Von der Masse des Sirius B wußte man, daß sie etwa gleich der der Sonne ist, womit seine Dichte extrem hoch sein mußte.

Die hohe Dichte von Sirius B wurde 1925 bestätigt, als die Gravitationsrotverschiebung seiner Spektrallinien gemessen wurde. Diese Messung lieferte auch eine frühe experimentelle Stütze für Einsteins Allgemeine Relativitätstheorie.

Wie auf S. 336 erläutert wird, ist der Radius eines entarteten Sterns umgekehrt proportional zur dritten Wurzel aus der Masse. Im Gegensatz zu einem normalen Stern sinkt der Radius, wenn die Masse wächst.

Weiße Zwerge treten sowohl als Einzelsterne als auch in Doppelsternsystemen auf. Ihre Spektrallinien sind durch das starke Gravitationsfeld auf ihrer Oberfläche verbreitert. Bei einigen Weißen Zwergen werden die Spektrallinien außerdem noch durch eine schnelle Rotation verbreitert. Starke Magnetfelder werden ebenfalls beobachtet.

Da ein Weißer Zwerg über keine inneren Energiequellen verfügt, kühlt er langsam aus, wobei sich seine Farbe von weiß zu rot wandelt und letztlich zu schwarz. Man nimmt an, daß es eine große Zahl an unsichtbaren Schwarzen Zwergen in der Milchstraße gibt.

Viele der wichtigsten Eigenschaften der Weißen Zwerge wurden bereits in den Kap. 9 – 12 und 14 über normale und veränderliche Sterne diskutiert.

15.2 Neutronensterne

Ist die Masse eines Sterns groß genug, so kann die Materiedichte noch weiter anwachsen als bei den gewöhnlichen Weißen Zwergen. Die Zustandsgleichung des klassischen entarteten Elektronengases muß dann durch die entsprechende relativistische Gleichung ersetzt werden. In diesem Fall hilft die Verringerung des Radius nicht länger, der Gravitationsanziehung zu widerstehen. Ein Gleichgewicht ist nur noch für einen speziellen Massewert möglich, für die bereits in Abschn. 12.5 eingeführte Chandrasekhar-Masse M_{Ch}. Der Wert von M_{Ch} beträgt etwa $1,4 M_\odot$, er stellt somit die obere Massengrenze für einen Weißen Zwerg dar. Ist die Masse größer als M_{Ch}, so überwiegt die Schwerkraft gegenüber dem Druck, und der Stern kontrahiert zu höheren Dichten. Der nach diesem Kollaps erreichte Endzustand ist der eines *Neutronensterns* (Abb. 15.2). Ist die Masse andererseits kleiner als M_{Ch}, so dominiert der Druck. Der Stern wird dann so

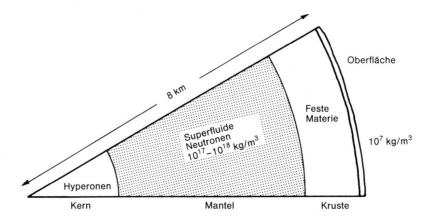

Abb. 15.2. Der Aufbau eines Neutronensterns. Die Kruste besteht aus starrer, fester Materie und der Mantel aus frei strömenden superfluiden Neutronen

15.2 Neutronensterne

lange expandieren, bis die Dichte gering genug ist, um einen Gleichgewichtszustand mit einer nichtrelativistischen Zustandsgleichung zu erlauben.

Wenn ein massereicher Stern das Ende seiner Entwicklung erreicht und als Supernova explodiert, wird der gleichzeitige Kollaps seines Kerns nicht notwendigerweise bei der Dichte eines Weißen Zwerges enden. Ist die Masse des kollabierenden Kerns größer als die Chandrasekhar-Masse, so führt der Kollaps weiter bis zu einem Neutronenstern.

Eine während der Endstadien der Sternentwicklung wichtige Kernreaktion ist der *URCA-Prozeß*, der von Schönberg und Gamow in den vierziger Jahren vorgeschlagen wurde und der eine große Abstrahlung von Neutrinos hervorruft, ohne die Materiezusammensetzung sonst irgendwie zu beeinflussen. (Der URCA-Prozeß wurde in Rio de Janeiro erfunden und nach dem lokalen Spielkasino benannt. Offensichtlich verschwand das Geld im URCA ebenso schnell, wie die Energie in Form von Neutrinos aus dem Sterninneren verschwindet. Es wird behauptet, das Kasino wäre nach Bekanntwerden dieser Analogie von den Behörden geschlossen worden.) Der URCA-Prozeß besteht aus den Reaktionen

$$(Z, A) + e^- \rightarrow (Z-1, A) + \nu_e$$

$$(Z-1, A) \rightarrow (Z, A) + e^- + \bar{\nu}_e ,$$

wobei Z die Anzahl der Protonen im Kern, A die Massenzahl, e^- ein Elektron sowie ν_e und $\bar{\nu}_e$ das Elektronenneutrino und -antineutrino sind. Wenn das Elektronengas entartet ist, wird die letztere Reaktion durch das Paulische Auswahlprinzip unterdrückt. Die Protonen im Kern werden folglich in Neutronen umgewandelt. Während die Zahl der Neutronen im Kern wächst, sinkt ihre Bindungsenergie. Bei Dichten von etwa 4×10^{14} kg/m^3 beginnen die Neutronen aus dem Kern auszutreten und bei 10^{17} kg/m^3 verschwinden die Kerne insgesamt. Die Materie besteht dann aus einem „Neutronenbrei", der mit etwa 0,5% Elektronen und Protonen vermischt ist.

Die Neutronensterne werden durch den Druck des entarteten Neutronengases gegen die Schwerkraft geschützt, genau so, wie die Weißen Zwerge durch den Elektronendruck geschützt werden. Die Zustandsgleichung ist dieselbe, außer daß die Elektronenmasse durch die Neutronenmasse ersetzt wird und das mittlere Molekulargewicht bezüglich der Zahl der freien Neutronen definiert wird. Da das Gas fast vollständig aus Neutronen besteht, ist das mittlere Molekulargewicht ungefähr Eins.

Neutronensterne haben typische Durchmesser von etwa 10 km. Im Gegensatz zu den normalen Sternen besitzen sie eine wohldefinierte feste Oberfläche. Die darüber befindliche Atmosphäre ist wenige Zentimeter dick. Die obere Kruste besteht aus einem metallischem Festkörper mit rasch nach innen zunehmender Dichte. Der größte Teil des Sterns besteht aus superfluider Neutronenmaterie, und im Zentrum, wo die Dichte 10^{18} kg/m^3 übersteigt, könnte sich ein fester Kern aus schwereren Teilchen (Hyperonen) befinden.

Die Theorie der Neutronensterne wurde in den dreißiger Jahren entwickelt, die ersten Beobachtungen erfolgten jedoch erst in den sechziger Jahren. Zu jener Zeit wurde eine neue Art rasch pulsierender Radioquellen, die *Pulsare*, entdeckt und als Neutronensterne identifiziert. In den siebziger Jahren wurden die Neutronensterne auch in Form von Röntgenpulsaren und Röntgenburstern beobachtet (Abb. 15.3).

Pulsare. Die Pulsare wurden 1967 entdeckt, als *Anthony Hewish* und *Jocelyn Bell* in Cambridge, England, scharfe, regelmäßige Radioimpulse am Himmel entdeckten. Seit-

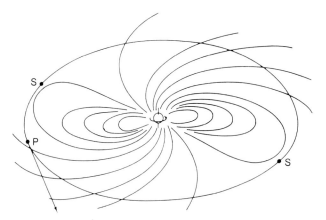

Abb. 15.3. Das Magnetfeld um einen rotierenden Neutronenstern führt Plasma mit sich. In einem bestimmten Abstand erreicht die Geschwindigkeit des Plasmas Lichtgeschwindigkeit. Bei diesem Abstand emittieren die Strahlungsgebiete *S* Strahlung in einem engen, nach vorn gerichteten Strahl. Die Strahlung vom Punkt *P* erreicht den in Pfeilrichtung befindlichen Beobachter. [Zeichnung von Smith, F. G. (1977): *Pulsars* (Cambridge University Press, Cambridge) S. 198]

dem wurden etwa vierhundert Pulsare entdeckt (Abb. 15.4). Ihre Perioden reichen von 0,0016 s (für den Pulsar 1937+214) bis zu einigen Sekunden.

Der am besten bekannte Pulsar befindet sich im Krebsnebel (Abb. 15.5). Dieser kleine Nebel im Sternbild Taurus wurde zuerst von dem französischen Astronomen Charles Messier bemerkt; er wurde das erste Objekt (M1) im Messier-Katalog. 1948 entdeckte man, daß der Krebsnebel eine Quelle starker Radiostrahlung ist, und 1964, daß er auch eine Röntgenquelle darstellt. Der Pulsar wurde 1968 entdeckt. Im darauffolgenden Jahr wurde er optisch beobachtet und auch als Röntgenstrahler identifiziert.

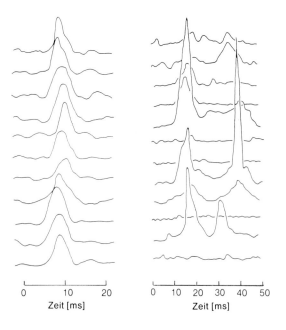

Abb. 15.4. Aufeinanderfolgende Radioimpulse bei 408 MHz von zwei Pulsaren. Links PSR 1642-03, rechts PSR 1133+16. Beobachtungen aus Jodrell Bank. [Abbildung von Smith, F. G. (1977): *Pulsars* (Cambridge University Press, Cambridge) S. 93, 95]

15.2 Neutronensterne 333

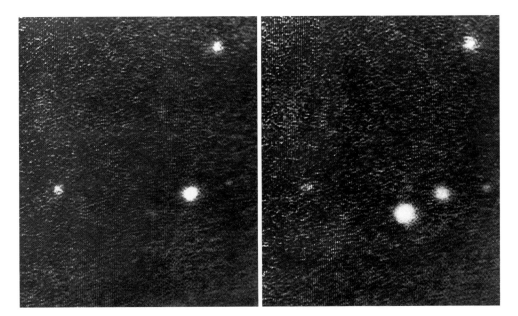

Abb. 15.5. Die Pulsation des Krebsnebelpulsars im sichtbaren Licht. Der Pulsar ist im rechten Bild sichtbar. (Foto Lick Observatory)

Neutronensterne sind optisch schwer zu untersuchen, da ihre Leuchtkraft im visuellen Bereich sehr gering ist (im Mittel etwa $10^{-6} L_\odot$). Der Vela-Pulsar wurde z. B. bei einer visuellen Größe von 25^m beobachtet. Damit ist er eines der schwächsten Objekte, das jemals beobachtet wurde. Im Radiobereich ist er eine sehr stark pulsierende Quelle.

Ein bei der Explosion und dem Kollaps einer Supernova gebildeter Neutronenstern rotiert zu Anfang sehr schnell, da sein Drehimpuls erhalten bleibt, während sein Radius wesentlich kleiner ist als zuvor. Innerhalb weniger Stunden geht der Stern in einen abgeplatteten Gleichgewichtszustand über, in dem er mehrere hundertmal pro Sekunde um seine Achse rotiert.

Das ursprüngliche Magnetfeld des Neutronensterns wird während des Kollapses ebenfalls komprimiert, so daß der Stern über ein starkes Feld mit dem ihn umgebenden Medium gekoppelt ist. Den Ursprung der Radioimpulse kann man verstehen, wenn man annimmt, daß das magnetische Feld gegen die Rotationsachse um 45°–90° geneigt ist. Dann gibt es um den Stern eine Magnetosphäre, in der die Teilchen mit dem magnetischen Feld gekoppelt sind und mit ihm rotieren (Abb. 15.3). In einem bestimmten Abstand vom Stern erreicht die Rotationsgeschwindigkeit die Lichtgeschwindigkeit. Die schnell bewegten Teilchen emittieren dort Strahlung in einem engen Kegel in ihre Bewegungsrichtung. Wenn der Stern rotiert, wird dieser Kegel wie bei einem Leuchtturm herumgeführt und kann in Form kurzer Impulse gesehen werden. Gleichzeitig verläßt den Neutronenstern ein Strom relativistischer Teilchen.

Der Drehimpuls des Neutronensterns verringert sich ständig durch die Emission von elektromagnetischer Strahlung, Neutrinos, kosmischer Strahlen und möglicherweise von Gravitationswellen. Als Folge nimmt die Periode des Pulsars ständig zu. Zusätzlich dazu werden in der Periode manchmal kleine, plötzliche Sprünge beobachtet, möglicherweise Anzeichen für schnelle Massenbewegungen in der Kruste des Neutronensterns („Sternbeben") oder in seiner Umgebung.

Einige Pulsare wurden in Doppelsternsystemen entdeckt, der erste war PSR 1913+16 im Jahre 1974. Der Pulsar bewegt sich mit einer Bahnexzentrizität von 0,6 und einer Periode von 8 h um einen Begleiter, wahrscheinlich einen weiteren Neutronenstern. Die beobachtete Periode der Impulse wird durch den Dopplereffekt beeinflußt, und das erlaubt es, die Geschwindigkeitskurve des Pulsars zu bestimmen. Diese Beobachtungen können sehr präzise ausgeführt werden, und es war deshalb möglich, die Änderungen in den Bahnelementen des Systems über eine Periode von mehreren Jahren zu verfolgen. Es stellte sich z. B. heraus, daß die Richtung des Periastrons des Doppelsternpulsars mit etwa 4° pro Jahr rotiert. Diese Erscheinung kann mit Hilfe der Allgemeinen Relativitätstheorie erklärt werden; im Sonnensystem beträgt die entsprechende Periheldrehung des Merkur 45 Bogensekunden pro Jahrhundert.

Der Doppelsternpulsar PSR 1913+16 lieferte auch die ersten deutlichen Hinweise auf die Existenz von Gravitationswellen. Während der Zeitspanne der Beobachtung ist die Bahnperiode des Systems ständig gewachsen. Das zeigt, daß das System Bahnenergie mit einer Rate verliert, die exakt mit der von der Allgemeinen Relativitätstheorie vorhergesagten übereinstimmt. Die verlorene Energie wird in Form von Gravitationswellen abgestrahlt.

Röntgenpulsare. In den siebziger Jahren wurde viele verschiedene Arten von veränderlichen Röntgenquellen entdeckt. Darunter befinden sich die den Neutronensternen zugeordneten Röntgenpulsare und Röntgenburster. Im Gegensatz zu den Radiopulsaren verringert sich die Periode der gepulsten Strahlung der Röntgenpulsare mit der Zeit. Da man annimmt, daß die Röntgenimpulse den gleichen Ursprung haben wie die Radioimpulse, bedeutet das, daß die Rotationsgeschwindigkeit dieser Neutronensterne wachsen muß. Die Impulsperioden der Röntgenpulsare sind beträchtlich länger als die der Radiopulsare, sie reichen von einigen Sekunden bis zu einigen zehn Minuten.

Die Röntgenpulsare gehören stets Doppelsternsystemen an. Der Begleiter ist meist ein OB-Überriese. Die charakteristischen Eigenschaften der Röntgenpulsare können aus

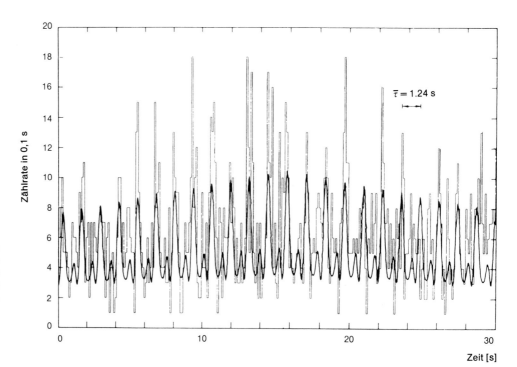

Abb. 15.6. Die Impulse des Röntgenpulsars Hercules X-1 haben eine Periode von 1,24 s. Die die Meßwerte am besten annähernde Kurve wurde überlagert. [Tananbaum, H. et al. (1972): Astrophys. J. (Lett.) **174**, L143]

15.2 Neutronensterne

ihrer Doppelsternnatur heraus verstanden werden. Einen in einem Doppelsternsystem gebildeten Neutronenstern kann man zuerst als einen normalen Radiopulsar beobachten. Die starke Strahlung des Pulsars verhindert anfangs, daß Gas auf ihn einfällt. Während er abgebremst wird, verringert sich auch seine Energie, und der Sternwind des Begleiters kann möglicherweise seine Oberfläche erreichen. Das einfallende Gas wird zu den magnetischen Polen des Neutronensterns gelenkt und emittiert dort beim Auftreffen auf die Oberfläche starke Röntgenstrahlung. Dies erzeugt die beobachtete gepulste Abstrahlung. Gleichzeitig beschleunigt der Drehimpuls des einfallenden Gases die Rotation des Pulsars.

Abbildung 15.6 zeigt die Emissionskurve von Her X-1, einem typischen Röntgenpulsar. Die Impulsperiode beträgt 1,24 s. Dieser Neutronenstern ist Mitglied eines Bedeckungsdoppelsternsystems, das von den optischen Beobachtungen her als HZ Herculis bekannt ist. Die Bahneigenschaften des Systems können daher bestimmt werden. So beträgt z. B. die Masse des Pulsars etwa eine Sonnenmasse, wie es für einen Neutronenstern typisch ist.

Röntgenburster. Röntgenburster (*engl.* burst = Ausbruch) sind unregelmäßige Veränderliche, die wie die Zwergnovae zufällige Ausbrüche zeigen (Abb. 15.7). Die typische Länge der Intervalle zwischen den Ausbrüchen liegt bei einigen Stunden bis Tagen, es sind aber auch schnellere Burster bekannt. Die Stärke der Ausbrüche scheint mit der Erholdauer in Zusammenhang zu stehen.

Die Quelle der Strahlung kann bei den Röntgenburstern nicht in der Zündung des Wasserstoffs liegen, da sich das Maximum der Emission im Röntgenbereich befindet. Eine mögliche Erklärung lautet, daß es sich bei den Röntgenburstern um Zwergnovae-ähnliche Doppelsternsysteme handelt, die jedoch statt des Weißen Zwerges einen Neutronenstern enthalten. Von dem Begleiter strömt Gas auf die Oberfläche des Neutronensterns, wo Wasserstoff zu Helium verbrennt. Wenn die wachsende Heliumschale eine kritische Temperatur erreicht, brennt sie in einem kurzen Helium-Blitz weiter zu Koh-

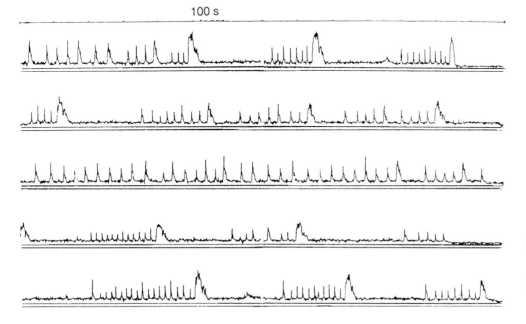

Abb. 15.7. Die Variationen des schnellen Röntgenbursters MXB 1730-335. Ein 100 s-Intervall ist im Diagramm markiert. [Lewin, W. H. G. (1977): Ann N. Y. Acad. Sci. **302**, 310]

lenstoff. Da es in diesem Fall keine dämpfenden, dickeren äußeren Schichten gibt, erscheint der Blitz als Röntgenstrahlungsausbruch.

Man nimmt heute weitgehend an, daß auch die *Gammastrahlungsausbrüche* von Neutronensternen stammen. In unregelmäßigen Abständen können die Doppelsternsysteme, die auch als Röntgenpulsare beobachtet wurden, sehr kurze und scharfe Gammastrahlungsimpulse abstrahlen. Der genaue Ursprung dieser Gammastrahlungsausbrüche ist noch unbekannt. Möglicherweise entstehen sie, wenn ein Materieklumpen (etwa in der Art eines Kometen) auf die Oberfläche des Neutronensterns auftrifft.

*Der Radius der Weißen Zwerge und der Neutronensterne

Die Masse eines Weißen Zwerges oder eines Neutronensterns bestimmt dessen Radius. Das folgt aus der Gleichung des hydrostatischen Gleichgewichts und aus der Druck-Dichte-Beziehung für ein entartetes Gas. Unter Verwendung der Gleichung des hydrostatischen Gleichgewichts (11.1)

$$\frac{dP}{dr} = -\frac{GM_r \varrho}{r^2}$$

kann man den mittleren Druck P abschätzen:

$$\frac{dP}{dR} \approx \frac{P}{R} \sim \frac{M \cdot M/R^3}{R^2} = \frac{M^2}{R^5} .$$

Hier haben wir $\varrho \sim M/R^3$ verwendet. Der Druck ergibt sich zu

$$P \sim \frac{M^2}{R^4} . \tag{1}$$

Im nichtrelativistischen Fall wird der Druck eines entarteten Gases durch (11.12) gegeben:

$$P \approx (h^2/m_e)(\mu_e m_H)^{-5/3} \varrho^{5/3} , \quad \text{womit sich ergibt}$$

$$P \sim \frac{\varrho^{5/3}}{m_e \mu_e^{5/3}} . \tag{2}$$

Durch Kombinieren von (1) und (2) erhalten wir

$$\frac{M^2}{R^4} \sim \frac{M^{5/3}}{R^5 m_e \mu_e^{5/3}} \; ; \quad \text{d. h.} \quad R \sim \frac{1}{M^{1/3} m_e \mu_e^{5/3}} \sim M^{-1/3} .$$

Je kleiner der Radius eines Weißen Zwerges ist, desto größer wird seine Masse sein. Wird die Dichte so groß, daß wir die relativistische Zustandsgleichung (11.13) verwenden müssen, so lautet der Ausdruck für den Druck

$$P \sim \varrho^{4/3} \sim \frac{M^{4/3}}{R^4} .$$

Während der Stern kontrahiert, wächst der Druck mit der gleichen Rate, wie sie von der Bedingung für das hydrostatische Gleichgewicht (1) gefordert wird. Hat die Kontraktion einmal begonnen, so kann sie nur gestoppt werden, indem sich der Materiezustand ändert: Die Elektronen und Protonen kombinieren zu Neutronen. Nur ein genügend massereicher Stern kann einen relativistischen Entartungsdruck erzeugen.

Die Neutronen sind wie die Elektronen Fermionen. Sie befolgen das Paulische Ausschlußprinzip und der Druck des entarteten Neutronengases kann aus einem zu (2) analogen Ausdruck gewonnen werden:

$$P_n \sim \frac{\varrho^{5/3}}{m_n \mu_n^{5/3}},$$

wobei m_n die Neutronenmasse und μ_n das Molekulargewicht pro freiem Neutron sind. Der Radius eines Neutronensterns wird dann entsprechend gegeben durch

$$R_{NS} \sim \frac{1}{M^{1/3} m_n \mu_n^{5/3}}.$$

Besteht ein Weißer Zwerg ausschließlich aus Helium, so gilt $\mu_e = 2$; für einen Neutronenstern gilt $\mu_n \approx 1$. Haben ein Weißer Zwerg und ein Neutronenstern die gleiche Masse, so ist das Verhältnis ihrer Radien

$$\frac{R_{WZ}}{R_{NS}} = \left(\frac{M_{NS}}{M_{WZ}}\right)^{1/3} \left(\frac{\mu_n}{\mu_e}\right)^{5/3} \frac{m_n}{m_e} \approx 1 \times \left(\frac{1}{2}\right)^{5/3} \times 1840 \approx 600.$$

Der Radius eines Neutronensterns beträgt also etwa 1/1 000 des Radius eines Weißen Zwerges. R_{NS} liegt im Mittel bei etwa 10 km.

15.3 Schwarze Löcher

In Abschn. 12.5 haben wir gesehen, daß es für die Masse eines Neutronensterns eine obere Grenze, die Oppenheimer-Volkov-Masse, gibt, oberhalb derer nicht einmal der Druck des entarteten Neutronengases der Schwerkraft widerstehen kann. Der präzise Wert für diese obere Grenzmasse kann nur schwer theoretisch abgeschätzt werden, da er von unzureichend bekannten Wahrscheinlichkeiten der Teilchenwechselwirkung abhängt. Es wird jedoch angenommen, daß er im Bereich von $1{,}5 - 2\,M_\odot$ liegt.

Wenn die Masse eines Sterns M_{OV} übersteigt und der Stern während seiner Entwicklung keine Masse verliert, so kann er nicht länger irgendeinen stabilen Endzustand erreichen. Die Schwerkraft wird gegenüber allen anderen Kräfte dominieren und der Stern zu einem Schwarzen Loch kollabieren.

Ein Schwarzes Loch ist deshalb schwarz, weil nicht einmal das Licht aus ihm entweichen kann. Bereits am Ende des 18. Jahrhunderts zeigte Laplace, daß ein hinreichend massiver Körper das Entweichen des Lichts von seiner Oberfläche verhindern würde. Nach der klassischen Mechanik beträgt die Entweichgeschwindigkeit von einem Körper der Masse M und des Radius R

$$v_e = \sqrt{\frac{2GM}{R}}.$$

v_e ist dann größer als die Lichtgeschwindigkeit, wenn der Radius kleiner ist als der kritische Radius

$$R_S = 2GM/c^2.$$

Den gleichen Wert für den kritischen Radius, den *Schwarzschild-Radius*, erhält man aus der Allgemeinen Relativitätstheorie. Für die Sonne beträgt R_S z. B. 3 km. Die Sonnenmasse ist jedoch so klein, daß die Sonne bei einer normalen Sternentwicklung kein Schwarzes Loch werden kann. Da die Masse eines bei einem Kollaps entstandenen

Schwarzen Loches größer sein muß als M_{OV}, liegt der Radius des kleinsten auf diese Weise gebildeten Schwarzen Loches bei etwa 5–10 km.

Die Eigenschaften Schwarzer Löcher müssen auf der Grundlage der Allgemeinen Relativitätstheorie untersucht werden. In der Relativitätstheorie führt jeder Beobachter sein eigenes Zeitmaß mit sich. Wenn zwei Beobachter sich am gleichen Ort in bezug aufeinander in Ruhe befinden, so gehen ihre Uhren gleich. Anderenfalls gehen ihre Uhren verschieden schnell, und der scheinbare Verlauf der Ereignisse unterscheidet sich ebenfalls.

Der *Ereignishorizont* ist eine Fläche, durch die keinerlei Information nach außen gelangen kann. Der Ereignishorizont eines Schwarzen Loches wird durch den Schwarzschild-Radius gegeben (Abb. 15.8). In der Nähe des Ereignishzorizontes werden die verschiedenen Zeitdefinitionen signifikant. Ein in ein Schwarzes Loch fallender Beobachter erreicht das Zentrum nach seiner eigenen Uhr in einer endlichen Zeit und bemerkt keine Besonderheiten beim Passieren des Ereignishorizonts. Für einen entfernten Beobachter erreicht er den Ereignishorizont jedoch nie, seine Fallgeschwindigkeit scheint bei der Annäherung an den Horizont gegen Null zu gehen.

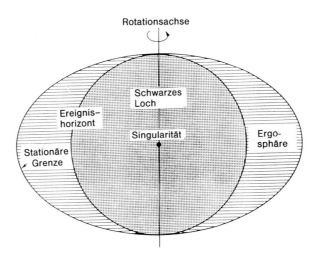

Abb. 15.8. Ein Schwarzes Loch wird von einem sphärischen Ereignishorizont umgeben. Zusätzlich dazu wird ein rotierendes Schwarzes Loch von einer abgeplatteten Fläche umgeben, innerhalb derer keine Materie stationär verbleiben kann. Dieses Gebiet wird als die Ergosphäre bezeichnet

Die Verlangsamung der Zeit tritt auch als eine Verringerung der Frequenz der Lichtsignale in Erscheinung. Die Gleichung für die Gravitationsrotverschiebung kann in Einheiten des Schwarzschild-Radius ausgedrückt werden als

$$\nu_\infty = \nu[1 - 2GM/(rc^2)]^{1/2} = \nu(1 - R_S/r)^{1/2} .$$

Hier ist ν die Frequenz der im Abstand von r vom Schwarzen Loch emittierten Strahlung und ν_∞ die Frequenz, die von einem unendlich weit entfernten Beobachter empfangen wird. Man sieht, daß die Frequenz für die in der Nähe des Ereignishorizontes emittierte Strahlung im Unendlichen gegen Null geht.

Die Gezeitenkräfte werden in der Nähe eines Schwarzen Lochs extrem groß, so daß jegliche in das Loch fallende Materie auseinandergerissen wird. In der Nähe des Zentrums werden alle Atome und Elementarteilchen zerstört; der Endzustand dieser Materie ist der heutigen Physik unbekannt. Die beobachtbaren Eigenschaften eines Schwarzen Loches hängen nicht davon ab, wie es entstanden ist.

15.3 Schwarze Löcher

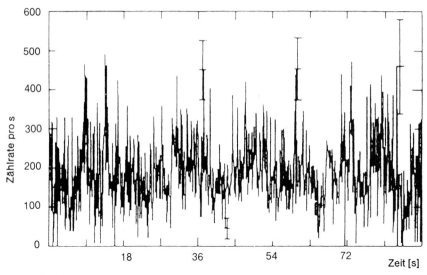

Abb. 15.9. Keinerlei Periodizität ist aus der Röntgenstrahlung des Kandidaten für ein Schwarzes Loch, Cygnus X-1, ablesbar, es handelt sich deshalb wahrscheinlich nicht um einen Neutronenstern. [Schreier, E. et al. (1971): Astrophys. J. (Lett.) **170**, L 24]

Es verschwindet nicht nur alle Information über den Materieaufbau, wenn ein Stern zu einem Schwarzen Loch kollabiert, auch jedes Magnetfeld verschwindet z. B hinter dem Ereignishorizont. Ein Schwarzes Loch hat nur drei beobachtbare Eigenschaften: die Masse, den Drehimpuls und die elektrische Ladung.

Der einzige zur Zeit bekannte Weg, auf dem ein Schwarzes Loch direkt beobachtet werden könnte, ist der über die Strahlung der in das Loch fallenden Materie. Ist ein Schwarzes Loch z. B. Mitglied eines Doppelsternsystems, so wird die vom Begleiter überströmende Materie eine Scheibe um das Schwarze Loch bilden. Die Materie am inneren Rand der Scheibe fällt in das Loch. Das aufgesammelte Gas verliert einen beträchtlichen Teil seiner Energie (bis zu 40% der Ruhemasse) als Strahlung, die im Röntgenbereich beobachtbar sein sollte.

Einige schnell und unregelmäßig variierende Röntgenquellen mit den richtigen Eigenschaften wurden am Himmel entdeckt. Der vielversprechendste Kandidat für ein Schwarzes Loch ist wahrscheinlich Cygnus X-1 (Abb. 15.9). Seine Leuchtkraft variiert mit einer Zeitskala von 0,001 s, was bedeutet, daß das emittierende Gebiet nur eine Ausdehnung von 0,001 Lichtsekunden oder von wenigen hundert Kilometern haben kann. Nur Neutronensterne und Schwarze Löcher sind klein und dicht genug, um Prozesse von solch hoher Energie zu erzeugen. Cygnus X-1 ist die kleinere Komponente des Doppelsystems HDE 226868 (Abb. 15.10). Die größere Komponente ist ein im optischen Bereich sichtbarer Überriese mit einer Masse von $20-25\,M_\odot$. Die Masse der unsichtbaren Komponente wurde zu $10-15\,M_\odot$ berechnet. Wenn dies richtig ist, so ist die Masse des Begleiters wesentlich größer als die obere Massegrenze für einen Neutronenstern; es muß sich also dann um ein Schwarzes Loch handeln.

Viele Horrorgeschichten wurden über die Schwarzen Löcher erfunden. Es soll daher betont werden, daß sie die gleichen Bewegungsgesetze befolgen wie andere Sterne – sie lauern nicht in der Dunkelheit des Weltraums, um unschuldige Passanten anzugreifen. Würde die Sonne ein Schwarzes Loch werden, so würden sich die Planeten weiter auf ihren Bahnen bewegen als wäre nicht geschehen.

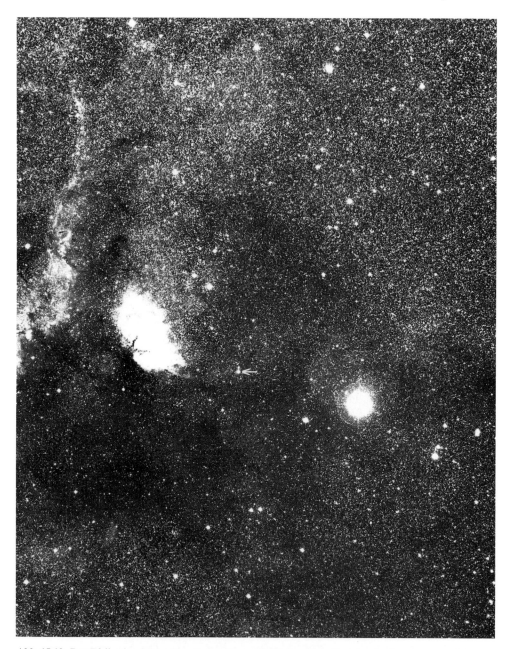

Abb. 15.10. Der Pfeil zeigt den veränderlichen Stern V 1357 Cyg. Sein Begleiter ist das vermutete Schwarze Loch Cygnus X-1. Der helle Stern rechts unterhalb von V 1357 Cyg ist η Cygni, einer der hellsten Sterne im Sternbild Cygnus

Kapitel 16 Das Interstellare Medium

Obwohl die meiste Masse im Milchstraßensystem in den Sternen enthalten ist, ist der interstellare Raum nicht vollkommen leer. Er enthält Gas und Staub. Beide Bestandteile sind teilweise diffus verteilt, teilweise in einzelnen Wolken konzentriert. Typisch für den interstellaren Raum ist eine mittlere Dichte von einem Gasatom pro Kubikzentimeter und einem Staubteilchen in 100 000 Kubikzentimetern.

Der Anteil des interstellaren Gases an der Gesamtmasse des Milchstraßensystems beträgt 10%. Da das Gas ganz stark zur galaktischen Ebene und dort in den Spiralarmen konzentriert ist, gibt es in diesen Regionen Gebiete, wo der stellare und der interstellare Massenanteil etwa gleich sind. Der Staubanteil (eine bessere Bezeichnung wäre „Rauch", da die interstellaren Staubteilchen viel kleiner sind als die irdischen) beträgt etwa ein Prozent der Gasmasse. Hochenergetische kosmische Strahlungspartikel befinden sich ebenso im interstellaren Raum wie auch ein schwaches, aber sehr wichtiges galaktisches Magnetfeld.

Gegenwärtig werden die wichtigsten Beobachtungen des interstellaren Mediums im Radio- und Infrarotbereich gemacht, da der Hauptteil der Emission in diesen Wellenlängenintervallen liegen. Viele Formen der interstellaren Materie (z. B. Festkörper mit Durchmessern von mehr als 1 mm) könnten auf der Basis ihrer Emission oder Absorption nicht entdeckt werden. Prinzipiell könnte die Gesamtmasse dieser Materieformen größer sein als die gesamte beobachtete Masse. Eine obere Gesamtmasse der interstellaren Materie, unabhängig von ihren Erscheinungsformen, kann aus ihrer Gravitationswirkung abgeschätzt werden. Dies ist der sogenannte *Oortsche Grenzwert*. Das galaktische Gravitationsfeld wird durch die Materieverteilung bestimmt. Durch die Beobachtung der Bewegung der Sterne senkrecht zur galaktischen Ebene kann die senkrechte Komponente der Gravitationskraft und damit die Masse in der galaktischen Ebene abgeschätzt werden. Im Ergebnis ergibt sich bis ein kpc Abstand von der Sonne eine lokale Dichte von $(7{,}3$ bis $10) \times 10^{-21}$ kg m^{-3}. Die Dichte der bekannten Sterne beträgt $(5{,}9$ bis $6{,}7) \times 10^{-21}$ kg m^{-3}, die der bekannten interstellaren Materie ungefähr $1{,}7 \times 10^{-21}$ kg m^{-3}. Damit ergibt sich nur ein sehr geringer Spielraum für unbekannte Materieformen in der Nachbarschaft der Sonne.

16.1 Interstellarer Staub

Der erste klare Nachweis der Existenz des interstellaren Staubes konnte um 1930 erbracht werden. Zuvor wurde angenommen, daß der Raum vollkommen durchsichtig ist und sich das Licht unbegrenzt und ohne Extinktion ausbreiten kann.

1930 publizierte *Robert Trumpler* seine Untersuchungen über die räumliche Verteilung von offenen Sternhaufen. Die absolute Helligkeit des hellsten Sterns konnte auf der Basis des speziellen Typs bestimmt werden. Damit ließen sich die Entfernungen r

der Haufen aus der beobachteten scheinbaren Helligkeit *m* des hellsten Sternes berechnen:

$$m - M = 5 \lg \frac{r}{10 \, \text{pc}} \, . \tag{16.1}$$

Trumpler untersuchte auch die Durchmesser der Haufen. Der lineare Durchmesser *D* ergibt sich aus dem scheinbaren Winkeldurchmesser *d* nach der Beziehung

$$D = dr \, , \tag{16.2}$$

r ist die Haufenentfernung.

Es fiel Trumpler auf, daß die entfernten Haufen scheinbar systematisch größer waren als die näheren (Abb. 16.1), ein sehr unwahrscheinliches Ergebnis. Es lag nahe, daß zu große Abstände für die entfernteren Haufen bestimmt worden waren. Trumpler schloß daraus, daß der Raum nicht vollkommen transparent ist und das Licht der Sterne durch Materie zwischen Quelle und Beobachter abgeschwächt wird. Um das zu berücksichtigen, muß (16.1) durch (4.18) ersetzt werden:

$$m - M = 5 \lg \frac{r}{10 \, \text{pc}} + A \, . \tag{16.3}$$

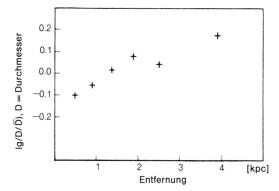

Abb. 16.1. Durchmesser offener Sternhaufen, berechnet nach Trumpler (1930) aus der Entfernung nach Formel (16.1). Das Anwachsen des Durchmessers mit zunehmender Entfernung ist kein reales Phänomen, sondern die Folge der interstellaren Extinktion, die dadurch entdeckt wurde

A ist die Extinktion in Größenklassen durch die Materie zwischen Strahlungsquelle und Beobachter. Es gilt $A > 0$. Unter der Voraussetzung, daß die Dichte des Mediums unabhängig von der Entfernung und in allen Richtungen die gleiche ist, gilt

$$A = ar \, . \tag{16.4}$$

a ist eine Konstante. Trumpler erhielt für *a* in der galaktischen Ebene den Mittelwert $a_{\text{pg}} = 0{,}79$ mag/kpc. Dabei handelt es sich um fotografische Größenklassen. Gegenwärtig wird ein Wert von 2 mag/kpc für die mittlere Extinktion angenommen. Damit erreicht die Extinktion nach 5 kpc bereits 10 Größenklassen.

Die durch den Staub hervorgerufene Extinktion variiert stark mit der Richtung. Zum Beispiel beträgt die Abschwächung des Lichtes bis zum galaktischen Zentrum (Entfernung 10 kpc) 30 Größenklassen, weshalb das galaktische Zentrum im optischen Wellenlängenbereich nicht beobachtet werden kann.

16.1 Interstellarer Staub

Die Extinktion wird durch Staubteilchen hervorgerufen, deren Durchmesser etwa der Wellenlänge des Lichtes entspricht. Diese Partikel streuen Licht sehr effektiv. Gas kann auch eine Extinktion durch Streuung hervorrufen, aber der Wirkungsgrad pro Masseneinheit ist wesentlich geringer. Die Gesamtmenge des Gases ist nach der Oort'schen Grenze so klein, daß im interstellaren Raum die Streuung durch Gas vollkommen vernachlässigt werden kann. (Dies steht im Gegensatz zur Erdatmosphäre, wo die Moleküle der Luft einen signifikanten Beitrag zur Extinktion leisten.)

Die Extinktion durch interstellare Partikel entsteht sowohl durch Absorption als auch durch Streuung. Durch die Absorption wird die Strahlungsenergie in Wärme umgewandelt, diese wird dann entsprechend der Temperatur der Staubteilchen im infraroten Wellenlängenbereich wieder abgestrahlt. Durch die Streuung wird die Ausbreitungsrichtung des Lichtes geändert, was zu einer Reduzierung der Intensität in der ursprünglichen Ausbreitungsrichtung führt.

Es soll nun eine formelmäßige Darstellung für die interstellare Extinktion abgeleitet werden. Es sei vorausgesetzt, daß die Größe, der Brechungsindex und die Partikeldichte bekannt sind. Zur Vereinfachung wird ferner angenommen, daß die Partikel kugelförmig sind, alle den gleichen Radius a und den geometrischen Querschnitt πa^2 haben. Der tatsächliche Extinktionsquerschnitt C_{ext} der Partikel ist

$$C_{\text{ext}} = Q_{\text{ext}} \pi a^2 \ . \tag{16.5}$$

Q_{ext} ist der Wirkungsfaktor der Extinktion.

Wir wollen ein Volumenelement betrachten, das die Länge dl hat und den Querschnitt dA, der senkrecht zur Ausbreitungsrichtung der Strahlung steht (Abb. 16.2). Es wird angenommen, daß die Teilchen im Volumenelement sich nicht gegenseitig beschatten. Wenn die Partikeldichte n ist, befinden sich im Volumenelement $n\,dl\,dA$ Partikel. Sie bedecken den Teil $d\tau$ der Fläche dA:

$$d\tau = \frac{n\,dA\,dl\,C_{\text{ext}}}{dA} = n\,C_{\text{ext}}\,dl \ .$$

Auf der Strecke dl wird die Intensität dadurch um

$$dI = -I\,d\tau \tag{16.6}$$

reduziert. $d\tau$ kann demnach als optische Tiefe bezeichnet werden.

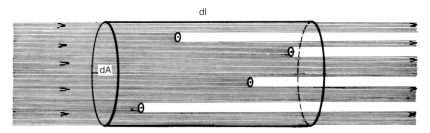

Abb. 16.2. Extinktion durch eine Verteilung von Staubpartikeln. In einem Volumenelement mit der Ausdehnung dl und dem Querschnitt dA befinden sich $n\,dA\,dl$ Teilchen, n ist die Partikeldichte in dem Medium. Wenn der Extinktionsquerschnitt eines Partikels C_{ext} ist, beträgt die gesamte Fläche, die durch die Teilchen abgedeckt wird, $n\,dA\,dl\,C_{\text{ext}}$. Der Anteil, um den die Intensität über die Strecke dl reduziert wird, ergibt sich dann zu $dI/I = -n\,dA\,dl\,C_{\text{ext}}/dA = -n\,dl\,C_{\text{ext}}$

Die gesamte optische Tiefe zwischen einem Stern und der Erde ist dann

$$\tau(r) = \int_0^r d\tau = \int_0^r n C_{\text{ext}} dl = C_{\text{ext}} \bar{n} r \ .$$

$\bar{n}$ ist die mittlere Partikeldichte auf dem gegebenen Weg. Nach (4.18) ist die Extinktion in Größenklasen

$$A = (2{,}5 \lg e) \tau$$

und folglich

$$A(r) = (2{,}5 \lg e) C_{\text{ext}} \bar{n} r \ . \tag{16.7}$$

Die Formel kann auch benutzt werden, um die Teilchendichte zu berechnen, dann müssen aber die anderen Größen bekannt sein.

Der Extinktionswirkungsfaktor Q_{ext} kann für sphärische Teilchen mit bekanntem Radius und Brechungsindex m exakt berechnet werden. Im allgemeinen gilt

$$Q_{\text{ext}} = Q_{\text{abs}} + Q_{\text{str}}$$

mit Q_{abs} = Absorptionswirkungsgrad und Q_{str} = Streuungswirkungsgrad.
 Wenn wir

$$x = 2\pi a / \lambda \tag{16.8}$$

setzen (λ ist die Wellenlänge der Strahlung), gilt

$$Q_{\text{ext}} = Q_{\text{ext}}(x, m) \ . \tag{16.9}$$

Der genaue Ausdruck für Q_{ext} ergibt sich aus einer Reihenentwicklung nach x, die für große Werte von x langsamer konvergiert. Wenn $x \ll 1$ ist, handelt es sich um *Rayleigh-Streuung*, sonst um *Mie-Streuung*. Abbildung 16.3 zeigt den Verlauf von Q_{ext} in Ab-

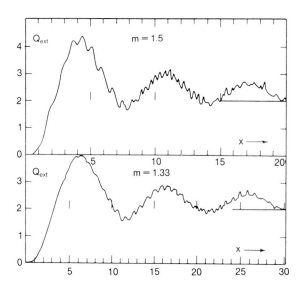

Abb. 16.3. Mie-Streuung: Effektivitätsfaktor sphärischer Partikel für die Brechungsindizes $m = 1{,}5$ und $m = 1{,}33$ (Brechungsindex von Wasser). Die horizontale Achse ist nach der Beziehung $x = 2\pi a/\lambda$ ein Ausdruck für die Größe der Teilchen. a ist der Partikelradius, λ die Wellenlänge der Strahlung. [Van de Hulst, H.C. (1957): *Light Scattering by Small Particles* (Wiley, New York) S. 177]

hängigkeit von x für $m = 1{,}33$ und $m = 1{,}50$. Für sehr große Partikel ($x \gg 1$) geht Q_{ext} gegen den Wert 2, wie aus Abb. 16.3 auch zu erkennen ist. Rein geometrisch würde man $Q_{ext} = 1$ erwarten. Der um das Doppelte größere Extinktionskoeffizient ist die Folge der Beugung des Lichtes an den Rändern der Partikel.

Neben der Extinktion gibt es noch weitere beobachtbare Phänomene, die auf die interstellare Materie zurückgehen. Eines ist die *Verrötung* des Sternlichtes. (Dies darf nicht verwechselt werden mit der Rotverschiebung von Spektrallinien.) Die Verrötung entsteht durch die Wellenlängenabhängigkeit der Extinktion, die für kürzere Wellenlängen größer ist. In erster Näherung ist die Extinktion umgekehrt proportional zur Wellenlänge. Deshalb ist das Licht weit entfernter Sterne röter, als es auf Grund ihrer Spektralklasse erwartet wird. Die Spektralklassenzugehörigkeit wird aus den relativen Linienstärken, die nicht durch Extinktion beeinflußt sind, bestimmt.

Nach (4.21) ist der Farbindex B-V eines Sternes

$$\text{B-V} = M_B - M_V + A_B - A_V = (\text{B-V})_0 + E_{B\text{-}V} \; . \tag{16.10}$$

$(\text{B-V})_0$ ist die *Normalfarbe* (Eigenfarbe) des Sternes und $E_{B\text{-}V}$ der *Farbexzeß*. In Abschn. 4.5 wurde gezeigt, daß das Verhältnis zwischen der visuellen Extinktion A_V und dem Farbexzeß konstant ist:

$$R = \frac{A_V}{E_{B\text{-}V}} = \frac{A_V}{A_B - A_V} \approx 3{,}0 \; . \tag{16.11}$$

R hängt nicht von den Eigenschaften des Sternes und dem Betrag der Extinktion ab. Diese Tatsache ist von besonderer Bedeutung für die fotometrische Entfernungsbestimmung. Der Farbexzeß kann direkt aus dem Unterschied zwischen dem beobachteten Farbindex B-V und der Normalfarbe $(\text{B-V})_0$, die aus der Spektralklasse erhalten wird, bestimmt werden. Die Extinktion kann man dann nach

$$A_V \sim 3{,}0 \, E_{B\text{-}V} \tag{16.12}$$

berechnen und danach die Entfernung. Da das interstellare Medium keinesfalls eine homogene Verteilung hat, gibt die Farbexzeßmethode zuverlässigere Resultate als bei Benutzung von Mittelwerten für die Extinktion wie in (4.19).

Die Wellenlängenabhängigkeit der Extinktion $A(\lambda)$ kann durch den Vergleich der Helligkeiten von Sternen der gleichen Spektralklasse in unterschiedlichen Farben untersucht werden. Diese Messungen haben gezeigt, daß $A(\lambda)$ für sehr große Wellenlängen gegen Null geht. In der Praxis kann $A(\lambda)$ bis zu einer Wellenlänge von etwa ein Mikrometer bestimmt werden. Die Extrapolation auf $1/\lambda = 0$ ist dann sehr zuverlässig. Die Abb. 16.4 zeigt $A(\lambda)$ in Abhängigkeit von der reziproken Wellenlänge. Es ist auch dargestellt, wie die Werte von A_V und $E_{B\text{-}V}$, die für die Berechnung von R notwendig sind, aus der *Extinktions-* oder *Verrötungskurve* erhalten werden können. Abbildung 16.4b zeigt die beobachtete Extinktionskurve. Die Werte für das Ultraviolett ($\lambda \leq 0{,}3\,\mu\text{m}$) resultieren aus Raketenmessungen.

Aus Abb. 16.4b geht hervor, daß die interstellare Extinktion bei kurzen Wellenlängen im ultravioletten Wellenlängenintervall am größten ist und zu größeren Wellenlängen hin abnimmt. Im Infraroten beträgt sie nur noch zehn Prozent der optischen Extinktion und im Bereich der Radiofrequenzstrahlung ist sie verschwindend gering. Objekte, die im optischen Bereich unsichtbar sind, können im Infraroten und im Radiofrequenzintervall durchaus untersucht werden.

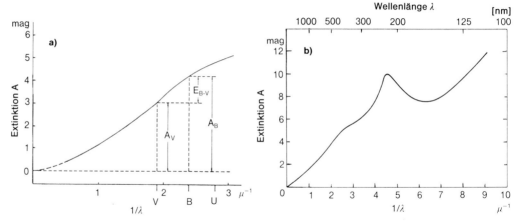

Abb. 16.4. (a) Schematische Darstellung der interstellaren Extinktion. Mit wachsender Wellenlänge geht die Extinktion gegen Null. [Greenberg, J. M. (1968): „Interstellar Grains", in *Nebulae and Interstellar Matter*, ed. by Middlehurst, B. M., Aller, L. H., Stars and Stellar Systems, Vol. VII (The University of Chicago Press, Chicago) S. 224]. (b) Gemessene Extinktionskurve, normiert auf $E_{B-V} = 1$. [Hoyle, F., Narlikar, J. (1980): *The Physics-Astronomy Frontier* (W. H. Freeman and Company, San Francisco) S. 156. Mit freundlicher Genehmigung des Verlages]

Ein anderes Phänomen, das durch den Staub hervorgerufen wird, ist die *Polarisation* des Sternlichtes. Da sphärische Partikel keine Polarisation erzeugen können, müssen die interstellaren Staubteilchen nichtsphärische Formen haben. Wenn die Partikel in einer Wolke durch das interstellare Magnetfeld ausgerichtet werden, können sie die Strahlung, die durch die Wolke geht, polarisieren. Der Polarisationsgrad und seine Wellenlängenabhängigkeit geben Informationen über die Eigenschaften der Staubteilchen. Durch die Untersuchung der Polarisation in verschiedenen Richtungen kann man die Struktur des galaktischen Magnetfeldes kartieren.

Im Milchstraßensystem ist der interstellare Staub in einer sehr dünnen Schicht von etwa 100 pc Dicke um die galaktische Ebene konzentriert. In anderen Galaxien ist der Staub in ganz ähnlicher Weise verteilt und kann direkt als ein dunkles Band in der Scheibe der Galaxie gesehen werden (Abb. 19.10b).

Die Sonne befindet sich in der Nähe der zentralen Ebene der galaktischen Staubschicht. In dieser Ebene ist die Extinktion sehr groß, während die Gesamtextinktion zu den Polen der Galaxis nur 0,1 Größenklassen beträgt. Dies kommt sehr gut in der Verteilung der Galaxien am Himmel zum Ausdruck: in hohen galaktischen Breiten sind sehr viele Galaxien zu beobachten, aber bis zur galaktischen Breite $\pm 20°$ sind kaum welche sichtbar. Das galaxienarme Gebiet heißt *nebelfreie Zone*.

In einer homogenen Staubschicht sei die Gesamtextinktion senkrecht zur Symmetrieebene Δm. Dann beträgt die Gesamtextinktion in Richtung der galaktischen Breite b nach Abb. 16.5

$$\Delta m(b) = \Delta m / \sin b \; . \tag{16.13}$$

Bei gleichmäßiger räumlicher Verteilung der Galaxien ist ihre Anzahl m pro Quadratgrad ohne Extinktion

$$\lg N_0(m) = 0{,}6\, m + C \tag{16.14}$$

16.1 Interstellarer Staub

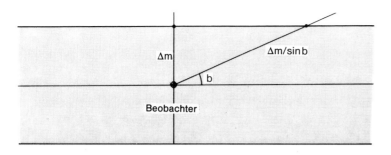

Abb. 16.5. In einem homogenen Medium ist die Extinktion in Größenklassen der Weglänge des Lichtes durch das Medium proportional. Wenn die Extinktion in Richtung zum galaktischen Pol Δm ist, wird ihr Betrag $\Delta m/\sin b$ in Richtung der galaktischen Breite b

bis zur scheinbaren Helligkeit m. C ist eine Konstante (s. Übung 18.5.1). Eine Galaxie der scheinbaren Helligkeit m_0 wird bei Vorhandensein von Extinktion in Richtung der galaktischen Breite b mit einer Helligkeit

$$m(b) = m_0 + \Delta m(b) = m_0 + \Delta m/\sin b \qquad (16.15)$$

beobachtet. Damit beträgt die Anzahl der beobachtbaren Galaxien bei der galaktischen Breite b

$$\lg N(m,b) = \lg N_0[m - \Delta m(b)] = 0{,}6\,[m - \Delta m(b)] + C$$
$$= \lg N_0(m) - 0{,}6\,\Delta m(b) \;, \qquad (16.16)$$
$$\lg N(m,b) = C' - 0{,}6\,\Delta m/\sin b \;,$$

mit $C' = \lg N_0(m)$. Der Wert von C' hängt nicht von der galaktischen Breite ab. Aus Galaxienzählungen in unterschiedlichen galaktischen Breiten b kann die Extinktion Δm bestimmt werden. Am Lick-Observatorium ergab sich nach dieser Methode der Wert $m_{pg} = 0{,}51$ mag.

Die gesamte Vertikalextinktion wurde auch aus Farbexzeßmessungen an Sternen bestimmt. Diese Untersuchungen führten zu dem viel geringeren Wert von etwa 0,1 mag. In Richtung zum Nordpol beträgt die Extinktion nur 0,03 mag. Die Ursache der mangelhaften Übereinstimmung der beiden Extinktionswerte ist wahrscheinlich in der Hauptsache durch starke Inhomogenitäten in der Staubverteilung zu erklären. Befindet sich die Sonne in einem Gebiet geringer Staubdichte, dann ist der Blick zu den galaktischen Polen nahezu unbeeinflußt von Staub.

Dunkelwolken. Die Beobachtungen anderer Galaxien machen deutlich, daß sich der Staub in den Spiralarmen, besonders an deren innerer Kante befindet. Außerdem ist der Staub in Wolken konzentriert, die als sternarme Gebiete oder *Dunkelwolken* vor dem Hintergrund der Milchstraße erscheinen. Beispiele für Dunkelwolken sind der Kohlensack am südlichen Himmel (Abb. 16.6) und der Pferdekopfnebel im Orion. Manchmal bilden die Dunkelwolken ausgedehnte, gewundene Bänder, manchmal kleine, meist sphärische Objekte, die leicht gegen einen hellen Hintergrund, z. B. leuchtende Gasnebel, zu erkennen sind (Abb. 16.19). Diese Objekte wurden von *Bart J. Bok* als *Globulen* bezeichnet, der die Hypothese aufstellte, daß Globulen den Beginn der Kontraktion zu Sternen darstellen.

Die Extinktion von Dunkelwolken kann studiert und dargestellt werden mit Hilfe von *Wolf-Kurven*, wie sie schematisch Abb. 16.7 zeigt. Diese Diagramme werden mit

Abb. 16.6. Der Kohlensack ist eine Dunkelwolke nahe dem Kreuz des Südens. (Foto K. Mattila, Universität Helsinki)

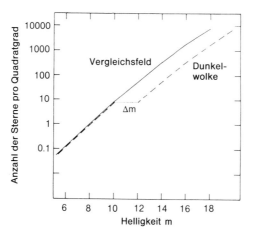

Abb. 16.7. Wolf-Diagramm. Die horizontale Koordinate ist die Helligkeit, die senkrechte Koordinate gibt die Anzahl der Sterne pro Quadratgrad bis zu der jeweiligen Helligkeit. Eine Dunkelwolke vermindert die Helligkeit der dahinter liegende Sterne um den Betrag Δm

16.1 Interstellar Staub

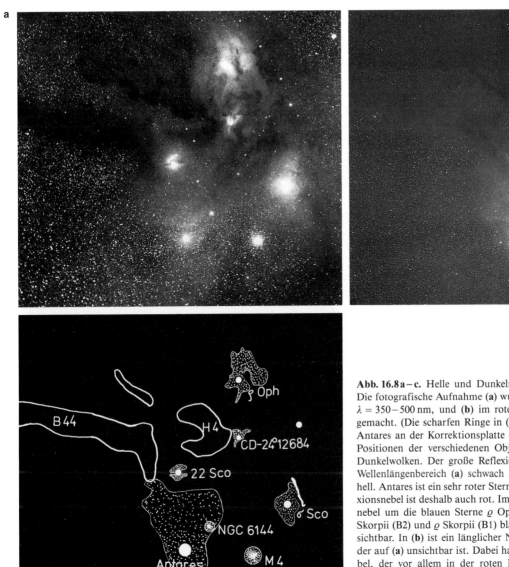

Abb. 16.8a–c. Helle und Dunkelnebel im Skorpion und Ophiuchus. Die fotografische Aufnahme (**a**) wurde im blauen Wellenlängenbereich, $\lambda = 350-500$ nm, und (**b**) im roten Spektralbereich $\lambda = 600-680$ nm gemacht. (Die scharfen Ringe in (**b**) sind Reflektionen des Lichts von Antares an der Korrektionsplatte der Schmidtkamera.) In (**c**) sind die Positionen der verschiedenen Objekte dargestellt. B44 und H4 sind Dunkelwolken. Der große Reflexionsnebel um Antares ist im blauen Wellenlängenbereich (**a**) schwach sichtbar, im roten (**b**) dagegen sehr hell. Antares ist ein sehr roter Stern (Spektralklasse M1), und der Reflexionsnebel ist deshalb auch rot. Im Gegensatz dazu sind die Reflexionsnebel um die blauen Sterne ϱ Ophiuchi (B2), CD−24°12684 (B3), 22 Skorpii (B2) und ϱ Skorpii (B1) blaue Objekte und deshalb nur auf (**a**) sichtbar. In (**b**) ist ein länglicher Nebel rechts von ϱ Skorpii zu sehen, der auf (**a**) unsichtbar ist. Dabei handelt es sich um einen Emissionsnebel, der vor allem in der roten H_α-Linie des Wasserstoffs (656 nm) leuchtet. Durch Aufnahmen in unterschiedlichen Wellenlängenbereichen können Reflexions- und Emissionsnebel unterschieden werden. [Foto (**a**) von E. Barnard, Foto (**b**) von K. Mattila]

Hilfe von Sternzählungen konstruiert. Die Zahl der Sterne pro Quadratgrad in einem bestimmten Größenklassenintervall (z. B. zwischen der 14. und 15. Größenklasse) wird im Gebiet der Wolke bestimmt und mit der Anzahl außerhalb der Wolke verglichen. Im Vergleichsgebiet wächst die Zahl monoton zu schwächeren Größenklassen. Im Gebiet der Dunkelwolke nimmt die Zahl der Sterne bei den hellen Objekten in der gleichen Weise zu. Von einer bestimmten Größenklasse (10 in der Abbildung) ist die Zahl der Sterne wesentlich geringer als im Vergleichsgebiet. Der Grund dafür ist, daß die schwächeren und damit vorwiegend entfernteren Sterne sich hinter der Dunkelwolke befinden und ihre Helligkeit um einen konstanten Betrag Δm (2 Größenklassen in der Abbildung) reduziert wird. Die hellen Sterne bis $m = 10$ mag befinden sich in der Hauptsache vor der Staubwolke und sind unbeeinflußt von der Extinktion.

Reflexionsnebel. Wenn sich eine Staubwolke in der Nähe eines hellen Sternes befindet, streuen und reflektieren die Staubteilchen dessen Licht. Dadurch können einzelne Wolken manchmal als helle *Reflexionsnebel* gesehen werden. Es sind mehr als 500 davon bekannt.

Reflexionsnebelreiche Gebiete am Himmel befinden sich in den Plejaden und um den hellen Stern Antares, der selbst von einem roten Reflexionsnebel umgeben ist. Dieses Gebiet zeigt Abb. 16.8.

In Abb. 16.9 ist der Reflexionsnebel NGC 2068 wiedergegeben, nahe bei einer großen dichten Staubwolke einige Grad nordwestlich des Oriongürtels; es ist einer der hellsten Reflexionsnebel und der einzige, der in den Messier-Katalog aufgenommen wurde (M 78). Abbildung 16.10 zeigt den Reflexionsnebel um den Stern Merope in den Plejaden.

Ein anderer heller und viel untersuchter Reflexionsnebel ist NGC 7023 in Cepheus. Auch er steht mit einer Dunkelwolke in Verbindung. Im Spektrum des beleuchtenden Sterns treten Emissionslinien auf, die ihn als Be-Stern charakterisieren. In dieser Region wurden auch Infrarot-Sterne gefunden, so daß es sich wahrscheinlich um ein Sternentstehungsgebiet handelt.

1922 publizierte *Edwin Hubble* eine grundlegende Untersuchung über helle Nebel in der Milchstraße. Auf der Basis intensiver fotografischer und spektroskopischer Beobachtungen entdeckte er zwei interessante Beziehungen. Erstens fand er, daß Emissionsnebel nur im Zusammenhang mit Sternen der Spektralklasse B0 und früher auftreten, während Reflexionsnebel bei Sternen der Spektralklasse B1 und später zu finden sind. Zweitens entdeckte Hubble einen Zusammenhang zwischen der Winkelausdehnung R des Nebels und der scheinbaren Helligkeit m des beleuchtenden Sternes:

$$5 \lg R = -m + \text{const} . \tag{16.17}$$

Je heller der beleuchtende Stern ist, um so größer ist der Winkeldurchmesser des Reflexionsnebels. Mit zunehmender Belichtungszeit werden schwächere Flächenhelligkeiten sichtbar, und die meßbare Ausdehnung eines Nebels wächst durch. Deshalb muß der Wert von R immer für eine bestimmte Grenzhelligkeit definiert werden. Der Wert der Konstante in der Hubble-Beziehung hängt auch von der Grenzhelligkeit ab. In Abb. 16.11 ist die Hubble-Beziehung für Reflexionsnebel dargestellt; sie beruht auf Messungen von *Sidney van den Bergh* auf Platten des Palomar Sky Atlas. Jeder Punkt entspricht einem Reflexionsnebel, und die Gerade gibt die Beziehung (16.17) wieder. Der Wert der Konstante ist 12,0 (R ist in Bogenminuten gegeben).

Die Hubble-Beziehung kann theoretisch abgeleitet werden. Dazu muß man voraussetzen, daß die Beleuchtung der Staubteilchen durch den Stern umgekehrt proportional zum Quadrat des Abstandes der Teilchen vom Stern ist und daß die Staubteilchen gleichmäßig in der Wolke verteilt sind. Aus der theoretischen Ableitung ergibt sich auch ein Wert für die Konstante auf der rechten Seite der Beziehung. In die Konstante gehen die Albedo und die Phasenfunktion der Staubteilchen ein.

Aus den Beobachtungen der Reflexionsnebel folgt, daß die Albedo der interstellaren Staubteilchen sehr hoch sein muß. Es war allerdings noch nicht möglich, einen exakten numerischen Wert auf diesem Wege zu erhalten, da die Entfernungen zwischen den Nebeln und dem beleuchtenden Stern nicht genau genug bekannt sind.

16.1 Interstellarer Staub

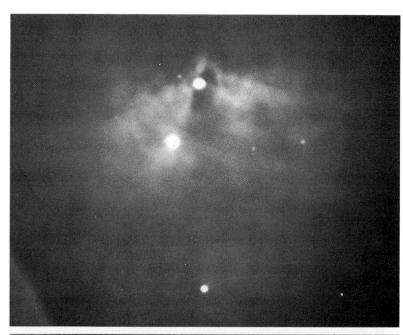

Abb. 16.9. Emissionsnebel NGC 2068 (M78) im Orion. Im Zentrum des Nebels befinden sich zwei Sterne 11. Größenklasse. Der nördliche Stern (der obere im Bild) regt den Nebel zum Leuchten an, während der andere wahrscheinlich ein Vordergrundstern ist. (Foto Lunar and Planetary Laboratory, Catalina Observatory)

Abb. 16.10. Reflexionsnebel NGC 1435 um Merope (23 Tau, Spektralklasse B6) in den Plejaden. Diese Aufnahme sollte mit Abb. 17.1 b verglichen werden, wo Merope als schwächster der Plejadensterne sichtbar ist. (Foto National Optical Astronomy Observatories, Kitt Peak Observatory)

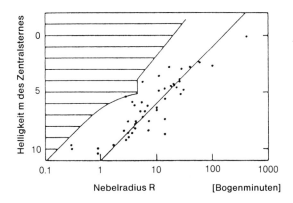

Abb. 16.11. Hubble-Beziehung für Reflexionsnebel. Die Horizontalachse zeigt den Radius R der Nebel in Bogenminuten und die senkrechte die scheinbare (Blau-)Helligkeit m des Zentralsterns. In dem schraffierten Gebiet liegen keine Messungen vor. [van den Bergh, S. (1966): Astron. J. **71**, 990]

Auch Dunkelwolken, die sich nicht nahe genug bei einem Stern befinden, um als Reflexionsnebel sichtbar zu werden, haben ein Oberflächenhelligkeit. Diese Nebel reflektieren nur das diffuse Licht aller Sterne der Milchstraße. Rechnungen zeigen, daß die Staubteilchen eine große Albedo haben und das reflektierte diffuse Licht hell genug sein müßte, um beobachtet zu werden, was tatsächlich auch schon gelang. Die Dunkelwolken sind deshalb nicht vollkommen dunkel. Das diffuse galaktische Licht trägt etwa 20 bis 30% zur Gesamthelligkeit der Milchstraße bei.

Staubtemperatur. Neben der Streuung absorbieren die Staubteilchen auch einen Teil der Strahlung. Die absorbierte Energie wird entsprechend der Temperatur der Staubteilchen im infraroten Wellenlängenbereich wieder abgestrahlt. Die Temperatur des Staubes im interstellaren Raum (einschließlich der Dunkelwolken) beträgt 10 bis 20 K, die entsprechende Wellenlänge liegt gemäß dem Wienschen Verschiebungsgesetz (5.19) bei 300 bis 150 μm. In der Nähe eines heißen Sternes kann die Staubtemperatur 100 bis 600 K betragen, und die maximale Emission liegt dann bei 30 bis 5 μm. In H II-Regionen hat der Staub eine Temperatur von 70 bis 100 K.

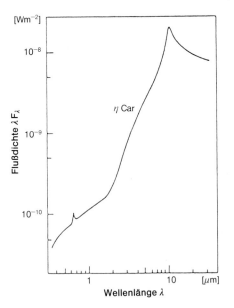

Abb. 16.12. Mehr als 99% der Strahlung vom η Carinae-Nebel (Abb. 14.13) ist Infrarotstrahlung. Die Spitze im visuellen Bereich wird von der H_α-Linie (0,66 μm) hervorgerufen. Im Infraroten tritt bei 10 μm eine Silikatemission durch Staub auf. [Allen, D. A. (1975): *Infrared, the New Astronomy*, (Keith Reid Ltd, Shaldon) S. 103]

16.1 Interstellarer Staub

Durch die schnelle Entwicklung der Infrarotastronomie in den siebziger Jahren wurden alle oben erwähnten Wellenlängenbereiche beobachtbar. Auch bei der Infrarotstrahlung von Kernen normaler und aktiver Galaxien handelt es sich in der Hauptsache um thermische Strahlung von Staub. Die thermische Staubemission ist eine der wichtigsten Quellen für Infrarotstrahlung in der Astronomie.

Eine der stärksten Infrarotquellen ist der Nebel um den Stern η Carinae (Abb. 16.12). Er besteht aus ionisiertem Gas, aber in seinem Spektrum ist auch Infrarotstrahlung von Staub deutlich zu erkennen. In noch extremeren Fällen ist der Zentralstern vollkommen unsichtbar; er macht sich nur durch die Infrarotemission des aufgeheizten Staubes bemerkbar.

Zusammensetzung und Ursprung des Staubes (Tabelle 16.1). Aus den Spitzen in der Extinktionskurve folgt, daß der interstellare Staub Wassereis und Silikate, wahrscheinlich auch Graphit enthält. Auf die Größe der Staubteilchen kann aus ihren Streueigenschaften geschlossen werden. Sie sind gewöhnlich kleiner als ein Mikrometer. Die stärkste Streuung wird von Teilchen mit etwa 0,3 µm Ausdehnung hervorgerufen, aber es müssen auch noch kleinere Partikel vorhanden sein.

Die Staubteilchen entstehen in den Atmosphären von Sternen später Spektralklassen (K, M). Gas kondensiert zu Teilchen analog zu Bildung von Schnee aus Wasserdampf in der Erdatmosphäre. Die Staubteilchen werden dann durch den Strahlungsdruck in den interstellaren Raum geblasen. Staubpartikel können auch in Zusammenhang mit der Sternbildung entstehen, eventuell auch direkt aus Atomen und Molekülen in interstellaren Wolken.

Tabelle 16.1. Wichtigste Eigenschaften des interstellaren Gases und Staubes

Eigenschaft	Gas	Staub
Masseanteil	10%	0,1%
Zusammensetzung	H I, H II, H_2 (70%) He (28%), C, N, O, Ne, Na, Mg, Al, Si, S ... (2%)	Feste Partikel $d = 0,1 - 1$ µm H_2O-Eis, Silikate, Graphit mit Verunreinigungen
Partikeldichte	1 cm^{-3}	$10^{-13} \text{ cm}^{-3} = 100 \text{ km}^{-3}$
Massendichte	$10^{-21} \text{ kg m}^{-3}$	$10^{-23} \text{ kg m}^{-3}$
Temperatur	100 K, 10^4 K, 50 K (H I, H II, H_2)	10 – 20 K
Untersuchungsmethoden	Absorptionslinien in Sternspektren Optisch: Ca I, Ca II, Na I, K I, Ti II, Fe I, CN, CH, CH^+ Ultraviolett: H_2, CO, HD Radiobereich: 21-cm-Wasserstofflinie in Emission und Absorption; H II, He II, C II Rekombinationslinien; Molekülemissions- und -absorptionslinien	Absorption und Streuung von Sternlicht; Interstellare Verrötung; Interstellare Polarisation; Thermische Infrarotemission

Tabelle 16.2. Durch das interstellare Medium hervorgerufene Phänomene

Beobachtete Phänomene	Ursachen
Interstellare Extinktion und Polarisation	Nicht-sphärische Staubteilchen, die durch ein Magnetfeld ausgerichtet werden
Dunkelnebel, ungleichmäßige Verteilung von Sternen und Galaxien	Dunkelwolken aus Staub
Interstellare Absorptionslinien in Sternspektren	Atome und Moleküle im interstellaren Gas
Reflexionsnebel	Interstellare Staubwolken, die durch nahe Sterne beleuchtet werden
Emissionsgebiete oder H II-Gebiete (optische, infrarote und Radioemission)	Interstellare Gas- und Staubwolken, in denen das Gas durch nahe, heiße Sterne ionisiert und der Staub auf 50 bis 100 K aufgeheizt wird
Optische galaktische Hintergrundstrahlung (diffuses galaktisches Licht)	Interstellarer Staub, der durch das zusammengenommene Licht aller Sterne beleuchtet wird
Galaktische Hintergrundstrahlung:	
a) kurzwellig (<1 m)	Frei-frei-Emission von heißem interstellarem Gas
b) langwellig (>1 m)	Synchrotonstrahlung von Elektronen der kosmischen Strahlung im Magnetfeld
Galaktische 21-cm-Emission	Kalte (100 K) interstellare neutrale Wasserstoffwolken (H I-Gebiete)
Moleküllinienemission (ausgedehnt)	Riesenmolekülwolken, Dunkelnebel
Punktförmige OH, H_2O und SiO-Quellen	Maserquellen in der Nähe von Protosternen und langperiodischen Veränderlichen

16.2 Interstellares Gas

Die Masse des Gases im interstellaren Raum ist hundertmal größer als die Staubmasse. Obwohl mehr Gas vorhanden ist, ist seine Beobachtung nicht einfach, da es keine allgemeine Extinktion der Strahlung hervorruft. Im optischen Bereich kann es nur durch einige wenige Spektrallinien nachgewiesen werden.

Die Existenz des interstellaren Gases wurde bereits im ersten Jahrzehnt des 20. Jahrhunderts vermutet. 1904 beobachtete *Johannes Hartmann* im Spektrum von bestimmten Doppelsternen einige Spektrallinien, die keine Dopplerverschiebung wie andere Linien auf Grund der Bewegung der Sterne zeigten. Er schloß, daß diese Linien in Gaswolken zwischen dem Stern und der Erde entstünden. In einigen Sternen gab es Linien aus Wolken mit offensichtlich unterschiedlichen Geschwindigkeiten. Die stärksten Linien im sichtbaren Wellenlängenintervall gehen auf neutrales Natrium und einfach ionisiertes Kalzium zurück (Abb. 16.13). Im ultravioletten Spektralbereich ist die Anzahl der Linien größer. Die stärkste ist die Lyman-α-Linie (121,6 nm) des Wasserstoffs.

Aus der Beobachtung der optischen und UV-Linien fand man, daß viele Atome im interstellaren Raum ionisiert sind. Die Ionisation wird in der Hauptsache durch die Ultraviolettstrahlung der Sterne hervorgerufen und in gewissem Umfang auch durch die kosmische Strahlung. Da die Dichte der interstellaren Materie sehr gering ist, begegnen freie Elektronen selten Ionen und das Gas bleibt ionisiert.

Durch Absorptionslinienbeobachtungen im sichtbaren und ultravioletten Wellenlängenbereich wurden ungefähr dreißig Elemente entdeckt. Mit wenigen Ausnahmen handelt es sich um die Elemente von Wasserstoff bis Zink (Ordnungszahl 30) und einige

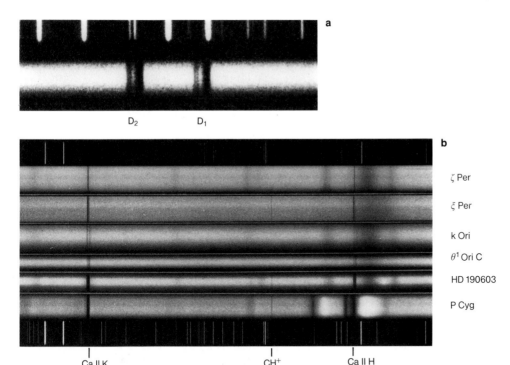

Abb. 16.13. (a) *D*-Linien D_1 und D_2 des interstellaren Natriums (Ruhewellenlängen 589,89 nm und 589,00 nm) im Spektrum des Sterns HD 14134. Beide Linien bestehen aus je zwei Komponenten, die durch Gaswolken in zwei Spiralarmen entstehen. Die Radialgeschwindigkeitsdifferenz zwischen den Armen ist etwa 30 km/s. (Mt. Wilson Observatory). (b) Interstellare Absorptionslinien des ionisierten Kalziums Ca II und des ionisierten Methylidin CH^+ in Spektren von mehreren Sternen. Zum Vergleich dient in (a) und (b) das Emissionsspektrum von Eisen. (Lick Observatory)

wenige schwerere Elemente (Tabelle 16.3). Ähnlich wie in den Sternen handelt es sich in der Hauptsache um Wasserstoff (etwa 70% der Gesamtmasse) und Helium (etwa 30% der Gesamtmasse). Im Gegensatz dazu ist die Häufigkeit der schwereren Elemente signifikant geringer als in der Sonne und anderen Population I-Sternen. Es wird angenommen, daß sie sich in den Staubteilchen befinden und dadurch keine Absorptionslinien hervorrufen. Die Elementhäufigkeit im interstellaren Raum (Gas + Staub) wäre dann normal, obwohl im interstellaren Gas schwere Elemente fehlen. Diese Interpretation wird auch gestützt durch die Beobachtung, daß in Gebieten, in denen der Anteil des Staubes besonders gering ist, die Elementhäufigkeit des Gases mit der normalen besser übereinstimmt.

Atomarer Wasserstoff. Ultraviolettbeobachtungen liefern ausgezeichnete Möglichkeiten, den interstellaren *neutralen Wasserstoff* zu untersuchen. Wie bereits erwähnt, ist die stärkste interstellare Absorptionslinie des Wasserstoffs die Lyman-α-Linie (Abb. 16.14). Diese Linie entspricht im Wasserstoffatom dem Übergang des Elektrons vom Energieniveau mit der Quantenzahl $n = 1$ zum Niveau mit der Quantenzahl $n = 2$. Auf Grund der Bedingungen im interstellaren Raum befinden sich die meisten Wasserstoffatome im Grundzustand $n = 1$. Dadurch ist die Lyman-α-Linie eine sehr starke Linie, während die Balmerlinien, die vom angeregten Zustand $n = 2$ ausgehen, nicht zu beobachten sind.

Tabelle 16.3. Relative Elementenhäufigkeit der interstellaren Materie in Richtung ζ Ophiuchi und in der Sonne, bezogen auf eine Wasserstoffhäufigkeit, die auf 1 000 000 festgesetzt wurde. Die letzte Spalte gibt das Häufigkeitsverhältnis im interstellaren Raum zur Sonne

Atomzahl	Name	Chemisches Symbol	Interstellare Häufigkeit	Häufigkeit in der Sonne	Häufigkeitsverhältnis
1	Wasserstoff	H	1 000 000	1 000 000	1,00
2	Helium	He	85 000	85 000	1
3	Lithium	Li	0,00051	0,015[a]	0,034
4	Beryllium	Be	0,000070	0,000012	5,8
5	Bor	B	0,000074	0,0046[a]	0,016
6	Kohlenstoff	C	74	370	0,20
7	Stickstoff	N	21	110	0,19
8	Sauerstoff	O	172	660	0,26
9	Fluor	F	–	0,040	–
10	Neon	Ne	–	83	–
11	Natrium	Na	0,22	1,7	0,13
12	Magnesium	Mg	1,05	35	0,030
13	Aluminium	Al	0,0013	2,5	0,00052
14	Silizium	Si	0,81	35	0,023
15	Phosphor	P	0,021	0,27	0,079
16	Schwefel	S	8,2	16	0,51
17	Chlor	Cl	0,099	0,45	0,22
18	Argon	Ar	0,86	4,5	0,19
19	Kalium	K	0,010	0,11	0,094
20	Kalzium	Ca	0,00046	2,1	0,00022
21	Skandium	Sc	–	0,0017	–
22	Titan	Ti	0,00018	0,055	0,0032
23	Vanadium	V	0,0032	0,013	0,25
24	Chrom	Cr	0,002	0,50	0,004
25	Mangan	Mn	0,014	0,26	0,055
26	Eisen	Fe	0,28	25	0,011
27	Kobalt	Co	0,19	0,032	5,8
28	Nickel	Ni	0,0065	1,3	0,0050
29	Kupfer	Cu	0,00064	0,028	0,023
30	Zink	Zn	0,014	0,026	0,53

[a] Häufigkeit in Meteoriten

(Die Balmerlinien sind in Sternatmosphären mit Temperaturen um 10 000 K sehr stark, da sich dort eine sehr große Anzahl von Atomen im ersten angeregten Zustand befindet.)

Die ersten Beobachtungen der Lyman-α-Linie wurden bereits 1967 mit Hilfe von Raketen gemacht. Umfangreiche Beobachtungen an 95 Sternen wurden dann mit dem OAO 2-Satelliten erhalten. Die Entfernungen der Sterne liegen zwischen 100 und 1 000 pc.

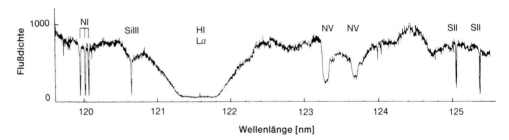

Abb. 16.14. Interstellare Absorptionslinien im Ultraviolettspektrum von ζ Ophiuchi. Die stärkste ist die Lyman α-Linie (Äquivalentbreite mehr als 1 nm). Die Beobachtungen wurden mit dem Copernicus-Satelliten gemacht. [Morton, D.C. (1975): Astrophys. J. **197**, 85]

16.2 Interstellares Gas

Von Bedeutung sind die Vergleiche der Lyman-α-Beobachtungen mit denen der 21-cm-Linie des neutralen Wasserstoffs. Die Verteilung des neutralen Wasserstoffs wurde mit Hilfe von 21-cm-Linienbeobachtungen am gesamten Himmel kartiert. Es ist jedoch schwierig, auf der Basis dieser Beobachtungen die Entfernungen naher Wasserstoffwolken zu bestimmen. Bei Lyman-α-Beobachtungen sind im allgemeinen die Entfernungen der Sterne bekannt, die sich hinter den absorbierenden Wolken befinden.

Die mittlere Gasdichte in einem Volumen von 1 kpc Ausdehnung um die Sonne beträgt nach Lyman-α-Beobachtungen 0,7 Atome/cm^3. Da die Lyman-α-Linie so stark ist, kann sie schon in den Spektren sehr naher Sterne beobachtet werden. So wurde sie z. B. mit Hilfe des Copernicus-Satelliten im Spektrum von Arktur gefunden, der nur 11 pc entfernt ist. Die daraus abgeleitete Dichte der Wasserstoffatome zwischen der Sonne und Arktur beträgt 0,02 bis 0,1 Atom/cm^3. Das bedeutet, daß sich die Sonne in einem Gebiet sehr geringer Dichte interstellarer Materie befindet. Sie beträgt in dieser Region nur ein Zehntel der mittleren Dichte.

Wenn ein Wasserstoffatom im Grundzustand Strahlung mit einer Wellenlänge unter 91,2 nm absorbiert, wird es ionisiert. Unter der Voraussetzung, daß die Dichte des neutralen Wasserstoffs bekannt ist, kann man die zu erwartende Strecke berechnen, die ein 91,2 nm-Photon durchläuft, bevor es absorbiert wird und ein Wasserstoffatom ionisiert. Selbst in der näheren Umgebung der Sonne, wo die Dichte außergewöhnlich gering ist, beträgt die freie Weglänge eines 91,2 nm-Photons nur etwa ein Parsec und die eines 10 nm-Photons einige hundert Parsec, d. h. nur die engste Nachbarschaft der Sonne kann mit Hilfe der extremen Ultraviolettstrahlung (XUV) untersucht werden.

Die 21-cm-Linie des Wasserstoffs. Die Spins von Elektron und Proton des neutralen Wasserstoffatoms im Grundzustand können parallel oder antiparallel sein. Die Energiedifferenz zwischen diesen beiden Zuständen entspricht einer Frequenz von 1420,4 MHz. Der Übergang zwischen diesen beiden *Hyperfeinstruktur*-Energieniveaus ergibt eine Spektrallinie bei der Wellenlänge von 21,049 cm (Abb. 16.15). Die Existenz dieser Linie wurde 1944 von *Hendrik van de Hulst* theoretisch vorhergesagt, beobachtet haben sie erstmals 1951 *Harold Ewen* und *Edward Purcell*. Das Studium dieser Linie hat mehr über die Eigenschaften der interstellaren Materie enthüllt als irgendeine andere Methode. Es wird deshalb oft von der 21-cm-Astronomie als Spezialgebiet gesprochen. Die Spiralstruktur und Rotation des Milchstraßensystems und anderer Galaxien können auch mit Hilfe von 21-cm-Linienbeobachtungen untersucht werden.

Normalerweise tritt die 21-cm-Linie in Emission auf. Auf Grund der großen Häufigkeit des Wasserstoffs kann sie in allen Richtungen am Himmel beobachtet werden. Eini-

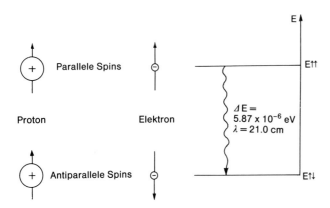

Abb. 16.15. Entstehung der 21-cm-Linie. Die Spins von Elektron und Proton können parallel und antiparallel sein. Die Energie des ersten Zustandes ist geringfügig größer. Die Wellenlänge eines Photons, das beim Übergang zwischen den beiden Zuständen ausgestrahlt wird, beträgt 21 cm

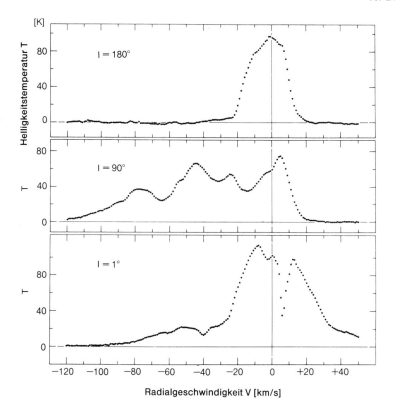

Abb. 16.16. 21-cm-Linienprofile des Wasserstoffs in der galaktischen Ebene bei den Längen 180°, 90° und 1° (in der Richtung $l = 0°$ befindet sich eine starke Absorption). Die Horizontalachse gibt die Radialgeschwindigkeit nach der Doppler-Formel, die senkrechte Achse die Helligkeitstemperatur. [Burton, W. B. (1988): „The Structure of Our Galaxy Derived from Observations of Neutral Hydrogen", in *Galactic and Extragalactic Radio Astronomy*, ed. by Verschuur, G. L., Kellermann, K. J., Astronomy and Astrophysics Library, 2nd ed. (Springer, Berlin Heidelberg New York) S. 295]

ge der beobachteten 21-cm-Linienprofile zeigt Abb. 16.16. Anstatt der Frequenz oder Wellenlänge ist auf der Horizontalachse die nach der Dopplerformel berechnete Radialgeschwindigkeit aufgetragen, weil die Ursache für die Verbreiterung der Spektrallinie immer die Bewegung des Gases ist. Es kann sich um Bewegungen innerhalb der Wolke (Turbulenz) oder die Bewegung der gesamten Wolke handeln. Auf der senkrechten Achse ist meistens die Antennentemperatur T_A (s. Kap. 6) aufgetragen, in der Radioastronomie ein Maß für die Intensität. Die Strahlungstemperatur einer ausgedehnten Quelle ist dann $T_b = T_A/\eta_B$, η_B ist der Antennenverlust.

Für die 21-cm-Linie gilt $h\nu/k = 0{,}07$ K, d. h. für alle relevanten Temperaturen ist $h\nu/kT \ll 1$. Man kann deshalb die Näherung von Rayleigh-Jeans (6.4) für die Intensität der 21-cm-Linie wählen:

$$I_\nu = \frac{2\nu^2 kT}{c^2} \:. \tag{16.18}$$

In der Lösung der Strahlungstransportgleichung (5.27) kann die Intensität deshalb direkt mit der entsprechenden Temperatur in Beziehung gebracht werden. Nach der Definition ist I_ν auf die Helligkeitstemperatur T_b bezogen und die Quellenfunktion S_ν auf die Anregungstemperatur T_{exc}, d. h.

$$T_b = T_{exc}(1 - e^{-\tau_\nu}) \:. \tag{16.19}$$

16.2 Interstellares Gas

In bestimmten Richtungen der Milchstraße ist entlang der Sichtlinie soviel Wasserstoff vorhanden, daß die 21-cm-Linie optisch dick ist, d. h. $\tau \gg 1$. In diesem Fall gilt

$$T_b = T_{exc} , \tag{16.20}$$

und die Helligkeitstemperatur entspricht direkt der Anregungstemperatur. Diese wird oft auch als *Spintemperatur T_s* bezeichnet.

Die Anregungstemperatur muß nicht immer mit der kinetischen Temperatur des Gases übereinstimmen. Im gegenwärtigen Fall jedoch, wo die Zeit zwischen zwei Stößen im Mittel 400 Jahre beträgt, während die Zeit für einen Strahlungsübergang 11 Millionen Jahre dauert, ist die Anregungstemperatur gleich der kinetischen. Die beobachtete Temperatur beträgt 125 K.

Die Entfernung zur Strahlungsquelle kann nicht direkt aus der beobachteten Emission erhalten werden. Man kann nur die Anzahl der Atome in einem Zylinder von 1 cm^2 Grundfläche feststellen, der sich vom Beobachter entlang der Sichtlinie bis an die Grenze des Milchstraßensystems ausdehnt. Diese Dichte ist die *projizierte* oder *Säulendichte*; sie wird mit N bezeichnet. Man kann auch die Säulendichte $N(v)dv$ der Atome im Geschwindigkeitsintervall $(v, v+dv)$ betrachten.

Es läßt sich zeigen, daß bei optisch dünnem Gas die Helligkeitstemperatur einer Spektrallinie zur Säulendichte N der Atome der entsprechenden Radialgeschwindigkeit direkt proportional ist. Folglich kann die Gasdichte n aus dem beobachteten Linienprofil bestimmt werden, wenn die Ausdehnung L der Wolke entlang der Sichtlinie bekannt ist:

$n = N/L$.

Die Ausdehnung L wird aus dem scheinbaren Durchmesser der Wolke erhalten unter der Voraussetzung, daß Entfernung und Form der Wolke bekannt sind.

Die Entfernung der Wolken wird aus ihrer Radialgeschwindigkeit unter Nutzung der Kenntnisse über die Rotation des Milchstraßensystems (Abschn. 18.3) gewonnen. Wenn nun angenommen wird, daß die Spitzen im 21-cm-Linienprofil (Abb. 16.16) von individuellen Wolken hervorgerufen werden, kann man deren Entfernung und Dichte berechnen. Da Radiobeobachtungen nicht durch die Extinktion beeinträchtigt werden, konnte man auf diese Art und Weise die Dichteverteilung in der gesamten galaktischen Ebene kartieren. Die aus Beobachtungen in Leiden und Parkes gewonnene Verteilung zeigt Abb. 16.17. Danach ist das Milchstraßensystem eine Spiralgalaxie, und der interstellare Wasserstoff ist in den Spiralarmen konzentriert. Die mittlere Dichte des interstellaren Wasserstoffs beträgt 1 Atom/cm^3, die Verteilung ist aber sehr inhomogen. Dichte Regionen mit einigen Parsec Ausdehnung und Dichten zwischen 10 und 100 Atomen/cm^3 sind typisch. Gebiete, in denen der Wasserstoff überwiegend neutral ist, werden als H I-Regionen bezeichnet (im Gegensatz zu den H II-Regionen des ionisierten Wasserstoffs).

Die 21-cm-Linie kann auch in Absorption auftreten, wenn das Licht einer hellen Radioquelle, z. B. eines Quasars, durch eine Wolke zwischen Quelle und Beobachter geht. Die gleiche Wolke kann dann eine Emissions- und eine Absorptionslinie im Spektrum haben. In diesem Fall können die Temperatur, die optische Dicke und der Wasserstoffgehalt der Wolke abgeleitet werden.

Genau wie der interstellare Staub ist der Wasserstoff in einer dünnen Schicht um die galaktische Ebene konzentriert. Die Dicke der Wasserstoffschicht beträgt mit 200 pc etwa das Doppelte der Staubschicht.

Abb. 16.17. Verteilung des neutralen Wasserstoffs in der Galaxis nach Untersuchungen in Leiden und Parkes. Die Dichte ist in Atomen/cm³ gegeben. [Oort, J. H., Kerr, F. T., Westerhout, G. L. (1958): Mon. Not. R. Astron. Soc. **118**, 379]

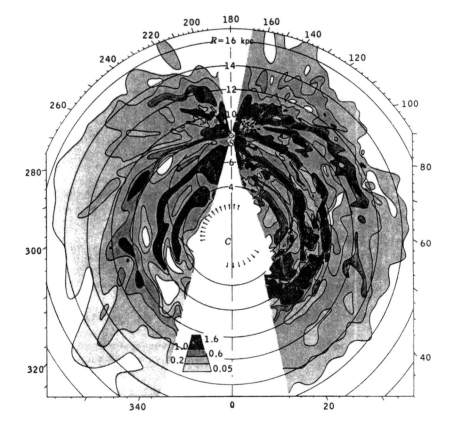

H II-Gebiete. In vielen Gebieten des Raumes besteht der Wasserstoff nicht aus neutralen Atomen, sondern ist ionisiert. Dies tritt besonders in der Nähe von O-Sternen mit starker Ultraviolettstrahlung auf. Wenn ausreichend Wasserstoff in der Umgebung eines solchen Sternes ist, wird er als Emissionsnebel ionisierten Wasserstoffs sichtbar. Diese Nebel werden als *H II-Regionen* bezeichnet (Abb. 16.18, 16.19).

Ein typisches Emissionsgebiet ist der große Nebel M 42 im Orion. Er ist unter guten Bedingungen gerade noch mit dem bloßen Auge sichtbar, mit dem Teleskop bietet er einen wunderbaren Anblick. Innerhalb des Nebels befinden sich vier heiße Sterne, das Trapez. Sie können im Nebel mit kleinen Teleskopen gerade wahrgenommen werden. Die Trapezsterne emittieren starke Ultraviolettstrahlung, die das Gas des Nebels ionisiert.

Im Gegensatz zu den Sternen dominieren im Spektrum des ionisierten Gases einige wenige, schmale Emissionslinien. Das kontinuierliche Spektrum der H II-Gebiete ist sehr schwach. Im sichtbaren Bereich sind die Balmer-Emissionslinien des Wasserstoffs besonders stark. Diese entstehen, wenn das Atom in einem angeregten Zustand rekombiniert, und danach durch weitere Strahlungsübergänge in den Grundzustand übergeht. Ein Wasserstoffatom verbleibt in einem H II-Gebiet typischerweise einige hundert Jahre im ionisierten Zustand. Nach der Rekombination verweilt das Atom einige Monate im neutralen Zustand, bevor es wieder durch ein Photon des nahen Sternes ionisiert wird.

Die Zahl der Rekombinationen pro Zeit- und Volumeneinheit ist dem Produkt der Elektronen- und Ionendichte proportional:

16.2 Interstellares Gas

Abb. 16.18. Großer Nebel im Orion (M42, NGC 1976). Der Nebel erhält seine Energie von jungen, heißen Sternen. Die dunklen Regionen sind undurchsichtige Staubwolken vor dem Nebel. Durch Radio- und Infrarotbeobachtungen wurde eine ergiebige Molekülwolke hinter dem Nebel entdeckt (Abb. 16.20). Der obere Teil des Bildes zeigt den Gasnebel NGC 1977, im unteren Teil ist der helle Stern ι Orionis zu sehen. (Lick Observatory)

$$n_{\text{rec}} \sim n_e n_i \ . \tag{16.21}$$

In einem vollkommen ionisierten Wasserstoffgas gilt $n_e = n_i$. Damit wird

$$n_{\text{rec}} \sim n_e^2 \ . \tag{16.22}$$

Die Mehrheit der Rekombinationen schließt den Übergang von $n = 3$ zu $n = 2$ ein und führt zur Emission von H_α-Photonen. Die Oberflächenhelligkeit der Nebel in der H_α-Linie ist dem *Emissionsmaß* proportional:

$$EM = \int n_e^2 dl \ . \tag{16.23}$$

Die Integration muß entlang der Sichtlinie durch den Nebel erfolgen.

Die Ionisation der Heliumatome erfordert mehr Energie als die der Wasserstoffatome. Deshalb bilden sich ionisierte Heliumregionen nur in der Nähe der heißesten Sterne.

Abb. 16.19. Lagunen-Nebel (M8, NGC 6523) im Sagittarius. Dieses H II-Gebiet enthält viele Sterne frühen Spektraltyps, die sich noch in der Kontraktionsphase befinden und auf die Hauptreihe zubewegen. Kleine, runde Dunkelwolken, Globulen, sind auch gegen den hellen Hintergrund sichtbar. Es sind wahrscheinlich Gaswolken, die sich im Kondensationsprozeß zu Sternen befinden. (National Optical Astronomy Observatories, Kitt Peak Observatory)

In diesem Fall umfaßt ein großes H II-Gebiet eine zentrale He^+- oder He^{2+}-Region. Die Heliumlinien sind dann im Spektrum sehr stark.

Obwohl Wasserstoff und Helium den Hauptbestandteil der Wolken darstellen, sind ihre Linien nicht immer die stärksten im Spektrum. Zu Beginn dieses Jahrhunderts wurde vermutet, daß einige starke, nicht identifizierte Linien auf ein neues Element Nebulium zurückgehen. 1927 konnte *Ira S. Bowen* jedoch zeigen, daß es sich um *verbotene Linien* des ionisierten Sauerstoff (O^+, O^{2+}) und Stickstoff (N^+) handelt. Verbotene Linien sind im Labor sehr schwer zu beobachten. Ihre Übergangswahrscheinlichkeiten sind so klein, daß bei den Labordichten der Anregungszustand des Ions durch Stoß zerfällt, bevor es Zeit für einen Strahlungsübergang hat. Im extrem dünnen interstellaren Gas sind Stöße sehr selten. Deshalb hat das Ion Zeit, einen Strahlungsübergang auf ein niedrigeres Niveau mit Emission eines Photons zu machen.

Wegen der interstellaren Extinktion können nur die nächsten H II-Gebiete im sichtbaren Licht studiert werden. Im infraroten und Radiowellenbereich können noch weiter entfernte Regionen untersucht werden. Die wichtigsten Linien im Radiofrequenzbereich sind Rekombinationslinien vom Wasserstoff und Helium. Die Linie des Übergangs zwischen den Energieniveaus $n = 110$ und 109 des Wasserstoffs bei 5,01 GHZ wird z. B. sehr häufig beobachtet. Diese Linien sind auch deshalb von großer Bedeutung, weil mit ihrer Hilfe Radialgeschwindigkeiten und unter Einbeziehung des galaktischen Rotationsgesetzes in Analogie zum neutralen Wasserstoff Entfernungen von H II-Regionen bestimmt werden können.

Die physikalischen Eigenschaften von H II-Gebieten sind auch mit Hilfe ihrer kontinuierlichen Strahlung im Radiofrequenzbereich untersucht worden. Dabei handelt es sich um Bremsstrahlung oder Frei-frei-Emissionen der Elektronen. Die Strahlungsintensität ist dem in (16.23) definierten Emissionsmaß proportional. H II-Regionen haben auch eine starke kontinuierliche Infrarotemission durch die thermische Strahlung des Staubes in den Nebeln.

H II-Gebiete entstehen, wenn heiße O- oder B-Sterne das umgebende Gas ionisieren. Die Ionisation setzt sich anfangs mit zunehmendem Abstand vom Stern gleichmäßig fort. Da die Absorption der UV-Strahlung durch den neutralen Wasserstoff sehr effektiv ist, entsteht eine scharfe Grenze zwischen dem H II-Gebiet und dem neutralen Wasserstoff. In einem homogenen Medium bildet sich um einen Einzelstern ein kugelförmiges H II-Gebiet, die sogenannte *Strömgren-Sphäre*. Für einen B0 V-Stern beträgt der Radius der Strömgren-Sphäre 50 pc, für eine A0 V-Stern nur 1 pc.

Die Temperatur einer H II-Region ist höher als die des umgebenden Gases, deshalb versucht das H II-Gebiet sich auszudehnen. Nach Millionen Jahren wird es extrem diffus und vermischt sich eventuell mit dem allgemeinen interstellaren Medium.

16.3 Interstellare Moleküle

Die ersten *interstellaren Moleküle* wurden 1937/38 durch Absorptionslinien in Sternspektren entdeckt. Es handelte sich um drei einfache zweiatomige Moleküle: Methylidin CH und dessen positives Ion CH$^+$ und Cyan CN. Einige weitere Moleküle konnten später mit der gleichen Methode im Ultravioletten nachgewiesen werden, z. B. das H$_2$-Molekül in den frühen siebziger Jahren und das Kohlenstoffmonoxid, das zunächst im Radiofrequenzbereich und dann auch im Ultravioletten gefunden wurde. Der molekulare Wasserstoff ist das häufigste Molekül, gefolgt vom Kohlenstoffmonoxid.

Molekularer Wasserstoff. Die Entdeckung und die Untersuchung des molekularen Wasserstoffs ist eine der wichtigsten Aufgabengebiete der UV-Astronomie, denn der molekulare Wasserstoff hat eine sehr starke Absorptionsbande bei 105 nm. Sie wurde erstmals 1970 von *George R. Carruthers* bei einem Raketenexperiment beobachtet, umfangreichere Beobachtungen konnten dann erst mit dem Copernicus-Satelliten durchgeführt werden. Aus diesen Beobachtungsdaten geht hervor, daß ein beträchtlicher Anteil des interstellaren Wasserstoffs molekular ist. Der Anteil nimmt mit der Dichte der Wolken und Höhe der Extinktion stark zu. In Wolken mit einer visuellen Extinktion von mehr als einer Größenklasse ist nahezu der gesamte Wasserstoff in Molekülen gebunden.

Wasserstoffmoleküle bilden sich auf der Oberfläche von Staubteilchen, die somit als chemischer Katalysator wirken. Der Staub ist außerdem notwendig, um die Moleküle gegen die stellare UV-Strahlung zu schützen, die die Moleküle wieder zerstören würde. Deshalb sind Moleküle vor allem dort zu finden, wo viel Staub ist. Es ist von Interesse zu wissen, ob Gas und Staub gemeinsam vorkommen oder getrennte Wolken und Kondensationen bilden.

UV-Beobachtungen ergeben einen zuverlässigen Vergleich über die Verteilung von Gas und Staub. Die Menge des Staubes zwischen Beobachter und Stern wird aus der

Extinktion des Sternlichtes gewonnen. Im ultravioletten Spektrum des gleichen Sternes kann man Absorptionslinien des atomaren und molekularen Wasserstoffs beobachten. Daraus kann die Menge des Wasserstoffs (atomar + molekular) zwischen dem Beobachter und dem Stern bestimmt werden.

Diese Beobachtungen machen deutlich, daß Gas und Staub gut vermischt sind. Der Staubmenge, die eine Extinktion von einer Größenklasse hervorruft, entsprechen $1{,}9 \times 10^{21}$ Wasserstoffatome (ein Molekül wird als zwei Atome gezählt). Das so erhaltene Massenverhältnis von Gas und Staub ist 100 zu 1.

Radiospektroskopie. Absorptionslinien können nur beobachtet werden, wenn sich ein heller Stern hinter einer Molekülwolke befindet. Da die Staubextinktion sehr groß ist, kann man die Moleküle in den dichtesten Wolken im optischen und ulravioletten Wellenlängenbereich nicht beobachten, und Gebiete mit sehr hoher Molekülhäufigkeit können nur durch Radiobeobachtungen untersucht werden.

Die Radiospektroskopie brachte einen immensen Fortschritt für das Studium der interstellaren Moleküle. In den frühen sechziger Jahren glaubte man nicht, daß es kompliziertere als zweiatomige Moleküle im interstellaren Raum geben könne. Man dachte, daß das Gas zu diffus sei, um Moleküle zu bilden, und daß entstandene Moleküle durch die ultraviolette Strahlung sofort wieder zerstört würden. Die erste Molekülline, das Hydroxylradikal OH, wurde 1963 gefunden. Viele weitere Moleküle wurden seitdem entdeckt, 1982 waren es etwa 50, das schwerste davon $HC_{11}N$.

Moleküllinien im Radiofrequenzbereich werden in Absorption und in Emission beobachtet. Strahlung von zweiatomigen Molekülen wie dem CO (s. Abb. 16.20) kann drei verschiedene Ursachen haben. Veränderungen der Elektronen in den Elektronenhüllen der Moleküle ergeben Strahlung durch *Elektronenübergänge*. Dies ist ähnlich den Übergängen in Einzelatomen, und ihre Wellenlänge liegt im optischen oder ultravioletten Bereich. *Schwingungsübergänge* entsprechen der Änderung der Schwingungsenergie der Moleküle. Diese Energieunterschiede ergeben im allgemeinen Strahlung im Infrarotbereich. Am wichtigsten für die Radiospektroskopie sind die *Rotationsübergänge*, entsprechend Änderungen der Rotationsenergie der Moleküle. Im Grundzustand rotieren die Moleküle nicht, d. h. ihr Drehimpuls ist Null. Durch Stöße mit anderen Molekülen können sie zu rotieren beginnen, das bedeutet, sie werden angeregt. Das Kohlenstoffsulfid CS z. B. geht innerhalb einiger Stunden zurück in den Grundzustand und sendet dabei ein Photon im Millimeterbereich aus.

Eine Anzahl interstellarer Moleküle ist in Tabelle 16.4 zusammengestellt. Viele von ihnen wurden nur in den dichtesten Wolken gefunden (hauptsächlich in der Sagittarius B2-Wolke im galaktischen Zentrum), einige andere Moleküle sind sehr weit verbreitet. Das häufigste Molekül H_2 hat keine beobachtbaren Linien im Radiofrequenzbereich. Die nächst häufigen Moleküle sind das Kohlenstoffmonoxid CO, das Hydroxylradikal OH und Ammoniak NH_3, aber nur mit einem Bruchteil der H_2-Häufigkeit. Die Massen der interstellaren Wolken sind jedoch so groß, daß die Anzahl der Moleküle beträchtlich ist. (Die Sagittarius B2-Wolke enthält genug Ethanol, C_2H_5OH, für 10^{28} Flaschen Wodka.)

Die meisten Moleküle aus der Tabelle 16.4 wurden nur in dichten Wolken, die in Verbindung mit H II-Gebieten auftreten, gefunden. Aber nahezu alle bis jetzt entdeckten Moleküle wurden in der Sagittarius B2-Wolke nahe dem galaktischen Zentrum nachgewiesen. Ein anderes sehr molekülreiches Gebiet befindet sich in der Nähe der H II-Region Orion A, dem bekannten Orion-Nebel M 42 (Abb. 16.18).

16.3 Interstellare Moleküle

Tabelle 16.4. Einige im interstellaren Medium beobachtete Moleküle

Molekül	Name	Jahr der Entdeckung
Im optischen und ultravioletten Bereich entdeckt:		
CH	Methylidin	1937
CH^+	Methylidin-Ion	1937
CN	Cyan	1938
H_2	Wasserstoff	1970
CO	Kohlenmonoxid	1971
Im Radiofrequenzbereich entdeckt:		
OH	Hydroxyl	1963
CO	Kohlenmonoxid	1970
CS	Kohlenstoffmonosulfid	1971
SiO	Siliziummonoxid	1971
SO	Schwefelmonoxid	1973
H_2O	Wasser	1969
HCN	Blausäure	1970
NH_3	Ammoniak	1968
H_2CO	Formaldehyd	1969
HCOOH	Ameisensäure	1975
$(CH_3)_2O$	Dimethylether	1974
C_2H_5OH	Ethanol	1975
$HC_{11}N$	Cyanopentacetylen	1981

Abb. 16.20. Radiokarte der Verteilung von Kohlenstoffmonoxid $^{13}C^{16}O$ in der Molekülwolke nahe dem Orion-Nebel. Die Kurven sind Linien konstanter Intensität. [Kutner, M. L., Evans II, N. J., Tucker, K. D. (1976): Astrophys. J. **209**, 452]

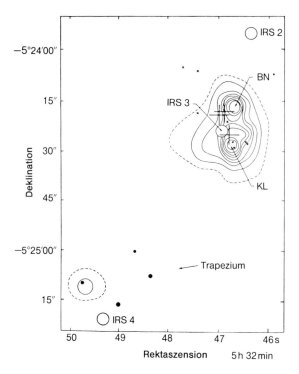

Abb. 16.21. Infrarotkarte des Zentralgebietes des Orion-Nebels. Im unteren Teil sind die vier Trapezsterne zu sehen, oben befindet sich eine Infrarotquelle von etwa 0,5 Bogenminuten Durchmesser, der sogenannte Kleinmann-Low Nebel (KL). BN ist eine infrarote Punktquelle, das Becklin-Neugebauer-Objekt. Andere Infrarotquellen sind mit IRS bezeichnet. Die großen Kreuze stellen OH-Maser dar, die kleinen Kreuze H_2O-Maser. In der Abb. 16.18 würde dieses Gebiet nur eine Ausdehnung von einigen Millimetern haben. [Goudis, C. (1982): *The Orion Complex: A Case Study of Interstellar Matter* (Reidel, Dordrecht) S. 176]

Innerhalb der H II-Gebiete kommen keine Moleküle vor. Sie würden sehr schnell durch die hohe Temperatur und starke Ultraviolettstrahlung dissoziiert werden. Drei Arten von Molekülquellen wurden in der Nähe von H II-Gebieten gefunden (Abb. 16.21):

a) große Gas- und Staubhüllen um die H II-Regionen;
b) kleine, dichte Wolken innerhalb dieser Hüllen;
c) sehr kompakte OH- und H_2O-Maserquellen.

Der Nachweis der großen Hüllen gelang ursprünglich durch CO-Beobachtungen. Auch OH und H_2CO wurden in den Hüllen entdeckt. Wie in den Dunkelwolken ist der Hauptbestandteil des Gases wahrscheinlich molekularer Wasserstoff. Die Wolken haben sehr große Ausdehnungen und Dichten ($n = 10^3 - 10^4$ Moleküle/cm^3) und demzufolge sehr große Massen von 10^5 oder 10^6 (Sgr B2) Sonnenmassen. Sie gehören zu den massereichsten Objekten des Milchstraßensystems.

Einige interstellare Wolken enthalten sehr kleine *Maserquellen*, in denen die Emissionslinien von OH, H_2O und SiO millionenfach stärker sind als sonst. Die Durchmesser der strahlenden Gebiete betragen nur 5 bis 10 AE. Auf Grund der Bedingungen in den Wolken wird die Strahlung einiger Spektrallinien bei der Fortpflanzung in der Wolke verstärkt. Hydroxyl- und Wassermaser treten in Zusammenhang mit dichten H II-Gebieten und Infrarotquellen auf und scheinen mit der Bildung von Protosternen in Verbindung zu stehen. Ferner tritt Masertätigkeit (OH, H_2O, SiO) im Zusammenhang mit Miravariablen und einigen roten Überriesen auf. Diese Maseremission kommt von einer Molekül- und Staubhülle um den Stern, die auch Anlaß für die Beobachtung eines Infrarotexzesses ist.

16.4 Die Bildung von Protosternen

Die Masse des Milchstraßensystems beträgt etwa 10^{11} Sonnenmassen. Da es ein Alter von ungefähr 10^{10} Jahre hat, müssen sich im Mittel 10 Sonnenmassen pro Jahr zu Sternen gebildet haben. Diese Bestimmung ist für die gegenwärtige Sternentstehungsrate nur eine obere Grenze, da sie früher viel höher gewesen sein muß. Da O-Sterne eine Lebenszeit von etwa einer Million Jahre haben, kann die Sternentstehungsrate besser aus den beobachteten O-Sternen bestimmt werden. Daraus wurde geschlossen, daß die gegenwärtige Sternbildungsrate in der Milchstraße etwa drei Sonnenmassen pro Jahr beträgt.

Sterne entstehen vermutlich innerhalb dichter interstellarer Wolken, die sich vor allem in den Spiralarmen der Galaxis befinden. Durch die Eigengravitation kontrahiert die Wolke, dabei zerfällt sie in Fragmente, die zu Protosternen werden. Aus Beobachtungen geht hervor, daß Sterne nicht einzeln, sondern in Gruppen entstehen. Junge Sterne werden vorwiegend in offenen Sternhaufen und losen Assoziationen gefunden mit typischerweise einigen hundert Sternen, die zugleich entstanden sind.

Theoretische Rechnungen zeigen, daß die Bildung von Einzelsternen nahezu unmöglich ist. Eine interstellare Wolke kann nur dann kontrahieren, wenn ihre Masse so groß ist, daß ihre Eigengravitation größer als ihr innerer Druck ist. Die Grenzmasse ist die Jeans-Masse (Abschn. 7.10):

$$M_J \leqq 3 \times 10^4 \sqrt{\frac{T^3}{n}} M_\odot \, .$$

n ist die Dichte in Atome/cm^3.

Für eine typische interstellare Wolke aus neutralem Wasserstoff sind $n = 16^6$ und $T = 100$ K. Das ergibt eine Jeans-Masse von $30\,000\, M_\odot$. In den dichtesten Regionen gilt $n = 10^{12}$ und $T = 10$ K. Damit wird $M_J = 1\, M_\odot$.

Sternbildungsprozesse beginnen wahrscheinlich in Wolken von einigen tausend Sonnenmassen und etwa 10 pc Durchmesser. Die Wolken kontrahieren, ihre Temperatur erhöht sich aber nicht, da die freiwerdende Energie durch Strahlung abtransportiert wird. Wenn die Dichte ansteigt, wird somit die Jeans-Masse kleiner. Dadurch können sich in der Wolke getrennte Kondensationskerne bilden, die unabhängig voneinander kontrahieren: ein *Fragmentationsprozeß* beginnt.

Diese Kontraktion und Fragmentation dauert so lange, bis die individuellen Fragmente optisch dicht werden. Die durch die Kontraktion freiwerdende Energie kann dann nicht mehr entweichen, und die Temperatur beginnt zu steigen. Das hat zur Folge, daß die Jeans-Masse wächst und keine weitere Fragmentation mehr möglich ist. Ferner steigt der Innendruck, wodurch die Kontraktion zum Stillstand kommt. Einige so entstandene Protosterne rotieren möglicherweise sehr schnell; sie können in zwei Objekte zerfallen, und es entsteht ein Doppelstern. Die weitere Entwicklung des Protosternes ist in Abschn. 12.2 beschrieben.

Obwohl die Vorstellung, daß Sterne durch Kontraktionsprozesse aus interstellaren Wolken entstehen, allgemein anerkannt wird, sind viele Details des Fragmentationsprozesses nur Vermutungen. Rotationseffekte, Einflüsse von Magnetfeldern und Energiezufuhr sind noch ungenügend bekannt. Wie es zum Beginn des Kontraktionsvorganges kommt, ist ebenfalls unsicher. Eine Theorie besagt, daß Wolken beim Durchgang durch Spiralarme komprimiert werden und dadurch die Kontraktion ausgelöst wird (s. Abschn. 18.4). Diese Vorstellung würde auch erklären, warum junge Sterne bevorzugt in den Spiralarmen des Milchstraßensystems und deren Galaxien gefunden werden. Die Kontraktion einer interstellaren Wolke könnte auch durch ein nahes expandierendes H II-Gebiet oder eine Supernovaexplosion ausgelöst werden.

Tabelle 16.5. Die fünf Phasen des interstellaren Gases

	T [K]	n [cm^{-3}]
1. Sehr kalte molekulare Wolken (meist Wasserstoff H$_2$)	20	10^3
2. Kalte Gaswolken (meist neutraler atomarer Wasserstoff)	100	20
3. Warmes neutrales Gas, das die kühlen Wolken einhüllt	6000	0,05 – 0,3
4. Heißes ionisiertes Gas (in der Hauptsache H II-Gebiete um heiße Sterne)	8000	0,5
5. Sehr heißes, diffuses, ionisiertes koronales Gas, ionisiert und aufgeheizt durch Supernovaexplosionen	10^6	10^{-3}

16.5 Planetarische Nebel

Helle Gebiete ionisierter Gase treten nicht nur im Zusammenhang mt neu entstandenen Sternen auf, sondern auch um Sterne in späten Entwicklungsstadien. *Planetarische Nebel* sind Gashülen um kleine heiße, blaue Sterne. Wie im Zusammenhang mit der Sternentwicklung deutlich wurde, können sich im Stadium des Heliumbrennens Instabilitäten entwickeln. Einige Sterne beginnen zu pulsieren, während andere ihre gesamte äußere Atmosphäre in den Raum abblasen. In diesem Fall expandieren die Gashüllen mit Geschwindigkeiten von 20 bis 30 km/s. Zurück bleibt ein kleiner, heißer (50000 – 100000 K) Stern, der Kern des ursprünglichen Sternes.

Die Planetarischen Nebel erhielten ihren Namen im 19. Jahrhundert, da die kleinen Nebel visuell den Planeten, z. B. dem Uranus ähnlich sehen. Die Durchmesser der kleinsten Planetarischen Nebel betragen nur einige Bogensekunden, die größten (wie z. B. der Helix-Nebel) erreichen Durchmesser von etwa ein Grad (Abb. 16.22).

Das expandierende Gas der Planetarischen Nebel wird durch die Ultraviolettstrahlung des Zentralsterns ionisiert. Die Spektren enthalten viele helle Emissionslinien, wie sie auch in H II-Gebieten beobachtet werden. Die hellsten Emissionslinien entstehen oft durch verbotene Übergänge. So geht die grüne Farbe der Zentralteile des Ringnebels in der Leier auf die verbotenen Linien des zweifach ionisierten Sauerstoffs bei 495,9 nm und 500,7 nm zurück. Die rote Farbe der äußeren Gebiete wird durch die H$_\alpha$-Linie des Wasserstoffs (656,3 nm) und die verbotenen Linien des ionisierten Stickstoffs (654,8 nm und 658,3 nm) hervorgerufen.

Die Planetarischen Nebel sind im allgemeinen viel symmetrischer geformt als die meisten H II-Gebiete, außerdem expandieren sie schneller. Der bekannte Ringnebel in der Leier (M 57) ist nach fotografischen Aufnahmen der vergangenen 50 Jahre sichtbar expandiert. In einigen zehntausend Jahren verschwinden die Planetarischen Nebel in der allgemeinen interstellaren Materie, ihre Zentralsterne kühlen ab und werden Weiße Zwerge.

Abb. 16.22. Aufnahme des Helix-Nebels NGC 7293. Planetarische Nebel entstehen in der Endphase der Entwicklung sonnenähnlicher Sterne. Der im Zentrum sichtbare Stern hat seine äußeren Hüllen in den Raum abgestoßen. (National Optical Astronomy Observatories, Kitt Peak National Observatory)

Die Gesamtzahl der Planetarischen Nebel im Milchstraßensystem dürfte bei 50 000 liegen; beobachtet wurden allerdings erst 1 000.

16.6 Supernovaüberreste

In Kap. 12 haben wir gesehen, daß massereiche Sterne ihre Entwicklung in Supernovaexplosionen beenden. Der Kollaps des Sterninneren führt zum explosionsartigen Abstoßen der äußeren Hüllen, die dann eine expandierende Gaswolke bilden.

Im Milchstraßensystem wurden bisher etwa 120 *Supernovaüberreste* (SNR) entdeckt. Einigen von ihnen sind optisch als Ring- oder irreguläre Nebel (z. B. Krebsnebel, s. Abb. 16.23) sichtbar, die meisten von ihnen wurden aber nur im Radiobereich gefunden (da Radiostrahlung nicht durch Extinktion beeinflußt wird).

Im Radiofrequenzbereich sind SNR ausgedehnte Quellen ähnlich den H II-Gebieten. Im Gegensatz zur Strahlung der H II-Regionen ist die Strahlung der SNR oft polarisiert. Ein weiterer charakteristischer Unterschied zwischen den beiden Strahlungsquellen ist der Verlauf der Radiohelligkeit mit der Frequenz. Bei den H II-Regionen nimmt die Helligkeit mit steigender Frequenz zu oder bleibt konstant, bei den SNR aber nimmt sie nahezu linear ab (Abb. 16.24).

Dieser Unterschied kommt durch die unterschiedlichen Emissionsprozesse in den H II-Gebieten und den SNR zustande. In den H II-Regionen entsteht die Radiostrahlung durch Frei-frei-Übergänge im heißen Plasma. In den SNR handelt es sich um

Abb. 16.23. Der Krebs-Nebel (M1, NGC 1952) im Taurus ist der Überrest einer Supernovaexplosion, die im Jahre 1054 beobachtet wurde. Die Aufnahme wurde im roten Wellenlängenbereich gewonnen. Der Nebel ist auch eine starke Radioquelle. Die Energiequelle ist der zentrale, sehr schnell rotierende Neutronenstern, ein Pulsar, der kollabierte Kern des ursprünglichen Sterns. (Palomar Observatory)

Synchrotonstrahlung relativistischer Elektronen, die sich auf Spiralbahnen um Magnetfeldlinien bewegen und ein kontinuierliches Spektrum über alle Wellenlängenbereiche erzeugen. Der Krebsnebel leuchtet auf Farbfotos blau oder grün auf Grund optischer Synchrotonstrahlung.

Im Krebsnebel sind gegen den dunklen Hintergrund auch rote Filamente sichtbar. Die Ursache dafür ist die Strahlung der H_α-Linie des Wasserstoffs. In einem SNR wird der Wasserstoff aber nicht durch die Strahlung des Zentralsternes ionisiert wie in einem H II-Gebiet, sondern durch ultraviolette Synchrotonstrahlung.

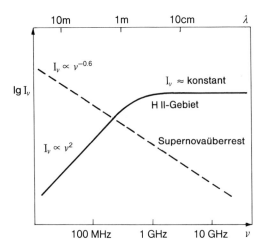

Abb. 16.24. Radiospektren von typischen H II-Gebieten und Supernovaüberresten. Die Strahlung des H II-Gebietes ist thermischen Ursprungs nach dem Rayleigh-Jeans-Gesetz. Für Wellenlängen über 1 m gilt $I \sim \nu^2$. Im Supernovaüberrest nimmt die Intensität mit zunehmender Frequenz ab. [Nach Scheffler, H., Elsässer, H. (1988): *Physics of the Galaxy and Interstellar Matter*, Astronomy and Astrophysics Library (Springer, Berlin Heidelberg New York)]

16.6 Supernovaüberreste

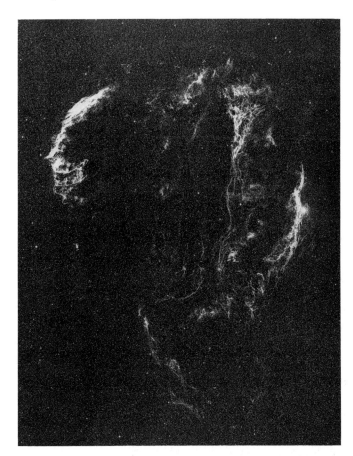

Abb. 16.25. Der Schleier-Nebel (NGC 6960 im rechten Teil, NGC 6992 im linken Teil) im Cygnus ist der Überrest einer Supernovaexplosion, die vor einigen zehntausend Jahren stattgefunden hat. (Mt. Wilson Observatory)

Die Supernovaüberreste im Milchstraßensystem können in zwei Gruppen eingeteilt werden. Der eine Typ hat eine deutlich ringförmige Struktur (z. B. Cassiopeia A oder der Schleier-Nebel im Cygnus; s. Abb. 16.25), der andere ist irregulär und hat ein helles Zentrum (ähnlich dem Krebs-Nebel). Beim Krebs-Nebeltyp befindet sich immer ein schnell rotierender Pulsar im Zentrum. Der Pulsar liefert durch den ständigen Ausstoß relativistischer Elektronen in die Wolke den größten Teil der Energie des Überrestes. Die Entwicklung dieses SNR-Typs zeigt die des Pulsars, womit der Überrest eine Zeitskala von einigen zehntausend Jahren haben dürfte.

Ringförmige SNR enthalten keinen energiereichen Pulsar. Ihre Energie kommt von der eigentlichen Supernovaexplosion. Nach der Explosion expandiert die Hülle mit einer Geschwindigkeit von 10 000 bis 20 000 km/s. 50 bis 100 Jahre nach der Explosion beginnt der Überrest eine kugelige Hülle zu formen, mit seinen äußeren Teilen das umgebende interstellare Gas „aufzufegen". In dieser Hülle sinkt die Expansionsgeschwindigkeit, und sie kühlt ab. Nach ca. 100 000 Jahren verschmilzt die expandierende Hülle mit dem interstellaren Medium. Die zwei Typen der Supernovaüberreste könnten in Beziehung stehen mit den zwei Supernovatypen (Typ I und II).

*Synchrotonstrahlung

Synchrotonstrahlung wurde erstmals 1948 von *Frank Elder*, *Robert Langmuir* und *Herbert Pollack* beobachtet, als sie mit einem Elektronensynchroton experimentierten und Elektronen in einem Magnetfeld bis auf relativistische Geschwindigkeiten beschleunigten. In einem schmalen Kegel wurde sichtbares Licht in der momentanen Bewegungsrichtung der Elektronen beobachtet. In der Astrophysik diente die Synchrotonstrahlung erstmals zur Erklärung der Radiostrahlung von der Milchstraße, die *Karl Jansky* schon 1931 entdeckt hatte. Diese Strahlung hatte ein ganzes Spektrum und im Meterwellenbereich eine sehr hohe Helligkeitstemperatur (mehr als 10^5 K), die mit der normalen Frei-frei-Emission ionisierter Gase nicht mehr erklärt werden konnte. 1950 vermuteten sowohl *Hannes Alfen* und *Nicolai Herlofson* als auch *Karl-Otto Kiepenheuer*, daß der galaktische Radiofrequenzhintergrund Synchrotonstrahlung ist. Nach Kiepenheuer emittieren Hochenergieelektronen der kosmischen Strahlung in schwachen Magnetfeldern Radiostrahlung. Die Erklärung konnte später bestätigt werden.

Synchrotonstrahlung ist auch ein wichtiger Emissionsprozeß in Supernovaüberresten, Radiogalaxien und Quasaren. Es ist ein *nicht-thermischer* Strahlungsprozeß, d. h. die Energie der strahlenden Elektronen entsteht nicht durch die thermische Bewegung.

In der Abbildung ist die Entstehung der Synchrotonstrahlung schematisch dargestellt. Das Magnetfeld zwingt die Elektronen auf Spiralbahnen, die Elektronen sind deshalb ständig beschleunigt und emittieren elektromagnetische Strahlung. Nach der Speziellen Relativitätstheorie ist die von einem relativistischen Elektron emittierte Strahlung in einem engen Kegel konzentriert. Wie der Strahl eines Leuchtturms bewegt sich der Strahlungskegel des Elektrons einmal pro Umlauf durch das Gesichtsfeld des Beobachters. Dadurch sieht der Beobachter eine Folge von Strahlungsblitzen, die kurz sind im Vergleich zu ihren Wiederholungsintervallen. (Aus der Gesamtemission einer großen Anzahl von Elektronen können die Einzelblitze nicht unterschieden werden.) Wenn man die Serie von Pulsen als Summe von vielen unterschiedlichen Frequenzkomponenten darstellt (Fourier-Transformation), führt das zu einem breiten Spektrum mit dem Maximum bei

$$\nu_{max} = a B_\perp E^2 .$$

$B_\perp$ ist die Magnetfeldkomponente senkrecht zur Geschwindigkeit des Elektrons, E die Energie und a ein konstanter Proportionalitätsfaktor.

Die Tabelle gibt die Wellenlänge und Frequenz des Maximums als Funktion der Elektronenenergie für die typische galaktische Magnetfeldstärke von 0,5 nT:

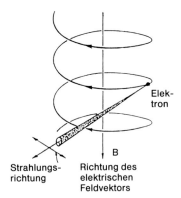

Emission von Synchrotonstrahlung. Geladene Teilchen (Elektronen) bewegen sich in einem Magnetfeld auf Spiralbahnen. Auf Grund der Zentripetalbeschleunigung emittieren die Elektronen elektromagnetische Strahlung

λ_{max}	300 [nm]	30 [µm]	3 [mm]	30 [cm]	30 [m]
ν_{max}	10^{15}	10^{13}	10^{11}	10^9	10^7
E	$6,6 \times 10^{12}$	$6,6 \times 10^{11}$	$6,6 \times 10^{10}$	$6,6 \times 10^9$	$6,6 \times 10^8$ [eV]

Um Radiosynchrotonstrahlung zu erzeugen, sind sehr energiereiche Elektronen notwendig. Diese sind in der kosmischen Strahlung vorhanden. In der optischen galaktischen Hintergrundstrahlung ist der Anteil der Synchrotonstrahlung zu vernachlässigen. Im Krebs-Nebel ist ein bedeutender Teil der optischen Emission Synchrotonstrahlung.

16.7 Die heiße Korona des Milchstraßensystems

Schon 1956 wies *Lyman Spitzer* darauf hin, daß das Milchstraßensystem von einer sehr großen Hülle heißen Gases umgeben sein müsse. Zwei Jahrzehnte später fand der Copernicus-Satellit, für dessen wissenschaftliches Programm Spitzer verantwortlich war, Beweise für die Existenz dieses Gases. Es wurde in Analogie zur Sonne als *galaktische Korona* bezeichnet. Der Satellit fand Linien von fünffach ionisiertem Sauerstoff (O VI), vierfach ionisiertem Stickstoff (N V) und dreifach ionisiertem Kohlenstoff (C IV). Die Entstehung dieser Linien erfordert sehr hohe Temperaturen (100 000 – 1 000 000 K), wie sie auch aus der Breite der Linien folgt.

Das galaktische Koronagas ist über das gesamte Milchstraßensystem verteilt und erstreckt sich bis zu einigen tausend Parsec von der galaktischen Ebene. Seine Dichte beträgt nur 10^{-3} Atome/cm^3 (zur Erinnerung: die mittlere Dichte in der galaktischen Ebene ist 1 Atom/cm^3). Das Koronagas bildet eine Art Hintergrund-See, in dem die dichteren und kühleren Objekte der interstellaren Materie, der neutrale Wasserstoff und die Molekülwolken, Inseln sind. In den frühen achtziger Jahren entdeckte der IUE-Satellit ähnliche Koronen auch bei der Großen Magellanschen Wolke und der Spiralgalaxie M 100. Das Koronagas ist wahrscheinlich eine gemeinsame und wichtige Form der Materie der Galaxien.

Die Quellen für das Koronagas und seine Energie sind möglicherweise Supernovaexplosionen. Wenn eine Supernova explodiert, bildet sich eine heiße Blase im umgebenden Medium. Die Blasen benachbarter Supernovas expandieren und vereinigen sich, und es entsteht eine schaumähnliche Struktur. Zusätzlich zu den Supernovas können Sternwinde heißer Sterne ein Teil der Energie für das Koronagas beitragen.

16.8 Kosmische Strahlung und das interstellare Magnetfeld

Kosmische Strahlung. Elementarteilchen und Atomkerne, die die Erde aus dem Weltraum erreichen, werden als *kosmische Strahlung* bezeichnet. Sie kommen im interstellaren Raum mit einer Energiedichte vor, die in der gleichen Größenordnung wie die Strahlung der Sterne liegt. Die kosmische Strahlung ist deshalb für die Ionisation und Heizung des interstellaren Gases von Bedeutung.

Da die Teilchen der kosmischen Strahlung elektrisch geladen sind, wird ihre Ausbreitungsrichtung im Raum ständig durch das Magnetfeld geändert. Die Richtung ihrer Ankunft gibt deshalb keine Information über den Ort ihrer Entstehung.

Die wichtigsten Eigenschaften der kosmischen Strahlung, die von der Erde beobachtet werden können, sind ihre Partikelzusammensetzung und Energieverteilung. Wie bereits in Abschn. 3.7 gezeigt wurde, müssen diese Beobachtungen in der hohen Atmosphäre oder mit Satelliten durchgeführt werden, da die Teilchen der kosmischen Strahlung in der Atmosphäre zerstört werden.

Der Hauptbestandteil der kosmischen Strahlung (etwa 90%) sind Wasserstoffatomkerne oder Protonen, danach folgen Heliumkerne oder α-Teilchen (etwa 9%). Der Rest sind Elektronen oder Kerne von schweren Atomen.

Die Energie der hauptsächlichen kosmischen Strahlung ist kleiner als 10^9 eV. Die Anzahl energiereicherer Partikel nimmt schnell mit wachsender Energie ab. Die energiereichsten Protonen haben 10^{20} eV, sind aber äußerst selten. (Die größten Teilchenbeschleuniger auf der Erde erreichen nur 10^{12} eV.)

Die Verteilung der niederenergetischen kosmischen Strahlung (kleiner als 10^8 eV) kann von der Erde aus nicht zuverlässig bestimmt werden, da die solare „kosmische Strahlung", hochenergetische Protonen und Elektronen, die in Sonnenflares entstehen, in großer Zahl im Sonnensystem vorhanden sind und die Bewegung der Teilchen der niederenergetischen kosmischen Strahlung entscheidend beeinflussen.

Die Verteilung der kosmischen Strahlung im Milchstraßensystem kann direkt aus Gamma- und Radiostrahlungsbeobachtungen erhalten werden. Stöße von Protonen der kosmischen Strahlung mit interstellaren Wasserstoffatomen sind Ursache von Vorgängen, bei denen der Gammastrahlungshintergrund entsteht. Die Hintergrundstrahlung im Radiofrequenzbereich ist Synchrotonstrahlung, die die Elektronen der kosmischen Strahlung bei der Bewegung im interstellaren Magnetfeld emittieren.

Die Radiofrequenz- und Gammastrahlung sind sehr stark zur galaktischen Ebene konzentriert, woraus man schließt, daß die Quellen der kosmischen Strahlung sich ebenfalls in der galaktischen Ebene befinden müssen. Außerdem sind individuelle Spitzen in der Hintergrundstrahlungsintensität in Gebieten um bekannte Supernovaüberreste. Im Bereich der Gammastrahlung sind solche Spitzen z. B. beim Krebs-Nebel und beim Vela-Pulsar beobachtet worden. Die Radioemission ist im sogenannten Nordpolarsporn, einer großen, nahezu ringförmigen Region verstärkt.

Ein wesentlicher Anteil der kosmischen Strahlung hat wahrscheinlich in Supernovae seinen Ursprung, denn eine Supernovaexplosion gibt immer Anlaß zur Erzeugung energiereicher Partikel. Wenn ein Pulsar entstanden ist, zeigt die Beobachtung, daß in seiner Umgebung die Partikel beschleunigt werden. Schließlich erzeugt auch die Schockwelle, die in dem expandierenden Supernovarest entsteht, relativistische Teilchen.

Auf der Basis der relativen Häufigkeit der verschiedenen Atomkerne der kosmischen Strahlung kann berechnet werden, wie lange sie bis zum Erreichen der Erde unterwegs waren. Für die typischen Partikel der kosmischen Strahlung, die Protonen, ergab sich eine Periode von einigen Millionen Jahren (d. h. auch eine Entfernung von einigen Millionen Lichtjahren) vom Ort ihrer Entstehung. Da das Milchstraßensystem einen Durchmesser von 100 000 Lichtjahren hat, haben die Protonen die Galaxis einige zehnmal im galaktischen Magnetfeld durchwandert.

Das interstellare Magnetfeld. Die zuverlässige Bestimmung der Stärke und der Richtung des *interstellaren Magnetfeldes* ist sehr schwierig. Eine direkte Messung ist nicht möglich, da die Magnetfelder der Erde und der Sonne viel stärker sind.

Wir haben gesehen, daß durch die interstellaren Staubteilchen eine interstellare Polarisation entsteht. Dazu müssen die Staubteilchen alle eine ähnliche Orientierung haben, wie sie nur durch ein allgemeines Magnetfeld erreicht werden kann. Abbildung 16.26 zeigt die Verteilung der Polarisation am Himmel. Nahe beieinander stehende Sterne zeigen im allgemeinen die gleiche Polarisation. In geringen galaktischen Breiten verläuft die Polarisation meist parallel zur galaktischen Ebene, außer in Gebieten, in denen man entlang von Spiralarmen sieht.

Genauere Bestimmungen der Magnetfeldstärke können aus der Rotation der Polarisationsebene der Radiostrahlung entfernter Quellen erhalten werden. Diese sogenannte

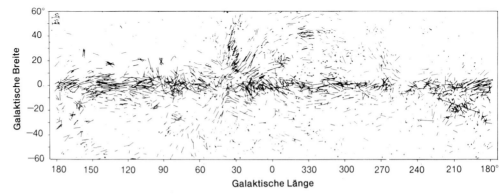

Abb. 16.26. Polarisation des Sternlichtes. Die Striche geben die Richtung und die Stärke der Polarisation. Die dünnen Striche beziehen sich auf Sterne mit einer Polarisation unter 0,6%, die dickeren auf Sterne mit größerer Polarisation. Die Skala ist in der oberen linken Ecke gegeben. Sterne mit einer Polarisation unter 0,08% sind mit kleinen Kreisen dargestellt. [Mathewson, D. S., Ford, V. L. (1970): Mem. R. A. S. **74**, 139]

Faraday-Rotation ist der Stärke des Magnetfeldes und der Elektronendichte proportional. Eine andere Methode beruht auf der Messung der Zeeman-Aufspaltung der 21-cm-Linie. Diese Messungen haben ziemlich übereinstimmend 0,1 bis 1 nT für die Stärke des interstellaren Magnetfeldes ergeben. Das ist etwa 1/1 000 000 der Stärke des interplanetaren Feldes im Sonnensystem.

Kapitel 17 Sternhaufen und Assoziationen

Einige Ansammlungen von Sternen können am Himmel mit dem bloßen Auge bemerkt werden. Genauere Untersuchungen machen deutlich, daß es sich tatsächlich um eigenständige Anhäufungen im Raum handelt. Solche *offenen Sternhaufen* sind z. B. die Plejaden im Taurus und die Hyaden um Aldebaran, dem hellsten Stern im Taurus. Fast alle

Abb. 17.1 a–c. Offene Haufen. (a) Die Hyaden sind in der linken unteren Ecke des Fotos zu sehen. Rechts oben befinden sich die Plejaden und darüber die ξ Persei-Assoziation. ξ Persei ist der linke der beiden hellen Sterne über den Plejaden. Das Feld des Fotos hat eine Ausdehnung von etwa 2 h × 20° (Foto M. Korpi). (b) Plejaden, aufgenommen mit der Metsähovi-Schmidt-Kamera. Der Durchmesser des Haufens beträgt etwa 1°. Um die hellen Sterne sind die Reflexionsnebel sichtbar. (Foto M. Poutanen und H. Virtanen, Helsinki Universität). (c) Misan oder *h* und χ Persei, ein Doppelhaufen im Perseus. Der Abstand zwischen den beiden Haufen beträgt 25′. Die Aufnahme wurde mit dem Metsähovi 60 cm Ritchey-Chrétien-Teleskop gemacht. (Foto T. Markannen, Universität Helsinki)

Abb. 17.2. Kugelhaufen ω Centauri. Die Aufnahme wurde mit dem 1,5 m-Teleskop der ESO in La Silla, Chile gemacht. Dank des ausgezeichneten Seeing kann man an manchen Stellen durch den Haufen sehen. (Foto T. Korhonen, Universität Turku)

Sterne des Sternbildes Coma Berenices sind ein offener Sternhaufen. Viele Objekte, die mit dem bloßen Auge nebelhaft und flächenförmig erscheinen, werden bei Beobachtung mit Teleskopen als offene Sternhaufen erkannt. Dazu gehören z. B. die Praesepe im Sternbild Krebs und der Doppelhaufen h und χ im Perseus (Abb. 17.1). Neben den offenen Haufen sind einige scheinbar nebelhafte Ojekte sehr dichte *Kugelhaufen* wie z. B. im Herkules und in Canes Venatici (Abb. 17.2).

Der erste Katalog, der Sternhaufen enthält, wurde 1784 von dem französischen Astronomen *Charles Messier* zusammengestellt. Unter den 109 Objekten dieses Kataloges gibt es etwa 30 Kugelhaufen, eine Anzahl offener Haufen und auch Gasnebel und Galaxien. Ein wesentlich umfangreicherer Katalog ist der *New General Catalogue of Nebulae and Clusters of Stars*. Er wurde von dem amerikanischen Astronomen *John Louis Emil Dreyer* erarbeitet und erschien 1888. Die in diesem Katalog enthaltenen Objekte werden mit NGC gekennzeichnet. Ein bekannter Kugelsternhaufen, das Objekt M13 im Messierkatalog, hat auch die Bezeichnung NGC 6205. Der NGC-Katalog wurde 1895 und 1910 durch den *Index-Katalog* ergänzt. Die Objekte dieses Kataloges haben die Bezeichnung IC.

17.1 Assoziationen

Im Jahre 1947 entdeckte der sowjetische Astronom *Viktor Amazaspovisch Ambartsumian* Gruppen von jungen Sternen, die über ein relativ großes Gebiet des Himmels verteilt sind. Deshalb ist die Zugehörigkeit der Sterne zu einer Gruppe schwer zu erkennen. Solche *Assoziationen* haben einige zehn Mitglieder. Eine Assoziation wurde z. B. um den Stern ζ Persei gefunden, einige weitere im Oriongebiet.

17.1 Assoziationen

Assoziationen sind Gruppen sehr junger Sterne, im allgemeinen absolut sehr heller Hauptreihen- oder T Tauri-Sterne. Demzufolge spricht man von OB-Assoziationen oder T Tauri-Assoziationen. Die massereichen Sterne der Spektralklasse O verbleiben nur einige Millionen Jahre auf der Hauptreihe, und Assoziationen, die O-Sterne enthalten, müssen deshalb junge Objekte sein. T Tauri-Sterne sind noch jünger; sie befinden sich noch im Kontraktionsprozeß und bewegen sich erst auf die Hauptreihe zu.

Aus Untersuchungen der Bewegungen der Mitglieder in den Assoziationen geht hervor, daß sie sich schnell auflösen. Die Gravitation der wenigen Sterne in einer Assoziation reicht für einen dauerhaften Zusammenhalt nicht aus. Die beobachteten Bewegungen machen oft deutlich, daß die Sterne einer Assoziation vor einigen Millionen Jahren sehr eng beieinander waren (Abb. 17.3).

In Zusammenhang mit Assoziationen kommen oft größere Mengen interstellarer Materie, Gas- und Staubnebel vor. Diese Tatsache verdeutlicht die Verbindung von Sternentstehung mit dem interstellaren Medium. Infrarotbeobachtungen zeigen, daß in vielen dichten Wolken Sterne gerade entstehen oder vor kurzem erst entstanden sind.

Assoziationen sind sehr stark in den Spiralarmen in der Ebene des Milchstraßensystems konzentriert. Sowohl im Oriongebiet als auch im Cepheus wurden drei Generationen von Assoziationen identifiziert. Die ältesten sind die ausgedehntesten, die jüngsten sind noch sehr konzentriert.

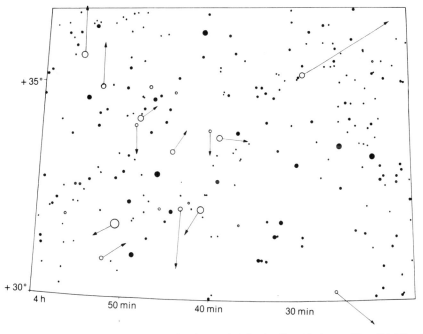

Abb. 17.3. ξ Persei Assoziation. O- und B-Sterne sind durch offene Kreise markiert. Die Eigenbewegungsvektoren zeigen die Bewegung der Sterne in den nächsten 500 000 Jahren

17.2 Offene Sternhaufen

Offene Haufen enthalten zwischen einigen zehn und einigen hundert Sternen. Die kinetische Energie der Haufenmitglieder, die differentielle Rotation des Milchstraßensystems (Abschn. 18.3) und äußere Gravitationsstörungen bewirken tendenziell eine allmähliche Auflösung der Sternhaufen. Viele von ihnen bestehen trotzdem sehr lange, z. B. die Plejaden, ein sehr dichter Haufen, seit vielen hundert Millionen Jahren.

Die Entfernung der Sternhaufen und auch der Assoziationen kann aus fotometrischen oder spektroskopischen Entfernungen ihrer hellsten Mitglieder gewonnen werden. Für die nächsten Haufen, insbesondere für die Hyaden, kann die Entfernung aus den *kinematischen Parallaxen* abgeleitet werden. Diese Methode beruht darauf, daß alle Sterne eines Haufens in bezug auf die Sonne gleiche mittlere Geschwindigkeiten im Raum haben. Die Eigenbewegung der Hyadensterne ist in Abb. 17.4a dargestellt. Sie sind alle auf den gleichen Punkt gerichtet. Abbildung 17.4b erklärt, daß diese Konvergenz als perspektivischer Effekt verstanden werden kann, wenn alle Haufenmitglieder in bezug auf den Beobachter den gleichen Geschwindigkeitsvektor haben. Θ soll der Winkelabstand eines gegebenen Sternes vom Konvergenzpunkt sein. Der Winkel zwischen der Geschwindigkeit des Sternes und der Sichtlinie ist auch Θ. Die Geschwindigkeitskomponenten in Richtung der Sichtlinie und senkrecht dazu sind v_r und v_t. Sie sind gegeben durch

$$v_r = v \cos \Theta \; , \quad v_t = v \sin \Theta \; . \tag{17.1}$$

Die Radialgeschwindigkeit v_r kann durch Dopplerverschiebung in den Sternspektren gemessen werden. Die Tangentialgeschwindigkeit ergibt sich aus der Eigenbewegung μ und der Entfernung r:

$$v_t = \mu r \; . \tag{17.2}$$

Damit kann die Entfernung berechnet werden:

$$r = \frac{v_t}{\mu} = \frac{v \sin \Theta}{\mu} = \frac{v_r \tan \Theta}{\mu} \; . \tag{17.3}$$

Mit dieser Methode kann die Entfernung der individuellen Sterne aus der Bewegung des Haufens als Ganzem bestimmt werden. Trigonometrische Parallaxenbestimmungen können nur bis zu einer Entfernung von 30 pc angewendet werden. Die Haufenbewegungsmethode ist deshalb eine sehr wichtige Methode für die Bestimmung von Sternentfernungen. Für die Hyaden wird danach eine Entfernung von 40 pc erhalten; sie sind der nächste offene Sternhaufen.

Die HR-Diagramme oder Farben-Helligkeits-Diagramme der Hyaden und anderer naher offener Sternhaufen zeigen eine sehr gut definierte, schmale Hauptreihe (Abb. 17.5). Die meisten Haufenmitglieder sind Hauptreihensterne, es gibt nur wenige Riesensterne. Außerdem liegen einige Sterne etwa eine Größenklasse über der Hauptreihe. Dabei handelt es sich wahrscheinlich um nicht aufgelöste Doppelsterne. Wenn wir annehmen, daß beide Komponenten die gleiche Helligkeit m und den gleichen Farbindex haben, dann ist der Farbindex des unaufgelösten Systems derselbe, aber die beobachtete Helligkeit beträgt $m-0{,}75$, d. h. der Doppelstern ist weniger als eine Größenklasse heller als jeder Einzelstern.

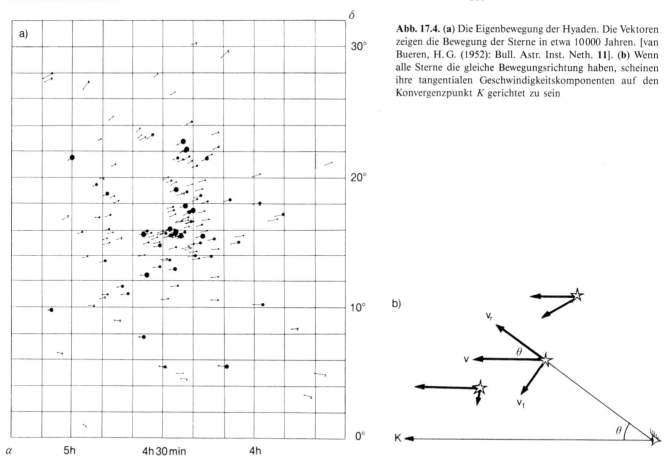

Abb. 17.4. (a) Die Eigenbewegung der Hyaden. Die Vektoren zeigen die Bewegung der Sterne in etwa 10000 Jahren. [van Bueren, H. G. (1952): Bull. Astr. Inst. Neth. **11**]. **(b)** Wenn alle Sterne die gleiche Bewegungsrichtung haben, scheinen ihre tangentialen Geschwindigkeitskomponenten auf den Konvergenzpunkt K gerichtet zu sein

Die Hauptreihe der offenen Sternhauben liegt im HR- bzw. Farben-Helligkeitsdiagramm im allgemeinen immer im gleichen Gebiet (Abb. 17.6). Die Ursache dafür ist, daß das Ausgangsmaterial für die Bildung der offenen Sternhaufen, d. h. die chemische Zusammensetzung, nahezu konstant ist. In jüngeren Haufen ist die Hauptreihe bis zu helleren und heißeren Sternen früher Spektralklassen besetzt. In den Diagrammen ist der Endpunkt der Hauptreihe, in dem sie in den Riesenast abknickt, deutlich zu erkennen. Dieser Abknickpunkt kann für die Bestimmung des Alters der offenen Haufen genutzt werden. Sternhaufen sind für das Studium der Sternentwicklung von großer Bedeutung.

Die Farben-Helligkeits-Diagramme von Sternhaufen können auch für die Bestimmung ihrer Entfernungen genutzt werden, eine Methode, die als sogenannte *Hauptreihenanpassung* bekannt ist. Mit den Mitteln der Mehrfarbenfotometrie wird die Verrötung durch den interstellaren Staub von den beobachteten Farben B-V abgezogen und dadurch die Eigenfarbe $(B-V)_0$ der Sterne erhalten. Die Entfernung der Haufen ist so groß, daß für alle Haufenmitglieder die gleiche Entfernung angenommen werden kann. Der Entfernungsmodul

$$m_{V0} - M = 5 \lg \frac{r}{10\,\text{pc}} \tag{17.4}$$

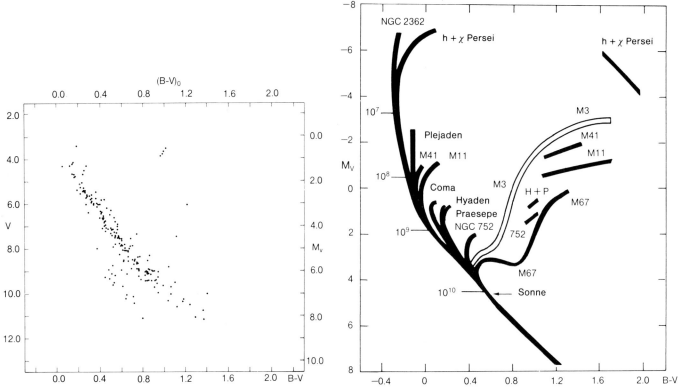

Abb. 17.5. Farben-Helligkeitsdiagramm der Hyaden. Auf der linken senkrechten Achse ist die scheinbare visuelle Helligkeit aufgetragen, auf der rechten die absolute

Abb. 17.6. Schematische Farben-Helligkeitsdiagramme von Sternhaufen. M3 ist ein Kugelsternhaufen. Das Haufenalter ist entlang der Hauptreihe dargestellt. Das Alter der Haufen wird durch den Punkt der Hauptreihe bestimmt, in dem die Sterne von der Hauptreihe abzuwandern beginnen. [Sandage, A. (1956): Publ. Astron. Soc. Pac. **68**, 498]

ist dann für alle Haufensterne der gleiche. In (17.4) ist m_{V0} die scheinbare und M_V die absolute Helligkeit der Sterne und r ihre Entfernung. Es wurde vorausgesetzt, daß die Extinktion A_V durch den interstellaren Staub mit der Mehrfarbenfotometrie bestimmt und von der beobachteten visuellen Helligkeit m_V abgezogen wurde:

$$m_{V0} = m_V - A_V \; .$$

Wenn das beobachtete Farben-Helligkeitsdiagramm unter Verwendung der scheinbaren Helligkeit m_{V0} an Stelle der absoluten Helligkeit M_V auf der senkrechten Achse entstanden ist, dann ist der Unterschied nur eine senkrechte Verschiebung der Hauptreihe um einen Betrag, der dem Entfernungsmodul entspricht. Das beobachtete $m_{V0}/(B-V)_0$-Diagramm wird nun mit dem $M_V/(B-V)_0$-Diagramm der Hyaden, das als Standard benutzt wird, verglichen. Aus der Forderung, daß die Hauptreihen in beiden Diagrammen übereinstimmen müssen, ergibt sich der Entfernungsmodul, und damit ist die Entfernung bestimmt. Diese Methode ist sehr genau und effektiv. Sie kann für die Bestimmung der Haufenentfernungen bis zu vielen Kiloparsec angewendet werden.

17.3 Kugelsternhaufen

Kugelsternhaufen enthalten im allgemeinen etwa 10^5 Sterne. Die Sterne sind kugelsymmetrisch verteilt, und die Zentraldichte ist zehnmal größer als in offenen Haufen. Ein typisches Farben-Helligkeitsdiagramm von Kugelsternhaufen zeigt Abb. 17.7. Die Hauptreihe besteht nur aus schwachen, roten Sternen. Es gibt einen gut ausgeprägten Riesenast, und ein horizontaler Ast ist ebenfalls deutlich zu erkennen. Die Hauptreihe ist kürzer als bei offenen Haufen wegen der geringen Metallhäufigkeit in den Kugelhaufensternen. Die Kugelhaufen repräsentieren die ältesten Sterne im Milchstraßensystem und sind deshalb von großer Bedeutung für das Studium der Sternentwicklung. Ihre geringe Metallhäufigkeit von weniger als 0,1% macht deutlich, daß die anfängliche Häufigkeit im Milchstraßensystem sehr gering gewesen sein muß. Diese Tatsache zeigt, daß die schweren Elemente sukzessive in den vielen Generationen von Sternen gebildet worden sein müssen.

Im Prinzip werden die Entfernungen der Kugelhaufen mit den gleichen Methoden wie die offenen Haufen bestimmt. RR Lyrae- und W Virginis-Sterne sind als Entfernungsindikatoren für Kugelhaufen besonders wichtig.

Kugelsternhaufen haben im Milchstraßensystem eine kugelsymmetrische Verteilung mit anwachsender Dichte zum galaktischen Zentrum. Ihre Bahngeschwindigkeiten um das galaktische Zentrum scheinen vollkommen zufällig ausgerichtet zu sein. Im Mittel passiert ein Kugelsternhaufen alle 10^8 Jahre die galaktische Ebene. Da die Kugelsternhaufen sehr dicht sind, ist der auflösende Gravitationseffekt bei dieser Passage sehr gering, so daß die Kugelsternhaufen aus der frühesten Zeit des Milchstraßensystems, d. h. seit etwa $1,5 \times 10^9$ Jahren, überlebt haben.

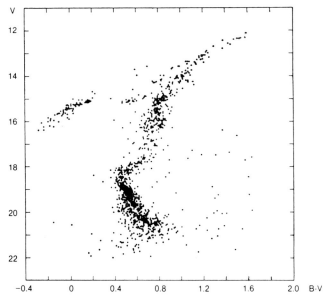

Abb. 17.7. Farben-Helligkeitsdiagramm des Kugelhaufens M5. Neben der Hauptreihe kann man den nach rechts oben verlaufenden Riesenast und seine waagerechte Fortsetzung nach links sehen. [Arp., H. (1962): Astrophys. J. **135**, 311]

Kapitel 18 Das Milchstraßensystem

In einer klaren, mondlosen Nacht ist ein nebliges, leuchtendes Band, das sich über den Himmel spannt, zu sehen. Es ist die Milchstraße (Abb. 18.1). Der Name bezieht sich auf das Phänomen am Himmel, wird aber auch für das ganze Sternsystem benutzt. Vielfach wird das Milchstraßensystem auch als Galaxis bezeichnet. Für die unzählbar vielen weiteren Sternsysteme, die unserem Milchstraßensystem mehr oder weniger ähnlich sind, gibt es den Begriff Galaxien.

Das Band der Milchstraße erstreckt sich über die gesamte Himmelskugel. Es entsteht durch ein sehr großes System von Sternen, zu dem auch unsere Sonne gehört. Die Sterne der Galaxis bilden ein flaches, kugelförmiges System. In Richtung der Diskusebene ist eine ungeheuer große Anzahl von Sternen sichtbar, während senkrecht zur Diskusebene relativ wenige Sterne beobachtet werden. Die schwachen Sterne in großen Entfernungen erzeugen in der Ebene eine allgemeine Aufhellung. Deshalb erscheint uns mit dem bloßen Auge die Milchstraße nebelförmig und als schmales Band. Eine lange be-

Abb. 18.1. Das nebelhafte Band der Milchstraße erstreckt sich über den gesamten Himmel (Foto von M. und T. Kesküla, Lund Observatory)

Abb. 18.2. Ein Abschnitt der Milchstraße von ungefähr 40° zwischen den Sternbildern Cygnus und Aquila. Der hellste Stern am oberen rechten Rand ist Wega (α Lyrae). (Foto Palomar Observatory)

lichtete fotografische Aufnahme offenbart aber, daß es sich um hunderte und tausende Sterne handelt (Abb. 18.2).

Im frühen 17. Jahrhundert entdeckte *Galileo Galilei*, der erstmals in der Astronomie ein Teleskop benutzte, daß die Milchstraße aus unzähligen Sternen besteht. Im späten 18. Jahrhundert versuchte *William Herschel* mit Hilfe von Sternzählungen die Form und die Größe des Milchstraßensystems zu bestimmen, aber erst im 20. Jahrhundert erhielt der holländische Astronom *Jacobus Kapteyn* sichere Aussagen über dessen Gestalt. Die tatsächliche Ausdehnung der Galaxis und den Ort der Sonne darin konnte um 1920 *Harlow Shapley* aus Untersuchungen der räumlichen Verteilung der Kugelsternhaufen bestimmen.

Für das Studium der Struktur des Milchstraßensystems ist es günstig, ein sphärisches Koordinatensystem, dessen Fundamentalebene die Symmetrieebene des Systems

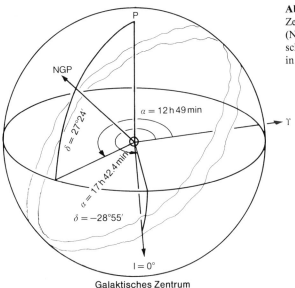

Abb. 18.3. Die Richtungen zum galaktischen Zentrum und zum galaktischen Nordpol (NGP) in Äquatorkoordinaten. Die galaktische Länge wird vom galaktischen Zentrum in der galaktischen Ebene gemessen

ist, zu wählen. Die Fundamentalebene ist gut definiert durch die Verteilung des neutralen Wasserstoffs, dessen Symmetrieebene wiederum gut übereinstimmt mit der der Sternverteilung in der Nachbarschaft der Sonne (innerhalb einiger kpc).

Als Basisrichtung für das Koordinatensystem wurde in der Fundamentalebene die Richtung zum Zentrum des Milchstraßensystems gewählt. Es befindet sich im Sternbild Sagittarius (α = 17 h 42,4 min, δ = $-28°55'$ für die Epoche 1950,0) in einer Entfernung von 8,5 kpc. Die galaktische Breite wird von der Ebene der Galaxis von 0° bis ±90° zu den Polen gezählt. Das galaktische Koordinatensystem ist in Abb. 18.3 dargestellt.

18.1 Methoden der Entfernungsbestimmung

Um die Struktur der Galaxis zu untersuchen, muß man die räumliche Verteilung der verschiedenen Objekte, Sterne, Sternhaufen und interstellare Materie kennen. Dazu werden zuerst die wichtigsten Entfernungsbestimmungsmethoden betrachtet.

Trigonometrische Parallaxen. Die Methode der *trigonometrischen Parallaxen* beruht auf scheinbaren jährlichen Pendelbewegungen der Sterne am Himmel, die durch die Bahnbewegung der Erde hervorgerufen wird. Trigonometrische Parallaxen können zuverlässig bis 30 pc gemessen werden, über 100 pc hinaus ist diese Methode gar nicht mehr anwendbar.

Die Bewegung der Sonne in bezug auf die benachbarten Sterne. Das lokale Bezugssystem. Die Bewegung der Sonne in bezug auf die benachbarten Sterne wird in deren Eigenbewegung und Radialgeschwindigkeit deutlich (Abb. 18.4). Der Punkt, auf den die Sonnenbewegung gerichtet ist, wird als *Apex* bezeichnet, der gegenüberliegende Punkt als *Antapex*. In der Nähe des Apex scheinen die Sterne sich aufeinander zu zu bewegen.

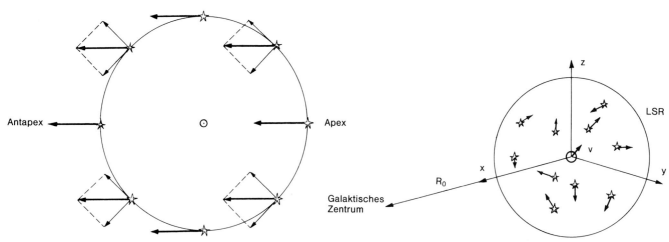

Abb. 18.4. Auf Grund der Bewegung der Sonne zum Apex erscheinen die Radialgeschwindigkeiten der Sterne in der Nähe des Apex und des Antapex am größten

Abb. 18.5. Das lokale Bezugssystem LSR, das durch die Sterne der Sonnenumgebung definiert wird, bewegt sich in bezug auf das galaktische Zentrum. Der Mittelwert der Pekuliargeschwindigkeiten der Sterne in der Sonnennachbarschaft ist im lokalen Bezugssystem null

Ihre negative Radialgeschwindigkeit ist dort am größten. In der Nähe des Antapex wird die größte positive Radialgeschwindigkeit beobachtet. Auf einem Großkreis senkrecht zur Verbindungslinie Apex-Antapex ist die mittlere Radialgeschwindigkeit null und die Eigenbewegung am größten. In Richtung zum Apex und Antapex nimmt die Eigenbewegung ab. Sie ist aber immer vom Apex zum Antapex gerichtet.

Um die tatsächliche Bewegung der Sterne zu studieren, muß ein Koordinatensystem benutzt werden, in dem die Bewegungen definiert werden können. Die günstigste Festlegung ist so, daß die Sterne in der Sonnennachbarschaft im Mittel in Ruhe sind. Genauer ist das *lokale Bezugssystem* (engl. *local standard of rest*, LSR) folgendermaßen definiert:

Es wird vorausgesetzt, daß die Geschwindigkeiten der betrachteten Sterne zufällig verteilt und ihre Geschwindigkeiten in bezug auf die Sonne, d. h. ihre Radialgeschwindigkeiten, Eigenbewegungen und Entfernungen bekannt sind. Das lokale Bezugssystem ist dann so definiert, daß der Mittelwert der Geschwindigkeitsvektoren der Sonnengeschwindigkeit genau entgegengesetzt gerichtet ist. Die mittlere Geschwindigkeit der betreffenden Sterne ist bezüglich des lokalen Bezugssystems dann null.

Für die Bewegung der Sonne wurde in dem Bezugssystem gefunden:

Apex-Koordinaten: $\alpha = 18\,\text{h}\,00\,\text{min}$, $\delta = +30°$, $l = 56°$, $b = +23°$.

Geschwindigkeit der Sonne: $v_0 = 19{,}7\,\text{km/s}$.

Der Apex befindet sich im Sternbild Herkules. Wenn das lokale Bezugssystem nur durch eine Untergruppe von Sternen in der Sonnenumgebung, die z. B. durch die Zugehörigkeit zu einer bestimmten Spektralklasse definiert ist, festgelegt wird, ergeben sich für die kinematischen Eigenschaften und die Koordinaten des Sonnenapex geringere Abweichungen entsprechend der gewählten Gruppe.

Die Geschwindigkeit eines individuellen Sterns im lokalen Bezugssystem wird als *Pekuliarbewegung* des Sternes bezeichnet. Die Pekuliargeschwindigkeit erhält man

18.1 Methoden der Entfernungsbestimmung

durch Addition der Sonnengeschwindigkeit zu dem gemessenen Wert für den Stern, wobei die Geschwindigkeiten als Vektoren betrachtet werden müssen.

Das lokale Bezugssystem ist nur in bezug auf die enge Nachbarschaft der Sonne in Ruhe. Die Sonne, die nahen Sterne und damit auch das lokale Bezugssystem bewegen sich um das Zentrum des Milchstraßensystems mit einer Geschwindigkeit, die zehnmal größer ist als die typische Pekuliargeschwindigkeit der Sterne in der Sonnennachbarschaft (Abb. 18.5).

Statistische Parallaxen. Die Geschwindigkeit der Sonne beträgt relativ zu den benachbarten Sternen etwa 20 km/s, d. h. die Sonne bewegt sich in einem Jahr um ungefähr 4 AE zu diesen Sternen.

Wir wollen einen Stern S (Abb. 18.6) betrachten, der einen Winkelabstand ϑ vom Apex A hat und sich in einer Entfernung r von der Sonne $\odot$ befindet. Auf Grund der Sonnenbewegung entfernt sich der Stern mit der Winkelgeschwindigkeit $u = \mu_A$ vom Apex. In der gleichen Zeit legt die Sonne den Weg s zurück. Aus dem Sinussatz für Dreiecke ergibt sich

$$r = s (\sin \vartheta)/\sin u \approx s (\sin \vartheta)/u , \qquad (18.1)$$

wenn u ein kleiner Winkel ist. Die beobachtete Eigenbewegung hat die Komponente μ_A, die durch die Sonnenbewegung entsteht, und außerdem eine Komponente, die auf die Pekuliarbewegung des Sternes zurückgeht. Dies kann dadurch berücksichtigt werden, daß ein Mittelwert von (18.1) für eine Sterngruppe genommen wird, da vorausgesetzt werden kann, daß die Verteilung der Geschwindigkeiten der Sterne in der Sonnennachbarschaft zufällig ist. Durch die Beobachtung der mittleren Eigenbewegung für Objekte, von denen bekannt ist, daß sie alle die gleiche Entfernung haben, kann man dann deren tatsächliche Entfernung bestimmen. Eine ähnliche statistische Methode kann mit Hilfe der Radialgeschwindigkeiten abgeleitet werden.

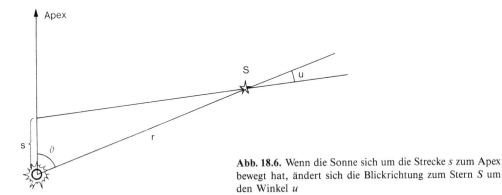

Abb. 18.6. Wenn die Sonne sich um die Strecke s zum Apex bewegt hat, ändert sich die Blickrichtung zum Stern S um den Winkel u

Objekte, die die gleiche Entfernung haben, können folgendermaßen gefunden werden. Wir wissen, daß der Entfernungsmodul $m-M$ und die Entfernung r in Beziehung stehen:

$$m - M = 5 \lg (r/10 \text{ pc}) + A(r) . \qquad (18.2)$$

A ist die interstellare Extinktion. Objekte mit der gleichen absoluten und scheinbaren Helligkeit haben die gleiche Entfernung. Dabei ist wichtig, daß die absoluten Helligkeiten nicht bekannt zu sein brauchen, wenn alle Sterne der Gruppe die gleiche haben. Geeignete Gruppen sind z. B. Hauptreihensterne der Spektralklasse A4, RR Lyrae Veränderliche und klassische Cepheiden mit bekannter Periode. Sterne in Haufen haben auch alle die gleiche Entfernung. Diese Methode wurde z. B. genutzt, um die Entfernung der Hyaden zu bestimmen, wie in Abschn. 17.2 erklärt.

Parallaxen, die auf der Pekuliar- oder Apexbewegung der Sonne beruhen, werden alle als statistische oder säkulare Parallaxen bezeichnet.

Fotometrische Parallaxen. Die direkte Bestimmung der Entfernung nach (18.2) wird als fotometrische Methode bezeichnet und die entsprechende Parallaxe als *fotometrische Parallaxe*. Die schwierigste Aufgabe bei der Anwendung dieser Methode ist gewöhnlich das Finden der absoluten Helligkeit. Dafür gibt es mehrere Methoden. So erlaubt z. B. die zweidimensionale MKK-Spektralklassifikation die Bestimmung der absoluten Helligkeit aus dem Spektrum. Die absolute Helligkeit der δ Cephei-Sterne kann aus deren Perioden erhalten werden. Eine spezielle Methode für Sternhaufen ergibt sich aus der Anpassung der Hauptreihe. Eine Voraussetzung für die fotometrische Methode ist die Eichung der Skala der absoluten Helligkeiten durch andere Methoden.

Die trigonometrischen Parallaxen reichen nicht sehr weit in den Raum. Damit kann z. B. nicht eine einzige Überriesen- oder Cepheidenentfernung gemessen werden. Die Methode der statistischen Parallaxen ist unbedingt notwendig für die Eichung der absoluten Helligkeiten der hellen Objekte. Wenn das getan ist, können fotometrische Methoden genutzt werden, um Objekte in größeren Entfernungen zu messen.

Andere Beispiele für Helligkeitsindikatoren bzw. Leuchtkraftkriterien sind charakteristische Spektrallinien oder die Perioden der Cepheiden. Wieder ist zuerst eine Kalibrierung durch andere Methoden notwendig. Ein charakteristisches Merkmal der astronomischen Entfernungsbestimmung ist, daß die Messung großer Entfernungen auf der Kenntnis des Abstandes naher Objekte beruht.

18.2 Stellarstatistik

Die Leuchtkraftfunktion der Sterne. Durch systematische Beobachtungen aller Sterne in der Sonnenumgebung kann man ihre Verteilung in Abhängigkeit von der absoluten Helligkeit feststellen. Das ist die Leuchtkraftfunktion $\Phi(M)$; sie gibt die Anzahl der Sterne mit den absoluten Helligkeiten pro Intervall $(M-1/2, M+1/2)$. In dem Raumgebiet, in dem die Leuchtkraftfunktion bestimmt wurde, scheint gegenwärtig kein neuer Stern entstanden zu sein. Das Milchstraßensystem ist 10 Milliarden Jahre alt, und alle Sterne mit weniger als 0,9 Sonnenmassen befinden sich noch auf der Hauptreihe. Andererseits haben alle massereichen Sterne, die am Anfang der Geschichte des Milchstraßensystems entstanden sind, ihre Entwicklung abgeschlossen und sind verschwunden. Die Sterne geringer Massen haben sich in der Leuchtkraftfunktion über viele Generationen summiert, während die hellen, massereichen Sterne das Ergebnis kürzlicher Sternbildung sind.

Durch Berücksichtigung der unterschiedlichen Lebensdauern von Sternen unterschiedlicher Massen und daraus folgender unterschiedlicher Helligkeiten kann man die ursprüngliche Leuchtkraftfunktion $\Psi(M)$ bestimmen, die die Helligkeitsverteilung zum

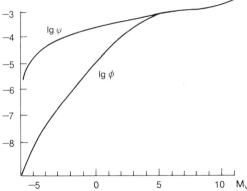

Abb. 18.7. Leuchtkraftfunktion $\Phi(M_V)$ und ursprüngliche Leuchtkraftfunktion $\Psi(M_V)$ für Hauptreihensterne in der Sonnenumgebung. Die Funktionen geben die Anzahl der Sterne pro Kubikparsec im Helligkeitsintervall $(M_V - 1/2, M_V + 1/2)$

Zeitpunkt der Sternentstehung, also für die Hauptreihe des Alters Null gibt. Das Verhältnis zwischen der Funktion $\Psi(M)$ und der beobachteten Leuchtkraftfunktion $\Phi(M)$ ist

$$\Psi(M) = \Phi(M) T_0 / t_E(M) \ . \tag{18.3}$$

T_0 ist das Alter des Milchstraßensystems und $t_E(M)$ die Lebensdauer von Sternen der absoluten Helligkeit M. Die ursprüngliche Leuchtkraftfunktion ist in Abb. 18.7 dargestellt.

Die Grundgleichung der Stellarstatistik. Die Sterndichte. Die Bestimmung der Variation der räumlichen Sterndichte ist ein entscheidendes Problem bei der Untersuchung der Struktur der Milchstraße. Die Anzahl der Sterne pro Volumeneinheit in der Entfernung r von der Sonne und der Richtung (l, b) ist die Sterndichte $D = D(r, l, b)$.

Die Sterndichte kann außer in der unmittelbaren Sonnennachbarschaft nicht direkt beobachtet werden. Sie kann jedoch berechnet werden, wenn man die Leuchtkraftfunktion und die interstellare Extinktion in Abhängigkeit von der Entfernung in der gewählten Richtung kennt. Außerdem läßt sich die Anzahl der Sterne pro Raumwinkeleinheit (d. h. pro Quadratbogensekunde) in Abhängigkeit von der scheinbaren Helligkeit durch Sternzählungen bestimmen (Abb. 18.8).

Es sollen nun die Sterne im Raumwinkel ω in der Richtung (l, b) und im Entfernungsintervall $(r, r+dr)$ betrachtet werden. Ihre Leuchtkraftfunktion $\Phi(M)$ sei die gleiche wie in der Sonnenumgebung, die unbekannte Sterndichte ist D. Die absolute Helligkeit M der Sterne mit der scheinbaren Helligkeit m ist

$$M = m - 5 \lg (r/10 \text{ pc}) - A(r) \ .$$

Die Anzahl der Sterne der scheinbaren Helligkeit m im Volumenelement $dV = \omega r^2$ ist dann (Abb. 18.9)

$$dN(m) = D(r, l, b) \Phi[m - 5 \lg (r/10 \text{ pc}) - A(r)] dV \ . \tag{18.4}$$

Die Sterne der scheinbaren Helligkeit m in einem gegebenen Gebiet des Himmels befinden sich aber tatsächlich in sehr unterschiedlichen Entfernungen. Um ihre Gesamtzahl $N(m)$ zu erhalten, muß man $dN(m)$ über alle Entfernungen r integrieren:

Abb. 18.8. Die stellare Dichte wird durch Sternzählungen bestimmt. In der Praxis werden die Zählungen auf fotografischen Aufnahmen durchgeführt. (Cartoon S. Harris)

$$N(m) = \int_0^\infty D(r,l,b)\,\Phi[m - 5\lg(r/10\,\mathrm{pc}) - A(r)]\,\omega r^2\,dr\ . \tag{18.5}$$

Gleichung (18.5) ist die *Grundgleichung der Stellarstatistik*. Die Größe auf der linken Seite, die Anzahl der Sterne der scheinbaren Helligkeit m im Raumwinkel ω wird aus der Beobachtung erhalten: man zählt die Sterne unterschiedlicher Helligkeiten in einem gewählten Gebiet des Himmels. Die Leuchtkraftfunktion ist aus der Sonnenumgebung bekannt. Die Extinktion $A(r)$ kann in dem ausgewählten Gebiet z. B. durch Mehrfarbenfotometrie bestimmt werden. Zur Lösung der Integralgleichung (18.5) wurden für die Bestimmung von $D(r,l,b)$ verschiedene Methoden entwickelt, auf die hier aber nicht eingegangen wird.

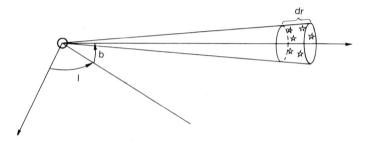

Abb. 18.9. Die Größe eines Volumenelementes in der Entfernung r ist $\omega r^2\,dr$

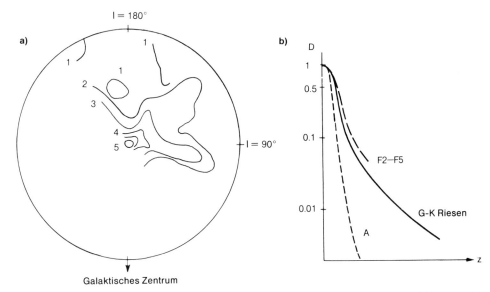

Abb. 18.10a, b. Sterndichte in der Sonnenumgebung. (a) Sterndichte der Spektralklassen A2 bis A5 nach Untersuchungen von S. W. McCuskey. Die Zahlen an den Linien gleicher Dichte geben die Anzahl der Sterne in $10\,000\,\text{pc}^3$. (b) Verteilung der Sterne unterschiedlicher Spektralklassen senkrecht zur galaktischen Ebene nach Untersuchungen von T. Elvius. Die Dichte in der galaktischen Ebene ist auf eins normiert

Abbildung 18.10a zeigt die Sterndichte in der Sonnenumgebung in der Symmetrieebene des Milchstraßensystems und 18.10b senkrecht zu dieser Ebene. Es gibt einige individuelle Konzentrationen, aber z. B. Spiralstruktur ist in einem derart begrenzten Gebiet des Raumes nicht zu beobachten.

Die Verteilung der hellen Objekte. Mit den statistischen Methoden kann man nur die unmittelbare Sonnenumgebung bis in etwa 1 kpc Entfernung untersuchen. Absolut schwache Objekte lassen sich nicht bis in größere Entfernungen beobachten. Da die Sonnenumgebung ziemlich repräsentativ für die allgemeinen Eigenschaften des Milchstraßensystems zu sein scheint, ist ihr Studium sehr wichtig für Informationen über die Verteilung und die Leuchtkraftfunktion von Sternen verschiedener Spektraltypen. Um jedoch die großräumige Struktur der Galaxis zu untersuchen, müssen Sterne von sehr hoher absoluter Helligkeit benutzt werden, die bis in sehr große Entfernungen beobachtet werden können.

Geeignete Objekte sind Sterne früher Spektralklassen, H II-Regionen, OB-Assoziationen, offene Sternhaufen, Cepheiden, RR Lyrae-Sterne, Überriesen, Riesen später Spektralklassen und Kugelsternhaufen. Einige dieser Objekte haben sehr unterschiedliches Alter; die OB-Assoziationen sind am jüngsten, die Kugelsternhaufen haben das größte Alter. Aus Unterschieden in ihrer räumlichen Verteilung können deshalb Informationen über Änderungen der allgemeinen Struktur des Milchstraßensystems gewonnen werden.

Junge optische Objekte, H II-Regionen, OB-Assoziationen und offene Sternhaufen sind sehr stark zur Symmetrieebene des Milchstraßensystems konzentriert (Tabelle 18.1). Die Abb. 18.11 zeigt, daß sie in drei schmalen Bändern konzentriert sind. Da diese Objekte in anderen Galaxien Teile der Spiralstruktur sind, werden die Bänder als Teile

Tabelle 18.1. Populationen im Milchstraßensystem

	Halo Population II	Zwischenpopulation II	Scheibenpopulation	Alte Population I	Junge Population I
Typische Objekte	Unterzwerge, Kugelhaufen, RR Lyr ($P>0,4$ d)	Langperiodische Veränderliche	Planetarische Nebel, Novae, helle rote Riesen	A-Sterne, Me-Zwerge, klassische Cepheiden	Gas, Staub, Überriesen, T Tauri-Sterne
Mittleres Alter [10^9 a]	>6	6–5	5–2	2–0,1	<0,1
Entfernung von der galaktischen Ebene [pc]	2000	700	400	60	120
Vertikalgeschwindigkeit [km/s]	75	25	18	10	8
Metallhäufigkeit	0,003	0,01	0,02	0,03	0,04

von drei Spiralarmen des Milchstraßensystems in der Nachbarschaft der Sonne interpretiert. Sterne später Spektralklassen scheinen viel gleichmäßiger verteilt zu sein. Abgesehen von einigen speziellen Richtungen werden die Beobachtungen in der galaktischen Ebene durch die interstellare Extinktion auf Entfernungen von 3 bis 4 kpc begrenzt.

Alte Objekte, insbesondere Kugelsternhaufen, haben eine nahezu sphärische Verteilung in bezug auf das Zentrum der Galaxis (Abb. 18.12), und ihre Dichte nimmt zum galaktischen Zentrum hin zu. Sie können benutzt werden, um den Abstand der Sonne vom galaktischen Zentrum zu bestimmen, der sich zu 8,5 kpc ergibt.

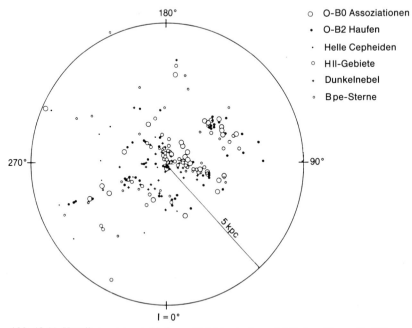

Abb. 18.11. Verteilung von verschiedenen Objekten in der galaktischen Ebene. Drei Konzentrationen können wahrgenommen werden: Der Sagittarius-Arm (*unten*), der lokale Arm in Sonnennähe und der Perseus-Arm (*oben*)

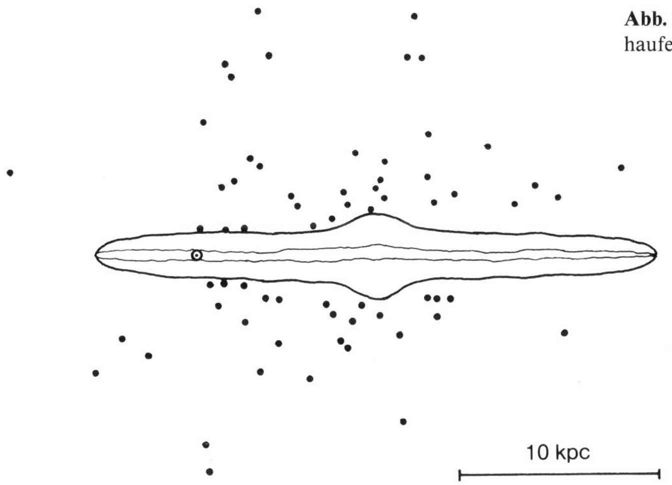

Abb. 18.12. Verteilung der Kugelsternhaufen

Sternpopulationen. Die Untersuchung der Bewegung der Sterne im Milchstraßensystem hat ergeben, daß in der Ebene der Galaxis ihre Bahnen nahezu kreisförmig sind. Diese Sterne sind normalerweise jung und höchstens einige hundert Millionen Jahre alt. Sie enthalten auch einen relativ hohen Anteil an schweren Elementen, etwa 2% bis 4%. Die interstellare Materie bewegt sich in der Ebene des Milchstraßensystems ebenfalls auf fast kreisförmigen Bahnen. Auf Grund ihrer Bewegungen und ihrer chemischen Zusammensetzung bilden die jüngsten Sterne und die interstellare Materie gemeinsam die *Population I*.

Um die Ebene des Milchstraßensystems dehnt sich ein sphärisch symmetrischer Halo bis zu 50 kpc aus. Die Sterndichte ist in der Nähe des galaktischen Zentrums am größten und nimmt nach außen ab. Der Halo enthält sehr wenig interstellare Materie, und die Halosterne sind sehr alt, bis zu 15×10^9 Jahre, und auch sehr metallarm. Ihre Bahnen haben eine große Exzentrizität und befinden sich bevorzugt nicht in der galaktischen Ebene. Auf der Grundlage dieser Kriterien werden die Sterne der *Population II* definiert. Typische Population II-Objekte sind die Kugelsternhaufen, RR Lyrae- und W Virginis-Sterne.

Die Sterne der Population II haben relativ zum lokalen Bezugssystem hohe Geschwindigkeiten bis zu mehr als 300 km/s. Tatsächlich sind ihre Geschwindigkeiten gering und manchmal entgegengesetzt zum lokalen Bezugssystem. Die hohe Relativgeschwindigkeit spiegelt lediglich die Geschwindigkeit des lokalen Bezugssystems von 220 km/s um das galaktische Zentrum wider.

Zwischen diesen beiden Extremen gibt es Zwischenpopulationen. In Ergänzung zur Population I und II spricht man z. B. von der Scheibenpopulation, zu der auch die Sonne gehört. Die typischen Bewegungen, die chemische Zusammensetzung und das Alter der verschiedenen Populationen (Tabelle 18.1) enthalten Informationen über die Entwicklung unserer Galaxis und die Entstehung der Sterne.

18.3 Die Rotation des Milchstraßensystems

Differentielle Rotation, Oortsche Formel. Die Abplattung des Milchstraßensystems suggeriert bereits eine Rotation um eine Achse senkrecht zur galaktischen Ebene. Die Beobachtungen der Bewegung der Sterne und der interstellaren Materie haben diese Rotation bestätigt. Sie haben außerdem gezeigt, daß sie differentiell ist, d. h. daß die Winkelgeschwindigkeit der Rotation vom Abstand vom galaktischen Zentrum abhängt (Abb. 18.13). Das Milchstraßensystem rotiert also nicht wie ein starrer Körper, sondern die Rotationsgeschwindigkeit nimmt in der Nähe der Sonne mit zunehmendem Radius ab.

Die beobachtbaren Effekte der galaktischen Rotation wurden von dem niederländischen Astronomen *Jan J. Oort* hergeleitet. Wir wollen voraussetzen, daß sich die Sterne auf Kreisbahnen um das galaktische Zentrum bewegen (Abb. 18.14). Diese Annahme kann für Sterne der Population I und die interstellare Materie gemacht werden. Der Stern S wird von der Sonne in der Richtung l in der Entfernung r gesehen. Er hat vom galaktischen Zentrum den Abstand R und bewegt sich mit der Kreisbahngeschwindigkeit V. Analog sind für die Sonne der Zentrumsabstand und die Geschwindigkeit R_0 und V_0. Die relative Radialgeschwindigkeit v_r des Sterns in bezug auf die Sonne ist die Differenz der Projektionen der Kreisbahngeschwindigkeiten auf die Sichtlinie:

$$v_r = V \cos \alpha - V_0 \sin l \;. \tag{18.6}$$

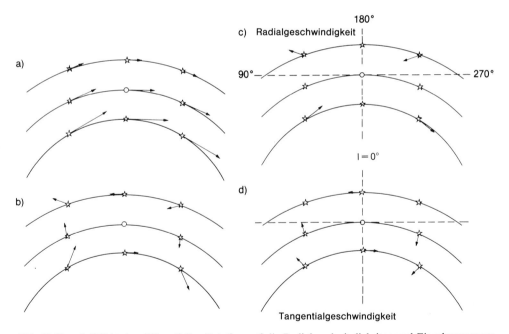

Abb. 18.13a–d. Effekt der differentiellen Rotation auf die Radialgeschwindigkeiten und Eigenbewegungen der Sterne. **(a)** In der Nähe der Sonne nehmen die Bahngeschwindigkeiten in der Galaxis nach außen ab. **(b)** Die Relativgeschwindigkeit in Bezug auf die Sonne wird durch Subtraktion der Sonnengeschwindigkeit vom Geschwindigkeitsvektor in **(a)** erhalten. **(c)** Die radiale Geschwindigkeitskomponente in bezug auf die Sonne. Diese Geschwindigkeitskomponente verschwindet für Sterne mit der gleichen Bahn wie die Sonne. **(d)** Die tangentialen Komponenten der Geschwindigkeit

18.3 Die Rotation des Milchstraßensystems

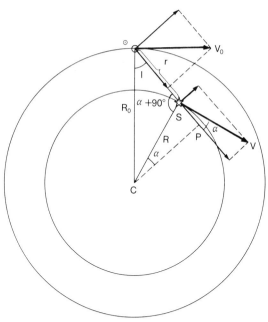

Abb. 18.14. Zur Ableitung der Oortschen Formeln werden die Geschwindigkeitsvektoren der Sonne und des Sternes S in die Komponenten entlang der Sichtlinie zum Stern und senkrecht dazu aufgeteilt

α ist der Winkel zwischen dem Geschwindigkeitsvektor des Sternes und der Sichtlinie. Nach Abb. 18.14 ist der Winkel CS$\odot = \alpha + 90°$. Durch die Anwendung des Sinussatzes auf das Dreieck CS$\odot$ erhält man

$$\frac{\sin(\alpha + 90°)}{\sin l} = \frac{R_0}{R} \quad \text{oder} \quad \cos \alpha = \frac{R_0}{R} \sin l \;. \tag{18.7}$$

Wenn die Winkelgeschwindigkeit des Sternes in der Form $\omega = V/R$ und die der Sonne als $\omega_0 = V_0/R_0$ geschrieben werden, erhält man für die beobachtbare Radialgeschwindigkeit

$$v_r = R_0(\omega - \omega_0)\sin l \;. \tag{18.8}$$

Die tangentiale Komponente der Relativgeschwindigkeit von Sonne und Stern folgt folgendermaßen. Nach Abb. 18.14 gilt

$$v_t = V \sin \alpha - V_0 \cos l = R\omega \sin \alpha - R_0 \omega_0 \cos l \;.$$

Aus dem Dreieck $\odot$CP folgt

$$R\sin\alpha = R_0 \cos l - r \quad \text{und damit} \quad v_t = R_0(\omega - \omega_0)\cos l - \omega r \;. \tag{18.9}$$

Oort bemerkte, daß in der unmittelbaren Sonnenumgebung ($r \ll R_0$) die Unterschiede der Winkelgeschwindigkeiten sehr gering sind. In diesem Fall erhält man für die unmittelbare Nachbarschaft der Sonne, die durch $R = R_0$ charakterisiert ist, eine gute Näherung der exakten Gleichungen (18.8) und (18.9), wenn nur das erste Glied der Taylor-Reihe für $\omega - \omega_0$ genommen wird:

$$\omega - \omega_0 = \left(\frac{d\omega}{dR}\right)_{R=R_0} (R-R_0) \ldots .$$

Unter Nutzung von $\omega = V/R$ und $V(R_0) = V_0$ ergibt sich

$$\omega - \omega_0 = \frac{1}{R_0^2} \left[R_0 \left(\frac{dV}{dR}\right)_{R=R_0} - V_0 \right] (R-R_0) .$$

Für $R \sim R_0 \gg r$ ist die Differenz $R - R_0 \approx -r \cos l$. Damit erhält man eine Näherungsformel für (18.8):

$$v_r \approx \left[\frac{V_0}{R_0} - \left(\frac{dV}{dR}\right)_{R=R_0} \right] r \cos l \sin l \quad \text{oder}$$

$$v_r = A r \sin 2l . \tag{18.10}$$

A ist ein charakteristischer Parameter für die Nachbarschaft der Sonne und wird als *erste Oortsche Konstante* bezeichnet:

$$A = \frac{1}{2} \left[\frac{V_0}{R_0} - \left(\frac{dV}{dR}\right)_{R=R_0} \right] . \tag{18.11}$$

Für die tangentiale Relativgeschwindigkeit folgt analog

$$v_t \approx \left[\frac{V_0}{R_0} - \left(\frac{dV}{dR}\right)_{R=R_0} \right] r \cos^2 l - \omega_0 r .$$

Da $2 \cos^2 l = 1 + \cos 2l$ ist, kann man schreiben

$$v_t = A r \cos 2l + B r \tag{18.12}$$

A hat die gleiche Bedeutung wie zuvor, und B ist die *zweite Oortsche Konstante*

$$B = \frac{1}{2} \left[\frac{V_0}{R_0} + \left(\frac{dV}{dR}\right)_{R=R_0} \right] . \tag{18.13}$$

Die Eigenbewegung $\mu = v_t/r$ ist dann

$$\mu \approx A \cos 2l + B . \tag{18.14}$$

Gleichung (18.10) besagt, daß die Abhängigkeit der beobachteten Radialgeschwindigkeit von der galaktischen Länge für Sterne mit gleicher Entfernung eine Doppelsinuskurve ist. Das konnte durch Beobachtungen bestätigt werden (Abb. 18.15a). Wenn die Entfernung der ausgewählten Sterne bekannt ist, bestimmt die Amplitude der Kurve die Größe der Oortschen Konstante A.

Die Eigenbewegung der Sterne bilden unabhängig von der Entfernung eine Doppelkosinuswelle in Abhängigkeit von der galaktischen Länge, wie es in Abb. 18.15b dargestellt ist. Die Amplitude der Welle ist A, ihr Mittelwert B.

18.3 Die Rotation des Milchstraßensystems

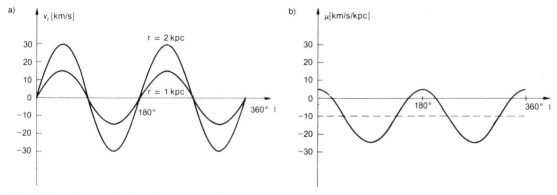

Abb. 18.15a, b. Geschwindigkeitskomponenten der differentiellen Rotation nach den Oortschen Formeln als Funktion der galaktischen Länge. (**a**) Radialgeschwindigkeiten für Objekte in 1 bis 2 kpc Entfernung (vgl. mit Abb. 18.13). Die Längen, in denen die Radialgeschwindigkeiten null sind, hängen genau genommen von der Entfernung ab. (**b**) Die Eigenbewegungen

Oort erkannte 1927 auf der Basis dieser Beobachtungen, daß die Bewegungen der Sterne eine differentielle Rotation des Milchstraßensystems widerspiegeln. Unter Berücksichtigung eines umfangreichen Beobachtungsmaterials legte die Internationale Astronomische Union für die Oortschen Konstanten folgende Werte fest:

$$A = 15 \text{ km s}^{-1} \text{ kpc}^{-1}, \quad B = -10 \text{ km s}^{-1} \text{ kpc}^{-1}.$$

Aus den Oortschen Konstanten folgen einige interessante Zusammenhänge. Durch Subtraktion von (18.13) und (18.11) erhält man

$$A - B = \frac{V_0}{R_0} = \omega_0. \tag{18.15}$$

Aus der Addition von (18.13) und (18.11) folgt

$$A + B = -\left(\frac{dV}{dR}\right)_{R=R_0}. \tag{18.16}$$

Mit Kenntnis der Werte A und B kann man die Winkelgeschwindigkeit des lokalen Bezugssystems um das galaktische Zentrum berechnen; sie ergibt sich zu $\omega_0 = 0{,}0053''$ pro Jahr. Wenn man das punktförmige Zentrum sehen könnte, wäre das seine Eigenbewegung.

Die Kreisbahngeschwindigkeit der Sonne und des lokalen Bezugssystems kann auf unabhängige Weise aus der Beobachtung extragalaktischer Systeme als Referenzobjekte bestimmt werden. Damit wurde für V_0 ein Wert von etwa 220 km/s erhalten. Aus (18.15) kann man nun die Entfernung vom galaktischen Zentrum berechnen, und das Ergebnis von 8,5 kpc ist in guter Übereinstimmung mit dem Abstand des Zentrums des Systems der Kugelsternhaufen. Die Richtung zum galaktischen Zentrum, die sich aus der Verteilung der Radialgeschwindigkeiten und Eigenbewegungen nach (18.10) und (18.14) ergibt, stimmt ebenfalls gut mit anderen Messungen überein.

Die Umlaufzeit der Sonne in der Galaxis ergibt sich aus diesen Resultaten zu etwa $2{,}5 \times 10^8$ Jahren. Da die Sonne fast 5×10^9 Jahre alt ist, hat sie 20 Umläufe um das galaktische Zentrum absolviert. Nach dem letzten Umlauf endete auf der Erde die Karbonperiode, und das Aufkommen der Säugetiere stand bevor.

Die Verteilung der Interstellaren Materie. Radiofrequenzstrahlung, insbesondere die des neutralen Wasserstoffs, wird vom interstellaren Staub praktisch nicht absorbiert und gestreut und kann deshalb für die großräumige Kartierung des Milchstraßensystems benutzt werden. Radiosignale lassen sich noch von der entgegengesetzten Begrenzung des Milchstraßensystems empfangen.

Die Position einer Radioquelle, z. B. einer H I-Wolke in der Galaxis, kann nicht direkt bestimmt werden. Es existieren aber indirekte Methoden, die auf der differentiellen Rotation beruhen.

Abbildung 18.16 zeigt schematisch die Situation, in der Gaswolken auf den Kreisen $P_1, P_2 \ldots$ in der Richtung l ($-90° < l < 90°$) beobachtet werden. Die Winkelgeschwindigkeit nimmt ins Innere der Galaxis zu. Die größte Winkelgeschwindigkeit auf der Sichtlinie ergibt sich deshalb für den Punkt P_k, in dem die Sichtlinie den Kreis tangiert. Die Radialgeschwindigkeit der Wolken wächst in einer bestimmten Richtung bis zum Maximalwert für die Wolke P_k:

$$v_{r,max} = R_k(\omega - \omega_0) \, . \tag{18.17}$$

In (18.17) ist $R_k = R_0 \sin l$. Die Entfernung der Wolke P_k von der Sonne ist $r = R_0 \cos l$. Wenn r weiter zunimmt, wird v_r wieder kontinuierlich geringer. Abbildung 18.17 zeigt, wie sich die beobachtete Radialgeschwindigkeit in einer gegebenen Richtung mit der Entfernung r verändert, wenn sich das Gas auf Kreisbahnen bewegt und die Winkelgeschwindigkeit nach außen abnimmt.

Die 21-cm-Linie des neutralen Wasserstoffs ist für die Kartierung des Milchstraßensystems besonders wichtig. Abbildung 18.18 zeigt schematisch, wie die Wasserstofflinie aus vielen individuellen Konzentrationen neutralen Wasserstoffs gebildet wird. Die Wel-

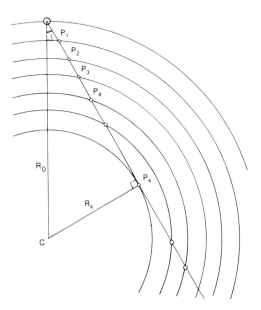

Abb. 18.16. Wolken $P_1, P_2, \ldots$, die in der gleichen Richtung bei verschiedenen Entfernungen gesehen werden

18.3 Die Rotation des Milchstraßensystems

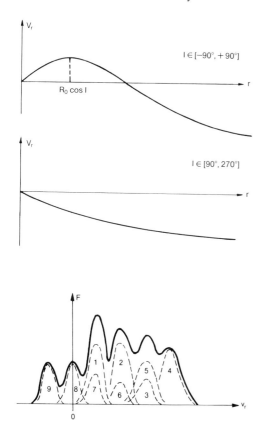

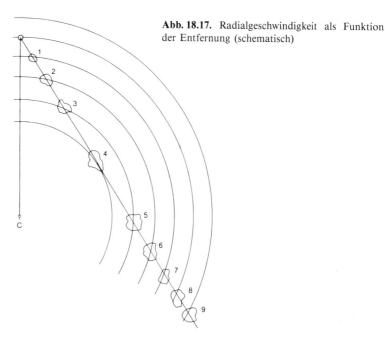

Abb. 18.17. Radialgeschwindigkeit als Funktion der Entfernung (schematisch)

◀ **Abb. 18.18.** Wolken mit unterschiedlichen Entfernungen haben verschiedene Geschwindigkeiten und ergeben deshalb Emissionslinien mit unterschiedlichen Doppler-Verschiebungen. Das beobachtete Flußdichteprofil (*ausgezogene Kurve*) ist die Summe aller individuellen Linienprofile (*gestrichelte Kurven*). Die Zahlen an den Linienprofilen entsprechen den Wolken im oberen Bild

lenlänge der einzelnen Lichtkomponenten hängen von den Radialgeschwindigkeiten der individuellen Wolken, die sie produzieren, ab, die Stärke der Komponenten wird durch die Massen und Dichten der Wolken bestimmt. Die Gesamtemission ist die Summe aller Beiträge.

Wenn Beobachtungen in verschiedenen galaktischen Längen gemacht werden und vorausgesetzt wird, daß die Wolken Teile kontinuierlicher Spiralarme sind, kann die Verteilung des neutralen Wasserstoffs in der galaktischen Ebene bestimmt werden. Abbildung 16.17 ist eine Karte des Milchstraßensystems, die aus 21-cm-Linienbeobachtungen des neutralen Wasserstoffs gewonnen wurde. Die Interpretation bestimmter Details ist schwierig, da die Karte Unsicherheiten enthält. Um die Entfernungen der Gaswolken zu erhalten, muß man die *Rotationskurve*, die Kreisbahngeschwindigkeit als Funktion des galaktischen Radius, kennen. Diese wird mit den gleichen Radialgeschwindigkeitsbeobachtungen und der Annahme der betreffenden Dichte und Rotation des Gases bestimmt. Die Interpretation der Spiralstruktur, die man aus Radiobeobachtungen erhält, enthält auch noch Unsicherheiten. Es ist zum Beispiel schwierig, in der Nähe der Sonne die Radiospiralstruktur mit der aus optischen Beobachtungen von jungen Sternen und Assoziationen in Übereinstimmung zu bringen.

Rotation. Massenverteilung und Gesamtmasse des Milchstraßensystems. Die Gleichung (18.17) gibt für eine bestimmte galaktische Länge l den galaktischen Radius R_k für die Wolken mit maximaler Radialgeschwindigkeit. Wenn man die Beobachtungen für verschiedene galaktische Länge durchführt, kann man mit Hilfe von (18.17) deshalb die

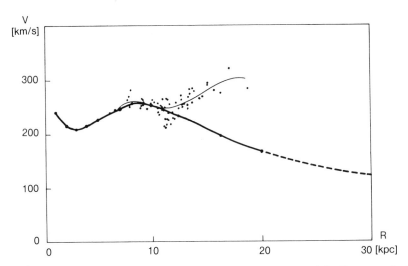

Abb. 18.19. Die Rotationskurve des Milchstraßensystems beruht auf der Bewegung der Wasserstoffwolken. Jeder Punkt repräsentiert eine Wolke. Die breite Linie gibt die Rotationskurve, die von Maarten Schmidt 1965 bestimmt wurde. Wäre die gesamte Masse innerhalb eines Radius von 20 kpc konzentriert, dann setzte sich die Kurve nach dem dritten Keplerschen Gesetz fort (*gestrichelte Linie*). Die Rotationskurve, die Leo Blitz auf Grund neuerer Beobachtungen ableitete, beginnt nach 12 kpc wieder anzusteigen

Winkelgeschwindigkeit ω für verschiedene Abstände vom galaktischen Zentrum bestimmen. (Kreisbewegung muß vorausgesetzt werden.) Auf diesem Wege ist die Rotationskurve $\omega = \omega(R)$ und die entsprechende Geschwindigkeitskurve $V = V(R) (= \omega R)$ zu erhalten.

In Abb. 18.19 ist die Rotationskurve des Milchstraßensystems dargestellt. Die zentralen Gebiete rotieren wie ein starrer Körper, d. h. ihre Winkelgeschwindigkeit ist unabhängig vom Radius. Außerhalb dieser Region nimmt die Geschwindigkeit zuerst ab und beginnt dann zu wachsen. Ein Maximum erreicht die Geschwindigkeit in einem Abstand von etwa 8 kpc vom Zentrum. In der Nähe der Sonne, die ca. 8,5 kpc vom galaktischen Zentrum entfernt ist, beträgt die Geschwindigkeit 220 km/s. Nach früheren Vorstellungen sollte die Geschwindigkeit dann mit zunehmendem Radius kontinuierlich geringer werden. Das würde bedeuten, daß die überwiegende Masse des Milchstraßensystems sich innerhalb der Sonnenbahn befindet. Diese Masse kann dann nach dem dritten Keplerschen Gesetz bestimmt werden. Nach (7.34) gilt

$$M = R_0 V_0^2 / G \; .$$

Mit den Werten $R_0 = 8,5$ kpc und $V_0 = 220$ km/s erhält man

$$M = 1,9 \times 10^{41} \text{ kg} = 1,0 \times 10^{11} \, M_\odot \; .$$

Die Entweichgeschwindigkeit beträgt für den Radius R

$$V_e = \sqrt{\frac{2GM}{R}} = V\sqrt{2} \; . \tag{18.18}$$

Das ergibt in der Nähe der Sonne eine Entweichgeschwindigkeit von 310 km/s. Man sollte deshalb nur wenige Sterne beobachten, die sich in Richtung der galaktischen Rotation, $l = 90°$, in bezug auf das lokale System mit einer Geschwindigkeit von mehr als 90 km/s bewegen, da die Geschwindigkeit dieser Sterne die Entweichgeschwindigkeit übertreffen würde. Diese Tatsache wurde durch Beobachtungsdaten bestätigt.

Die vorausgehenden Beobachtungen beruhen auf der Voraussetzung, daß innerhalb der Bahn der Sonne um das galaktische Zentrum die gesamte Masse im Mittelpunkt konzentriert ist. Wenn dies richtig wäre, müßte die Rotationskurve den Keplerschen Gesetzen nach der Formel $V \sim R^{1/2}$ gehorchen. Daß das nicht der Fall ist, kann mit den Werten der Oortschen Konstanten begründet werden. Die Ableitung der Keplerbeziehung

$$V = \sqrt{\frac{GM}{R}} = \sqrt{GM}\, R^{-1/2}$$

ergibt

$$\frac{dV}{dR} = -\frac{1}{2}\sqrt{GM}\, R^{-3/2} = -\frac{1}{2}\frac{V}{R}.$$

Unter Benutzung von (18.15) und (18.16) für die Oortschen Konstanten findet man

$$(A-B)/(A+B) = 2 \tag{18.19}$$

für die Keplersche Rotationskurve. Dies ist mit den beobachteten Werten nicht in Übereinstimmung. Deshalb ist das angenommene Keplersche Gesetz nicht gültig.

Die Massenverteilung im Milchstraßensystem kann auf der Grundlage der Rotationskurve studiert werden. Man sucht nach einer passenden Massenverteilung, mit der die beobachtete Rotationskurve reproduziert werden kann. Vor kurzem wurden weit entfernte Kugelhaufen entdeckt, danach ist das Milchstraßensystem größer als erwartet. Auch die Beobachtung der Rotationskurve außerhalb der Sonnenbahn läßt vermuten, daß die Rotationsgeschwindigkeit wieder zunimmt. Daraus geht hervor, daß die Masse des Milchstraßensystems wahrscheinlich um das Zehnfache größer ist, als man früher annahm.

18.4 Struktur und Entwicklung des Milchstraßensystems

Die Spiralstruktur. Wie schon früher dargestellt wurde, scheint das Milchstraßensystem eine *Spiralgalaxie* zu sein, aber es gibt keine allgemeine Übereinstimmung hinsichtlich der Details der Spiralstruktur. 1976 bestimmten *Y. M.* und *Y. P. Georgelin* die Entfernungen von H II-Regionen durch Radio- und optische Beobachtungen, einer Methode, die unabhängig von Voraussetzungen über das galaktische Rotationsgesetz ist. Sie konnten dann vier Spiralarme an die H II-Gebiete anpassen (Abb. 18.20).

Die Problematik der Spiralstruktur ist schon alt. Eine kleine Störung in der Scheibe wird durch die differentielle Rotation schnell zu einer Spiralform führen. Eine solche Spirale besteht aber nur wenige galaktische Umdrehungen, also einige hundert Millionen Jahre.

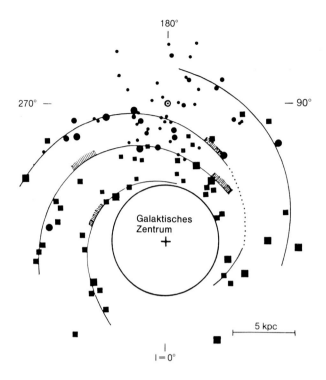

Abb. 18.20. Positionen von H II-Gebieten nach optischen (*Kreise*) und Radiobeobachtungen (*Quadrate*). Aus diesen Daten können vier Spiralarme abgeleitet werden

Ein wichtiger Schritt bei der Untersuchung der Spiralstruktur war die *Dichtewellentheorie*, die kurz nach 1960 von *C. C. Lin* und *Frank H. Shu* entwickelt wurde. Die Spiralstruktur wird als wellenartige Variation der Dichte in der Scheibe angenommen. Das Spiralmuster rotiert wie ein fester Körper mit etwa der halben Winkelgeschwindigkeit der galaktischen Rotation, wobei Sterne und Gas durch die Welle durchlaufen.

Die Dichtewellentheorie erklärt auf natürlichem Wege, warum junge Objekte, Molekülwolken, H II-Regionen und helle junge Sterne in den Spiralarmen gefunden werden. Wenn das Gas durch die Welle geht, wird es stark komprimiert. Die innere Gravitation der Gaswolken spielt dann eine größere Rolle, führt zum Kollaps und zur Sternbildung.

Der Durchlauf des Materials durch einen Spiralarm dauert ungefähr 10^7 Jahre. In dieser Zeit haben die heißen, hellen Sterne ihre Entwicklung abgeschlossen, ihre Ultraviolettstrahlung ist demzufolge nicht mehr vorhanden und die H II-Gebiete verschwinden. Die massearmen Sterne, die in den Spiralarmen entstanden sind, haben sich durch ihre Pekuliargeschwindigkeit in der Scheibe zerstreut.

Es ist noch nicht vollkommen geklärt, welche Ursachen die Spiralwellen haben. Einige weitere Bemerkungen dazu siehe in Abschn. 19.3.

Das galaktische Zentrum. Unsere Kenntnisse über das Zentrum des Milchstraßensystems haben dank der Radio- und Infrarotbeobachtungen beträchtlich zugenommen, seine Struktur ist aber noch nicht vollkommen bekannt. Im optischen Wellenlängenbereich ist die Sicht auf das Zentrum durch die Dunkelwolken im Sagittarius-Spiralarm, der etwa 2 kpc von uns entfernt ist, blockiert.

Das gegenwärtige Bild vom galaktischen Zentrum zeigt Abb. 18.21. Wie in anderen Galaxien nimmt die Sterndichte zum Zentrum sehr stark zu (s. Abschn. 19.2). In der

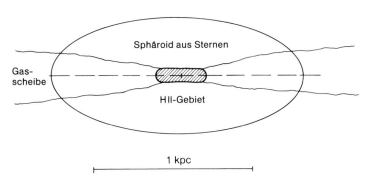

Abb. 18.21. Struktur des Zentrums der Milchstraße

Äquatorebene des zentralen Sphäroids befindet sich eine schnell rotierende Gasscheibe. In etwa 800 pc Abstand vom Zentrum beträgt die Rotationsgeschwindigkeit mehr als 200 km/s. Eine andere interessante Zentralstruktur ist der „3-Kiloparsec-Arm" aus neutralem Wasserstoff, der mit einer Geschwindigkeit von 100 km/s expandiert und sich vom Zentrum wegbewegt.

Im innersten Gebiet mit einer Ausdehnung von nur einigen Parsec scheint sich ein normaler Sternhaufen zu befinden. Die Dichte beträgt das Zehnmillionenfache der Sterndichte in der Sonnenumgebung. Innerhalb des Haufens, etwa 2 pc vom Kern entfernt, gibt es einen Ring aus normalem molekularem Gas und Staub.

Der tatsächliche Kern ist eine Radio-Punktquelle, von der VLBI-Beobachtungen zeigen, daß ihr Durchmesser kleiner als 20 AE ist. Die Bewegung des Gases um den Kern wurde im Radiobereich mit dem VLA kartiert. Die Beobachtungen zeigen komplizierte Bewegungsmuster der Gasströme innerhalb von einigen Parsec Abstand. Die beobachteten Geschwindigkeiten des Gases können benutzt werden, um die Masse des zentralen Kerns zu bestimmen, die sich danach zu einigen Millionen Sonnenmassen ergibt.

Ein Grund für das besondere Interesse am galaktischen Kern ist, daß er die Miniaturausgabe eines aktiven galaktischen Kerns sein könnte, wie er bei einigen anderen Galaxien beobachtet wird (s. Abschn. 19.9). Nach einer verbreiteten Theorie sollten aktive galaktische Kerne schwarze Löcher von einigen Millionen Sonnenmassen enthalten. Die geringe Ausdehnung und große Masse des galaktischen Kerns lassen vermuten, daß das auch für das Milchstraßensystem gilt.

Die allgemeine Struktur und Entwicklung des Milchstraßensystems. Es ist eine Tatsache, daß viele entscheidende Merkmale der Struktur des Milchstraßensystems noch unzureichend bekannt sind. Viele Details der folgenden Zusammenfassung sind deshalb noch unsicher.

Abbildung 18.22 gibt einen Überblick über die Galaxis. Eine Scheibe interstellarer Materie rotiert um ein dichtes Zentrum. Die Scheibe ist unmittelbar außerhalb der zentralen Verdickung am dünnsten, ihre Dicke nimmt zum Rand ganz allmählich zu. Sterne entstehen immer noch in der Scheibe, und die jungen Objekte bilden eine Spiralstruktur. Diese Scheibe wird von einem großen, diffusen Halo umgeben. Die Sterne und Sternhaufen im Halo repräsentieren die älteste Generation von Sternen. Die Bahnen der Sterne in der Scheibe sind nahezu kreisförmig und liegen in der Scheibe. Die Bahnen der Halosterne haben große Exzentrizitäten, ihre Orientierungen sind ganz zufällig verteilt. Die Sterne der ältesten Population sind sehr metallarm, die Sterne der jüngsten Population und die interstellare Materie besitzen eine große Metallhäufigkeit.

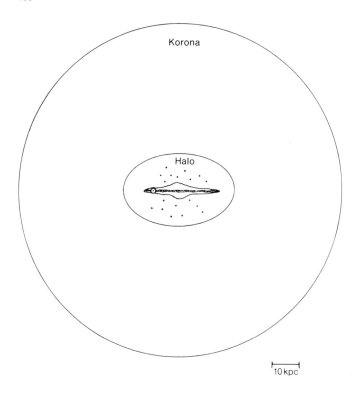

Abb. 18.22. Allgemeine Struktur des Milchstraßensystems. Die Kugelhaufen bilden einen Halo, der die diskusförmige Scheibe umgibt

Die räumliche Verteilung, Kinematik und chemischen Häufigkeiten der verschiedenen Populationen ergeben sich aus einem einheitlichen Entwicklungsmodell der Galaxis. Vor 15 Milliarden Jahren war das Milchstraßensystem eine große, turbulente Wolke aus Wasserstoff und Helium. Die ersten massereichen Sterne, die in dieser Wolke entstanden, produzierten schwerere Elemente und explodierten als Supernovae. Die Schockwellen von diesen Explosionen beschleunigten die Bildung weiterer Sterngenerationen. Während dieser Zeit kontrahierte die Wolke das Milchstraßensystem unter ihrer inneren Gravitation, wobei die ursprünglich langsame Rotation beschleunigt wurde, da der Drehimpuls während der Kontraktion erhalten bleibt. In einem späteren Stadium kollabierte die Wolke fast vollständig entlang der Rotationsachse, während in der Rotationsebene die Kontraktion zum Stehen kam; die Scheibe des Milchstraßensystems bildete sich.

Die massearmen Sterne der ersten Generation existieren noch im Halo, vor allem in den Kugelsternhaufen, und ihre zufällig orientierten, langgestreckten Bahnen spiegeln den turbulenten Zustand der ursprünglichen Wolke wider.

Der zunehmende Metallgehalt in den Sternen der jüngeren Populationen gibt Informationen über die Produktion der Elemente innerhalb der Sterne und über die Anreicherung der interstellaren Materie mit schweren Elementen durch Masse, die von den Sternen der neuen Generationen in den interstellaren Raum geblasen wird.

Viele Details dieses allgemeinen Bildes wurden quantitativ sowohl durch die Beobachtung als auch theoretisch untersucht. Viele Fragen sind noch offen. Wichtige Beiträge für das Verständnis der Struktur und Entwicklung des Milchstraßensystems kommen aus vergleichenden Studien anderer Galaxien.

18.5 Übungen

18.5.1 Zeige, daß bei gleichförmiger Verteilung der Sterne im Raum und dem Fehlen interstellarer Extinktion die Anzahl der Sterne, die heller sind als die scheinbare Helligkeit m, gegeben ist durch

$$N_0(m) = N_0(0) \times 10^{0,6m} \, .$$

Es soll angenommen werden, daß alle Sterne die gleiche absolute Helligkeit M haben. Sterne mit der scheinbaren Helligkeit m haben die Entfernung in Parsec

$$r = 10 \times 10^{0,2(m-M)} \, .$$

Um heller als m zu sein, muß der Stern sich innerhalb einer Kugel mit dem Radius r befinden. Da die Sterndichte konstant ist, ist die Anzahl der Sterne dem Volumen proportional:

$$N_0(m) \sim r^3 \sim 10^{0,6m} \, . \tag{1}$$

Das Resultat hängt nicht von der absoluten Helligkeit der Sterne ab. Danach muß das Ergebnis das gleiche sein, wenn die Helligkeiten nicht konstant sind, so wie die Leuchtkraftfunktion nicht von der Entfernung abhängt. Damit gilt Gleichung (1) ganz allgemein unter den festgelegten Bedingungen.

18.5.2 *Entfernungsbestimmungen mit Hilfe der Oortschen Formeln*

Ein Objekt in der galaktischen Ebene mit der Länge $l = 45°$ hat die Radialgeschwindigkeit von 30 km/s zum lokalen Bezugssystem. Wie groß ist seine Entfernung?

Nach (18.10) gilt

$$v_r = A r \sin 2l \, .$$

Damit wird

$$r = \frac{v_r}{A r \sin 2l} = \frac{30}{15} \frac{\text{km s}^{-1}}{\text{km s}^{-1} \text{kpc}^{-1}} = 2 \text{ kpc} \, .$$

In der Praxis sind die Pekuliargeschwindigkeiten so groß, daß diese Methode für Entfernungsbestimmungen nicht genutzt werden kann. Die Oortschen Formeln sind zumeist nur für statistische Untersuchungen geeignet.

Kapitel 19 **Galaxien**

Die Galaxien sind die fundamentalen Bausteine des Universums. Einige von ihnen haben eine ganz einfache Struktur, sie bestehen nur aus normalen Sternen und zeigen keine besonderen individuellen Merkmale. Andererseits gibt es sehr komplexe, die aus vielen unterschiedlichen Komponenten aufgebaut sind − Sternen, neutralem und ionisiertem Gas, Staub, Molekülwolken, Magnetfeldern, kosmischer Strahlung usw. Die Galaxien bilden kleine Gruppen und auch große Haufen im Raum. In den Zentren vieler Galaxien gibt es kompakte Kerne. Diese sind manchmal so hell, daß sie die normale Emission der Galaxien vollkommen überstrahlen.

Die Leuchtkraft der hellsten Galaxien entspricht 10^{12} Sonnenleuchtkräften, die meisten sind aber leuchtärmer. Die schwächsten Galaxien wurden mit 10^5 Sonnenleuchtkräften beobachtet. Da die Galaxien keine scharfen äußeren Begrenzungen haben, hängen die Bestimmung ihrer Radien und Massen von der Definition dieser Größen ab. Wenn nur die hellen zentralen Teile einbezogen werden, hat eine Riesengalaxie eine typische Masse von $10^{13} M_\odot$ und einen Radius von 30 kpc, für ein Zwergsystem sind diese Werte $10^7 M_\odot$ und 0,5 kpc.

Die Materiedichte ist in den verschiedenen Galaxientypen sehr unterschiedlich. Auch in verschiedenen Gebieten der Galaxien findet man unterschiedliche Dichten. Die Entwicklung einer Galaxie ist das Resultat von Prozessen, die auf sehr unterschiedlichen Zeit- und Energieskalen ablaufen. Bisher ergab sich kein einheitliches Bild. Im folgenden werden die wichtigsten beobachteten Eigenschaften der Galaxien vorgestellt; ihre Erklärung bleibt die Aufgabe für eine zukünftige Theorie der Galaxienentwicklung.

19.1 Die Klassifikation der Galaxien

Der erste Schritt zu einer Theorie der Galaxien ist eine Klassifikation aufgrund ihres unterschiedlichen Aussehens. Obwohl eine solche Klassifikation immer in gewissem Umfang subjektiv ist, schafft sie doch eine Stütze für ein systematisches Studium der quantitativen Eigenschaften der Galaxien. Es muß aber darauf hingewiesen werden, daß das so gewonnene Bild auf die großen und hellen Galaxien, die leicht beobachtet werden können, beschränkt ist. Einen Eindruck von der unvermeidbaren Begrenzung gibt Abb. 19.1, die die Radien und Helligkeiten der normalen Galaxien zeigt. Man sieht, daß Galaxien nur in einem schmalen Gebiet des Diagramms gefunden werden können. Wenn eine Galaxie für ihre Helligkeit einen zu großen Radius hat (kleine Flächenhelligkeit), verschwindet sie in der Hintergrundstrahlung des Himmels. Wenn der Radius andererseits zu klein ist, sieht sie wie ein Stern aus und wird auf der fotografischen Platte nicht als Galaxie bemerkt. Im folgenden beziehen wir uns in der Hauptsache auf helle Galaxien innerhalb der Grenzen.

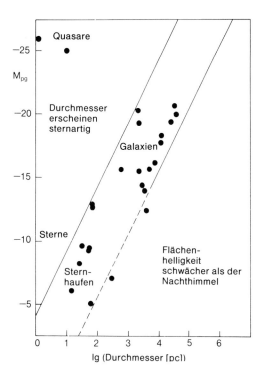

Abb. 19.1. Helligkeiten und Durchmesser von beobachtbaren extragalaktischen Objekten. Die Objekte oben links sehen wie Sterne aus. Die Quasare in diesem Gebiet wurden auf Grund ihrer Spekren entdeckt. Objekte unten rechts haben eine Flächenhelligkeit, die kleiner ist als die des Nachthimmels. Einige nahe Zwerggalaxien, die in Einzelsterne aufgelöst werden können, sind in diesem Gebiet bekannt. [Arp, H. (1965): Astrophys. J. **142**, 402]

Eine Klassifikation ist brauchbar, wenn sie wenigstens grob mit einigen wichtigen physikalischen Eigenschaften der Galaxien übereinstimmt. Die meisten Klassifikationen beziehen sich in ihren Hauptkriterien auf das von Edwin Hubble 1926 vorgeschlagene Schema. Hubbles eigene Version, die sogenannte *Hubble-Sequenz*, zeigt Abb. 19.2. Die verschiedenen Typen von Galaxien sind in der Sequenz in *frühe* und *späte Typen* eingeteilt. Es gibt drei Grundtypen: *elliptische, linsenförmige* und *Spiralgalaxien*. Die Spiralsysteme sind in *normale* und *Balkenspiralen* unterteilt. Ergänzt werden diese Typen durch die *irregulären Galaxien*.

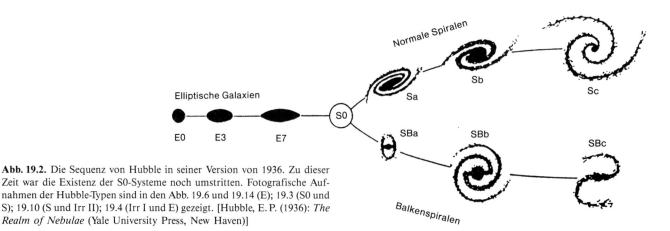

Abb. 19.2. Die Sequenz von Hubble in seiner Version von 1936. Zu dieser Zeit war die Existenz der S0-Systeme noch umstritten. Fotografische Aufnahmen der Hubble-Typen sind in den Abb. 19.6 und 19.14 (E); 19.3 (S0 und S); 19.10 (S und Irr II); 19.4 (Irr I und E) gezeigt. [Hubble, E. P. (1936): *The Realm of Nebulae* (Yale University Press, New Haven)]

19.1 Die Klassifikation der Galaxien

Die elliptischen Galaxien erscheinen am Himmel als ellipsenförmige Sternanhäufungen, in denen die Dichte vom Zentrum zum Rand systematisch abnimmt. Normalerweise haben sie keine Anzeichen von interstellarer Materie (dunkle Staubbänder, helle junge Sterne). Die elliptischen Galaxien unterscheiden sich nur in ihrer Form und werden danach in die E0, E1 ... E7-Systeme eingeteilt. Wenn die große und die kleine Achse a und b sind, ist der Typ E_n definiert durch

$$n = 10(1 - b/a) \ .$$

Das Bild einer E0-Galaxie ist kreisförmig. Die scheinbare Form einer E-Galaxie hängt natürlich von der Richtung ab, unter der sie gesehen wird. Tatsächlich kann eine E0-Galaxie wirklich sphärisch sein, sie kann aber auch eine kreisförmige Scheibe sein, die von oben gesehen wird.

Später wurde die Hubble-Sequenz durch die elliptischen Riesengalaxien, die mit cD bezeichnet werden, ergänzt. Diese werden im allgemeinen im Zentrum von Galaxienhaufen gefunden. Sie bestehen aus einem Zentralteil, der wie eine normale elliptische Galaxie aussieht und von einem großen, schwachen Halo aus Sternen umgeben ist.

In der Hubble-Sequenz befinden sich die linsenförmigen oder S0-Galaxien zwischen den elliptischen und den Spiralgalaxien (Abb. 19.3). Wie die elliptischen Systeme enthalten sie nur wenig interstellare Materie und haben keine Anzeichen von Spiralstruktur. Außer der elliptischen Komponente aus Sternen besitzen sie aber wie die Spiralsysteme auch eine flache stellare Scheibe.

Spiralgalaxien bestehen aus einem zentralen Wulst, die strukturell den E-Galaxien ähnlich ist und einer stellaren Scheibe wie die S0-Galaxien. Außerdem haben sie eine dünne Scheibe aus Gas und anderer interstellarer Materie, in der junge Sterne gebildet werden. Diese stellen ein mehr oder weniger gutes Spiralmuster dar. Es gibt zwei Arten von Spiralgalaxien, die normalen Sa-, Sb-, Sc-Systeme und die Balkenspiralen SBa–SBb–SBc. Die letzteren enthalten einen zentralen Balken, der in den normalen Systemen fehlt. Die Einordnung einer Galaxie in die Sequenz der Spiralen wird nach drei Kriterien, die nicht immer übereinstimmen, vorgenommen: die späteren Typen (Sc) haben einen kleineren zentralen Kern und schmale Arme, die eine weit geöffnete Spiralstruktur bilden. Das Milchstraßensystem ist eine Sbc-Galaxie (zwischen den Sb- und Sc-Systemen).

Die klassische Hubble-Sequenz beruht in der Hauptsache auf hellen Galaxien, schwache Galaxien können nicht immer gut eingepaßt werden. Die irregulären Galaxien werden in der ursprünglichen Hubble-Sequenz in die Klassen Irr I und Irr II unterteilt. Die Irr I-Systeme bilden den kontinuierlichen Übergang zu den Sc-Galaxien (Abb. 19.4a). Sie sind reich an Gas und enthalten viele junge Sterne. Die Irr II-Typen besitzen Staub, sie sind irregulär, erinnern aber schon an kleine elliptische Systeme.

Oft werden auch noch Zwerggalaxien als weitere Typen aufgeführt. Ein Beispiel sind die sphärischen Zwergsysteme dE. Sie sind den elliptischen ähnlich, haben aber eine ziemlich gleichmäßige Sternverteilung ohne Konzentration zum Zentrum (Abb. 19.4b). Eine andere Gruppe sind die blauen kompakten Galaxien (sie werden auch extragalaktische H II-Regionen genannt). Bei diesen kommt fast das gesamte Licht aus einem kleinen Gebiet neu entstandener Sterne.

Abb. 19.3. (a) Klassifikation der normalen Spiralen sowie der S0-Systeme

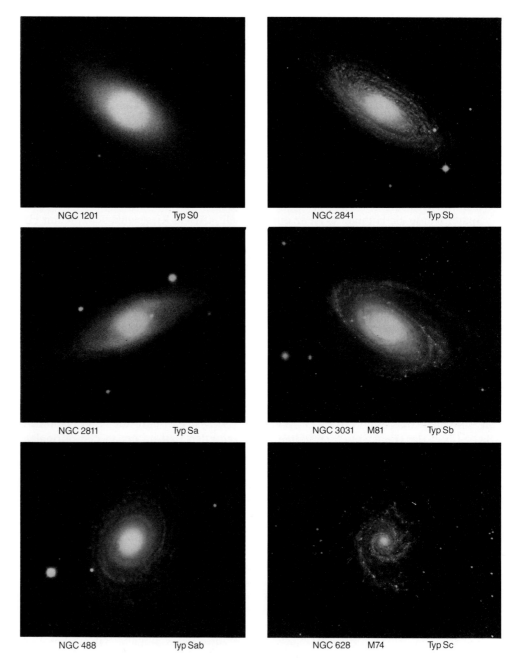

19.1 Die Klassifikation der Galaxien

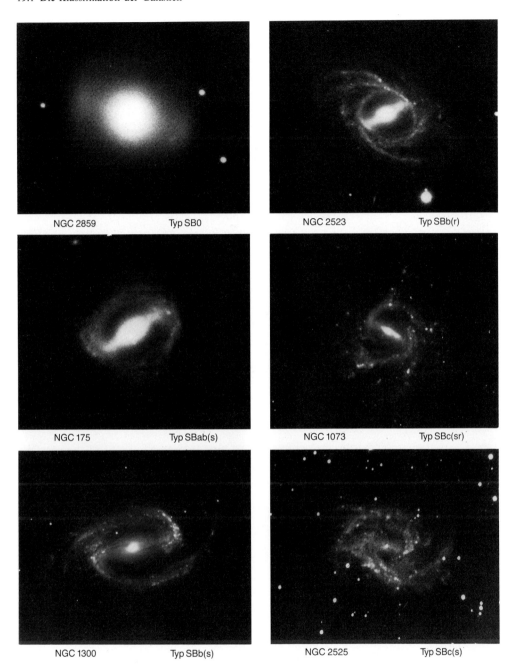

Abb. 19.3. (b) (*rechts*) Unterschiedliche Typen von SB0- und SB-Galaxien. Diese Typen unterscheiden sich durch das Vorhandensein (r) oder Fehlen (s) eines zentralen Ringes. (Fotos Mt. Wilson Observatory)

Abb. 19.4. (a) Die Kleine Magellansche Wolke (Hubble-Typ Irr I), ein zwergartiger Begleiter des Milchstraßensystems. **(b)** (*unten*) Die Skulptor-Galaxie, ein elliptisches Zwergsystem dE. (Foto ESO)

19.2 Elliptische Galaxien

Struktur. In einer elliptischen Galaxie (Abb. 19.5) hängt die Flächenhelligkeit im wesentlichen nur vom Abstand vom Zentrum ab. Eine gute Darstellung der Flächenhelligkeit I als Funktion des Radius r gibt das Gesetz von de Vaucouleurs:

$$\lg \frac{I(r)}{I_e} = -3{,}33 \left[\left(\frac{r}{r_e}\right)^{1/4} - 1 \right]. \tag{19.1}$$

Die Konstanten in (19.1) sind so gewählt, daß die Hälfte des Gesamtlichtes der Galaxie von dem Gebiet innerhalb des Radius r_e ausgestrahlt wird. Die Flächenhelligkeit bei r_e ist I_e. Die Parameter r_e und I_e werden aus Beobachtungen bestimmt. Typische Werte für elliptische Galaxien sind $r_e = 1-10$ kpc und $I_e = 20-23$ Größenklassen pro Quadratbogensekunde.

Obwohl das Gesetz von de Vaucouleurs eine rein empirische Beziehung ist, gibt sie die beobachtete Lichtverteilung bemerkenswert gut wieder. In den äußeren Gebieten von elliptischen Galaxien können aber Abweichungen auftreten: die Flächenhelligkeit von sphärischen Zwergsystemen fällt oft schneller ab als nach (19.1), denn wahrscheinlich sind die äußeren Gebiete dieser Galaxien durch die Gravitationswirkung von anderen

Abb. 19.5. M32 (Typ E2), ein kleiner, elliptischer Begleiter des Andromeda-Nebels. (National Optical Astronomy Observatories, Kitt Peak National Observatory)

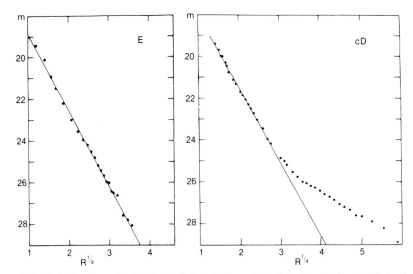

Abb. 19.6. Verteilung der Flächenhelligkeit in E- und cD-Galaxien. Ordinate: Flächenhelligkeit in mag pro Quadratbogensekunde; Abzisse: (Radius kpc)$^{1/4}$. Die Gl. (19.1) entspricht einer *Geraden* in diesen Diagrammen. Für E-Galaxien gibt es damit eine gute Übereinstimmung, bei den cD-Systemen zeigt sich in den Außengebieten ein langsamerer Helligkeitsabfall als nach (19.1). Ein Vergleich mit Abb. 19.8 zeigt, daß die Helligkeitsverteilung in den S0-Galaxien einen ähnlichen Verlauf hat. cD-Galaxien werden fälschlicherweise oft als S0-Systeme klassifiziert. [Thuan, T. X., Romanishin, W. (1981): Astrophys. J. **248**, 439]

Sternsystemen zerrissen worden. In den Riesengalaxien vom Typ cD fällt die Flächenhelligkeit langsamer ab (s. Abb. 19.6). Es könnte sein, daß das mit ihrer zentralen Stellung in Galaxienhaufen zusammenhängt.

Die Elliptizität und die Orientierung der Isophoten der elliptischen Galaxien variieren als Funktion des Radius. In dieser Hinsicht gibt es bei den Galaxien große Unterschiede. Das zeigt, daß die Struktur der elliptischen Galaxien nicht so einfach ist, wie es scheint. Insbesondere ändert sich manchmal die Richtung der großen Achse innerhalb der Galaxie, woraus folgt, daß die elliptischen Galaxien keine axialsymmetrische Form haben.

Aus der Verteilung der Flächenhelligkeit kann auf die dreidimensionale Struktur einer Galaxie geschlossen werden, wie im Abschnitt *Dreidimensionale Formen der Galaxien* (S. 418) erklärt ist. Die Beziehung (19.1) gibt ein Helligkeitsprofil mit einem sehr starken Anstieg zum Zentrum.

Das tatsächliche Achsenverhältnis für elliptische Galaxien kann aus dem beobachteten mit statistischen Methoden abgeleitet werden. Mit der (fragwürdigen) Voraussetzung, daß sie rotationssymmetrisch sind, erhält man eine breite Verteilung mit einem Maximum bei den Typen E3–E4. Wenn die tatsächliche Form nicht axialsymmetrisch ist, kann das Achsverhältnis nicht einmal mit statistischen Mitteln aus den Beobachtungen eindeutig abgeleitet werden.

Zusammensetzung. Das Spektrum einer elliptischen Galaxie setzt sich zusammen aus der Strahlung aller Sterne des Systems. Deshalb zeigt es die charakteristischen Absorptionsstrukturen von Sternen verschiedener Spektralklassen. Aus den Beobachtungen der Stärken der unterschiedlichen spektralen Strukturen kann man die Masse, das Alter und die chemische Zusammensetzung der Sterne finden, aus denen die Galaxie besteht. Für diese sogenannte *Populationssynthese* werden viele charakteristische Merkmale der

19.2 Elliptische Galaxien

Spektren, die Stärken der Absorptionslinien und Breitbandfarben gemessen. Man versucht dann, diese Daten zu reproduzieren, und benutzt dazu eine repräsentative Menge von Sternspektren. Wenn keine zufriedenstellende Lösung gefunden werden kann, müssen mehr Sterne in das Modell einbezogen werden. Das endgültige Resultat ist ein Populationsmodell, das die stellare Zusammensetzung der Galaxie gibt. Durch die Kombination mit theoretischen Sternentwicklungsrechnungen können dann Aussagen über die Entwicklung der Galaxie erhalten werden.

Populationssynthesen von E-Galaxien zeigen, daß alle ihre Sterne praktisch gleichzeitig vor etwa 10^{10} Jahren entstanden sind. Das meiste Licht dieser Galaxien kommt von ihren roten Riesen, die meiste Masse befindet sich aber in den Hauptreihensternen von weniger als einer Sonnenmasse.

Die Farben der elliptischen Galaxien stehen direkt mit ihrem Metallgehalt in Zusammenhang, da Sterne mit höherer Metallhäufigkeit röter sind als solche mit einem geringeren Anteil an schweren Elementen. Elliptische Galaxien gehorchen einer *Farben-Leuchtkraft-Beziehung*, wonach hellere Galaxien auch röter sind. Dies stimmt überein mit der Variation der Metallhäufigkeit Z. In den hellen elliptischen Galaxien enspricht Z dem Wert in der Sonnenumgebung, während er in den Zwergsystemen um den Faktor 100 geringer ist. Elliptische Galaxien zeigen auch einen *Farbgradienten* – die Zentralgebiete sind röter. Daraus folgt, daß in den Zentren die Metallhäufigkeit größer ist als in den Außengebieten.

Elliptische Galaxien enthalten sehr wenig Gas. Vielfach wurde in ihnen neutraler Wasserstoff in einer Menge von nur 0,1% der Gesamtmasse beobachtet. In einigen elliptischen Galaxien gibt es Anzeichen dafür, daß in ihren Kernen Sterne gebildet werden, in vielen elliptischen Galaxien wurde jedoch überhaupt kein Gas gefunden. Aus der bekannten stellaren Zusammensetzung kann andererseits die Gasmasse bestimmt werden, die durch die normale Sternentwicklung entsteht. Sie ist etwa hundertmal größer als der beobachtete Grenzwert. Warum diese höhere Gasmasse nicht beobachtet wird, ist ungeklärt.

Dynamik. Die Spektren der elliptischen Galaxien geben auch Auskunft über deren Dynamik, denn die Rotation der Galaxie ist Anlaß für systematische Veränderungen der

Abb. 19.7. Rotationsgeschwindigkeit $V(R)$ [km/s] und Geschwindigkeitsdispersion $\sigma(R)$ [km/s] als Funktion des Radius für eine E2- und eine E5-Galaxie. Die letztere Galaxie rotiert, die erstere nicht. [Davies, R. L. (1981): Mon. Not. Astron. Soc. **194**, 879]

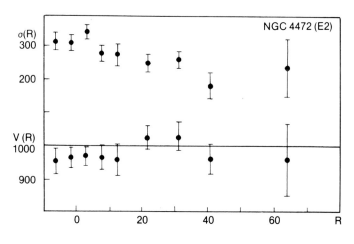
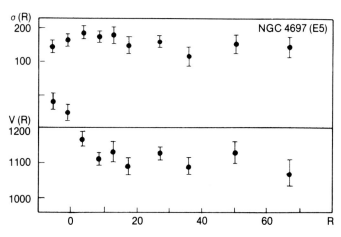

Spektrallinien. Die Geschwindigkeitsdispersion der individuellen Sterne, die mit der Massenverteilung in der Galaxie zusammenhängt, bestimmt die Linienbreite. Durch die Beobachtung der Veränderungen der Wellenlängen und Formen der Spektrallinien als Funktion des Radius können Einsichten in die Massenverteilung der Galaxien gewonnen werden.

Wenn elliptische Galaxien tatsächlich rotierende Ellipsoide wären, müßte ein Zusammenhang zwischen der Abplattung, der Rotationsgeschwindigkeit und der Geschwindigkeitsdispersion bestehen (Abb. 19.7). In vielen Fällen ergibt sich, daß die beobachtete Rotationsgeschwindigkeit signifikant kleiner ist als die nach diesem Zusammenhang erwartete. Dies ist ein zusätzliches Argument dafür, daß die dreidimensionale Form der elliptischen Galaxien nicht axialsymmetrisch ist.

Die beobachteten Rotationsgeschwindigkeiten sind oft < 100 km/s, typische Geschwindigkeitsdispersionen betragen 200 km/s. Der Gebrauch der Geschwindigkeitsdispersion für die Bestimmung der Gesamtmasse wird später behandelt.

*Dreidimensionale Form der Galaxien

Die Gleichungen (19.1) und (19.2) beschreiben die Verteilung des galaktischen Lichtes, projiziert auf den Himmelshintergrund. Die tatsächliche dreidimensionale Leuchtkraftverteilung in einer Galaxie wird durch die Umkehrung der Projektion erhalten. Das ist am einfachsten für sphärische Galaxien.

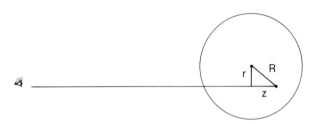

Es wird angenommen, daß die sphärische Galaxie die projizierte Leuchtkraftverteilung $I(r)$ habe, etwa wie in (19.1). Mit den Koordinaten aus der Abbildung ist $I(r)$ in Parametern der dreidimensionalen Leuchtkraftverteilung $\varrho(R)$ gegeben durch

$$I(r) = \int_{-\infty}^{\infty} \varrho(R) dz \ .$$

Da $z^2 = R^2 - r^2$ ist, können die Variablen ersetzt werden, und es ergibt sich

$$I(r) = 2 \int_r^{\infty} \frac{\varrho(R) R \, dR}{\sqrt{R^2 - r^2}} \ .$$

Das ist die sogenannte Abel-Integralgleichung, die die bekannte Lösung

$$\varrho(r) = -\frac{1}{\pi R} \frac{d}{dR} \int_R^{\infty} \frac{I(r) r \, dr}{\sqrt{r^2 - R^2}} - \frac{1}{\pi} \int_R^{\infty} \frac{(dI/dr) dr}{\sqrt{r^2 - R^2}}$$

hat. Wenn das beobachtete $I(r)$ in diese Beziehung eingesetzt wird, kann man die tatsächliche Leuchtkraftverteilung $\varrho(R)$ erhalten. Die Abbildung zeigt die Verteilung, wie sie nach dem Gesetz von de Vaucouleurs erhalten wird.

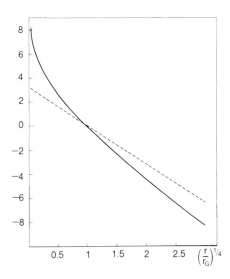

Dreidimensionale Leuchtkraftverteilung, wie sie der Gl. (19.1) entspricht. Ordinate: lg (Dichte); Abzisse: (Radius)$^{1/4}$. Die projizierte Verteilung nach (19.1) ist die gerade Linie

Wenn die Galaxie nicht sphärisch ist, kann ihre dreidimensionale Form nur bestimmt werden, wenn die Neigung der Galaxie in bezug auf die Sichtlinie bekannt ist. Da die galaktische Scheibe dünn und konstant in der Dicke ist, ergibt sich die Neigung i direkt aus dem Achsenverhältnis des projizierten Bildes:

$$\sin i = b/a \ .$$

Wenn die Neigung bekannt ist, kann das tatsächliche Achsenverhältnis der Verdickung q_0 aus dem projizierten Wert q bestimmt werden. Für eine rotationssymmetrische Verdickung ist die Beziehung zwischen q und q_0

$$\cos i = \frac{1-q^2}{1-q_0^2} \ .$$

Die Abplattung der Verdickungen der Scheiben der Galaxien, die auf diese Art und Weise erhalten wurden, liegen zwischen $q_0 = 0{,}3$ und $0{,}5$.

Da die Neigung der elliptischen Galaxien im allgemeinen unbekannt ist, kann nur die statistische Verteilung von q bestimmt werden.

19.3 Spiralgalaxien

Struktur. Ein Teil der Sterne in einer Spiralgalaxie gehört zu einer zentralen Verdickung mit einer Struktur ähnlich der von E-Galaxien (19.1). Eine zweite stellare Komponente bildet eine flache Scheibe mit einer Flächenhelligkeitsverteilung der Form

$$I(r) = I_0 e^{-r/r_0} \ . \tag{19.2}$$

Abbildung 19.8 zeigt, wie die beobachtete Lichtverteilung als Summe von zwei getrennten Komponenten dargestellt werden kann: im Zentralgebiet dominiert die Verdickung, in den Randzonen die Scheibe. Die zentrale Flächenhelligkeit der Scheibe beträgt 21−22 mag pro Quadratbogensekunde, der Radius dieses Gebietes $r_0 = 1-5$ kpc. Das Verhältnis der Helligkeit der Verdickung zu der der Scheibe ist bei Sc-Galaxien etwas geringer und bei frühen Systemen größer. In einigen Galaxien wurde ein scharfe äußere

Abb. 19.8. Verteilung der Flächenhelligkeit für S0- und Sb-Galaxien. Ordinate: mag/Quadratbogensekunde; Abzisse: Radius [Bogensekunden]. Die beobachtete Flächenhelligkeit wurde in Anteile aus dem Wulst und der Scheibe aufgeteilt. Im Sb-System ist der Anteil der Scheibenkomponente größer als in der S0-Galaxie. [Boroson, T. (1981): Astrophys. J. Suppl. **46**, 177]

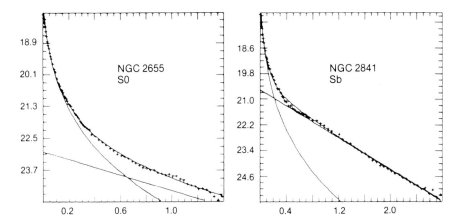

Begrenzung der Scheibe bei ca. 20 kpc gefunden. Bei Galaxien, die direkt von der Kante gesehen werden, kann man die Dicke der Scheibe messen. Typische Werte liegen bei etwa 1,2 kpc.

Der relative Anteil von Gas ist eng mit dem Hubble-Typ korreliert. Er reicht von 2% in den Sa-Systemen bis 10% in den Sc-Galaxien und 15% und mehr in den Irr I-Objekten. In nahen Galaxien wurde die Gasverteilung im Detail durch Radiobeobachtungen kartiert. Dabei wurde gefunden, daß das Gas eine dünne Scheibe (200 pc) mit nahezu konstanter Flächendichte bildet. Im Zentrum befindet sich oft eine Region mit einem Durchmesser von einigen kpc, ohne Gas. Die Gasscheibe selbst dehnt sich oft bis weit über die äußere Begrenzung der optischen Scheibe aus.

Zusammensetzung. Die Zusammensetzung der Verdickung der Spiralgalaxien scheint der der elliptischen Systeme ähnlich zu sein (d. h. in bezug auf die Farben-Leuchtkraft-Beziehung). Die chemische Zusammensetzung des Gases wird mit Hilfe von Emissionslinien in den H II-Gebieten studiert, die durch Ionisation durch die Strahlung junger Sterne entstehen. Es stellte sich heraus, daß die Metallhäufigkeit auch hier zum Zentrum hin wächst, aber das Ausmaß dieser Änderung variiert mit den verschiedenen Galaxien und wird noch nicht vollkommen verstanden.

Dynamik. Spiralgalaxien rotieren schnell. Die Rotationsgeschwindigkeit wird als Funktion des Radius in der Rotationskurve dargestellt (Abb. 19.9). Diese kann entweder im optischen Wellenlängenbereich mit Hilfe der Emissionslinien des Gases oder im Radiofrequenzintervall durch die 21-cm-Linie des Wasserstoffs beobachtet werden.

Das Verhalten der Rotationskurven in allen Spiralgalaxien entspricht der Rotationskurve des Milchstraßensystems: es gibt eine zentrale Zone, in der die Rotationsgeschwindigkeit entsprechend der Rotation eines starren Körpers dem Radius direkt proportional ist. In einem Abstand von einigen kpc wird die Rotationskurve nahezu flach, d. h. die Rotationsgeschwindigkeit hängt nicht vom Radius ab. In den frühen Hubble-Typen ist der Anstieg dr Rotationskurve im Zentrum steiler und erreicht im flachen Bereich große Geschwindigkeitswerte (300 km/s bei Sa-Systemen, 200 km/s bei Sc-Systemen) in Übereinstimmung damit, daß die frühen Systeme durch eine starke zentrale Verdickung charakterisiert sind. Die Rotationskurven können auch zur Bestimmung der Gesamtmassen der Galaxien genutzt werden.

19.3 Spiralgalaxien

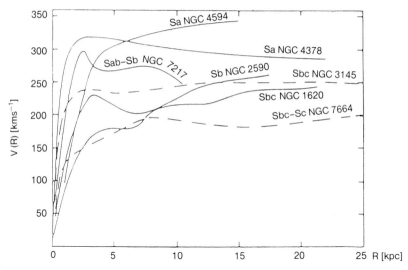

Abb. 19.9. Rotationskurven für sieben Spiralgalaxien. [Rubin, V. C., Ford, W. K., Thonnard, N. (1978): Astrophys. J. (Lett.) **225**, L107]

Spiralstruktur (Abb. 19.10). Spiralgalaxien sind relativ helle Objekte. Einige von ihnen haben ein gut definiertes, großräumiges zweiarmiges Spiralmuster, während in anderen die Spiralstruktur aus einer größeren Anzahl kurzer, filamentartiger Arme gebildet wird. Die Windungsrichtung des Spiralmusters kann bei den Galaxien bestimmt werden, bei denen von oben auf die zentrale Verdichtung gesehen wird (Abb. 19.10a). Die Spiralen werden in bezug auf die Rotation der Galaxien meist hinterhergezogen.

Die Spiralmuster werden im allgemeinen deutlich in der Verteilung des interstellaren Staubes, der H II-Gebiete und der Assoziationen junger Sterne erkannt. Der Staub bildet gewöhnlich schmale Zonen an den inneren Rändern der Spiralarme, außerhalb dieser Staubzonen befinden sich Sternbildungsgebiete. Von den Spiralarmen wurde auch erhöhte Radioemission entdeckt.

Eine gut ausgeprägte, reguläre Spiralstruktur ist ein weitverbreitetes Phänomen und muß eine lange Lebensdauer haben. Im allgemeinen wird angenommen, daß das Muster durch eine Spiralwelle in der Scheibe der Galaxie entsteht, wie es im Abschn. 18.4 diskutiert wurde. In der Welle wird das interstellare Gas komprimiert und damit die Magnetfeldlinien. Das hat eine verstärkte Emission von Synchrotronstrahlung durch die Elektronen der kosmischen Strahlung in diesem Magnetfeld zur Folge. Die Kompression der interstellaren Wolken führt zu deren Kollaps und zu Sternentstehung.

Die Bewegung des Gases in den Spiralarmen wird mit Hilfe der 21-cm-Linie des neutralen Wasserstoffs beobachtet. Aus der Dichtewellentheorie folgen charakteristische Strömungen in den Armen, und die Entdeckung solcher Bewegungen in einigen Galaxien muß man als das stärkste Argument für die Gültigkeit der Dichtewellentheorie ansehen.

Es ist nicht bekannt, wie die Dichtewellen entstehen. In den Balkenspiralen könnte der Balken Anlaß für die Wellen im Gas sein, aber es wird ja nicht einmal der Ursprung des Balkens heute verstanden. Gezeitenkräfte einer benachbarten Galaxie könnten auch Ursache für Spiralwellen sein. Möglicherweise sind verschiedene Mechanismen Anlaß für die Spiralstruktur.

Abb. 19.10. (**a**) Eine Spiralgalaxie von oben gesehen: M51 (Typ Sc). Der mit M51 in Wechselwirkung stehende Begleiter ist NGC 5195 (Typ Irr II). (Lick Observatory). (**b**) Eine Spiralgalaxie von der Kante gesehen: Sb-Galaxie NGC 4565. (National Optical Astronomy Observatories, Kitt Peak National Observatory)

19.4 Linsenförmige Galaxien

Die Rolle der dritten Gruppe in der Hubble-Serie, die linsenförmigen oder S0-Galaxien, ist etwas rätselhaft. Im allgemeinen werden sie als Übergangssysteme zwischen den E- und S-Galaxien angesehen, könnten aber auch Spiralen sein, die aus unbekannten Gründen ihr Gas verloren haben.

Hinsichtlich ihrer Zusammensetzung unterscheiden sie sich nicht sehr von den elliptischen Systemen, sie enthalten aber etwas mehr Gas als normale elliptische Galaxien. Absorption durch Staub ist ebenfalls ein allgemeines Merkmal.

In bezug auf ihre Struktur und Dynamik ähneln die S0-Galaxien den Spiralsystemen. Sie bestehen aus einer zentralen Verdickung und einer stellaren Scheibe, in der die Lichtverteilung den gleichen Gesetzen wie in den Spiralen gehorcht. Die gemessenen Rotationskurven haben die gleichen Formen wie in den Spiralsystemen und ergeben eine schnelle Rotation.

19.5 Die Leuchtkraft der Galaxien

Die Definition der Gesamtleuchtkraft einer Galaxie ist ziemlich willkürlich, da die Galaxien keine scharfen äußeren Begrenzungen haben. Wenn die Lichtverteilung dem Gesetz von de Vaucouleurs entspricht, ist die integrale Leuchtkraft endlich. Aber die Beziehung (19.1) muß keine gute Approximation für die äußeren Gebiete einer Galaxie sein. Das übliche Verfahren für die Bestimmung der Leuchtkraft einer Galaxie ist die Messung der Flächenhelligkeit bis zu einem gegebenen Wert, z. B. bis 26 mag pro Quadratbogensekunde.

Für einen gegebenen Hubble-Typ kann die Leuchtkraft stark variieren. Es gibt deshalb einen zweiten charakteristischen Parameter für Galaxien, der wahrscheinlich mit der Masse in Beziehung steht.

Wie bei den Sternen wird die Verteilung der Leuchtkräfte der Galaxien durch die Leuchtkraftfunktion $\Phi(L)$ beschrieben. Diese ist so definiert, daß die räumliche Dichte der Galaxien zwischen L und $L+dL$ durch $\Phi(L)dL$ gegeben ist. Sie kann durch die Beobachtung der scheinbaren Helligkeit und die Gewinnung der Entfernung auf unabhängigem Wege erhalten werden. In der Praxis wird eine geeignete Funktion $\Phi(L)$ vorausgesetzt und dann der Beobachtung angepaßt. Eine allgemeine Form für die Leuchtkraftfunktion hat Schechter vorgeschlagen:

$$\Phi(L)dL = \Phi^* \left(\frac{L}{L^*}\right)^\alpha e^{-L/L^*} d\left(\frac{L}{L^*}\right). \tag{19.3}$$

Die Werte der Parameter Φ^*, L^* und α werden durch die Beobachtung von Objekten verschiedener Typen bestimmt. Im allgemeinen sind sie Funktionen der Position.

Die Form der Leuchtkraftfunktion wird durch die Parameter α und L^* beschrieben (Abb. 19.11). Die Leuchtkraft der schwachen Galaxien wird durch den Parameter α bestimmt. Da der beobachtete Wert $-1,1$ ist, nimmt die räumliche Dichte der Galaxien beim Übergang zu immer schwächeren Systemen monoton zu. Oberhalb des Wertes von L^* fällt die Leuchtkraftfunktion steil ab, weshalb L^* die Leuchtkraftfunktion der hellen Galaxien in charakteristischer Weise bestimmt. Der beobachtete Wert liegt bei

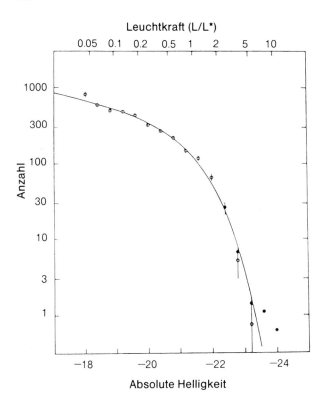

Abb. 19.11. Integrale Leuchtkraftfunktion von dreizehn Galaxienhaufen. Die Werte der offenen Kreise wurden ohne Berücksichtigung der cD-Galaxien erhalten. Die Verteilung wird dann gut durch die Beziehung (19.3) wiedergegeben. Die Berücksichtigung der cD-Systeme (*Punkte*) hat eine Abweichung im Bereich der großen Helligkeiten zur Folge. [Schechter, P. (1976): Astrophys. J. **203**, 297]

$M^* = -21{,}0$ mag. Der entsprechende Wert für das Milchstraßensystem ist wahrscheinlich $-20{,}2$ mag. cD-Galaxien unterliegen dieser Helligkeitsverteilung nicht, ihre Leuchtkraft beträgt -24 mag oder mehr.

Der Parameter Φ^* ist der räumlichen Dichte der Galaxien proportional und hängt deshalb stark von der Position ab. Da die Gesamtzahl der Galaxien, die durch die Beziehung (19.3) vorhergesagt wird, unbegrenzt ist, definieren wir ein n^* als die Dichte der Galaxien mit Leuchtkräften $>L^*$. Für ein großes Raumvolumen ergibt sich für n^* der beobachtete Mittelwert $n = 3{,}5 \times 10^{-3}$ Mpc^{-3}, entsprechend einem mittleren Abstand zwischen den Galaxien von 4 Mpc. Da die meisten Galaxien schwächer als L^* sind, und die Sternsysteme oft in Gruppen angeordnet sind, ergibt sich, daß die Abstände zwischen den normalen Galaxien im allgemeinen nicht viel größer als ihr Durchmesser sind.

19.6 Die Massen der Galaxien

Die Verteilung der Massen in den Galaxien ist ein ganz wichtiger Wert, sowohl für die Kosmologie als auch für die Theorie der Entstehung und Entwicklung der Galaxien. Wenn man voraussetzt, daß die Massenverteilung der Lichtverteilung unmittelbar proportional ist, kann sie direkt aus der Beobachtung bestimmt werden. Da diese Voraussetzung aber nicht in jedem Fall gilt, können die Massen nur indirekt auf der Basis der Bewegungen, die sie hervorrufen, bestimmt werden. Die Ergebnisse werden im allgemei-

19.6 Die Massen der Galaxien

nen als Masse-Leuchtkraft-Verhältnis M/L in Einheiten der Sonnenmasse und der Sonnenleuchtkraft gegeben. In der Sonnenumgebung beträgt der gemessene Wert $M/L = 3$.

Aus den Beobachtungen von Bewegungen ergeben sich verschiedene Methoden für die Bestimmung der Massenverteilung in Galaxien. Für elliptische Systeme kann die Massenverteilung aus der Geschwindigkeitsdispersion gewonnen werden, die eine Verbreiterung der Spektrallinien zur Folge hat. Grundlage der Methode ist das Virialtheorem (s. Abschn. 7.9). Danach stehen die kinetische Energie T und die potentielle Energie U nach folgender Gleichung miteinander in Verbindung:

$$2T + U = 0 \ . \tag{19.4}$$

Da elliptische Galaxien langsam rotieren, ist die kinetische Energie der Sterne gegeben durch

$$T = MV^2/2 \ . \tag{19.5}$$

M ist die Gesamtmasse der Galaxie und V die Geschwindigkeit aus der Breite der Spektrallinien. Die potentielle Energie ist

$$U = -GM^2/2R \ . \tag{19.6}$$

R ist ein geeigneter Radius der Galaxie, der aus der Lichtverteilung bestimmt wird. Wenn (19.5) und (19.6) in (19.4) eingesetzt werden, erhalten wir

$$M = 2V^2R/G \ . \tag{19.7}$$

Mit dieser Formel können die Massen von elliptischen Galaxien berechnet werden, wenn V^2 und R bekannt sind. Für den Wert M/L ergibt sich innerhalb eines Radius von 10 kpc etwa 10. Die Massen heller elliptischer Galaxien könnten demnach bis zu $10^{13} M_\odot$ betragen.

Die Massen von Spiralsystemen können mit Hilfe der Rotationskurven gewonnen werden. Wenn vorausgesetzt wird, daß sich die meiste Masse in der nahezu sphärischen Verdichtung befindet, ist die Masse $M(R)$ innerhalb des Radius R durch das dritte Keplersche Gesetz gegeben:

$$M(R) = RV(R)^2/G \ . \tag{19.8}$$

Wir haben gesehen, daß in den äußeren Gebieten von Spiralgalaxien $V(R)$ nicht von R abhängt. Das bedeutet, daß $M(R)$ dem Radius direkt proportional ist – je weiter man nach außen geht, um so größer ist die Masse. Da die äußeren Gebiete von Spiralsystemen leuchtschwach sind, ist der Wert von M/L dem Radius direkt proportional. Für die Scheibe finden wir $M/L = 8$ für frühe und $M/L = 4$ für späte Systeme. Die größte gemessene Masse beträgt $2 \times 10^{12} M_\odot$.

Die Massen in den Außengebieten der Galaxien, aus denen keine Emissionen beobachtet werden, können durch die Bewegungen von Galaxiensystemen gemessen werden, z. B. an Galaxienpaaren. Im Prinzip ist es die gleiche Methode wie bei Doppelsternen, da aber die Bahnperioden der Doppelgalaxien etwa 10^9 Jahre betragen, können auf diesem Wege nur statistische Informationen erhalten werden. Die Resultate sind noch unsicher. Es ergeben sich Werte von $M/L = 20-30$ bei einem Abstand der Galaxien in den Paaren von 50 kpc.

Eine vierte Methode für die Massenbestimmung von Galaxien ist die Anwendung des Virialtheorems auf Galaxienhaufen unter der Annahme, daß sie sich im Gleichgewicht befinden. Die kinetische Energie T in (19.4) kann aus der beobachteten Rotverschiebung berechnet werden, und die potentielle Energie U wird aus der Position der Haufengalaxie gewonnen. Wenn man voraussetzt, daß die Massen der Galaxien ihren Leuchtkräften proportional sind, wird ein M/L-Wert von etwa 200 innerhalb von 1 Mpc gefunden. Es gibt aber sehr große Unterschiede von Haufen zu Haufen.

Die gegenwärtigen Resultate lassen vermuten, daß man mit größer werdenden räumlichen Volumina größere Werte für das Masse-Leuchtkraftverhältnis erhält. Das bedeutet, daß ein großer Teil der Gesamtmasse der Galaxien in unsichtbarer und unbekannter Form vorhanden sein muß, meistens in den äußeren Gebieten. Dies ist das sogenannte *missing mass problem* (Problem der fehlenden Masse), eine der zentralen ungelösten Fragen der extragalaktischen Astronomie.

19.7 Systeme von Galaxien

Die Galaxien sind nicht gleichmäßig im Raum verteilt. Sie bilden Systeme unterschiedlicher Größen – Galaxienpaare, kleine Gruppen, große Haufen und Superhaufen, die wieder aus einigen Gruppen und Haufen bestehen. Je größer ein System ist, um so weniger übersteigt seine Dichte die mittlere Dichte im Universum. Im Mittel beträgt die Dichte für Systeme mit einem Radius von 5 Mpc das Doppelte der Hintergrunddichte, Systeme mit einem Radius von 20 Mpc liegen nur 10% über dem Hintergrundwert. Die morphologischen Typen der Galaxien stehen auch in Zusammenhang mit ihrer Gruppenmitgliedschaft. In wechselwirkenden Systemen formen starke Gezeitenkräfte in den Galaxien Verzerrungen, „Brücken" und „Schweife".

Die Wechselwirkungen haben nicht immer dramatische Folgen, z. B. hat das Milchstraßensystem zwei Satelliten, die *Große* und die *Kleine Magellansche Wolke* (siehe Abb. 19.4a), Irr I-Zwergsysteme in einer Entfernung von etwa 60 kpc. Es wird angenommen, daß sie vor etwa 5×10^8 Jahren in einem Abstand von 10 bis 15 kpc am Milchstraßensystem vorbeizogen und einen 180° langen, dünnen Strom von neutralen Wasserstoffwolken, den sogenannten *Magellanschen Strom*, hinterließen. Systeme, in denen eine Riesengalaxie von einigen kleinen Begleitern umgeben ist, gibt es häufig. Berechnungen zeigen, daß in vielen derartigen Systemen die Gezeitenwechselwirkungen so stark sind, daß die Begleiter bei der nächsten Annäherung mit der Muttergalaxie verschmelzen werden. Dies wird wahrscheinlich auch mit den Magellanschen Wolken passieren.

Gruppen. Die häufigsten Typen von Galaxiensystemen sind kleine, irreguläre Gruppen aus einigen zehn Sternsystemen. Ein typisches Beispiel ist die *Lokale Gruppe*. Sie enthält neben dem Milchstraßensystem zwei große Galaxien – den Andromeda-Nebel M 31, eine Sb-Spirale mit ähnlicher Ausdehnung wie unsere Galaxis, und die etwas kleinere Sc-Galaxie M 33. Der Andromeda-Nebel hat auch wieder zwei Zwergsysteme als Begleiter. Der Rest der etwa 30 Mitglieder der Lokalen Gruppe sind Zwergsysteme, 12 davon vom Typ dE und 8 vom Typ Irr I. Der Durchmesser der Lokalen Gruppe beträgt ungefähr 1,5 Mpc.

Haufen. Ein System von Galaxien wird als Haufen bezeichnet, wenn es mehr als 50 hellere Galaxien enthält. Die Verteilung der Galaxien im Haufen kann durch einen Aus-

19.7 Systeme von Galaxien

Abb. 19.12. (a) Irregulärer (Virgo-) und (b) regulärer (Coma-) Galaxienhaufen. [ESO und Karl-Schwarzschild-Observatorium, Tautenburg]

druck in der Form von (19.1) beschrieben werden. Aus der Anpassung an beobachtete Verteilungen ergeben sich charakteristische Haufenradien von 2–5 Mpc. Die Anzahl der Haufenmitglieder hängt vom Radius und von der Grenzgröße ab. Große Haufen können einige hundert Galaxien enthalten, die mehr als zwei Größenklassen schwächer sind als die charakteristische Leuchtkraft L^* in (19.3).

Galaxienhaufen können eingeteilt werden in eine Sequenz, die von ausgedehnten irregulären Systemen mit geringer Dichte (manchmal als Wolken von Galaxien bezeichnet) bis zu dichten Haufen mit regulären Strukturen (Abb. 19.12) reicht. Die Zusammensetzung der Haufen aus Galaxien unterschiedlicher Hubble-Typen variiert auch nach dieser Sequenz. In den irregulären Galaxienhaufen sind die hellen Systeme prinzipiell Spiralen, während in den dichten Haufen die dominierenden Systeme vom Typ E und S0 sind.

Der nächste Galaxienhaufen ist der Virgohaufen in einer Entfernung von 15 Mpc. Es ist ein ziemlich irregulärer Haufen. Die dichtere Zentralregion besteht aus Galaxien früher Typen und ist umgeben von einem ausgedehnten System, das hauptsächlich Spiralgalaxien enthält. Der nächste reguläre Haufen ist der Comahaufen, etwa 90 Mpc entfernt (Abb. 19.12). Ein zentrales Paar von elliptischen Riesengalaxien ist umgeben von einem abgeplatteten System (Achsverhältnis etwa 2:1) aus Galaxien früher Typen.

Galaxienhaufen emittieren auch Röntgenstrahlung. Die Ursache dafür ist heißes, intergalaktisches Gas. Reguläre und irreguläre Haufen unterscheiden sich auch in bezug auf diese Röntgenemission. In irregulären Haufen beträgt die Temperatur 10^7 K, und die Emission ist konzentriert auf individuelle Galaxien. In den regulären Haufen ist das Gas heißer, 10^8 K, und die Röntgenstrahlung ist gleichmäßiger verteilt über das ganze Haufengebiet.

Im großen und ganzen ist die Verteilung der Röntgenemission die gleiche wie die der Galaxien. Die Menge des Gases, die für die Röntgenstrahlung notwendig ist, entspricht der Masse der Galaxien und löst nicht das „missing mass-Problem". Es werden auch Röntgenstrahlungsemissionslinien von mehrfach ionisiertem Eisen beobachtet, aus denen folgt, daß die Metallhäufigkeit im intergalaktischen Gas ungefähr die gleiche ist wie in der Sonne. Aus diesem Grunde wird angenommen, daß das Gas von den Galaxien ausgestoßen wird.

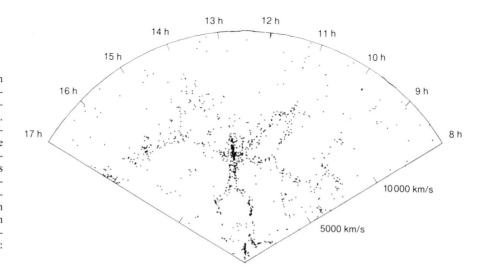

Abb. 19.13. Die Verteilung von 1061 Objekten im Deklinationsbereich 26,5°–32,5° und im Rektaszensionsintervall von 8–17 h. Die radiale Koordinate ist die gemessene Geschwindigkeit. Die Galaxien scheinen auf Schalenoberflächen verteilt zu sein. Das „Männchen" bei 13 h ist der Comahaufen. Zwischen den Gebieten hoher Dichte befinden sich Zonen ohne Galaxien. Siehe auch Abb. 20.9. [de Lapparent, V., Geller, M. J., Huchra, J. P. (1986): Astrophys. J. (Lett.) **302**, L2]

Superhaufen. Gruppen und Haufen können noch größere Systeme, die Superhaufen, bilden. Die Lokale Gruppe gehört z. B. zum *Lokalen Superhaufen*, einem flachen System, dessen Zentrum der Virgohaufen ist. Der Lokale Superhaufen besteht aus zehn kleineren Gruppen und Wolken von Galaxien. Der Comahaufen ist Teil eines weiteren Superhaufens.

Die Durchmesser von Superhaufen betragen 10 bis 20 Mpc. Es ist nicht klar, ob man bei diesen Skalen vernünftigerweise noch von individuellen Systemen sprechen kann. Wahrscheinlich ist es sinnvoller, die Verteilung der Galaxien als ein kontinuierliches Netzwerk anzusehen, in dem die großen Haufen durch Schalen und Fäden aus kleineren Systemen verbunden sind. Dazwischen verbleiben dann fast leere Regionen mit Durchmessern bis zu 50 Mpc, die nur wenige Galaxien enthalten (Abb. 19.13).

19.8 Entfernungen von Galaxien

Um die Leuchtkräfte und linearen Ausdehnungen und damit auch die Massen der Galaxien zu bestimmen, müssen ihre Entfernungen bekannt sein. Innerhalb der Lokalen Gruppe können Entfernungen nach den gleichen Methoden wie im Milchstraßensystem gemessen werden. Die wichtigsten Methoden nutzen die Veränderlichen Sterne. Für sehr große Skalen (jenseits von 50 Mpc) können die Entfernungen aus der Expansion des Weltalls abgeleitet werden (s. Abschn. 20.4). Um diese beiden Regionen zu verbinden, werden Entfernungsbestimmungsmethoden benötigt, die auf Eigenschaften individueller Galaxien beruhen.

Einige größere lokale Entfernungen können mit Hilfe bestimmter Komponenten der Galaxien, z. B. der linearen Dimensionen von H II-Gebieten oder der Helligkeiten von Kugelhaufen, bestimmt werden. Um aber Distanzen von mehr als zehn Megaparsec zu messen, braucht man entfernungsunabhängige Methoden für die Bestimmung der Leuchtkraft der Gesamtgalaxien. Es wurden einige solche Methoden vorgeschlagen; z. B. hat *Sidney van den Bergh* eine Leuchtkraftklassifikation für späte Spiralsysteme eingeführt. Sie beruht auf dem Zusammenhang zwischen der Leuchtkraft und der Deutlichkeit der Ausprägung der Spiralmuster.

Andere Entfernungsindikatoren ergeben sich aus Eigenschaften der Galaxien, die mit der Gesamtleuchtkraft zusammenhängen und unabhängig von der Entfernung gemessen werden können. Solche Eigenschaften sind die Farben, die Flächenhelligkeiten und die internen Bewegungen der Galaxien. Diese Möglichkeiten können sowohl für die Entfernungsbestimmung der Spiralgalaxien als auch der elliptischen Systeme genutzt werden.

Der gegenwärtig vielleicht beste Entfernungsindikator ist die Relation zwischen der Breite der 21-cm-Linie des Wasserstoffs und der absoluten Helligkeit von Spiralgalaxien (die sogenannte Tully-Fisher-Beziehung). Daß zwischen diesen Größen ein Zusammenhang besteht, kann folgendermaßen erklärt werden: Die Leuchtkraft einer Galaxie hängt von ihrer Masse ab. Die Masse einer Galaxie kann aus ihrer Rotationskurve bestimmt werden, wie es in Abschn. 19.6 erklärt ist. Damit muß es in Spiralgalaxien einen Zusammenhang zwischen der Leuchtkraft und der Rotationsgeschwindigkeit, d. h. der Breite der 21-cm-Linie geben. Da die Linienbreite sehr genau gemessen werden kann, ist die Leuchtkraft auf diesem Wege ziemlich zuverlässig zu bestimmen. Auswahleffekte und typenabhängige Erscheinungen, die das Resultat beeinflussen können, müssen dabei sorgfältig berücksichtigt werden.

Die Leuchtkraft der hellsten Galaxie ist in allen Galaxienhaufen nahezu die gleiche. Diese Tatsache wird für die Messung noch größerer Entfernungen, die für die Kosmologie sehr wichtig sind, ausgenutzt.

19.9 Aktive Galaxien und Quasare

Bisher ging es in diesem Kapitel um die Eigenschaften normaler Galaxien. Einige Galaxien zeigen aber anormale Aktivität.

Aktivitätserscheinungen gibt es in sehr unterschiedlichen Formen. Einige Galaxien haben einen außergewöhnlich hellen Kern, ähnlich großen ionisierten Wasserstoffregionen. Diese Galaxien sind meistens junge Sternsysteme, in deren Zentralgebieten ein intensiver Sternbildungsprozeß abläuft. Andere Galaxien mit hellen Kernen können aber auch alte Systeme sein. In einigen weiteren Galaxien sind die Spektrallinien ungewöhnlich breit, was auf sehr große Geschwindigkeiten in diesen Sternsystemen hinweist; die Ursache können explosive Vorgänge in den Kernen der Galaxien sein. Es gibt auch Galaxien, in denen jetähnliche Strukturen sichtbar sind. Viele aktive Galaxien strahlen ein nichtthermisches Spektrum aus, offenbar Synchrotronstrahlung, die durch schnelle Elektronen in Magnetfeldern erzeugt wird.

Die Leuchtkraft der aktiven Galaxien kann extrem groß sein. Es ist unwahrscheinlich, daß eine Galaxie einen so großen Energieausstoß für lange Zeit aufrechterhalten kann. Aus diesem Grund wird angenommen, daß aktive Galaxien keine gesonderte Klasse von Sternsystemen bilden, sondern ein Durchgangsstadium in der Entwicklung der normalen Galaxien darstellen.

Zwei Grundklassen von aktiven Systemen sind die Seyfertgalaxien und die Radiogalaxien. Die ersteren sind Spiralsysteme, die letzteren elliptische Galaxien. Einige Astronomen nehmen an, daß die Seyfertgalaxien den aktiven Zustand der normalen Spiralsysteme und die Radiogalaxien der elliptischen Galaxien darstellen.

Seyfert-Galaxien. Die Seyfertgalaxien wurden nach *Carl Seyfert* benannt, der sie 1943 entdeckte. Ihre wichtigsten Merkmale sind ein heller, punktförmiger, zentraler Kern und ein Spektrum mit breiten Emissionslinien. Das kontinuierliche Spektrum hat eine nichtthermische Komponente, die besonders im ultravioletten Spektralbereich hervortritt. Die Emissionslinien entstehen vermutlich in Gaswolken, die sich mit hohen Geschwindigkeiten in der Nähe des Kernes bewegen.

Nach dem Aussehen des Spektrums werden die Seyfertgalaxien in die Typen 1 und 2 unterteilt. In den Typ 1-Spektren sind die erlaubten Linien sehr breit (entsprechend Geschwindigkeiten von 10^4 km/s), viel breiter als die verbotenen Linien. In den Typ 2-Spektren haben alle Linien eine ähnliche und schmalere Breite ($<10^3$ km/s). Es wurden auch Systeme beobachtet, die Übergänge zwischen beiden Typen darstellen. Die Ursachen für die Unterschiede in den Typ 1-Spektren entstehen dadurch, daß die erlaubten Linien im Gas hoher Dichte nahe des Kernes entstehen und die verbotenen Linien in diffuserem Gas weiter außen. In den Typ 2-Galaxien gibt es gar keine dichten Wolken.

Fast alle Seyfertgalaxien mit bekanntem Hubbletyp sind Spiralsysteme, mögliche Ausnahmen sind Typ 2-Systeme. Seyfertgalaxien sind starke Infrarotquellen, Typ 1-Systeme haben oft auch starke Röntgenemission.

Echte Seyfertgalaxien sind relativ schwache Radiostrahler. Es gibt aber kompakte Radiogalaxien, die im Spektrum wesentliche Merkmale von Seyfertgalaxien haben. Diese sollten wahrscheinlich als Seyfertsysteme klassifiziert werden. Im allgemeinen scheint die stärkere Radioemission von Typ 2-Seyfertgalaxien zu kommen.

Es gibt Abschätzungen, daß etwa 1% aller Spiralsysteme Seyfertgalaxien sind. Die Leuchtkraft ihrer Kerne beträgt $10^{36}-10^{38}$ W, etwa die gleiche Leistung wie der Rest der Galaxie. Im allgemeinen variiert die Helligkeit.

Radiogalaxien. Laut Definition emittieren Radiogalaxien Radiofrequenzstrahlung, und zwar handelt es sich um nichtthermische Synchrotronstrahlung. Typische Werte für die Radioleuchtkraft liegen zwischen 10^{33} W und 10^{38} W. Das entspricht der Gesamtleuchtkraft normaler Galaxien. Das Hauptproblem für die Erklärung der Radioemission ist, zu verstehen, wie die Elektronen und das Magnetfeld erzeugt werden und woher die Elektronen ihre Energie erhalten.

Seit 1950, als Radiointerferometer das Auflösungsvermögen optischer Teleskope erreichten, werden die Formen und Ausdehnungen der Radioemissionsgebiete in den Radiogalaxien studiert. Eine charakteristische Erscheinung der Radiogalaxien ist ihre Doppelstruktur: es gibt zwei große Radioemissionsgebiete auf gegenüberliegenden Seiten der optisch sichtbaren Galaxie.

Die Radioemissionsgebiete sind bei einigen Radiogalaxien mehr als 6 Mpc voneinander entfernt, das entspricht dem Zehnfachen des Abstandes zwischen dem Milchstraßensystem und dem Andromeda-Nebel. Eine der kleinsten Doppelquellen ist die Galaxie M 87 (Abb. 19.14), deren zwei Komponenten nur einige kpc voneinander entfernt sind.

Die Doppelstruktur der Radiogalaxien scheint durch Materieausstoß aus dem Kern der Galaxie erzeugt zu werden. Aber die Elektronen in den Radiokeulen können nicht aus dem Galaxienkern kommen, da sie auf dem langen Weg ihre Energie verlieren würden. Die Elektronen müssen vielmehr kontinuierlich in den Emissionsgebieten beschleunigt werden.

Innerhalb der Radiostrahlungsgebiete gibt es fast punktförmige, heiße Regionen (hot spots). Diese liegen symmetrisch zum Kern und sind wahrscheinlich das Ergebnis von Auswürfen aus dem Kern.

Es gibt auch Radioquellen mit „Schweifen". Bei diesen kommt die Radioemission im wesentlichen nur von einer Seite der Galaxie. Das Radioemissionsgebiet bildet einen gekrümmten Schweif, der oft zehnmal länger als der Galaxiendurchmesser ist. Die besten Beispiele sind NGC 1265 im Perseusgalaxienhaufen und 3C 129, die sich offenbar auf einer elliptischen Bahn um einen Begleiter bewegt. Dieser „Radioschweif" wird vermutlich von der Radiogalaxie im intergalaktischen Raum hinterlassen.

Andere spezielle Radiostrukturen, die sich bei Radiobeobachtungen ergaben, sind Jets, schmale Radiostrahlungsgebiete, die normalerweise im Galaxienkern beginnen und sich bis weit außerhalb der Galaxie hinziehen. Das bekannteste Beispiel ist der Jet bei M 87 (Abb. 19.14), der auch bei optischen und Röntgenwellenlängen beobachtet wurde. Der optisch beobachtete Jet ist von einer Radioquelle umgeben. Eine ähnliche Radioquelle wird auf der gegenüberliegenden Seite der Galaxie beobachtet, hier fehlt aber der optische Jet. Auch die nächste Radiogalaxie, Centaurus A besitzt einen Jet, der sich vom Kern bis fast zum äußeren Rand der Galaxie ausdehnt. Dieser wurde auch im Radio-, optischen und Röntgenbereich beobachtet. Die optischen Verdichtungen im Jet haben nahezu die gleiche Rotverschiebung wie die Sterne der Galaxie, d. h. die Bewegung des Jets in bezug auf die Galaxie ist nicht sonderlich schnell.

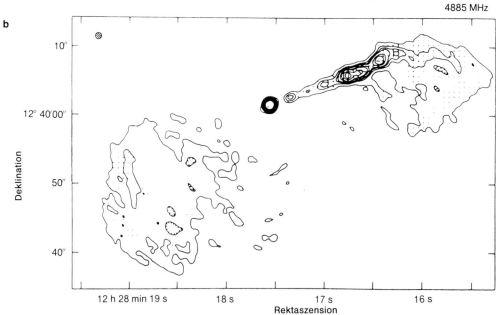

Abb. 19.14. (a) Die aktive Galaxie M87. Ein blauer Jet kommt aus dem Kern einer normalen E0-Galaxie heraus [Kitt Peak National Observatory]. **(b)** Bei Radiobeobachtungen erscheint der Jet zweiseitig. Das gezeigte Gebiet ist viel kleiner als in **(a)**. [VLA-Radiokarte von Owen, F. N., Hardee, P. E., Biquell, R. C. (1980): Astrophys. J. (Lett.) **239**, L11]

Andere aktive Galaxien. Die Klassifikation der aktiven Galaxien ist ziemlich unsystematisch, da viele erst vor kurzem entdeckt wurden und noch ungenügend untersucht sind. Ein Beispiel sind die Markarian-Galaxien, die von *Benjamin Jerishewitsch Markarian* in den siebziger Jahren katalogisiert wurden. Sie sind durch starke UV-Emission charakterisiert. Viele Markarian-Galaxien sind Seyfertsysteme, andere sind Galaxien mit sehr aktiver Sternbildung. Die N-Galaxien sind eine andere Klasse, die den Seyfertgalaxien sehr nahe steht.

Quasare. Der erste Quasar wurde 1963 entdeckt, als *Maarten Schmidt* optische Emissionslinien der bekannten Radioquelle 3C273 als Balmerlinie mit 16% Rotverschiebung interpretierte. Große Rotverschiebungen sind die markanteste Eigenschaft der Quasare. Genau gesagt ist das Wort „Quasar" eine Abkürzung von „quasistellare Radioquelle". Einige Astronomen bevorzugen die Bezeichnung QSO (quasistellares Objekt).

Optisch erscheinen Quasare als Punktquellen. Durch verbesserte Beobachtungstechnik wurde eine wachsende Zahl von Quasaren in normalen Galaxien nachgewiesen.

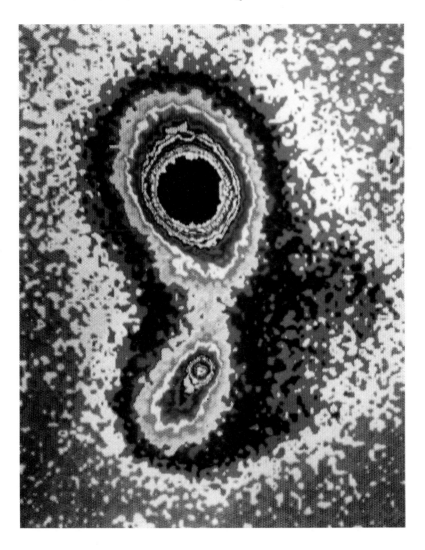

Abb. 19.15. QSO 0351+026, ein in Wechselwirkung stehendes Quasargalaxienpaar. Die Komponenten haben die gleiche Rotverschiebung

Obwohl der erste Quasar radioastronomisch entdeckt wurde, sind nur ein kleiner Teil optisch identifizierte Quasare helle Radioquellen. Die meisten Radioquasare sind Punktquellen, einige haben eine Doppelstruktur wie die Radiogalaxien. Auch Röntgenbilder, die mit Hilfe von Satelliten gewonnen wurden, zeigen Quasare als punktförmige Objekte.

In Quasarspektren dominieren im sichtbaren Bereich Spektrallinien mit Ruhewellenlängen im Ultravioletten. Die ersten beobachteten Quasare hatten Rotverschiebungen von $z = 0{,}16$ und $z = 0{,}37$; Anfang 1990 waren bereits vier Quasare mit Rotverschiebungen von mehr als $z = 4$ bekannt. Den Rekord hält dabei der Quasar PC 1158+4635 mit 4,73. Das Licht hat den Quasar verlassen, als das Universum weniger als ein Zehntel seines heutigen Alters hatte. Aus der großen Entfernung der Quasare folgt, daß sie eine extrem hohe Leuchtkraft haben müssen; typische Werte liegen zwischen 10^{38} und 10^{41} W.

Oft haben Quasare in ihre Spektren sowohl Emissions- als auch Absorptionslinien. Es wird angenommen, daß das Emissionsspektrum vom Quasar selbst erzeugt wird; das Absorptionsspektrum in Gaswolken, die vom Quasar ausgeschleudert wurden oder sich zufällig in der Sichtlinie befinden.

Die Helligkeit von Quasaren ändert sich oft sehr schnell, innerhalb einiger Tage oder noch schneller. Daraus folgt, daß Quasare nur Durchmesser von einigen Lichttagen, d. h. etwa 100 AE haben können. Quasare haben typische Leuchtkräfte von etwa einhundert Galaxienleuchtkräften. Die meisten Astronomen nehmen an, daß Quasare extrem aktive Galaxienkerne sind. Sie würden dann die aktivsten Mitglieder der Sequenz sein, die die Seyfert- und Radiogalaxien enthält.

Einige Astronomen bezweifeln die kosmologische Interpretation der Quasarrotverschiebungen. *Halton Arp* entdeckte kleine Systeme von Quasaren und Galaxien, in denen die Komponenten sehr unterschiedliche Rotverschiebungen haben. Arp nimmt an, daß die Quasarrotverschiebungen durch einen unbekannten Prozeß entstehen, was natürlich sehr kontrovers ist.

Es gibt ein im großen und ganzen akzeptiertes, vorläufiges Modell, das alle oben erwähnten Formen der Aktivität vereinigt. Nach diesem Modell haben die meisten Galaxien einen kompakten zentralen Kern, der eine Masse von 10^7 bis $10^9\, M_\odot$ und einen Durchmesser von < 1 pc hat. Aus bestimmten Gründen kann der Kern zeitweise Energie freisetzen, die die Energieabgabe des gesamten Restes der Galaxie übersteigt. Wenn nur wenig Gas in der Nähe des Kerns ist, führt das zu einer Doppelradioquelle. Wenn der Kern viel Gas enthält, wird die Energie direkt freigesetzt, und man erhält eine Seyfertgalaxie oder bei höherer Leuchtkraft einen Quasar. Tatsächlich ähneln sich die hellsten Typ 1-Seyfertgalaxien und die schwächsten Quasare sehr. Wenn sich schließlich kein Gas in der Nähe eines kompakten Kerns befindet, erhält man ein *BL Lac Objekt*. Diese Objekte sind den Quasaren ähnlich, haben aber keine Emissionslinien.

Ein interessantes Phänomen, das mit den Quasaren im Zusammenhang steht, sind die *Gravitationslinsen*. Da Lichtstrahlen durch Gravitationsfelder gekrümmt werden, stört eine Masse (z. B. eine Galaxie), die sich zwischen einem entfernten Quasar und dem Beobachter befindet, das Bild des Quasars. Das erste Beispiel für diesen Effekt wurde 1979 entdeckt. Zwei Quasare, die 5,7 Bogensekunden Abstand am Himmel haben, zeigen vollkommen identische Spektren. Da wurde der Schluß gezogen, daß dieses „Paar" tatsächlich nur das Doppelbild eines einzigen Quasars ist. Seitdem wurden einige weitere, durch Gravitationslinsen beeinflußte Quasare gefunden. Das Studium des Gravitationslinseneffektes ist eine vielversprechende Methode, um Informationen über die großräumige Massenverteilung im Universum zu erhalten.

19.10 Der Ursprung und die Entwicklung von Galaxien

Unsere heutigen Vorstellungen vom Ursprung und von der Entwicklung der Galaxien sind noch sehr schematisch. Es besteht jedoch eine weitgehende Übereinstimmung über den Rahmen, innerhalb dessen detailliertere Fragen untersucht werden können.

Einige Aspekte des gemeinsamen Bildes sind schon im Zusammenhang mit dem Milchstraßensystem angesprochen worden. Die elliptischen Galaxien und die Verdichtungen der Scheibengalaxien wurden durch den Kollaps von Gaswolken vor 10^{10} Jahren gebildet. In einigen Galaxien formte ein Teil des Gases eine Scheibe, bevor es zur Sternentstehung verbraucht wurde. In anderen Galaxien, den Spiralen, läuft die Sternbildung in den Scheiben noch kontinuierlich ab, in den S0-Systemen ist das Gas schon verbraucht.

Mit Hilfe numerischer Simulationen des Kollaps der Gaswolken und der Sternbildung in ihnen kann man versuchen, die Entwicklung der Strahlung und der chemischen Häufigkeiten unter verschiedenen Voraussetzungen zu berechnen. Die Ergebnisse der Modelle werden dann mit den Beobachtungen von Galaxienspektren und der Verteilung der Elemente in den Galaxien verglichen.

Es gibt viele Faktoren, die Komplikationen hervorrufen. So kann Gas aus den Galaxien herausgeschleudert werden oder neues Gas in die Galaxien einströmen. Wechselwirkungen mit umgebender Materie können den Verlauf der Entwicklung radikal verändern – in dichten Systemen kann das zur totalen Verschmelzung der Mitglieder führen. Es ist wenig bekannt über den Einfluß des allgemeinen dynamischen Zustandes der Galaxien auf die Sternbildung und, wie aktive Kerne in das allgemeine Schema hineinpassen.

Kapitel 20 Kosmologie

Nach der Aufgabe des aristotelischen Weltbildes waren Jahrhunderte astronomischer Beobachtungen und physikalischer Theorien notwendig, um einen Erkenntnisstand zu erreichen, der ein zufriedenstellendes, modernes, wissenschaftliches Bild vom Universum zu formulieren erlaubte. Entscheidende Stufen dieser Entwicklung waren die Aufklärung der Natur der Galaxien in den zwanziger Jahren und die Entwicklung der Allgemeinen Relativitätstheorie durch Einstein um 1915. Kosmologische Forschung versucht auf folgende Fragen Antworten zu geben: Wie groß und wie alt ist das Universum? Wie ist die Materie verteilt? Wie entstanden die Elemente? Wie wird die zukünftige Entwicklung des Universums sein? Die zentrale Fragestellung der modernen Kosmologie ist die nach dem gültigen Modell für das expandierende Universum. Auf der Grundlage eines solchen Modells kann man diese Fragen angehen.

20.1 Kosmologische Beobachtungen

Das Olbersche Paradoxon. Die einfachste kosmologische Beobachtung ist die Dunkelheit des nächtlichen Himmels. Diese Tatsache wurde zuerst von *Johannes Kepler* bemerkt, der 1610 die Dunkelheit des Nachthimmels als Beweis für ein begrenztes Univer-

Abb. 20.1. Das Olberssche Paradoxon. Wenn die Sterne in einem unendlichen, unveränderlichen Raum ungleichmäßig verteilt wären, müßte der Nachthimmel so hell wie die Oberfläche der Sonne sein, da jede Sichtlinie auf die Oberfläche eines Sternes stoßen würde. Eine zweidimensionale Analogie kann ein optisch dichter Wald sein. Auch dort trifft jede Sichtlinie immer auf einen Baumstamm, in welche Richtung man auch blickt. (Foto M. Poutanen und H. Karttunen)

sum ansah. Die Idee eines unendlichen Raumes, angefüllt von sonnenähnlichen Sternen, breitete sich infolge der Kopernikanischen Revolution aus; der dunkle Nachthimmel blieb ein Problem. Im 18. und 19. Jahrhundert beschäftigten sich *Edmond Halley*, *Jean Philippe de Loys de Cheseaux* und *Heinrich Olbers* mit dieser Problematik, die als das *Olbersche Paradoxon* bekannt (Abb. 20.1) wurde.

Das Paradoxon besteht in folgendem: Wir wollen annehmen, daß der Kosmos unendlich ist und die Sterne gleichmäßig im Raum verteilt sind. Man wird dann früher oder später immer die Oberfläche eines Sternes sehen, unabhängig davon, in welche Richtung man blickt. Da die Flächenhelligkeit nicht von der Entfernung abhängt, muß jeder Punkt des Himmels so hell wie die Oberfläche der Sonne erscheinen. Offensichtlich ist das aber nicht der Fall. Die moderne Erklärung für das Paradoxon geht dahin, daß die Sterne nur eine begrenzte Lebensdauer haben, so daß uns das Licht sehr weit entfernter Sterne nicht erreicht hat. Anstatt eine räumlich begrenzte Welt zu beweisen, zeigt das Olbersche Paradoxon deren endliches Alter.

Der extragalaktische Raum. 1923 konnte *Edwin Hubble* nachweisen, daß der Andromeda-Nebel M31 sich weit außerhalb des Milchstraßensystems befindet. Damit war eine langanhaltende Kontroverse über die Beziehung dieser Nebel zum Milchstraßensystem entschieden. Die zahlreichen Galaxien, die man auf fotografischen Aufnahmen erkennen kann, bilden einen extragalaktischen Raum, der weitaus größer ist als die Dimensionen des Milchstraßensystems. Für die Kosmologie ist es sehr wichtig, daß die grundlegenden Komponenten des extragalaktischen Raumes, die Galaxien und Galaxienhaufen, überall die gleiche Verteilung und die gleiche Bewegung haben wie in unserem lokalen Teil des Kosmos.

Galaxien bilden ganz unterschiedliche Systeme, kleine Gruppen, Galaxienhaufen und große Superhaufen. Die Ausdehnung der größten Strukturen beträgt 100 Mpc (s. Abschn. 19.8) und ist damit signifikant kleiner als der Raum (einige tausend Mpc im Durchmesser), in dem die Galaxienverteilung untersucht wurde. Ein Weg, um die großräumige Homogenität der Galaxien zu studieren, ist die Zählung von Galaxien, die hel-

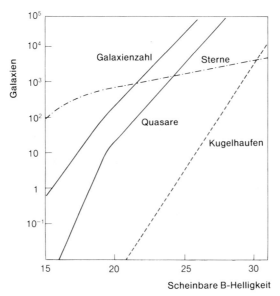

Abb. 20.2. Bis zur scheinbaren Helligkeit $B = 20$ mag entspricht bei gleichmäßiger Verteilung die Anzahl der Galaxien als Funktion der Helligkeit dem $10^{0,6m}$-Gesetz. Der flachere Verlauf der Relation bei schwächeren Helligkeiten kann durch die Krümmung und Expansion des Universums erklärt werden

20.1 Kosmologische Beobachtungen

ler als eine bestimmte Grenzgröße m sind. Wenn die Galaxienverteilung im Raum gleichmäßig ist, muß die Anzahl proportional zu $10^{0,6m}$ sein (s. Abb. 20.2 und Übung 18.5.1). Die Galaxienzählung, die z. B. Hubble 1934 durchführte und die 44 000 Galaxien erfaßte, ergab keine Abhängigkeit von der Position (Homogenität) und von der Richtung (Isotropie). Weder aus den Galaxienzählungen von Hubble noch aus späteren ergab sich eine „Grenze" des Universums.

Ähnliche Zählungen wurden für extragalaktische Radioquellen gemacht. (Anstelle der Helligkeit wird die Flußdichte benutzt. Wenn F die Flußdichte ist, ist die Anzahl wegen $m = -2{,}5 \lg (F/F_0)$ proportional zu $F^{-3/2}$.) Diese Zählungen erfassen vor allem weitentfernte Radiogalaxien und Quasare (Abb. 20.3). Aus den Resultaten scheint hervorzugehen, daß die Radioquellen entweder viel heller oder in früheren Epochen zahl-

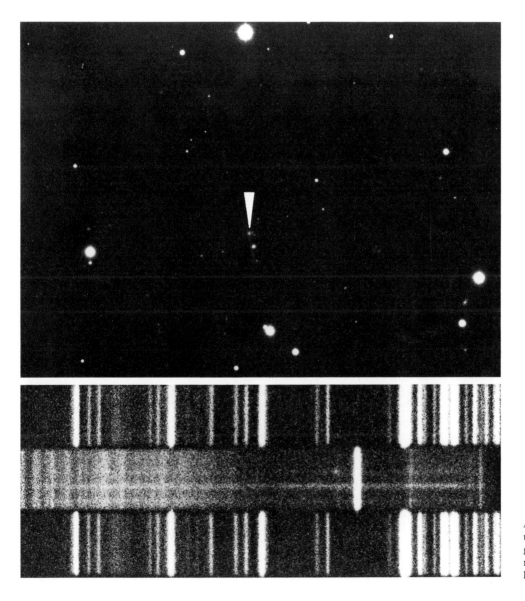

Abb. 20.3. Der Quasar 3C 295 und sein Spektrum. Die Quasare gehören zu den entferntesten kosmologischen Objekten. (Foto Palomar Observatory)

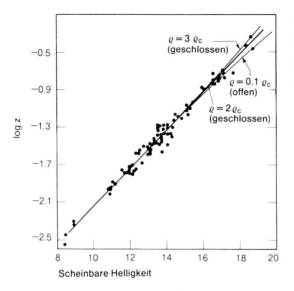

Abb. 20.4. Das Hubble-Gesetz für die hellsten Galaxien in den Haufen und die Vorhersagen der Friedmann-Modelle. Eine Entscheidung zwischen den verschiedenen Möglichkeiten ist anhand der Beobachtungen noch nicht möglich

reicher waren als gegenwärtig, ein Hinweis auf ein sich entwickelndes, expandierendes Universum.

Das Hubblegesetz (Abb. 20.4). In den späten zwanziger Jahren entdeckte Hubble, daß die Spektrallinien von Galaxien proportional zur Entfernung der Galaxien zum Roten verschoben sind. Wenn der Dopplereffekt die Ursache der Verschiebung ist, bedeutet das, daß die Galaxien sich mit einer Geschwindigkeit V voneinander entfernen, die ihrem gegenseitigen Abstand proportional ist, d. h. der Kosmos als Ganzes expandiert.

In Einheiten der Rotverschiebung $z = (\lambda - \lambda_0)/\lambda_0$ lautet das Hubblegesetz

$$z = (H/c)r \ . \tag{20.1}$$

c ist die Lichtgeschwindigkeit, H die *Hubble-Konstante* und r die Entfernung der Galaxie. Für kleine Geschwindigkeiten ($V \ll c$) ist die Rotverschiebung $z = V/c$, und es gilt

$$V = Hr \ . \tag{20.2}$$

In dieser Form wird das Hubblegesetz meistens geschrieben.

Für eine Gruppe von beobachteten „Standardkerzen", d. h. für Galaxien, deren absolute Helligkeit eng um einen Mittelwert M_0 liegen, entspricht das Hubblegesetz einer linearen Beziehung zwischen der scheinbaren Helligkeit m und dem Logarithmus der Rotverschiebung, lg z. Eine Galaxie der Entfernung r hat die scheinbare Helligkeit $m = M_0 + 5 \lg (r/10 \text{ pc})$. Das Gesetz von Hubble erhält dann die Form

$$m = M_0 + 5 \lg (cz/H\, 10 \text{ pc}) = 5 \lg z + C \ . \tag{20.3}$$

Die Konstante C hängt von M_0 und H ab. Geeignete Standardkerzen sind z. B. die hellsten Galaxien in Galaxienhaufen oder Sc-Galaxien mit bekannter Leuchtkraftklasse.

Das Hubblegesetz konnte bis $z = 1$ bestätigt werden. Bei kleinen Rotverschiebungsbeträgen wird es aber vielfach durch die lokalen, pekuliaren Geschwindigkeiten, die meist ungenügend bekannt sind, überdeckt. Für große Rotverschiebungen fehlen ausreichend geeignete Standardkerzen, was die Überprüfung der exakten Form des Hubblegesetzes schwirig macht.

Wenn der Kosmos expandiert, müssen die Galaxien früher viel dichter beieinander gewesen sein. Unter der Voraussetzung, daß die Expansionsrate immer die gleiche war, entspricht die inverse Hubble-Konstante, $T = H^{-1}$, dem Alter des Universums. Da aber angenommen wird, daß die Expansion allmählich langsamer wird, gibt die inverse Hubble-Konstante die obere Grenze für das Alter des Kosmos (Abb. 20.5). Nach den gegenwärtigen Abschätzungen gilt $50 \text{ km s}^{-1} \text{ Mpc}^{-1} < H < 100 \text{ km s}^{-1} \text{ Mpc}^{-1}$. Daraus folgt ein Alter von 10 bis 20 Milliarden Jahren.

Die Unsicherheiten im Wert der Hubble-Konstante ergeben sich aus den Schwierigkeiten, extragalaktische Entfernungen zu bestimmen. (Siehe die kurze Betrachtung zu diesem Problem auf S. 443). Ein zweites Problem ist die Messung der Geschwindigkeit V; sie muß zum einen in bezug auf die Bewegung der Sonne innerhalb der lokalen Gruppe korrigiert werden, zum andern enthält sie eine signifikante Komponente, die durch die pekuliare Bewegung der Galaxien hervorgerufen wird. Ursachen für diese pekuliaren Bewegungen sind lokale Massenkonzentrationen wie Gruppen und Haufen von Galaxien. Wahrscheinlich hat die lokale Gruppe eine wesentliche Geschwindigkeit in Richtung auf das Zentrum des lokalen Superhaufens (Virgohaufen). Da der Virgohaufen oft für die Bestimmung des Wertes von H benutzt wird, führt die Vernachlässigung dieser Pekuliargeschwindigkeit zu einem großen Fehler von H. Die Größe der Pekuliargeschwindigkeit ist nicht exakt bekannt, sie beträgt wahrscheinlich rund 250 km/s.

Das Hubblegesetz kann den Eindruck hervorrufen, daß das Milchstraßensystem das Zentrum der Expansion ist, ein scheinbarer Widerspruch zum Kopernikanischen Prinzip. Abbildung 20.6 zeigt, daß in einem regulär expandierenden Weltall für jeden Punkt das gleiche Hubblegesetz gilt. Es gibt kein Zentrum für die Expansion.

Die thermische Mikrowellenhintergrundstrahlung. Die wichtigste kosmologische Entdeckung seit dem Gesetz von Hubble wurde 1965 gemacht. *Arno Penzias* und *Robert Wilson* entdeckten eine universelle Mikrowellenstrahlung, deren Spektrum der Strah-

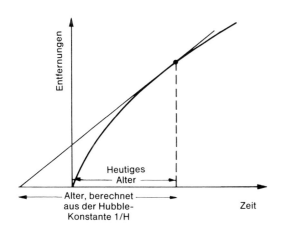

Abb. 20.5. Wenn die Expansion des Universums sich verlangsamt, gibt die umgekehrte Hubble-Konstante eine obere Grenze für das Weltalter. Das tatsächliche Alter hängt vom Wert des Beschleunigungsparameters ab

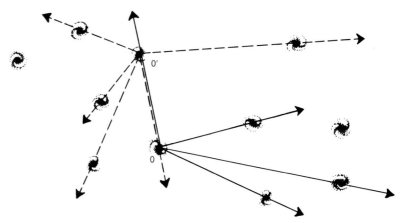

Abb. 20.6. Aus der Expansion nach dem Hubble-Gesetz folgt nicht, daß das Milchstraßensystem (O) das Zentrum des Universums ist. Beobachter in jeder anderen Galaxie (O′) sehen die gleiche Hubble-Bewegung (*gestrichelte Linien*)

Abb. 20.7. Die Beobachtungen der kosmischen Mikrowellenhintergrundstrahlung sind in Übereinstimmung mit der Temperatur eines Schwarzen Körpers von 2,7 K. Die Fehlerbalken geben die Unsicherheit der Meßwerte

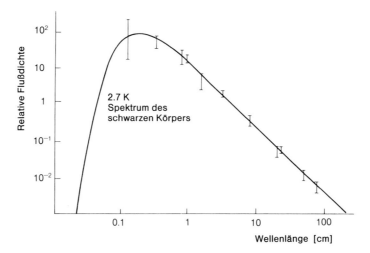

lung eines Schwarzen Körpers (s. Abschn. 5.6) mit einer Temperatur von etwa 3 K entspricht (Abb. 20.7). Für ihre Entdeckung erhielten sie 1979 den Nobelpreis für Physik.

Die Existenz einer thermischen kosmischen Hintergrundstrahlung war in den vierziger Jahren von *George Gamow*, der als einer der ersten die Anfangsphase der Expansion studierte, vorhergesagt worden. Nach Gamow war das Universum in der Anfangsphase mit extrem heißer Strahlung angefüllt. Mit der Expansion kühlte die Strahlung bis auf gegenwärtig einige Grad Kelvin ab. Nach der Entdeckung von Penzias und Wilson wurde die kosmische Hintergrundstrahlung bei verschiedenen Wellenlängen studiert; mindestens im Intervall zwischen 1 mm und 1 m entspricht sie sehr gut einem Planckschen Spektrum bei 2,7 K.

Die Existenz der kosmischen Hintergrundstrahlung ist ein entscheidendes Argument für die Überzeugung, daß das Universum in seinem Frühstadium sehr heiß war. Außerdem unterstützt die Isotropie der Hintergrundstrahlung deutlich die isotropen, homogenen Weltmodelle.

Die Isotropie von Masse und Strahlung. Die Mikrowellenhintergrundstrahlung ist mit einer Abweichung von nur 0,1% isotrop. Es gibt einige weitere Phänomene, die die Isotropie des Universums verdeutlichen: die Verteilung der Radioquellen und der schwachen Galaxien, die Röntgenhintergrundstrahlung und auch das Gesetz von Hubble. Die beobachtete Isotropie ist Ausdruck der Homogenität des Universums, da großräumige Inhomogenitäten als Anisotropie sichtbar wären.

Das Alter des Universums. Wichtige kosmologische Beobachtungen, die nicht von spezifischen kosmologischen Modellen abhängen, sind die Bestimmungen des Alters der Erde, der Sonne und der Sternhaufen. Aus dem Zerfall von radioaktiven Isotopen ergibt sich ein Alter der Erde von 4,6 Milliarden Jahren. Das Alter der Sonne wird etwas größer angenommen, das Alter der ältesten Sternhaufen des Milchstraßensystems liegt zwischen 10 und 15 Milliarden Jahren.

Diese Werte geben eine untere Grenze für das Alter des Universums. In einem expandierenden Kosmos folgt aus der inversen Hubble-Konstante eine obere Grenze für das Weltalter. Es ist bemerkenswert, daß die direkt bestimmten Altersangaben nicht weit von der oberen Grenze entfernt sind. Das ist ein wichtiges Argument dafür, daß das Hubblegesetz tatsächlich Ausdruck der Expansion des Weltalls ist. Außerdem wird deutlich, daß die ältesten Sternhaufen sehr früh in der Geschichte des Universums entstanden sein müssen.

Die relative Heliumhäufigkeit. Eine kosmologische Theorie sollte auch eine akzeptable Erklärung für den Ursprung und die Häufigkeit der Elemente geben. Gerade die Häufigkeit der Elementarteilchen und das Fehlen von Antimaterie sind Probleme, die im Zusammenhang mit den Theorien des frühen Universums untersucht werden.

Beobachtungen zeigen, daß die ältesten Objekte 25 Massenprozente Helium, das häufigste Element nach Wasserstoff, enthalten. Die Menge des produzierten Heliums hängt sehr empfindlich von der Temperatur des Universums ab, die wiederum in Beziehung zur Hintergrundstrahlung steht. Rechnungen, die für ein Standardmodell des Universums, das Friedmann-Modell, gemacht wurden, ergeben exakt die richtige Heliumhäufigkeit.

*Die Hubble-Konstante

Es ist etwas kurios, die Bezeichnung „Hubble-Konstante" für eine Größe zu benutzen, die laut Definition von der Zeit abhängt und für die Messungen Beträge im Bereich zwischen $550\,\mathrm{km\,s^{-1}\,Mpc^{-1}}$ und $40\,\mathrm{km\,s^{-1}\,Mpc^{-1}}$ ergaben. In den meisten kosmologischen Modellen ändert sich der Wert von H kontinuierlich. Darum wäre es besser vom *Hubble-Parameter* zu sprechen und den gegenwärtigen Wert mit H_0 zu bezeichnen. Innerhalb des Entfernungsintervalls, in dem die Hubble-Konstante bestimmt werden kann, sollte man für H_0 die Näherungsformel V/r benutzen. r ist die Entfernung des gemessenen Objektes und V die Expansionsgeschwindigkeit in der Entfernung r. V muß nicht mit der Geschwindigkeit, die sich direkt aus der Rotverschiebung ergibt, übereinstimmen, da die gemessene Rotverschiebung noch von der Pekuliargeschwindigkeit des Milchstraßensystems und des in Frage kommenden Objektes (s. *Drei Rotverschiebungen, S. 456) beeinflußt ist. Die Unsicherheiten in der Geschwindigkeit V können erstens durch die Subtraktion der lokalen pekuliaren Geschwindigkeit reduziert werden und zweitens durch die Nutzung sehr entfernter Objekte, bei denen die Pekuliargeschwindigkeit im Vergleich zur Expansionsgeschwindigkeit bedeutungslos wird.

Das Milchstraßensystem befindet sich am Rande des Lokalen Superhaufens, dessen Zentrum der Virgohaufen ist. Es wird angenommen, daß diese Massenkonzentration eine geringfügige Reduzierung der Expansion zur Folge hat, und das Milchstraßensystem sich mit 200 bis 400 km/s in Richtung des Virgohaufens bewegt. Eine eventuelle Rotation des Superhaufens könnte die lokale Geschwindigkeit ebenfalls beeinflussen.

Die zuverlässige Bestimmung der Entfernungen ist noch schwieriger als die Messung der lokalen Pekuliargeschwindigkeit. Tabelle 1 zeigt die historischen Messungen von H_0. Man sieht, daß der Wert seit der ersten Bestimmung um den Faktor zehn geringer wurde.

In den Jahren 1975 bis 1985 wurden nach vielen unterschiedlichen Methoden für H_0 Werte zwischen 50 und $100\,\mathrm{km\,s^{-1}\,Mpc^{-1}}$ gefunden. Um die Unsicherheit von 50%, die noch immer für H_0 vorhanden ist, zu reduzieren, müssen einige Schwierigkeiten überwunden werden.

1) Die Entfernungen werden durch Vergleich der scheinbaren Helligkeit oder des Winkeldurchmessers eines Objektes mit den entsprechenden Werten für nahe Objekte, deren Entfernungen mit anderen Mitteln er-

Tabelle 1. Messungen der Hubble-Konstanten $[\mathrm{km\,s^{-1}\,Mpc^{-1}}]$

1936	Hubble	536	(Als Entfernungsindikatoren wurden die hellsten Sterne in Galaxien benutzt, die Eichung erfolgte in der Lokalen Gruppe)
1950	Baade	200	(Die in der Lokalen Gruppe bestimmten Entfernungen waren zu gering, da die Perioden-Leuchtkraft-Beziehung für W Vir-Veränderliche auf klassische Cepheiden angewandt worden war)
1958	Sandage	100	(Einige von Hubbles „hellen Sternen" sind H II-Regionen)
1975	Sandage	55	(Der kleine Wert beruht teilweise auf einem Anwachsen der Entfernungen der nächsten Gruppen, was aber noch unsicher ist)

Tabelle 2. Extragalaktische Entfernungsindikatoren

Objekt/Methode	Bereich [Mpc]	Typische Unsicherheit (kein Eichungsfehler)
Cepheiden/Perioden-Leuchtkraft	0 – 4	20%
Größte H II-Region/Durchmesser	0 – 10	30%
Hellste Sterne	0 – 10	30%
H I-Linienbreite/ Tully-Fischer-Methode	0 – 100	20%
Sc-Galaxien/Leuchtkraftklasse	0 – 100	40%
Hellste Haufengalaxie	20 – 2000	30%

halten wurden, bestimmt. Für den Vergleich werden passende Objekte mit bekannten Standardeigenschaften benötigt. Wenn z. B. die Durchmesser der größten H II-Regionen in einer Galaxie als Standard genutzt werden sollen, muß man wissen, ob diese von einer Galaxie zur anderen variieren. Es gibt tatsächlich eine große Variation, die von der Leuchtkraftklasse der Galaxie und eventuell noch weiteren Faktoren abhängt. Wenn man das berücksichtigt, werden die Unsicherheiten reduziert. Tabelle 2 gibt einige Beispiele von Objekten und Methoden zu extragalaktischen Entfernungsbestimmungen. Die angegebene Unsicherheit ist ein optimistischer Wert.

Die Galaxien M 81 (*links*) und M 101 (*rechts*) im Sternbild Ursa Major spielten für die Bestimmung der kosmischen Entfernungsskala eine bedeutende Rolle. (Fotos Palomar Observatory)

2) Für die Entfernungsbestimmung ist es von entscheidender Bedeutung, daß durch die Streuung der Standardeigenschaften keine systematischen Fehler, die von der Entfernung abhängen, hervorgerufen werden. Die Auswahl nach der Leuchtkraft ist immer ein Risiko, da in großen Entfernungen Standards mit Leuchtkräften über dem Mittelwert bevorzugt berücksichtigt werden könnten. Ihre Entfernung wird dann als zu gering eingeschätzt und die Hubble-Konstante als zu hoch. Die Effekte der Leuchtkraftauswahl sind wahrscheinlich bei der H_0-Bestimmung bislang nicht vollkommen eliminiert worden.

3) Kosmische Entfernungen werden Stufe für Stufe bestimmt. Ein Fehler in der Entfernung in einer früheren Stufe wirkt sich auf alle späteren Stufen aus. Als z. B. nach den Forschungsergebnissen von Baade die Entfernungen in der Lokalen Gruppe verdoppelt werden mußten, galt das auch für alle Entfernungen außerhalb derselben. Eine Änderung des Abstandes des Hyaden-Sternhaufens von 40 auf 50 pc führte zu entsprechenden Änderungen der extragalaktischen Entfernungen. Die entscheidende Grundlage für die Entfernungen in der Lokalen Gruppe ist die Perioden-Leuchtkraft-Beziehung der Cepheiden. Diese Beziehung wird an den Cepheiden in Sternhaufen des Milchstraßensystems geeicht, die Entfernung der Sternhaufen wiederum gewinnt man aus der Anpassung der Hauptreihen der Sternhaufen an die der Hyaden.

20.2 Das kosmologische Prinzip

Man hofft, daß bei der Beobachtung immer größerer Volumina des Universums seine Eigenschaft einfach und gut definiert werden. Abbildung 20.8 versucht das zu zeigen. Dargestellt ist eine Verteilung von Galaxien in der Ebene. Die Kreise, die den Beobachter O umgeben, werden immer größer. Die mittlere Dichte in den Kreisen wird dann praktisch unabhängig von der Größe der Kreise. Unabhängig von der Position des Beobachters O ergibt sich das gleiche Ergebnis: in geringen Abständen ändert sich die Dichte zufällig (Abb. 20.9), aber wenn das Volumen groß genug ist, ist die mittlere Dichte konstant. Das ist ein Beispiel für das *kosmologische Prinzip*: abgesehen von lokalen Irregularitäten bietet das Universum von allen Positionen im Raum den gleichen Anblick.

Das kosmologische Prinzip ist eine sehr weitreichende Annahme, die herangezogen wird, um die große Vielfalt möglicher kosmologischer Theorien einzuschränken. Wenn man in Ergänzung zum kosmologischen Prinzip annimmt, daß das Weltall auch isotrop

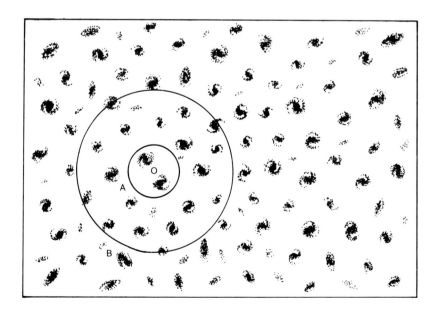

Abb. 20.8. Das kosmologische Prinzip. In dem kleinen Kreis (A) um den Beobachter (O) repräsentiert die Galaxienverteilung nicht die großräumige Verteilung. Im großen Kreis (B) ist die Verteilung im Mittel schon gleichmäßig

Abb. 20.9. Die Galaxien scheinen „schaumartig" verteilt zu sein. Dicht besetzte Bänder und Schalen umgeben relativ leere Gebiete. [Seldner, M. et al. (1977): Astron. J. **82**, 249]

ist, dann ist eine globale Expansion die einzig mögliche kosmische Strömung. In diesem Fall ist die lokale Geschwindigkeitsdifferenz V zwischen zwei benachbarten Punkten deren Abstand direkt proportional ($V = Hr$), d. h. das Hubblegesetz muß gelten.

Das ebene Universum in Abb. 20.8 ist, abgesehen von lokalen Irregularitäten, homogen und isotrop. Isotropie in jedem Punkt beinhaltet Homogenität, aber Homogenität erfordert keine Isotropie. Ein Beispiel für ein anisotropes, homogenes Universum wäre ein Modell, das ein konstantes Magnetfeld enthält: da das Feld eine festgelegte Richtung hat, kann der Raum nicht isotrop sein.

Wir haben bereits gesehen, daß astronomische Beobachtungen für unsere beobachtbare Nachbarschaft, die *Metagalaxis*, die Annahme von Homogenität und Isotropie unterstützen. Auf der Grundlage des kosmologischen Prinzips kann man diese Annahme auf das gesamte Weltall ausdehnen.

Das kosmologische Prinzip steht in enger Beziehung zum Kopernikanischen Prinzip, wonach unsere Position im Universum keine besondere ist. Von diesem Prinzip ist es nur ein kleiner Schritt zu der Annahme, daß die Eigenschaften der Metagalaxis auf einer genügend großen Skala die gleichen wie die globalen Eigenschaften des Kosmos sind.

Homogenität und Isotropie sind wichtige, vereinfachende Voraussetzungen für die Konstruktion *kosmologischer Modelle*, die mit lokalen Beobachtungen verglichen werden können. Vernünftigerweise können sie deshalb angenommen werden, mindestens als vorläufige Hypothesen.

20.3 Homogenität und Isotropie des Universums

Unter ganz allgemeinen Bedingungen kann man die Raum- und Zeitkoordinaten im Universum so wählen, daß die Raumkoordinaten der Beobachter, die sich mit der Materie mitbewegen, konstant sind. Es kann gezeigt werden, daß das Linienelement (Anhang C) in einem homogenen und isotropen Weltall die Form

$$ds^2 = c^2 dt^2 + R^2(t) \left[\frac{dr^2}{1+kr^2} + r^2(d\theta^2 + \cos^2\theta\, \delta\phi^2) \right] \tag{20.4}$$

annimmt. Es ist als *Robertson-Walker-Linienelement* bekannt. (Die radiale Koordinate r ist so definiert, daß sie dimensionslos ist.) $R(t)$ ist eine zeitabhängige Größe und stellt den Skalenfaktor des Weltalls dar. Wenn R mit der Zeit zunimmt, wachsen alle Entfernungen, auch die Abstände zwischen den Galaxien. Der Koeffizient k kann $+1, 0$ oder -1 sein. Das entspricht den drei möglichen geometrischen Zuständen des Raumes, einem *elliptischen* oder *geschlossenen*, einem *parabolischen* und einem *hyperbolischen* oder *offenen* Modell.

Der Raum, der durch diese Modelle beschrieben wird, muß nicht euklidisch sein, sondern kann eine positive oder negative Krümmung haben. In Abhängigkeit von der Krümmung kann das Volumen des Universums endlich oder unendlich sein. In keinem Fall hat das Weltall eine sichtbare Begrenzung.

Die zweidimensionale Analogie zur elliptischen ($k = +1$) Geometrie ist die Kugeloberfläche (Abb. 20.10): sie ist endlich, hat aber keine Grenze. Der Skalenfaktor $R(t)$ repräsentiert die Ausdehnung der Kugel. Wenn sich R ändert, verändern sich in gleicher Weise die Abstände von Punkten auf der Kugeloberfläche. Ganz ähnlich hat eine dreidimensionale „sphärische Oberfläche", oder ein Raum der elliptischen Geometrie, ein endliches Volumen, aber keine Begrenzung. Wenn man in eine willkürliche Richtung startet und lange genug in der Richtung geht, kommt man immer zum Ausgangspunkt zurück.

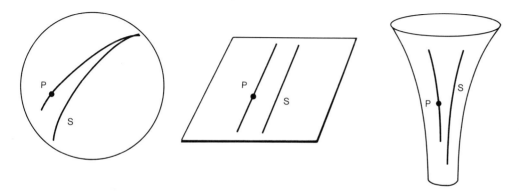

Abb. 20.10. Die zweidimensionalen Analogien der Friedmann-Modelle: eine sphärische Oberfläche, eine Ebene und eine Sattelfläche

Für $k = 0$ ist der Raum *eben* oder euklidisch, und der Ausdruck für das Linienelement (20.4) ist fast der gleiche wie im Minkowskiraum. Der einzige Unterschied ist der Skalenfaktor $R(t)$. Im euklidischen Raum ändern sich alle Abstände mit der Zeit, und die zweidimensionale Analogie zu diesem Raum ist die Ebene.

Bei hyperbolischer Geometrie ($k = -1$) ist das Volumen des Raumes unendlich. Eine Sattelfläche stellt das zweidimensionale Analogon für diesen Raum dar.

In einem homogenen, isotropen Universum hängen alle physikalischen Größen über den Skalenfaktor $R(t)$ von der Zeit ab. Von der Form des Linienelementes ist zum Beispiel offensichtlich, daß alle Abstände proportional zu R sind (Abb. 20.11). Wenn der Abstand zweier Galaxien zum Zeitpunkt t gleich r ist, beträgt er zum Zeitpunkt t_0

$$[R(t_0)/R(t)]r \ . \tag{20.5}$$

Analog dazu sind alle Volumina proportional zu R^3. Daraus folgt, daß die Dichte einer konstanten Menge (d.h. der Masse pro Volumeneinheit) sich wie R^{-3} verhält.

Man kann zeigen, daß in einem expandierenden Universum die Wellenlänge der Strahlung genau wie alle anderen Längen proportional R ist. Wenn die Wellenlänge zum Zeitpunkt der Emission entsprechend dem gültigen Skalenfaktor R gleich λ ist, wird sie bei Zunahme des Skalenfaktors auf R_0 den Wert λ_0 annehmen:

$$\lambda_0/\lambda = R_0/R \ . \tag{20.6}$$

Die Rotverschiebung ist $z = (\lambda_0 - \lambda)/\lambda$. Es gilt

$$1 + z = R_0/R \ , \tag{20.7}$$

d. h., die Rotverschiebung einer Galaxie drückt aus, um welchen Betrag der Skalenfaktor sich seit der Emission des Lichtes geändert hat. Zum Beispiel wurde das Licht von einem Quasar mit $z = 1$ zu einem Zeitpunkt ausgestrahlt, als alle Entfernungen die Hälfte ihres gegenwärtigen Wertes betrugen.

Für kleine Werte der Rotverschiebung ist (20.7) die Näherungsform des Hubblegesetzes. Das kann man folgendermaßen verstehen. Bei einem geringen z-Wert ist die Änderung von R während der Ausbreitung des Lichtsignals auch klein und proportional zur Laufzeit des Lichtes. Wenn r die Entfernung der Quelle ist und näherungsweise

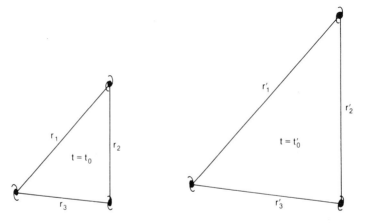

Abb. 20.11. Wenn der Raum expandiert, wachsen die Abstände zwischen den Galaxien mit dem Skalenfaktor R:

$r' = [R(t'_0)/R(t_0)]r$

$r = r/c$ gilt, ist die Rotverschiebung proportional zu r. Mit dem Proportionalitätsfaktor H/c erhält man

$$z = Hr/c . \tag{20.8}$$

Dies ist identisch mit dem Hubblegesetz (20.1), die Rotverschiebung ist aber im Sinne von (20.7) interpretiert.

In einem expandierenden Universum erleiden auch die Photonen der Hintergrundstrahlung eine Rotverschiebung. Die Energie jedes Photons ist umgekehrt proportional seiner Wellenlänge und verändert sich deshalb mit R^{-1}. Es kann gezeigt werden, daß die Anzahl der Photonen konstant ist und ihre zahlenmäßige, räumliche Dichte demzufolge proportional zu R^{-3} ist. Aus der Kombination dieser beiden Resultate folgt, daß die Energiedichte der Hintergrundstrahlung sich mit R^{-4} verändert. Die Energiedichte der Strahlung des schwarzen Körpers ist proportional zu T^4, T ist die Temperatur. Die Temperatur der kosmischen Hintergrundstrahlung wird also mit R^{-1} variieren.

20.4 Friedmann-Modelle

Die Ergebnisse des vorhergehenden Abschnitts sind in einem homogenen, isotropen Weltall gültig. Um die genaue Zeitabhängigkeit des Skalafaktors $R(t)$ zu bestimmen, benötigt man eine Gravitationstheorie.

1917 legte *Albert Einstein* ein Modell des Universums vor, das auf seiner Allgemeinen Relativitätstheorie beruht. Es beschreibt einen geometrisch symmetrischen (sphärischen) Raum mit endlichem Volumen, aber ohne Begrenzung. In Übereinstimmung mit dem kosmologischen Prinzip ist das Modell homogen und isotrop, aber auch *statisch*: das Volumen des Raumes ändert sich nicht.

Um ein statisches Modell zu erhalten, mußte Einstein eine neue abstoßende Kraft, den *kosmologischen Term*, in seine Gleichungen einführen. Die Größe des kosmologischen Terms ist durch die *kosmologische Konstante* Λ gegeben. Einstein stellte sein Modell vor der Entdeckung der Rotverschiebung der Galaxien vor und hielt deshalb ein statisches Universum für vernünftig. Als die Expansion des Universums entdeckt wurde, gab es kein Argument mehr zugunsten der kosmologischen Konstante. Die Meinungen über die Einbeziehung eines kosmologischen Terms in die Gleichungen der Allgemeinen Relativitätstheorie sind aber immer noch geteilt. Einstein selbst bezeichnete die Einführung des Terms später als die größte Eselei seines Lebens.

Der russische Physiker *Alexander Friedmann* und später, unabhängig von ihm, der Belgier *Georges Lemaître* studierten die kosmologischen Lösungen der Einsteinschen Gleichungen für $\Lambda = 0$. In diesem Fall sind nur Lösungen für expandierende oder kontrahierende Modelle des Universums möglich. Aus den Friedmann-Modellen lassen sich die exakten Formeln für die Rotverschiebung und das Hubblegesetz ableiten.

Die allgemeine Ableitung des Expansionsgesetzes aus den Friedmann-Modellen soll hier nicht gegeben werden. Es ist interessant, daß bei rein Newtonscher Betrachtung drei Typen von Modellen mit ihren Expansionsgesetzen gewonnen werden können, deren Resultate in vollkommener Übereinstimmung mit der relativistischen Behandlung sind. Die detaillierte Herleitung ist auf S. 452 gegeben. Der wesentliche Charakter der Bewegung wird aus einfachen energetischen Überlegungen klar.

Wir wollen eine kleine sphärische Region im Universum betrachten. Bei einer sphärischen Massenverteilung hängt die Gravitationskraft auf einer Kugeloberfläche nur von der Masse innerhalb der Kugel ab.

Wir können nun die Bewegung einer Galaxie der Masse m an der Begrenzung unseres sphärischen Volumens betrachten. Nach dem Hubblegesetz ist seine Geschwindigkeit $V = Hr$ und die entsprechende kinetische Energie

$$T = mV^2/2 \; . \tag{20.9}$$

Die potentielle Energie an der Begrenzung der Kugel der Masse M ist $U = -GMm/r$. Damit beträgt die Gesamtenergie

$$E = T + U = mV^2/2 - GMm/r \; . \tag{20.10}$$

Sie muß konstant sein. Wenn die mittlere Dichte des Universums ϱ ist, beträgt die Masse $M = (4\pi r^3/3)\varrho$. Der Betrag von ϱ, der dem Wert $E = 0$ entspricht, wird als *kritische Dichte*, ϱ_c, bezeichnet. Es gilt:

$$\begin{aligned} E &= \frac{1}{2}mH^2r^2 - \frac{GmM}{r} = \frac{1}{2}mH^2r^2 - Gm\frac{4}{3}\pi\frac{r^3}{r}\varrho_c \\ &= mr^2\left(\frac{1}{2}H^2 - \frac{4}{3}\pi G\varrho_c\right) = 0 \; . \end{aligned} \tag{20.11}$$

Daraus folgt

$$\varrho_c = \frac{3H^2}{8\pi G} \; . \tag{20.12}$$

Die Expansion kann mit der Bewegung einer Masse, die senkrecht von der Oberfläche eines Himmelskörpers gestartet ist, verglichen werden. Die Bahnform hängt von der Anfangsenergie ab. Um die gesamte Bahn berechnen zu können, müssen die Masse des Hauptkörpers und die Anfangsgeschwindigkeit bekannt sein. Die entsprechenden Parameter in der Kosmologie sind die mittlere Dichte und die Hubble-Konstante.

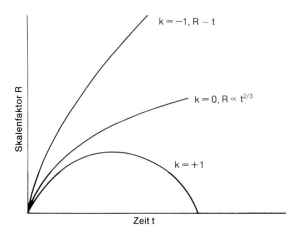

Abb. 20.12. Die Zeitabhängigkeit des Skalenfaktors für unterschiedliche Werte von k. Die kosmologische Konstante Λ ist null

20.4 Friedmann-Modelle

Das Modell für $E = 0$ ist das euklidische Friedmann-Modell, das sogenannte *Einstein-de Sitter*-Modell. Wenn die mittlere Dichte größer als die kritische Dichte ist, wird die Expansion eines sphärischen Raumgebiets sich in eine Kontraktion verwandeln, und es wird in einen Punkt kollabieren. Das entspricht dem geschlossenen Friedmann-Modell. Für $\varrho < \varrho_c$ wird schließlich das ständig expandierende, hyperbolische Modell erhalten. Das Verhalten des Skalenfaktors für die drei Modelle ist in Abb. 20.12 dargestellt.

Diese drei Modelle werden als *Standardmodelle* des Universums bezeichnet. Sie sind die einfachsten relativistischen kosmologischen Modelle für $\Lambda = 0$. Es wurden auch andere Modelle auf der Grundlage der Theorie von Einstein entwickelt, aus der Beobachtung gibt es bisher aber keine Gründe, die einfachen Standardmodelle aufzugeben.

Die einfache Newtonsche Behandlung des Expansionsvorganges ist möglich, da die Mechanik von Newton in kleinen Gebieten des Universums näherungsweise gilt. Obwohl die Gleichungen formal ähnlich sind, ist die Interpretation der Lösungen (z. B. des Parameters k) nicht die gleiche wie bei dem relativistischen Vorgehen. Die globale Geometrie der Friedmann-Modelle kann nur innerhalb der Allgemeinen Relativitätstheorie verstanden werden.

Ein kosmologisches Modell ist vollkommen spezifiziert, wenn die mittlere Dichte und die Hubble-Konstante bekannt sind. Alle anderen Parameter, die die Expansion beschreiben, können mit diesen beiden Größen ausgedrückt werden.

Es sollen zwei Punkte im Abstand r betrachtet werden, ihre Relativgeschwindigkeit sei V. Dann gilt

$$r\dot r = [R(t)/R(t_0)]\, r_0 \quad \text{und}$$

$$V = \dot r = \dot R(t)/R(t_0) \cdot r_0 \;. \tag{20.13}$$

Die Hubble-Konstante ist

$$H = V/r = \dot R(t)/R(t) \;. \tag{20.14}$$

Die Abbremsung der Expansion kann durch den Verzögerungsparameter q beschrieben werden:

$$q = -R\ddot R/\dot R^2 \;. \tag{20.15}$$

Er beschreibt die Änderung der Expansionrate R. Durch die zusätzlichen Faktoren wird er dimensionslos, d. h. unabhängig von der Wahl der Längen- und Zeiteinheit.

Der Wert von q kann durch die mittlere Dichte ausgedrückt werden. Der *Dichteparameter* ist definiert als $\Omega = \varrho/\varrho_c$. $\Omega = 1$ entspricht dem Einstein-de Sitter-Modell. Aus der Massenerhaltung folgt $\varrho_0 R_0^3 = \varrho R^3$. Wenn man die kritische Dichte aus (20.12) einsetzt, erhält man

$$\Omega = \frac{8\pi G}{3} \frac{\varrho_0 R_0^3}{R^3 H^2} \;. \tag{20.16}$$

Andererseits ergibt sich mit Hilfe von Gl. (4) auf S. 452 für q:

$$q = \frac{4\pi G}{3} \frac{\varrho_0 R_0^3}{R^3 H^2} \;. \tag{20.17}$$

Zwischen Ω und q besteht also der einfache Zusammenhang:

$$\Omega = 2q \ . \tag{20.18}$$

Der Wert $q = 1/2$ entspricht der kritischen Dichte $\Omega = 1$. Beide Werte werden in der Kosmologie benutzt. Bemerkenswert ist, daß die Dichte und die Beschleunigung unabhängig voneinander beobachtet werden können. Die Gültigkeit von (20.18) ist damit ein Test für die Richtigkeit der Allgemeinen Relativitätstheorie.

*Die Newtonsche Ableitung der Differentialgleichung für den Skalenfaktor $R(t)$

Es wird eine Galaxie am Rande einer Massenkugel betrachtet (siehe Abbildung). Sie wird beeinflußt durch die Zentralkraft

$$m\ddot{r} = -\frac{4\pi G r^3 \varrho m}{3} \frac{1}{r^2}$$

$$\ddot{r} = -\frac{4\pi}{3} G \varrho r \ . \tag{1}$$

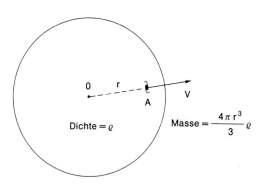

Der Radius und die Dichte in dieser Gleichung ändern sich mit der Zeit. Sie können in Einheiten des Skalenfaktors R ausgedrückt werden:

$$r = (R/R_0) r_0 \ . \tag{2}$$

R entspricht R_0 für den Radius $r = r_0$.

In der Gleichung

$$\varrho = (R_0/R)^3 \varrho_0 \tag{3}$$

ist $\varrho = \varrho_0$ für $R = R_0$. Wenn (2) und (3) in (1) eingesetzt werden, erhält man

$$\ddot{R} = -\frac{a}{R^2} \ . \tag{4}$$

Der Faktor a ist $a = 4\pi G R_0^3 \varrho_0 / 3$. Wenn in (4) beide Seiten der Gleichung mit $\dot{R}$ multipliziert werden, ergibt sich

$$\dot{R}\ddot{R} = \frac{1}{2} \frac{d(\dot{R}^2)}{dt} \ .$$

20.4 Friedmann-Modelle

Damit nimmt Gl. (4) die Form

$$d(\dot{R}^2) = -\frac{2a}{R^2}dR \tag{5}$$

an.

Wenn $R_0 = R(t_0)$ ist und Gl. (5) von t_0 bis t integriert wird, folgt

$$\dot{R}^2 - \dot{R}_0^2 = 2a\left(\frac{1}{R} - \frac{1}{R_0}\right) . \tag{6}$$

Die Konstanten $\dot{R}_0$ und a können durch die Hubble-Konstante H_0 und den Dichteparameter Ω_0 ersetzt werden. Da $\varrho_c = 3H_0^2/8\pi G$ ist, folgt mit $\Omega_0 = \varrho_0/\varrho_c$

$$2a = 8\pi G R_0^3 \varrho_0/3 = H_0^2 R_0^3 \varrho_0/\varrho_c = H_0^2 R_0^3 \Omega_0 . \tag{7}$$

Die Beziehung (7) kann nun in (6) eingesetzt werden mit $\dot{R}_0 = H_0 R_0$. Damit erhält man

$$\dot{R}^2 = H_0^2 R_0^2 \left(\Omega_0 \frac{R_0}{R} - \Omega_0 + 1\right) . \tag{8}$$

Das zeitliche Verhalten von R hängt vom Dichteparameter Ω_0 ab. Da $\dot{R}^2$ immer größer als 0 ist, folgt aus (8)

$$\Omega_0 \frac{R_0}{R} - \Omega_0 + 1 \geqq 0 , \quad \text{oder}$$

$$\frac{R_0}{R} \geqq \frac{\Omega_0 - 1}{\Omega_0} . \tag{9}$$

Wenn $\Omega_0 > 1$ ist, bedeutet das

$$R \leqq R_0 \frac{\Omega_0}{\Omega_0 - 1} \equiv R_{\max} .$$

Wenn der Skalenfaktor seinen maximalen Wert $R_{\max}$ erreicht, folgt aus (8) $\dot{R} = 0$, und die Expansion wird zur Kontraktion. Für $\Omega_0 < 1$ ist die rechte Seite in (8) immer positiv und die Expansion dauert ständig fort.

In der Allgemeinen Relativitätstheorie enthält die Gleichung für die Zeitabhängigkeit des Skalenfaktors den Faktor k, der die Geometrie des Raumes bestimmt:

$$\dot{R}^2 = \frac{8\pi G R_0^3 \varrho_0}{3R} - kc^2 . \tag{10}$$

Die Gl. (10) und (6) oder (8) sind identisch, wenn man

$$\frac{8\pi G R_0^3 \varrho_0}{3} - \dot{R}_0^2 = H_0^2 R_0^2 (\Omega_0 - 1) = kc^2$$

wählt. Damit erhält man vollkommene Übereinstimmung für die Newtonsche und die relativische Gleichung für R. Die Werte für die geometrische Konstante k entsprechen $k = +1, 0, -1$, entsprechend $\Omega_0 > 1, = 1$ und < 1.

Für $k = 0$ ist die Zeitabhängigkeit der Expansion sehr einfach. Wenn $\Omega_0 = 1$ gesetzt wird, ergibt sich aus (10) und (7)

$$\dot{R}^2 = \frac{H_0^2 R_0^3}{R} .$$

Die Lösung dieser Gleichung ist

$$R = \left(\frac{3H_0 t}{2}\right)^{2/3} R_0 \,.$$

Es ist auch einfach, die Zeit seit Beginn der Expansion zu berechnen: $R = R_0$ ergibt die Zeit

$$t_0 = \frac{2}{3}\frac{1}{H_0} \,.$$

Das ist das Alter der Welt im Einstein-de Sitter-Modell.

20.5 Kosmologische Tests

Ein zentrales kosmologisches Problem ist die Frage, welches Friedmann-Modell das Universum tatsächlich am besten darstellt. Verschiedene Modelle machen unterschiedliche Aussagen über Beobachtungen, die gegenwärtigen Beobachtungen erlauben aber noch keine eindeutige Bestimmung der Geometrie des Universums. Im folgenden werden mögliche Tests betrachtet.

Die kritische Dichte. Wenn die mittlere Dichte ϱ größer als die kritische ϱ_c ist, ist das Weltall geschlossen. Für eine Hubble-Konstante von $H = 100$ km s^{-1} Mpc^{-1} ist die kritische Dichte $\varrho_c = 1{,}9 \times 10^{-26}$ kg m^{-3}. Das entspricht etwa zehn Wasserstoffatomen pro Kubikmeter. Nach den Massebestimmungen für individuelle Galaxien ergibt sich ein geringerer Wert für die Dichte. Danach ist das Universum offen. Die auf diesem Wege bestimmte Dichte ist aber eine untere Grenze. Ein signifikanter Betrag unsichtbarer Masse kann sich außerhalb der Hauptgebiete der Galaxien befinden.

Wenn die Mehrheit der Masse in Galaxienhaufen dunkel und unsichtbar ist, kommt die mittlere Dichte in die Nähe des kritischen Wertes. Wenn man von der Virialmasse der Galaxienhaufen ausgeht (Abschn. 19.6), findet man $\Omega_0 = 0{,}1$. Außerdem kann auch noch Masse im Raum zwischen den Haufen existieren.

Es ist auch möglich, daß Neutrinos eine geringe Masse (etwa 10^{-4} Elektronenmassen) haben. Der Urknall sollte einen starken Neutrinohintergrund erzeugt haben, so daß trotz der geringen vermuteten Neutrinomasse die Gesamtheit der Neutrinos den dominierenden Massenanteil im Kosmos darstellen und die mittlere Dichte über die kritische heben würde. Labormessungen der Neutrinomasse sind sehr schwierig, und Ergebnisse sowjetischer Physiker von 1980 bedürfen noch der Bestätigung durch andere Gruppen. Insgesamt ist noch nicht klar, ob ausreichend Masse für ein geschlossenes Universum vorhanden ist.

Der Helligkeits-Rotverschiebungstest. Obwohl die Modelle für kleine Rotverschiebungen eine Hubble-Beziehung $m \sim 5 \lg z$ für Standardobjekte vorhersagen, gibt es für große Rotverschiebungen Abweichungen, die vom Verzögerungsparameter abhängen. Daraus ergibt sich eine Möglichkeit, q zu bestimmen.

Die Modelle sagen voraus, daß Galaxien mit einer gegebenen Rotverschiebung in einem geschlossenen Modell heller erscheinen als in einem offenen. Für den Rotverschiebungsbereich ($z < 1$) der besten Standardkerzen, der hellsten Galaxien im Galaxienhaufen, ist der Unterschied leider zu gering, um nachgewiesen zu werden. Die Schwierigkei-

20.5 Kosmologische Tests

ten erhöhen sich durch die Möglichkeiten einer Helligkeitsentwicklung, wenn man bis zu einigen Milliarden Jahren in die Vergangenheit sieht. Quasare können bis zu viel größeren Rotverschiebungen beobachtet werden, es gibt aber keine sicheren, entfernungsunabhängigen Möglichkeiten für ihre Helligkeitsbestimmung. Trotzdem deuten einige Untersuchungen der Quasare auf ein geschlossenes Modell mit $q = 1$ hin.

Der Winkeldurchmesser-Rotverschiebungstest. Gemeinsam mit dem Helligkeits-Rotverschiebungstest wurde die Beziehung zwischen dem Winkeldurchmesser und der Rotverschiebung als kosmologischer Test genutzt. Zuerst soll die Veränderung des Winkeldurchmessers θ eines Standardobjektes mit der Entfernung in statischen Modellen unterschiedlicher Geometrie betrachtet werden. In der Euklidischen Geometrie ist der Winkeldurchmesser der Entfernung umgekehrt proportional. Bei elliptischer Geometrie nimmt θ langsamer mit der Entfernung ab und beginnt jenseits eines bestimmten Punktes zu wachsen. Dies ist zu verstehen, wenn man sich auf die Oberfläche einer Kugel versetzt denkt. Für einen Beobachter am Pol ist der Winkeldurchmesser seines Standardobjektes der Winkel zwischen den zwei Meridianen, die die Begrenzungen des Objektes markieren. Dieser Winkel ist am kleinsten, wenn sich das Objekt am Äquator befindet, und wächst dann zum gegenüberliegenden Pol über alle Grenzen. Bei hyperbolischer Geometrie nimmt der Winkel θ mit zunehmender Entfernung schneller ab als im Euklidischen Fall.

In einem expandierenden, geschlossenen Weltall sollte der Winkeldurchmesser ab einer Rotverschiebung von etwa eins zu wachsen beginnen. Nach diesem Effekt wurde bei den Durchmessern von Radiogalaxien und Quasaren gesucht, es konnte aber kein Umschlagen im Verlauf des Winkeldurchmessers gefunden werden. Die Ursachen dafür könnten auch in Entwicklungseffekten bei den Radioquellen oder in der Auswahl der Beobachtungsdaten liegen. Für kleinere Rotverschiebungen hat die Nutzung der Durchmesser von Galaxienhaufen ebenfalls nicht zu überzeugenden Resultaten geführt.

Die Deuteriumhäufigkeit. Nach dem Standardmodell wurden 25% der Masse des Universums beim Urknall in Helium verwandelt. Dieser Betrag hängt sehr wenig von der Dichte ab und ist deshalb kein guter kosmologischer Test. Der Anteil des Deuteriums aber, der bei der Heliumsynthese zurückbleibt, hängt sehr empfindlich von der Dichte ab. Die meisten Deuteronen, die im Urknall gebildet wurden, vereinigten sich zu Heliumkernen, und je größer die Dichte war, um so häufiger führten Stöße zur Zerstörung von Deuterium. Eine kleine gegenwärtige Deuteriumhäufigkeit entspricht also einer hohen kosmologischen Dichte. Die Interpretation der Deuteriumhäufigkeit ist aber schwierig, da sie durch spätere Kernprozesse geändert sein könnte. Die derzeitigen Resultate deuten trotzdem klar auf ein Universum mit geringer Dichte ($\Omega_0 < 0{,}1$) hin.

Das Alter. Das Alter nach den unterschiedlichen Friedmann-Modellen kann mit dem bekannten Alter verschiedener Systeme verglichen werden. Für ein Friedmann-Modell mit der Hubble-Konstanten H und dem Dichteparameter Ω beträgt das Alter

$$t_0 = f(\Omega)/H \ . \tag{20.19}$$

Die Funktion $f(\Omega)$ ist kleiner 1; für die kritische Dichte ist $f(\Omega = 1) = \tfrac{2}{3} H^{-1}$. Mit $H = 75 \text{ km s}^{-1} \text{ Mpc}^{-1}$ ist $t_0 = 9 \times 10^9$ Jahre, größere Werte von Ω ergeben ein geringeres Alter. Bei einem System von Alterswerten t_k muß man fordern, daß $t_0 > t_k$ ist, oder

$$f(\Omega) > t_k H \ . \tag{20.20}$$

Im Prinzip gibt diese Gleichung die obere Grenze für die mögliche Dichte eines Modells. Die Unsicherheiten in H und t_k sind aber noch so groß, daß dieser Weg noch nicht zu einer Entscheidung in bezug auf die Dichte geführt hat.

Insgesamt sprechen die Dichtebestimmungen und die Deuteriumhäufigkeit für ein offenes Modell des Universums. Die Existenz von Neutrinos mit Masse oder anderen Formen unsichtbarer Materie könnte die Dichte über den kritischen Wert heben. Tests auf der Basis der Beziehungen zwischen der Rotverschiebung und der Helligkeit oder des Winkeldurchmessers haben noch keine zuverlässigen Resultate ergeben. In Zukunft könnte die Einbeziehung der Quasare in diese Untersuchungen die Situation ändern.

*Drei Rotverschiebungen

Die Rotverschiebung einer entfernten Galaxie ist das Ergebnis von drei verschiedenen Mechanismen, die zusammenwirken. Der erste ist die Pekuliarbewegung des Beobachters in bezug auf die mittlere Expansion: Die Erde bewegt sich um die Sonne und mit der Sonne um das Zentrum des Milchstraßensystems, die Galaxis und die Lokale Gruppe „fallen" in Richtung des Virgohaufens. Die Vorrichtung zur Messung des Lichtes von der entfernten Galaxie ist also nicht in Ruhe, sondern seine Bewegung gibt Anlaß zu einer Dopplerverschiebung, die berücksichtigt werden muß. Normalerweise ist diese Geschwindigkeit viel kleiner als die Lichtgeschwindigkeit, und die Dopplerverschiebung ist dann

$$z_D = v/c \ .$$

Für große Geschwindigkeiten müßte die relativistische Formel benutzt werden

$$z_D = \sqrt{\frac{c+v}{c-v}} - 1 \ .$$

Die Rotverschiebung, die im Gesetz von Hubble vorkommt, ist die *kosmologische Rotverschiebung* z_c. Sie hängt nur vom Betrag des Skalenfaktors zum Zeitpunkt der Emission R und des Nachweises R_0 der Strahlung ab:

$$z_c = R_0/R - 1 \ .$$

Der dritte Mechanismus ist die *Gravitationsrotverschiebung* z_g. Nach der Allgemeinen Relativitätstheorie erleidet Licht im Gravitationsfeld eine Rotverschiebung, z. B. für Strahlung an der Oberfläche eines Sternes des Radius r und der Masse M

$$z_g = \frac{1}{\sqrt{1 - R_S/r}} - 1 \ .$$

R_S ist der Schwarzschildradius des Sternes: $R_S = 2GM/c^2$. Die Gravitationsrotverschiebung von Galaxien ist normalerweise unbedeutend.

Der kombinierte Effekt der Rotverschiebungen kann folgendermaßen berechnet werden. λ_0 ist die Ruhewellenlänge, z_1 und z_2 sind die Rotverschiebungsbeträge für zwei verschiedene Prozesse,

$$z_1 = \frac{\lambda_1 - \lambda_0}{\lambda_0} \quad \text{und} \quad z_2 = \frac{\lambda_2 - \lambda_1}{\lambda_1} \ .$$

Die Gesamtrotverschiebung ist dann

$$z = \frac{\lambda_2 - \lambda_0}{\lambda_0} = \frac{\lambda_2}{\lambda_0} - 1 = \frac{\lambda_2}{\lambda_1} \frac{\lambda_1}{\lambda_0} - 1 \quad \text{oder} \quad 1 + z = (1 + z_1)(1 + z_2) \ .$$

Ganz ähnlich ergibt sich die Gesamtrotverschiebung z aus den drei Rotverschiebungen z_D, z_c und z_g:

$$1+z = (1+z_D)(1+z_c)(1+z_g) \ .$$

20.6 Die Geschichte des Universums

Wir haben gesehen, wie die Materiedichte, die Strahlungsenergie und die Temperatur als Funktion des Skalenfaktors R berechnet werden können. Da der Skalenfaktor in bekannter Weise von der Zeit abhängt, können diese Größen zeitlich zurück berechnet werden.

In der frühesten Zeit waren die Dichte und die Temperatur so ungeheuer, daß alle Theorien über die physikalischen Prozesse zu diesem Zeitpunkt hoch spekulativ sind. Trotzdem wurden erste Versuche unternommen, die grundlegenden Eigenschaften des Universums auf der Basis moderner Theorien der Teilchenphysik zu verstehen. Zum Beispiel konnten keine Anzeichen signifikanter Beträge von Antimaterie im Kosmos entdeckt werden. Aus verschiedenen Gründen ist die Anzahl der Materieteilchen um den Faktor 1 000 000 001 größer als die der Antiteilchen. Wegen dieser Symmetriebrechung verblieben nur 10^{-7}% der Hadronen für die Bildung der Galaxien und anderer Objekte, nachdem 99,999 999 9% von ihnen vernichtet worden waren. Es wird spekuliert, daß diese Symmetriebrechung auf einen teilchenphysikalischen Prozeß etwa 10^{-35} s nach dem Zeitnullpunkt zurückgeht.

Die Brechung der grundlegenden Symmetrien im frühen Universum kann nach einer Theorie zu der sogenannten *Inflation* des Weltalls führen. Als Konsequenz dieser Symmetriebrechung ist die Nullpunktenergie eines Quantenfeldes möglicherweise die dominierende Energiedichte. Diese Energiedichte führt zur Inflation, einer stark beschleunigten Expansion, die Irregularitäten abschwächt und die Dichte sehr nahe an den kritischen Wert bringt. Man kann so verstehen, wie es zur heutigen Homogenität, Isotropie und Gleichmäßigkeit des Universums gekommen ist.

Durch die Expansion des Weltalls nahm die Dichte ab (Abb. 20.13), und es entstanden Bedingungen, auf die bekannte physikalische Prinzipien angewendet werden konnten. Während der frühen, heißen Phase gingen Photonen und schwere Partikel kontinuierlich ineinander über: hochenergetische Photonen stießen zusammen und erzeugten Partikel-Antipartikelpaare, die dann wieder vernichtet wurden und Photonen produzierten. Mit der Abkühlung des Weltalls wird die Photonenenergie zu gering, um dieses Gleichgewicht aufrechtzuerhalten. Es gibt eine *Grenztemperatur*, unter der Partikel bestimmter Typen nicht mehr erzeugt werden. Für Hadronen (Protonen, Neutronen und Mesonen) ist die Grenztemperatur $T = 10^{12}$ K. Sie wird nach 10^{-4} s erreicht, d. h. die gegenwärtigen Bauelemente der Atomkerne, die Protonen und Neutronen, sind Relikte aus dem Zeitintervall von 10^{-8} s bis 10^{-4} s, dem sogenannten Hadronenzeitalter.

Das Leptonenzeitalter. Im Zeitintervall von 10^{-4} s bis 1 s, dem *Leptonenzeitalter*, ist die Energie der Photonen ausreichend, um leichte Partikel, z. B. Elektron-Positronpaare zu erzeugen. Wegen der Brechung der Materie-Antimaterie-Symmetrie blieben Elektronen übrig für die Entstehung der gegenwärtigen astronomischen Körper. Während des Leptonenzeitalters fand die *Neutrinoentkopplung* statt. Zuvor waren die Neutrinos im Gleichgewicht mit anderen Teilchen durch schnelle Partikelreaktionen. Mit dem Sinken von Dichte und Temperatur nahm auch die Reaktionsrate ab, und schließlich konnten

Abb. 20.13. Die Energie- und Strahlungsdichte verringern sich in einem expandierenden Universum. Teilchen-Antiteilchen-Paare werden nach 10^{-4} s vernichtet, Elektron-Positronen-Paare nach 1 s

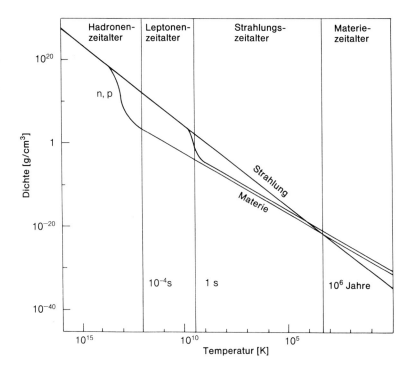

die Neutrinos nicht länger im Gleichgewicht gehalten werden, die Neutrinos wurden von der übrigen Materie abgekoppelt. Sie bewegen sich durch den Raum ohne wahrnehmbare Wechselwirkungen. Aus Berechnungen ergibt sich, daß gegenwärtig 600 kosmologische Neutrinos pro Kubikzentimeter existieren. Wegen ihrer vernachlässigbaren Wechselwirkung sind sie aber sehr schwer zu beobachten.

Das Strahlungszeitalter. Nach Beendigung des Leptonenzeitalters, etwa 1 s nach dem Zeitnullpunkt, war die elektromagnetische Strahlung die wichtigste Energieform. Diese Phase wird *Strahlungszeitalter* genannt. Zu dessen Beginn betrug die Temperatur 10^{10} K. Nach etwa einer Million Jahre, als die Strahlungsenergiedichte auf die der Teilchen gesunken und damit das Strahlungszeitalter beendet war, betrug die Temperatur nur noch einige tausend Grad. Zu Beginn des Strahlungszeitalters wurde innerhalb weniger hundert Sekunden Helium gebildet.

Unmittelbar vor der Epoche der Heliumsynthese änderte sich das Zahlenverhältnis der freien Protonen und Neutronen, da die freien Neutronen zerfielen. Nach ca. 100 s war die Temperatur auf 10^9 K gesunken und war damit niedrig genug für die Bildung von Deuteronen. Alle übriggebliebenen Neutronen waren in die Deuteronen eingebaut, und diese wurden wieder fast vollkommen verbraucht für die Bildung der Heliumkerne. Die Menge des entstandenen Heliums wurde also durch das Zahlenverhältnis der Protonen und Neutronen zur Zeit der Deuteriumbildung $t = 100$ s bestimmt. Berechnungen zeigen, daß das Verhältnis 14:2 war, d.h. von 16 Nukleonen wurden 2 Protonen und 2 Neutronen für die Heliumkerne verbraucht, 4/16 = 25% der Masse sind demnach im Helium enthalten. Dieser Wert stimmt bemerkenswert gut mit der gemessenen ursprünglichen Heliumhäufigkeit überein.

Während des Urknalls wurden nur die Isotope ^{2}H, ^{3}He, ^{4}He und ^{7}Li in nennenswerter Anzahl durch Kernprozesse erzeugt. Die schweren Elemente entstanden dann später im Sterninneren sowie bei Supernovaexplosionen und wahrscheinlich in energiereichen Vorgängen in galaktischen Kernen.

Strahlungsentkopplung. Das Materiezeitalter. Wie wir gesehen haben, ändert sich die Massendichte der Strahlung (die aus der Formel $E = mc^2$ erhalten wird) mit R^{-4}, während die gewöhnliche Materiedichte proportional zu R^{-3} ist. Das Massenäquivalent der Strahlungsdichte nimmt also schneller ab, und am Ende des Strahlungszeitalters wird es kleiner als die normale Materiedichte. Mit dem Beginn des *Materiezeitalters* begann auch die Bildung von Galaxien, Sternen und Planeten sowie die Entwicklung des Lebens. Gegenwärtig ist das Massedichteäquivalent der Strahlung viel kleiner als die Materiedichte. Aus diesem Grunde wird die Dynamik des Universums vollkommen durch die Dichte der massebehafteten Teilchen bestimmt.

Am Ende des Strahlungszeitalters entkoppelten Strahlung und Materie. Dies geschah, als die Temperatur auf einige tausend Grad gesunken war und Protonen und Elektronen sich zu Wasserstoffatomen vereinten. Heute kann sich das Licht ungehindert im Raum ausbreiten, die Welt ist für Strahlung durchsichtig: das Licht entfernter Galaxien wird nur durch das r^{-2}-Gesetz und die Rotverschiebung geschwächt. Die Rotverschiebung des Entkopplungszeitpunktes beträgt etwa 1 000. Dies ist die entfernteste Grenze für Beobachtungen mit elektromagnetischer Strahlung.

Interessant ist die Übereinstimmung, daß der Zeitpunkt, als die Strahlungsenergiedichte größer als die Materiedichte wurde, nahezu identisch mit dem Entkopplungszeitpunkt ist. Diese Tatsache unterstreicht den Kontrast zwischen dem Strahlungs- und dem Massenzeitalter.

Die Bildung der Galaxien. Wenn man von der Gegenwart in die Vergangenheit zurückgeht, werden die Abstände zwischen den Galaxien und Galaxienhaufen geringer. Heute beträgt die typische Entfernung zwischen den Galaxien das Hundertfache ihres Durchmessers. Bei $z = 101$ müssen die meisten Galaxien praktisch in Kontakt gewesen sein. Aus diesem Grunde können die Galaxien in ihrer gegenwärtigen Form kaum vor $z = 100$ existiert haben. Da die Sterne erst nach Galaxien entstanden sind, müssen alle heutigen astronomischen Systeme später gebildet worden sein.

Vermutlich sind die Galaxien durch Kollapsvorgänge, die durch geringe Dichteerhöhungen im Gas ausgelöst wurden, entstanden. Solange das Gas eng mit der Strahlung gekoppelt war (für $R_0/R > 1\,000$), verhinderte der Strahlungsdruck jede Dichteüberhöhung im ionisierten Gas. Alle Strukturen, die zur Galaxien- und Galaxienhaufenbildung führten, konnten erst nach der Entkopplung der Strahlung entstehen.

Das Problem der Galaxienbildung ist noch offen. Es gibt noch keine übereinstimmenden Vorstellungen über die Art der Störungen in der gleichmäßigen Verteilung von Strahlung und Materie, die Anlaß für die heutigen extragalaktischen Systeme waren. Es ist zum Beispiel nicht bekannt. ob die zuerst gebildeten Strukturen die Galaxien oder die Galaxienhaufen waren. Im letzteren Fall könnten die Galaxien durch einen Fragmentationsprozeß in einem kollabierenden Protohaufen entstanden sein.

Die Mindestmasse, die eine Gaswolke haben muß, um kollabieren zu können, ist die Jeans-Masse M_J:

$$M_\mathrm{J} \approx \frac{P^{3/2}}{G^{3/2}\varrho^2}, \qquad (20.24)$$

wo ϱ und P die Dichte und der Druck in der Wolke (s. Abschn. 7.10) sind. Vor der Entkopplung gilt

$$M_J = 10^{18} M_\odot \, , \tag{20.25}$$

nach der Entkopplung

$$M_J = 10^5 M_\odot \, . \tag{20.26}$$

Die Ursache für die große Differenz ist der große Strahlungsdruck ($P = u/3$), siehe *Gasdruck und Strahlungsdruck, S. 267), unter dessen Einfluß die Materie vor der Entkopplung steht. Nach der Entkopplung entfällt der Einfluß dieses Druckes auf das Gas.

Vor der Entkopplung ist die Jeans-Masse wesentlich größer als die aller bekannten Systeme, nach der Entkopplung stimmt sie interessanterweise annähernd mit den Kugelhaufenmassen überein.

Astronomische Systeme können also offensichtlich durch das Kollabieren von jeansinstabilen Gaswolken gebildet worden sein. Ein ernsthaftes Problem für dieses Szenarium ist die Expansion des Universums, die einem Kollaps entgegenwirkt. Der Kollapsvorgang dauert deshalb länger als im statischen Fall. Wenn die gegenwärtigen Strukturen Zeit für ihre Entstehung gehabt haben sollen, müssen die Dichteinhomogenitäten zum Zeitpunkt der Entkopplung groß genug gewesen sein. Daraus folgt die Frage, woher die anfänglichen Störungen kamen. Alles, was man heute darüber sagen kann, ist, daß sie ihren Ursprung in einem sehr frühen Stadium des Universums haben müssen. Sie müssen deshalb interessante Informationen über dessen früheste Zeit enthalten.

20.7 Die Zukunft des Universums

Aus den Standardmodellen folgen zwei alternative Vorstellungen für die zukünftige Entwicklung des Universums. Die Expansion dauert entweder für immer an, oder sie wird zu einer Kontraktion, bei der eventuell alles in einem Punkt zusammengepreßt wird. Bei diesem Vorgang wiederholt sich die Geschichte des frühen Universums in umgekehrter Reihenfolge: Galaxien, Sterne, Atome und Nukleonen werden aufgelöst. Schließlich wird ein Zustand des Universums erreicht, der durch die gegenwärtig bekannte Physik nicht mehr beschrieben werden kann.

Im offenen Modell sieht die Zukunft ganz anders aus. Die Entwicklung der Sterne führt zu vier Endzuständen: entweder entsteht ein Weißer Zwerg, ein Neutronenstern oder ein Schwarzes Loch, oder der Stern wird total zerstört. Nach 10^{11} Jahren werden alle Sterne ihre Kernbrennstoffe verbraucht haben und einen dieser vier Endzustände erreichen.

Einige Sterne werden von ihren Galaxien herausgeschleudert, andere bilden einen dichten Haufen im Galaxienzentrum. Nach 10^{27} Jahren wird die Dichte der zentralen Haufen so groß sein, daß sich ein Schwarzes Loch bildet. Ganz ähnlich werden die Galaxien in großen Haufen kollidieren und sehr massereiche Schwarze Löcher bilden.

Nicht einmal Schwarze Löcher sind unvergänglich. Nach einem quantenmechanischen Tunneleffekt kann die Masse den Ereignishorizont kreuzen und in die Unendlichkeit entweichen – man sagt, die Schwarzen Löcher „verdampfen". Die Effektivität die-

20.7 Die Zukunft des Universums

ses Phänomens, das als *Hawking-Prozeß* bezeichnet wird, ist der Masse der Schwarzen Löcher umgekehrt proportional. Für ein Schwarzes Loch von der Masse der Galaxis beträgt die Verdampfungszeit 10^{90} Jahre, nach dieser Zeit sind fast alle Schwarzen Löcher verschwunden.

Der ständig expandierende Raum enthält jetzt noch Schwarze Zwerge, Neutronensterne und Körper von planetarer Größe. (Wenn allerdings die vorhergesagte Protonenlebensdauer von 10^{31} Jahren richtig ist, werden diese Systeme bereits durch den Protonenzerfall zerstört sein.) Die Temperatur der kosmischen Hintergrundstrahlung wird auf 10^{-20} K gesunken sein.

In noch fernerer Zukunft beginnen andere Quanteneffekte eine Rolle zu spielen. Durch einen Tunnelprozeß können dunkle Zwerge zu Neutronensternen und schließlich Schwarzen Löchern werden, die dann verdampfen. Die Zeit, die dafür notwendig ist, beträgt $10^{10^{26}}$ Jahre. Endlich verbleibt nur die Strahlungskühlung bis zum absoluten Nullpunkt.

Wie schon früher bemerkt, kann auf Grund von Beobachtungen noch nicht festgestellt werden, welche Alternative die richtige ist. Es ist auch zweifelhaft, ob unsere gegenwärtigen kosmologischen Theorien tatsächlich gesichert genug sind, um so weitreichende Voraussagen zu machen. Es ist möglich, daß neue Theorien und Beobachtungen unsere heutigen kosmologischen Vorstellungen vollkommen verändern.

Anhang

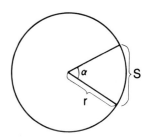

A. Mathematik

A.1 Geometrie

Einheiten von Winkel und Raumwinkel

Radiant ist die geeignetste Winkeleinheit für theoretische Untersuchungen. Ein Radiant ist der Winkel, dessen Kreisbogenlänge gleich dem Radius ist. Wenn r der Radius des Kreises ist und s die Bogenlänge, schließt der Bogen den Winkel

$$\alpha = s/r$$

ein. Da der Kreisumfang $2\pi r$ ist, gilt

$$2\pi \text{ rad} = 360°, \quad \text{oder} \quad 1 \text{ rad} = 180°/\pi .$$

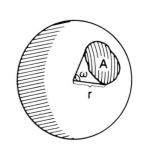

In analoger Weise kann man den Steradiant, die Raumwinkeleinheit, definieren. Der Raumwinkel gibt eine vom Kugelmittelpunkt gesehene Flächeneinheit auf der Oberfläche einer Einheitskugel. Eine Fläche A auf einer Kugel mit dem Radius r entspricht dem Raumwinkel $\omega = A/r^2$.

Die Kugeloberfläche ist $4\pi r^2$; demnach beträgt der komplette Raumwinkel 4 Steradianten.

Kreis

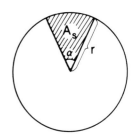

- Fläche $A = \pi r^2$
- Fläche eines Sektors $A_s = \frac{1}{2}\alpha r^2$

Kugel

- Oberfläche $A = 4\pi r^2$
- Volumen $V = \frac{4}{3}\pi r^3$
- Volumen eines Sektors $V_2 = \frac{2}{3}\pi r^2 h = \frac{2}{3}\pi r^3 (1-\cos\alpha) = V_{\text{Kugel}} \sin^2(\alpha/2)$
- Fläche eines Segments $A_s = 2\pi r h = 2\pi r^2 (1-\cos\alpha) = A_{\text{Kugel}} \sin^2(\alpha/2)$.

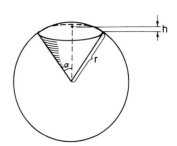

A.2 Taylor-Reihen

Es soll eine differenzierbare reelle Funktion einer Variablen betrachtet werden $f: \mathbf{R} \to \mathbf{R}$. Die Tangente an die Kurve der Funktion ist im Punkt x_0

$$y = f(x_0) + f'(x_0)(x-x_0) .$$

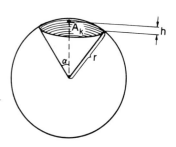

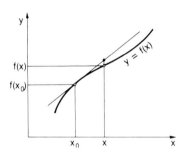

$f'(x_0)$ ist die Ableitung von f bei x_0. Wenn der Punkt x sehr nahe bei x_0 ist, wird sich der Verlauf der Tangente in x nicht sehr von der Kurve selbst unterscheiden. Damit kann die Funktion angenähert werden durch

$$f(x) = f(x_0) + f'(x_0)(x-x_0) \ .$$

Die Näherung wird schlechter, je stärker f im Intervall $[x_0, x]$ variiert. Ein Maß für die Änderung von f' ist die zweite Ableitung f'', usw. Zur Erhöhung der Genauigkeit müssen auch höhere Ableitungen berücksichtigt werden. Es kann gezeigt werden, daß die Funktion in x

$$f(x) = f(x_0) + f'(x_0)(x-x_0) + \frac{1}{2}f''(x_0)(x-x_0)^2 + \ldots + \frac{1}{n!}f^{(n)}(x_0)(x-x_0)^n + \ldots$$

ist (vorausgesetzt, daß alle Ableitungen existieren). $f^{(n)}(x_0)$ ist die n-te Ableitung bei x_0 und $n! = 1 \times 2 \times 3 \times 4 \times \ldots n$. Der Ausdruck wird als *Taylor-Reihe* der Funktion bei x_0 bezeichnet. Die folgende Liste gibt einige übliche Taylor-Reihen (in allen Fällen haben wir $x_0 = 0$):

$$\frac{1}{1+x} = 1 - x + x^2 - x^3 \ldots \qquad \text{konvergiert für } |x| < 1$$

$$\sqrt{1+x} = 1 + \frac{1}{2}x - \frac{1}{8}x^2 + \frac{1}{16}x^3 \ldots$$

$$\sqrt{1-x} = 1 - \frac{1}{2}x + \frac{1}{8}x^2 - \frac{1}{16}x^3 \ldots$$

$$\frac{1}{\sqrt{1+x}} = 1 - \frac{1}{2}x + \frac{3}{8}x^2 - \frac{5}{16}x^3 \ldots$$

$$\frac{1}{\sqrt{1-x}} = 1 + \frac{1}{2}x + \frac{3}{8}x^2 + \frac{5}{16}x^3 \ldots$$

$$e^x = 1 + x + \frac{1}{2!}x^2 + \frac{1}{3!}x^3 \ldots + \frac{1}{n!}x^n \qquad \text{konvergiert für alle } x$$

$$\ln(1+x) = x - \frac{1}{2}x^2 + \frac{1}{3}x^3 - \frac{1}{4}x^4 \ldots + (-1)^{n+1}\frac{1}{n}x^n \qquad x \in (-1, 1)$$

$$\sin x = x - \frac{1}{3!}x^3 + \frac{1}{5!}x^5 - \ldots \qquad \text{für alle } x$$

$$\cos x = 1 - \frac{1}{2!}x^2 + \frac{1}{4!}x^4 - \ldots \qquad \text{für alle } x$$

$$\tan x = x + \frac{1}{3}x^3 + \frac{2}{15}x^5 + \ldots \qquad |x| < \frac{\pi}{2} \ .$$

A. Mathematik

In vielen Fragestellungen treten kleine Störungen auf, und es ist möglich, Beziehungen zu finden, die sehr schnell konvergierende Taylor-Ausdrücke haben. Der größte Vorteil ist, daß komplizierte Funktionen auf einfache Polynome reduziert werden können. Besonders gebräuchlich sind lineare Näherungen, wie z. B.

$$\sqrt{1+x} \approx 1 + \frac{1}{2}x \ , \qquad \frac{1}{\sqrt{1+x}} \approx 1 - \frac{1}{2}x \quad \text{usw.}$$

A.3 Vektorrechnung

Ein *Vektor* hat zwei wesentliche Eigenschaften: *Betrag* und *Richtung*. Vektoren werden mit halbfettgedruckten Buchstaben gekennzeichnet: *a*, *b*, *A*, *B*. Die *Summe* der Vektoren *A* und *B* kann graphisch bestimmt werden; der Ursprung von *B* wird dazu unter Beibehaltung der Richtung an die Spitze von *A* gesetzt und dann der Ursprung *A* mit der Spitze von *B* verbunden. Der Vektor $-A$ hat den gleichen Betrag wie *A*, zeigt aber in die entgegengesetzte Richtung. Die Differenz $A-B$ ist definiert als $A+(-B)$.

Auf die Addition von Vektoren können die normalen Gesetze der Vertauschbarkeit und Assoziativität angewendet werden:

$$A+B = B+A \ , \qquad A+(B+C) = (A+B)+C \ .$$

In einem Koordinatensystem kann ein Punkt durch seinen *Ortsvektor*, der vom Koordinatenursprung zu dem Punkt verläuft, beschrieben werden. Der Ortsvektor *r* wird durch die *Basisvektoren* ausgedrückt. Dies sind normalerweise *Einheitsvektoren*, d. h. sie haben die Länge einer Entfernungseinheit. In einem rechtwinkligen xyz-System werden die Einheitsvektoren parallel zu den Koordinatenachsen durch $\hat{i}, \hat{j}$ und $\hat{k}$ definiert. Der Ortsvektor des Punktes (x, y, z) ist dann

$$r = x\hat{i} + y\hat{j} + z\hat{k} \ .$$

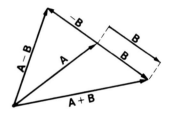

Die Größen x, y und z sind die *Komponenten von r*. Vektoren können durch Addition ihrer Komponenten addiert werden, z. B. ist die Summe von

$$A = a_x\hat{i} + a_y\hat{j} + a_z\hat{k} \quad \text{und} \quad B = b_x\hat{i} + b_y\hat{j} + b_z\hat{k}$$

definiert als

$$A + B = (a_x + b_x)\hat{i} + (a_y + b_y)\hat{j} + (a_z + b_z)\hat{k} \ .$$

Der Betrag eines Vektors *r* in Komponentenschreibweise ist

$$r = |r| = \sqrt{x^2 + y^2 + z^2} \ .$$

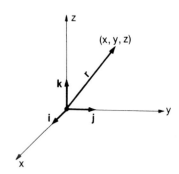

Das *Skalarprodukt* zweier Vektoren *A* und *B* ist eine reelle Zahl (Skalar):

$$A \cdot B = a_x b_y + a_y b_y + a_z b_z = |A| \, |B| \cos (A, B) \ .$$

(A, B) ist der Winkel zwischen den Vektoren *A* und *B*. Wir können uns das Skalarprodukt auch als Projektion von *A* auf die Richtung von *B*, multipliziert mit der Länge von *B* vorstellen. Wenn *A* und *B* senkrecht zueinander stehen, verschwindet ihr Skalarprodukt. Der Betrag eines Vektors kann als Skalarprodukt dargestellt werden: $A = \sqrt{A \cdot A}$.

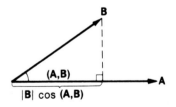

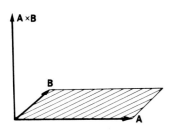

Das *Vektorprodukt* der Vektoren A und B ist ein Vektor:

$$A \times B = (a_y b_z - a_z b_y)\hat{i} + (a_z b_x - a_x b_z)\hat{j} + (a_x b_y - a_y b_x)\hat{k} = \begin{vmatrix} i & j & k \\ a_x & a_y & a_z \\ b_x & b_y & b_z \end{vmatrix}.$$

Das Vektorprodukt steht senkrecht auf A und B, seine Länge ist durch die Parallelogrammfläche gegeben, die von A und B aufgespannt wird. Das Vektorprodukt von parallelen Vektoren ergibt den Nullvektor. Das Vektorprodukt antikommutiert:

$$A \times B = -B \times A \ .$$

Skalar- und Vektorprodukt unterliegen dem Gesetz der Distributivität:

$$A \cdot (B+C) = A \cdot B + A \cdot C \quad A \times (B+C) = A \times B + A \times C$$

$$(A+B) \cdot C = A \cdot C + B \cdot C \quad (A+B) \times C = A \times C + B \times C \ .$$

Das *Skalartripelprodukt* ist ein Skalar:

$$A \times B \cdot C = \begin{vmatrix} a_x & a_y & a_z \\ b_x & b_y & b_z \\ c_x & c_y & c_z \end{vmatrix} \ .$$

Hier können die Kreuze und Punkte (als Multiplikationszeichen) ausgetauscht und die Faktoren zyklisch vertauscht werden ohne Einfluß auf den Wert des Produktes, z. B. $A \times B \cdot C = B \times C \cdot A = B \cdot C \times A$, aber $A \times B \cdot C = -B \times A \cdot C$.

Das *Vektortripelprodukt* ist ein Vektor, für den einer der Ausdrücke

$$A \times (B \times C) = B(A \cdot C) - C(A \cdot B)$$

$$(A \times B) \times C = B(A \cdot C) - A(B \cdot C)$$

benutzt werden kann.

In all diesen Produkten können die skalaren Faktoren ohne Beeinflussung des Produktes bewegt werden:

$$A \cdot kB = k(A \cdot B) \ , \quad A \times (B \times kC) = k(A \times (B \times C)) \quad \text{usw.}$$

Der Ortsvektor eines Teilchens ist normalerweise eine Funktion von der Zeit: $r = r(t) = x(t)\hat{i} + y(t)\hat{j} + z(t)\hat{k}$. Die Geschwindigkeit des Teilchens ist ein Vektor, die Tangente an die Bahn. Sie wird durch die Ableitung von r nach der Zeit erhalten:

$$v = \frac{d}{dt} r(t) = \dot{r} = \dot{x}\hat{i} + \dot{y}\hat{j} + \dot{z}\hat{k} \ .$$

Die Beschleunigung ist die zweite Ableitung, $\ddot{r}$.

Die Ableitungen der verschiedenen Produkte unterliegen den gleichen Gesetzen wie die Ableitungen der Produkte reeller Funktionen:

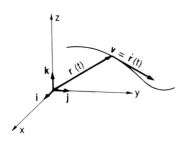

$$\frac{d}{dt}(A \cdot B) = \dot{A} \cdot B + A \cdot \dot{B} \ , \quad \frac{d}{dt}(A \times B) = \dot{A} \times B + A \times \dot{B} \ .$$

A.4 Kegelschnitte

Bei der Berechnung der Ableitung eines Vektorproduktes muß man sehr sorgfältig auf die Vorzeichen der Faktoren achten, da die sich ändern, wenn die Faktoren ausgetauscht werden.

A.4 Kegelschnitte

Wie der Name schon sagt, sind Kegelschnitte Kurven, die durch Schnitte von Ebenen mit Kegeln entstehen.

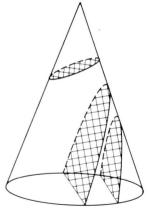

Ellipse

- Gleichung in rechtwinkligen Koordinaten

$$\frac{x^2}{a^2} + \frac{y^2}{b^2} = 1 \quad \text{mit}$$

  a: große Halbachse
  b: kleine Halbachse $= a\sqrt{1-e^2}$
  e: numerische Exzentrizität, $0 \leq e < 1$.
- Abstand des Brennpunktes vom Mittelpunkt, $c = ea$
- Halbparameter $p = a(1-e^2)$
- Fläche $A = \pi a b$
- Gleichung in Polarkoordinaten

$$r = \frac{p}{1 + e \cos f} \; .$$

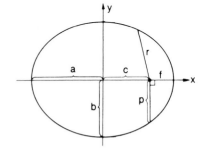

  r ist der Abstand von einem Brennpunkt, nicht vom Mittelpunkt
- Wenn $e = 0$ ist, handelt es sich um einen Kreis

Hyperbel

- Gleichung in rechtwinkligen und Polarkoordinaten

$$\frac{x^2}{a^2} - \frac{y^2}{b^2} = 1 \; ; \quad r = \frac{p}{1 + e \cos f} \; .$$

- numerische Exzentrizität $e > 1$
- kleine Halbachse $b = a\sqrt{e^2 - 1}$
- Halbparameter $p = a(e^2 - 1)$
- Asymptote $y = \pm (b/a)x$

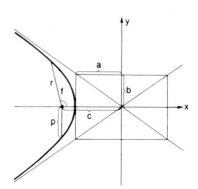

Parabel

Die Parabel ist der Grenzfall zwischen den beiden oben genannten, die Exzentrizität ist $e = 1$.
- Gleichungen

$$x = -ay^2 , \quad r = \frac{p}{1 + \cos f} \; .$$

- Abstand des Brennpunkts vom Scheitelpunkt $h = 1/4a$
- Halbparameter $p = \frac{1}{2}a$

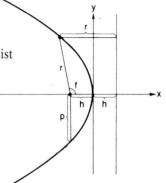

A.5 Mehrfachintegrale

Das Integral einer Funktion f über die Fläche A

$$I = \int_A f \, dA$$

kann als Doppelintegral berechnet werden, wenn die Flächenelemente dA durch Koordinatendifferentiale ausgedrückt werden. In rechtwinkligen Koordinaten heißt das

$$dA = dx \, dy \; ,$$

in Polarkoordinaten

$$dA = r \, dr \, d\varphi \; .$$

Die Integrationsgrenzen des inneren Integrals können von anderen Integrationsvariablen abhängen. Zum Beispiel ergibt die Funktion xe^y über die gestrichelte Fläche integriert

$$I = \int_A x e^y \, dA = \int_{x=0}^{1} \int_{y=0}^{2x} x e^y \, dx \, dy$$

$$= \int_0^1 \left[\Big|_0^{2x} x e^y \right] dx = \int_0^1 (x e^{2x} - x) \, dx$$

$$= \Big|_0^1 \frac{1}{2} x e^{2x} - \frac{1}{4} e^{2x} \frac{1}{2} x^2 = \frac{1}{4}(e^2 - 1) \; .$$

Die Fläche muß nicht auf die Ebene beschränkt bleiben. Zum Beispiel ist die Fläche einer Kugel

$$A = \int_S dS \; ,$$

wobei die Integration über die Fläche S der Kugel ausgedehnt wird.
In diesem Fall ist das Flächenelement

$$dS = R^2 \cos\theta \, d\varphi \, d\theta \; ,$$

und die Fläche ist

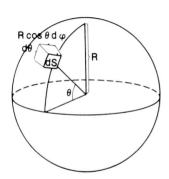

$$A = \int_{\varphi=0}^{2\pi} \int_{\theta=-\pi/2}^{\pi/2} R^2 \cos\theta \, d\varphi \, d\theta = \int_0^{2\pi} \left[\Big|_{-\pi/2}^{\pi/2} R^2 \sin\theta \right] d\varphi = \int_0^{2\pi} 2R^2 \, d\varphi = 4\pi R^2 \; .$$

Ähnlich kann ein Volumenintegral

$$I = \int_V f \, dV$$

als ein Dreifachintegral berechnet werden. In rechtwinkligen Koordinaten ist das Volumenelement

A. Mathematik

$$dV = dx\,dy\,dt\ ,$$

in Zylinderkoordinaten

$$dV = r\,dr\,d\varphi\,dz$$

und in sphärischen Koordinaten

$$dV = r^2 \cos\theta\,dr\,d\varphi\,d\theta \qquad (\theta \text{ von der } xy\text{-Ebene gemessen})$$

oder

$$dV = r^2 \sin\theta\,dv\,d\varphi\,d\theta \qquad (\theta \text{ von der } z\text{-Achse gemessen}) \ .$$

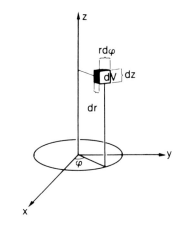

Das Volumen einer Kugel mit dem Radius R ist zum Beispiel

$$\begin{aligned}
V &= \int_V dV \\
&= \int_{r=0}^{R} \int_{\varphi=0}^{2\pi} \int_{\theta=-\pi/2}^{\pi/2} r^2 \cos\theta\,dr\,d\varphi\,d\theta \\
&= \int_0^R \int_0^{2\pi} \left[\left.\vphantom{\int}\right|_{-\pi/2}^{\pi/2} r^2 \sin\theta \right] dr\,d\varphi = \int_0^R \int_0^{2\pi} 2r^2\,dr\,d\varphi \\
&= \int_0^R 4\pi r^2\,dr = \left.\frac{4}{3}\pi r^3\right|_0^R = \frac{4}{3}\pi R^3 \ .
\end{aligned}$$

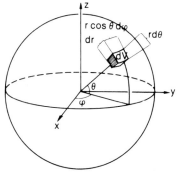

A.6 Numerische Lösung von Gleichungen

Häufig findet man Gleichungen, die eine analytische Lösung nicht zulassen. Die Kepler-Gleichung ist ein typisches Beispiel. In diesen Fällen kann man numerische Methoden anwenden. Im folgenden werden zwei ganz einfache Methoden vorgestellt, wobei die erste besonders für die Rechneranwendung geeignet ist.

Methode 1. Wir schreiben eine Gleichung in der Form $f(x) = x$. Zunächst müssen wir für die Lösung einen Anfangswert x_0 finden. Dies kann zum Beispiel graphisch geschehen, oder nur durch eine Schätzung. Dann berechnen wir eine Folge neuer Näherungen: $x_1 = f(x_0)$, $x_2 = f(x_1)$ ... usw., bis die Differenzen zwischen aufeinander folgenden Lösungen kleiner als eine vorgegebene Grenze werden. Die letzte Näherung x_i ist die Lösung. Nach Berechnung einiger x_i's ist leicht zu erkennen, ob sie konvergieren. Wenn dies nicht der Fall ist, schreibt man die Gleichung in der Form $f^{-1}(x) = x$ und versucht es wieder. (f^{-1} ist die inverse Funktion zu f.)

Als Beispiel wollen wir die Gleichung $x = -\ln x$ lösen. Wir schätzen $x_0 = 0{,}5$ und finden

$$x_1 = -\ln 0{,}5 = 0{,}69\ , \quad x_2 = 0{,}37\ , \quad x_3 = 1{,}00\ .$$

Das zeigt schon, daß etwa falsch ist. Deshalb ändern wir unsere Gleichung in $x = e^{-x}$ und beginnen wieder:

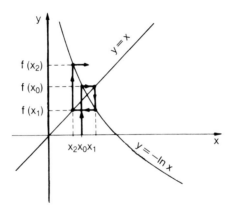
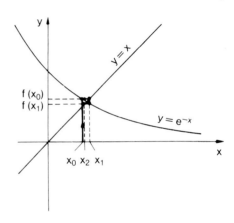

$$x_0 = 0{,}5 \quad x_3 = 0{,}58$$
$$x_1 = e^{-0{,}5} \quad x_4 = 0{,}56$$
$$ = 0{,}61 \quad x_5 = 0{,}57$$
$$x_2 = 0{,}55 \quad x_6 = 0{,}57 \ .$$

Damit ist die Lösung 0,57.

Methode 2. In einigen Ausnahmefällen kommt es nach der oben vorgestellten Methode nicht zur Konvergenz. In diesen Fällen kann man die ganz sichere Methode der Intervallhalbierung anwenden. Wenn es sich um eine stetige Funktion handelt (die meisten Funktionen der klassischen Physik sind es), und wir zwei Punkte x_1 und x_2 mit $f(x_1) > 0$ und $f(x_2) < 0$ finden, wissen wir, daß zwischen x_1 und x_2 ein Punkt x mit $f(x) = 0$ sein muß. Nun suchen wir das Vorzeichen von f in der Mitte des Intervalls und wählen die Intervallhälfte, in der sich das Vorzeichen von f ändert. Wir wiederholen diese Prozedur, bis das Intervall, das die Lösung enthält, klein genug ist.

Wir wollen diese Methode auch auf unsere Gleichung $x = -\ln x$ anwenden, die jetzt als $f(x) = 0$ mit $x(x) = x + \ln x$ geschrieben wird. Da $f(x) \to -\infty$ für $x \to 0$ und $f(1) > 0$ ist, muß die Lösung im Intervall $(0, 1)$ liegen. Da $f(0{,}5) < 0$ ist, wissen wir, daß $x \in (0{,}5; 1)$. Wir verfolgen diesen Weg weiter:

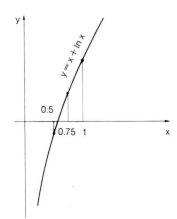

$$f(0{,}75) > 0 \quad x \in (0{,}5; 0{,}75)$$
$$f(0{,}625) > 0 \quad x \in (0{,}05; 0{,}625)$$
$$f(0{,}563) < 0 \quad x \in (0{,}5; 0{,}563)$$
$$f(0{,}594) > 0 \quad x \in (0{,}5; 0{,}594) \ .$$

Die Konvergenz ist langsam, aber sicher. Jede Iteration engt das Intervall der Lösung auf die Hälfte des vorhergehenden ein.

B. Quantenmechanik

B.1 Quantenmechanisches Modell des Atoms. Quantenzahlen

Mit dem Bohrschen Modell können die groben Strukturen des Wasserstoffspektrums gut gedeutet werden, es kann aber feinere Details nicht erklären und es kann nicht auf Atome mit mehreren Elektronen angewandt werden. Der Grund für dieses Versagen liegt in dem klassischen Konzept des Elektrons als einem Teilchen mit genau definierter Bahn. Die *Quantenmechanik* beschreibt das Elektron als eine dreidimensionale Welle, die nur eine Wahrscheinlichkeit für das Auffinden des Elektrons an einem bestimmten Ort angibt. Die Quantenmechanik hat alle Energieniveaus des Wasserstoffatoms sehr genau vorausgesagt. Auch die Energieniveaus für schwere Atome und Moleküle können berechnet werden, diese Rechnungen sind jedoch sehr kompliziert. Auch die Existenz von *Quantenzahlen* kann im Rahmen der Quantenmechanik gut verstanden werden.

Die *Hauptquantenzahl n* beschreibt die quantifizierten Energieniveaus der Elektronen. Die klassische Interpretation der diskreten Energieniveaus erlaubt nur bestimmte Bahnen nach (5.6). Der Bahndrehimpuls der Elektronen ist auch quantifiziert. Es wird durch die *Drehimpulsquantenzahl l* beschrieben. Der Drehimpuls, der der Quantenzahl l entspricht, ist

$$L = \sqrt{l(l-1)}\,\hbar \ .$$

Die klassische Analogie wäre, daß einige elliptische Bahnen erlaubt sind. Die Quantenzahl l kann nur die Werte

$$l = 0, 1, \ldots n-1$$

annehmen. Aus historischen Gründen werden diese oft mit den Buchstaben *s*, *p*, *d*, *f*, *g*, *h*, *i*, *j*, bezeichnet.

Obwohl l die Größe des Drehimpulses bestimmt, folgt daraus keine Aussage über die Richtung. In einem Magnetfeld ist die Richtung wichtig, da die Elektronen durch ihre Bahnbewegung auch ein schwaches Magnetfeld erzeugen. In jedem Experiment kann zu einem bestimmten Zeitpunkt nur eine Komponente des Drehimpulses gemessen werden. In einer gegebenen Richtung z (z. B. in Richtung eines angenommenen Magnetfeldes) kann die Projektion des Drehimpulses nur den Wert

$$L_z = m_l \hbar$$

haben. m_l ist die *magnetische Quantenzahl*

$$m_l = 0, \pm 1, \pm 2 \ldots \pm l \ .$$

Aus der magnetischen Quantenzahl folgt die Aufspaltung der Spektrallinien in einem starken Magnetfeld, bekannt als *Zeemaneffekt*. Für $l = 1$ z. B. kann m_l drei unterschiedliche Werte haben, und die Linie, die durch den Übergang von $l = 1 \to l = 0$ entsteht, wird in einem Magnetfeld in drei Komponenten aufgespalten.

Die vierte Quantenzahl ist der *Spin*, der den inneren Drehimpuls des Elektrons beschreibt. Der Spin des Elektrons ist

$$S = \sqrt{s(s+1)}\,\hbar$$

mit der *Spinquantenzahl* $s = \frac{1}{2}$. In einer gegebenen Richtung z ist der Spin

$$S_z = m_s \hbar .$$

m_s kann zwei Werte haben:

$$s = \pm \frac{1}{2} .$$

Alle Partikel haben eine Spinquantenzahl. Teilchen mit eine ganzzahligen Spin (Photon, Meson) werden *Bosonen* genannt, Teilchen mit einem halbzahligen Spin Fermionen (Proton, Neutron, Elektron, Neutrino usw.). Im klassischen Sinn kann der Spin als Drehung der Partikel interpretiert werden, diese Analogie darf aber nicht zu wörtlich genommen werden.

Der gesamte Drehimpuls J eines Elektrons ist die Summe aus Bahn- und Spindrehimpuls:

$$J = L + S .$$

In Abhängigkeit von der unterschiedlichen Orientierung der Vektoren L und S kann die Quantenzahl j des Gesamtdrehimpulses einen oder zwei Werte haben,

$$j = l + \frac{1}{2} , \quad l - \frac{1}{2}$$

(ausgenommen für $l = 0$, wenn $j = \frac{1}{2}$ ist). Die z-Komponente des Gesamtdrehimpulses kann die Werte

$$m_j = 0, \pm 1, \pm 2 \ldots \pm j$$

annehmen.

Der Spin ist auch Anlaß für die Feinstruktur der Spektrallinien, die dadurch als enge Paare (Dubletts) erscheinen.

B.2 Auswahlregeln und Übergangswahrscheinlichkeiten

Der Zustand eines Elektrons in einem Atom wird durch vier Quantenzahlen beschrieben: n, l, m_l, m_s; oder wenn wir den Gesamtdrehimpuls benutzen: n, l, j, m_j. Durch die *Auswahlregeln* werden die Übergänge zwischen den verschiedenen Zuständen eingeschränkt. Bevorzugt treten *elektrische Dipolübergänge* auf, bei denen sich das Dipolmoment der Atome ändert. Die Erhaltungssätze fordern, daß bei den Übergängen

$$\Delta l = \pm 1 , \quad \Delta m_l = 0, \pm 1 \quad \text{oder}$$
$$\Delta l = \pm 1 , \quad \Delta j = 0, \pm 1 , \quad \Delta m_j = 0, \pm 1$$

erfüllt wird.

Die Wahrscheinlichkeiten aller anderen Übergänge sind viel kleiner, weshalb sie als *verbotene Übergänge* bezeichnet werden. Magnetische Dipol-, Quadrupol- und alle höheren Multipolübergänge sind verbotene Übergänge.

B.3 Die Heisenbergsche Unschärferelation

Ein Charakteristikum der Quantenmechanik ist, daß nicht alles zum gleichen Zeitpunkt exakt gemessen werden kann. Es ist zum Beispiel prinzipiell nicht möglich, die x-Koordinate und den Impuls p_x in Richtung der x-Achse simultan mit willkürlicher Genauigkeit zu bestimmen. Die Größen haben kleine Unsicherheiten Δx und Δp_x, für die gilt

$$\Delta x \Delta p_x \approx h \;.$$

Eine ähnliche Relation besteht auch für andere Richtungen. Auch Zeit und Energie sind durch eine Unsicherheitsrelation miteinander verbunden:

$$\Delta E \Delta t \approx h \;.$$

Ein Teilchen kann demnach aus dem Nichts entstehen, wenn es nur wieder in der Zeit h/mc^2 verschwindet.

B.4 Ausschließungsprinzip

Das Ausschließungsprinzip von Pauli besagt, daß ein Atom mit mehreren Elektronen niemals zwei Elektronen mit exakt den gleichen Quantenzahlen haben kann. Dies kann auf ein Fermionengas (z. B. Elektronengas) verallgemeinert werden. Die Unschärferelation erlaubt es uns, die Größe eines Volumenelements (im Phasenraum) zu finden, das höchstens zwei Fermionen enthalten kann. Diese müssen dann entgegengesetzt Spins haben. Der Phasenraum ist ein sechsdimensionaler Raum, drei Koordinaten geben die Position und die anderen drei Koordinaten die Impulse in den x, y und z-Richtungen. Das Volumenelement ist danach definiert durch

$$\Delta V = \Delta x \Delta y \Delta z \Delta p_x \Delta p_y \Delta p_z \;.$$

Aus der Unschärferelation folgt, daß das kleinste Volumenelement die Größe h^3 hat. In einem solchen Volumenelement können höchstens zwei Fermionen der gleichen Art sein.

C. Relativitätstheorie

Albert Einstein veröffentlichte seine Spezielle Relativitätstheorie 1905 und die Allgemeine Relativitätstheorie zehn Jahre später. Insbesondere die Allgemeine Relativitätstheorie, die im wesentlichen eine Gravitationstheorie ist, wurde für die Theorien der Entwicklung des Universums sehr wichtig. Es ist deshalb notwendig, hier einige grundlegende Prinzipien der Relativitätstheorie zu betrachten. Eine detailliertere Diskussion erfordert eine sehr komplizierte Mathematik, die über den Umfang dieser Einführung hinausgeht.

C.1 Grundkonzeptionen

Jeder kennt den bekannten Satz des Pythagoras,

$$\Delta s^2 = \Delta x^2 + \Delta y^2 \;,$$

in dem Δs die Länge der Hypotenuse in einem rechtwinkligen Dreieck ist, und Δx und Δy die Längen der anderen zwei Seiten sind. (Als Abkürzung ist $\Delta s^2 = (\Delta s)^2$ definiert.)

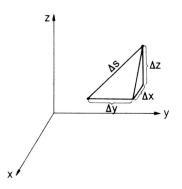

Das kann man leicht auf den dreidimensionalen Fall verallgemeinern:

$$\Delta s^2 = \Delta x^2 + \Delta y^2 + \Delta z^2 .$$

Diese Gleichung beschreibt die *Metrik* eines üblichen rechtwinkligen Bezugssystems im euklidischen Raum, d. h. macht eine Aussage über die Messung von Abständen.

Allgemein hängt der Ausdruck für die Distanz zweier Punkte von den genauen Positionen der Punkte ab. In einem solchen Fall muß die Metrik durch unendlich kleine Abstände ausgedrückt werden, um die Krümmung der Koordinatenkurve korrekt zu berücksichtigen. (Eine Koordinatenkurve entsteht durch die Änderung einer Koordinate, während die anderen konstant bleiben.) Die unendlich kleine Distanz ds heißt *Linienelement*. In einem euklidischen Raum kann das Linienelement in einem rechtwinkligen Koordinatensystem durch

$$ds^2 = dx^2 + dy^2 + dz^2$$

ausgedrückt werden, für ein sphärisches Koordinatensystem durch

$$ds^2 = dr^2 + r^2(d\theta^2 + \cos^2\theta \, d\phi^2) .$$

Ganz allgemein läßt sich ds^2 folgendermaßen schreiben:

$$ds^2 = \sum_i \sum_j g_{ij} dx^i dx^j .$$

$dx^{i,j}$ sind willkürliche Koordinaten und g_{ij} Komponenten des *metrischen Tensors*. Diese können, wie im Fall der sphärischen Koordinaten, Funktionen der Koordinaten sein. Der metrische Tensor eines n-dimensionalen Raumes kann als $n \times n$-Matrix dargestellt werden. Da $dx^i dx^j = dx^j dx^i$ ist, ist der metrische Tensor symmetrisch, d. h. $g_{ij} = g_{ji}$. Wenn alle Koordinatenachsen sich senkrecht schneiden, ist das Koordinatensystem *orthogonal*. In einem orthogonalen System ist $g_{ij} = 0$ für $i \neq j$. Die sphärischen Koordinaten bilden zum Beispiel ein orthogonales System mit dem metrischen Tensor

$$(g_{ij}) = \begin{pmatrix} 1 & 0 & 0 \\ 0 & r^2 & 0 \\ 0 & 0 & r^2 \cos^2\theta \end{pmatrix} .$$

Wenn es möglich ist, ein System zu finden, in dem alle Komponenten von g konstant sind, ist der Raum *eben*. Im euklidischen Raum gilt im rechtwinkligen System $g_{11} = g_{22} = g_{33} = 1$, da der Raum eben ist. Sphärische Koordinaten zeigen, daß man auch im ebenen Raum Systeme benutzen kann, in denen die Komponenten des metrischen Tensors nicht konstant sind. Auf einer zweidimensionalen sphärischen Oberfläche wird das Linienelement von der Metrik des sphärischen Koordinatensystems durch die Zuweisung eines festen Wertes R zu r erhalten:

$$ds^2 = R^2(d\theta^2 + \cos\theta \, d\phi^2) .$$

Der metrische Tensor ist

$$(g_{ij}) = R^2 \begin{pmatrix} 1 & 0 \\ 0 & \cos^2\phi \end{pmatrix} .$$

C. Relativitätstheorie

Dieser kann nicht in einen konstanten Tensor überführt werden, die Oberfläche einer Kugel ist also ein *gekrümmter Raum*.

Wenn wir den metrischen Tensor in einigen Systemen kennen, können wir einen Tensor vierter Stufe, den *Krümmungstensor* R_{ijkl} berechnen, der aussagt, ob der Raum gekrümmt oder eben ist. Leider ist die Berechnung zu umfangreich, um sie hier darzustellen.

Der metrische Tensor wird für alle Berechnungen von Abständen, Größen von Vektoren, Flächen usw. gebraucht. Wir müssen die Metrik auch für die Berechnung eines Skalarproduktes kennen. Die Komponenten des metrischen Tensors können tatsächlich auch als Skalarprodukt der Basisvektoren ausgedrückt werden:

$$g_{ij} = \boldsymbol{e}_i \cdot \boldsymbol{e}_j \ .$$

Wenn A und B zwei willkürliche Vektoren

$$\boldsymbol{A} = \sum_i a^i \boldsymbol{e}_i \ , \quad \boldsymbol{B} = \sum_j b^j \boldsymbol{e}_j$$

sind, ist ihr Skalarprodukt

$$\boldsymbol{A} \cdot \boldsymbol{B} = \sum_i \sum_j a^i b^j \boldsymbol{e}_i \cdot \boldsymbol{e}_j = \sum_i \sum_j g_{ij} a^i b^j \ .$$

C.2 Lorentztransformation. Minkowskiraum

In der Speziellen Relativitätstheorie wurde die absolute Newtonsche Zeit, die den gleichen Zeitablauf für jeden Beobachter annimmt, aufgegeben. Statt dessen forderte sie, daß die Lichtgeschwindigkeit in allen Koordinatensystemen den gleichen Wert c habe. Die Konstanz der Lichtgeschwindigkeit ist ein Grundprinzip der Speziellen Relativität.

Wir wollen ein Lichtbündel von seinem Ursprung aus verfolgen. Es bewege sich entlang einer geraden Linie mit der Geschwindigkeit c. Zum Zeitpunkt t erfüllen seine Raum- und Zeitkoordinaten die Gleichung

$$x^2 + y^2 + z^2 = c^2 t^2 \ . \tag{C.1}$$

Als nächstes wollen wir untersuchen, wie die Situation in einem anderen Koordinatensystem $x'y'z'$, das sich in bezug auf das xyz-System mit der Geschwindigkeit v bewegt, aussieht. Das neue System wird so gewählt, daß es mit dem xyz-System für $t = 0$ übereinstimmt. Die Koordinatenzeit t' des $x'y'z'$-Systems soll $t' = 0$ sein für den Zeitpunkt $t = 0$. Schließlich wird noch vorausgesetzt, daß das $x'y'z'$-System sich in die Richtung der positiven x-Achse bewegt. Da die Lichtgeschwindigkeit im $x'y'z'$-System auch c sein muß, gilt

$$x'^2 + y'^2 + z'^2 = c^2 t'^2 \ .$$

Wenn wir fordern, daß die neuen (gestrichenen) Koordinaten aus den anderen durch eine einfache lineare Transformation erhalten werden und die inverse Transformation durch Ersetzen von v durch $-v$ erreicht wird, finden wir folgende Transformationsgleichungen

$$x' = \frac{x - vt}{\sqrt{1 - v^2/c^2}}$$

$$y' = y$$

$$z' = z$$

$$t' = \frac{t - vx/c^2}{\sqrt{1 - v^2/c^2}} \ .$$

Diese Transformation zwischen Koordinatensystemen, die sich mit konstanter Geschwindigkeit zueinander bewegen, heißt *Lorentz-Transformation*. Da die Lorentz-Transformation unter der Voraussetzung der Invarianz von (C.1) abgeleitet wurde, ist es selbstverständlich, daß das Intervall

$$\Delta s^2 = -c^2 \Delta t^2 + \Delta x^2 + \Delta y^2 + \Delta z^2$$

für zwei beliebige Ereignisse unter allen Lorentz-Transformationen invariant bleibt. Dieses Intervall definiert eine Metrik in der vierdimensionalen Raumzeit. Ein Raum mit dieser Metrik wird als *Minkowskiraum* oder *Lorentzraum* bezeichnet. Die Komponenten des metrischen Tensors sind

$$(g_{ij}) = \begin{pmatrix} -c^2 & 0 & 0 & 0 \\ 0 & 1 & 0 & 0 \\ 0 & 0 & 1 & 0 \\ 0 & 0 & 0 & 1 \end{pmatrix} \ .$$

Da diese Größe konstant ist, ist der Raum eben. Es ist aber kein normaler euklidischer Raum mehr, da das Vorzeichen der Zeitkomponente sich von dem der Raumkomponenten unterscheidet. In der älteren Literatur wird anstelle der Zeit oft die Variable ict benutzt (i ist die imaginäre Einheit). Dann sieht die Metrik euklidisch aus, was zu Mißverständnissen führen kann. Die Eigenschaften des Raumes können sich nicht durch Bezeichnungen ändern.

Im Minkowskiraum werden Ort, Geschwindigkeit, Impuls und andere Vektorgrößen durch *Vierervektoren* beschrieben, die eine Zeit- und drei Raumkomponenten haben. Die Komponenten eines Vierervektors gehorchen der Lorentztransformation, wenn wir sie von einem System in ein anderes transformieren. Beide Systeme müssen sich auf einer geraden Linie mit konstanter Geschwindigkeit bewegen.

Nach der klassischen Physik hängt die Distanz von zwei Ereignissen von der Bewegung des Beobachters ab, aber das Zeitintervall zwischen den Ereignissen ist für alle Beobachter dasselbe. Die Welt der Speziellen Relativitätstheorie ist komplizierter: auch die Zeitintervalle haben unterschiedliche Werte für verschiedene Beobachter.

C.3 Allgemeine Relativitätstheorie

Das Äquivalenzprinzip. Die Gesetze von Newton verbinden die Beschleunigung a eines Teilchens mit der wirkenden Kraft F durch

$$\boldsymbol{F} = m_t \boldsymbol{a} \ .$$

C. Relativitätstheorie

m_t ist die träge Masse des Teilchens, die sich der Bewegung zu widersetzen versucht. Die Gravitationskraft, die von dem Partikel ausgeht, ist

$F = m_s f$.

m_s ist die schwere Masse des Partikels und f ein Faktor, der nur von anderen Massen abhängt. Die Massen m_t und m_s erscheinen als Koeffizienten, die mit vollkommen unterschiedlichen Phänomenen in Beziehung stehen. Es gibt keinen physikalischen Grund anzunehmen, daß die beiden Massen irgendwelche Gemeinsamkeiten haben. Aber schon Experimente von Galilei haben gezeigt, daß $m_t = m_s$ glt. Dies wurde später mit hoher Genauigkeit bestätigt.

Das *schwache Äquivalenzprinzip*, das $m_t = m_s$ ausdrückt, kann deshalb als ein physikalisches Axiom akzeptiert werden. Das *starke Äquivalenzprinzip* verallgemeinert das: wenn wir unsere Beobachtungen auf eine genügend kleine Raum-Zeit-Region einschränken, gibt es keine Möglichkeit zu erkennen, ob wir von einem Gravitationsfeld beeinflußt werden oder uns in einer gleichmäßig beschleunigten Bewegung befinden. Das starke Äquivalenzprinzip ist ein fundamentales Postulat der Allgemeinen Relativitätstheorie.

Die Krümmung des Raumes. Die Allgemeine Relativitätstheorie beschreibt die Gravitation als eine geometrische Eigenschaft der Raum-Zeit. Das Äquivalenzprinzip ist eine offensichtliche Konsequenz dieser Idee. Teilchen, die sich in der Raum-Zeit bewegen, folgen den kürzest möglichen Wegen, den *Geodäten*. Die Projektion einer Geodäte in den dreidimensionalen Raum muß nicht der kürzeste Abstand zwischen zwei Punkten sein.

Die Geometrie der Raum-Zeit ist durch die Massen- und Energieverteilung festgelegt. Wenn diese Verteilung bekannt ist, können wir die *Feldgleichungen* aufschreiben, partielle Differentialgleichungen, die den Zusammenhang von Massen- und Energieverteilung geben und die Krümmung des Raumes beschreiben.

Im Falle einer einzelnen Punktmasse liefern die Feldgleichungen die Schwarzschild-Metrik. Das Linienelement hat die Form

$$ds^2 = -\left(1 - \frac{2GM}{c^2 r}\right) c^2 dt^2 + \frac{dr^2}{1 - (2GM/c^2 r)} + r^2 (d\theta^2 + \cos^2\theta \, d\phi^2) \ .$$

In dieser Beziehung ist M die Punktmasse. r, θ und ϕ sind die normalen sphärischen Koordinaten. Es kann gezeigt werden, daß die Komponenten nicht simultan in Konstanten transformiert werden können: die Raum-Zeit muß durch die Masse gekrümmt sein.

Wenn wir nur eine sehr kleine Region der Raum-Zeit betrachten, ist der Effekt der Krümmung gering. Lokal ist der Raum immer ein Minkowski-Raum, in dem die Spezielle Relativitätstheorie benutzt werden kann. Unter lokal darf man nicht nur ein begrenztes räumliches Volumen verstehen, sondern auch ein begrenztes Zeitintervall.

C.4 Tests der Allgemeinen Relativitätstheorie

Die Allgemeine Relativitätstheorie macht Voraussagen, die sich von denen der klassischen Physik unterschieden. Obwohl die Unterschiede im allgemeinen sehr klein sind, gibt es einige Phänomene, die für die Messung der Abweichungen genutzt werden können. Sie sind Tests für die Gültigkeit der Allgemeinen Relativitätstheorie. Bis heute haben fünf astronomische Tests die Theorie bestätigt.

Der erste besagt, daß die Bahnen der Planeten keine geschlossenen Keplerellipsen sind. Der Effekt ist am deutlichsten für die inneren Planeten, deren Perihelia sich Stück für Stück drehen sollten. Der größte Teil der Periheldrehung des Merkur wird durch die Newtonsche Mechanik erklärt, nur ein Rest von 43 Bogensekunden pro Jahrhundert konnte so nicht gedeutet werden. Dies ist genau die Korrektur, die die Allgemeine Relativitätstheorie vornimmt.

Zweitens sollte ein Lichtstrahl, der dicht an der Sonne vorbeigeht, abgelenkt werden. Für einen Strahl, der die Sonnenoberfläche streift, wird eine Ablenkung von 1,75" vorhergesagt. Dieser Effekt wurde bei totalen Sonnenfinsternissen beobachtet, aber auch durch die Beobachtung punktförmiger Radioquellen unmittelbar vor der Bedeckung durch die Sonne und danach.

Der dritte klassische Weg, die Allgemeine Relativitätstheorie zu testen, ist die Messung der Rotverschiebung eines Photons, das gegen ein Gravitationsfeld anläuft. Wir können die Rotverschiebung als Energieverlust verstehen, da das Photon Arbeit gegen das Gravitationspotential leisten muß. Wir können aber auch annehmen, daß die Metrik allein die Ursache der Rotverschiebung ist: ein entfernter Beobachter findet, daß in unmittelbarer Nähe der Masse die Zeit langsamer abläuft, und die Frequenz der Strahlung geringer ist. In der Schwarzschild-Metrik wird die Zeitdehnung durch den Koeffizienten dt beschrieben. Es ist deshalb nicht überraschend, daß Strahlung, die mit der Frequenz ν von einer Masse M in der Entfernung r emittiert wird, in großem Abstand von der Quelle mit der Frequenz

$$\nu_\infty = \nu \sqrt{1 - \frac{2GM}{c^2 r}} \tag{C.2}$$

beobachtet wird. Diese Gravitationsrotverschiebung wurde in Laborexperimenten nachgewiesen.

Der vierte Test mißt die Verringerung der Lichtgeschwindigkeit im Gravitationsfeld nahe der Sonne. Dies konnte durch Radarexperimente nachgewiesen werden.

Die vorgestellten Tests beziehen sich alle auf das Sonnensystem. Außerhalb des Sonnensystems wurden Doppelpulsare als Test für die Allgemeine Relativitätstheorie benutzt. Ein asymmetrisches System in beschleunigter Bewegung (ähnlich einem Doppelstern) verliert Energie, wenn es Gravitationswellen ausstrahlt. Daraus folgt, daß die Komponenten sich annähern und die Periode geringer wird. Normalerweise spielen Gravitationswellen eine geringe Rolle, aber in kompakten Systemen könnte der Effekt stark genug sein, um beobachtet zu werden. Die erste Quelle, die diese vorhergesagte Periodenverkürzung zeigte, war der Doppelpulsar PSR 1913+16.

D. Grundlagen der Radioastronomie

D.1 Antennenparameter

Die Empfangs-(oder Sende-)charakteristiken einer Antenne werden durch das Antennendiagramm $P(\theta, \varphi)$, die für eine ideale Antenne der Fresnelschen Beugungsstruktur optischer Teleskope äquivalent ist, beschrieben. $P(\theta, \varphi)$ ist ein Maß der Strahlungsempfindlichkeit der Antenne als Funktion der Polarkoordinaten θ und φ, ist direkt proportional zur Strahlungsintensität $U(\theta, \varphi)[\text{W sr}^{-1}]$ und gewöhnlich auf eine Maximalintensität von eins normiert, d. h.

D. Grundlagen der Radioastronomie

$$P(\theta,\varphi) = \frac{U(\theta,\varphi)}{U_{\max}(\theta,\varphi)} \ . \tag{D.1}$$

$U_{\max}(\theta,\varphi)$ ist das Maximum der Strahlungsintensität.

Der effektive Raumwinkel Ω_A ist als Integral über das Antennendiagramm definiert, d. h.

$$\Omega_A = \iint_{4\pi} P(\theta,\varphi)\,d\Omega \ . \tag{D.2}$$

Dies ist der äquivalente Raumwinkel, durch den die gesamte Strahlung eintritt, wenn die Leistung konstant und gleich dem Maximumswert in diesem Winkel ist.

Wenn wir nur über die Hauptkeule integrieren, d. h. bis zu den Grenzen, wo die Leistungsstruktur das erste Minimum erreicht, erhalten wir den *Raumwinkel Ω_H der Hauptkeule*

$$\Omega_H = \iint_{\text{Hauptflügel}} P(\theta,\varphi)\,d\Omega \ . \tag{D.3}$$

Wenn die Integration über alle Nebenmaxima ausgeführt wird, erhält man den Raumwinkel Ω_N der Nebenkeulen

$$\Omega_N = \iint_{\text{alle Seitenflügel}} P(\theta,\varphi)\,d\Omega \ . \tag{D.4}$$

Es ist leicht zu sehen, daß

$$\Omega_A = \Omega_H + \Omega_N \tag{D.5}$$

ist.

Wir definieren jetzt als *Hauptkeulen-Wirkungsgrad* η_B das Verhältnis von Hauptkeulenraumwinkel zu Gesamtraumwinkel, d. h.

$$\eta_B = \frac{\Omega_H}{\Omega_A} \ . \tag{D.6}$$

Damit mißt η_B den Anteil der Gesamtstrahlung, die in die Hauptkeule einfällt und ist der erste Parameter, der ein Radioteleskop charakterisiert.

Ein anderer wichtiger Parameter ist die *Richtschärfe D*, die als Verhältnis von maximaler Strahlungsintensität $U_{\max}(\theta,\varphi)$ zur mittleren Strahlungsintensität $\langle U \rangle$ definiert ist:

$$D = \frac{U_{\max}(\theta,\varphi)}{\langle U \rangle} \ . \tag{D.7}$$

Die mittlere Strahlungsintensität ist die gesamte, aus dem Raumwinkel 4π erhaltene Leistung

$$U = \frac{1}{4\pi} \iint_{4\pi} U(\theta,\varphi)\,d\Omega \ . \tag{D.8}$$

Die Richtschärfe erhält man aus der Kombination von (D.1), (D.7) und (D.8):

$$D = \frac{4\pi}{\iint\limits_{4\pi} P(\theta,\varphi)\,d\Omega} = \frac{4\pi}{\Omega_A}\,. \tag{D.9}$$

Der Richtungsfaktor mißt die Verstärkung oder den *Gewinn* der Antenne. Wenn die Antenne keinen Verlust hat, ist die Richtschärfe gleich dem Gewinn G. Alle Antennen haben aber sehr geringe Widerstandsverluste, die durch die Definition eines Strahlungswirkungsgrades, η_r (für die meisten Antennen nahe eins), dargestellt werden können. Es gilt dann

$$G = \eta_r D\,. \tag{D.10}$$

Ein weiterer Grundparameter für die Antennen ist die *effektive Antennenfläche* A_e, die für alle großen Antennen kleiner als die geometrische Fläche A_g ist. Das Verhältnis zwischen der effektiven und der geometrischen Fläche ist

$$\eta_A = \frac{A_e}{A_g} \tag{D.11}$$

und wird als *Aperturwirkungsgrad* bezeichnet. Es ist eine wichtige Größe für die Qualität einer Antenne.

Aus thermodynamischen Betrachtungen kann man ableiten, daß die effektive Öffnung mit dem effektiven Raumwinkel durch

$$\Omega_A A_e = \lambda^2 \tag{D.12}$$

verbunden ist. Durch die Kombination von (D.9) und (D.12) kann man die Richtschärfe deshalb als Funktion der effektiven Fläche darstellen:

$$D = \frac{4\pi A_e}{\lambda^2}\,, \tag{D.13}$$

oder durch die Beziehung zwischen der Richtschärfe und dem Gewinn als

$$G = \frac{4\pi \eta_r A_e}{\lambda^2}\,. \tag{D.14}$$

Normalerweise ist der Strahlungswirkungsgrad in die effektive Fläche eingeschlossen oder wird gleich eins gesetzt. In diesem Fall sind die Ausdrücke für den Richtungsfaktor und den Gewinn identisch.

D.2 Antennentemperatur und Flußdichte

Die Leistung, die mit einem Radioteleskop gemessen wird, kann in Beziehung zu einer Äquivalenttemperatur, der *Antennentemperatur*, T_A, gesetzt werden. Wenn wir annehmen, daß die Antennen von einem Volumen der gleichmäßigen Temperatur T_A eingeschlossen ist, oder anders gesagt, wenn die Antenne durch eine passende Einheit der

D. Grundlagen der Radioastronomie

gleichen Temperatur ersetzt wird, kann gezeigt werden, daß die Leistung am Antennenausgang durch

$$P = w\Delta v = K T_A \Delta v \tag{D.15}$$

gegeben ist. K ist die Boltzmann-Konstante, w die spektrale Leistung (Leistung pro Bandbreiteneinheit) und Δv die Bandbreite des Radiometers. Die Beziehung stellt den Zusammenhang zwischen der beobachteten Leistung P und der Antennentemperatur T_A dar. Wenn die Rayleigh-Jeans-Näherung $hv/k \ll T_A$ nicht gilt ($v \gtrsim 100\,\text{GHz}$), muß T_A ersetzt werden durch

$$J(T_A) = \frac{hv/k}{\exp(hv/kT_A)-1} \; .$$

Da die Antenne gewöhnlich durch den Vergleich der einfallenden Strahlung mit einer temperaturkontrollierten Einheit oder einer Gasentladungsröhre mit gut definierter Temperatur kalibriert wird, ist es durchaus passend, das empfangene Signal als Temperatur wiederzugeben. Die Benutzung der Antennentemperatur hat den zusätzlichen Vorteil, ein Leistungsmaß zu haben, das unabhängig von der Bandbreite des Radiometers ist.

Andererseits ist die *spektrale Leistung* für eine Antenne definiert durch

$$w_v = \frac{1}{2} A_e \iint_{4\pi} I_v(\theta,\varphi) P(\theta,\varphi) d\Omega \; . \tag{D.16}$$

$I_v(\theta,\varphi)$ ist die Himmelshelligkeit. Der Faktor $\frac{1}{2}$ ergibt sich, weil ein Radioteleskop nur eine Polarisationskomponente empfängt. Unter Nutzung von (D.15) kann man nun die Leistung durch die Antennentemperatur T_A ausdrücken, d.h.

$$T_A = \frac{1}{2} A_e \iint_{4\pi} I_v(\theta,\varphi) P(\theta,\varphi) d\Omega \; . \tag{D.17}$$

Für Quellen, deren Winkelausdehnung viel kleiner als der Durchmesser der Antennenkeule ist, d.h. für „Punktquellen" ist das Leistungsmuster $P(\theta,\varphi) \approx 1$ und

$$T_A = \frac{S_v A_e}{2k} \; . \tag{D.18}$$

Die Flußdichte S ist gegeben durch

$$S_v = \iint_{\text{Quelle}} I_v(\theta,\varphi) d\Omega \; . \tag{D.19}$$

Die Einheit der Flußdichte ist Jansky $[Jy] = [10^{-26}\,\text{Wm}^{-2}\,\text{Hz}^{-1}]$. Die Himmels- oder Quellenhelligkeit kann auch durch die Strahlungstemperatur T_b dargestellt werden. In diesem Fall gilt

$$T_A = \frac{1}{2} A_e \iint_{\text{Quelle}} T_b(\theta,\varphi) P(\theta,\varphi) d\Omega \; . \tag{D.20}$$

Wenn die Rayleigh-Jeans-Näherung nicht gilt, müssen wieder alle Temperaturen T_i durch $J(T_i)$ ersetzt werden.

E. Tabellen

Tabelle E.1a. SI-Basiseinheiten

Größe	Symbol	Einheit	Abk.	Definition
Länge	l, s	Meter	m	Die Länge der vom Licht im Vakuum im Zeitintervall von 1/299792458 Sekunde zurückgelegten Wegstrecke
Masse	m, M	Kilogramm	kg	Entspricht der Masse der Internationalen Kilogrammprototypen
Zeit	t	Sekunde	s	Die Dauer von 9192631770 Schwingungsperioden der Strahlung des Übergangs zwischen den zwei Hyperfeinstrukturniveaus des Grundzustandes im Cäsium-133-Atom
Elektrische Stromstärke	I	Ampere	A	Die Stärke derjenigen Konstanten elektrischen Stroms der zwischen zwei im Vakuum befindlichen, einen Meter voneinander entfernten parallelen Leitern unendlicher Länge und vernachlässigbaren Querschnitts auf je einen Meter Leitungslänge eine Kraft von 2×10^{-7} Newton erzeugt
Temperatur	T	Kelvin	K	1/273,16 der thermodynamischen Temperatur des Tripelpunktes von Wasser
Stoffmenge	n	Mol	mol	Die Stoffmenge eines Systems, das ebenso viele Teilchen enthält, wie in 0,012 kg ^{12}C-Atome enthalten sind
Lichtstärke	I	Candela	cd	Die in einer vorgegebenen Richtung gemessene Lichtstärke einer Quelle, die monochromatische Strahlung der Frequenz 540×10^{12} Hz emittiert und deren Strahlstärke in dieser Richtung 1/683 W/sr beträgt

Tabelle E.1b. Präfixe für dezimale Vielfache

Vorsatz	Symbol	Vielfaches
Atto	a	10^{-18}
Femto	f	10^{-15}
Piko	p	10^{-12}
Nano	n	10^{-9}
Mikro	µ	10^{-6}
Milli	m	10^{-3}
Zenti	c	10^{-2}
Dezi	d	10^{-1}
Deka	da	10^{1}
Hekto	h	10^{2}
Kilo	k	10^{3}
Mega	M	10^{6}
Giga	G	10^{9}
Tera	T	10^{12}
Peta	P	10^{15}
Exa	E	10^{18}

Tabelle E.2. Konstanten und Einheiten

Konstanten und Einheiten	Symbol	Wert
1 Radiant	1 rad	$180°/\pi = 57{,}2957795° = 206264{,}8''$
1 Grad	1°	0,01745329 rad
1 Bogensekunde	1''	0,000004848 rad
Lichtgeschwindigkeit	c	$2{,}997925 \times 10^8$ ms^{-1}
Gravitationskonstante	G	$6{,}67 \times 10^{-11}$ N m^{2}kg$^{-2} = 4\pi^2$ AE$^3 M_\odot^{-1}$ a^{-2}
Plancksche Konstante	h	$6{,}6256 \times 10^{-34}$ Js
	$\hbar$	$h/2\pi = 1{,}0545 \times 10^{-34}$ Js
Boltzmann-Konstante	k	$1{,}3805 \times 10^{-23}$ JK^{-1}
Strahlungsdichtekonstante	a	$7{,}5643 \times 10^{-16}$ Jm^{-3} K^{-4}
Stefan-Boltzmann-Konstante	σ	$ac/4 = 5{,}6693 \times 10^{-8}$ W m^{-2} K^{-4}
Atommasseneinheit	amu	$1{,}6604 \times 10^{-27}$ kg
Elektronenvolt	eV	$1{,}6021 \times 10^{-19}$ J
Elektronenladung	e	$1{,}6021 \times 10^{-19}$ C
Masse des Elektrons	m_e	$9{,}1091 \times 10^{-31}$ kg $= 0{,}511$ MeV
Masse des Protons	m_p	$1{,}6725 \times 10^{-27}$ kg $= 938{,}3$ MeV
Masse des Neutrons	m_n	$1{,}6748 \times 10^{-27}$ kg $= 939{,}6$ MeV
Masse des ^{1}H-Atoms	m_H	$1{,}6734 \times 10^{-27}$ kg $= 1{,}0078$ amu
Masse des ^{4}He-Atoms	m_{He}	$6{,}6459 \times 10^{-27}$ kg $= 4{,}0026$ amu
Rydbergkonstante für ^{1}H	R_H	$1{,}0968 \times 10^7$ m^{-1}
Rydbergkonstante für Masse ∞	R_∞	$1{,}0974 \times 10^7$ m^{-1}
Gaskonstante	R	$8{,}3143$ K^{-1} mol^{-1}
Normaler Atmosphärendruck	atm	101325 Pa $= 1013$ mbar $= 760$ mmHg
Astronomische Einheit	AE	$1{,}49597870 \times 10^{11}$ m
Parsec	pc	$3{,}0857 \times 10^{16}$ m $= 206265$ AE $= 3{,}26$ Lj
Lichtjahr	Lj	$0{,}9461 \times 10^{16}$ m $= 0{,}3066$ pc

Tabelle E.3. Zeiteinheiten

Einheit	Äquivalent zu
Siderisches Jahr	365,2564 d
Tropisches Jahr	365,2422 d (von Äquinoktium zu Äquinoktium)
Anomalistisches Jahr	365,2596 d (von Perihel zu Perihel)
Gregorianisches Kalenderjahr	365,2425 d
Julianisches Jahr	365,2500 d
Julianisches Jahrhundert	36 525 d
Ekliptisches Jahr	346,6200 d (bezogen auf den aufsteigenden Knoten des Mondes)
Mondjahr	354,4306 d = 12 synodische Monate
Synodischer Monat	29,5306 d
Siderischer Monat	27,3217 d
Anomalistischer Monat	27,5546 d (von Perigäum zu Perigäum)
Drakonitischer Monat	27,2122 d (von Knoten zu Knoten)
Mittlerer Sonnentag	24 h mittlere Sonnenzeit = 24 h 03 min 56,56 s (siderische Zeit)
Siderischer Tag (Sterntag)	24 h siderische Zeit = 23 h 56 min 04,09 s (mittlere Sonnenzeit)
Rotationsperiode der Erde (bezogen auf die Fixsterne)	23 h 56 min 04,10 s
Terrestrische dynamische Zeit	TDT $\approx$ TAI + 32,184 s (SI-Sekunden)

TAI = internationale Atomzeit

Tabelle E.4. Griechisches Alphabet

$A\,\alpha$	$B\,\beta$	$\Gamma\,\gamma$	$\Delta\,\delta$	$E\,\varepsilon$	$Z\,\zeta$	$H\,\eta$	$\Theta\,\theta\,\vartheta$	$I\,\iota$	$K\,\kappa$
Alpha	Beta	Gamma	Delta	Epsilon	Zeta	Eta	Theta	Iota	Kappa
$\Lambda\,\lambda$	$M\,\mu$	$N\,\nu$	$\Xi\,\xi$	$O\,o$	$\Pi\,\pi\,\tilde{\omega}$	$P\,\varrho$	$\Sigma\,\sigma\,\varsigma$	$T\,\tau$	$Y\,\upsilon$
Lambda	My	Ny	Xi	Omikron	Pi	Rho	Sigma	Tau	Ypsilon
$\Phi\,\varphi\,\phi$	$X\,\chi$	$\Psi\,\psi$	$\Omega\,\omega$						
Phi	Chi	Psi	Omega						

Tabelle E.5. Die Sonne

Eigenschaften	Symbol	Numerische Werte
Masse	$M_\odot$	$1{,}989 \times 10^{30}$ kg
Radius	$R_\odot$	$6{,}96 \times 10^{8}$ m
Effektive Temperatur	T_e	5785 K
Leuchtkraft	$L_\odot$	$3{,}9 \times 10^{26}$ W
Scheinbare visuelle Helligkeit	V	$-26{,}78$
Farbindizes	B-V	0,62
	U-B	0,10
Absolute visuelle Helligkeit	M_v	4,79
Absolute bolometrische Helligkeit	M_{bol}	4,72
Neigung des Äquators zur Ekliptik		$7°15'$
Äquatoriale Horizontalparallaxe	$\pi_\odot$	$8{,}794''$
Bewegung: Richtung zum Apex		$\alpha = 270°,\ \delta = 30°$
Geschwindigkeit im lokalen Koordinatensystem		19,7 km/s
Entfernung vom galaktischen Zentrum		8,5 kpc

Tabelle E.6. Die Erde

	Symbol	Numerische Werte
Masse	$M_\oplus$	$M_\odot/332\,946 = 5{,}974 \times 10^{24}$ kg
Masse, Erde + Mond	$M_\oplus + M_{\mathbb{C}}$	$M_\odot/328\,900 \times 5 = 6{,}048 \times 10^{24}$ kg
Radius am Äquator	R_e	6 378 140 m
Radius am Pol	R_p	6 356 755 m
Abplattung	f	$(R_e - R_p)/R_e = 1/298{,}257$
Gravitation an der Erdoberfläche	g	9,81 m/s²

Tabelle E.7. Der Mond

	Symbol	Numerische Werte
Masse	$M_{\mathbb{C}}$	$M_\oplus/81{,}30 = 7{,}348 \times 10^{22}$ kg
Radius	$R_{\mathbb{C}}$	1738 km
Gravitation an der Mondoberfläche	$g_{\mathbb{C}}$	1,62 m/s²
Mittlere äquatoriale Horizontalparallaxe	$\pi_{\mathbb{C}}$	$57'$
Große Bahnhalbachse	a	384 400 km
Geringster Abstand von der Erde	r_{min}	356 400 km
Größter Abstand von der Erde	r_{max}	406 700 km
Mittlere Neigung der Bahn zur Ekliptik	ι	$5°09'$

E. Tabellen

Tabelle E.8. Planeten

Name	Symbol	Äquator-radius R_e [km]	Masse Planet m [kg]	Planet + Satellit $m/M_\oplus$	$m/M_\odot$	Dichte ϱ [g/cm³]	Rotationsperiode τ_sid
Merkur		2439	$3{,}30 \times 10^{23}$	0,0553	1/6 023 600	5,4	58,6 d
Venus	♀	6052	$4{,}87 \times 10^{24}$	0,8150	1/408 523,5	5,2	243,0 d
Erde		6378	$5{,}97 \times 10^{24}$	1,0123	1/328 900,5	5,5	23 h 56 min 04,1 s
Mars	♂	3397	$6{,}42 \times 10^{23}$	0,1074	1/3 098 710	3,9	24 h 37 min 22,7 s
Jupiter		71 398	$1{,}90 \times 10^{27}$	317,89	1/1047,355	1,3	9 h 55 min 30 s
Saturn		60 000	$5{,}69 \times 10^{26}$	95,17	1/3498,5	0,7	10 h 30 min
Uranus		26 320	$8{,}70 \times 10^{25}$	14,56	1/22 869	1,1	17 h 14 min
Neptun		24 300	$1{,}03 \times 10^{26}$	17,24	1/19 314	1,7	18 h?
Pluto		1150	1×10^{22}	0,002	1/200 000 000	2,1	6 d 09 h 17 min

Name	Symbol	Neigung zum Äquator ε [°]	Abplattung f	Temperatur T [K]	Geometrische Albedo p	Absolute Helligkeit $V(1,0)$	Mittlere Oppositions-helligkeit V_0	Anzahl der bekannten Satelliten
Merkur		0,0	0	615; 130	0,106	−0,42	−	0
Venus	♀	177,3	0	750	0,65	−4,40	−	0
Erde		23,44	0,003 353	300	0,367	−3,86	−	1
Mars	♂	25,19	0,005 186	220	0,150	−1,52	−2,01	2
Jupiter		3,12	0,06481	140	0,52	−9,40	−2,70	16
Saturn		26,73	0,10762	100	0,47	−8,88	+0,67	17
Uranus		97,9	0,030	65	0,51	−7,19	+5,52	15
Neptun		29,6	0,0259	55	0,41	−6,87	+7,84	8
Pluto		118?	?	45	0,3	−1,0	+15,12	1

Tabelle E.9. Oskulierende Elemente der Planetenbahnen am 31. Dez. 1987 = JD 2447160,5

Planet	Große Bahnhalbachse a [AE]	[10⁶ km]	Exzentrizität e	Neigung i [°]	Länge des aufsteigenden Knotens Ω [°]	Länge des Perihels $\tilde{\omega}$ [°]	Mittlere Anomalie M [°]	Siderische Periode P_sid [a]	[d]	Synodische Periode P_syn [d]
Merkur	0,387	57,9	0,206	7,00	48,2	77,3	232,0	0,2408	87,97	115,9
Venus	0,723	108,2	0,0068	3,39	76,6	131,3	226,0	0,6152	244,70	583,9
Erde	1,000	149,6	0,0167	0,00	−	102,8	356,1	1,0000	365,25	−
Mars	1,524	227,9	0,093	1,85	49,5	335,8	241,9	1,8809	687,02	779,9
Jupiter	5,203	778,4	0,048	1,31	100,4	15,5	14,4	11,863	4333	398,9
Saturn	9,529	1425,6	0,054	2,49	113,6	91,5	171,7	29,41	10743	378,1
Uranus	19,19	2870	0,046	0,77	74,0	170,4	91,4	84,04	30700	369,7
Neptun	30,09	4501	0,010	1,77	131,7	36,3	242,5	165,0	60280	367,5
Pluto	39,34	5885	0,246	17,14	110,1	224,1	357,3	246,8	90130	366,7

Tabelle E.10. Mittlere Elemente der Planeten (nach Le Verrier und Gaillot)
Die mittleren Elemente enthalten keine periodischen Störungen. Die Elemente sind auf das mittlere Äquinoktium des Datums bezogen. Die Variable T ist die Zeit in Julianischen Jahrhunderten, die seit 31. Dez. 1899 um 12 Uhr UT (= 1900 Jan. 0,5 UT = JD 2415020,0) vergangen sind. Ein Julianisches Jahrhundert hat 36525 Tage. Daraus folgt für das Julianische Datum JD $T = $ (JD $- 2415020)/36525$. Die Größe L ist die mittlere Länge. Sie ist definiert durch $L = M + \tilde{\omega}$. $n = 360°/P_\text{sid}$ ist die mittlere Winkelgeschwindigkeit der Bahnbewegung

Merkur
L = 178°10′44,77″ + 538 106 655,62″ T + 1,1289″ T^2
$\tilde{\omega}$ = 75°53′49,67″ + 5592,49″ T + 1,111″ T^2
Ω = 47°08′40,93″ + 4265,135″ T + 0,835″ T^2
e = 0,20561494 + 0,00002030 T − 0,00000004 T^2
ι = 7°00′10,85″ + 6,258″ T − 0,056″ T^2
a = 0,3870984
n = 14732,4197″/d
P_sid = 87,969256 d P_syn = 115,88 d

Venus
L = 342°46′03,24″ + 210 669 166,172″ T + 1,1289″ T^2
$\tilde{\omega}$ = 130°08′25,91″ + 4940,27″ T − 5,93″ T^2
Ω = 75°47′17,04″ + 3290,50″ T + 1,508″ T^2
e = 0,00681636 − 0,00005384 T − 0,000000126 T^2
ι = 3°23′37,09″ + 4,508″ T − 0,0156″ T^2
a = 0,72333015
n = 5767,6698″/d
P_sid = 224,70080 d P_syn = 583,92 d

Erde
L = 99°41′48,72″ + 129 602 768,95″ T + 1,1073″ T^2
$\tilde{\omega}$ = 101°13′07,15″ + 6171,77″ T + 1,823″ T^2
e = 0,0167498 − 0,0000458 T − 0,000000137 T^2
a = 1,00000129
n = 3548,19283″/d
P_sid = 365,256361 d

Mars
L = 293°44′26,56″ + 68 910 106,509″ T + 1,1341″ T^2
$\tilde{\omega}$ = 334°13′05,81″ + 6625,42″ T + 1,2093″ T^2
Ω = 48°47′12,04″ + 2797,0″ T − 2,17″ T^2
e = 0,09330880 + 0,000095284 T − 0,000000122 T^2
ι = 1°51′01,09″ − 2,3365″ T − 0,0945″ T^2
a = 1,5236781
n = 1886,5183″/d
P_sid = 686,97982 d P_syn = 779,94 d

Jupiter
L = 238°02′57,32″ + 10 930 687,148″ T + 1,20486″ T^2 − 0,005936″ T^3
$\tilde{\omega}$ = 12°43′15,34″ + 5795,862″ T + 3,80258″ T^2 − 0,01236″ T^3
Ω = 99°26′36,19″ + 3637,908″ T + 1,2680″ T^2 − 0,03064″ T^3
e = 0,04833475 + 0,000164180 T − 0,0000004676 T^2 − 0,0000000017 T^3
ι = 1°18′31,45″ − 20,506″ T + 0,014″ T^2
a = 5,202561
n = 299,1283″/d
P_sid = 4332,589 d P_syn = 398,88 d

Saturn
L = 266°33′51,76″ + 4 404 635,5810″ T + 1,16835″ T^2 − 0,0021″ T^3
$\tilde{\omega}$ = 91°05′53,38″ + 7050,297″ T + 2,9749″ T^2 + 0,0166″ T^3
Ω = 112°47′25,40″ + 3143,5025″ T − 0,54785″ T^2 − 0,0191″ T^3
e = 0,05589232 − 0,00034550 T − 0,000000728 T^2 + 0,00000000074 T^3

Tabelle E.10 (Fortsetzung)

ι	$= 2°29'33,07'' - 14,108'' \, T - 0,05576'' \, T^2 + 0,00016'' \, T^3$
a	$= 9,554747$
n	$= 120,4547''/d$
P_{sid}	$= 10759,23 \text{ d} \qquad P_{\text{syn}} = 378,09 \text{ d}$

Uranus

L	$= 244°11'50,89'' + 1547508,765'' \, T + 1,13774'' \, T^2 - 0,002176'' \, T^3$
$\tilde{\omega}$	$= 171°32'55,14'' + 5343,958'' \, T + 0,8539'' \, T^2 - 0,00218'' \, T^3$
Ω	$= 73°28'37,55'' + 1795,204'' \, T + 4,722'' \, T^2$
e	$= 0,0463444 - 0,00002658 \, T + 0,000000077 \, T^2$
ι	$= 0°46'20,87'' + 2,251'' \, T + 0,1422'' \, T^2$
a	$= 19,21814$
n	$= 42,2309''/d$
P_{sid}	$= 30688,45 \text{ d} \qquad P_{\text{syn}} = 369,66 \text{ d}$

Neptun

L	$= 84°27'28,78'' + 791589291'' \, T + 1,15374'' \, T^2 - 0,002176'' \, T^3$
$\tilde{\omega}$	$= 46°43'38,37'' + 5128,468'' \, T + 1,40694'' \, T^2 - 0,002176'' \, T^3$
Ω	$= 130°40'52,89'' + 3956,166'' \, T + 0,89952'' \, T^2 - 0,016984'' \, T^3$
e	$= 0,00899704 + 0,000006330 \, T - 0,000000002 \, T^2$
ι	$= 1°46'45,27'' - 34,357'' \, T - 0,0328'' \, T^2$
a	$= 30,10957$
n	$= 21,5349''/d$
P_{sid}	$= 60181,3 \text{ d} \qquad P_{\text{syn}} = 367,49 \text{ d}$

Tabelle E.11. Satelliten der Planeten

Planet Satellit		Entdecker	Jahr der Entdeckung	Halbachse der Bahn a [10^3 km]	[in Planetenradien]	Periode P_{sid} [d]	Exzentrizität e	Bahnneigung zum Planetenäquator ι [°]	Durchmesser d [km]	Masse in Planetenmassen	Dichte ϱ [g/cm³]	Geometrische Albedo p	Mittlere Oppositionshelligkeit V_0
Erde													
	Moon	–	–	384,4	60,27	27,3217	0,055	18,28–28,58	3476	1/81,3	3,34	0,12	–12,74
Mars													
	Phobos	Hall	1877	9,38	2,76	0,3189	0,015	1,0	27×21×19	$1,5 \times 10^{-8}$	2,0	0,06	11,3
	Deimos	Hall	1877	23,46	6,91	1,2624	0,0005	0,9–2,7	15×12×11	3×10^{-9}	2,0	0,07	12,4
Jupiter													
XVI	Metis	Voyager 1	1980	128	1,79	0,295	–	–	40	5×10^{-11}	–	0,05	17,5
XV	Adrastea	Voyager 2	1979	129	1,81	0,298	–	–	25×20×15	1×10^{-11}	–	0,05	19,1
V	Amalthea	Barnard	1892	181	2,54	0,498	0,003	0,4	270×166×150	4×10^{-9}	–	0,05	14,1
XIV	Thebe	Voyager 1	1980	222	3,11	0,674	0,02	0,8	110×90	4×10^{-10}	–	0,05	15,6
I	Io	Galilei	1610	422	5,91	1,769	0,004	0,0	3630	$4,7 \times 10^{-5}$	3,5	0,61	5,0
II	Europa	Galilei	1610	671	9,40	3,551	0,009	0,5	3138	$2,5 \times 10^{-5}$	3,0	0,64	5,3
III	Ganymede	Galilei	1610	1070	15,0	7,155	0,002	0,2	5262	$7,8 \times 10^{-5}$	1,9	0,42	4,6
IV	Callisto	Galilei	1610	1883	26,4	16,69	0,007	0,5	4800	$5,7 \times 10^{-5}$	1,9	0,20	5,6
XIII	Leda	Kowal	1974	11094	155,4	239	0,15	26	16	3×10^{-12}	–	–	20,2
VI	Himalia	Perrine	1905	11480	160,8	251	0,16	28	186	5×10^{-9}	–	0,03	14,8
X	Lysithea	Nicholson	1938	11720	164,2	259	0,11	29	36	4×10^{-11}	–	–	18,4
VII	Elara	Perrine	1905	11740	164,4	260	0,21	25	76	4×10^{-10}	–	0,03	16,8
XII	Ananke	Nicholson	1951	21200	297	631	0,17	147	30	2×10^{-11}	–	–	18,9
XI	Carme	Nicholson	1938	22600	317	692	0,21	164	40	5×10^{-11}	–	–	18,0
VIII	Pasiphae	Melotte	1908	23500	329	735	0,38	145	50	1×10^{-10}	–	–	17,0
IX	Sinope	Nicholson	1914	23700	332	758	0,28	153	36	4×10^{-11}	–	–	18,3

Tabelle E.11 (Fortsetzung)

Planet Satellit		Entdecker	Jahr der Entdeckung	Halbachse der Bahn a [10^3 km]	[in Planetenradien]	Periode P_{sid} [d]	Exzentrizität e	Bahnneigung zum Planetenäquator ι [°]	Durchmesser d [km]	Masse in Planetenmassen	Dichte ϱ [g/cm^3]	Geometrische Albedo p	Mittlere Oppositionshelligkeit V_0
Saturn													
XV	Atlas	Voyager 1	1980	137,7	2,29	0,602	0,000	0,3	40×20	–	–	0,9	–
XVI	Prometheus	Voyager 1	1980	139,4	2,32	0,613	0,003	0,0	140×100×80	–	–	0,6	–
XVII	Pandora	Voyager 1	1980	141,7	2,36	0,629	0,004	0,0	110×90×70	–	–	0,9	–
XI	Epimetheus	Cruikshank	1980	151,4	2,52	0,694	0,009	0,34	140×120×100	–	–	0,8	–
X	Janus	Pascu	1980	151,5	2,52	0,695	0,007	0,14	220×200×160	–	–	0,8	–
I	Mimas	W. Herschel	1789	185,5	3,09	0,942	0,020	1,5	392	8×10^{-8}	1,4	0,5	12,9
II	Enceladus	W. Herschel	1789	238,0	3,97	1,37	0,004	0,0	500	$1,3\times10^{-7}$	1,1	1,0	11,7
XIII	Telesto	Lun. Plan. Lab.	1980	294,7	4,91	1,89	–	–	34×28×26	–	–	0,5	–
III	Tethys	Cassini	1684	294,7	4,91	1,89	0,000	1,9	1060	$1,3\times10^{-6}$	1,2	0,9	10,2
XIV	Calypso	U.S. Naval Obs.	1980	294,7	4,91	1,89	–	–	34×22×22	–	–	0,6	–
IV	Dione	Cassini	1684	377,4	6,29	2,74	0,002	0,0	1120	$1,8\times10^{-6}$	1,4	0,7	10,4
XII	1980 S6	Laques, Lecacheux	1980	377,4	6,29	2,74	0,005	0,0	36×32×30	–	–	0,7	–
V	Rhea	Cassini	1672	527,0	8,78	4,52	0,001	0,4	1530	$4,4\times10^{-6}$	1,3	0,7	9,7
VI	Titan	Huygens	1665	1222	20,4	15,95	0,03	0,3	5150	$2,4\times10^{-4}$	1,9	0,2	8,3
VII	Hyperion	Bond	1848	1481	24,7	21,28	0,10	0,4	410×260×220	3×10^{-8}	–	0,3	14,2
VIII	Iapetus	Cassini	1671	3561	59,4	79,3	0,03	15	1460	$3,3\times10^{-6}$	1,2	0,5/0,05	11,1
IX	Phoebe	Pickering	1898	12950	216	550	0,16	177[a]	220	7×10^{-10}	–	0,06	16,4
Uranus													
	1986 U7	Voyager 2	1986	49,3	1,87	0,33	–	–	15	–	–	–	–
	1986 U8	Voyager 2	1986	53,3	2,03	0,37	–	–	25	–	–	–	–
	1986 U9	Voyager 2	1986	59,1	2,25	0,43	–	–	50	–	–	–	–
	1986 U3	Voyager 2	1986	61,7	2,34	0,46	–	–	80	–	–	–	–
	1986 U6	Voyager 2	1986	62,7	2,38	0,47	–	–	50	–	–	–	–
	1986 U2	Voyager 2	1986	64,3	2,44	0,49	–	–	80	–	–	–	–
	1986 U1	Voyager 2	1986	66,1	2,51	0,51	–	–	100	–	–	–	–
	1986 U4	Voyager 2	1986	69,9	2,66	0,56	–	–	50	–	–	–	–
	1986 U5	Voyager 2	1986	75,1	2,85	0,62	–	–	50	–	–	–	–
	1985 U1	Voyager 2	1985	86,0	3,27	0,76	–	–	160	–	–	–	–
V	Miranda	Kuiper	1948	129,4	4,92	1,41	0,003	4,2	480	2×10^{-6}	–	–	16,5
I	Ariel	Lassell	1851	191,0	7,26	2,52	0,003	0,3	1170	2×10^{-5}	–	0,2	14,4
II	Umbriel	Lassell	1851	266,3	10,1	4,14	0,005	0,4	1190	1×10^{-5}	–	0,1	15,3
III	Titania	W. Herschel	1787	435,9	16,6	8,71	0,002	0,1	1590	7×10^{-5}	–	0,2	14,0
IV	Oberon	W. Herschel	1787	583,4	22,2	13,5	0,001	0,1	1550	7×10^{-5}	–	0,2	14,2
Neptun													
I	Triton	Lassell	1846	354	14,6	5,88	0,0	159	4000?	1×10^{-3}	–	–	13,7
II	Nereide	Kuiper	1949	5511	227	360	0,75	28[b]	300	2×10^{-7}	–	–	18,7
	1989 N1	–	–	1176	–	–	–	<1	420	–	–	–	–
	1989 N2	–	–	73,6	–	–	–	<1	200	–	–	–	–
	1989 N3	–	–	52,5	–	–	–	<1	140	–	–	–	–
	1989 N4	–	–	62	–	–	–	<1	160	–	–	–	–
	1989 N5	–	–	50	–	–	–	<1	90	–	–	–	–
	1989 N6	–	–	48,2	–	–	–	<1	50	–	–	–	–
Pluto													
	Charon	Christy	1978	19,7	13	6,39	–	95[b]	1500	0,1?	–	–	16,8

[a] relativ zur Ellipse; [b] relativ zum Äquator 1950

E. Tabellen

Tabelle E.12. Einige gut bekannte Planetoiden

Planetoid		Entdecker	Jahr der Entdeckung	Große Bahnhalbachse a [AE]	Exzentrizität e	Neigung ι [°]
1	Ceres	Piazzi	1801	2,77	0,08	10,6
2	Pallas	Olbers	1802	2,77	0,23	34,8
3	Juno	Harding	1804	2,67	0,26	13,0
4	Vesta	Olbers	1807	2,36	0,09	7,1
5	Astraea	Hencke	1845	2,58	0,19	5,3
6	Hebe	Hencke	1847	2,42	0,20	14,8
7	Iris	Hind	1847	2,39	0,23	5,5
8	Flora	Hind	1847	2,20	0,16	5,9
9	Metis	Graham	1848	2,39	0,12	5,6
10	Hygiea	DeGasparis	1849	3,14	0,12	3,8
433	Eros	Witt	1898	1,46	0,22	10,8
588	Achilles	Wolf	1906	5,18	0,15	10,3
624	Hektor	Kopff	1907	5,16	0,03	18,3
944	Hidalgo	Baade	1920	5,85	0,66	42,4
1221	Amor	Delporte	1932	1,92	0,43	11,9
1566	Icarus	Baade	1949	1,08	0,83	22,9
1862	Apollo	Reinmuth	1932	1,47	0,56	6,4
2060	Chiron	Kowal	1977	13,64	0,38	6,9

Planetoid		Bahnperiode P_{sid} [a]	Durchmesser d [km]	Rotationsperiode τ_{sid} [h]	Geometrische Albedo p	Mittlere Oppositionshelligkeit B	Typ
1	Ceres	4,6	946	9,08	0,07	7,9	C
2	Pallas	4,6	583	7,88	0,09	8,5	U
3	Juno	4,4	249	7,21	0,16	9,8	S
4	Vesta	3,6	555	5,34	0,26	6,8	U
5	Astraea	4,1	116	16,81	0,13	11,2	S
6	Hebe	3,8	206	7,27	0,16	9,7	S
7	Iris	3,7	222	7,14	0,20	9,4	S
8	Flora	3,3	160	13,60	0,13	9,8	S
9	Metis	3,7	168	5,06	0,12	10,4	S
10	Hygiea	5,6	443	18,00	0,05	10,6	C
433	Eros	1,8	20	5,27	0,18	11,5	S
588	Achilles	11,8	70	?	?	16,4	U
624	Hektor	11,7	230	6,92	0,03	15,3	U
944	Hidalgo	14,2	30	10,06	?	19,2	MEU
1221	Amor	2,7	?	?	?	20,4	?
1566	Icarus	1,1	2	2,27	?	12,3	U
1862	Apollo	1,8	?	?	?	16,3	?
2060	Chiron	50,4	?	?	?	17,3	?

Tabelle E.13. Periodische Kometen mit mindestens fünf beobachteten Periheldurchgängen

	N_T	T	P	q	e	ω	Ω	ι	l	b	Q
Encke	52	1980,93	3,30	0,340	0,847	186,0	334,2	11,9	160,0	−1,2	4,10
Grigg-Skjellerup	14	1982,37	5,09	0,989	0,666	359,3	212,6	21,1	212,0	−0,2	4,93
Honda-Mrkos-Pajdušáková	6	1980,28	5,28	0,581	0,809	184,6	232,9	13,1	57,4	−1,1	5,49
Tempel 2	17	1983,42	5,29	1,381	0,545	190,9	119,2	12,4	309,8	−2,3	4,69
Clark	6	1978,90	5,51	1,557	0,501	209,0	59,1	9,5	267,8	−4,6	4,68
Tuttle-Giacobini-Kresák	6	1978,98	5,58	1,124	0,643	49,4	153,3	9,9	202,3	+7,5	5,17
Wirtanen	5	1974,51	5,87	1,256	0,614	351,8	83,5	12,3	75,6	−1,7	5,26
Forbes	6	1980,73	6,27	1,479	0,565	262,6	23,0	4,7	285,5	−4,6	5,32
Pons-Winnecke	18	1976,91	6,36	1,254	0,635	172,4	92,7	22,3	265,7	+2,9	5,61
d'Arrest	14	1982,70	6,38	1,291	0,625	177,0	138,9	19,4	316,0	+1,0	5,59
Kopff	11	1977,18	6,43	1,572	0,545	162,9	120,3	4,7	283,3	+1,4	5,34
Schwassmann-Wachmann 2	9	1981,21	6,50	2,135	0,387	357,5	125,9	3,7	123,4	−0,2	4,83
Giacobini-Zinner	10	1979,12	6,52	0,996	0,715	172,0	195,1	31,7	8,2	+4,2	5,99
Wolf-Harrington	6	1978,20	6,53	1,615	0,538	187,0	254,2	18,5	80,8	−2,2	5,38
Perrine-Mrkos	5	1968,84	6,72	1,272	0,643	166,1	240,2	17,8	46,9	+4,2	5,85
Reinmuth 2	6	1981,08	6,74	1,946	0,455	45,4	296,0	7,0	341,2	+5,0	5,19
Johnson	5	1977,02	6,76	2,196	0,386	206,2	117,8	13,9	323,3	−6,1	4,96
Borrelly	10	1981,14	6,77	1,319	0,631	352,8	75,1	30,2	68,8	−3,6	5,84
Arend-Rigaux	5	1978,09	6,83	1,442	0,600	329,0	121,5	17,9	91,7	−9,1	5,76
Brooks 2	12	1980,90	6,90	1,850	0,490	198,2	176,2	5,5	14,4	−1,7	5,40
Finlay	10	1981,47	6,97	1,101	0,698	322,1	41,8	3,6	4,0	−2,2	6,20
Holmes	6	1979,14	7,06	2,160	0,413	23,6	327,4	19,2	349,8	+7,6	5,20
Daniel	6	1978,52	7,09	1,662	0,550	10,8	68,5	20,1	78,7	+3,7	5,72
Faye	17	1977,16	7,39	1,610	0,576	203,7	199,1	9,1	42,5	−3,6	5,98
Ashbrook-Jackson	5	1978,63	7,43	2,284	0,400	349,0	2,1	12,5	351,3	−2,4	5,33
Whipple	7	1978,24	7,44	2,469	0,352	190,0	188,3	10,2	18,2	−1,8	5,15
Reinmuth 1	7	1980,83	7,59	1,982	0,487	9,5	121,1	8,3	130,5	+1,4	5,75
Schaumasse	6	1960,30	8,18	1,196	0,705	51,9	86,2	12,0	137,6	+9,4	6,92
Wolf	12	1976,07	8,42	2,501	0,396	161,1	203,8	27,3	6,9	+8,5	5,78
Comas Solá	7	1978,73	8,94	1,870	0,566	42,8	62,4	13,0	104,5	+8,8	6,74
Väisälä 1	5	1982,58	10,9	1,800	0,633	47,9	134,5	11,6	181,9	+8,6	8,02
Tuttle	10	1980,95	13,7	1,015	0,823	206,9	269,9	54,5	106,3	−21,6	10,4
Halley	30	1986,11	76,0	0,587	0,967	111,8	58,1	162,2	305,3	+16,4	35,3

N_T: Anzahl beoachteter Periheldurchgänge
T: Periheldurchgangszeit
P: Bahnperiode [Jahre]
q: Perihelabstand [AE]
e: Exzentrizität
ω: Abstand des Perihels vom aufsteigenden Knoten (1950,0)
Ω: Länge des aufsteigenden Knoten (1950,0)
ι: Neigung
l: Länge des Perihels, hier definiert als $l = \Omega + \mathrm{arctg}\,(\mathrm{tg}\,\omega \cos \iota)$
b: Breite des Perihels, $\sin b = \sin \omega \sin \iota$
Q: Aphelabstand [AE]

Tabelle E.14. Die wichtigsten Meteorströme

Strom	Periode der Sichtbarkeit	Maximum	Radiant		Meteore pro Stunde	Assoziierter Komet
			α	δ		
Quadrantiden	1.−5. Jan.	3.−4. Jan.	231°	+52°	30−40	−
Lyriden	19.−25. Apr.	22. Apr.	275°	+35°	10	Thatcher
Eta Aquariden	1.−12. Mai	5. Mai	336°	0°	5−10	Halley
Perseiden	20. Jul.−18. Aug.	12. Aug.	45°	+57°	40−50	Swift-Tuttle
Kappa Cygniden	17.−24. Aug.	20. Aug.	290°	+55°	5	−
Orioniden	17.−26. Okt.	21. Okt.	95°	+15°	10−15	Halley
Tauriden	10. Okt.−5. Dez.	1. Nov.	55°	+15°	5	Encke
Leoniden	14.−20. Nov.	17. Nov.	151°	+22°	10	Tempel-Tuttle
Geminiden	7.−15. Dez.	13.−14. Dez.	112°	+33°	40−50	−
Ursiden	17.−24. Dez.	22. Dez.	205°	+76°	5	−

E. Tabellen

Tabelle E.15. Die nächsten Sterne

Name	α 1950,0 [h min]	δ [° ′]	V	B-V	Spektrum	π [″]	r [pc]	M_v	μ [″/a]	v_r [km/s]
Sonne	–	–	−26,78	0,62	G2V	–		4,79		
α Cen C (Proxima)	14 26.3	−62 28	11,05	1,97	M5eV	0,762	1,31	15,45	3,85	−16
α Cen A	14 36,2	−60 38	−0,01	0,68	G2V	0,745	1,34	4,35	3,68	−22
α Cen B	14 36,2	−60 38	1,33	0,88	K5V	0,745	1,34	5,69	3,68	−22
Barnard's star	17 55,4	4 33	9,54	1,74	M5V	0,552	1,81	13,25	10,31	−108
Wolf 359	10 54,1	7 19	13,53	2,01	M6eV	0,429	2,33	16,68	4,71	+13
BD +36° 2147	11 00,6	36 18	7,50	1,51	M2V	0,401	2,49	10,49	4,78	−84
α CMa (Sirius) A	6 42,9	−16 39	−1,46	0,00	A1V	0,377	2,65	1,42	1,33	−8
α CMa (Sirius) B	6 42,9	−16 39	8,68	–	wdA	0,377	2,65	11,56	1,33	−8
Luyten 726-8 A	1 36,4	−18 13	12,45	–	M6eV	0,367	2,72	15,27	3,36	+29
Luyten 726-8 B (UV Cet)	1 36,4	−18 13	12,95	–	M6eV	0,367	2,72	15,8	3,36	+32
Ross 154	18 46,7	−23 53	10,6	–	M4eV	0,345	2,90	13,3	0,72	−4
Ross 248	23 39,4	43 55	12,29	1,92	M6eV	0,317	3,15	14,80	1,59	−81
ε Eri	3 30,6	−9 38	3,73	0,88	K2V	0,303	3,30	6,13	0,98	+16
Luyten 789-6	22 35,8	−15 36	12,18	1,96	M6eV	0,303	3,30	14,60	3,26	−60
Ross 128	11 45,1	1 06	11,10	1,76	M5V	0,301	3,32	13,50	1,37	−13
61 Cyg A	21 04,7	38 30	5,22	1,17	K5V	0,294	3,40	7,58	5,21	−64
61 Cyg B	21 04,7	38 30	6,03	1,37	K7V	0,294	3,40	8,39	5,21	−64
ε Ind	21 59,6	−57 00	4,68	1,05	K5V	0,291	3,44	7,00	4,69	−40
α CMi (Procyon) A	7 36,7	5 21	0,37	0,42	F5V	0,286	3,50	2,64	1,25	−3
α CMi (Procyon) B	7 36,7	5 21	10,7	–	wdF	0,286	3,50	13,0	1,25	
BD +59° 1915 A	18 42,2	59 33	8,90	1,54	M4V	0,283	3,53	11,15	2,30	0
BD +59° 1915 B	18 42,2	59 33	9,69	1,59	M5V	0,283	3,53	11,94	2,28	+10
BD +43° 44 A	0 15,5	43 44	8,07	1,56	M1V	0,282	3,55	10,32	2,90	+13
BD +43° 44 B	0 15,5	43 44	11,04	1,80	M6V	0,282	3,55	13,29	2,90	+20
CD −36° 15693	23 02,6	−36 09	7,36	1,46	M2V	0,279	3,58	9,59	6,90	+10
τ Cet	1 41,7	−16 12	3,50	0,72	G8VI	0,276	3,62	5,72	1,91	−16
BD +5° 1668	7 24,7	5 23	9,82	1,56	M5V	0,268	3,73	11,98	3,74	+26
Luyten 725-32	1 10,0	−17 17	11,6		M2eV	0,261	3,83	13,4	1,36	
CD −39° 14192	21 14,3	−39 04	6,67	1.38	M0V	0,260	3,85	8,75	3,46	+21
CD −45° 1841	5 09,7	−45 00	8,81	1,56	M0VI	0,256	3,91	10,85	8,81	+245
Krüger 60 A	22 26,2	57 27	9,85	1,62	M4V	0,253	3,95	11,87	0,86	−26
Krüger 60 B	22 26,2	57 27	11,3	1,8	M6eV	0,253	3,95	13,3	0,86	−26
Ross 14 A	6 26,8	−2 46	11,17	1,74	M7eV	0,250	4,00	13,16	0,99	+24
Ross 14 B	6 26,8	−2 46	14,8		M	0,250	4,00	16,8	0,99	+24
BD −12° 4523	16 27,5	−12 32	10,2	1,60	M4V	0,249	4,02	12,10	1,18	−13
van Maanens Stern	0 46,4	5 09	12,37	0,56	wdG	0,236	4,24	14,26	2,97	+54
Wolf 424 A	12 30,9	9 18	13,16	1,80	M7eV	0,230	4,35	14,98	1,75	−5
Wolf 424 B	12 30,9	9 18	13,4		M7eV	0,230	4,35	15,2	1,75	−5
CD −37° 15492	0 02,5	−37 36	8,63	1,45	M4V	0,225	4,44	10,39	6,09	+23
BD +50° 1725	10 08,3	49 42	6,59	1,36	K7V	0,219	4,57	8,32	1,45	−26
CD −46° 11540	17 24,9	−46 51	9,36	1,53	M4	0,216	4,63	11,03	q1,10	
CD −49° 13515	21 30,2	−49 13	8,67	1,46	M1V	0,214	4,67	10,32	0,81	+8
CD −44° 11909	17 33,5	−44 17	11,2		M5	0,213	4,69	12,8	1,16	
BD +68° 946	17 36,7	68 23	9,15	1,50	M4V	0,209	4,78	10,79	1,32	−22
BD −15° 6290	22 50,6	−14 31	10,17	1,60	M5V	0,207	4,83	11,77	1,15	+9
Luyten 145-141	11 43,0	−64 34	11,44	0,19	wdA	0,206	4,85	13,01	2,68	
o² Eri A	4 13,0	−7 44	4,43	0,82	K1V	0,205	4,88	5,99	4,08	−43
o² Eri B	4 13,0	−7 44	9,53	0,03	wdA	0,205	4,88	11,09	4,11	−21
o² Eri C	4 13,0	−7 44	11,17	1,68	M4eV	0,205	4,88	12,73	4,11	−45

Tabelle E.15 (Fortsetzung)

Name	α 1950,0 [h min]	δ [° ']	V	B-V	Spektrum	π ["]	r [pc]	M_v	μ ["/a]	v_r [km/s]
BD +15° 2620	13 43,2	15 10	8,50	1,43	M4 V	0,205	4,88	10,02	2,30	+15
BD +20° 2465	10 16,9	20 07	9,43	1,54	M4e V	0,203	4,93	10,98	0,49	+11
α Aql (Altair)	19 48,3	8 44	0,76	0,22	A7 V	0,197	5,08	2,24	0,66	−26
AC +79° 3888	11 44,6	78 58	10,94		M4 VI	0,195	5,13	12,38	0,89	−117
70 Oph A	18 02,9	2 31	4,22	0,86	K0 V	0,195	5,13	5,67	1,12	−7
70 Oph B	18 02,9	2 31	6,0		K5 V	0,195	5,13	7,45	1,12	−10

Tabelle E.16. Die hellsten Sterne ($V < 1,50$)

Name		α 1950,0 [h min]	δ [° ']	V	B-V	Spektrum	M_V	r [pc]	μ ["/a]	v_r [km/s]	Bemerkungen
α CMa	Sirius	6 42,9	−16 39	−1,46	0,00	A1 V, wd A	+1,4	2,7	1,33	−8	DS $a = 7,5''$, $P = 50$a
α Car	Canopus	6 22,8	−52 40	−0,73	0,16	F0 IB−II	−4,6	60	0,02	+21	
α Cen	Rigil Kentaurus	14 36,2	−60 38	−0,29	0,72	G2 V, K5 V	+4,1	1,3	3,68	−22	DS $a = 17,6''$, $P = 80$a; Proxima 2,2° entfernt
α Boo	Arcturus	14 13,4	19 27	−0,06	1,23	K2 IIIp	−0,3	11	2,28	−5	
α Lyr	Wega	18 35,2	38 44	0,04	0,00	A0 V	+0,5	8,1	0,34	−14	
α Aur	Capella	5 13,0	45 57	0,08	0,79	G5 III, G0 III	−0,6	14	0,44	+30	DS $a = 0,054''$, $P = 0,285$a
α Ori	Rigel	5 12,1	−8 15	0,11	−0,03	B8 Ia	−7,0	250	0,00	+21	DS, Abst. 9'', spektr. DS $P = 10$d
α CMi	Procyon	7 36,7	5 21	0,37	0,42	F5 V, wd F	+2,6	3,5	1,25	−3	DS $a = 4,5''$, $P = 41$a
α Eri	Achernar	1 35,9	−57 29	0,46	−0,16	B3 Vp	−2,5	38	0,10	+19	
α Ori	Beteigeuze	5 52,5	7 24	0,50	1,85	M2 I	−6,0	200	0,03	+21	var. $V = 0,40-1,3$; spektr. DS $P = 5,8$a
β Cen	Hadar	14 00,3	−60 08	0,60	−0,23	B1 II	−5,0	120	0,04	−11	DS, Abst. 1,2''
α Aql	Altair	19 48,3	8 44	0,76	0,22	A7 V	+2,2	5,1	0,66	−26	
α Cru	Acrux	12 23,8	−62 49	0,79	−0,25	B0,5 IV, B1 V	−4,7	120	0,04	−6	DS, Abst. 5'', jeder spektr. DS
α Tau	Aldebaran	4 33,0	16 25	0,85	1,53	K5 III	−0,8	21	0,20	+54	DS, Abst. 31
α Vir	Spica	13 22,6	−10 54	0,96	−0,23	B1 V	−3,6	80	0,05	+1	spektr. DS $P = 4,0$d; einige Komponenten
α Sco	Antares	16 26,3	−26 19	0,96	1,23	M1 Ib, B2,5 V	−4,6	130	0,03	−3	var. $V = 0,88-1,8$; DS $a = 2,9''$, $P = 880$a
β Gem	Pollux	7 42,3	28 09	1,15	1,00	K0 III	+1,0	11	0,62	+3	
α PsA	Fomalhaut	22 54,9	−29 53	1,16	0,09	A3 V	+1,9	7,0	0,37	+7	
α Cyg	Deneb	20 39,7	45 06	1,25	0,09	A2 Ia	−7,2	500	0,00	−5	
β Cru	Mimosa	12 44,8	−59 25	1,26	−0,24	B0 III	−4,6	150	0,05	+20	spektr. DS $P = 0,16$d und 7−8a
α Leo	Regulus	10 05,7	12 13	1,35	−0,11	B7 V	−0,7	26	0,25	+4	DS, Abst. 177''

Abkürzungen: DS: Doppelstern; a: Große Halbachse der Bahn; P: Periode; Abst.: Abstand; spektr.: spektroskopisch; var.: Variable, Veränderung in V-Helligkeiten gegeben

Tabelle E.17. Einige Doppelsterne

Name		α 1950,0 [h min]	δ [° ']	m_{v1}	m_{v2}	sp_1	sp_2	Abstand ["]	Parallaxe ["]
η Cas	Achird	0 46,1	57 33	3,7	7,5	G0V	M0	12	0,176
γ Ari	Mesarthim	1 50,8	19 03	4,8	4,9	A1p	B9V	8	0,026
α Psc	Kaitain	1 59,5	2 31	4,3	5,3	A0p	A3m	2	0,017
γ And	Alamak	2 00,8	42 06	2,4	5,1	K3IIb	B8V + A0V	10	0,010
δ Ori	Mintaka	5 29,4	−0 20	2,5	7,0	B0III + O9V	B2V	52	0,014
λ Ori	Meissa	5 32,4	9 54	3,7	5,7	O8e	B0,5V	4	0,007
ζ Ori	Alnitak	5 38,2	−1 58	2,1	4,2	O9,5Ibe	B0III	2	0,024
α Gem	Castor	7 31,4	32 00	2,0	3,0	A1V	A5Vm	2	0,067
γ Leo	Algieba	10 17,2	20 06	2,6	3,8	K1III	G7III	4	0,013
ζ UMa	Alula Australis	11 15,6	31 49	4,4	4,9	G0V	G0V	3	0,137
α Cru	Acrux	12 23,8	−62 49	1,4	1,8	B0,5IV	B1V	4	0,008
γ Vir	Porrima	12 39,1	−1 11	3,7	3,7	F0V	F0V	4	0,099
α CVn	Cor Caroli	12 53,7	38 35	2,9	5,5	A0p	F0V	19	0,027
ζ UMa	Mizar	13 21,9	55 11	2,4	4,1	A1Vp	A1m	14	0,047
α Cen	Rigil Kentaurus	14 36,2	−60 38	0,0	1,2	G2V	K5V	21	0,745
ε Boo	Izar	14 42,8	27 17	2,7	5,3	K0II − III	A2V	3	0,016
δ Ser		15 32,4	10 42	4,2	5,3	F0IV	F0IV	4	0,021
β Sco	Grafias	16 02,5	−19 40	2,9	5,1	B1V	B2V	14	0,009
α Her	Rasalgethi	17 12,4	14 27	3,0−4,0	5,7	M5Ib − II	G5III + F2V	5	0,008
ϱ Her		17 22,0	37 11	4,5	5,5	B9,5III	A0V	4	−
70 Oph		18 02,9	2 31	4,3	6,1	K0V	K5V	2	0,195
$ε^1\ ε^2$ Lyr		18 42,7	39 37	4,8	4,4	A4V + F1V	A8V + F0V	209	0,021
$ε^1$ Lyr		18 42,7	39 37	5,1	6,2	A4V	F1V	3	0,021
$ε^2$ Lyr		18 42,7	39 34	5,1	5,3	A8V	F0V	2	0,021
ζ Lyr		18 43,0	37 32	4,3	5,7	Am	F0IV	44	0,031
θ Ser	Alya	18 53,8	4 08	4,5	4,9	A5V	A5V	22	0,030
γ Del		20 44,3	15 57	4,5	5,4	K1IV	F7V	10	0,026
ζ Aqr		22 26,3	−0 17	4,4	4,6	F3V	F6IV	2	0,039
δ Cep		22 27,3	58 10	3,5−4,3	7,5	F5Ib − G2Ib	B7IV	41	0,011

Tabelle E.18. Die Milchstraße

Bezeichnung	Ausdehnung
Masse	$> 2 \times 10^{11} M_\odot$
Durchmesser der Scheibe	30 kpc
Dicke der Scheibe (Sterne)	1 kpc
Dicke der Scheibe (Gas und Staub)	200 kpc
Durchmesser des Halo	50 kpc
Entfernung der Sonne vom galaktischen Zentrum	8,5 kpc
Rotationsgeschwindigkeit am Ort der Sonne	220 km/s
Rotationsperiode am Ort der Sonne	$2,4 \times 10^8$ Jahre
Richtung des galaktischen Zentrums (1950,0)	α = 17 h 42,2 min δ = −28° 55'
Richtung des galaktischen Nordpols (1950,0)	α = 12 h 49,0 min δ = +27° 24'

Tabelle E.19. Mitglieder der Lokalen Galaxiengruppe

Name	α [h min]	δ [° ']	Typ	m_{pg}	M_{pg}	Entfernung [kpc]
Milchstraße		–	Sb oder Sc	–	–	
NGC 224 = M31	0 40,0	41 00	Sb	4,33	−20,3	650
NGC 598 = M33	1 31,1	30 24	Sc	6,19	−18,5	740
LMC	5 26	−69	Irr oder SBc	0,86	−17,8	50
SMC	0 50	−73	Irr	2,86	−16,2	60
NGC 205	0 37,6	41 25	E6	8,89	−15,8	650
NGC 221 = M32	0 40,0	40 36	E2	9,06	−15,6	650
NGC 6822	19 42,1	−14 53	Irr	9,21	−15,3	520
NGC 185	0 36,2	48 04	E0	10,29	−14,4	650
IC 1613	1 02,2	1 51	Irr	10,00	−14,4	740
NGC 147	0 30,5	48 14	dE4	10,57	−14,1	650
Fornax	2 35,6	−34 53	dE	9,1	−12	190
And I	0 43,0	37 44	dE	13,5	−11	650
And II	1 13,5	33 09	dE	13,5	−11	650
And III	0 32,6	36 14	dE	13,5	−11	650
Leo I	10 05,8	12 33	dE	11,27	−10	230
Sculptor	0 55,4	−34 14	dE	10,5	−9,2	90
Leo II	11 10,8	22 26	dE	12,85	−9	230
Draco	17 19,4	57 58	dE	–	?	80
Ursa Minor	15 08,2	67 18	dE	–	?	80
Carina	6 46,5	−50 57	dE	–	?	170
LGS 3	1 01,2	21 37	?	–	?	650

E. Tabellen

Tabelle E.20. Optisch hellste Galaxien

Name	α 1950,0 [h min]	δ [° ']	Typ	m_{pg}	Ausdehnung ['']	Entfernung [Mpc]
NGC 55	0 12,5	−39 30	Sc oder Irr	7,9	30 × 5	2,3
NGC 205	0 37,6	41 25	E6	8,9	12 × 6	0,7
NGC 221 = M32	0 40,0	40 36	E2	9,1	3,4 × 2,9	0,7
NGC 224 = M31	0 40,0	41 00	Sb	4,3	163 × 42	0,7
NGC 247	0 44,6	−21 01	S	9,5	21 × 8	2,3
NGC 253	0 45,1	−25 34	Sc	7,0	22 × 5	2,3
SMC	0 50	−73	Irr	2,9	216 × 216	0,06
NGC 300	0 52,6	−37 58	Sc	8,7	22 × 16	2,3
NGC 598 = M33	1 31,1	30 24	Sc	6,2	61 × 42	0,7
Fornax	2 35,6	−34 53	dE	9,1	50 × 35	0,2
LMC	5 26	−69	Irr oder Sc	0,9	432 × 432	0,05
NGC 2403	7 32,0	65 34	Sc	8,8	22 × 12	2,0
NGC 2903	9 29,3	21 44	Sb	9,5	16 × 7	5,8
NGC 3031 = M81	9 51,5	−69 18	Sb	7,8	25 × 12	2,0
NGC 3034 = M82	9 51,9	69 56	Sc	9,2	10 × 1,5	2,0
NGC 4258 = M106	12 16,5	47 35	Sb	8,9	19 × 7	4,3
NGC 4472 = M49	12 27,3	8 16	E4	9,3	10 × 7	11
NGC 4594 = M104	12 37,3	−11 21	Sb	9,2	8 × 5	11
NGC 4736 = M94	12 48,6	41 23	Sb	8,9	13 × 12	4,3
NGC 4826 = M64	12 54,3	21 57	?	9,3	10 × 4	3,7
NGC 4945	13 02,4	−49 13	Sb	8,0	20 × 4	
NGC 5055 = M63	13 13,5	42 17	Sb	9,3	8 × 3	4,3
NGC 5128 = Cen A	13 22,4	−42 45	E0	7,9	23 × 20	
NGC 5194 = M51	13 27,8	47 27	Sc	8,9	11 × 6	4,3
NGC 5236 = M83	13 34,3	−29 37	Sc	7,0	13 × 12	2,4
NGC 5457 = M101	14 01,4	54 35	Sc	8,2	23 × 21	4,3
NGC 6822	19 42,1	−14 53	Irr	9,2	20 × 10	0,7

Tabelle E.21. Sternbilder

Lateinischer Name	Genitiv	Abkürzung	Deutscher Name
Andromeda	Andromedae	And	Andromeda
Antlia	Antliae	Ant	Luftpumpe
Apus	Apodis	Aps	Paradiesvogel
Aquarius	Aquarii	Aqr	Wassermann
Aquila	Aquilae	Aql	Adler
Ara	Arae	Ara	Altar
Aries	Arietis	Ari	Widder
Auriga	Aurigae	Aur	Fuhrmann
Bootes	Bootis	Boo	Bärenhüter
Caelum	Caeli	Cae	Grabstichel
Camelopardalis	Camelopardalis	Cam	Giraffe
Cancer	Cancri	Cnc	Krebs
Canes Venatici	Canum Venaticorum	CVn	Jagdhunde
Canis Major	Canis Majoris	CMa	Großer Hund
Canis Minor	Canis Minoris	CMi	Kleiner Hund
Capricornus	Capricorni	Cap	Steinbock
Carina	Carinae	Car	Schiffskiel
Cassiopeia	Cassiopeiae	Cas	Kassiopeia
Centaurus	Centauri	Cen	Zentaur

Tabelle E.21 (Fortsetzung)

Lateinischer Name	Genitiv	Abkürzung	Deutscher Name
Cepheus	Cephei	Cep	Kepheus
Cetus	Ceti	Cet	Walfisch
Chamaeleon	Chamaeleontis	Cha	Chamäleon
Circinus	Circini	Cir	Zirkel
Columba	Columbae	Col	Taube
Coma Berenices	Comae Berenices	Com	Haar der Berenike
Corona Austrina	Coronae Austrinae	CrA	Südliche Krone
Corona Borealis	Coronae Borealis	CrB	Nördliche Krone
Corvus	Corvi	Crv	Rabe
Crater	Crateris	Crt	Becher
Cruz	Crucis	Cru	Kreuz des Südens
Cygnus	Cygni	Cyg	Schwan
Delphinus	Delphini	Del	Delphin
Dorado	Doradus	Dor	Schwertfisch
Draco	Draconis	Dra	Drache
Equuleus	Equulei	Equ	Füllen
Eridanus	Eridani	Eri	Eridamus
Fornax	Fornacis	For	Chemischer Ofen
Gemini	Geminorum	Gem	Zwillinge
Grus	Gruis	Gru	Kranich
Hercules	Herculis	Her	Herkules
Horologium	Horologii	Hor	Penduhr
Hydra	Hydrae	Hya	Wasserschlange
Hydrus	Hydri	Hyi	Kleine Wasserschlange
Indus	Indi	Ind	Inder
Lacerta	Lacertae	Lac	Eidechse
Leo	Leonis	Leo	Löwe
Leo Minor	Leonis Minoris	LMi	Kleiner Löwe
Lepus	Leporis	Lep	Hase
Libra	Librae	Lib	Waage
Lupus	Lupi	Lup	Wolf
Lynx	Lyncis	Lyn	Luchs
Lyra	Lyrae	Lyr	Leier
Mensa	Mensae	Men	Tafelberg
Microscopium	Microscopii	Mic	Mikroskop
Monoceros	Monocerotis	Mon	Einhorn
Musca	Muscae	Mus	Fliege
Norma	Normae	Nor	Winkelmaß
Octans	Octantis	Oct	Oktant
Ophiuchus	Ophiuchi	Oph	Schlangenträger
Orion	Orionis	Ori	Orion
Pavo	Pavonis	Pav	Pfau
Pegasus	Pegasi	Peg	Pegasus
Perseus	Persei	Per	Perseus
Phoenix	Phoenicis	Phe	Phönix
Pictor	Pictoris	Pic	Maler
Pisces	Piscium	Psc	Fische
Piscis Austrinus	Piscis Austrini	PsA	Südlicher Fisch
Puppis	Puppis	Pup	Achterschiff
Pyxis	Pyxidis	Pyx	Kompaß
Reticulum	Reticuli	Ret	Netz
Sagitta	Sagittae	Sge	Pfeil
Sagittarius	Sagittarii	Sgr	Schütze
Scorpius	Scorpii	Sco	Skorpion
Sculptor	Sculptoris	Scl	Bildhauer
Scutum	Scuti	Sct	Schild

Tabelle E.21 (Fortsetzung)

Lateinischer Name	Genitiv	Abkürzung	Deutscher Name
Serpens	Serpentis	Ser	Schlange
Sextans	Sextantis	Sex	Sextant
Taurus	Tauri	Tau	Stier
Telescopium	Telescopii	Tel	Fernrohr
Triangulum	Trianguli	Tri	Dreieck
Triangulum Australe	Trianguli Australis	TrA	Südliches Dreieck
Tucana	Tucanae	Tuc	Tukan
Ursa Major	Ursae Majoris	UMa	Großer Bär
Ursa Minor	Ursae Minoris	UMi	Kleiner Bär
Vela	Velorum	Vel	Segel
Virgo	Virginis	Vir	Jungfrau
Volans	Volantis	Vol	Fliegender Fisch
Vulpecula	Vulpeculae	Vul	Füchschen

Tabelle E.22. Die größten optischen Teleskope

Teleskop	Standort	Jahr der Fertigstellung	Spiegeldurchmesser [m]
6 m-Teleskop (SAO)	Zelenchukskaya, UdSSR	1975	6,0
Hale Telescope	Mt. Palomar, USA	1948	5,0
Multiple-Mirror Telescope	Mt. Hopkins, USA	1979	4,5[a]
William Herschel Telescope	Kanarische Inseln	1987	4,2
Cerro Tololo	Chile	1976	4,0
Anglo-Australian Telescope	Siding Spring, Australien	1974	3,9
Mayall Telescope	Kitt Peak, USA	1973	3,9
United Kingdom Infrared Telescope (UKIRT)	Mauna Kea, Hawaii	1978	3,8
Canada-France-Hawaii Telescope (CFHT)	Mauna Kea, Hawaii	1979	3,6
European Southern Observatory (ESO)	La Silla, Chile	1976	3,6
Deutsch-Spanisches Astronomisches Zentrum	Calar Alto, Spanien	1984	3,5
European Southern Observatory (ESO)	La Silla, Chile	1987	3,5
Lick Observatory	Mt. Hamilton, USA	1957	3,1
NASA Infrared Telescope (IRTF)	Mauna Kea, Hawaii	1979	3,1

[a] Besteht aus sechs Spiegeln mit je 1,8 m Durchmesser, die Gesamtfläche entspricht der eines 4,5 m-Spiegels

Tabelle E.23. Die größten parabolischen Radioteleskope

Teleskop	Standort	Jahr der Fertigstellung	Durchmesser [m]	Kürzeste Wellenlänge [cm]	Bemerkung
Arecibo	Puerto Rico, USA	1963	305	5	Feststehender Reflektor, begrenztes Gesichtsfeld
Effelsberg	Bonn, BRD	1973	100	0,8	Größtes freibewegliches Teleskop
Jodrell Bank	Macclesfield, Großbritannien	1957	76,2	10–20	Erste große Parabolantenne
Yevpatoriya	Krim, UdSSR	1979	70	1,5	
Parkes	Australien	1961	64	2,5	Die innersten 17 m des Reflektors können bis herab zu 3 mm-Strahlung genutzt werden
Goldstone	Kalifornien, USA		64	1,5	Gehört NASA

Tabelle E.24. Millimeter- und Submillimeter-Radioteleskope und -Interferometer

Institut	Standort	Höhe über NN [m]	Durchmesser [m]	Kürzeste Wellenlänge [mm]	Bemerkung/ in Betrieb seit
Max-Planck-Institut für Radioastronomie (BRD) & University of Arizona (USA)	Mt. Graham, USA	3250	10	0,3	im Bau
California Institute of Technology (USA)	Mauna Kea, Hawaii	4100	10,4	0,3	1986
Science Research Council (Großbritannien & Niederlande)	Mauna Kea, Hawaii	4100	15,0	0,5	James Clerk Maxwell Telescope, 1986
California Institute of Technology (USA)	Owens Valley, USA	1220	10,4	0,5	Interferometer aus 3 Antennen, 1980
Universität zu Köln (BRD)	Gornergrat, Schweiz	3120	3,0	0,5	1986
Sweden-ESO Southern Hemisphere Millimeter Antenna (SEST)	La Silla, Chile	2400	15,0	0,6	1987
Institute de Radioastronomie Millimetrique (IRAM; Frankreich & BRD)	Plateau de Bure	2550	15,0	0,6	Interferometer aus 3 Antennen, 1988
University of Texas (USA)	McDonald Observatory, USA	2030	4,9	0,8	1967
IRAM	Pico Veleta, Spanien	2850	30,0	0,9	1984
National Radio Astronomy Observatory (USA)	Kitt Peak, USA	1940	12,0	0,9	1983 (1963)
CSIRO (Australien)	Sydney, Australien	10	4,0	1,3	1977
Bell Telephone Laboratory (USA)	Holmdel, USA	115	7,0	1,5	1977
University of Massachusetts (USA)	New Salem, USA	300	13,7	1,9	Radom; 1978
University of California, Berkeley (USA)	Hat Creek Observatory	1040	6,1	2	Interferometer aus 3 Antennen, 1968
Purple Mountain Observatory (VR China)	Westchina	3000	13,7	2	Radom; 1987
Daeduk Radio Astronomy Observatory (Südkorea)	Seoul, Südkorea	300	13,7	2	Radom; 1987
University of Tokyo (Japan)	Nobeyama, Japan	1350	45,0	2,6	1982
University of Tokyo (Japan)	Nobeyama, Japan	1350	10,0	2,6	Interferometer aus 5 Antennen, 1984
Chalmers University of Technology (Schweden)	Onsala, Schweden	10	20,0	2,6	Radom; 1976

Weiterführende Literatur

Die folgende Liste erhebt keinen Anspruch auf Vollständigkeit. Sie gibt eine Anzahl von Büchern auf mittlerem oder höherem Niveau an, die als Ausgangsmaterial dienen können, wenn der Leser zu einem speziellen Punkt mehr lernen oder mehr in die Tiefe gehen will.

Allgemeine Literatur

Allen, C. W. (1973): *Astrophysical Quantities*, 3rd ed. (Athlone, London)
Apparent Places of Fundamental Stars (annual) (Astronomisches Rechen-Institut, Heidelberg)
Burnham, S. (1978): *Celestial Handbook* (Dover, New York)
Lang, K. R. (1980): *Astrophysical Formulae*, 2nd ed. (Springer, Berlin, Heidelberg)
de Vaucouleurs, G., et al. (1964, 1976): *Reference Catalogue of Bright Galaxies* (University of Texas Press, Austin)

Kapitel 1

Roth, G. D., (Hrsg.) (1989): *Handbuch für Sternfreunde* (2 Bände), 4. Aufl. (Springer, Berlin, Heidelberg)
Schaifers, K., Traving, G. (1984): *Meyers Handbuch Weltall* (Bibliographisches Institut, Mannheim)
Shu, F. H. (1982): *The Physical Universe* (University Science Books, Mill Valley)
Unsöld, A., Baschek, B. (1988): *Der neue Kosmos*, 4. Aufl. (Springer, Berlin, Heidelberg)

Kapitel 2

Explanatory Supplement to the Astronomical Ephemeries (1961) (HM Stationary Office, London)
Green, R. M. (1985): *Spherical Astronomy* (Cambridge University Press, Cambridge)
Montenbruck, O., Pfleger, T. (1989): *Astronomie mit dem Personal Computer* (Springer, Berlin, Heidelberg); dazu sind Programmdisketten im Buchhandel erhältlich

Kapitel 3

Kitchin, C. R. (1984): *Astrophysical Techniques* (Hilger, Bristol)
Léna, P. (1988): *Observational Astrophysics*, Astronomy and Astrophysics Library (Springer, Berlin, Heidelberg)

Kapitel 4–6

Harwit, M. (1973): *Astrophysical Concepts* (Wiley, New York)
Rybicki, G. B., Lightman, A. F. (1979): *Radiative Processes in Astrophysics* (Wiley, New York)

Kapitel 7

Brouwer, D., Clemence, G. M. (1960): *Methods of Celestial Mechanics* (Academic, New York)
Danby, J. M. A. (1962): *Fundamentals of Celestial Mechanics* (MacMillan, New York)
Schneider, M. (1981): *Himmelsmechanik* (Bibliographisches Institut, Mannheim)
Taff, L. (1985): *Celestial Mechanics* (Wiley, New York)

Kapitel 8

Brandt, J. C., Chapman, R. D. (1981): *Introduction to Comets* (Cambridge University Press, Cambridge)
Cole, G. H. A. (1978): *The Structure of Planets* (Wykeham, London)
Cook, A. H. (1980): *Interiors of the Planets* (Cambridge University Press, Cambridge)
Encrenaz, T., Bibring, J.-P. (1990): *The Solar System*, Astronomy and Astrophysics Library (Springer, Berlin, Heidelberg)
Huebner, W. F. (ed.) (1990): *Physics and Chemistry of Comets*, Astronomy and Astrophysics Library (Springer, Berlin, Heidelberg)

Kapitel 9

Böhm-Vitense, E. (1989): *Introduction to Stellar Astrophysics II: Stellar Atmospheres* (Cambridge University Press, Cambridge)
Mihalas, D. (1978): *Stellar Atmospheres*, 2nd ed. (Freeman, San Francisco)

Kapitel 10

Heinz, W. (1978): *Double Stars* (Reidel, Dordrecht)
Sahade, J., Wood, F. B. (1978): *Interacting Binary Stars* (Pergamon, Oxford)

Kapitel 11–12

Clayton, D. D. (1968/1983): *Principles of Stellar Evolution and Nucleosynthesis* (McGraw-Hill, New York/University of Chicago Press, Chicago)
Kippenhahn, R., Weigert, A. (1990): *Stellar Structure and Evolution*, Astronomy and Astrophysics Library (Springer, Berlin, Heidelberg)
Novotny, E. (1973): *Introduction to Stellar Atmospheres and Interiors* (Oxford University Press, New York)
Scheffler, H., Elsässer, H. (1979): *Physik der Sonne und der Sterne* (Bibliographisches Institut, Mannheim)
Schwarzschild, M. (1958/1965): *Structure and Evolution of the Stars* (Princeton University Press, Princeton/Dover, New York)

Kapitel 13

Noyes, R. W. (1982): *The Sun, Our Star* (Harvard University Press, Cambridge, MA)
Priest, E. R. (1982): *Solar Magnetohydrodynamies* (Reidel, Dordrecht)
Stix, U. (1989): *The Sun – An Introduction*, Astronomy and Astrophysics Library (Springer, Berlin, Heidelberg)

Kapitel 14

Cox, J. P. (1980): *Theory of Stellar Pulsation* (Princeton University Press, Princeton)
Glasby, J. S. (1968): *Variable Stars* (Constable, London)
Hoffmeister, C., Richter, G., Wenzel, W. (1984): *Veränderliche Sterne*, 2. Aufl. (Springer, Berlin, Heidelberg)

Kapitel 15

Manchester, R. N., Taylor, J. H. (1977): *Pulsars* (Freeman, San Francisco)
Shapiro, S. L., Teukolsky, S. A. (1983): *Black Holes, White Dwarfs and Neutron Stars* (Wiley, New York)

Kapitel 16

Dyson, J. E., Williams, D. A. (1980): *The Physics of the Interstellar Medium* (Manchester University Press, Manchester)
Longair, M. S. (1981): *High Energy Astrophysics* (Cambridge University Press, Cambridge)
Spitzer, L. (1978): *Physical Processes in the Interstellar Medium* (Wiley, New York)

Kapitel 17

Hanes, D., Madore, B. (eds.) (1980): *Globular Clusters* (Cambridge University Press, Cambridge)

Kapitel 18

Bok, B. P. (1982): *The Milky Way*, 5th ed. (Harvard University Press, Cambridge, MA)
Mihalas, D., Binney, J. (1981): *Galactic Astronomy* (Freeman, San Francisco)
Scheffler, H., Elsässer, H. (1988): *Physics of the Galaxy and Interstellar Matter*, Astronomy and Astrophysics Library (Springer, Berlin, Heidelberg); deutsche Ausgabe (1982): *Bau und Physik der Galaxis* (Bibliographisches Institut, Mannheim)

Kapitel 19

Binney, J., Tremaine, S. (1987): *Galactic Dynamics* (Princeton University Press, Princeton)
Mihalas, D., Binney, J. (1981): *Galactic Astronomy* (Freeman, San Francisco)
Sandage, A. (1961): *The Hubble Atlas of Galaxies* (Carnegie Institution, Washington, D.C.)
Sersic, J. L. (1982): *Extragalactic Astronomy* (Reidel, Dordrecht)
Weedman, D. W. (1986): *Quasar Astronomy* (Cambridge University Press, Cambridge)

Kapitel 20

Börner, G. (1988): *The Early Universe – Facts and Fiction* (Springer, Berlin, Heidelberg)
Peebles, P. J. E. (1971): *Physical Cosmology* (Princeton University Press, Princeton)
Raine, D. J. (1981): *The Isotropic Universe* (Adam Hilger, Bristol)
Sciama, D. W. (1971): *Modern Cosmology* (Cambridge University Press, Cambridge)
Weinberg, S. (1972): *Gravitation and Cosmology* (Wiley, New York)

Fotografische Quellen

Wir bedanken uns bei den folgenden Einrichtungen, die uns freundlicherweise die Erlaubnis zum Abdruck der Illustrationen gaben. (In den Abbildungsunterschriften wurden Abkürzungen der Quellen verwendet)

Anglo-Australian Observatory, Foto David F. Malin
Arecibo Observatory, National Astronomy and Ionosphere Center, Cornell University
Arp, Halton C., Mount Wilson and Las Campanas Observatories
Big Bear Solar Observatory, California Institute of Technology
Catalina Observatory, Lunar and Planetary Laboratory
CSIRO (Commonwealth Scientific and Industrial Research Organisation), Division of Radiophysics, Sydney, Australien
ESA (Copyright Max Planck Institut für Aeronomie)
European Southern Observatory (ESO)
Helsinki University Observatory
High Altitude Observatory, National Center for Atmospheric Research, National Science Foundation
Karl-Schwarzschild-Observatorium Tautenburg, Zentralinstitut für Astrophysik, Akademie der Wissenschaften der DDR
Lick Observatory, University of California at Santa Cruz
Lowell Observatory
Lund Observatory
Mount Wilson and Las Campanas Observatories, Carnegie Institution of Washington
NASA (National Aeronautics and Space Administration)
National Optical Astronomy Observatories, betrieben durch die Association of Universities for Research in Astronomy (AURA), Inc., mit Unterstützung der National Science Foundation
National Radio Astronomy Observatory, betrieben durch die Associated Universities, Inc., mit Unterstützung der National Science Foundation
NRL-ROG (Space Research Laboratory, University of Groningen)
Palomar Observatory, California Institute of Technology Yerkes Observatory, University of Chicago

Namen- und Sachverzeichnis

Abbildungsmaßstab eines Teleskops 55
Abelsche Integralgleichung 418
Abendstern 188
Aberration 27
Aberrationskonstante 27
Absorption 113
Absorptionskoeffizient 126
Absorptionsspektrum 113
Abstand des Perihels 139f.
absteigender Knoten 140
achromatische Linse 58
Adams, J.C. 216
adiabatischer Temperaturgradient 264
AE s. Astronomische Einheit
aktive Optik 89
Albedo 169f., 352
— Bondsche 169f.
— geometrische 170f.
Alfven, H. 372
Algol-Paradoxon 291
Algol-Veränderliche 256f.
Almagest 30
α-Canum Venaticorum-Sterne 317
Alpha-Reaktionen 274
Alphateilchen 373
Alter des Universums 438, 441, 442f., 454, 457, 460
Alter-Null-Hauptreihe 275
Ambartsumyan, V.A. 378
Am-Sterne 242
Andromedanebel 320, 325, 426
Angelina 203
ANHR s. Alter-Null-Hauptreihe
Anregung 113
Anregungstemperatur 120, 132, 358
Antapex 387
Antennentemperatur 130, 358
Antimaterie 457
Apertursynthese 81f.
Apex 387
Aphel 140, 143
Aphrodite Terra 189
Apertur 55
apochromatisches Objektiv 58
Apollo-Amor-Planetoiden 202
Apollo-Soyus-Unternehmen 84
Apollo-Unternehmen 3, 193
Apsidenlinie 140
Ap-Sterne 242

Äquator 14f.
äquatoriale Montierung 63
Äquatorialsystem 17f.
Äquivalentbreite 235, 238
Äquivalenzprinzip 475
Arecibo-Teleskop 77, 80
Argelander, F.W.A. 30
Argyre Planitia 197
Ariel 215
Arp, H. 434
Assoziationen 296, 378f., 393, 421
Astenosphäre 195
Astigmatismus 63
Astrograph 60
Astronomische Einheit 26, 35, 144
Astronomy and Astrophysics Abstracts 4
Astrophysik 4
asymptotischer Ast 381
Atlas Coelestis 31
Atom 3f., 113f.
atomarer Wasserstoff 355f.
Atomzeit 41
Auflösungsvermögen 56
aufsteigender Knoten 140
äußere Planeten 161
Austrittspupille 55
Auswahlregeln 119, 472
Azimut 16, 17, 21, 46
azimutale Montierung 63

Baade, W. 320, 443
Bahnbestimmung 145
Bahnelemente 139f.
Balmer, J.J. 117
Balmerlinien 236f., 355, 361, 368, 433
Balmerserie 117, 118
Bariumsterne 242
Barnard, E.E. 203
Bayer, J. 32
Bedeckung 166f., 204, 214
Bedeckungsveränderliche 247, 248, 255, 317
Bell, J. 331
Besetzungszahlen 120
Bessel, F.W. 35
Beta Cephei-Sterne 316, 317, 321
Beta Lyrae-Sterne 256, 257
Betazerfall 298
Bethe, H. 271
Beugung 56, 69f., 168

Beugungsgitter 71
Beugungsscheibchen 70
Bewegungsgleichungen 133f.
Bildverstärker 74
Bindungsenergie 270, 271
Blauverschiebung 37
BL Lacertae-Objekte 434
Bohrsches Atommodell 115, 116
Bok, B.J. 347
bolometrische Korrektur 100
Boltzmannkonstante 121
Boltzmannverteilung 120
Bosonen 472
Boss, B. 32
Bowen, I.S. 362
Brackettserie 117, 118
Brechungswinkel 28
Breite
— ekliptikale 23
— galaktische 24, 386
— geodätische 15
— geographische 14
— geozentrische 15
— heliozentrische 155
Breitenkreis 14
Bremsstrahlung 114, 363
Buffon, G.L.L. de 223
Bunsen, R. 233
Burster 317, 331, 334

Caesar, Julius 42
Caloris-Becken 186
Cannon, A.J. 236
Carruthers, G.R. 363
Cassegrainfokus 60
Cassini, G. 204
Cassinische Teilung 210
Cassiopeia A 371
CCD-Kamera 74
Cepheiden 296, 316f., 390, 393, 444
Ceres 201, 203
Chandrasekhar-Masse 290f., 327, 330
Charon 218
Chiron 202
chromatische Aberration 58
Chromosphäre 302
Chryse Plateau 199
CNO-Zyklus s. Kohlenstoff-Stickstoff-Sauerstoff-Zyklus

Coelostat 65
Coma-Haufen 427, 428
Copernicus-Satellit 85, 357, 363, 372
Coudéfokus 60
Coulombsches Gesetz 116
Cro-Magnon-Mensch 1
C-Sterne 242
Curie-Punkt 188
Cygnus X-1 339, 340

Datumsgrenze 40
Dawes-Grenze 57
De Broglie-Wellenlänge 116
De Cheseaux, L. 438
De Vaucouleursches Gesetz 415
Deimos 200
Deklination 18 f.
Deklinationsachse 63
Deuterium 455
Deuteron 271, 455, 458
Dichteparameter 451
Dichtewellentheorie 404, 421
Differentiation 226
differentielle Rotation 309, 396 f.
Dione 212
Dipolantenne 76
Dispersion 72, 235
Dissoziation 282
Doppelpulsare 333, 478
Doppelsterne 3, 144, 168, 227, 247, 251 f., 291 f., 323, 334
– astrometrische 251, 253
– optische 251,
– photometrische 251, 255 f.
– spektroskopische 251, 254 f.
– visuelle 251, 252 f.
Dopplereffekt 36 f., 318, 334, 358, 439
Dopplerverschiebung 121, 251, 254, 381, 456 f.
Draper, H. 236
Drehimpuls 135, 136, 142, 471, 472
Dreyer, J. L. E. 378
Dunkelnebel 347 f.
Durchgang 169
Durchgangsinstrument 34
dynamische Zeit 41
– baryzentrische 41
– terrestrische 41

Ebbe 166
Eddington, A. S. 318
effektive Brennweite 61
effektive Temperatur 123, 129
Eigenbewegung 36, 227, 379 f., 387 f.
Eigenfarbe 106, 345
Einschlagskrater 180 f.
Einstein, A. 437, 449, 473
Einstein-Observatorium 84
Einstein-de Sitter-Modell 451, 454
Ekliptik 23, 140, 141, 161, 163, 164, 168

Ekliptikalsystem 23
Elder, F. 372
elektrische Dipolübergänge 119, 472
elektromagnetische Strahlung 113 f.
elektromagnetisches Spektrum 51
Elektron 5, 113 f., 357, 372, 457, 462
Elektronenübergang 364
Elementarteilchen 3, 373
Elementenentstehung 297 f.
Elementenhäufigkeit
– interstellares Gas 356
– Sonne 356
– Sonnensystem 297
Ellipse 138 f., 467
ellipsoidale Veränderliche 255
Elongation 162
Emission 113, 114
Emissionskoeffizient 126
Emissionsmaß 361
Emissionsnebel 349, 360 f.
Emissionsspektrum 113
Enceladus 180, 212
Enckesche Teilung 210
Energiedichte 98
Energiefluß 96
Energieintegral 137 f.
Energiezustände 113 f.
entartetes Elektronengas 266
Entartung 266, 288, 290, 330, 331, 336
Entfernungsmodul 103, 381, 389
Entweichgeschwindigkeit 147 f., 184
Ephemeriden 41
Epoche 25
Erde 2f, 14, 159, 191 f.
– Abplattung 14, 15
– Albedo 176
– Äquatorradius 15
– Atmosphäre 2, 106, 181 f., 192
– Aufbau 177, 191 f.
– Dichte 191
– Durchmesser 191
– Entfernung von der Sonne 144, 164
– Erdbahn 159, 163 f.
– Erdbeben 192
– Magnetfeld 185, 192
– Magnetosphäre 185
– Oberflächenalter 179, 180
– Ozonschicht 192
– Polradius 15
– Rotation 41
– Temperatur 176
Ereignishorizont 338
Ergiebigkeit 127
Ergosphäre 338
Eros 5, 202
eruptive Veränderliche 317, 321 f.
Euklidischer Raum 473
Europa 207, 208
Ewen, H. I. 357
Exosphäre 184, 192

Expansion des Universums 437, 440 f., 449 f., 457 f.
Extinktion 52, 104 f., 342
– atmosphärische 106 f., 229
– interstellare 104, 109, 342, 381
Extinktionskoeffizient 106, 109
Extinktionskurve 346
extremes Ultraviolett 85
exzentrische Anomalie 146, 147, 156
Exzentrizität 138 f., 164, 186, 218, 467

Fackel 311
Faradayrotation 375
Farben-Helligkeits-Diagramm 381
Farbexzeß 105 f.
Farbtemperatur 131
Feldgleichungen 477
Feldlinse 72
Fermionen 472
Feuerkugeln 197
Filament 311
Filter 73, 100, 101
Finsternisse 166 f.
Flächengeschwindigkeit 142
Flächenhelligkeit 98 f.
Flackersterne 316, 321
Flare 313
Flashspektrum 304
Flußdichte 96 f.
Flut 166
Fragmentation 367
Fraunhofer, J. 233
Fraunhoferlinien 233, 306
Frei-freie Strahlung 112, 354
freie Weglänge 184, 278
Friedmann, A. 449
Friedmann-Modelle 449 f.
Frühlingsäquinoktium 47
Frühlingspunkt 18
Fusion s. thermonukleare Reaktionen

Galaxien 4, 6, 407 f.
– aktive 430 f.
– Anzahl 438
– Balkenspiralen 410
– Centaurus A 431
– 3C129 431
– Durchmesser 410
– elliptische 410
– Entfernung 429 f.
– Entstehung 459
– Entwicklung 435
– Farbe 417
– Flächenhelligkeit 415 f., 420
– Große Magellansche Wolke 6, 327, 426
– Helligkeit 410, 423
– irreguläre 410, 414
– Jets 431, 432
– Klassifikation 409 f.
– Kleine Magellansche Wolke 414, 426

Namen- und Sachverzeichnis

- Leuchtkraft 423
- Leuchtkraftklassifikation 429
- linsenförmige 423
- M31 s. Andromedanebel
- M32 415
- M33 426
- M51 422
- M81 444
- M87 431
- M100 373
- M101 444
- Markarian 433
- Masse 424 f.
- NGC 175 413
- NGC 488 412
- NGC 628 412
- NGC 1073 413
- NGC 1201 412
- NGC 1265 431
- NGC 1300 413
- NGC 2523 413
- NGC 2525 413
- NGC 2811 412
- NGC 2841 412
- NGC 2859 413
- NGC 3031 412
- NGC 4565 422
- Radiogalaxien 431
- Rotation 417 f.
- Rotationskurven 421
- Sculptor-Galaxie 414
- Seyfert-Galaxien 430
- Spiralstruktur 421
- Sternpopulationen 417
- wechselwirkende Systeme 426
- Zentralgebiet 420

Galaxiengruppen 426, 438
Galaxienhaufen 4, 426 f., 438
Galaxienzählungen 438
Galilei, G. 2, 51, 188, 208, 386
Galileische Satelliten 208
Galle, J. G. 216
Gammastrahlung 83 f.
Gammastrahlungsausbrüche 336
Gamow, G. 331, 442
Ganymed 180, 207, 208
Gauss, K. F. 145
G-Bande 236
gebundene Rotation 164
Gegenschein 222
Geiger-Müller-Zähler 85
Geminiden 221
Geodäte 447
Geoid 14
Georgelin, Y. M. 403
Gesamtfluß 97
Gesamtintensität 95
Geschwindigkeitskurve s. Rotationskurve
Geschwindigkeitsvektor 136
Globulen 347, 362

Granulation 302 f.
Gravitationskonstante 134, 144
Gravitationsrotverschiebung 456, 478
Gravitationsstrahlung 91 f.
Gravitationsverdunkelung 257
Gravitationswellen 4, 91 f., 334, 478
Gregor XIII. 42
Gregorianischer Kalender 42
große Halbachse 139 f.
Großkreis 9
Grundzustand 113 f., 125

Hadronen 457
halbregelmäßige Veränderliche 316, 317, 320
Halbschatten 167
Halleyscher Komet 220
Halo
- atmosphärischer 196
- der Galaxis 395, 405
Hartmann, J. 354
Harvard-Spektralklassifikation 236
Hauptquantenzahl 119, 471
Hauptreihe 243 f., 285 f., 381
Hauptreihenanpassung 381
Hawking-Prozeß 461
Hayashi-Linie 283, 287
Heisenbergsche Unschärferelation 120, 472
Helium, Ursprung 458
Helium-Blitz 286, 288, 292, 335
Heliumbrennen 274, 288, 292
Heliumsterne 294
Helligkeit
- absolute 102 f.
- bolometrische 100
- Definition 99
- fotografische 100
- fotovisuelle 100
- planetare Größe 172
- scheinbare 99 f.
- UBV-System 101
- UBVRI-System 101
- uvby-System 101
- visuelle 100
Henry-Draper-Katalog 236
Herbig-Haro-Objekte 284
Herbstpunkt 23
Hercules X-1 334
Herlofson, N. 372
Herschel, W. 213, 386
Hertzsprung, E. 243
Hertzsprung-Russell-Diagramm 243 f., 275, 283, 316, 318, 321, 381
Hertzsprunglücke 296
Hesperos 188
Hewish, A. 331
H I-Gebiete 359
H II-Gebiete 352, 354, 360 f., 393, 403, 421, 443
Hilda-Gruppe 202

Himmelskugel 16
Himmelsmechanik 4, 133 f.
Hipparchos 30, 99
Höhe 16
Horizont 16
Horizontalast 288, 381, 383
Horizontrefraktion 22
Horizontsystem 16 f.
HR-Diagramm s. Hertzsprung-Russell-Diagramm
Hubble, E. 348, 350, 410, 440, 443
Hubble-Beziehung 352
Hubble-Gesetz 440 f., 446, 449, 451, 456
Hubble-Konstante 441, 443 f., 448
Hubble-Sequenz 410 f.
Hüllensterne 241
Huygens, C. 210
Hyaden s. Sternhaufen, Hyaden
hydrostatisches Gleichgewicht 182, 261 f., 318, 336
Hyperbel 138, 139, 467
Hyperfeinstruktur 357
Hyperion 212

Iapetus 213
IAU s. Internationale Astronomische Union
ideales Gas 132
- Zustandsgleichung 182, 265
induzierte Emission s. stimulierte Emission
Infrarotsterne 350
Infrarotstrahlung 86, 353
Infrarotteleskope 86
Inklination 139, 140
innere Planeten 162
Integrale, mehrfache 468
Intensität 95 f.
Intensitätsinterferometer 75
Intensitätsverlauf 234, 235
Interferometer 78 f.
Internationale Astronomische Union 15, 144
Internationale Atomzeit 41
interstellare Absorptionslinien 355
interstellare Materie 4, 341 f.
interstellare Moleküle 363 f.
interstellare Verrötung 345
interstellarer Staub 341 f.
- Temperatur 352
- Zusammensetzung 353 f.
interstellares Gas 354 f.
- Elementhäufigkeit 356
interstellares Magnetfeld 374
Io 181, 207, 208
Ionisation 114, 283
Ionisationsgrenze 118
Ionisationstemperatur 132
Ionisationszone 318
Ionosphäre 181, 192
irreguläre Veränderliche 320

Ishtar Terra 189
Isotropie der Materie 442, 447 f.
Isotropie der Strahlung 96, 99, 442

Jansky, K. 75, 372
Jeans, J. 151, 223
Jeans-Länge 152
Jeans-Masse 152, 367, 459
Johnson, H. L. 101
Julianisches Datum 42
Julianisches Jahrhundert 42
Jupiter 204 f.
– Abplattung 204
– Albedo 176
– Atmosphäre 181, 182, 205
– Bahn 159
– Dichte 204
– Entfernung von der Sonne 176
– Großer Roter Fleck 204, 206
– Gürtel 205
– innerer Aufbau 117, 204
– Magnetfeld 204
– Masse 204
– mittlere Dichte 204
– Monde 207 f.
– Radiostrahlung 205 f.
– Ring 206, 207
– Rotation 204
– Spektrum 175
– Temperatur 176, 181, 204
– Wolken 205
– Zonen 205
– Zusammensetzung 205

Kalender 2, 42 f.
– Gregorianischer 42
– Julianischer 42
Kallisto 181, 207, 208
Kant, I. 223
Kapteyn, J. 386
Katastrophentheorien 223
Keenan, P. C. 239
Kegelschnitte 138 f., 467
Kellman, E. 239
Kepler, J. 2, 437
Keplersche Gesetze 133, 139, 142 f., 252, 258
Kernschatten 167
Kiepenheuer, K. O. 372
kinematische Parallaxe 380 f.
kinetische Temperatur 132, 184
Kirchhoff, G. R. 233
Kirkwood-Lücken 201
Kleine Planeten s. Planetoiden
Kleinkreis 9
Knoten 140, 168
Kohlenmonoxid 121, 364 f.
Kohlenstoff-Blitz 289
Kohlenstoff-Stickstoff-Sauerstoff-Zyklus s. Kohlenstoffzyklus

Kohlenstoffbrennen 274
Kohlenstoffzyklus 271, 285, 293
Koma 61
Komet Austin 153
Kometen 159, 219 f., 226
– Aufbau 219
– Bahnen 153, 159, 220
kompakte Sterne 329 f.
Konjunktion 161 f.
Kontaktdoppelsterne 291
Kontinentaldrift 180, 186, 192
kontinuierliches Spektrum 120 f., 233, 370
Kontinuum s. kontinuierliches Spektrum
Konvektion 263, 264, 285, 286, 303
Koordinaten
– geozentrische 24
– heliozentrische 24
– topozentrische 24
Koordinatensystem
– äquatoriales 17 f.
– ekliptikales 23
– galaktisches 24, 387
– geozentrisches 15
– horizontales 16 f.
Koordinatentransformationen 10 f., 20 f., 23
Kopernikus, N. 2
Korona
– galaktische 406
– solare 302, 306 f., 314
Koronalöcher 314
kosmische Hintergrundstrahlung 442
kosmische Strahlung 222
Kosmogonie 222 f.
Kosmologie 4, 437 f.
kosmologische Konstante 449
kosmologische Modelle 451 f.
kosmologische Tests 454 f.
kosmologisches Prinzip 445 f.
Krater 181, 186, 187, 189, 193, 199, 208, 211, 216
Krebsnebel 327, 332, 370
kritische Dichte 450 f.
kritische Schicht 184
Krümmungstensor 475
Kuiper Airborne Observatory 86
Kuiper, G. 86
Kukarkin, B. V. 316
Kulmination 21

Labeyrie, A. 75
Lagrange-Punkte 202
Lambertsche Fläche 170, 171
Länge
– ekliptikale 23
– galaktische 24, 387
– geographische 14
– heliozentrische 155
Länge des aufsteigenden Knotens 139
Langmuir, R. 372
langperiodische Veränderliche 319

Laplace, P. S. de 223, 337
Laser 125
Leavitt, H. 319
Lemaitre, G. 449
Leptonen 457
leuchtende Nachtwolken 196
Leuchtkraft 97, 105
Leuchtkrafteffekte 240
Leuchtkraftfunktion 390 f., 424
Leuchtkraftklassen 239
Le Verrier, U. J.-J. 216
Lexell, A. 213
Libration 165
Lichtjahr 34
Lichtkurve 203, 316
Lin, C. C. 404
Linienprofil 235
Linienspektrum 113
Lithosphäre 195
local standard of rest 388
Lokale Gruppe 426, 441, 443
Lokaler Superhaufen 429, 441, 443
Lorentz-Raum s. Minkowski-Raum
Lorentztransformation 475
Lowell, P. 197
Luftmasse 106, 110
Lymanserie 117, 118, 355 f.
Lyot, B. 189

MacLaurin Sphäroid 178
Magellanscher Strom 426
magnetische Dipolübergänge 119, 472
magnetische Quantenzahl 119, 471
magnetische Veränderliche 316, 317
Magnetopause 185
Mare Imbrium 195
Markarian, B. Y. 433
Markarian-Galaxien 433
Mars 159 f.
– Albedo 176
– Alter der Oberfläche 179, 198
– Atmosphäre 181 f., 201
– Bahn 159
– Entfernung von der Sonne 176
– Jahreszeiten 197
– Monde 201
– Oberflächenformen 197 f.
– Polkappen 197, 200
– Temperatur 176, 198
Mascon 195
Maser 125, 366
Masse-Leuchtkraft-Beziehung
– der Galaxie 425
– der Sterne 247, 258, 275
Massenfunktion 255
Maunder-Minimum 309
Maxwell Montes 189
Meridian 14, 15, 16
Meridiankreis 34, 65

Namen- und Sachverzeichnis

Merkur 159, 186f.
- Albedo 176
- Alter der Oberfläche 179
- Bahn 159, 186
- Durchgänge 169
- Durchmesser 186
- Entfernung von der Sonne 186
- Magnetfeld 187
- Periheldrehung 478
- Phasen 163, 186
- Rotation 186f.
- Sichtbarkeit 186
- Temperatur 186
MERLIN 81
Mesosphäre 181
Messier, C. 332, 378
metastabiler Zustand 125
Meteor 197, 220
Meteorit 221, 222
Meteoroid 220, 221
metrischer Tensor 474
Michelson-Interferometer 75
Mie-Streuung 334
Mikrodensitometer 235
Milchstraße 4, 6, 24, 385f.
- Alter 367
- differentielle Rotation 380, 396
- diffuses Licht 352
- Entwicklung 406
- Korona 406
- Magnetfeld 341, 372
- Radioemission 372
- Richtung des Zentrums 387
- Rotation 357, 389, 396, 401
- Spiralstruktur 357, 367, 401, 404
- Zentralgebiet 404, 406
Mimas 211, 212
Minkowski-Raum 448, 475
Mira-Veränderliche 317, 318f., 366
Miranda 214, 215
mittlere Anomalie 141, 147, 153, 156
mittlere Greenwich-Zeit 40, 41
mittlere Sonne 39
mittlere Sonnenzeit 39, 41
mittlerer Ort 29
MKK-Klassifikation s. Yerkes-Spektralklassifikation
molekularer Wasserstoff 364
Molekülspektren 120
Monat 42
- anomalistischer 166
- drakonitischer 165
- siderischer 164
- synodischer 164
Mond 2f., 164f., 193f.
- Alter der Oberfläche 179, 195
- Aufbau 195
- Bahn 164
- Entfernung von der Erde 164
- Helligkeit 100

- Massekonzentrationen 195
- Phasen 164
- Phasenkurve 173
- Spektrum 175
- Umlaufperiode 164
- Ursprung 195
Mondbeben 195
Mondfinsternis 168
Morgan, W. W. 101, 239
Morgenstern 188
Mosaikspiegel 90
Moulton, F. R. 223
Mrkos, Komet 219
MTT s. Multimirror Telescope
Multimirror Telescope 67, 89

Nadir 16
Nasmythfokus 65
Nautisches Dreieck 20
Nebel
- η Carinae-Nebel 352
- Helixnebel 368
- Kleinmann-Low-Nebel 366
- Kohlensacknebel 347
- Lagunennebel 362
- M 31 s. Krebsnebel
- M 42 s. Orionnebel
- M 78 351
- NGC 1435 351
- Nordamerikanebel 1
- Pferdekopfnebel 347
- Schleiernebel 371
nebelfreie Zone 346
Nebelhypothese 223
Nebelveränderliche 322
Neptun 159, 213, 216f.
- Bahn 159
- Durchmesser 216
- Entdeckung 216
- Entfernung von der Sonne 216
- mittlere Dichte 216
- Monde 216
- Rotation 216
- Spektrum 175
- Temperatur 216
Neutrino 4, 91f., 271f., 296, 331, 454, 458
Neutrino-Entkopplung 457
Neutron 113, 270, 298, 331, 457, 472
Neutroneneinfang 275, 298f.
Neutronensterne 4, 290f., 327, 329f., 370
Newton, I. 2, 61, 233
Newton-Fokus 60
Newtonsche Gesetze 133, 153
N-Galaxien 433
nicht-thermische Strahlung 126, 372, 430
Nova Cygni 324
Novaausbruch 291, 323
Novae 236, 323f.
Nullmeridian 40
numerische Methoden 469

Nutation 26, 41, 165

OB-Assoziationen 379, 393, 421
obere Konjunktion 162
Objektiv 54
Objektivprismenspektrograph 71, 233
Observatorien
- Arecibo 77
- Bonn 77
- Cerro Tololo 68
- Europäische Südsternwarten (ESO) 68
- Harvard 236
- Helsinki 34
- Jodrell Bank 77
- Kitt Peak 62, 77, 79
- Lick 59
- Mauna Kea 53, 86
- McDonald 89
- Mount Wilson 53
- Palomar 60, 67
- Smithsonian Astrophysical Observatory (SAO) 32
- Siding Spring 32
- Yerkes 59, 239
Öffnungsverhältnis 55
Okular 54
Olbers, H. 438
Olberssches Paradoxon 438
Olympus Mons 198
Oort, J. H. 396
Oortsche Gleichung 397f.
Oortsche Grenze 341
Oortsche Konstante 398f.
Oortsche Wolke 220
Opazität 104f.
Oppenheimer-Volkov-Masse 290f., 337
Opposition 161f., 173, 198, 204
Oppositionseffekt 173
optische Dicke 104, 343
optische Teleskope 54f.
optische Tiefe s. optische Dicke
optisches Fenster 52
Orionnebel 361, 364, 366
Ortszeit 39, 40, 47

Pallas 203
Pangaea 192
Parabel 139, 140, 153, 467
parabolischer Spiegel 76
Parallaxe 26, 35
- horizontale 27
- jährliche 26
- photometrische 390
- statistische 389
- säkulare 390
- tägliche 26
- trigonometrische 35, 387
Parsek 35
Paschenserie 117, 118
Paulisches Ausschließungsprinzip 473

P Cygni-Sterne 241
Pekuliargeschwindigkeit 443
Penumbra 308
Penzias, A. 441
Periastron 138, 334
Perigäum 138
Perihel 138f., 145
Perioden-Leuchtkraft-Beziehung 319, 444
Perizentrum 138, 148
Perseiden 221
Perseusarm 394
Perturbograph 150
Pfundserie 117, 118
Phasenfunktion 169f.
Phasenintegral 170
Phasenraum 473
Phasenwinkel 163, 169f.
Phobus 154, 200
Phosphorus 188
Photodissoziation 274
Photokathode 74
Photometer 74
Photomultiplier 74
Photon 113, 278, 472
photonukleare Reaktionen s. Photodissoziation
Photosphäre 303f.
Plancksches Gesetz 121f.
Plancksches Wirkungsquantum 113f.
Planetarischer Nebel 236, 288, 368
Planeten 160f.
– Abplattung 178f.
– Albedo 169f.
– Atmosphäre 181f.
– Bahnen 159f.
– chemische Zusammensetzung 226
– Dichte 160, 177
– Entfernung von der Sonne 159, 224
– Entstehung 225
– erdähnliche 160, 177
– innerer Aufbau 177f.
– Magnetfeld 185
– Phasen 163
– Phasenwinkel 163f.
– jupiterähnliche 160, 178, 204f.
– Rotation 176, 178
– scheinbare Bewegung 160
– Spektrum 174
– Temperatur 176f., 226
Planetesimal 224, 225
Planetoiden 159, 168, 201f.
Planetoidengürtel 201, 202, 224
Pluto 160, 218
– Aufbau 218
– Bahn 159, 218
– Dichte 218
– Durchmesser 218
– Masse 218
– Mond 218
Pogson, N. R. 99

Polachse 63
Polarimeter 74
Polarisation 115, 174, 346, 374
Polarisationsgrad 174, 346
Polarkoordinaten 142, 467
Polarkreis 163
Polarlicht 185, 196
Pollack, H. 372
Population 319, 320, 394
Positionsastronomie s. sphärische Astronomie
Poynting, J. P. 227
Poynting-Robertson-Effekt 227
p-Prozeß 300
Primärfokus 60
Prisma 71
Proton 113, 115, 270, 373, 457, 461
Proton-Proton-Reaktion 271f.
Protostern 282, 367
Protuberanz 302, 305, 311f.
Präzession 25, 26
Präzessionskonstanten 26
Psyche 203
Ptolemäus, C. 30
Pulsare 317, 331f., 370
pulsierende Veränderliche 317f.
Purcell, E. M. 357

Quantenzahlen 119, 471, 472
Quantisierung 113
Quasare 4, 6

Radialgeschwindigkeit 36f., 381, 390, 398, 401
Radian 463
Radiofenster 52
Radiogalaxien 430, 433
Radiospektroskopie 364
Radioteleskope 75f.
Randaufhellung 313
Randbedingungen bei Sternmodellen 265
Randverdunkelung 257, 303
Raumsonden 160, 198, 220
– Mariner 186, 189, 198
– Pioneer 205, 211
– Pioneer Venus 189
– Venera 189
– Viking 199, 200
– Voyager 205, 211, 214, 216
Raumwinkel 95, 463
Rayet, G. 241
Rayleigh, J. W. S. 53
Rayleigh-Grenze 57
Rayleigh-Jeans-Näherung 125, 130, 359, 370
Rayleigh-Streuung 334
R Coronae Borealis-Sterne 325
Reber, G. 75
Reflektor 51, 60f.
Reflexionsnebel 350f.
Refraktion 22, 28f., 51

Refraktor 54, 58f.
Regenbogen 196
Rekombination 114, 241, 360
Rektaszension 18f.
relativistisches Gas 267
Relativitätstheorie
– Allgemeine 3, 334, 338, 473f.
– Spezielle 473f.
– Tests 477
Resonanzen 201, 224
retrograde Rotation 38, 188
Riesenast 243, 288, 381, 383
Riesensterne 3, 239, 243, 278f., 393
Ringnebel in der Leier 368
Ritchey-Chretien-System 63
Robertson, H. P. 227
Roche-Fläche 257, 291, 323
Röntgenpulsare 317, 331, 334f.
Röntgenstrahlen 52, 84, 334f., 428
Röntgenteleskope 84
Rotationskurve 402, 421
Rotationsveränderliche 317
Rotationsübergänge 120, 364
Rotverschiebung 37, 433, 434, 440f., 448f., 454f.
r-Prozeß 298f.
RR Lyrae-Sterne 316, 317, 320, 383
rückläufige Bewegung 140, 160
Russell, H. N. 243
RV Tauri-Sterne 316, 317, 321
Rydberg-Konstante 117
Ryle, M. 81

Sagittariusarm 394, 404
Sandage, A. 443
Saroszyklus 168
Satelliten
– Astron 85
– COS B 83
– HEAO-1 83, 84
– HEAO-2 s. Einstein-Observatorium
– HEAO-3 83
– Hubble Space Telescope 87
– IRAS 87
– IUE 85
– OAO-2 85
– OAO-3 s. Copernicus-Satellit
– OSO-3 83
– SAS-1 s. Uhuru
– SAS-2 83
– TD-1 85
Saturn 159, 209f.
– Atmosphäre 181, 209
– Bahn 159
– Dichte 209
– innerer Aufbau 177, 209
– Monde 211f.
– Ringe 209f.
– Rotation 209
– Spektrum 175

Namen- und Sachverzeichnis

- Temperatur 209
- Wolken 209

Sauerstoff-Blitz 289
Sauerstoffbrennen 274
Säulendichte 359
Schaltjahr 42
Schaltmonat 42
Schaltsekunde 42
Schalttag 42
scheinbarer Ort 29
Schiaparelli, G. 197
Schiefe der Ekliptik 23, 163
Schmidt, B. 62
Schmidt, M. 433
Schmidtkamera 62f.
Schwabe, S. H. 309
Schwarze Löcher 290, 293, 329f., 337f., 461
Schwarze Zwerge 330, 461
Schwarzer Körper 121f., 129f., 442
Schwarzschildradius 337
Schwingungsübergänge 120
Schönberg, E. M. 331
Seeing 52, 75
seismische Wellen 177
Selbstleuchten des Nachthimmels 196
Seyfert, C. 430
Seyfert-Galaxien 430
Shapley, H. 386
Shu, F. H. 404
Skalenfaktor 447
Skalenhöhe 183
SN 1987 A 327
Solarkonstante 108
Sommerzeit 40
Sonne 2, 4, 159, 161, 301 f.
- Aktivität 308 f.
- Apex 388
- chemische Zusammensetzung 301 f.
- Chromosphäre 303 f.
- Dichte 301
- effektive Temperatur 301
- Energieerzeugung 301 f.
- Farbenindizes 301
- Finsternisse 166, 168
- Flächenhelligkeit 108
- Helligkeit 100, 301
- Korona 303, 306 f.
- Leuchtkraft 270, 301
- Magnetfeld 224, 309 f.
- Masse 301
- Modell 302
- Neutrinoproblem 296
- Photosphäre 303 f.
- Radioausbrüche 314
- Radiostrahlung 313 f.
- Radius 301
- Rotation 301
- Röntgenstrahlung 314
- Spektralklasse 301
- Spektrum 304, 306

- Temperaturverteilung 302, 306
- ultraviolette Strahlung 314
- Zentraltemperatur 301

Sonnenfinsternis 166 f., 307
- partielle 168
- ringförmige 168
- totale 168

Sonnenflecke 308 f.
Sonnensystem 2, 159 f.
- andere Sonnensysteme 227
- chemische Zusammensetzung 226
- Entstehungsmodelle 223 f.
- Temperaturverteilung 226

Sonnentag 38
Sonnenwind 185, 224, 227, 307
Sonnenzeit 39, 40, 47
Spaltspektrograph 71, 233
Speckle-Interferometrie 75
Spektralklassifikation 236 f.
Spektrallinien 113 f., 233 f.
Spektrograph 71
Spektrum
- Doppelstern 254
- interstellare Materie 355 f.
- Mond 175
- Planeten 174
- Quasare 434
- Sonne 304, 306
- Sterne 233 f.

sphärische Aberration 62
sphärische Astronomie 4, 9 f.
sphärischer Exzeß 10
sphärisches Dreieck 10 f.
Spiculen 305, 306
Spin 119, 357, 472
Spinquantenzahl 119, 472
Spitzer, L. 372
spontane Emission 113, 125
Sporer-Minimum 309
s-Prozeß 298 f.
S-Sterne 242
SS Cygni-Sterne s. Zwergnovae
Standardmodelle 451
stationäre Punkte 162
statistisches Gewicht 120
Stefan-Boltzmann-Gesetz 123
Stefan-Boltzmann-Konstante 123
Stellarstatistik 390 f.
Steradian 463
Sternbilder 29
Sterne
- Aldebaran 31, 47, 237, 377
- Algol 256
- Antares 350
- Arktur 46, 244
- Banards Stern 36, 227
- Beteigeuze 244, 320
- chemische Zusammensetzung 235, 249, 275, 276
- Dichte 275

- effektive Temperaturen 318
- Energieerzeugung 269 f.
- η Carinae 325, 326, 353
- Gleichgewichtsbedingungen 261 f.
- Hauptreihe 285 f.
- hellste Sterne 244
- innerer Aufbau 261 f.
- Lebensdauer 294
- Leuchtkraft 247
- Magnetfelder 332 f.
- Massen 247, 253, 254, 258, 275
- Mira 318 f.
- Oberflächentemperatur 236 f.
- Polaris 18, 25
- Radien 275
- Riesenphase 287 f.
- Rotation 249
- Sirius 100, 253, 329
- SN 1987 A 327
- sonnennächste Sterne 244, 245
- Spektren 233 f.
- τ Ceti 227
- Vorhauptreihe 282 f.
- Wega 25, 102, 237, 386

Sternhaufen 4, 367, 377 f., 393, 394
- Hyaden 377, 382 f.
- Kugelsternhaufen 383
- offene Sternhaufen 381 f.
- Plejaden 351, 377

Sternkarten 30 f.
- Bonner Durchmusterung 30
- Carte du Ciel 32
- Palomar Sky Atlas 32

Sternkataloge 30 f.
- Almagest 30
- Apparent Places of Fundamental Stars 32
- Bonner Durchmusterung 31
- Fundamentalkatalog (FK) 32
- General Catalogue of 33342 Stars 32
- General Catalogue of Variable Stars 316
- Henry Draper 30, 236
- Index Catalogue (IC) 378
- Katalog der Astronomischen Gesellschaft (AGK) 32
- Messier 378
- New General Catalogue (NGC) 378
- SAO 32

Sternpopulationen 394
Sternschnuppen 197, 220
Sterntag 38
Sternzählungen 392
Sternzeit 19, 38, 47
stimulierte Emission 114, 366
Stoßfront 185
Strahlungsdruck 266
Strahlungsentkopplung 459
Strahlungstemperatur 129, 130, 358, 359
Strahlungstransport 126 f.
Stratosphäre 181, 192

streifender Einfall 84
Streuung 53, 115, 343
Strömgrensphäre 363
Stundenachse 63
Stundenwinkel 19 f.
Störungen der Bahnelemente 141, 150, 164, 165
Submillimeterbereich 86
südlicher Meridian 87
Sundmann, K. F. 150
Supergranulation 303
Superhaufen 429
Supernovae 289 f., 293 f., 299, 326 f., 369 f.
Supernovareste 327, 369 f.
symbiotische Sterne 325
Symmetriebrechung 458
Synchrotronstrahlung 372
Szintillation 51

Tag
— siderischer 38
— synodischer 38
Tangentialgeschwindigkeit 36 f., 398
Taylorreihen 463
Teleskop — 6 m 60
Temperaturgradient 263, 264
Temperaturschwelle 457
thermische Hintergrundstrahlung
 s. kosmische Hintergrundstrahlung
thermische Strahlung 122
thermisches Gleichgewicht 176
thermodynamisches Gleichgewicht 127, 132
thermonukleare Reaktionen 270
Titan 212
Titania 215
Titius-Bodesche Regel 201, 224
Tombaugh, C. 218
Trapezsterne 360, 366
Treibhauseffekt 176, 188
Tripel-Alpha-Reaktion 273
Triton 216, 217
Trojaner 202
tropisches Jahr 39
Tropopause 192
Troposphäre 181, 192
Trumpler, R. 341
T Tauri-Assoziationen 379
T Tauri-Sterne 226, 284, 296, 322, 379
Tully-Fischer-Beziehung 429, 444
Tycho Brahe 2

Überriesen 239
UBV-System 101
U Geminorum-Sterne s. Zwergnovae
Uhuru 84
ultraviolette Strahlung 52, 85, 364 f.
Umbra 308
Umbriel 216
Umlaufzeit
— synodische 162
— siderische 162
universal time 41
Universum 4, 437 f.
untere Konjunktion 162
untere Kulmination 21
Unterriesen 243
Uranus 213 f.
— Bahn 159, 213
— Entfernung von der Sonne 213
— Magnetfeld 213
— Monde 214
— Ringe 214
— Rotation 213
— Spektrum 174
— Temperatur 213
URCA 331
ursprüngliche Leuchtkraftfunktion 390 f.
UT s. universal time
UV Ceti-Sterne s. Flackersterne

Valles Marineris 198
Van-Allen-Gürtel 185
Van de Hulst, H. 357
Van den Bergh, S. 350, 429
Venus 159, 188 f.
— Albedo 176
— Atmosphäre 181, 182, 188 f.
— Bahn 159
— Durchgänge 169
— Entfernung von der Erde 188
— Entfernung von der Sonne 176
— Oberfläche 189
— Rotation 188
— Temperatur 181, 188
— Treibhauseffekt 188
— Wolken 189, 190
verbotene Linien 119, 322, 362
verbotene Übergänge 119, 362, 472
Vergrößerung eines Teleskops 55
versteckte Masse 426

Verzögerungsparameter 442, 451 f.
veränderliche Sterne 3, 315 f.
Vesta 203
Virgohaufen 428
Virialtheorem 149 f., 425
VLA 82
VLBI 82

wahre Anomalie 138, 145, 147, 156
Wasserstoff, 21-cm-Linie 120, 357 f., 401
Wasserstoffbrennen 270
Weiße Zwerge 3, 243, 288, 291, 293, 323, 329 f.
Wellenlängenbereiche 4, 52
Weltraumteleskop 88, 227
Wendekreis des Krebses 163
Wendekreis des Steinbocks 163
Widderpunkt 18
Wiensche Näherung 125
Wiensche Verschiebungskonstante 124
Wiensches Verschiebungsgesetz 124
Wolf-Rayet-Sterne 236, 241, 294
W Ursae Majoris-Sterne 256, 257
W Virginis-Sterne 316, 320

ζ Ursae Majoris 252

Yerkes-Spektralklassifikation 239 f.

Zeitbestimmung 37 f.
Zeitgleichung 39, 40
Zeitskala
— dynamische 281, 282
— nukleare 281
— thermische 281 f.
Zeitsysteme 41
Zeitzonen 39, 40
Zenit 16
Zenitdistanz 16
Zenitrefraktion 29
ζ Persei-Assoziation 377
zirkumpolar 21, 229
Zodiakallicht 222
Zonenzeit 39, 40
Züricher Sonnenfleckenrelativzahl 308
Zweikörpersystem 133
Zwergcepheiden 320
Zwergnovae 323
Zwergsterne 239, 243